2024 | 한국산업인력공단 **국가기술자격**

고시넷
고패스

조주기능사

필기 + 실기 + 무료인강

동영상강의
무료제공

2024년
신규 칵테일
레시피 제공

(주)고시넷

조주기능사 상세정보

자격종목

자격명		관련부처	시행기관
조주기능사	Craftsman Bartender	식품의약품안전처	한국산업인력공단

검정현황

필기시험

	2012	2013	2014	2015	2016	2017	2018	2019	2020	2021	2022	2023	합계
응시	8,981	10,045	9,063	8,310	6,513	5,784	6,375	7,095	6,240	8,426	7,878	8,485	93,195
합격	5,295	5,045	4,449	4,337	3,599	3,606	4,191	4,669	4,602	6,138	5,932	6,471	58,334
합격률	59.0%	50.2%	49.1%	52.2%	55.3%	62.3%	65.7%	65.8%	73.8%	72.8%	75.3%	76.3%	62.6%

실기시험

	2012	2013	2014	2015	2016	2017	2018	2019	2020	2021	2022	2023	합계
응시	5,364	5,781	5,043	5,170	4,915	4,946	5,372	5,606	5,169	6,381	6,048	4,601	64,396
합격	3,215	3,579	3,167	3,554	3,366	3,233	3,694	3,837	3,696	4,681	4,167	2,987	43,176
합격률	59.9%	61.9%	62.8%	68.7%	68.5%	65.4%	68.8%	68.4%	71.5%	73.4%	68.9%	64.9%	67.0%

취득방법

구분	필기	실기
시험과목	음료특성, 칵테일 조주 및 영업장 관리 (바텐더 외국어 사용 포함) 등에 관한 사항	바텐더 실무
검정방법	객관식 4지 택일형, 60문항(60분) CBT 방식으로 각자가 다른 문제	작업형(7분, 100점)
합격기준	100점 만점에 60점 이상	100점 만점에 60점 이상
■ 필기시험은 시험일 답안지를 전송하면 바로 합격결과를 확인 할 수 있다. ■ 필기시험 합격자는 당해 필기시험 합격자 발표일로부터 2년간 필기시험이 면제된다.		

시험절차

01 시험일정 확인

조주기능사는 기능사 자격증으로 누구나 응시가 가능합니다.
하지만 1년에 4번 시험이 있으므로 시험일정을 미리 확인하셔야 합니다.
필기시험을 합격하셔야 실기에 응시가 가능합니다.

02 필기시험 원서접수

큐넷(www.q-net.or.kr)에 회원가입을 합니다(이때 반명함판 사진을 등록하셔야 합니다).
큐넷에 로그인 하신 후 [마이페이지] - [원서접수관리] - [원서접수신청]을 클릭하신 후 순서에 따라 필기시험 원서접수를 진행합니다.
CBT 시험이므로 특정 시간, 특정 장소에서 시험치는 인원이 비교적 소수입니다. 여유좌석을 확인하신 후 접수하셔야 합니다. 접수 마지막에 결제하기를 통해서 검정수수료를 결제합니다.

03 필기시험 응시

접수한 일정에 조금 여유있게 시험장에 도착하시는 것이 좋습니다.
반드시 신분증을 지참하셔야 합니다(원서는 없어도 상관없지만 신분증은 필수입니다).
시험시간 20분 전부터 입실이 가능하며, PC와 함께 비밀번호를 받습니다.
이후 1시간 동안 필기시험을 진행하며 마지막에 답안지를 전송하면 바로 합격 여부를 화면에 표시해 줍니다.

04 필기시험 합격자 발표

이미 시험 후에 개인의 합격 여부는 확인하였습니다.
하지만 행정적인 절차로 해당 회차 전체 합격자 발표를 진행합니다.
산업기사와 기사 등은 자격요건을 따져 서류가 자격요건에 맞는 경우 최종 합격자로 분류되나 기능사는 자격요건이 없으므로 시험 후에 발표난 내역대로 발표합니다.
이날을 기준으로 2년간 필기시험을 치르지 않고 실기에 바로 응시가능합니다.

05 실기시험 원서접수 및 응시

실기시험 원서접수가 시작되면 큐넷에 로그인 하신 후 실기 접수가 가능합니다.
한 번에 응시가능한 실기시험 응시자 수가 제한적이므로 가능한 원서접수가 시작되는 당일 빠르게 접수하도록 합니다.
접수된 일정에 맞춰 시험장에 신분증을 지참하시고 시험에 응시하셔야 합니나.

06 최종 합격자 발표 및 자격증 신청

큐넷 홈페이지를 통해 최종 합격자 발표일에 최종 합격자를 확인하실 수 있습니다.
합격자는 바로 수첩형 자격증을 신청할 수 있으며, 등기우편으로 수령합니다.
상장형 자격증은 합격자 발표가 이뤄진 후 큐넷 홈페이지를 통해 온라인으로 신청 및 즉시수령이 가능합니다.

책의 구성과 학습법

필기_이론편

파트 1 이론편은 위생관리에서부터 와인장비 비품 관리까지 조주기능사 필기 출제기준 주요항목 9가지에서 출제되는 문제를 출제 비중에 맞춰 8개의 Unit으로 구분하여 핵심이론을 정리하였습니다.

15년간 출제된 기출문제를 분석해 핵심이론만을 정리했습니다.

관련 사진을 첨부하여 내용에 대한 이해를 돕습니다.

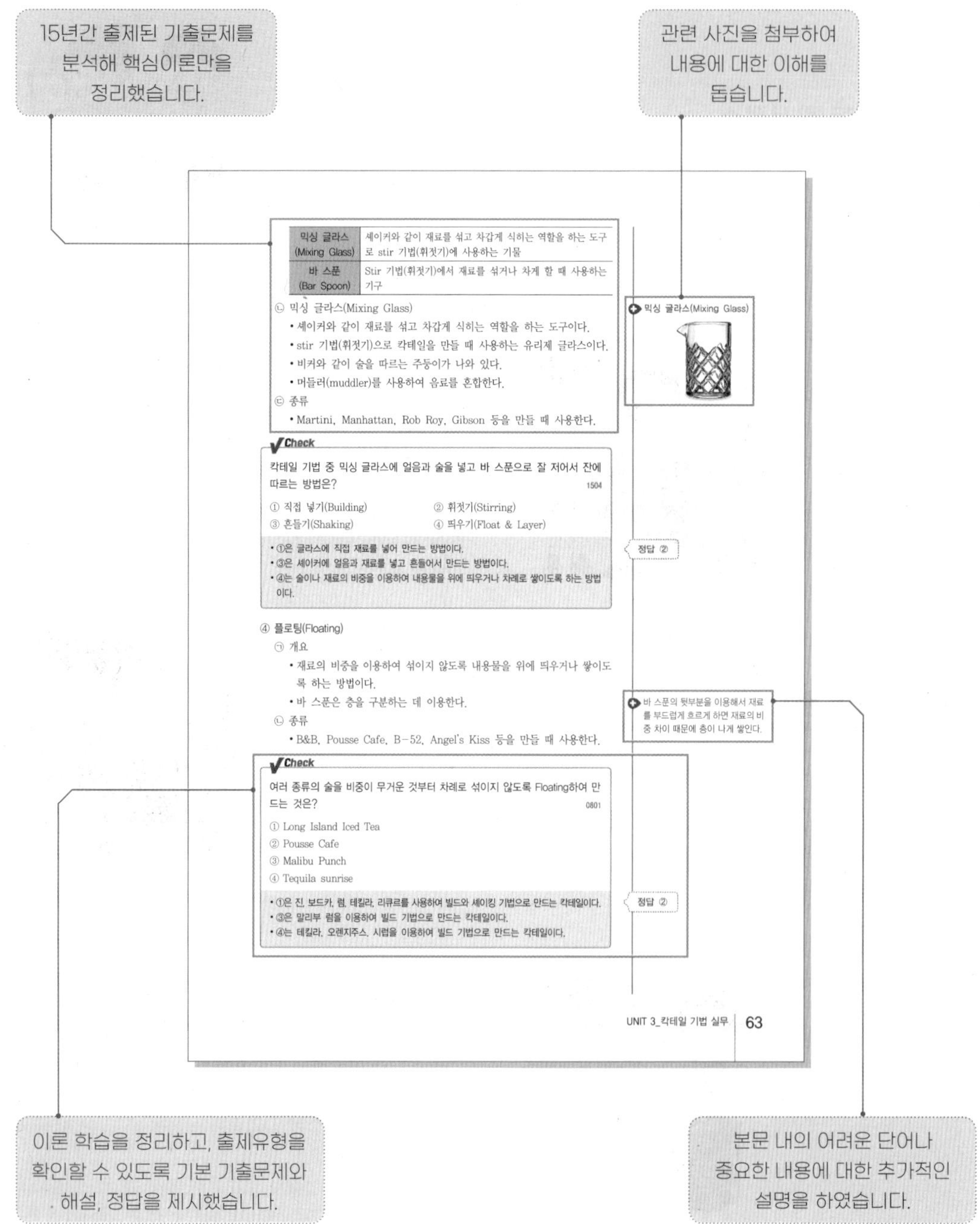

믹싱 글라스 (Mixing Glass)	셰이커와 같이 재료를 섞고 차갑게 식히는 역할을 하는 도구로 stir 기법(휘젓기)에 사용하는 기물
바 스푼 (Bar Spoon)	Stir 기법(휘젓기)에서 재료를 섞거나 차게 할 때 사용하는 기구

ⓒ 믹싱 글라스(Mixing Glass)
- 셰이커와 같이 재료를 섞고 차갑게 식히는 역할을 하는 도구이다.
- stir 기법(휘젓기)으로 칵테일을 만들 때 사용하는 유리제 글라스이다.
- 비커와 같이 술을 따르는 주둥이가 나와 있다.
- 머들러(muddler)를 사용하여 음료를 혼합한다.

ⓒ 종류
- Martini, Manhattan, Rob Roy, Gibson 등을 만들 때 사용한다.

믹싱 글라스(Mixing Glass)

Check

칵테일 기법 중 믹싱 글라스에 얼음과 술을 넣고 바 스푼으로 잘 저어서 잔에 따르는 방법은? 1504

① 직접 넣기(Building) ② 휘젓기(Stirring)
③ 흔들기(Shaking) ④ 띄우기(Float & Layer)

- ①은 글라스에 직접 재료를 넣어 만드는 방법이다.
- ③은 셰이커에 얼음과 재료를 넣고 흔들어서 만드는 방법이다.
- ④는 술이나 재료의 비중을 이용하여 내용물을 위에 띄우거나 차례로 쌓이도록 하는 방법이다.

정답 ②

④ 플로팅(Floating)

㉠ 개요
- 재료의 비중을 이용하여 섞이지 않도록 내용물을 위에 띄우거나 쌓이도록 하는 방법이다.
- 바 스푼은 층을 구분하는 데 이용한다.

㉡ 종류
- B&B, Pousse Cafe, B−52, Angel's Kiss 등을 만들 때 사용한다.

바 스푼의 뒷부분을 이용해서 재료를 부드럽게 흐르게 하면 재료의 비중 차이 때문에 층이 나게 쌓인다.

Check

여러 종류의 술을 비중이 무거운 것부터 차례로 섞이지 않도록 Floating하여 만드는 것은? 0801

① Long Island Iced Tea
② Pousse Cafe
③ Malibu Punch
④ Tequila sunrise

- ①은 진, 보드카, 럼, 테킬라, 리큐르를 사용하여 빌드와 셰이킹 기법으로 만드는 칵테일이다.
- ③은 말리부 럼을 이용하여 빌드 기법으로 만드는 칵테일이다.
- ④는 테킬라, 오렌지주스, 시럽을 이용하여 빌드 기법으로 만드는 칵테일이다.

정답 ②

UNIT 3_칵테일 기법 실무 63

이론 학습을 정리하고, 출제유형을 확인할 수 있도록 기본 기출문제와 해설, 정답을 제시했습니다.

본문 내의 어려운 단어나 중요한 내용에 대한 추가적인 설명을 하였습니다.

필기_문제편

파트 2에서는 CBT에 자주 출제되는 빈출문제를 800제로 정리하였습니다. 조주기능사는 똑같은 문제가 자주 출제되지 않고 다양한 문제 위주로 출제되는 만큼 다양한 문제를 풀어보시는 것이 효과적입니다. 파트 3에서는 공개된 기출문제 중 가장 최근에 해당하는 2012~2016년까지의 출제문제를 회차별로 정리하였습니다.

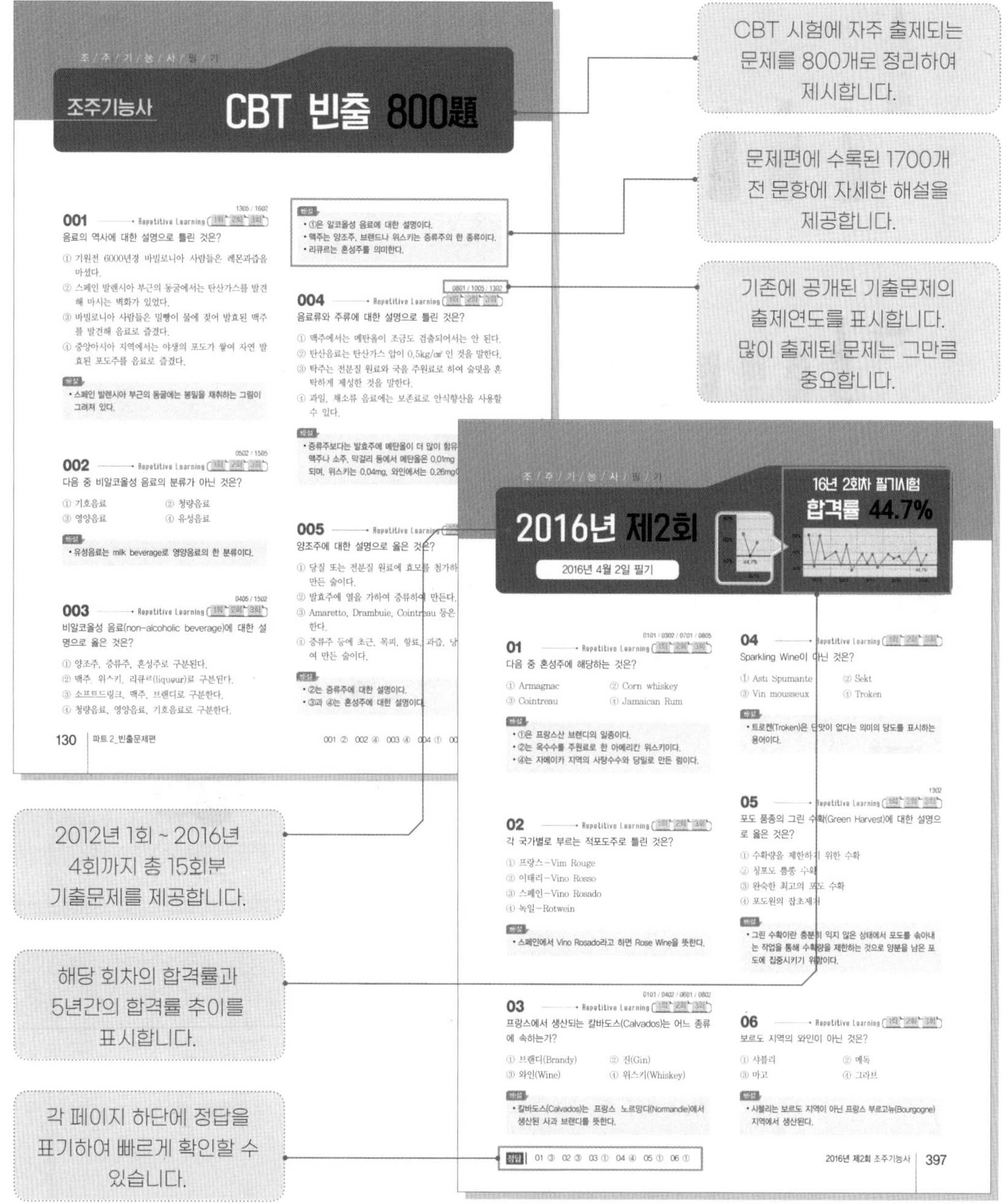
조주기능사
CBT 빈출 800題
CBT 시험에 자주 출제되는 문제를 800개로 정리하여 제시합니다.
문제편에 수록된 1700개 전 문항에 자세한 해설을 제공합니다.
기존에 공개된 기출문제의 출제연도를 표시합니다. 많이 출제된 문제는 그만큼 중요합니다.
2016년 제2회
2016년 4월 2일 필기
16년 2회차 필기시험
합격률 44.7%
2012년 1회 ~ 2016년 4회까지 총 15회분 기출문제를 제공합니다.
해당 회차의 합격률과 5년간의 합격률 추이를 표시합니다.
각 페이지 하단에 정답을 표기하여 빠르게 확인할 수 있습니다.

책의 구성과 학습법

실기

공단에서 제시한 40개의 표준레시피를 베이스 주류별, 조주기법별, 글라스별, 가니쉬별로 구분하여 정리하였습니다. 반복적으로 확인하셔서 완벽하게 암기하셔야 합니다.

01 베이스 주류별 칵테일

Wine
- Kir

전통주
- 힐링(Healing)
- 금산(Geumsan)
- 진도(Jindo)
- 고창(Gochang)
- 풋사랑(Puppy Love)

비주류
- Fresh Lemon Squash
- Virgin Fruit Punch

12 조주기능사 실기

02 조주기법 별 칵테일

Float 띄우기
- Pousse Cafe
- B-52

Stir 휘젓기
- Manhattan
- Dry Martini
- 고창(Gochang)
- Boulevardier

Build 직접넣기
- Old Fashioned
- Black Russian
- Rusty Nail
- Cuba Libre
- Seabreeze
- Negroni
- Long Island Iced Tea
- Moscow Mule
- Kir
- Fresh Lemon Squash

Shake 흔들기
- Brandy Alexander
- Margarita
- New York
- Daiquiri
- June Bug
- Bacardi Cocktail
- Grasshopper
- Apple Martini
- Sidecar
- Cosmopolitan Cocktail
- Apricot Cocktail
- Honeymoon Cocktail
- 힐링(Healing)
- 진도(Jindo)
- 풋사랑(Puppy Love)
- 금산(Geumsan)

Blend 블렌딩
- Mai-Tai
- Pina Colada
- Blue Hawaiian
- Virgin Fruit Punch

Build(직접넣기) + Float(띄우기)
- Tequila Sunrise

Shake(흔들기) + Build(직접넣기)
- Singapore Sling
- Whiskey Sour
- Gin Fizz

※ 고창을 제외한 모든 전통주는 shake 기법으로 조주한다.

02 조주기법 별 칵테일 13

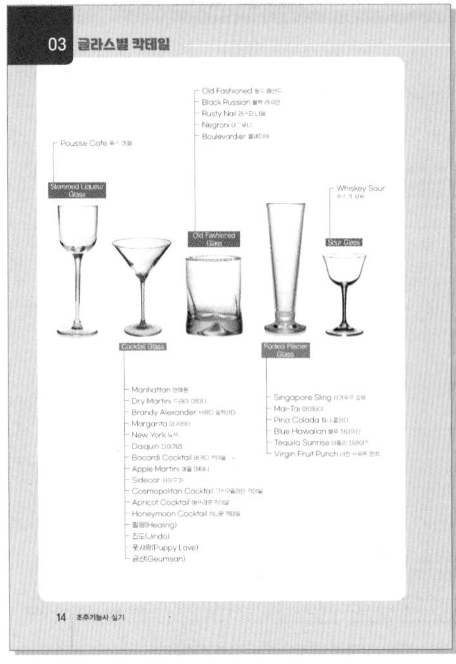
03 글라스별 칵테일

Stemmed Liqueur Glass
- Pousse Cafe

Cocktail Glass
- Manhattan
- Dry Martini
- Brandy Alexander
- Margarita
- New York
- Daiquiri
- Bacardi Cocktail
- Apple Martini
- Sidecar
- Cosmopolitan Cocktail
- Apricot Cocktail
- Honeymoon Cocktail
- 힐링(Healing)
- 진도(Jindo)
- 풋사랑(Puppy Love)
- 금산(Geumsan)

Old Fashioned Glass
- Old Fashioned
- Black Russian
- Rusty Nail
- Negroni
- Boulevardier

Footed Pilsner Glass
- Singapore Sling
- Mai-Tai
- Pina Colada
- Blue Hawaiian
- Tequila Sunrise
- Virgin Fruit Punch

Sour Glass
- Whiskey Sour

14 조주기능사 실기

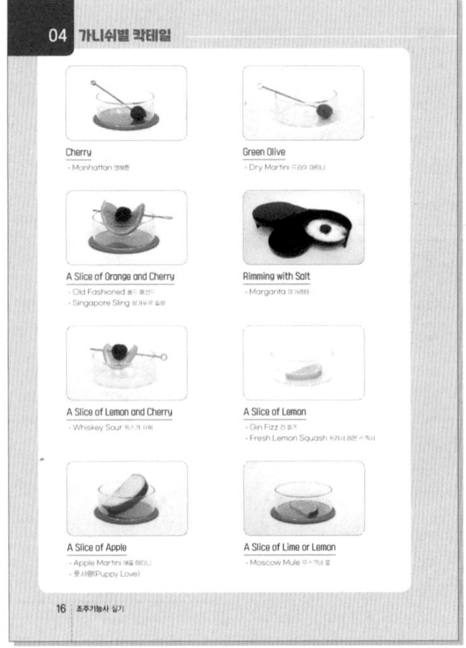
04 가니쉬별 칵테일

Cherry
- Manhattan

Green Olive
- Dry Martini

A Slice of Orange and Cherry
- Old Fashioned
- Singapore Sling

Rimming with Salt
- Margarita

A Slice of Lemon and Cherry
- Whiskey Sour

A Slice of Lemon
- Gin Fizz
- Fresh Lemon Squash

A Slice of Apple
- Apple Martini
- 풋사랑(Puppy Love)

A Slice of Lime or Lemon
- Moscow Mule

16 조주기능사 실기

실기

공단에서 제시한 40개의 표준레시피 완성 사진 및 준비물, 그리고 제조과정을 설명하고 관련 동영상 링크를 추가하였습니다. 이론적으로 암기하고, 동영상을 통해서 제조과정을 익히면 실기도 빠른 시간 내에 마스터 할 수 있습니다.

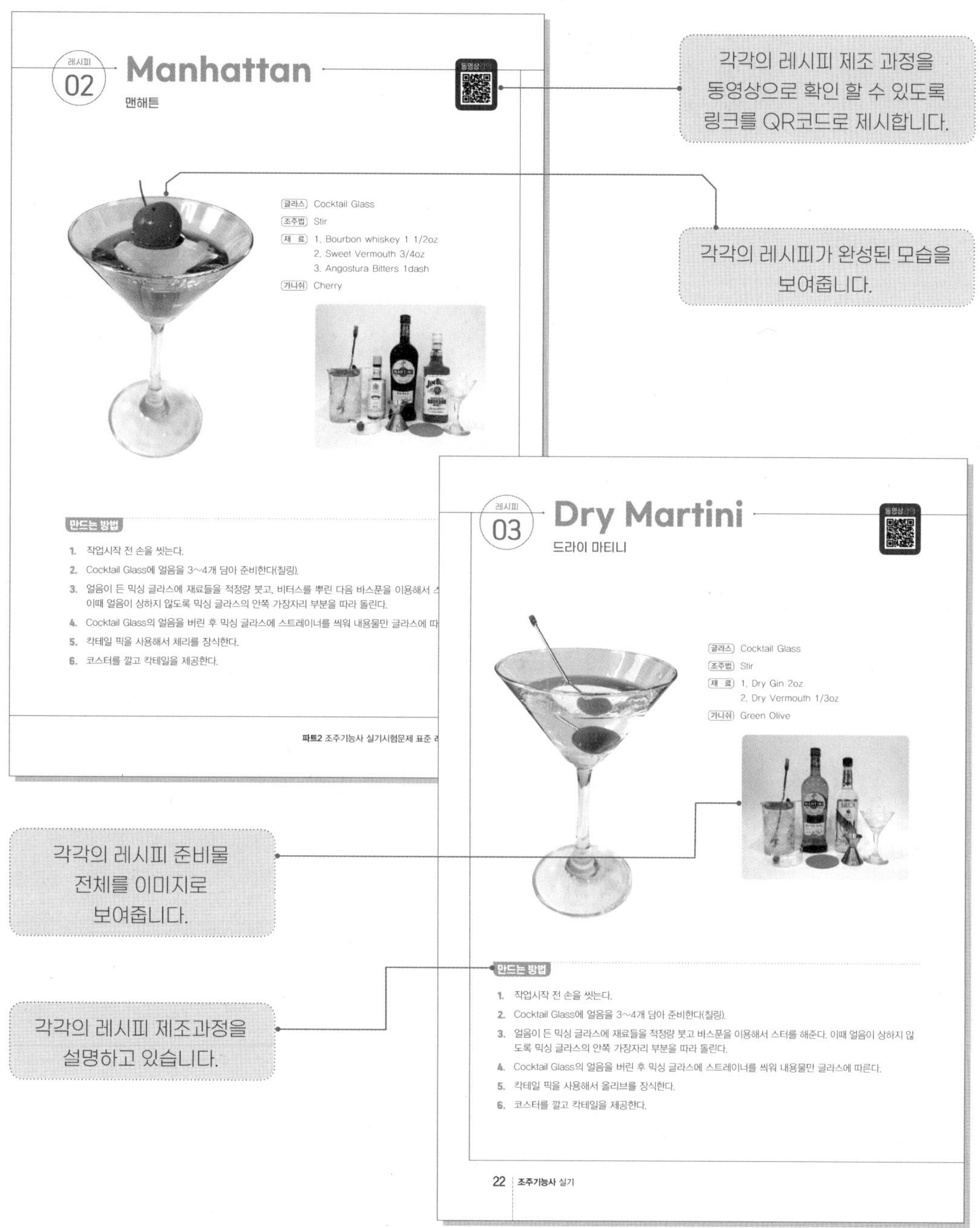

차례

조주기능사 필기

PART 1
이론편

PART 2
문제편

PART 3
2012~2016 기출문제

조주기능사 실기

실기시험안내

PART 1 칵테일 실기 기초

PART 2 조주기능사 실기시험문제 표준 레시피 40

영역별 출제 키워드

위생관리	음료 및 영업장에서의 위생관리, 식품위생과 관련된 법규와 주류 판매에 관련된 법규
음료 특성 분석	음료의 분류, 양조주(와인 등), 증류주(보드카, 럼, 테킬라, 진, 위스키, 브랜디 등), 혼성주, 전통주, 비알코올성 음료
칵테일 기법 실무	칵테일의 특성과 분류, 칵테일 기구와 주장의 소모품, 칵테일 기법
칵테일 조주 실무	칵테일 조주 형태별 분류, 기주별 칵테일의 종류, 얼음과 부재료, 장식, 글라스, 계량단위
고객 서비스	주류 영업시스템, 프로모션, 주장 서비스, 식음료 부문의 직무와 체계, 바텐더의 직무와 업무규칙, 술과 건강
음료영업장 관리	주장의 종류와 구성, 시설 및 설비관리, 음료 관리, 구매 관리, 재고관리, 원가관리
바텐더 외국어 사용	Would you ~, What kind of ~, How about ~, May I ~ 등의 의문문과 그 외 응대관련 문장
와인장비와 서비스	와인을 제조하고 서비스하는 데 필요한 각종 장비와 비품, 와인과 식생활, 이상적인 와인의 서비스와 보관방법

파트 1

이론편

조주기능사

조주기능사란? 주류뿐 아니라 물, 커피와 같은 각종 음료에 대한 지식을 바탕으로 칵테일을 조주하고 호텔과 외식업체 주장관리 등의 업무와 연관된 바텐더 자격증이다.

UNIT 1 위생관리

위생관리에서는 음료 및 영업장에서의 위생관리, 식품위생과 관련된 법규와 주류 판매에 관련된 법규 등이 주요하게 다뤄진다.

1 음료 영업장 관리

① 주장의 위생관리

- 병맥주는 깨끗하게 닦아서 냉장고에 보관한다.
- Glass는 세척 후 마른 수건으로 닦아서 보관한다.
- 사용한 칼과 도마는 소독을 한 후 보관한다.
- Garnish는 냉장 보관한다.

Garnish란 칵테일의 외형을 돋보이게 하기 위해 장식하는 각종 과일과 채소를 말한다.

② 주방기물의 위생관리

- 주장기물은 가능한 한 사용한 후 즉시 세척한다.
- 알맞은 Rack에 담아서 세척기를 이용하여 세척한다.
- 닦기 전에 금이 가거나 깨진 것이 없는지 먼저 확인한다.

③ 글라스(Glass)의 위생적인 취급방법

- 글라스 세척용 중성세제를 사용해서 세척하고 두 번(더운물－찬물 순) 이상 헹군다.
- 물에 레몬이나 에스프레소 1잔을 넣으면 Glass의 잡냄새가 제거된다.
- 세척한 글라스는 스템부분을 손가락 사이에 끼워 잡은 상태로 아래로 향하도록 들고 운반하며, 종류별로 보관한다.
- 스템이 없는 글라스는 트레이를 사용하여 운반한다.
- 글라스의 아랫부분을 잡고 글라스의 볼과 스템부분을 서로 반대방향으로 비틀지 않도록 해야 한다.
- 글라스는 불쾌한 냄새나 기름기가 없고 환기가 잘되는 곳에 보관해야 한다.
- 서비스하기 전 글라스를 차게 할 때는 냄새가 전혀 없는 냉장고에서 Frosting 시킨다.
- 글라스를 사용하기 전 반드시 글라스의 가장자리 파손여부를 확인한다.

스템(Stem)이란 손의 체온이 전해지지 않도록 사용되는 글라스로 줄기모양의 손잡이를 말한다.

Frosting이란 냉각을 뜻한다.

Check

바(Bar)에 사용되는 글라스(Glass) 취급요령 중 옳지 않은 것은? 0103 / 0501

① 글라스는 항상 깨끗하게 반짝거리도록 닦는다.
② 맥주 글라스는 항상 냉장고에 보관하여 서비스한다.
③ 글라스는 식재료 보관 창고에 보관한다.
④ 글라스는 불쾌한 냄새나 연기, 먼지, 기름기가 없고 환기가 잘 통하는 장소에 보관한다.

정답 ③

- 글라스는 불쾌한 냄새나 기름기가 없고 환기가 잘되는 곳에 보관해야 한다.

④ 칵테일 조주 시 위생 주의사항
- 얼음은 아이스 통 등을 이용해서 잡고 담는다.
- 글라스 윗부분(Rim)은 손으로 잡아서는 안 된다.
- Garnish는 깨끗한 손으로 Glass에 Setting 한다.
- 유효기간이 지난 칵테일 부재료를 사용해서는 안 된다.

글라스 윗부분(Rim)은 입술이 닿는 부분을 말한다.

2 식품위생 및 관련 법규

가. 식품위생법

① 식품위생법
- 식품으로 인하여 생기는 위생상의 위해(危害)를 방지하고 식품영양의 질적 향상을 도모하며 식품에 관한 올바른 정보를 제공함으로써 국민 건강의 보호 · 증진에 이바지함을 목적으로 한다.
- 식품위생이란 식품, 식품첨가물, 기구 또는 용기 · 포장을 대상으로 하는 음식에 관한 위생을 말한다.
- 주장의 영업 허가가 되는 근거 법률이다.

② 식품접객업의 분류

구분	내용
휴게음식점	주로 다류(茶類), 아이스크림류 등을 조리 · 판매하거나 패스트푸드점, 분식점 형태의 영업 등 음식류를 조리 · 판매하는 영업으로서 음주행위가 허용되지 아니하는 영업
일반음식점	음식류를 조리 · 판매하는 영업으로서 식사와 함께 부수적으로 음주행위가 허용되는 영업
단란주점	주로 주류를 조리 · 판매하는 영업으로서 손님이 노래를 부르는 행위가 허용되는 영업
유흥주점	주로 주류를 조리 · 판매하는 영업으로서 유흥종사자를 두거나 유흥시설을 설치할 수 있고 손님이 노래를 부르거나 춤을 추는 행위가 허용되는 영업
위탁급식	집단급식소를 설치 · 운영하는 자와의 계약에 따라 그 집단급식소에서 음식류를 조리하여 제공하는 영업
제과점	주로 빵, 떡, 과자 등을 제조 · 판매하는 영업으로서 음주행위가 허용되지 아니하는 영업

Check

다음 식품위생법상의 식품접객업의 내용으로 틀린 것은? 1305

① 휴게음식점 영업은 주로 빵과 떡 그리고 과자와 아이스크림류 등 과자점 영업을 포함한다.
② 일반음식점 영업은 음식류만 조리 · 판매가 허용되는 영업을 말한다.
③ 단란주점 영업은 유흥종사자는 둘 수 없으나 모든 주류의 판매와 손님이 노래를 부르는 행위가 허용되는 영업이다.
④ 유흥주점 영업은 유흥종사자를 두거나 손님이 노래를 부르거나 춤을 추는 행위가 허용되는 영업이다.

- ②는 음식류를 조리 · 판매하는 영업으로서 식사와 함께 부수적으로 음주행위가 허용되는 영업을 말한다.

정답 ②

나. 주류판매 관련 법규

① 주류의 정의

- 주정(희석하여 음용할 수 있는 에틸알코올을 말하며, 불순물이 포함되어 있어서 직접 음용할 수는 없으나 정제하면 음용할 수 있는 조주정을 포함)
- 알코올분 1도 이상의 음료(용해하여 음용할 수 있는 가루 상태인 것을 포함하되, 「약사법」에 따른 의약품 및 알코올을 함유한 조미식품으로서 대통령령으로 정하는 것은 제외)

② 주세법상 용어의 정의

알코올분	전체용량에 포함되어 있는 에틸알코올(섭씨 15도에서 0.7947의 비중을 가진 것)을 말한다.
밑술	효모를 배양·증식한 것으로서 당분이 포함되어 있는 물질을 알코올 발효시킬 수 있는 재료를 말한다.
술덧	주류의 원료가 되는 재료를 발효시킬 수 있는 수단을 재료에 사용한 때부터 주류를 제성하거나 증류(蒸溜)하기 직전까지의 상태에 있는 재료를 말한다.
주조연도	매년 1월 1일부터 12월 31일까지의 기간
주류	• 주정 • 알코올분 1도 이상의 음료(단, 「약사법」에 따른 의약품으로서 알코올분이 6도 미만의 것 제외) • 주류 제조 원료가 용기에 담긴 상태로 제조장에서 반출되거나 수입신고된 후 추가적인 원료 주입 없이 용기 내에서 주류 제조 원료가 발효되어 최종적으로 알코올분 1도 이상의 음료가 된 것

제성이란 주류의 품목별로 신고한 제조방법에 따라 여과, 증류, 혼합할 수 있는 주류를 투입한 후 물이나 그 밖의 첨가재료를 넣어 최종 제품을 제조하는 행위를 말한다.

③ 주류의 주정도수

Gin	40~47%	Vermouth	16~18%
Brandy, Vodka	40%	Wine	13~15%
Sloe Gin	30~35%	Beer	4%
Fortified Wine	18~20%		

④ 과세유흥장소

- 「개별소비세법」에 따라 개별소비세가 부과되는 유흥음식행위를 하는 유흥장소를 말한다.
- 카바레, 나이트클럽, 요정, 외국인전용유흥음식점 등이 있다.

Check

우리나라에서 개별소비세가 부과되지 않는 영업장은? 1601

① 단란주점 ② 요정
③ 카바레 ④ 나이트클럽

정답 ①

• 카바레, 나이트클럽, 요정, 외국인전용유흥음식점 등이 대표적인 개별소비세 부과대상 과세유흥장소이다.

⑤ 음료류의 식품유형

무향탄산음료	먹는 물에 식품 또는 식품첨가물(착향료 제외) 등을 가한 후 탄산가스를 주입한 것을 말한다.
착향탄산음료	탄산음료에 식품첨가물(착향료)을 주입한 것을 말한다.
과실음료	농축과실즙(또는 과실분), 과실주스 등을 원료로 하여 가공한 것(과실즙 10% 이상)을 말한다.
유산균음료	유가공품 또는 식물성 원료를 유산균으로 발효시켜 가공(살균포함)한 것을 말한다.
효모음료	유가공품 또는 식물성 원료를 효모로 발효시켜 가공(살균 포함)한 것을 말한다.

효모란 술이나 빵을 만들 때 발효에 관여하는 미생물을 말한다.

음료 특성 분석

음료 특성 분석에서는 음료의 분류, 양조주(와인 등), 증류주(보드카, 럼, 테킬라, 진, 위스키, 브랜디 등), 혼성주, 전통주, 비알코올성 음료 등이 주요하게 다뤄진다.

1 음료

① 음료의 역사

- 기원전 6000년경 바빌로니아 사람들은 레몬과즙을 마셨다
- 바빌로니아 사람들은 밀빵이 물에 젖어 발효된 맥주를 발견해 음료로 즐겼다.
- 중앙아시아 지역에서는 야생의 포도가 쌓여 자연 발효된 포도주를 음료로 즐겼다.
- 스페인 발렌시아 부근의 동굴에서는 봉밀을 채취하는 그림이 그려져 있었던 것으로 보아 벌꿀은 인류가 가장 오래전부터 마셔온 음료일 것이라고 추측된다.

② 음료(Beverages)의 분류

- 음료는 알코올성과 비알코올성 그리고 물까지 포함한다.
- 알코올성 음료는 양조주, 증류주, 혼성주로 분류된다.
- 비알코올성 음료는 청량음료, 영양음료, 기호음료로 구분한다.

혼합주란 여러 종류의 술을 기주(base, 基酒)로 하여 고미제(苦味劑), 설탕, 향료 등을 혼합하여 만든 술로 칵테일이 대표적이다.

Check

제조법에 따른 알코올성 음료의 3가지 분류에 속하지 않는 것은?

0301 / 0902 / 1102

① 증류주 ② 혼합주 ③ 양조주 ④ 혼성주

정답 ②

- 알코올성 음료는 양조주, 증류주, 혼성주로 분류된다.

2 양조주

① 양조주(Fermented Liqueur)

- 과일(당질) 또는 곡물(전분질) 원료에 효모를 첨가하여 발효시킨 술이다.
- 증류주와 혼성주의 제조 원료가 되기도 한다.
- 맥주, 청주, 막걸리, 와인 등이 이에 해당한다.
- 보존기간이 비교적 짧고 유통기간이 있는 것이 많다.
- 양조과정을 통해서 얻을 수 있는 알코올 함량은 보통 1~20% 이내이다.

Check

다음 중 양조주가 아닌 것은?

0602 / 0802

① 소주 ② 레드 와인 ③ 맥주 ④ 청주

정답 ①

- 소주는 증류주이다.

② 과즙을 원료로 하는 양조주

Wine	백포도주	청포도를 짜서 과즙만을 발효한 술
	적포도주	적포도를 압쇄해 껍질과 함께 발효한 술
Perry	배 즙으로 만든 사이다를 발효한 술	
Cider	사과 과즙으로 만든 사과주	
Toddy	야자수 즙을 발효시켜 만든 술	

③ 양조주 제조방법에 따른 분류

- 단발효주란 당분이 포함된 과즙을 발효시켜 알코올을 생성하는 것으로 과실주가 대표적이다.
- 복발효주란 곡물의 전분이 당화되고, 당화된 당분이 발효되어 알코올을 생성하는 것이다.

단행복발효	당화 후 발효하는 것으로 맥주가 대표적이다.
병행복발효	당화와 발효가 동시에 진행하는 것으로 막걸리, 약주, 청주 등이 이에 해당한다.

3 와인

가. 와인의 분류

① 와인(Wine)

- 와인은 포도의 당분에 효모를 첨가하여 발효시킨 양조주이다.
- 와인 양조 시 1%의 알코올을 만들기 위해 16.5g/L 당분이 필요하다.
- 와인을 평가하는 세 가지 요소는 Aroma, Taste, Color이다.
- 와인의 품질을 결정하는 요소에는 환경요소, 양조기술, 포도품종 등이 있다.
- 영어로는 Wine, 포르투갈어로는 Vinho, 불어로는 Vin, 독일어로는 Wein, 이탈리아어와 스페인어로 Vino로 표기한다.

와인의 용량

Jeroboam	4.5L
Magnum	1.5L
Quart	1L
Standard	750mL
Tenth Half	375mL

② 각국의 와인

- 세계 10대 와인 생산국에는 프랑스, 이탈리아, 스페인, 미국, 아르헨티나, 호주, 독일, 남아공, 칠레, 포르투갈 등이 있다.
- 프랑스는 Terroir(프랑스어로 땅)를 강조하는데 이는 포도가 잘 재배되고 와인을 만드는 데 필요한 땅, 지역, 기후, 제조방법을 말한다.
- 독일은 프랑스에 비해 날씨가 쌀쌀한 관계로 이를 적극적으로 활용해 포도를 얼려버린 후 수확하여 당분을 응축시킨 스위트 와인을 주로 만들기 때문에 White Wine의 생산량이 Red Wine보다 많다.
- 스페인의 쉐리 와인, 포르투갈의 포트 와인 등은 세계적인 주정강화와인에 해당한다.
- 프랑스, 이탈리아 등 유럽국가는 와인 라벨에 와인의 등급을 표기한다.
- 신세계 와인이라 불리는 유럽 외 국가의 와인에는 라벨에 브랜드명, 품종, 빈티지, 원산지명, 생산국가, 알코올 도수, 용량을 표기한다. 와인 등급을 표기하지는 않는다.

주정강화와인이란 와인에 브랜디나 기타 주정을 첨가하여 도수를 높인 와인을 말한다.

③ 와인 생산 지역

프랑스	Provence	프랑스에서 가장 오래된 포도 재배지로 주로 Rose Wine을 많이 생산한다.
	Bordeaux	프랑스 남부의 대표적인 포도주 산지로서 Medoc, Margaux, Graves 등이 유명하다.
	루아르(Loire)	프랑스 최대 와인 생산지이다.
	론(Rhone)	프랑스 남동부 와인 생산지로 시라 와인을 만들어 내는 곳이다.
독일	Mosel-Saar-Ruwer	세계에서 가장 북쪽에 위치한 포도주 생산지역이다.
	라인(Rhein)	화이트 와인인 호크 와인(Hock Wine)의 생산지이다.
스페인	리오하(Rioja)	스페인 최고등급의 레드 와인 생산지이다.
	뻬네데스(Penedes)	스페인 북동부의 카탈루냐 지역의 와인 생산지이다. 스파클링 와인 까바(Cava)의 생산지이다.
이탈리아	토스카나(Toscana)	White Wine과 Red Wine을 섞어 양조한 Chianti가 생산된다.
	피에몬테(Piemonte)	바르바레스코(Barbaresco) 생산지이다.
포르투갈	도우루(Douro)	강화와인인 포트 와인(Port Wine)의 주 생산지이다.
미국	나파벨리(Napa valley)	캘리포니아에 있는 세계 최고의 프리미엄 와인 생산지이다.

④ 와인의 분류

㉠ 색에 따른 분류

Red Wine	붉은색 와인으로 실온(15~20℃)에서 주로 마신다.
White Wine	연노란색 와인으로 냉장해서 주로 마신다.
Rose Wine (로제와인)	• 대체로 붉은 포도로 만든 핑크빛 와인이다. • 제조 시 포도껍질은 같이 넣고 발효시키다가 원하는 색이 나오면 껍질을 제거하여 만든다. • 보존기간이 짧으므로 오래 숙성시키지 않고 마시는 것이 좋다. • 맛으로 보면 화이트 와인에 가까우므로 6~18℃ 정도로 차게 해서 마시는 것이 좋다.

Blush Wine

- 핑크에서 붉은색까지 나는 적포도로 만든 로제와인으로 적포도를 착즙해 주스만 발효시켜 만든다.
- 가벼운 디저트 와인으로 사용된다.
- 미국에서는 로제와인을 Blush라고 표기하기도 한다.

㉡ 맛에 따른 분류

Sweet Wine	주로 화이트 와인으로 단맛이 나는 와인
Dry Wine	포도 속의 포도당이 완전히 발효해서 단맛이 남아있지 않은 와인
Medium Dry Wine	Sweet과 Dry의 중간 정도의 맛이 나는 와인

㉢ 알코올 첨가 여부에 따른 분류

Fortified Wine (주정강화와인)	• 주정강화와인은 와인에 알코올이나 오드비(브랜디 원액)를 넣어서 도수를 18% 이상으로 하여 보존성을 높인 와인 • 쉐리 와인과 포트 와인, 베르무트, 뱅 드 리퀘르(Vin doux Liquere) 등이 대표적
Unfortified Wine	다른 증류주를 첨가하지 않은 순수한 포도만을 발효시킨 와인

㉣ 탄산가스 유무에 따른 분류

Sparkling Wine	발포성 와인으로 발효가 끝난 일반 와인에 당분과 효모를 첨가해 2차 발효를 일으켜 와인이 발포성을 갖도록 한 와인
Still Wine	비발포성 와인으로 탄산가스를 완전히 제거한 와인

Check

Still Wine을 바르게 설명한 것은? 0301 / 0405 / 0605 / 1501

① 발포성 와인 ② 식사 전 와인
③ 비발포성 와인 ④ 식사 후 와인

• 스틸 와인(Still wine)은 비발포성 일반와인을 뜻한다.

정답 ③

㉤ 저장기간에 따른 분류

Young Wine	발효가 끝난 후 별도의 숙성을 거치지 않고 바로 병입해서 판매하는 저가의 와인
Aged Wine	발효가 끝난 후 지하창고에서 몇 년 이상 숙성시킨 품질이 우수한 와인
Great Wine	15년 이상 숙성시킨 최고의 와인

㉥ 식사 시 용도에 따른 분류

Aperitif Wine	식전와인으로 식욕을 돋우기 위해서 식사 전에 한두 잔 가볍게 미시는 와인이다. 산뜻하면서 향취가 강한 맛이 난다.
Table Wine	식사와 곁들여 마시는 와인으로 생선류는 화이트 와인, 육류는 레드 와인이 주로 서비스된다.
Dessert Wine	• 식사 후 입안을 개운하게 하려고 마시는 와인으로 알코올 도수가 약간 높은 와인을 말한다. • 디저트와 함께 달콤한 와인(Sweet White Wine)을 주로 선택한다. • 이탈리아의 모스카토, 프랑스의 소테른, 독일과 캐나다의 아이스와인, 포르투갈의 포트와 스페인의 쉐리 등을 많이 사용한다.

⑤ 기타 분류

㉠ 쉐리 와인(Sherry Wine)

- 원산지는 헤레즈(Jerez)인데 영국식으로 Xeres, Sherry로 발음이 변하였다.
- 스페인의 백포도주로 주로 식전주로 마시는 드라이 쉐리(Dry Sherry)를 말한다.
- 솔레라 시스템을 이용한 스페인의 대표적인 주정강화와인으로 노란색이나 브라운 색상의 독특한 견과류 향의 와인이다.
- 스페인어로 보데가(Bodega)로 불리는 와인 저장창고에서 숙성한다.
- 종류에는 Fino, Olorso, Amontillado, Tio pepe, Amoroso, Manzanilla 등이 있다.
- Fino는 팔로미노 포도로 만든 와인의 표면에 Flor라 불리는 야생 효모를 내려앉게 해서 향이 배도록 한 와인이다.
- Amontillado는 Fino를 일정기간 숙성시킨 것으로 숙성과정에서 색이 호박색(황금색)으로 변하는 medium sweet형의 쉐리 와인이다.

Check

Sherry wine의 원산지는? 0401 / 0901 / 1304

① Bordeaux 지방 ② Xeres 지방
③ Rhine 지방 ④ Hockheim 지방

정답 ②

- 헤레스(Jeres)에서 프랑스식으로 세레스(Xeres)로 변해서 현재는 영어식으로 쉐리(Sherry)라고 부르게 되었다.

㉡ 오드비(Eau-de-vie)

- '생명의 물'이라는 의미이다.
- 발효주를 원료로 증류시켜 만든 술로 영미권에서는 포도 이외의 과일로 만든 증류수를 말한다.
- 종류에는 배(pear)를 증류시킨 뿌아르 윌리암, 체리를 증류시킨 키르쉬, 로즈베리를 증류시킨 프랑부아즈, 살구를 증류시킨 아브리꼬 등이 있다.

㉢ 하우스 와인(House Wine)

- 고객이 별개로 와인을 정하지 않았을 경우에 매니저가 자신들의 음식과 가장 어울리는 와인을 선택하여 고객에게 제공하는 와인을 말한다.
- 주로 글라스로 서비스하는 와인을 말한다.

Check

바에서 사용하는 House Wine의 의미는? 1001 / 0102 / 0402 / 1204 / 1405

① 널리 알려진 술의 종류
② 지정 주문이 아닐 때 쓰는 술의 종류
③ 상품(上品)에 해당하는 술의 종류
④ 조리용으로 사용하는 술의 종류

정답 ②

- 하우스 와인은 고객이 별개로 와인을 정하지 않았을 경우에 매니저가 와인을 선택하여 제공하는 와인을 말한다.

나. 프랑스 와인

① 프랑스 기후

- 론, 프로방스 지방의 기후는 온화한 지중해성 기후이다.
- 보르도 지역은 대서양과 가까워서 습하고 기후변화가 심하다.

② 프랑스 와인의 특징

- 풍부하고 다양한 식생활 문화의 발달과 더불어 와인이 성장하게 되었다.
- 일찍부터 품질 관리 체제를 확립하여 와인을 생산해오고 있다.
- 샹빠뉴 지역은 연중기온이 낮아 포도주의 발효가 기온에 따라 멈추고 다시 시작하게 되는데 이 점을 이용하여 샴페인을 만든다.
- 보르도 지역은 토양이 비옥하지 않지만, 거칠고 돌이 많아 배수가 잘된다.

③ 프랑스 주요 와인 산지

프로방스(Provence)	프랑스에서 가장 오래된 포도 재배지로 주로 Rose Wine을 많이 생산한다.
보르도(Bordeaux)	프랑스 남부의 대표적인 포도주 산지로서 Medoc, Margaux, Graves 등이 유명하다.
루아르(Loire)	프랑스 최대 와인 생산지이다.
론(Rhone)	프랑스 남동부 와인 생산지로 시라 와인을 만들어 내는 곳이다.
알자스(Alsace)	독일과 국경을 접하고 있는 지역으로 화이트 화인을 주로 생산하는 곳이다.
부르고뉴(Bourgogne, Burgundy)	샤르도네 포도 품종이 가장 많이 생산되는 작지만 유명한 포도 산지이다.
보졸레(Beaujolais)	프랑스 부르고뉴 지방의 남쪽지역으로 보졸레 누보로 유명하다. 11월 셋째 주 목요일에 햇 포도주로 만든 보졸레 누보를 전 세계에서 동시 판매한다.
샹빠뉴(Champagne)	세계에서 가장 추운 와인 산지이며, 발효가 되다가 기온이 낮아지면 중간에 멈추고, 온도가 올라가면 다시 발효가 시작되는 방식을 이용해 샴페인을 만든다.

Check

프랑스의 포도주 생산지가 아닌 것은? 0405 / 1101

① 보르도 지방
② 부르고뉴 지방
③ 보졸레 지방
④ 키안티 지방

- 키안티(Chianti) 와인은 이탈리아의 토스카나 지역에서 생산된다.

정답 ④

French Paradox

- 프랑스인들이 미국인에 비해 기름진 음식을 더 많이 섭취하지만 심장병 발병률은 미국인보다 낮은 이유에 대한 주장이다.
- 레드 와인이 혈관 내벽을 씻어내는 효과를 가진다고 주장한다.
- 레드 와인에 많이 포함된 resveratrol과 polyphenols이 항산화작용을 통해 심장질환을 막아준다.

④ 보르도(Bordeaux)

- 4~10월 사이의 평균온도는 12.9℃, 강우량은 909mm 정도이다.
- 메독(Medoc), 마고(Margaux), 그라브(Grave), 포므롤(Pomerol), 소테른(Sauternes), 생떼밀리옹(Saint–Emilion), 바르삭(Barsac) 등이 유명하다.
- 특히 포므롤(Pomerol) 지역은 다른 보르도 지방의 와인보다 맛도 풍성하고 향도 신선하므로 고급와인이 많이 생산되는 곳이다.
- 까베르네 소비뇽(Cabernet Sauvignon), 까베르네 프랑(Cabernet Franc), 세미용(Semillon)은 보르도 지역의 주요 레드 와인 포도 품종이다.
- 뮈스까델(Muscadelle)은 보르도에서 재배하는 화이트 와인 품종이다.

⑤ 클라렛(Claret)

- 프랑스 보르도 지방에서 생산되는 적포도주(Red Wine)이다.
- 레드 와인이므로 실온에서 제공한다.
- 미국에서 클라렛은 적포도주의 총칭으로 쓰인다.

Check

클라렛(Claret)이란? 0301 / 0601 / 1505

① 독일산의 유명한 백포도주(White Wine)
② 프랑스 보르도 지방의 적포도주(Red Wine)
③ 스페인 헤레스 지방의 포트 와인(Port Wine)
④ 이탈리아산 스위트 베르무트(Sweet Vermouth)

정답 ②

- 클라렛은 프랑스 보르도 지방에서 생산되는 적포도주(Red Wine)이다.

⑥ 까베르네 쇼비뇽(Cabernet Sauvignon)

- 프랑스 보르도 지방의 적포도주 품종이다.
- 주 특징은 작은 포도알, 깊은 적갈색, 두꺼운 껍질, 많은 씨앗이다.
- 씨앗은 타닌함량을 풍부하게 하고, 두꺼운 껍질은 색깔을 깊이 있게 나타낸다.
- 블랙커런트, 체리, 자두 향을 지니고 있다.

타닌(tannin)은 떫은맛을 내는 폴리페놀의 한 종류로 커피, 녹차, 허브차 등에 풍부하게 존재한다.

⑦ 보졸레 누보

- 프랑스 보졸레 지방에서 생산되는 포도주이다.
- 인력으로 열매를 분리하지 않고 수확 후 송이째 밀폐된 탱크에 집어넣어 양조하는 와인이다.
- 발효 중 CO_2의 영향을 받아 산도가 낮은 와인이 만들어진다.
- 오랜 숙성 기간 없이 매년 11월 셋째 주 목요일에 햇포도주로 전세계에서 동시 출시되며 숙성시키는 일반와인과 달리 신선한 맛이 생명이므로 가급적 빨리 마셔야 한다.

⑧ 피노 누아(Pinot Noir)

- 프랑스 부르고뉴 지방의 대표적인 품종이다.
- 피노 누아의 포도송이 모양이 솔방울과 닮아 소나무(Pine tree)와 검정(Noir)을 의미하는 프랑스어에서 유래되었다.
- 재배하기가 무척 까다롭지만 궁합이 맞는 토양을 만나면 훌륭한 와인을 만들어 내기도 하며 Romancee–Conti를 만드는 데 사용된다.

⑨ 샤또뇌프 뒤 빠쁘(CDP)

- 프랑스 론 지역에 위치한 포도 생산지이다.
- 그르나슈 포도를 베이스로 다양한 적포도를 블렌딩하는 것으로 유명하다.

Check

재배하기가 무척 까다롭지만 궁합이 맞는 토양을 만나면 훌륭한 와인을 만들어 내기도 하며 Romancee-Conti를 만드는 데 사용되는 프랑스 부르고뉴 지방의 대표적인 품종으로 옳은 것은? 1205 / 1505

① Cabernet Sauvignon ② Pinot Noir
③ Sangiovese ④ Syrah

- ①은 거의 모든 와인생산국에서 재배되는 레드 품종이다.
- ③은 신선한 딸기, 체리향에 약간의 스파이스 향이 묻어나는 이탈리아 중부지방의 포도품종이다.
- ④는 꽃향, 후추와 허브향이 나는 프랑스 남부의 레드 품종으로 현재는 거의 모든 와인생산국에서 재배되고 있다.

정답 ②

다. 독일 와인

① 독일 와인의 특징

- 라인(Rhein)과 모젤(Mosel) 지역이 대표적이다.
- 독일 라인산 화이트 와인을 호크 와인이라 한다.
- 레드 와인보다 화이트 와인의 제조가 월등히 많다.
- 리슬링(Riesling) 품종의 화이트 와인이 유명하다.
- 아이스바인(Eiswein)은 독일의 최상급 디저트 와인을 뜻한다.

② 독일 와인의 프라디카츠바인

- 수확한 포도 당분에 따라 구분하는 개념으로 카비넷, 슈페트레제, 아우스레제, 베렌아우스레제, 아이스바인, 트로켄베렌아우스레제 등 6단계로 구분한다.
- 아우스레제(Auslese)는 완전히 익은 포도를 선별해서 만든다.
- 트로컨(Trocken)은 최대 리터당 당분이 9g을 넘지 않는 와인으로 단맛이 없는 '드라이(Dry)'의 뜻이다.
- 할프트로컨(Halbtrocken)은 최대 리터당 당분이 18g을 넘지 않는 와인으로 약간 단맛이 난다.

③ 독일 주요 와인 산지

아르(Ahr)	독일 최대의 레드 와인 생산지이다.
모젤(Mosel)	마주 앉아서 즐긴다는 의미의 마주앙 와인(화이트 와인)을 생산하는 생산지이다.
라인가우(Rheingu)	독일 최고급 와인 생산지이다.
라인팔츠(Rheinpfaltz)	독일의 가장 대중적인 와인인 리브프라우밀히(Liebfraumilch)의 생산지이다.

④ 리슬링(Riesling) 와인
- 독일의 대표적인 화이트 와인이다.
- 살구향, 사과향 등의 과실향이 주로 난다.
- 다른 나라 와인에 비해 비교적 알코올 도수가 낮다.

Check

독일의 와인 생산지가 아닌 것은? 0402 / 1005

① Ahr 지역 ② Mosel 지역
③ Rheingu 지역 ④ Penedes 지역

정답 ④

- Penedes 지역은 스페인의 와인 생산지로 스파클링 와인 까바(Cava)의 생산지이다.

라. 이탈리아 와인

① 이탈리아 와인의 특징
- 거의 전 지역에서 와인이 생산된다.
- 지명도가 높은 와인 산지로는 피에몬테, 토스카나, 베네토 등이 있다.
- 이탈리아 와인은 1963년에 제정된 법률에 의거하여 D.O.C.G → D.O.C → IGT → VDT로 분류되며 등급체계는 4등급이다.
- 네비올로, 산지오베제, 바르베라, 돌체토 포도 품종은 레드 와인용으로 사용된다.
- 지명을 와인의 브랜드명으로 사용하는 것으로 키안티, 바르바레스코, 바롤로, 마르살라 등이 있다.

② 키안티(Chianti)
- 이탈리아 중부 키안티에서 생산되는 이탈리아 대표 레드 와인이다.
- 토스카나가 원산지인 산지오베제(Sangiovese) 포도로 양조된다.
- 10개월간 숙성 후 알코올 함량이 12% 이상을 유지해야 한다.
- 피아스코(Fiasco)라 불리는 둥근 와인병에 라피아(Raffia)라 불리는 밀짚으로 보호되어 판매된다.
- 갈로네로(Gallo nero)는 이탈리아어로 검은 수탉을 의미하며 키안티 클라시코(Chianti classico)의 마크이다.

Check

키안티(Chianti)는 어느 나라 포도주인가? 0402 / 0601

① 불란서 ② 이탈리아
③ 미국 ④ 독일

정답 ②

- 키안티(Chianti)는 이탈리아의 토스카나(Toscana) 지역에서 생산된 이탈리아 와인이다.

③ 트레비아노(Trebbiano)
- 이탈리아에서 많이(97%) 재배하는 화이트 와인용 포도 품종이다.
- 프랑스에서 유니블랑, 호주에서 화이트 에르미타지, 화이트 쉬라즈, 스페인과 포르투갈에서 타리아, 스페인에서 비우라라고 부른다.

④ 마르살라(Marsala)

- 이탈리아 시칠리아섬 마르살라에서 생산되는 강화와인이다.
- 알코올 도수 15~20% 정도이며, 요리에 많이 사용된다.

마. 스페인 와인

① 스페인 와인의 특징

- 레드 와인은 Tempranillo, Rioja, Garnacha 등이 있다.
- 화이트 와인은 쉐리, 만사니아, 올로로쏘, 몬티아, 아몬티아도 등이 있다.

Check

다음 보기들과 가장 관련되는 것은? 1205 / 1604

• 만사니아(Manzanilla)	• 몬티아(Montilla)
• 올로로쏘(Oloroso)	• 아몬티아도(Amontillado)

① 이탈리아산 포도주 ② 스페인산 백포도주
③ 프랑스산 샴페인 ④ 독일산 포도주

- ①에는 키안티, 마르살라, 바롤로 등이 있다.
- ③에는 블랑드블랑, 블랑드누아 등이 있다.
- ④에는 모젤, 라인가우 등이 있다.

정답 ②

② 템프라니요(Tempranillo)

- 스페인 와인의 대표적 토착 품종으로 리오하(Rioja) 와인을 만드는 주요 적포도 품종이다.
- 숙성이 충분히 이루어지지 않을 때는 짙은 향이 나고 풍미가 다소 거칠게 느껴질 수 있지만 오랜 숙성을 통하면 부드러움이 갖추어져 매혹적인 스타일이 만들어진다.

③ 솔레라(solera)

- 스페인의 전통적인 강화와인을 소량씩 반자동으로 블렌딩하는 방법이다.
- 오래된 와인에 새 와인을 첨가해서 와인의 신선함을 유지하며 일정한 스타일의 와인을 지속적으로 만드는 시스템을 뜻한다.
- 쉐리의 숙성에 많이 사용된다.

바. 기타 국가 와인

① 포트 와인(Port Wine)

- 포르투갈산의 도우루(Douro) 지방의 강화주를 말한다.
- 발효를 중간에 멈춤으로서 높은 도수의 알코올 함량과 단맛을 가진다.
- 식전주나 식후 디저트 와인으로 사용된다.

Check

포트 와인(Port Wine)이란? 1204

① 포르투갈산 강화주 ② 포도주의 총칭
③ 캘리포니아산 적포도주 ④ 호주산 적포도주

- 포트 와인(Port wine)은 포르투갈의 주정강화와인으로 주로 식후에 먹는 달콤한 와인이다.

정답 ①

② 칠레 와인

- 국토가 길게 자리하고 있고 밤낮의 일교차가 큰 특징을 가지고 있어 포도의 향이 짙고 끈끈한 것을 특징으로 한다.
- 주 생산지는 수도 산티아고 주변의 센트럴 밸리(Central Valley), 마이포(Maipo), 카사블랑카 밸리(Casablaca Valley) 등이다.
- 주로 생산하는 레드 와인 품종은 말백, 메를로, 까베르네 쇼비뇽, 피노 누아 등이 있다.
- 주로 생산하는 화이트 와인 품종은 리슬링, 샤르도네, 트라미너, 쎄미용 등이 있다.

사. 와인용 포도 품종과 원산지

① 레드 와인용

품종	원산지
메를로(Merlot)	프랑스 보르도
피노 누아(Pinot Noir)	프랑스 부르고뉴
까베르네 쇼비뇽(Cabernet Sauvignon)	프랑스 보르도
말백(Malbec)	프랑스 까오르
까베르네 프랑(Cabernet franc)	프랑스 보르도
그르나슈(Grenache)	프랑스 론
산지오베제(Sangiovese)	이탈리아 라치오
네비올로(Nebbiolo)	이탈리아 피에몬테
바르베라(Barbera)	이탈리아 피에몬테

Check

다음 중 Red Wine용 포도 품종은? 0702 / 1202

① Cabernet Sauvignon ② Chardonnay
③ Pino Blanc ④ Sauvignon Blanc

정답 ①

- ②는 프랑스 부르고뉴 지방에서 생산되는 화이트 와인용 포도 품종이다.
- ③은 프랑스 알자스 지방에서 생산되는 화이트 와인용 포도 품종이다.
- ④는 프랑스 보르도, 루아르 지방에서 생산되는 화이트 와인용 포도 품종이다.

② 화이트 와인용

품종	원산지
샤르도네	프랑스 부르고뉴
세미용	프랑스 보르도
소비뇽 블랑	프랑스 보르도, 루아르
슈냉블랑	프랑스 루아르
피노 블랑	프랑스 알자스
뮈스까델	프랑스 루아르
리슬링	독일 라인

아. 와인의 제조

① 와인 제조과정

- 수확－분쇄－발효－압착－숙성－여과－병입 단계를 거친다.
- 발효단계에서 1차 발효로 알코올 발효, 2차 발효로 젖산 발효를 거친다.
- 숙성단계를 통해서 와인의 향과 맛을 얻을 수 있다.

② 레드 와인 제조 순서

- 수확－분쇄－발효－압착－숙성－여과－병입 순서로 진행한다.
- 포도 껍질에 있는 천연 효모의 작용으로 발효가 된다.
- 발효단계에서 1차 발효로 알코올 발효, 2차 발효로 말로락틱 발효를 거친다.
- 포도당이 에틸알코올과 탄산가스로 변한다.
- 말로락틱 발효(Malolactic fermentation)는 젖산(유산) 발효라 한다.
- 젖산 발효 시 탄산가스가 발생하므로 발포주의 제조에도 이용된다.

③ 감미 와인(Sweet Wine) 제조법

- 포도가 익어도 수확하지 않고 농익을 때까지 기다렸다 포도의 당분함량이 최고조에 이를 때 수확하는 방법
- 잿빛곰팡이균(Botrytis Cinerea)을 활용하는 귀부포도(Noble rot Grape)를 사용하는 방법
- 발효 도중 알코올을 강화하여 발효를 인위적으로 중단시키는 방법
- 햇빛에 말린 포도를 사용하는 방법
- 포도를 수확하지 않고 혹한에 얼린 다음 수확하여 얼어버린 포도알 속에서 당분이 농축된 과즙을 얻는 방법

> 발포주는 맥아 함량 비율이 10% 미만인 술로 주세법상 맥주가 아닌 기타 주류로 분류된다.

> 귀부포도는 보트리티스라 불리는 귀부균에 의해 귀하게 부패했다는 의미로 와인에 풍미와 달콤함 등을 더해 품질을 더욱 높여줌으로서 최고의 디저트 와인을 만들어준다.

Check

감미 와인(Sweet Wine)을 만드는 방법이 아닌 것은? 1301 / 1505

① 귀부포도(Noble rot Grape)를 사용하는 방법
② 발효 도중 알코올을 강화하는 방법
③ 발효 시 설탕을 첨가하는 방법(Chaptalization)
④ 햇빛에 말린 포도를 사용하는 방법

- ③은 포도가 빨리 익지 않는 보르도, 부르고뉴, 롱 아일랜드와 같은 서늘한 지역에서 더 많은 양의 알코올을 얻기 위해 사용하는 방법이다.

정답 ③

④ 일조량과 와인

- 일조량이 많으면 당분이 높아진다.
- 일조량이 부족하면 발효 시 포도즙에 설탕을 첨가해서 당분을 높일 수 있다.
- 당분을 높이는 이유는 스위트 와인을 생산하기 위해서가 아니라 와인의 알코올 도수를 높이기 위해서이다.

⑤ 와인 제조와 이산화황(SO_2)

- 항산화제 역할, 부패균 생성 방지, 갈변 방지를 위해 와인 제조 시 이산화황(SO_2)을 사용한다.
- 아황산염은 항균제로 포도과피에 붙은 각종 부패균을 살균시키는 역할을 한다.

⑥ 와인의 정화(Fining)

- 정화 혹은 청정이라고도 한다.
- 와인에 남아있는 효모나 단백질 등의 이물질을 제거하는 과정을 말한다.
- 규조토(벤토나이트), 계란의 흰자(알부민), 카제인 등을 이용한다.

⑦ 아로마(Aroma)

- 포도와 다른 포도 품종과 유사한 베리류, 허브류, 식물군 기타 등등에 내재된 고유한 향을 의미하는 용어이다.
- 포도의 품종에 따라 맡을 수 있는 와인의 첫 번째 냄새 또는 향기이다.
- 원료 자체에서 우러나오는 향기이다.
- 같은 포도 품종이라도 토양의 성분, 기후, 재배조건에 따라 차이가 있다.

⑧ 빈티지(Vintage)

- 포도의 수확년도를 의미한다.
- 와인병의 라벨에 표기되어 있다.

Check

빈티지(Vintage)란 무엇인가? 0101 / 0205 / 0302

① 포도의 생산 지역을 말한다. ② 포도의 수확년도를 말한다.
③ 포도주의 등급을 표시하는 것이다. ④ 와인의 맛을 표시한 말이다.

정답 ②

- 빈티지(Vintage)란 포도의 수확년도를 의미한다.

⑨ 오크통(Cask)

- 오크로 만들어 주류를 담아 숙성시키는 통을 말한다.
- 오크 캐스크가 작은 것일수록 와인에 뚜렷한 영향을 준다.
- 보르도 타입 오크통의 표준 용량은 225리터이다.
- 캐스크에 숙성시킬 경우에 정기적으로 랙킹(racking)을 한다.
- 캐스크가 오래되면 성능이 떨어지므로 하급의 샤토로 넘겨서 재활용한다.

자. 와인 용어와 테스팅

① 주요 와인 용어

Balance	산도, 당분, 타닌, 알코올 도수와 향이 좋은, 조화를 이루는 맛을 말한다.
Nose	와인은 아로마, 부케 그리고 다른 구성요소로 향이 구성되어 있다.
Body	입안에서 느껴지는 와인의 무게 또는 풍부함을 의미한다.
Dry	와인의 맛에서 달콤함이 없는 것을 의미한다.
Clos	포도밭을 뜻하며, 포도원을 가리키기도 한다.
Vintage	원료 포도의 수확년도를 의미한다.
타닌(Tannin)	포도의 껍질, 씨와 줄기, 오크통에서 우러나오는 성분을 말한다.
아로마(Aroma)	포도의 품종에 따라 맡을 수 있는 와인의 첫 번째 냄새 또는 향기를 말한다.
부케(Bouquet)	와인의 발효과정이나 숙성과정 중에 형성되는 복잡하고 다양한 향기를 의미한다.

② 와인 테이스팅

- 와인 테이스팅 시 잔을 흔든 뒤 아로마나 부케의 향을 맡는다.
- 2번 정도 향을 맡은 후 천천히 와인을 한 모금 마신다.
- 마실 때는 한 입 가득 마셔야 한다.
- 색깔, 향, 맛을 모두 감상해야 한다.

Check

와인의 Tasting 방법으로 가장 옳은 것은? 0805 / 1102 / 1502

① 와인을 오픈한 후 공기와 접촉되는 시간을 최소화하여 바로 따른 후 마신다.
② 와인에 얼음을 넣어 냉각시킨 후 마신다.
③ 와인 잔을 흔든 뒤 아로마나 부케의 향을 맡는다.
④ 검은 종이를 테이블에 깔아 투명도 및 색을 확인한다.

- 와인을 오픈한 후 공기와 접촉되는 과정을 브리딩이라고 하고 고가의 영(young) 와인일수록 미리 오픈하여 공기와의 접촉시간을 길게 한다. 이는 와인의 종류에 따라 다른데 보통 15분 전~3시간 전까지 다양하다.

정답 ③

③ 와인 테이스팅 표현

Moldy	곰팡이가 낀 과일이나 나무 냄새
Raisiny	건포도나 과숙한 포도 냄새
Corky	곰팡이 낀 코르크 냄새
Woody	오크통에서 오래 숙성시킬 경우 나는 나무향
Chalky	토양에서 비롯되는 석회질 느낌

차. 와인의 등급제도

① 각국의 와인 등급제도

- 프랑스, 이탈리아 등 유럽국가는 와인 라벨에 와인의 등급을 표기한다.
- 신세계 와인이라 불리는 유럽 외 국가의 와인에는 라벨에 브랜드명, 품종, 빈티지, 원산지명, 생산국가, 알코올 도수, 용량을 표기한다. 와인 등급을 표기하지는 않는다.
- 각 나라별 가장 높은 등급은 프랑스 A.O.C, 이탈리아 D.O.C.G, 독일 Q.m.P, 스페인 D.O.Ca이다.

② 프랑스 와인 등급

AOC	• 프랑스 와인 중 최고 등급으로 포도의 퀄리티, 재배, 단위, 밀도, 농작물 생산까지 지정한다. • INAO(전국원산지명칭협회)에서 생산조건을 정한다.
VDQS	생산지역, 포도 품종, 최고소출, 알코올 함유량, 제조방법 등이 정부 기준을 통과해야 하며, 일종의 와인의 품질검사 합격 증명이다.
Vins de Pays	생산지를 구분한다.
Vins de Table	테이블 와인으로 재배지 구분없이 블렌딩하여 만든 와인이다.

Check

와인의 등급을 「AOC, VDQS, Vins de Pay, Vins de Table」로 구분하는 나라는? 0601 / 0805 / 1202

① 이탈리아 ② 스페인
③ 독일 ④ 프랑스

정답 ④

- 이탈리아 와인은 D.O.C.G, D.O.C, IGT, VDT로 등급이 나뉜다.
- 스페인 와인은 DOCa, DO, VdlT, VdM 등급이 나뉜다.
- 독일 와인은 QmP, QbA, Landwien, Deutschertaflwein, Tafelwein으로 등급이 나뉜다.

③ 독일 와인 등급

QmP(2007년 이전) Pradikatswein(2007년 이후)	독일 와인 중 최고의 품질만 엄선되며 최상급의 표시이다.
QBA Qualitaswein	특정 지역의 수준있는 와인으로 가성비가 좋다.
Landwein	일부의 생산지를 구분한다.
Tafelwein	테이블 와인으로 재배지 구분없이 브랜딩하여 만든 와인이다.

- QmP는 독일의 와인 6등급(카비네트, 슈페트레제, 아우스레제, 베렌아우스레제, 트록켄베렌아우스레제, 아이스바인) 체계이며 당분이 풍부한 포도만을 사용하여 만든 와인으로 수확시기를 조절하여 와인으로 생산한다.

④ 이탈리아 와인 등급

DOCG	이탈리아 와인 중 최고 등급으로 지역과 원산지에 따라 와인을 통제, 보증하는 감독시스템이다.
DOC	지역과 원산지에 따라 와인을 통제하지만 보증하는 일련번호를 부여하지 않는 등급이다.
IGT	생산지를 구분한다.
VDT	테이블 와인으로 재배지 구분없이 브랜딩하여 만든 와인이다.

Check

다음 중 이탈리아 와인 등급 표시로 맞는 것은? 1304 / 1601

① A.O.P ② D.O
③ D.O.C.G ④ QbA

정답 ③

- 이탈리아 와인은 1963년에 제정된 법률에 의거하여 D.O.C.G → D.O.C → IGT → VDT로 분류되며 등급체계는 4등급이다.

4 샴페인

가. 샴페인의 개요

① 샴페인(Champagne)

- 포말성(Sparkling) 와인으로 프랑스 동북부의 샹파뉴 지방의 와인이다.
- 코르크 마개를 개발한 동 페리뇽(Dom Perignon)에 의해 만들어졌다.

✓Check

Dom Perignon과 관계가 있는 것은? 0202 / 0505 / 0904

① Champagne ② Bordeaux
③ Martini Rossi ④ Menu

- 수도사 동 페리뇽(Dom Perignon)은 샴페인의 생산 및 품질 향상에 큰 기여를 했다.

정답 ①

② 국가별 발포성 와인(Sparkling Wine)

- 프랑스에는 샹파뉴 지방의 샴페인(Champagne)과 그 외 지방의 뱅 무쉐(Vin Mousseux), 페띠앙(Petillant), 크레멍(Cremant) 등이 있다.
- 독일에는 젝트(Sekt)가 있다.
- 이탈리아에는 프란치아꼬르따(Franciacorta), 프로세코(Prosecco), 스푸만테(Spumante) 등이 있다.
- 스페인에는 에스푸모소(Espumoso), 까바(Cava) 등이 있다.
- 포르투갈에는 에스푸만테(Espumante)가 있다.
- 미국과 한국에는 스파클링(Sparkling)이 있다.

✓Check

스파클링 와인에 해당되지 않는 것은? 1204 / 1601

① Champagne ② Cremant
③ Vin Doux Naturel ④ Spumante

- 뱅 두 나뛰렐(Vin Doux Naturel)은 프랑스산 주정강화와인이다.

정답 ③

③ 샴페인용 포도 품종

- 적포도에는 피노 누아(Pinot Noir), 피노 뫼니에(Pinot Meunier)가 있다.
- 청포도에는 샤르도네(Chardonnay), 피노 블랑(Pinot Blanc), 피노 그리(Pinot Gris), 아르반느(Arbanne), 쁘띠 메슬리에(Petit meslier) 등이 있다.

④ 샴페인 당도 용어

Extra Brut	전혀 달지 않은 맛(0~6g/L)
Brut	달지 않은 맛(0~15g/L)
Extra Sec(Extra Dry)	단맛이 거의 없는 맛(12~20g/L)
Sec(Dry, Trocken)	보통(17~35g/L)
Demi-Sec(Semi-Dry)	약간 단맛(33~50g/L)
Doux(Sweet)	아주 단맛(50g/L)

Check

드라이(Dry)와 같은 뜻을 가진 것은? 0102 / 0202 / 0302

① Amabile ② Bianco
③ Dolce ④ Sec

정답 ④

• 섹(Sec)은 드라이(Dry)와 같은 뜻이다.

⑤ 블랑 드 블랑(Blanc de Blanc)
- 포발성 백포도주로 청포도만 사용하여 만든 와인을 말한다.
- 샹파뉴 지방에서는 화이트 포도 품종인 샤르도네만 사용하여 만들어진 샴페인을 통칭해서 일컫는 말이다.

나. 샴페인의 제조

① 샴페인 블렌딩 방법
- 여러 포도 품종
- 다른 포도밭 포도
- 다른 발효 탱크
- 다른 수확년도의 와인

② 르 데고르주망(Le Degorgement)
- 1차 발효 후 2차 발효 때 기포가 발생하며 효모 찌꺼기를 병 입구에 모이게 해서 침전물을 제거하는 과정이다.
- 샴페인을 제조하는 방법이다.
- 침전물의 방출로 인한 양적 손실은 도자쥬(dosage)로 채워진다.
- 도자쥬(dosage)는 다른 샴페인이나 설탕물을 보충하는 작업이다.

다. 샴페인 서비스와 보관

① 발포성 와인의 서비스 방법
- 와인쿨러에 물과 얼음을 넣고 발포성 와인병을 넣어 차갑게 한 다음 서브한다(서빙온도는 7~9℃).
- 호스트(Host)에게 상표를 확인시킨다.
- 병을 45°로 기울인 후 개봉할 때 "뻥"하는 소리가 나지 않고 "스스스"하는 소리가 나도록 천천히 터뜨린다.
- 거품이 나도록 흔들지 않는다.
- 샴페인을 개봉할 때 코르크가 튀어 나올 수 있으므로 코르크 위를 살짝 누르고 오픈해야 한다.
- 서브는 여자 손님부터 시계방향으로 한다.
- 샴페인은 글라스에 서브할 때 2번에 나눠서 따른다.
- 거품이 너무 나오지 않게 잔의 내측 벽으로 흘리면서 잔을 채운다.
- 샴페인의 기포를 눈으로 충분히 즐길 수 있게 따른다.
- 샴페인은 글라스의 최대 절반정도까지만 따른다.
- 서브 후 서비스 냅킨으로 병목을 닦아 술이 테이블 위로 떨어지는 것을 방지한다.

Check

발포성 와인의 서비스 방법으로 옳은 것은? 0705 / 0901

① 병을 수직으로 세운 후 병 안쪽의 압축가스를 신속하게 빼낸다.
② 병을 45°로 기울인 후 세게 흔들어 거품이 충분히 나도록 한 후 철사 열개를 푼다.
③ 거품이 충분이 일어나도록 잔의 가운데에 한꺼번에 많은 양을 넣어 잔을 채운다.
④ 거품이 너무 나지 않게 잔의 내측 벽으로 흘리면서 잔을 채운다.

- 병을 45°로 기울인 후 개봉할 때 "뻥"하는 소리가 나지 않고 "스스스"하는 소리가 나도록 천천히 터뜨린다.
- 발포성 와인을 서비스할 때는 거품이 나도록 흔들면 안 된다.
- 글라스에 서브할 때 2번에 나눠서 따른다.

정답 ④

② 샴페인(발포성 와인)의 보관 방법
- 6~8°C 정도의 서늘한 곳에 보관한다.
- 비교적 충격이 적은 곳에 보관한다.
- 발포성 와인은 눕혀서 보관한다.
- 햇볕이나 형광등 불빛을 피해서 보관한다.

5 맥주

가. 맥주의 개요

① 맥주(Beer)

㉠ 개요
- 곡류에서 발효된 알코올성 음료이며 발효주(양조주)이다.
- 맥아와 홉, 효모, 물 등으로 제조한다.

Check

맥주의 원료로 알맞지 않은 것은? 0301 / 1602

① 물 ② 피트
③ 보리 ④ 홉

- 피트(Peat)는 나무가 부족한 지역에서 대체 연료로 사용되는 것으로 스카치 위스키를 만들 때 사용하여 스모키한 향을 낼 수 있다.

정답 ②

㉡ 효과
- 항균 및 이뇨 작용
- 식욕 증진 및 소화 촉진 작용
- 신경 진정 및 수면 촉진 작용

② 맥주의 원재료

㉠ 좋은 맥주용 보리
- 껍질이 얇아야 한다.
- 담황색을 띠고 윤택이 있어야 한다.
- 수분 함유량 13% 이하로 잘 건조되어야 한다.

• 전분 함유량이 많아야 한다.
• 알맹이가 고르고 95% 이상의 발아율이 있어야 한다.
• 단백질 함량은 9~12%로 낮은 것이어야 한다.

Check

맥주(Beer) 양조용 보리로 가장 거리가 먼 것은? 0701 / 1302

① 껍질이 얇고, 담황색을 띠고 윤택이 있는 것
② 알맹이가 고르고 95% 이상의 발아율이 있는 것
③ 수분 함유량은 10% 내외로 잘 건조된 것
④ 단백질이 많은 것

정답 ④

• 단백질 함량은 9~12%로 낮은 것이 좋다.

㉡ 홉(Hop)
• 자웅이주의 숙근 식물로서 맥주 제조 시 수정이 안 된 암꽃을 사용한다.
• 맥주(Beer)에서 특이한 쓴맛과 향기로 잡균을 제거하여 보존성을 증가시키고, 맥아즙의 단백질을 제거하는 역할을 하는 원료이다.
• 맥주 거품을 일게 해주고, 지속성과 항균성을 부여한다.

Check

맥주(Beer)에서 특이한 쓴맛과 향기로 보존성을 증가시키고 맥아즙의 단백질을 제거하는 역할을 하는 원료는? 0401 / 0405 / 1404

① 효모(Yeast) ② 홉(Hop)
③ 알코올(Alcohol) ④ 과당(Fructose)

정답 ②

• 홉은 맥주(Beer)에서 특이한 쓴맛과 향기로 잡균을 제거하여 보존성을 증가시키고, 맥아즙의 단백질을 제거하는 역할을 하는 원료이다.

㉢ 맥주의 효모
• 미세한 미생물로 맥아즙의 당분을 알코올로 발효시킨다.
• 상면발효 효모, 하면발효 효모, 자연야생 효모가 있다.
• 효모가 생육하기 위해서는 적정 영양소, 적정 온도, 적정 pH가 보장되어야 한다.

③ 국가별 대표적인 맥주

국가	맥주
미국	밀러, 버드와이저
영국	기네스
네덜란드	하이네켄, 그롤쉬, 암스텔
덴마크	올레트, 칼스버그
독일	벡스, 뢰벤브로이, 크롬바허
체코	필스너

나. 맥주의 제조

① 맥주의 제조과정

- 맥주의 제조과정은 맥아제조 → 담금 → 발효 → 숙성 → 여과의 과정을 거친다.
- 담금과정은 분쇄 → 당화 → 여과 → 끓임의 순서로 진행된다.
- 발효과정에서 당분을 알코올과 탄산가스로 분해한다. 이때 상면발효맥주(에일)는 상온에서, 하면발효맥주(라거)는 저온에서 발효시킨다.
- 발효가 끝난 후 숙성시킬 때 적절한 온도는 −1~3℃다.

② 상면발효

- 발효 중에 발생하는 이산화탄소 거품과 액면상에 떠서 가라앉지 않는 효모(상면 효모)를 이용한 것이다.
- 상면발효맥주는 에일(Ale), 스타우트(Stout), 포터(Porter), 램빅(Lambic) 등이 있다.

③ 하면발효

- 하면발효는 저온에서 발효시켜 아래로 가라앉는 효모(하면 효모)로 만든 맥주로 대부분의 맥주가 이에 해당한다.
- 하면발효맥주에는 라거(Lager), 필슨(Pilsen), 필스너(Pilsner), 보크(Bock) 등이 있다.
- 저온살균하므로 유통기간이 길어 병맥주로 시판한다.
- 상면발효에 비해 알코올이 5~10%로 낮으며 부드러운 맛과 향기가 있다.

Check

하면발효맥주가 아닌 것은? 0505 / 1401

① Lager Beer ② Porter Beer
③ Pilsner Beer ④ Munchen Beer

- 포터 비어(Porter Beer)는 상면발효방식으로 생산되는 영국산 맥주다.

정답 ②

다. 맥주의 대표적인 종류

① 호가든(Hoegaarden)

- 밀(Wheat)을 주원료로 만든 맥주이다.
- 벨기에의 대표적인 화이트 에일 맥주다.

② 램빅(Lambic)

- 상면발효로 생산되는 벨기에의 맥주다.
- 벨기에에서 전통적인 발효법을 이용해 만드는 맥주로, 발효시키기 진에 뜨기운 맥즙을 공기 중에 직접 노출시켜 자연에 존재하는 야생효모와 미생물이 자연스럽게 맥즙에 섞여 발효하게 만든 맥주이다.
- 발효가 끝난 뒤 긴 숙성과정을 거친다.

③ 에일(Ale)

- 영국식 맥주이며 보통 라거 비어(Lager Beer)보다 쓴 맛이 특징이다.
- 상면발효 효모에 의하여 실온에 가까운 온도에서 발효된 것이다.
- 라거에 비해 호프의 양을 1.5~2배 더 첨가하므로 호프의 향과 맛이 강한 맥주이다.

Check

에일(Ale)이란 음료는? 0201 / 0501 / 0601 / 1204

① 와인의 일종이다. ② 증류주의 일종이다.
③ 맥주의 일종이다. ④ 혼성주의 일종이다.

정답 ③

• 에일(Ale)은 영국식 상면발효맥주이다.

④ 보크(Bock)
- 독일 북부에서 유래한 라거맥주의 일종이다.
- 맥즙의 농도가 16% 이상인 짙은 색깔의 흑맥주로 향미가 강하고 단맛을 띠는 하면발효맥주이다.
- 동절기 내내 계속되는 숙성으로 인해 봄에 즐기는 맥주이다.

⑤ 흑맥주(Dark Beer)
- 오래 로스팅한 맥아를 사용해 검은 빛깔을 내는 맥주이다.
- 에일에는 스타우트(Stout), 포터(Porter), 라거에는 다크라거와 둥켈(Dunkel), 뮌헤너(Munchener) 등이 있다.

⑥ 라거맥주(Lager Beer)
- 하면발효 효모에 의해 저온(2~10℃, 보통 4℃) 숙성과정과 긴 발효기간을 거친 맥주이다.
- 에일에 비해 맛과 향이 가볍고, 청량감이 있다.
- 대량생산에 적합한 특성을 가져 세계맥주시장의 70% 이상을 점유하게 되었다.

⑦ 기네스 비어(Guinness Beer)
- 상면발효로 생산되는 Stout 계열의 아일랜드 흑맥주이다.
- 유효기간이 있으므로 선입선출에 따라서 관리하여야 한다.

Check

다음 중 유효기간이 있는 것은? 0405 / 1101

① Rum ② Liqueur
③ Guinness Beer ④ Brandy

정답 ③

• 기네스 비어(Guinness Beer)는 유효기간이 있으므로 선입선출에 따라서 관리하여야 한다.

라. 생맥주

① 생맥주(Draft Beer)
- 병맥주는 장기보관을 위해 맥주의 효모를 살균하여 병입하는데 반해 생맥주는 맥주를 가열살균하지 않고 출고하는 것이다.
- 유통기한은 짧지만 맥주의 신선한 풍미를 즐길 수 있다.
- 최근에는 열처리, 저온살균, 필터링 등의 멸균처리를 하고 있다.
- 생맥주의 저장 취급 3대 원칙은 적정온도, 적정압력, 선입선출이다.

Check

생맥주 취급의 기본원칙 중 틀린 것은? 0905 / 1202

① 적정온도준수 ② 후입선출
③ 적정압력유지 ④ 청결유지

• 생맥주 취급의 기본원칙은 선입선출이다.

정답 ②

② 생맥주(Draft Beer) 취급요령

- 2~3℃의 온도를 유지할 수 있는 저장시설(냉장고)을 갖추어야 한다.
- 술통 속의 압력은 12~14 pound로 일정하게 유지해야 한다.
- 신선도를 유지하기 위해 입고 순서에 따라 출고되어야 한다.
- 글라스에 서비스할 때 3~4℃ 정도의 온도가 유지되어야 한다.
- 직사광선을 피한다.
- 충격을 주면 거품이 지나치게 많이 생기므로 주의한다.

마. 맥주의 특징

① 맥주와 거품

- 거품이 글라스 윗부분에 생기도록 하는 것은 맛을 증진시키고 모양이 좋으며 시원한 느낌을 준다.
- 거품은 맥주의 탄산가스가 새는 것을 막아주므로 신선도와 맛을 유지시킨다.
- 산화작용을 억제시킨다.

② 맥주 저장 기간과 온도

- 국내 병맥주의 유통 기한은 12개월이다.
- 병맥주를 실내온도에서 보관할 수 있는 적절한 기간은 3개월이다.
- 5~10℃에서 보관할 때 가장 상하기 쉬운 것은 캔맥주이다.

③ 맥주의 취급, 보관, 관리

- 맥주가 얼지 않도록 적정온도(4~10℃)로 보관해야 한다.
- 직사광선을 피해서 시원하고 그늘진 곳에 보관한다.
- 맥주의 취급의 기본원칙은 선입선출이다.
- 통풍이 잘되는 건조한 장소에 보관한다.
- 맥주와 공기가 접촉되지 않도록 해야 한다.
- 심한 진동을 가하지 않는다.

Check

맥주를 취급, 관리, 보관하는 방법으로 틀린 것은? 0701 / 1504

① 장기간 보관하여 숙성시킨다.
② 심한 온도 변화를 주지 않는다.
③ 그늘진 곳에 보관한다.
④ 맥주가 얼지 않도록 한다.

• 맥주의 취급의 기본원칙은 선입선출이다. 따라서 장기간 보관하더라도 맛이 좋아지지 않으므로 숙성시킬 필요가 없다.

정답 ①

바. 맥주의 서비스

① 맥주의 서비스 방법

- 맥주와 맥주 글라스는 가능한 한 차갑게 보관하는 것이 좋다.
- 맥주병을 굴리거나 뒤집지 말아야 한다.
- 맥주를 따를 때 Glass와 병과의 간격은 2~3㎝가 적당하다.
- 맥주를 따를 때 Glass를 기울이지 말아야 한다.
- 맥주를 따를 때는 넘치지 않게 글라스에 7부 정도 채우고 나머지 3부 정도를 거품이 솟아오르도록 한다.
- 글라스에 채우고 남은 병은 상표가 고객 앞으로 향하도록 맥주 글라스 위쪽에 놓는다.

② 맥주잔

㉠ 맥주잔의 종류

- Pilsner Glass, Pint Glass, Weizen Glass, Beer Boot – 병맥주 서브 시에 사용한다.
- Stemless Pilsner Glass – 와인잔에서 줄기를 뺀 모양으로 주로 맥주, 브랜디, 위스키, 칵테일 잔으로 사용한다.
- Mug Glass – 주로 생맥주 서브 시에 사용한다.

Stemless Pilsner Glass

㉡ Pilsner Glass

- 맥주를 마실 때 주로 사용한다.
- 주둥이부터 바닥으로 갈수록 점점 가늘어지는 모양이다.
- 맥주를 따르면 기포가 올라와 거품이 유지된다.

㉢ 머그잔(Mug Glass)

- 손잡이가 달린 글라스를 말한다.
- 주로 생맥주를 서브할 때 사용한다.

Check

주로 생맥주를 제공할 때 사용하며 손잡이가 달린 글라스는? 0801 / 1501

① Mug Glass ② Highball Glass
③ Collins Glass ④ Goblet

정답 ①

- ②는 하이볼이나 피즈 등의 칵테일에 주로 쓰이는 잔이다.
- ③은 하이볼보다 좀더 큰 용량의 잔이다.
- ④는 와인잔의 손잡이와 비슷한 형태의 잔으로 위로 갈수록 방사형으로 퍼진 모양의 잔이다. 주로 에일 맥주를 마실 때 사용한다.

6 증류주

가. 증류주의 개념

① 증류주(Hard Liqueur)

㉠ 개요

- 증류란 과실이나 곡류 등을 발효시킨 후 열을 가해 비등점의 차이를 이용하여 분리하는 것을 말한다.
- 양조주보다 알코올 농도가 높은(20도 이상) 무색투명한 술이 특징이다.
- 알코올 도수가 높아 유통기한이 따로 없다.
- 단식증류기는 시설비가 저렴하고 맛과 향의 파괴가 적으나 대량생산이 불가능하다.

㉡ 종류

과일	포도	브랜디, 꼬냑, 오드비(아르마냑)
	사과	칼바도스 등
곡류	위스키, 진, 보드카 등	
당밀/사탕수수	럼	
아가베(용설란시럽)	테킬라	

Check

다음 중 증류주에 속하는 것은? 0305 / 1602

① Vermouth ② Champagne
③ Sherry Wine ④ Light Rum

- ①, ②, ③은 모두 와인의 종류로 양조주에 해당한다.

정답 ④

스피릿트(Spirit)
- 알코올 도수가 높은 술 또는 증류주를 의미한다.
- 브라운 스피릿트(위스키, 꼬냑)와 화이트 스피릿트(보드카, 진, 럼, 테킬라)로 구분한다.
- 세계 4대 스피릿트는 화이트 스피릿트를 칭한다.

② 연속식 증류(Continuous distillation)법

- 증류기 내부에 설치된 여러 개의 단에 의해 증류된 술들이 응축과 수축을 반복하면서 여러 번 증류된 효과를 만들어 낸다.
- 95% 이상의 고농도 알코올을 얻을 수 있다.
- 그레인 위스키, 보드카를 만들 때 주로 사용한다.

나. 증류주의 분류 및 특징

① 아쿠아비트(Aquavit)

- 북유럽(스칸디나비아 반도 일대) 특산주로 생명수라는 뜻의 향이 나는 증류주이다.
- 감자와 맥아를 부재료로 사용하여 증류 후에 회향초 씨(Caraway Seed) 등 여러 가지 허브로 향기를 착향시킨 술이다.
- 알코올 농도는 40~45%이다.
- 진(Gin)의 제조 방법과 비슷하며, 맥주와 곁들여 마시기도 한다.
- 투명한 아쿠아비트를 taffel이라고 한다.

Check

북유럽 스칸디나비아 지방의 특산주로 감자와 맥아를 부재료로 사용하여 증류 후에 회향초 씨(Caraway Seed) 등 여러 가지 허브로 향기를 착향시킨 술은?

0104 / 1305

① 보드카(Vodka) ② 진(Gin)
③ 테킬라(Tequila) ④ 아쿠아비트(Aquavit)

정답 ④

- ①은 동유럽 원산의 증류주이다.
- ②는 네덜란드 의사가 만든 보리, 호밀 등을 주원료로 한 증류주이다.
- ③은 멕시코를 대표하는 증류주이다.

② 보드카(Vodka)

- 곡류와 감자가 원료인 러시아의 대표적인 증류주다.
- 증류액을 희석하여 자작나무 숯으로 만든 활성탄과 모래에 여과하여 정제하므로 무색, 무미, 무취에 가까운 특징이 있다.
- 일반적으로 위스키와 달리 숙성과정을 거치지 않는다.
- 칵테일 기주로 많이 사용된다.
- 대표적인 생산회사로 스톨리치나야(Stolichnaya, 러시아), 핀란디아(Finlandia, 핀란드), 스미노프(Smirnoff, 미국) 등이 있다.

Check

다음 중 저장 숙성(Aging)시키지 않는 증류주는? 0402 / 1101

① Scotch whiskey ② Brandy
③ Vodka ④ Bourbon whiskey

정답 ③

- 보드카(Vodka)는 일반적으로 위스키와 달리 숙성과정을 거치지 않는다.

③ 럼(Rum)주

말리부(Malibu)
- 남아메리카 바베이도스에서 생산되는 코코넛 럼이다.
- 화이트럼에 코코넛을 으깨어 숙성시킨 술이다.

- 카리브해 서인도제도에서 사탕수수 또는 당밀을 원료로 만든 증류주이다.
- 선원들이 즐겨마시던 술로 도수가 높다(최소 40도).
- Light Rum, Medium Rum, Heavy Rum으로 분류한다.
- Light Rum은 담색 또는 무색으로 칵테일의 기본주로 사용하는 럼이다(연속식 증류기로 만든다).
- Medium Rum은 감미가 강하지 않으면서 색도 연한 갈색으로 기호에 맞춰 캐러멜 등으로 착색한다.
- Heavy Rum은 감미가 강하고 짙은 갈색이다. 자연발효로 만들어지며 자메이카산이 유명하다(단식 증류기로 만든다).

Check

럼주의 주원료는? 0205 / 0402

① 사탕수수 ② 소맥 ③ 포도 ④ 호프

정답 ①

- 럼주는 사탕수수 또는 당밀을 원료로 한 증류주이다.

④ 테킬라(Tequila)

- 멕시코에서 아가베(Agave)라는 용설란으로 만든 풀케를 증류해서 만든 술이다.
- 원료가 되는 아가베는 Agave Azul Tequilana이며 일반적으로 블루 아가베(Blue Agave)라고 불린다.
- 멕시코에서 다섯 개의 지역에서만 생산된다.

블랑코(Blanco)	갓 정제한 상태를 일컫는 용어이며, 호벤(joven)이라고도 한다.
레포사도(Reposado)	최소 2개월 이상 숙성된 상태를 일컫는다.
아네호(Anejo)	1년 이상 숙성된 상태를 일컫는다.

- Cuervo, Patron, El Toro, Sauza, Durango 등이 있다.
- 테킬라를 주재료로 한 칵테일에는 Margarita, Ambassador, Long Island Iced Tea 등이 있다.

Check

다음 중 멕시코산 증류주는? 0202 / 0505

① Irish whiskey ② Tequila
③ Bourbon ④ White horse

- ①은 아일랜드에서 생산되는 위스키이다.
- ③은 미국에서 생산되는 위스키이다.
- ④는 스코틀랜드에서 생산되는 위스키이다.

정답 ②

⑤ 진(Gin)

- 진(Gin)은 네덜란드 레이덴대학의 실비우스 교수가 약용으로 쓰면서 처음 만들어진 무색투명한 증류주이다.
- 대맥, 호밀, 옥수수 등 곡물을 주원료로 하고 알코올 농도는 40~50% 정도이다.
- 주니퍼 베리(Juniper berry, 두송자), 고수풀, 안젤리카 등 향신식물을 사용하여 착향시킨다.
- 양주 중에서 제조하여 숙성시키지 않고 바로 판매할 수 있다.

생명의 물로 지칭된 것은 위스키, 브랜디, 보드카, 아쿠아비트 등이다.

탄카레이 (Tanqueray)	런던에서 탄생한 진이다.
봄베이 사파이어 (Bombay Sapphire)	영국 원산의 진이다.
고든 진(Gordon's)	영국 런던 드라이 진 브랜드이다.
비피터 (Beefeater)	진의 종류이며 런던탑에 주재하는 보초병을 뜻하며 상쾌한 향기와 매끄러운 맛이 특징이다.
길비(Gilbey's)	진의 종류이며 주니퍼 베리를 중심으로 식물성 향이 은은하게 녹아있다.
슈타인헤거 (Steinhager)	저먼 진(German gin)으로 불리는 독일에서 생산되는 알코올 농도 38도의 진(Gin)이다.

Check

양주 중에서 제조하여 숙성시키지 않고 바로 판매할 수 있는 것은?

0301 / 0501

① Gin ② Bourbon
③ Ballantine ④ Cognac

정답 ①

• 진(Gin)과 보드카는 제조하여 숙성시키지 않고 바로 판매할 수 있다.

⑥ 위스키(Whiskey)

㉠ 위스키(Whiskey)의 개요

- Whiskey의 유래가 된 어원은 우스개베이아(Usque baugh)로, 이는 '생명의 물'이라는 의미이다.
- 등급은 저장년도에 따라 VS, VO, VSO, VSOP, XO 등으로 나뉜다.
- 증류방법은 Pot Still(싱글)과 Patent Still(연속)로 구분된다.
- 원료 및 제법에 의하여 몰트 위스키, 그레인 위스키, 블렌디드 위스키로 분류한다.

㉡ 생산국과 주재료

스카치(Scotch)	스코틀랜드, 맥아(Malt)
버번(Bourbon)	미국 켄터키, 옥수수(Corn) 51%와 그 외 보리, 호밀
캐나디안(Canadian)	캐나다, 호밀(Rye)과 곡류(Grain)
아이리시(Irish)	아일랜드, 맥아(Malt)

Check

다음 중 원료와 제법의 관계가 일치하지 않는 것은?

0103 / 0305

① Grain－Canadian whiskey ② Malt－Scotch whiskey
③ Corn－Canadian whiskey ④ Rye－Canadian whiskey

정답 ③

• 캐나디안 위스키(Canadian whiskey)의 주원료는 Rye(호밀)과 Grain(곡류)이다.

㉢ 위스키의 분류법

- 1번째 : 원료에 따른 분류(몰트, 그레인, 블렌디드)

Malt	100% 맥아
Grain	맥아 이외의 곡류(옥수수, 호밀 등)
Blended	Malt와 Grain의 혼합

- 2번째 : 생산국에 따른 분류(스카치, 아이리시, 아메리칸, 캐나디안)
- 3번째 : 증류방법에 의한 분류(단식과 연속식 혹은 single－pot still과 patent)

싱글 몰트 위스키 (Single Malt whiskey)	• 원료로 몰트 즉, 100% 맥아를 사용하며, 단식증류법으로 제조하는 위스키를 말한다. • 글렌모렌지(Glenmorangie), 더 글렌리벳(The Glenlivet), 글렌피딕(Glenfiddich) 등이 이에 해당한다.

몰트 위스키 (Malt whiskey)	• 원료로 100% 맥아를 사용하는 위스키를 의미한다. • 피트탄(peat, 석탄)으로 건조한 맥아의 당액을 발효해서 증류한 피트향과 통의 향이 배인 독특한 맛의 위스키이다. • 숙성 단계에서 무색의 증류액이 착색되어 호박색이 나타난다. • A'bunadh, Macallan, Glenlivet, Talisker 등이 있다.
그레인 위스키 (Grain whiskey)	• silent spirit라고도 불린다. • 맥아 이외의 곡류(보리, 호밀, 밀, 옥수수 등)에 맥아를 혼합하여 당화, 발효한 후 연속식 증류법(patent still whiskey)으로 증류한 위스키를 말한다.
블렌디드 (Blended) 위스키	• 몰트(Malt) 위스키와 그레인(Grain) 위스키를 적당한 비율로 혼합하는 것을 말한다. • 스트레이트 위스키에 다른 위스키나 중성 곡류주정을 섞는데 이때 스트레이트 위스키는 20% 이상 포함되어야 한다. • 일반적으로 80 proof 이상으로 병에 담아 시판된다. • Chivas Regal, Royal Salute, Dimple, Johnnie Walker Blue, Cutty Sark, Ballentine's 30 등 우리가 일반적으로 말하는 양주는 거의 대부분 블렌디드 위스키에 해당한다.

80 proof는 알코올 도수 40도를 의미한다.

Check

위스키의 원료에 따른 분류가 아닌 것은? 1002 / 1604

① 몰트 위스키 ② 그레인 위스키
③ 포트스틸 위스키 ④ 블렌디드 위스키

• ③은 단식 증류 위스키를 말한다.
• ①, ②, ④는 모두 원료에 따른 분류에 해당한다.

정답 ③

㉣ 아메리칸 위스키(American whiskey)

Straight Bourbon whiskey	• 아메리칸 위스키이다. • 연속식 증류기로 160 proof 미만에서 증류(알코올분 80% 미만)한다. • 다른 첨가물이 없어야 한다. • 51% 이상의 옥수수를 원료로 하여야 한다. • Jim Beam, Jack Daniel, Wild Turkey, I. W. Harper's 등이 대표적이다. • 잭 다니엘(Jack Daniel's) 위스키는 다른 버번위스키와 달리 숙성되기 전 나무통에서 단풍나무 숯으로 걸러진다.
콘 위스키 (Corn whiskey)	• 원료의 80% 이상을 옥수수를 사용하여 제조한 아메리칸 위스키이다. • 최대 160 proof(부피 기준 알코올 80%)까지 증류해야 한다.
스트레이트 위스키 (Straight whiskey)	• 옥수수, 호밀, 대맥, 밀 등의 원료를 사용하여 만든 위스키에 아무것도(다른 주정이나 다른 위스키) 섞지 않고 2년 이상 숙성시킨 위스키를 말한다. • 원료곡물 중 한 가지를 51% 이상 사용해야 한다. • 오크통에서 2년 이상 숙성시켜야 한다. • 주로 아메리칸 위스키를 말한다.

160 proof는 알코올 도수 80도를 의미한다.

Check

콘 위스키(Corn whiskey)란? 1101 / 1304 / 1604

① 원료의 50% 이상 옥수수를 사용한 것
② 원료에 옥수수 50%, 호밀 50%가 섞인 것
③ 원료의 80% 이상 옥수수를 사용한 것
④ 원료의 40% 이상 옥수수를 사용한 것

정답 ③

• 콘 위스키(Corn whiskey)란 원료의 80% 이상을 옥수수를 사용하여 제조한 위스키를 뜻한다.

ⓜ 캐나디안 위스키(Canadian whiskey)
• 캐나다에서 만들어 3년 이상 나무통에서 숙성시킨 40% 이상의 알코올을 함유한 위스키이다.
• Canadian Club, Seagram's V.O, Crown Royal 등이 있다.

ⓗ Irish whiskey 위스키
• 아일랜드에서 보리 또는 밀로 제조된 위스키이다.
• 깊고 진한 맛과 향을 지닌 몰트 위스키도 포함된다.
• 피트훈연을 하지 않아 향이 깨끗하고 맛이 부드럽다.
• 대형의 단식 증류기를 이용하여 총 3번 증류한다.
• John Jameson, Old Bushmills가 대표적이다.

Check

다음 중 Irish whiskey는? 0802 / 1302 / 1305

① Johnnie Walker Blue ② John Jameson
③ Wild Turkey ④ Crown Royal

정답 ②

• ①은 스카치 위스키의 브랜드이다.
• ③은 아메리칸 위스키(American whiskey)이다.
• ④는 캐나디안(Canadian whiskey)이다.

ⓢ 스카치 위스키(Scotch whiskey)
• 스코틀랜드에서 제조되는 위스키의 총칭이며 주원료인 보리를 이탄(Peat)의 연기로 건조시켜 증류된 원액을 700리터가 넘지 않는 오크통에 최소 3년 이상 숙성시킨 위스키이다.
• 색상을 일정하게 유지하기 위해서 물과 캐러멜 색소를 소량으로 첨가하는 것이 가능하다.
• 병입 후 알코올 도수가 최소 40도 이상이어야 한다.
• 스페이사이드(Speyside)는 가장 많은 증류소가 있는 생산지이다.
• Glenfiddich, Cutty Sark, Ballantine, Chivas Regal, White Horse, Johnnie Walker, J&B, Black and white 등이 있다.

ⓞ 위스키(whiskey) 제조순서
• mashing은 담금과정으로 밀 등의 곡물을 물과 결합한 다음 가열하는 과정으로 위스키 제조순서의 가장 첫 번째 단계이다.
• 몰트 위스키의 제조는 보리(2조보리)－침맥－건조(피트)－분쇄－당화－발효－증류(단식, 2회)－숙성－병입의 순으로 이뤄진다.

- 당화는 맥아를 분쇄하여 당화조에 넣어 맥아 속의 당화효소인 아밀라아제에 의해 맥아당으로 변해서 당화액이 생긴다.
- 일반적인 위스키의 제조는 보리 담금(mashing) – 분쇄 – 당화 – 발효(fermentation) – 증류(distillation) – 숙성(aging) – 병입의 순으로 이뤄진다.
- Raw whiskey란 증류기에서 바로 나와 냉각시킨 위스키이다.

Check

위스키의 제조과정을 순서대로 나열한 것으로 가장 적절한 것은? 1205 / 1502

① 맥아 – 당화 – 발효 – 증류 – 숙성　② 맥아 – 당화 – 증류 – 저장 – 후숙
③ 맥아 – 발효 – 증류 – 당화 – 블렌딩　④ 맥아 – 증류 – 저장 – 숙성 – 발효

- 위스키의 제조는 보리 담금(mashing) – 분쇄 – 당화 – 발효(fermentation) – 증류(distillation) – 숙성(aging) – 병입의 순으로 이뤄진다.

정답 ①

ⓩ 위스키(whiskey)의 주문, 서빙
- 상표선택은 관리인이나 지배인의 추천에 의해 인기 있는 상표를 선택한다.
- 상표가 다른 위스키를 섞어서 사용하는 것은 절대 금한다.
- 고객의 기호와 회사의 이익을 고려하여 위스키를 선택한다.

ⓒ 위스키 글라스(Glass)
- 위스키는 주로 Old fashioned Glass로 마신다.
- 스트레이트 글라스(Straight Glass)의 용량은 1온스(30mL)다.
- 스트레이트 더블(Straight Double)의 용량은 2온스(60mL)다.

Old fashioned Glass

⑦ 브랜디(Brandy)

㉠ 브랜디(Brandy)의 개요
- 포도주, 사과주와 같은 과실주를 증류시켜 숙성시킨 증류주이다.
- 식후주로 즐겨 마시며, 유명산지는 프랑스의 꼬냑과 아르마냑이다.
- 숙성 전의 화이트 스피릿 상태를 불어로 오드비(Eau-de-vie)라고 한다.
- 와인을 2~3회 단식 증류기(Pot Still)로 증류한 후 보통 80 proof로 병입한다.
- 양조작업 – 증류 – 저장 – 혼합 – 숙성 – 병입 순으로 제조한다.
- 포도로 만들어진 Hennessy X.O, 사과로 만들어진 Calvados가 가장 대표적인 브랜디이다.
- 브랜디의 등급표시 및 저상기간은 법으로 징해져 있지는 않으며, 헤네시사에서 자사의 꼬냑 브랜디에 1865년 처음으로 별표의 기호를 도입하여 관리하고 있다.

Check

숙성을 거쳐서 완성되는 술로 알맞은 것은? 0104 / 0505

① Tequila　② Grappa　③ Gin　④ Brandy

- Brandy는 숙성을 거쳐서 완성되는 술이며 등급별로 나누어져 있다.

정답 ④

ⓛ Cognac 지방의 Brandy

- 프랑스 지롱드 강의 북부에 위치한 지역으로 보르도 지방에 인접한 곳이다.
- 와인으로 사용하기에는 신맛이 강한 우니 블랑이라는 품종으로 품질좋은 브랜디를 제조한 지방이다.
- 꼬냑 지방의 유명 브랜디 제조회사는 마르텔(Martel), 헤네시(Hennessy), 쿠브와지에(Courvoisier), 카뮤(Camus), 레미 마르탱(Remi martin), 폴리냑(Polignac), 고티에르(Gautier), 하인(Hine) 등이 있다.

ⓒ 브랜디의 숙성정도

- 브랜디(Brandy)에서 3 Star은 5년, VO가 10년, VSO가 20년, VSOP는 30년, X · O와 Napoleon은 45년 이상, EXTRA는 75년 이상이다.

S	Superior
X	Extra
V	Very
P	Pale

- 꼬냑에서 Vieux는 VSOP와 XO의 중간 등급을 뜻한다.

브랜디의 숙성기간에 따른 표기와 그 약자의 연결이 틀린 것은? 0701 / 0905

① V–Very ② P–Pale

③ S–Supreme ④ X–Extra

정답 ③

- S는 Superior를 의미한다.

ⓔ 브랜디의 종류

종류	내용
칼바도스 (Calvados)	• A.O.C법의 통제관리하에 생산되며 노르망디 지방의 잘 숙성된 사과를 발효 증류하여 만든 사과 브랜디를 뜻한다. • 도수가 높으므로 꼬냑과 함께 실온에서 보관한다.
그라빠 (Grappa)	• 포도즙을 내고 남은 찌꺼기에 약초 등을 배합하여 증류해 만든 이탈리아의 브랜디로 증류주이다. • 포도를 압착 한 후 증류한 것으로 숙성되지 않아 무색이다. • 알코올 도수는 37.5도에서 60도 정도이다.
꼬냑 (Cognac)	• 포도로 만든 와인을 증류하여 제조하는 프랑스 꼬냑지방의 브랜디이다. • 세계 5대 꼬냑 메이커는 헤네시, 마르텔, 꾸브와제, 레미마르땡, 까뮈이다. • 알코올 농도 40~43도로 식후주로 즐겨마신다. • 와인을 2~3회 단식증류기로 3월 31일까지 증류를 마치며 4월 1일부터는 오크통에 넣어 숙성한다. • 가장 오래 숙성시키는 술에 해당한다.
그랑 샹파뉴 (Grand Champagne)	• 석회질의 토질 특성을 가진다. • 꼬냑시의 남쪽에 위치하고 있다. • 토질의 보수력이 좋아 물부족 문제가 적다. • 최적의 숙성도에 이르기까지 오크통에서 천천히 숙성한다. • 중후한 맛의 최고급품으로 유명하다.

핀 샹파뉴 (Fine Champagne)	• 그랑드 샹파뉴의 와인 증류원액을 50% 이상을 함유한 꼬냑을 블렌딩하여 제조한 것을 말한다. • 발포성 와인인 샴페인과 관련이 없다. • 불어로 Fine은 고급 브랜디(Eau de Vie Fine)를 의미한다.
애프리코트 (Apricot) Brandy	• 살구냄새가 나는 달콤한 증류주로 네덜란드에서 생산한다. • 포도 브랜디를 기본으로 해서 살구 혹은 살구향을 첨가한 브랜디이다.

Check

칼바도스에 대한 설명으로 옳은 것은? 0202 / 1405

① 스페인의 와인 ② 프랑스의 사과 브랜디
③ 북유럽의 아쿠아비트 ④ 멕시코의 테킬라

• 칼바도스(Calvados)는 프랑스 노르망디(Normandie)에서 생산된 사과 브랜디를 뜻한다.

정답 ②

ⓜ 브랜디 글라스(Brandy Glass)

- 시니프터 글라스(Snifter Glass)라고도 부른다.
- 브랜디의 향미를 한곳에 모이게 하기 위하여 브랜디 글라스의 입구는 좁고 배 모양(튤립형)으로 되어 있다.
- 손으로 Glass를 감싸 체온이 Brandy에 전해지는 형태이다.
- 무색투명한 유리로 Glass 안에 Brandy 색을 확인할 수 있다.
- 향이 잔 속에서 휘감기는 특징이 있으며, Glass 안에서 Brandy가 흔들릴 때 향이 효과적으로 퍼질 수 있다.
- 글라스 안에 브랜디의 숙성된 향기가 맴돌 수 있도록 한잔 1oz(30mL)로 브랜디를 제공하는 것이 바람직하다.

Check

브랜디 글라스의 입구가 좁은 주된 이유는? 0102 / 0705

① 브랜디의 향미를 한곳에 모이게 하기 위하여
② 술의 출렁임을 발지하기 위하여
③ 글라스의 데커레이션을 위하여
④ 양손에 쥐기가 편리하도록 하기 위하여

• 브랜디의 향미를 한곳에 모이게 하기 위하여 브랜디 글라스의 입구는 좁고 배 모양으로 되어 있다.

정답 ①

ⓑ 브랜디의 저장, 숙성

- 브랜디는 과실주를 증류한 것이며 오랜 기간 저장할수록 짙은 향과 맛이 생긴다.
- 오크통에서 증류주를 보관하면 부케(Bouquet)가 만들어진다. 이는 아로마(Aroma)보다 미묘하지만 제조과정과 숙성과정을 거쳐 자연스럽게 술에 스며드는 향을 말한다. 아울러 색상이 호박색으로 변하고, 천사의 몫현상(원액의 자연증발현상)이 나타난다.
- 병에 담게 되면 숙성되지 않는다.

ⓢ 브랜디 제조와 화이트 와인

- 되도록 떡갈나무 나무통에 증류한 브랜디를 담아 가능한 한 찬 곳에서 숙성시킨다. 숙성 중 내용물과 수분이 대부분 증발하므로 장기간 숙성된 브랜디의 값이 비싸다.
- White Wine을 술통에 채워넣어 유해한 물질을 제거하고 쏟아낸 후 브랜디를 보관한다.

7 혼성주 특성

가. 혼성주의 개념

① 혼성주(Liqueur)

- 미국과 영국에서는 코디알(Cordial)이라고도 부른다.
- 리큐르(Liqueur)는 증류한 주정에 과일 향신료 등을 넣고 단맛이 나는 설탕이나 시럽 등의 감미료를 섞은 혼성주를 뜻한다.
- 스페인 의사 Arnaud de Villeneuve가 처음으로 만들었다.
- 고대 그리스 시대에 향료, 약초 등을 첨가하여 약용으로 사용되었으며 현재는 식후주로 많이 애용된다.
- 프랑스에서는 알코올 도수가 15% 이상, 당분이 20% 이상, 그리고 향신료가 포함된 술을 말한다.

Check

혼성주(Compounded Liqueur)를 나타내는 것은? 0505 / 1104

① 과일 중에 함유된 과당의 효모를 작용시켜서 발효하여 만든 술
② 곡류 중에 함유된 전분을 전분당화효소로 당질화 시킨 후 효모를 작용시켜 발효하여 만든 술
③ 각기 다른 물질의 다른 기화점을 이용하여 양조주를 가열하여 얻어낸 농도 짙은 술
④ 증류주 혹은 양조주에 초근목피, 향료, 과즙, 당분을 첨가하여 만든 술

정답 ④

- 혼성주는 증류주에 향료, 약초 등을 첨가하여 약용으로 만든 것을 기원으로 한다.

② 혼성주의 조주방법

증류법 (Distillation)	프랑스의 대표적인 리큐르 제조방법으로, 침출법으로 침출시킨 주정(Spirits)을 재증류하는 제조법
침출법 (Infusion)	열을 가하면 변질될 수 있는 과일이나 약초 등을 증류주에 넣어 자연적으로 우러나게 하는 제조법으로 가장 시간이 많이 소요된다.
에센스법 (Essence Process)	보편적으로 많이 사용하는 방법으로 일종의 향유 혼합법이다. 제조과정이 쉬우나 품질이 낮은 리큐르를 생산한다.

Check

리큐르(Liqueur)의 제조법과 가장 거리가 먼 것은? 1002 / 0605 / 1005 / 1401 / 1301

① 블렌딩법(Blending) ② 침출법(Infusion)
③ 증류법(Distillation) ④ 에센스법(Essence process)

• 혼성주의 조주방법에는 증류법, 침출법, 에센스법이 있다.

정답 ①

나. 혼성주의 분류 및 특징

① 혼성주(Liqueur)의 분류

- 과실계 혼성주에는 쿠앵트로, 큐라소, 그랑 마니에르, 만다린, 체리 브랜디, 크렘 드 카시스, 갈리아노 등이 있다.
- 종자계 혼성주에는 칼루아, 사브라, 티아 마리아, 아마레토, 쇼콜라 스위스, 베네딕틴, 아니제트, 크렘 드 카카오 등이 있다.

② 다양한 혼성주

쿠앵트로 (Cointreau)	오렌지 껍질로 만든 프랑스산 리큐르
큐라소 (Curacao)	라라하 귤(오렌지) 열매의 껍질을 말려 향을 낸 리큐르로 Triple Sec(트리플 섹)이 대표적
그랑 마니에르 (Grand Marnier)	꼬냑(Cognac)에 오렌지 향을 가미한 프랑스산 리큐르
샤르트뢰즈 (Chartreuse)	프랑스어로 수도원, 승원이라는 뜻으로 리큐르의 여왕이라 불리는 천연 허브로 향과 색을 낸 녹색의 리큐르
슬로 진 (Sloe Gin)	자두의 일종인 sloe berry를 진에 첨가하여 설탕을 가한 붉은색 혼성주
캄파리 (Campari)	이탈리아의 국민주로 70여 가지의 재료로 만들어진 매우 쓴맛의 붉은색 리큐르(Liqueur)
드람브이 (Drambuie)	스카치 위스키(Scotch whiskey)를 기주로 하여 꿀을 넣어 달게 하고 오렌지향이 첨가된 호박색 리큐르
아드보카트 (Advocaat)	브랜디에 계란노른자와 설탕을 혼합하여 만든 혼성주
압생트 (Absinthe)	아니스 향의 높은 알코올 도수를 갖는 리큐르로 한때 정신착란 증상을 일으켜 판매중지
칼루아 (Kahlua)	멕시코산 커피 리큐르이며 테킬라, 커피, 설탕을 주성분으로 Cocoa, Vanilla 향을 첨가하여 만든 혼성주
베네딕틴 (Benedictine)	황금색의 약초 감미주로서 술병에 D.O.M이라고 쓰여 있는 리큐르
시나 (Cynar)	와인에 향신료 아티초크를 배합하여 제조하였으며 색상은 진한 갈색을 띄는 리큐르
크렘 드 카카오 (Creme de Cacao)	향초를 사용하지 않고 코코아와 바닐라 열매를 넣어 제조한 리큐르
쿰멜(Kummel)	회양풀(Caraway)로 만드는 리큐르
아니제트 (Anisette)	지중해 지방산의 미나리과 식물인 아니스(Anise)향이 있는 무색 리큐르

아마레토 (Amaretto)	살구 씨와 허브로 만들어진 아몬드 향이 있는 리큐르
에프리콧 브랜디 (Apricot Brandy)	살구를 원료로 한 황갈색의 리큐르
아이리쉬 미스트 (Irish Mist)	정향 꿀 및 허브로 향을 낸 아일랜드 위스키 기반의 리큐르
파르페 아모르 (Parfait Amour)	보라색 꽃잎과 들장미를 베이스로 한 리큐르에 바닐라를 믹스한 혼성주
크렘 드 망트 (Creme de Menthe)	시원한 여름 민트 또는 박하향이 나는 초록색 리큐르
체리 브랜디 (Cherry Brandy)	체리를 주원료로 하여 향료를 침전시켜 만드는 리큐르
사우던 컴포트 (Southern Comfort)	알코올 도수가 40%이며 복숭아, 오렌지 등의 과일과 계피향을 첨가한 미국의 대표적인 리큐르
갈리아노 (Galliano)	이탈리아 밀라노 지방에서 생산되는 오렌지와 바닐라 향이 강하며 독특하고 길쭉한 병에 담긴 리큐르
예거마이스터 (Jagermeister)	독일에서 사냥터 관리인이라는 이름으로 불리는 짙은 갈색, 특유의 허브향과 강한 단맛이 특징인 전통 리큐르

Check

다음 중 Cordials가 아닌 것은? 0502

① 베네딕틴(Benedictine)
② 코인트루(Cointreau)
③ 크림 데 카카오(Creme de Cacao)
④ 진(Gin)

정답 ④

• ④는 호밀 등을 원료로 한 증류주이다.

③ 베네딕틴 디오엠(Benedictine D.O.M)

- 수십 종의 약초를 사용한 약 42°의 호박색 리큐르(Liqueur)이다.
- 1510년 불란서 Fecamp 사원에서 성직자가 만든 술이다.
- 레이블에 D.O.M(Deo Option Maximo 최고의 신에게 바치는 술)이라고 표기되어 있다.
- 허니문(Honeymoon) 칵테일을 조주할 때 사용한다.

④ 샤르트뢰즈(Chartreuse)

- 프랑스어로 수도원, 승원이라는 뜻으로 리큐르의 여왕이라고 불린다.
- 프랑스 수도원에서 브랜디와 약초를 섞어 만든 연한 녹색 또는 황색의 술이다.
- 알라스카(Alaska) 칵테일에 첨가되는 혼성주이다.

Check

프랑스 수도원에서 약초로 만든 리큐르로 '리큐르의 여왕'이라 불리는 것은? 1501

① 압생트(Absinthe)
② 베네딕틴 디오엠(Benedictine D.O.M)
③ 두보네(Dubonnet)
④ 샤르트뢰즈(Chartreuse)

• ①은 식전주로도 쓰이는 리큐르의 일종으로 알코올 45~74도 정도의 증류주이다.
• ②는 프랑스 노르망디 지역의 수도원의 수도승에 의해 27가지 약초들로 만들어진 알코올 42도의 리큐르의 일종이다.
• ③은 프랑스 약사가 말라리아 약제의 쓴맛을 중화시키기 위해 만든 와인으로 식전주로 쓰인다.

정답 ④

⑤ 슬로 진(Sloe Gin)

• 유럽의 야생 자두(오얏나무 열매)의 일종인 sloe berry를 주 향료로 진(Gin)에 첨가하여 만든 혼성주이다.
• 알코올 도수가 21~30% 정도로 비교적 약한 편이다.
• 프랑스어로는 프뤼넬(Prunnelle)이라고 한다.

올드 톰 진(Old Tom Gin)

• 18세기 드라이 진에 당분을 섞어서 만든 영국식 진을 말한다.
• 런던 드라이 진보다는 약간 달고, 네덜란드의 제네바보다는 조금 덜 달다.

Check

슬로 진(Sloe Gin)의 설명 중 옳은 것은? 0505

① 리큐르의 일종이며 진(Gin)의 종류이다.
② 오얏나무 열매성분을 진(Gin)에 첨가한 것이다
③ 보드카(Vodka)에 그레나딘 시럽을 첨가한 것이다.
④ 아주 천천히 분위기 있게 먹는 칵테일이다.

• 슬로 진(Sloe Gin)은 야생 자두의 일종인 sloe berry를 주 향료로 사용하여 만든 혼성주이다.

정답 ②

⑥ 드램브이(Drambuie)

• 스카치 위스키를 기본주로 Honey, Herbs가 첨가된 호박색 리큐르이다.
• 칵테일 러스티 네일을 만들 때 사용한다.

⑦ 아마레토(Amaretto)

• 이태리가 자랑하는 3대 리큐르(liqueur) 중 하나이다.
• 살구 씨를 물과 함께 증류하여 향초 성분과 혼합하고 시럽을 첨가해서 만든 아몬드 향의 리큐르이다.

⑧ 압생트(Absinthe)

• 아니스향의 높은 알코올 도수를 갖는 리큐르로 애주가들의 정신착란 등의 중독증세를 일으키는 웜우드의 독성으로 한때 판매가 금지된 리큐르이다.
• 쑥의 줄기와 잎을 사용하여 알코올을 증류하고 제조하는 술로 얼음덩이와 함께 쉐이크하여 마실 수 있다.
• 약 40%의 알코올 농도이다.

⑨ 시나(Cynar)

- 와인에 국화과의 아티초크(Artichoke)와 약초의 엑기스를 배합한 이탈리아산 리큐르이다.
- 식전주, 칵테일로도 사용되나 보통은 탄산수나 오렌지주스 등에 섞어 먹는다.

Check

와인에 국화과의 아티초크(Artichoke)와 약초의 엑기스를 배합한 이탈리아산 리큐르는? 1401

① Absinthe ② Dubonnet
③ Amer picon ④ Cynar

정답 ④

- ①은 아니스 향의 높은 알코올 도수를 갖는 리큐르로 한때 정신착란 증상을 일으켜 판매 중지되었었던 혼성주이다.
- ②는 프랑스산 레드 와인이다.
- ③은 오렌지 껍질, 용담 추출물, 신코나 나무 껍질 등으로 만든 리큐르이다.

⑩ 베일리스(Baileys)

- 아일랜드(Ireland)에서 만들어진 아이리시 크림 리큐르로 달콤하고 부드러운 초콜릿맛 술이다.
- Irish Cream과 위스키(whiskey) 결합하여 넣어 제조한 달콤한 알코올 음료다.
- On the Rocks으로 마신다.

오렌지를 주원료로 만든 술

- 트리플 섹(Triple Sec)은 세 번 증류를 했다는 의미로 오렌지향을 가진 무색투명한 프랑스 리큐르다.
- 꾸앵트로(Cointreau)는 프랑스에서 오렌지 껍질로 만든 리큐르로 트리플 섹(Triple Sec)의 프리미엄 브랜드이다.
- 그랑 마니에르(Grand Marnier)는 프랑스의 오렌지향 리큐르 브랜드이다.

⑪ 커피 리큐르

칼루아(Kahlua)	멕시코산 커피 리큐르이며 테킬라, 커피, 설탕을 주성분으로 Cocoa, Vanilla 향을 첨가하여 만든 혼성주
티아 마리아(Tia Maria)	자메이카 블루 마운틴 커피로 만든 리큐르
카모라(Kamora)	멕시코에서 만들어진 커피 리큐르이다.

Check

커피 리큐르가 아닌 것은? 1404

① 카모라(Kamora) ② 티아 마리아(Tia Maria)
③ 쿰멜(Kummel) ④ 칼루아(Kahlua)

정답 ③

- 쿰멜(Kummel)은 회양풀(Caraway)로 만드는 리큐르이다.

8 전통주

가. 전통주의 특징

① 민속주

㉠ 우리나라 전통주

- 쌀 등 곡물을 주원료로 사용하는 민속주가 많다.
- 탁주, 약주, 소주의 순으로 다양한 민속주가 개발되었다.
- 발효제로는 누룩만을 사용하여 제조하고 있다.
- 증류주 제조기술은 고려시대 때 몽고에 의해 전래되었다.

㉡ 전통주 도량형

- 곡식이나 액체, 가루 등의 분량을 재는 것이다.
- 보통 정육면체 또는 직육면체이며 나무와 쇠로 만든다.
- 분량(1되)을 부피의 기준으로 하여 10분의 1을 1홉(合), 10배를 1말이라고 한다.
- 1되는 약 1.8리터, 1홉은 180ml 정도이다.

② 전통주의 분류

모주	막걸리에 한약재를 넣고 끓인 술
감주	누룩으로 빚은 술의 일종으로 술과 식혜의 중간
죽력고	청죽을 쪼개어 불에 구워 스며 나오는 진액인 죽력과 물을 소주에 넣고 중탕한 술
합주	청주와 탁주를 합한 술, 찹쌀로 빚어서 여름에 즐겨 마시는 꿀이나 설탕을 타서 먹는 막걸리
청주	누룩으로 곡물을 당화, 발효시켜 탁주를 담근 후 이를 자연침전시키거나 고운 천으로 걸러낸 맑은 술
탁주	곡물을 발효시켜 탁하게 빚은 술. 누룩향과 함께 달고 신맛을 내는 발효주(양조주)

병행복발효주

- 당화와 발효의 공정이 따로 구별되지 않고 두 가지 작용이 병행해서 이뤄지는 것을 뜻한다.
- 청주, 탁주, 약주가 대표적인 병행복발효주이다.

Check

전통주와 관련한 설명으로 옳지 않은 것은? 1501

① 모주 : 막걸리에 한약재를 넣고 끓인 술
② 감주 : 누룩으로 빚은 술의 일종으로 술과 식혜의 중간
③ 죽력고 : 청죽을 쪼개어 불에 구워 스며 나오는 진액인 죽력과 물을 소주에 넣고 중탕한 술
④ 합주 : 물 대신 좋은 술로 빚어 감미를 더한 주도가 낮은 술

- 합주는 찹쌀로 빚어서 여름에 즐겨 마시는 막걸리다. 특히 꿀이나 설탕을 타서 먹는다.

정답 ④

③ 전통주의 제조

㉠ 양조기구 및 기물

술독	술 빚을 그릇으로 주모용, 밑술용, 덧술용 등으로 구분해서 사용
술자루	술독을 싸서 보온하기 위해 사용하는 이불 등
가마솥	밥이나 떡을 찔 때, 소주를 내릴 때 등에서 사용
시루	떡을 찔 때 사용하는 찜기의 일종
누룩고리	누룩을 성형하기 위해 사용하는 틀
소줏고리	소주를 증류하는 용기
채반	둥글고 널찍한 채그릇

국가지정 중요무형문화재로 지정받은 전통주

- 서울 문배주
- 충남 면천두견주
- 경주 교동법주

㉡ 전통주의 발효제

- 약주나 탁주 제조를 할 때 사용하는 발효제는 누룩, 입국, 조효소제 등이 있다.
- 누룩은 분쇄된 밀기울에 자연곰팡이 및 효모 번식하여 곰팡이는 당화효소를 생산하고 효모는 알코올 발효에 이용한다.

• 입국은 전분질 원료에 백국균을 번식시켜 효소를 생산한다.

㉢ 정화수

• 자정에 오물이 가라앉을 시간에 기른 물을 말한다.
• 정성을 드리는 일에 사용하는 물이다.

Check

국가지정 중요무형문화재로 지정받은 전통주가 아닌 것은? 1604

① 충남 면천두견주 ② 진도 홍주
③ 서울 문배주 ④ 경주 교동법주

정답 ②

• ①은 충남 해안지방의 전통 민속주로 청주에 진달래꽃을 넣어 만든 가향주로 국가지정 중요무형문화재로 지정된 민속주이다.
• ②는 쌀과 보리를 이용해 빚은 발효주를 증류한 술이다.
• ④는 신라시대부터 전해오는 전통주로 국가지정 중요무형문화재로 지정된 빛깔이 희고 맛이 순수한 민속주이다.
• 국가지정 중요무형문화재로 지정받은 3가지 전통주는 문배주, 면천두견주, 교동법주이다.

④ 조선시대 술

㉠ 개요

• 주로 중국 등에서 외래주가 수입되었다.
• 고려시대에 비하여 소주의 선호도가 높았다.
• 소주를 기본으로 한 약용약주, 혼양주의 제조가 증가했다.
• 술 빚는 과정에 있어 여러 번 걸쳐 덧술을 하였다.

㉡ 조선시대 대표적인 술

칠선주	인천지역에서 빚기 시작한 7가지 한약재로 빚은 술
죽통주	전라도 대나무가 많은 지역에서 만든 술로 대나무 마디를 이용해 빚은 술
도화주	복숭아꽃을 곁들여 빚은 술
백세주	찹쌀, 구기자, 약초로 만들어진 우리나라 고유의 장수주

Check

시대별 전통주의 연결로 틀린 것은? 1302

① 한산소곡주-백제시대 ② 두견주-고려시대
③ 칠선주-신라시대 ④ 백세주-조선시대

정답 ③

• ③은 조선시대 때 지금의 인천지역에서 빚기 시작한 7가지 한약재로 빚은 술이다.

⑤ 중국 술

• 죽엽청주는 중국에서 약재를 섞어서 만든 약미주다. 중국의 8대 명주 중 하나이다.
• 소홍주는 중국의 특산품이며 황주 가운데서도 최고로 꼽히는 술이다.

나. 지역별 전통주

① 지역별 대표 특산주

금산	인삼주	경주	교동법주
홍천	옥선주	아산	연엽주
안동	송화주	남원	춘향주
전주	이강주	진도	홍주
한산	소곡주		

㉠ 이강주

- 조선시대 3대 명주 중 하나로 전통 소주에 배와 생강을 첨가한 술이다.
- 전북 전주에서 쌀로 빚은 30도의 소주에 배, 생강, 울금 등 한약재를 넣어 숙성시킨 약주이다.

Check

호남의 명주로서 부드럽게 취하고 뒤끝이 깨끗하여 우리의 고유한 전통술로 정평이 나있고, 쌀로 빚은 30도의 소주에 배, 생강, 울금 등 한약재를 넣어 숙성시킨 약주에 해당하는 민속주는? 1304

① 이강주 ② 춘향주 ③ 국화주 ④ 복분자주

- ②는 지리산의 야생국화와 지리산 뱀사골의 지하 암반수로 빚어진 남원지방 민속주이다.
- ③은 두견주와 함께 가을철 대표적인 가향주다.
- ④는 전북 고창의 복분자로 빚은 토속주이다.

정답 ①

㉡ 경주 교동법주

- 국가지정 중요무형문화재로 지정된 빛깔이 희고 맛이 순수한 민속주이다.
- 신라시대부터 전해오는 유상곡수(流觴曲水)라 하여 주로 상류계급에서 즐기던 술이다.

㉢ 진도 홍주

- 쌀과 보리를 이용해 빚은 발효주를 증류할 때 지초를 통과한다고 하여 지초주라고도 하는 증류주이다.
- 색이 붉다고 홍주라고도 한다.
- 알코올 농도는 45~48° 정도다.

㉣ 인삼주

- 통일신라시대 때부터 만들어진 것으로 전해지는 민속주이다.
- 인삼, 누룩, 찹쌀로 만들거나 인삼가루를 주머니에 담아 술에 침지한 약주로 리큐르에 해당한다.

Check

우리나라 고유의 술로 liqueur에 해당하는 것은? 0801

① 삼해주 ② 안동소주 ③ 인삼주 ④ 동동주

- ①은 찹쌀을 발효시켜 빚는 약주로 발효주에 해당한다.
- ②는 곡식을 물에 불린 후 시루에 쪄 고두밥을 만들고 누룩을 섞어 발효시켜 빚은 증류식 소주이다.
- ④는 경기도 전통술로 쌀, 누룩 등으로 만든 발효주이다.

정답 ③

ⓜ 춘향주

- 남원의 민속주로서 여성들이 부담 없이 즐길 수 있는 은은한 국화향이 특징이다.
- 지리산의 야생국화와 지리산 뱀사골의 지하 암반수로 빚어진 술이다.

② 그 외 전통주

㉠ 모주

- 조선 광해군 때 인목대비의 어머니가 빚었던 술이라고 알려져 있다.
- 막걸리를 이용해 만든 탁주의 일종으로 알코올이 거의 없어(1% 미만) 음료에 가깝다.
- 막걸리에 한약재를 넣고 끓인 해장술로 대추, 생강, 계피가루를 넣어 먹는다.

㉡ 문배주

- 고려시대에 왕실에 진상되었으며, 일체의 첨가물 없이 조와 찰수수만으로 전래의 비법에 따라 빚어내는 순곡의 증류식 소주이다.
- 술이 익으면 배꽃 향이 난다고 하여 이름이 붙여진 술이다.
- 남북 장관급 회담행사 시 주로 사용되어지는 국가지정 중요무형문화재로 지정된 술이다.
- 우리나라 전통술로 6개월 내지 1년간 숙성시킨 알코올 도수 40도 정도의 증류주이다.

Check

우리나라 전통주 중에서 약주가 아닌 것은? 1602

① 두견주 ② 한산 소곡주
③ 칠선주 ④ 문배주

정답 ④

- ①은 충남 해안지방의 전통 민속주로 청주에 진달래꽃을 넣어 만든 가향주로 약주이다.
- ②는 충남 한산면에서 만들어진 청주이자 약주로 백제 때 만든 것으로 알려진다.
- ③은 조선시대 때 지금의 인천지역에서 빚기 시작한 7가지 한약재로 빚은 술이다.

㉢ 두견주

- 충남 해안지방의 전통 민속주로 청주에 진달래꽃을 넣어 만든 가향주다.
- 국가무형문화재로 진달래꽃을 두견화라고 하는데 진달래로 담은 술이어서 두견주라고 부른다.
- 고려시대 복지겸의 건강을 되찾게 한 술로 전해진다.

㉣ 과하주

- 소주를 약주에 섞은 혼성주로 누룩과 곡식을 주원료로 한다.
- 특히 여름에만 마시는 것으로 소주에다 젯밥을 넣고 여기에 계피, 건강, 향인 등을 넣어 장마가 지고 습한 기운이 있을 때 소화를 돕고 향료가 있는 맛 좋은 고유의 술이다.

㉤ 계명주

- 경기도 무형문화재로 수수를 주원료로 만든 술이다.
- 고구려의 술로 전해지며, 여름날 황혼 무렵에 찐 차좁쌀로 담가서 그다음 날 닭이 우는 새벽녘에 먹을 수 있도록 빚었던 술이다.

- 알코올 농도는 낮으며 단맛이 난다.

Check

고구려의 술로 전해지며, 여름날 황혼 무렵에 찐 차좁쌀로 담가서 그다음 날 닭이 우는 새벽녘에 먹을 수 있도록 빚었던 술은? 1401

① 교동법주 ② 청명주
③ 소곡주 ④ 계명주

- ①은 신라시대부터 전해오는 전통주로 국가지정 중요무형문화재로 지정된 빛깔이 희고 맛이 순수한 민속주이다.
- ③은 충남 한산면에서 만들어진 청주이자 약주로 백제 때 만든 것으로 알려진다.

정답 ④

ⓑ 백세주
- 찹쌀과 구기자, 고유약초로 만들어지는 우리나라 고유의 술이다.
- 조선시대 정약용의 지봉유설에 전해오는 것으로 이것을 마시면 불로장생한다하여 장수주(長壽酒)로 유명하다.

ⓢ 연엽주
- 고려 때에 등장한 연잎을 곁들여 쌀로 빚은 술이다.
- 약용과 가향의 성분을 갖춘 술로 호박색, 연 냄새가 은은한 전통주이다.
- 충청남도 무형문화재로 아산지방에서 대대로 빚어오고 있다.

③ 소주

㉠ 개요
- 고려시대에 중국으로부터 전래되었다.
- 주원료로는 쌀, 찹쌀, 보리, 잡곡류, 당밀, 사탕수수, 고구마, 파티오카 등이 쓰인다.
- 제조법에 따라 증류식 소주, 희석식 소주로 나뉜다.
- 증류식 소주에는 문배주, 옥로주, 안동소주, 제주 한주, 청송불로주 등이 있다.
- 희석식 소주는 1890년대 말 일본에서 도입된 것으로 현재의 일반 소주가 이에 해당한다.
- 약용으로 음용되기 시작한 소주는 도수가 18도 이상으로 높아 장기간 보관해도 무방하다.

Check

다음 중 소주에 대한 설명으로 틀린 것은? 1502

① 제조법에 따라 증류식 소주, 희석식 소주로 나뉜다.
② 우리나라에 소주가 들어온 연대는 조선시대이다.
③ 주원료로는 쌀, 찹쌀, 보리 등이다.
④ 삼해주는 조선 중엽 소주의 대명사로 알려질 만큼 성행했던 소주이다.

- 소주는 고려시대에 중국으로부터 전래되었다.

정답 ②

㉡ 안동소주

- 제조 시 소주를 내릴 때 소주고리를 사용한다.
- 곡식(쌀, 보리, 조, 수수, 콩 등)을 물에 불린 후 시루에 쪄 고두밥을 만들고 누룩을 섞어 발효시켜 빚는다.
- 경북 안동의 전통주로 경상북도 무형문화재로 지정되어 있다.
- 증류식 소주로서 알코올 농도 45%이다.

9 비알코올성 음료

가. 개요

① 비알코올성 음료

- 크게 청량음료, 영양음료, 기호음료로 구분한다.

청량음료	이산화탄소가 들어가 있는 음료수
영양음료	영양성분이 많아서 건강에 도움을 주는 음료
기호음료	술, 차, 커피처럼 사람들이 식전이나 식후에 즐겨 마시는 커피류 및 차류

Check

다음 중 소프트 드링크(Soft Drink)에 해당하는 것은? 1002

① 콜라 ② 위스키
③ 와인 ④ 맥주

정답 ①

- ②, ③, ④는 알코올성 음료이다.

나. 기호음료(Favorite beverage)

① 개요

- 크게 커피류와 차류로 구분한다.
- 술, 차, 커피처럼 사람들이 식전이나 식후에 즐겨 마시는 커피류 및 차류를 말한다.

Check

다음 음료 중 기호음료는? 0104

① Tea ② Juice
③ Milk ④ Cola

정답 ①

- ②와 ③은 비알코올성 음료 중 영양음료에 해당한다.
- ④는 비알코올성 음료 중 청량음료인 탄산음료에 해당한다.

② 차

㉠ 개요

- 차나무는 남위 23°~북위 43° 사이의 온대~열대 지방에 서식한다.
- 차에 포함된 타닌은 해독작용, 살균작용, 지혈작용, 소염작용을 한다.
- 차는 보통 홍차, 녹차, 청차 등으로 분류된다.

• 차의 등급은 잎의 크기나 위치 등에 크게 좌우된다.

ⓛ 차를 만드는 방법에 따른 분류

불(비)발효차	• 20% 미만의 발효 정도를 유지하는 차 • 녹차, 말차(일본), 용정차, 벽라춘 등
반발효차	• 20~70% 정도로 발효시킨 차 • 쟈스민차, 포종차, 우롱차 등
발효차	• 80% 이상 발효시킨 차 • 홍차(얼그레이, 다즐링차, 기문차, 우바)
후발효차	• 미생물 번식을 유도하여 후발효시키는 차 • 황차, 보이차, 흑차 등

ⓒ 녹차

• 불발효차로 발효를 하지 않은 채 볶거나 찐 다음 말린 차이다.
• 찻잎에 열을 가해 산화효소의 활성화를 억제한다.
• 차를 우려내면 연한 녹색을 띠므로 녹차라고 한다.
• 차를 우려낼 때는 물의 온도와 차의 양, 차가 우려 나오는 시간을 고려해야 한다.
• 녹차의 떫은맛을 내는 성분은 카테킨인데 이는 폴리페놀의 일종으로 발암억제, 동맥경화, 혈압상승 억제 등 건강에 도움을 준다.
• 우전차는 4월 20일(곡우) 이전에 수확하여 제조한 차로 찻잎이 작으며 연하고 맛이 부드러우며 감칠맛과 향이 뛰어난 한국의 녹차이다.

Check

4월 20일(곡우) 이전에 수확하여 제조한 차로 찻잎이 작으며 연하고 맛이 부드러우며 감칠맛과 향이 뛰어난 한국의 녹차는? 1501

① 작설차 ② 우전차
③ 곡우차 ④ 입하차

• ①은 차나무의 어린 순이 돋아나기 시작할 때 채취하여 덖어서 말린 차이다.
• ③은 곡우 전후에 채취한 차를 말한다.
• ④는 입하 때 채취한 차를 말한다.

정답 ②

ⓔ 홍차

• 백차, 녹차, 우롱차보다 더 많이 산화된 차를 말한다.
• 세계 3대 홍차에는 인도의 다즐링(Darjeeling), 중국의 기문차, 스리랑카의 우바(Uva)가 있다.
• 잉글리시 블랙퍼스트(English breakfast)는 여러 산지의 찻잎을 혼합하여 만든 홍차로 다른 차에 비해 향이 진하고 카페인이 많다.

Check

세계 3대 홍차에 해당되지 않는 것은? 1501

① 아삼(Assam) ② 우바(Uva)
③ 기문(Keemun) ④ 다즐링(Darjeeling)

• 아삼(Assam)은 인도 아삼주에서 만든 홍차이며 맛이 강렬하고 진한 붉은색을 띤다.

정답 ①

③ 커피

㉠ 개요

- 기호음료에 속한다.
- 일반 커피와 무카페인 커피로 나누어진다.
- Decaffeinated coffee는 caffeine을 제거한 커피이다.
- 카페인을 함유하고 있으며 카페인이 중추신경을 자극하여 피로감을 없애준다.
- 커피의 맛과 향을 결정하는 중요 가공 요소는 로스팅(Roasting), 블렌딩(Blending), 그라인딩(Grinding)이다.
- 커피의 향미는 향기, 맛, 입안의 느낌 순으로 평가한다.
- 커피벨트 혹은 커피 존(Coffee Zone)이라고도 불리는 북위 25도, 남위 25도 사이의 지역은 커피재배에 적당한 기후와 토양이 있다.
- 브라질은 세계 제일의 커피 생산국이자 수출국이다.

Check

커피의 맛과 향을 결정하는 중요 가공 요소가 아닌 것은? 0805

① Roasting ② Blending ③ Grinding ④ Maturating

정답 ④

- 커피는 로스팅, 블렌딩, 그라인딩이 중요한 가공 요소다.

㉡ 커피의 가공과정

로스팅(Roasting)	열을 가해 볶음으로써 연한 녹색의 생두가 다갈색으로 변하는 과정으로 커피의 맛과 향을 살리는 과정이다.
블렌딩(Blending)	소비자의 입맛에 맞게 특정 맛이 부족한 원두에 다른 원두를 배합해 균형잡힌 맛을 만들어내는 과정이다.
그라인딩(Grinding)	원두를 미세하게 분쇄하여 커피 속의 맛과 향이 풍부하게 추출될 수 있도록 하는 작업이다.

- 로스팅의 정도를 약한 순에서 강한 순으로 나열하면 American Roasting → German Roasting → French Roasting → Italian Roasting이 된다.

㉢ 커피의 품종

아라비카(Arabica)	전 세계 커피의 약 60~70%에 해당하는 일반적인 커피 품종이다.
로부스타(Robusta)	전 세계 커피의 약 30% 정도를 차지하는 커피 품종이다.
리베리카(Riberica)	전 세계 커피의 약 1~2%를 차지하는 커피 품종이다.

Check

커피의 품종이 아닌 것은? 1401

① 아라비카(Arabica) ② 로부스타(Robusta)
③ 리베리카(Riberica) ④ 우바(Uva)

정답 ④

- 우바(Uva)는 스리랑카에서 생산되는 홍차다. 세계 3대 홍차로는 기문, 우바, 다즐링이 있다.

㉣ 아라비카종
- 원산지는 에티오피아이다.
- 생두의 모양이 납작한 타원형이다.
- 병충해에 약하고 저온, 고온에 약한 특성을 갖는다.
- 500~2,000m 고지대에서 잘 자란다.
- 좋은 향과 신맛이 특징이다.

㉤ 커피 종류

에스프레소 (Espresso)	• 원두가루에 뜨거운 물을 고압으로 통과시켜 추출한 것을 말한다. • 별도의 우유 등을 사용하지 않는다.
카푸치노 (Cappuccino)	• 에스프레소, 뜨거운 우유, 그리고 우유거품을 재료로 만드는 이탈리아 커피를 말한다. • 커피에 우유를 섞어서 계피가루를 뿌린 후 이를 이용해 다양한 디자인과 모양을 낼 수 있어서 인기를 끌고 있다.
카페라떼 (Caffelatte)	• 에스프레소에 뜨거운 우유를 곁들인 커피이다. • 이탈리아에서는 아침에만 먹는 음료로 커피를 증류해서 컵에 우려낸 후 데운 우유를 첨가한다. • 에스프레소 20~30mL, 스팀밀크 120mL로 구성된다.

모카(Mocha)의 다양한 의미
- 예멘의 항구 이름
- 에티오피아와 예멘에서 생산되는 커피
- 초콜릿이 들어간 음료나 음식에 붙이는 이름

Check

우유가 사용되지 않는 커피는? 1504

① 카푸치노(Cappuccino)
② 에스프레소(Espresso)
③ 카페 마키아토(Cafe Macchiato)
④ 카페 라떼(Cafe Latte)

- 에스프레소는 원두가루에 뜨거운 물을 고압으로 통과시켜 추출한 것으로 아주 진한 이탈리아 커피이며 우유를 사용하지 않는 커피다.

정답 ②

㉥ 커피(Coffee)의 제조방법

드립식 (Drip filter)	드립을 이용해서 천과 종이필터 등을 이용해 그 위로 뜨거운 물을 붓는 방식으로 커피를 추출하는 방식
퍼콜레이터식 (Percolator)	주전자의 아래쪽을 가열하면 물이 끓어올라 분쇄된 원두 속으로 여러차례 솟구쳐 올랐다가 내려가는 것을 반복해서 커피를 추출하는 방식
에스프레소식 (Espresso)	곱게 분쇄된 원두에 고온의 물을 고압으로 투과시키는 방식으로 추출하는 방식
터키식 (Turkey)	중동지방에서 주전자에 물과 분쇄한 원두를 넣고 끓인 다음 불에서 내렸다가 다시 올리는 방식으로 커피를 추출하는 방식
프렌치 프레스식 (French press)	침출식으로 분쇄된 원두를 뜨거운 물에 담가놓고 커피가 우려지면 분쇄된 원두를 필터 아래로 모으는 방식
콜드브루식 (Cold brew)	찬물로 커피를 오랜 시간에 걸쳐 추출하는 방식

크레마(Crema)
- 에스프레소 커피를 추출할 때 나오는 진한 갈색 또는 황금색의 거품을 말한다.
- 에스프레소의 고유한 향미를 나타내는 특징이다.

㉧ 핸드 드립 커피

- 분쇄한 커피 원두를 거름망이 있는 깔때기에 담고 온수를 통과시켜 커피를 추출하는 방식이다.
- 메뉴가 제한되며, 비교적 조리 시간이 오래 걸린다.
- 추출자에 따라 커피맛이 영향을 받는다.

Check

핸드 드립 커피의 특성이 아닌 것은? 1305

① 비교적 조리 시간이 오래 걸린다.
② 대체로 메뉴가 제한된다.
③ 블렌딩한 커피만을 사용한다.
④ 추출자에 따라 커피맛이 영향을 받는다.

정답 ③

- 블렌딩 여부와 상관없이 핸드 드립이 가능하다.

㉨ 커피 추출도구

- Siphon : 스코틀랜드에서 개발된 기압차를 이용한 진공식 침척 용구이다.
- Dripper : 드립커피를 만들 때 여과필터와 원두를 고정시키는 깔때기이다.
- French Press : 유리 또는 스테인리스강 관과 금속 거름망이 달린 막대 손잡이로 구성된 커피 추출도구이다.

㉩ 커피 잔

- 스탠다드(Standard)는 140~150ml 정도의 일반적인 사이즈이다.
- 데미타제(Demitasse)는 일반 커피컵의 1/2크기(70~80ml)로 주로 에스프레소를 담아 먹는데 빨리 식는 것을 방지하기 위해 잔을 두껍게 만든다.

Check

Demitasse에 대한 설명으로 틀린 것은? 0702

① 온도를 고려하여 얇게 만들어진다.
② Espresso의 잔으로 사용된다.
③ 담는 액체의 양은 1oz정도이다.
④ 내부는 곡선 형태이다.

정답 ①

- Demitasse는 빨리 식는 것을 방지하기 위해 잔을 두껍게 만든다.

㉪ 커피 적정 습도

- 커피를 로스팅하면 커피 조직이 다공질로 바뀌어 외부의 습기를 잘 흡수하게 된다. 즉 습도가 높을수록 커피는 점차 변질된다.
- 볶은 커피의 적정한 보관 습도는 3.5% 이하이다.

㉫ 에스프레소 커피추출이 빨리 되는 원인

- 너무 굵은 분쇄입자
- 약한 탬핑 강도
- 높은 펌프 압력
- 너무 적은 양의 커피 사용

ⓔ 에스프레소 추출 시 너무 진한 크레마(Dark Crema) 추출 원인

- 물의 온도가 95℃보다 높은 경우
- 펌프압력이 기준 압력보다 낮은 경우
- 물 공급이 제대로 안 되는 경우

다. 영양음료(Nutritious Drink)

① 개요

- 건강에 도움을 줄 수 있는 영양성분이 함유된 음료로 각종 주스류와 우유류가 있다.
- 주스류는 크게 과일주스와 채소주스로 구분된다.
- 과실음료에는 천연과즙주스, 희석과즙음료, 과립과즙음료 등이 있다.

② 음료의 살균방법

초고온 순간살균법	135~150℃에서 0.5~5초간 살균. 가장 일반적
고온 단시간 살균법	72℃에서 15초간 살균
저온 장시간 살균법	63~65℃에서 30분간 열처리하여 살균
멸균법	150℃에서 2.5~3초간 가열 살균

③ 주스류의 보관방법

- 캔 주스나 칵테일 부재료로 사용하고 남은 주스는 별도의 용기(유리, 플라스틱)에 담아서 냉장보관한다.

Check

음료의 살균에 이용되지 않는 방법은? 1404

① 저온 장시간 살균법(LTLT) ② 자외선 살균법
③ 고온 단시간 살균법(HTST) ④ 초고온 살균법(UHT)

- 음료의 살균법에는 ①, ③, ④ 외에 멸균법이 있다

정답 ②

라. 청량음료(Soft Drink)

① 개요

- 비알코올성 음료의 한 종류로, 차고 달콤한 특성을 갖는다.
- 가스로 충전되기도 한다.
- 탄산음료(콜라 등)와 무탄산음료(물과 광천수)로 구분된다.

② 탄산음료

- 천연과즙 대신 인공향으로 맛을 내고 탄산가스를 주입해 청량감을 내게 만든 음료이다.
- 탄산가스는 청량감을 부여하고 향기를 유지시키며 미생물의 발효를 저지한다.
- 종류에는 소다수, 사이다, 콜린스 믹스, 진저에일, 토닉워터, 콜라 등이 있다.

소다수 (Soda Water)	• 탄산가스와 무기 염료가 함유된 탄산수로 특유의 청량감을 주며 무색, 무미, 무취의 탄산음료 • 주로 하이볼 종류의 칵테일을 만들 때 사용하고 연하고 작은 거품이 나며 가스의 지속성이 오래 가서 시원함을 느끼게 하는 탄산음료 • 식욕을 돋우는 효과가 있음.
사이다	• 소다수에 구연산, 주석산, 레몬즙 등을 혼합한 것 • 유럽에서 Cider(또는 Cidre)는 사과를 발효시켜서 만든 사과주(알코올성분은 1~6%)를 말함
콜린스 믹스 (Collins mix)	레몬주스와 설탕을 주원료로 만든 것으로 Gin에 혼합하는 탄산음료
토닉워터 (Tonic water)	소다수에 레몬, 키니네(quinine) 껍질 등의 농축액을 함유하여 뒷맛이 다소 씁쓸한 청량음료로 진(Gin)과 가장 좋은 조화를 이룸.
진저에일 (Ginger ale)	생강으로 향과 맛을 내 캐러멜로 착색한 탄산음료
콜라(coke)	콜라닌과 카페인을 함유한 것으로 콜라콩을 가공 처리한 탄산음료

Check

주로 Gin에 혼합하는 탄산음료로 레몬, 설탕, 액상과당, 탄산가스, 구연산, 향료 등이 첨가되는 탄산음료는? 1001

① Cola　② Collins mix
③ Fanta Grape　④ Cider

정답 ②

• ①은 콜라닌과 카페인을 함유한 탄산음료이다.
• ④는 소다수에 구연산, 주석산, 레몬즙 등을 혼합한 탄산음료이다.

③ 광천수

• 에비앙 생수(Evian Water)는 프랑스의 가장 대표적인 천연광천수로 비탄산수이다.
• 비시생수(Vichy Water)는 프랑스 중부의 엘리에주에 있는 비시(Vichy)시에서 용출되는 광천수(탄산수)다.
• 페리에 생수(Perrier Water)는 프랑스의 탄산수로 '광천수계의 샴페인'이라는 슬로건대로 생수의 고급화를 선도했다.
• 셀처 생수(Seltzer Water)는 독일의 광천수(탄산수)로서 약효가 좋다고 알려져 있다.

Check

다음 광천수 중 탄산수가 아닌 것은? 1401

① 셀처 워터(Seltzer Water)　② 에비앙 워터(Evian Water)
③ 초정약수　④ 페리에 워터(Perrier Water)

정답 ②

• ②는 프랑스의 가장 대표적인 천연광천수로 무탄산음료이다.

UNIT 3

칵테일 기법 실무

칵테일 기법 실무에서는 칵테일의 특성과 분류, 칵테일 기구와 주장의 소모품, 칵테일 기법 등이 주요하게 다뤄진다.

1 칵테일 특성

가. 칵테일(Cocktail)

① 개요

- 술에 술을 섞거나 술에 청량음료 또는 과즙음료, 기타 부재료를 이용하여 혼합시킨 혼합주이다.
- 칵테일의 5대 요소는 맛(Taste), 향(Flavour), 색(Colour), 글라스(Glass), 장식(Decoration Garnish)이다.
- 부드러운 맛, 분위기의 증진, 색, 맛, 향의 조화, 식욕을 증진시키는 윤활유 역할을 한다.
- 긴장을 풀고 근육을 부드럽게 하고 피곤한 눈에는 다이아몬드와 같은 빛을, 혀에는 미끄러운 작용을 준다.
- 인적 의존도가 높아 대량생산이 불가능하고 유통 과정이 없으며, 반품이나 재고가 없다.

② 칵테일 레시피(Recipe)로 확인가능한 정보

- 칵테일의 색깔
- 칵테일의 분량
- 칵테일의 성분

Check

술에 술을 섞거나 술에 청량음료 또는 과즙음료, 기타 부재료를 이용하여 혼합시킨 것은? 0104

① 칵테일　　② 하드드링크
③ 소프트드링크　　④ 혼성주

• 칵테일은 술과 여러 종류의 음료, 첨가물 등을 섞어 만든 혼합주이다.

정답 ①

나. 칵테일 기구

① 칵테일 도구(기물)

스트레이너 (Strainer)	칵테일을 제조할 때 여과기로 사용되며 얼음이 흘러나오지 않도록 막는 도구로 믹싱 글라스에서 제조된 칵테일을 잔에 따를 때 사용
스퀴저 (Squeezer)	과일즙을 짜는 도구
푸어러 (Pourer)	술 손실 예방 도구이며 음료가 일정하게 나오도록 조절하는 기구로 푸링 립(Pouring Lip)이라고도 함.

스퀴저(Squeezer)

콕 스크류 (Cork Screw)	코르크 마개를 빼는 도구
스토퍼 (Stopper)	• 탄산음료나 샴페인을 사용하고 남은 일부를 보관시 사용되는 기물 • 보조 병마개라고도 함.
셰이커 (Shaker)	계란, 설탕, 시럽 등 농후한 재료를 사용하는 칵테일의 경우 휘저어 섞는 것만으로는 잘 혼합이 되지 않기 때문에 강한 움직임을 주기 위하여 사용하는 도구
믹싱 글라스 (Mixing Glass)	셰이커와 같이 재료를 섞고 차갑게 식히는 역할을 하는 도구로 stir 기법(휘젓기)에 사용하는 기물
지거 (Jigger)	칵테일 레시피에 표시된 음료의 양을 정확하게 측정하기 위해 사용하는 도구
머들러 (Muddler)	허브잎이나 과일 또는 설탕 등을 으깨서 향을 낼 때 사용하는 도구
제스터 (Zester)	• 레몬이나 오렌지 등 시트러스 계열 과일들의 껍질을 깎아내는 도구 • 강판이나 필러로 불리기도 함.
믹서 (Mixer)	혼합하기 어려운 재료를 섞거나 프로즌 드링크를 만들 때 쓰는 기구
글라스 리머 (Glass rimmer)	잔 주위에 설탕이나 소금 등을 묻혀서 눈송이가 묻은 것 같이 장식하는 기구

셰이커(Shaker)

Check

칵테일 조주 시 레몬이나 오렌지 등으로 즙으로 짤 때 사용하는 기구는? 0602

① 스퀴저(Squeezer) ② 머들러(Muddler)
③ 셰이커(Shaker) ④ 스트레이너(Strainer)

정답 ①

• ②는 허브잎이나 과일 또는 설탕 등을 으깨서 향을 낼 때 사용하는 도구이다.
• ③은 계란, 설탕, 시럽 등 농후한 재료를 사용하는 칵테일의 경우 휘저어 섞는 것만으로는 잘 혼합이 되지 않기 때문에 강한 움직임을 주기 위하여 사용하는 도구이다.
• ④는 칵테일을 제조할 때 여과기로 사용되며 얼음이 흘러나오지 않도록 막는 도구로 믹싱 글라스에서 제조된 칵테일을 잔에 따를 때 사용한다.

스트레이너(Strainer)

㉠ 스트레이너(Strainer)
- 칵테일을 제조할 때 여과기로 사용되며 얼음이 흘러나오지 않도록 막는 도구로 믹싱 글라스에서 제조된 칵테일을 잔에 따를 때 얼음을 걸러주는 역할을 한다.
- 철사망으로 되어 있다.

Check

믹싱 글라스나 셰이커에서 칵테일을 만든 후 잔에 따를 때 걸러주는 바(Bar)의 용구는? 1001

① Strainer ② Muddler ③ Ice Tongs ④ Cock Screw

정답 ①

• ②는 과일즙을 짜는 도구이다. • ③은 얼음을 집는 집게이다.
• ④는 코르크 마개를 빼는 도구이다.

ⓛ 푸어러(pourer)

- 술 손실 예방 도구로 음료가 일정하게 나오도록 조절하는 기구이다.
- 술병 입구에 부착하여 술을 따르고 술의 커팅(Cutting)을 용이하게 한다.
- 푸링 립(Pouring Lip)이라고도 한다.

ⓒ 쿨러(cooler)

- 대상의 종류에 따라 와인쿨러, 맥주쿨러, 컵 쿨러 등이 있다.
- 화이트 와인을 서비스할 때 와인쿨러를 함께 제공한다.

ⓔ 지거(Jigger)

- 칵테일 레시피에 표시된 음료의 양을 정확하게 측정하기 위해 사용하는 도구이다. Measure Cup이라고도 한다.
- 스테인리스제가 많이 쓰이며, 삼각형 30mL와 45mL의 컵이 등을 맞대고 있다.
- 1Jigger는 45mL(1.5oz)이다.
- 영업 중에는 바 스푼과 함께 항상 물에 담겨있어야 한다.

푸어러(Pourer)

지거(Jigger)

Check

다음 기물 중 조주상에 사용되는 술계량기는? 0502

① 하이볼(Highball) ② 바-스트레이너(Bar Strainer)
③ 머들러(Muddler) ④ 지거(Jigger)

- ①은 위스키나 브랜디에 탄산수나 탄산음료, 얼음을 넣고 만든 칵테일을 말한다.
- ②는 칵테일을 제조 할 때 여과기로 사용되며 얼음이 흘러나오지 않도록 막는 도구로 믹싱 글라스에서 제조된 칵테일을 잔에 따를 때 사용한다.
- ③은 허브잎이나 과일 또는 설탕 등을 으깨서 향을 낼 때 사용하는 도구이다.

정답 ④

ⓜ 머들러(Muddler)

- 허브잎이나 과일 또는 설탕 등을 으깨서 향을 낼 때 사용하는 도구이다.
- Stirring Rod라고도 한다.
- 모히토 등의 Long Drink Cocktail 서비스 및 칵테일 제공 시 고객이 직접 휘젓기할 수 있게 음료와 함께 제공하기도 한다.

ⓗ 바 스푼(Bar Spoon)

- Mixing Glass를 이용하여 칵테일을 만들 때 내용물을 섞기 위해 휘젓는 용도로 사용한다.
- Floating Cocktail을 만들 때 사용한다.
- 글라스의 내용물을 섞을 때 사용하다.

② 바(Bar)용 얼음 관련 도구

아이스 픽(Ice Pick)	얼음을 부수거나 따거나 쪼개는 데 사용하는 날카로운 금속 도구
아이스 스쿱(Ice Scoop)	얼음을 떠내기 위한 도구
아이스 버킷(Ice Bucket)	아이스 페일(Ice Pail)이라고도 하며, 얼음을 넣어 두는 용기
아이스 크러셔(Ice Crusher)	얼음을 잘게 갈아 칵테일용 얼음을 만드는 기계
아이스 통(Ice Tongs)	얼음을 집는 집게

✓Check

주장에서 사용되는 얼음 집게의 명칭은? 0702

① Ice Pick ② Ice Pail
③ Ice Scooper ④ Ice Tongs

정답 ④

- ①은 얼음을 부수는 기구이다.
- ②는 얼음을 담는 기구이다.
- ③은 얼음을 푸는 기구이다.

③ 주장의 소모품

㉠ 종류

Straw	칵테일을 마시기 쉽게 하기 위한 빨대
Coaster	칵테일 글라스에 받쳐 나오는 깔판
Cocktail Pick	칵테일 장식에 사용하는 핀

코스터(Coaster)

㉡ 코스터(Coaster)

- 주류를 글라스에 담아서 고객에게 서빙할 때 글라스 밑받침으로 사용하는 것을 말한다.
- 음료서비스 시 수분흡수를 위해 잔 밑에 놓는다.
- 헝겊이나 두터운 종이로 만든다.

✓Check

글라스의 받침대로 냉각된 글라스의 물기가 흘러내리는 것을 방지하게 위해 사용하는 것은? 1001

① Opener ② Stopper
③ Coaster ④ Muddler

정답 ③

- ①은 병뚜껑을 따기 위한 도구이다.
- ②는 탄산음료나 샴페인을 사용하고 남은 일부를 보관 시 사용되는 기물이다.
- ④는 허브잎이나 과일 또는 설탕 등을 으깨서 향을 낼 때 사용하는 도구이다.

다. 칵테일 분류

① 칵테일의 맛에 따른 분류

스위트 칵테일(Sweet Cocktail)	달콤한 맛의 칵테일
사워 칵테일(Sour Cocktail)	레몬이나 라임주스를 첨가해 신맛이 강한 칵테일
드라이 칵테일(Dry Cocktail)	도수가 강한 칵테일

✓Check

칵테일을 맛에 따라 분류할 때 이에 해당하지 않는 것은? 1001

① 스위트 칵테일 ② 사워 칵테일
③ 슬링 칵테일 ④ 드라이 칵테일

정답 ③

- 칵테일은 맛에 따라 크게 스위트, 사워, 드라이 칵테일로 분류한다.

② 용량에 따른 분류

㉠ 쇼트 드링크

- 용량이 150ml(5oz) 미만의 칵테일로 짧은 시간에 마시는 칵테일을 말한다.
- 스팅어, 올드 패션드, 맨해튼, 마티니, 네그로니, 사이드 카, 다이키리, 알렉산드, 위스키 사워, 브롱스, 캣츠아이, 블루 버드 등이 이에 해당된다.

㉡ 롱 드링크

- 하이볼 글라스나 콜린스 글라스 등에 담겨 제공되는 용량이 많아(180ml, 6oz 이상) 오래 마실 수 있는 칵테일을 말한다.
- 테킬라 선라이즈, 톰 콜린스, 진피즈, 진토닉, 블러디 메리, 로얄 피즈, 마이 타이, 치치, 피냐 콜라다 등이 이에 해당된다.

✔Check

Short drink 칵테일이 아닌 것은? 0801

① Martini ② Manhattan

③ Gin & Tonic ④ Bronx

- ③은 롱 드링크에 해당한다.

정답 ③

칵테일 베이스(기주)

- 칵테일을 만들 때 주가 되는 술을 말한다.
- 진, 럼, 보드카, 위스키, 테킬라를 칵테일의 베이스로 많이 사용한다.

2 칵테일 기법

Shaking	• 셰이커에 얼음과 재료를 넣고 흔들어서 만드는 방법 • 핑크레이디(Pink Lady), 사이드카(Side car), 브랜디 알렉산더(Blandy Alexander)
Blending	• 블렌더에 재료와 잘게 부순 얼음을 넣고 전동으로 돌려서 만드는 방법 • 마이타이(Mai tai), 치치(Chi chi)
Stirring	• 믹싱 글라스에 얼음과 술을 넣고 바 스푼으로 잘 저어서 잔에 따르는 방법 • 마티니(Martini), 깁슨(Gibson), 맨해튼(Manhattan)
Float&Layer	• 재료의 비중을 이용하여 섞이지 않도록 내용물을 위에 띄우거나 쌓이도록 하는 방법 • 엔젤스팁(Angel's Tip), 엔젤스키스(Angel's Kiss), B-52
Building	• 흔들거나 휘젓지 않고 글라스에 직접 얼음과 재료를 넣어 바 스푼으로 혼합하여 만드는 방법 • 진앤토닉(Gin & Tonic), 네그로니(Negroni), 올드 패션드(Old fashioned), 스크루드라이버(Screw driver)

노 믹싱(no mixing)

- 서빙글라스에 직접 2종 이상의 술을 제공하는 것을 말한다.

✔Check

칵테일을 만드는 3가지 기본 방법이 아닌 것은? 0104

① Pouring ② Shaking

③ Blending ④ Stirring

- ①은 술을 따르는 것을 말하며, 칵테일 조주의 3가지 기본 방법은 ②, ③, ④이며 그 외 직접 넣기(Building), 띄우기(Floating & Layering) 방법 등이 있다.

정답 ①

① 셰이킹(Shaking)

㉠ 개요

- 계란, 설탕, 시럽 등 농후한 재료를 사용하는 칵테일의 경우 휘저어 섞는 것만으로는 잘 혼합이 되지 않기 때문에 강한 움직임을 주기 위하여 사용하는 셰이커(Shaker)를 이용한 방법이다.
- 잘 섞이지 않고 비중이 다른 음료를 조주할 때 적합하다.
- 셰이커(Shaker)는 캡(cap), 스트레이너(Strainer), 바디(Body)로 구성된다.
- 셰이커(Shaker)에 얼음을 충분히 넣은 후 술을 붓고 빠른 시간 안에 잘 섞이고 차게 한다.

셰이커의 구성

㉡ 종류

- 핑크레이디(Pink Lady), 사이드카(Side car), 브랜디 알렉산더(Blandy Alexander), 그래스호퍼(Grasshopper), 올림픽(Olympic), 바카디(Bacardi), 위스키 사워(whiskey Sour), 스팅어(Stinger) 등을 제조할 때 사용한다.

Check

칵테일 기구 중 혼합하기 힘든 재료를 잘 섞는 동시에 냉각시키는 데 사용되는 기구는? 0405

① 스트레이너(Strainer) ② 믹싱컵(Mixing Cup)
③ 셰이커(Shaker) ④ 스퀴저(Squeezer)

정답 ③

- ①은 칵테일을 제조할 때 여과기로 사용되며 얼음이 흘러나오지 않도록 막는 도구로 믹싱 글라스에서 제조된 칵테일을 잔에 따를 때 사용한다.
- ②는 셰이커와 같이 재료를 섞고 차갑게 식히는 역할을 하는 도구로 stir 기법(휘젓기)에 사용하는 기물이다.
- ④는 과일즙을 짜는 도구이다.

② 빌딩(Building)

㉠ 개요

- 직접 넣기 기법이라고도 한다.
- 흔들거나 휘젓지 않고 글라스에 직접 얼음과 재료를 넣어 바 스푼으로 혼합하여 만드는 방법이다.

㉡ 종류

- 진앤토닉(Gin & Tonic), 네그로니(Negroni), 올드 패션드(Old fashioned), 스크루드라이버(Screw driver), 시브리즈(Seabreeze), 키르(Kir), 진 리키(Gin Rickey) 등을 만들 때 사용한다.

③ 스터링(Stirring)

㉠ 개요

- stir 기법(휘젓기)이라고도 한다.

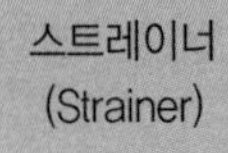

스트레이너 (Strainer)	칵테일을 제조할 때 여과기로 사용되며 얼음이 흘러나오지 않도록 막는 도구로 믹싱 글라스에서 제조된 칵테일을 잔에 따를 때 사용

믹싱 글라스 (Mixing Glass)	셰이커와 같이 재료를 섞고 차갑게 식히는 역할을 하는 도구로 stir 기법(휘젓기)에 사용하는 기물
바 스푼 (Bar Spoon)	Stir 기법(휘젓기)에서 재료를 섞거나 차게 할 때 사용하는 기구

㉡ 믹싱 글라스(Mixing Glass)

- 셰이커와 같이 재료를 섞고 차갑게 식히는 역할을 하는 도구이다.
- stir 기법(휘젓기)으로 칵테일을 만들 때 사용하는 유리제 글라스이다.
- 비커와 같이 술을 따르는 주둥이가 나와 있다.
- 머들러(muddler)를 사용하여 음료를 혼합한다.

㉢ 종류

- Martini, Manhattan, Rob Roy, Gibson 등을 만들 때 사용한다.

믹싱 글라스(Mixing Glass)

Check

칵테일 기법 중 믹싱 글라스에 얼음과 술을 넣고 바 스푼으로 잘 저어서 잔에 따르는 방법은? 1504

① 직접 넣기(Building) ② 휘젓기(Stirring)
③ 흔들기(Shaking) ④ 띄우기(Float & Layer)

- ①은 글라스에 직접 재료를 넣어 만드는 방법이다.
- ③은 셰이커에 얼음과 재료를 넣고 흔들어서 만드는 방법이다.
- ④는 술이나 재료의 비중을 이용하여 내용물을 위에 띄우거나 차례로 쌓이도록 하는 방법이다.

정답 ②

④ 플로팅(Floating)

㉠ 개요

- 재료의 비중을 이용하여 섞이지 않도록 내용물을 위에 띄우거나 쌓이도록 하는 방법이다.
- 바 스푼은 층을 구분하는 데 이용한다.

바 스푼의 뒷부분을 이용해서 재료를 부드럽게 흐르게 하면 재료의 비중 차이 때문에 층이 나게 쌓인다.

㉡ 종류

- B&B, Pousse Cafe, B-52, Angel's Kiss 등을 만들 때 사용한다.

Check

여러 종류의 술을 비중이 무거운 것부터 차례로 섞이지 않도록 Floating하여 만드는 것은? 0801

① Long Island Iced Tea
② Pousse Cafe
③ Malibu Punch
④ Tequila sunrise

- ①은 진, 보드카, 럼, 테킬라, 리큐르를 사용하여 빌드와 셰이킹 기법으로 만드는 칵테일이다.
- ③은 말리부 럼을 이용하여 빌드 기법으로 만드는 칵테일이다.
- ④는 테킬라, 오렌지주스, 시럽을 이용하여 빌드 기법으로 만드는 칵테일이다.

정답 ②

⑤ 블렌딩(Blending)

㉠ 개요

- 얼음, 생크림, 계란, 과일 등 혼합하기 힘든 재료를 혼합해서 만들기도 하고 프로즌 스타일의 칵테일을 만들 때 전기기구를 이용해서 만드는 조주법이다.

㉡ 종류

- Mai Tai, Zombie, Chi chi, 프로즌 드링크를 만들 때 사용한다.

Check

칵테일 제조 시 혼합하기 힘든 재료를 섞거나 프로즌 스타일의 칵테일을 만들 때 사용하는 기구는? 1101

① Blender ② Bar spoon

③ Muddler ④ Mixing glass

정답 ①

- ②는 재료를 섞거나 소량을 잴 때 사용된다.
- ③은 허브잎이나 과일 또는 설탕 등을 으깨서 향을 낼 때 사용하는 도구이다.
- ④는 셰이커와 같이 재료를 섞고 차갑게 식히는 역할을 하는 도구로 stir 기법(휘젓기)에 사용하는 기물이다.

⑥ 프로스팅(Frosting)

㉠ 개요

- 잔 주위에 설탕이나 소금 등을 묻혀서 눈송이가 묻은 것 같이 장식하는 방법을 말한다.
- 리밍(Rimming)이라고도 한다.
- 설탕 프로스팅(Sugar Frosting)할 때는 레몬즙을 묻힌 후 찍어준다.
- Glass Rimmers를 이용해 소금, 설탕을 글라스 가장자리에 묻힌다.

글라스 리머(Glass Rimmers)

㉡ 종류

- Magarita(소금), Kiss of Fire(설탕), Irish Coffee(설탕) 등을 만들 때 사용한다.

Check

칵테일 기법 중 글라스의 가장자리에 설탕을 찍어 내어 눈송이가 묻은 것 같이 장식하는 방법은? 0501

① 플로팅(floating)

② 리밍(rimming)

③ 스트레이닝(strainning)

④ 푸어링(pouring)

정답 ②

- ①은 재료의 비중을 이용하여 섞이지 않도록 내용물을 위에 띄우거나 쌓이도록 하는 방법이다.
- ③은 술을 잔에 따를 때 얼음을 걸러내는 작업을 말한다.
- ④는 글라스 안의 얼음 위에 술을 붓는 작업을 말한다.

UNIT 4

칵테일 조주 실무

칵테일 조주 실무에서는 칵테일 조주 형태별 분류, 기주별 칵테일의 종류, 얼음과 부재료, 장식, 글라스, 계량단위 등이 주요하게 다뤄진다.

1 칵테일 조주

가. 칵테일 조주

① 조주의 목적

- 술과 술을 섞어서 두 가지 향의 배합으로 색다른 맛을 얻을 수 있다.
- 술과 소프트 드링크의 혼합으로 좀 더 부드럽게 마실 수 있다.
- 술에 기타 부재료를 가미하여 좀 더 독특한 맛과 향을 창출해 낼 수 있다.

② 조주 형태에 따른 분류

하이볼(Highball)	리큐르에 소프트 드링크를 혼합한 후 얼음을 채운 하이볼 글라스에 담아내는 롱 드링크를 지칭
피즈(Fizz)	진, 리큐르 등을 베이스로 하여 설탕, 진 또는 레몬주스, 소다수 등을 사용
콜린스(Collins)	리큐르에 레몬이나 라임즙, 설탕을 넣고 소다수로 채운 칵테일
사워(Sour)	증류주에 레몬, 라임주스 등을 넣고 소다수로 채워 만든 신맛의 칵테일
슬링(Sling)	피즈와 비슷하나 피즈보다 용량이 많고 리큐르를 첨가하여 레몬체리로 장식한 칵테일
쿨러(Cooler)	술에 설탕, 레몬, 라임주스 등을 넣고 소다수로 채운 칵테일
펀치(Punch)	펀치볼에 과일, 주스, 술, 설탕 등을 넣고 얼음을 띄워 여러 명이 함께 먹는 칵테일
프라페(Frappe)	Shaved Ice를 칵테일 글라스에 채운 후 술을 붓고 빨대를 꽂아서 제공하는 칵테일
에그녹(Eggnog)	브랜디를 베이스로 하여 계란을 넣은 칵테일로 셰이킹을 충분히 해야 하며 완성 후 넛맥을 뿌려 제공
트로피컬(Tropical)	열대성 칵테일로 과일주스, 시럽 등을 사용해 시원하고 단맛을 내는 칵테일
플립(Flip)	계란이 통째로(혹은 노른자만이라도) 들어간 칵테일
쥴립(Julep)	민트 줄기를 넣은 칵테일
토디(Toddy)	뜨거운 물 또는 차가운 물에 설탕과 술을 넣어서 만든 칵테일
온더락(On the rocks)	글라스에 얼음을 넣고 그 위에 술을 따른 칵테일

펀치볼

Check

다음 중 가장 영양분이 많은 칵테일은? 1602

① Brandy Eggnog ② Gibson
③ Bacardi ④ Olympic

정답 ①

• 에그녹은 브랜디를 베이스로 하여 계란을 넣은 칵테일로 영양분이 많다.

나. 기주별 칵테일

① Brandy를 베이스로 한 칵테일의 종류

허니문 (Honeymoon)	애플브랜디, 베네딕틴 DOM, 트리플 섹, 레몬주스를 셰이킹 기법으로 만든 칵테일
스팅어(Stinger)	브랜디, 크림 드 민트 화이트를 셰이킹 기법으로 만든 칵테일
브랜디 알렉산더 (Alexander)	브랜디, 크림 드 카카오 브라운, 우유를 셰이킹 기법으로 만든 칵테일
브랜디 에그넉 (Brandy Eggnog)	브랜디, 넛맥, 시럽, 우유, 계란을 셰이킹 기법으로 만든 에그넉 스타일의 칵테일
푸스카페 (Pousse cafe)	그레나딘 시럽-크림 드 카카오-페퍼민트-브랜디 순으로 넣어 플로트(Float) 방식으로 만드는 브랜디 베이스의 칵테일(저녁 식사 후 칵테일)
비앤비(B&B)	브랜디, 베네딕틴 DOM을 직접 넣기(Building) 기법으로 만든 칵테일로 섞지 않고 제공
사이드카 (Side car)	Brandy, 쿠앵트로(화이트 큐라소), 레몬주스를 셰이킹 기법으로 만든 칵테일
디키디키 (Diki-Diki)	애플브랜디, 스웨덴펀치, 자몽주스를 셰이킹 기법으로 만든 칵테일
줌(Zoom)	브랜디, 꿀, 크림을 셰이킹 기법으로 만들어 식후에 주로 마시는 칵테일
보솜 카레서 (Bosom Caresser)	브랜디, 오렌지 큐라소, 그레나딘 시럽, 계란 노른자를 셰이커에 넣고 셰이킹 기법으로 만들어 스프(soup)의 대용으로 이용할 만큼 영양분이 충분한 칵테일

푸스카페

Check

Honeymoon 칵테일에 필요한 재료는? 1402

① Apple Brandy ② Dry Gin
③ Old Tom Gin ④ Vodka

정답 ①

• 허니문은 애플 브랜디, 베네딕틴 DOM, 트리플 섹, 레몬주스를 셰이킹 기법으로 만든 칵테일이다.

㉠ 푸스카페 레인보우(Rainbow)
- 7가지 색깔이 다른 재료의 비중 차이를 이용해 만든 칵테일이다.
- 여러 가지 아름다운 색깔을 시각과 맛으로 음미할 수 있어 애음되고 있다.

㉡ 스팅어(Stinger)

- 브랜디, 크림 드 민트 화이트를 얼음과 함께 셰이킹 기법으로 만든 칵테일이다.
- 별도의 장식이 필요하지 않은 칵테일이다.

㉢ B&B

- 베네딕틴(Benedictine)의 B와 브랜디(Brandy)의 B를 따서 이름을 붙인 칵테일이다.
- 리큐르 글라스에 제공한다.

② Gin을 베이스로 한 칵테일

마티니(Martini)	진, 베르무트를 믹싱 글라스에 넣고 휘젓기(stir) 기법으로 만든 칵테일
브롱크스(Bronx)	진, 베르무트, 오렌지주스를 셰이킹 기법으로 만든 칵테일
핑크레이디(Pink Lady)	진, 그레나딘 시럽, 우유, 계란 흰자를 셰이킹 기법으로 만든 칵테일
깁슨(Gibson)	Gin, 베르무트를 믹싱 글라스에 넣고 Stirring(휘젓기) 기법으로 만든 칵테일
밀리언달러(Million Dollar)	Gin, 베르무트, 파인애플주스, 계란 흰자, 시럽을 셰이킹 기법으로 만든 칵테일
네그로니(Negroni)	진, 스윗 베르무트, 캄파리를 믹싱글라스에 넣고 휘젓기(stir) 기법으로 만든 칵테일
싱가포르 슬링(Singapore Sling)	진, 레몬주스, 설탕을 셰이킹 기법으로 만든 후 소다수와 체리 브랜디를 가미한 칵테일
플라밍고(Flamingo)	슬로 진에 그레나딘 시럽, 라임주스를 셰이킹 기법으로 만든 칵테일
스노우볼(Snowball)	진, 아니셋, 생크림을 셰이킹 기법으로 만든 칵테일
톰 콜린스(Tom Collins)	진, 레몬주스, 설탕을 셰이킹 기법으로 만든 칵테일로 레몬이나 오렌지 슬라이스와 체리를 장식하여 제공
불도그 하이볼(Bulldog Highball)	진, 오렌지주스, 진저에일을 직접 넣기(Building) 기법으로 만든 칵테일
김렛(Gimlet)	진, 라임주스, 파우디슈거를 셰이킹 기법으로 만든 칵테일
진 피즈(Gin Fizz)	진, 레몬주스, 시럽, 달걀흰자를 셰이킹 기법으로 만든 후 탄산수를 채우고 레몬 슬라이스로 장식한 칵테일
진 리키(Gin Rickey)	진, 라임주스, 소다수를 직접 넣기(Building) 기법으로 만든 칵테일

Check

다음 중 네그로니(Negroni) 칵테일의 재료가 아닌 것은? 1404

① Dry Gin ② Campari
③ Sweet Vermouth ④ Flip

- ④는 계란이 통째로(혹은 노른자만이라도) 들어간 칵테일을 말하는데 네그로니는 계란을 넣지 않는다.

정답 ④

리큐르 글라스(Liqueur Glass)

㉠ Dry Martini

- 저녁 식전에 주로 마시는 칵테일이다.
- 진(1 2/3)과 드라이 베르무트(1/3)를 5:1의 비율로 섞는다.
- Extra Dry Martini는 진과 드라이 베르무트를 7:1의 비율로 섞는다.

㉡ Gin Fizz

- 진, 레몬주스, 시럽, 달걀흰자를 셰이킹 기법으로 만든 후 탄산수를 채우고 레몬 슬라이스로 장식한 칵테일이다.
- 하이볼 글라스를 사용한다.
- 기법으로 Shaking과 Building을 병행한다.
- 레몬의 신맛과 설탕의 단맛이 난다.
- 레몬 슬라이스로 장식한다.
- 식사 전의 칵테일(Before dinner cocktail)로 적당하다.

하이볼 글라스(Highball Glass)

㉢ 깁슨(Gibson)

- Gin을 베이스로 베르무트(Vermouth)를 추가한 후 믹싱 글라스를 이용하는 Stirring(휘젓기) 기법으로 만든다.
- 칵테일 어니언(Cocktail onion)을 꽂아서 장식한다.
- 기호에 맞게 레몬 필을 짜 넣어도 된다.
- 쇼트 드링크로 칵테일 글라스에 제공된다.

Check

진(Gin) 또는 보드카(Vodka)를 주재로 내용물과 함께 Stir하여 Cocktail glass에 담아 Onion으로 장식하는 칵테일은? 0302

① Martini ② Gibson ③ Bacardi ④ Knuckle Head

정답 ②

- 깁슨(Gibson)의 베이스는 Gin이며 칵테일 어니언(Cocktail onion)을 꽂아서 장식한다.

③ whiskey를 베이스로 한 칵테일

올드 패션드 (Old Fashioned)	버번위스키, 각설탕, 비터스, 소다를 직접 넣기(Building) 기법으로 만들며, 오렌지와 체리로 장식한 칵테일
로브 로이 (Rob Roy)	스카치위스키, 베르무트, 비터스를 믹싱 글라스에 담고 휘젓기(Stir) 기법으로 만들고 체리로 장식한 칵테일
맨해튼 (Manhattan)	버번위스키, 베르무트, 비터스를 믹싱 글라스에 담고 휘젓기(Stir) 기법으로 만들고 체리로 장식한 칵테일
뉴욕 (New York)	위스키, 라임즙, 그레나딘 시럽, 설탕을 셰이킹 기법으로 만든 칵테일
스노우 볼 (Snow Ball)	버번위스키, 계란흰자를 셰이킹 기법으로 만든 칵테일
위스키 사워 (whiskey sour)	버번위스키, 레몬주스, 설탕을 셰이킹 기법으로 만든 후 사워 글라스에 넣고 소다수를 채워준 후 레몬과 체리로 장식한 칵테일
아이리쉬 커피 (Irish coffee)	커피, 위스키, 설탕, 휘핑크림으로 만든 칵테일로 피로회복제로 유용
러스티 네일 (Rusty Nail)	스카치위스키, 드람뷔, 얼음으로 믹싱 글라스 담은 후 휘젓기(Stir) 기법으로 만들고 시나몬 스틱이나 레몬필로 장식한 칵테일

㉠ Old fashioned

- 고전 칵테일의 원형 중 하나이다.
- 알코올에 단맛과 쓴맛을 더한 것이다.
- 버번위스키, 각설탕, 비터스, 소다를 직접 넣기(Building) 기법으로 만들며, 오렌지와 체리로 장식한다.

Check

다음 중 Old fashioned의 일반적인 장식용 재료는? 0701

① 올리브 ② 크림, 설탕
③ 레몬 껍질 ④ 오렌지, 체리

- 고전 칵테일의 원형 중 하나인 Old fashioned는 버번위스키, 각설탕, 비터스, 소다로 만들며, 오렌지와 체리로 장식한다.

정답 ④

㉡ 로브 로이(Rob Roy)

- 스카치위스키, 베르무트, 비터스를 믹싱 글라스에 담고 휘젓기(Stir) 기법으로 만들고 체리로 장식한다.
- 스카치 맨해튼이라고도 불리는 Manhattan 칵테일의 변형이다.
- Manhattan 칵테일의 레시피에서 라이 위스키 대신 스카치 위스키를 베이스로 사용한 것이다.

㉢ 맨해튼(Manhattan)

- 버번위스키, 베르무트, 비터스를 믹싱 글라스에 담고 휘젓기(Stir) 기법으로 만들고 체리로 장식한다.
- 버번위스키(45ml), 스위트 베르무트(22.5ml), 앙고스투라 비터스(1Dash)를 사용한다.

㉣ 아이리쉬 커피(Irish coffee)

- 아이리쉬 위스키, 뜨거운 커피, 설탕을 휘젓기(stir) 기법으로 만든 후 생크림을 거품 내어 얹어서 완성한 칵테일이다.
- 피로 회복제로 유용하다.

④ Tequila를 베이스로 한 칵테일

마가리타 (Margarita)	테킬라, 오렌지 큐라소(트리플 섹 등), 라임주스를 셰이킹 기법으로 만든 후 술잔에 소금을 묻혀서 만드는 칵테일
테킬라 선라이즈 (Tequila Sunrise)	테킬라, 오렌지주스, 그레나딘 시럽을 직접 넣기(Building) 기법으로 만드는 칵테일

㉠ 테킬라 신라이즈(Tequila Sunrise)

- 테킬라, 오렌지주스, 그레나딘 시럽을 직접 넣기(Building) 기법으로 만드는 칵테일이다.
- 테킬라에 오렌지주스를 배합한 후 붉은색 시럽을 뿌려서 가라앉은 모양이 마치 일출의 장관을 연출케 하는 희망과 환의의 칵테일로 유명하다.

Check

다음 중 테킬라 주재(Tequila base) 칵테일은? 0103

① 마가리타 ② 스카이다이빙 ③ 스콜피언 ④ 솔큐바노

정답 ①

• 마가리타 칵테일은 테킬라, 오렌지 큐라소(트리플 섹 등), 라임주스를 셰이킹 기법으로 만든 후 술잔에 소금을 묻혀서 만드는 칵테일이다.

⑤ Vodka를 베이스로 한 칵테일

블러디 메리 (Bloody mary)	보드카, 토마토주스, 레몬주스, 우스터소스, 타바스코소스, 후추, 소금을 직접 넣기(Building) 기법으로 만든 칵테일
키스 오브 파이어 (Kiss of Fire)	보드카, 슬로 진, 베르무트, 레몬주스를 셰이킹 기법으로 만든 칵테일
화이트 러시안 (White Russian)	보드카, 커피술(kahlua, Tia Maria 등), 생크림을 직접 넣기(Building) 기법으로 만든 커피 칵테일
모스크바 뮬 (Moscow Mule)	보드카, 라임주스를 직접 넣기(Building) 기법으로 만든 후 진저에일로 채운 칵테일
블랙 러시안 (Black russian)	보드카, 커피술(kahlua, Tia Maria 등)로 만든 커피 칵테일
스크루드라이버 (Screw Driver)	하이볼 글라스에 보드카, 오렌지를 직접 넣기(Building) 기법으로 만든 칵테일
코스모폴리탄 (Cosmopolitan)	보드카, 트리플 섹, 라임주스, 크랜베리주스를 얼음과 함께 셰이킹 기법으로 만든 칵테일
하비 월뱅어 (Harvey Wallbanger)	보드카, 오렌지주스를 직접 넣기(Building) 기법으로 만든 후 갈리아노를 넣어 플로팅(Floating)한 칵테일

㉠ Black Russian

• 보드카, 커피술을 얼음과 함께 섞어 만드는 커피 칵테일이다.
• Old fashioned Glass에 제공한다.
• sweet한 맛으로 식후에 마시기 좋다.

Check

다음 중 Vodka base 칵테일이 아닌 것은? 0902

① Moscow Mule ② Kiss of Fire
③ Side Car ④ Harvey Wallbanger

정답 ③

• ③은 Brandy를 베이스로 한 칵테일이다.

스트레이트 업(Straight Up)
• 술에 얼음이나 다른 부재료를 넣지 않은 상태로 마시는 것을 말한다.
• 바카디 칵테일(Bacardi cocktail)을 스트레이트 업(Straight Up) 상태로 제공 시 3℃ 정도가 적당한 서브 온도이다.

⑥ Rum을 베이스로 한 칵테일

쿠바 리브르 (Cuba Libre)	럼과 라임주스, 콜라를 이용해 직접 넣기 기법으로 만드는 칵테일
바카디 (Bacardi)	화이트럼, 라임주스, 그레나딘 시럽을 셰이킹 기법으로 만든 칵테일
다이키리 (Daiquiri)	화이트럼, 라임주스, 설탕시럽을 얼음을 채운 셰이커에 넣은 후 셰이킹 기법으로 만든 후 라임 슬라이스로 장식한 칵테일

좀비 (Zombie)	화이트럼, 골드럼, 다크럼, 브랜디, 트리플 섹, 파인애플, 오렌지, 라임주스, 그레나딘 시럽을 셰이킹 기법으로 만든 칵테일
마이 타이 (Mai Tai)	럼, 트리플 섹, 라임주스, 파인애플주스, 오렌지주스, 석류시럽을 셰이킹 기법으로 만든 칵테일
딸기 다이키리 (Strawberry Daiquiri)	라이트럼, 라임주스, 슈가시럽, 딸기 리큐르를 셰이킹 기법으로 혼합하여 만든 칵테일
자메이카 스파이스 (Jamaica Spice)	다크럼, 브랜디, 커피, 꿀로 만든 커피 칵테일
피나콜라다 (Pina Colada)	파인애플주스와 화이트럼, 코코넛 밀크를 얼음과 함께 셰이킹 기법으로 만든 칵테일
클럽(Club)	럼, 베르무트, 체리시럽과 물을 셰이킹 기법으로 만든 칵테일로 정찬코스에서 Hors d' oeuvre 또는 soup 대신에 마신다.

㉠ 피나콜라다(Pina Colada)

- 파인애플주스와 화이트럼, 코코넛 밀크를 얼음과 함께 셰이킹 기법으로 만든 칵테일이다.
- 롱 드링크로 단맛이 강하다.

Check

다음 중 Rum Base 칵테일(Cocktail)은? 0502

① Dubonnet Cocktail ② Bacardi Cocktail
③ Honeymoon Cocktail ④ Knock-out Cocktail

- ①은 진, 두보네 루즈로 휘젓기(stir) 기법으로 혼합하여 만든 칵테일이다.
- ③은 애플 브랜디, 베네딕틴 DOM, 트리플 섹, 레몬주스를 셰이킹 기법으로 만든 칵테일이다.
- ④는 꼬냑, 칼바도스, 진을 휘젓기(stir) 기법으로 혼합하여 만든 칵테일이다.

정답 ②

⑦ 와인을 베이스로 한 칵테일

상그리아(Sangria)	레드 와인, 오렌지주스, 레몬, 과일, 시럽 등으로 만든 칵테일
스프리처(Sprizer)	화이트 와인, 소다수를 직접 넣기(Building) 기법으로 만든 칵테일
키어(Kir)	화이트 와인, 크림 드 카시스를 직접 넣기(Building) 기법으로 만든 칵테일
키어 로얄(Kir Royal)	샴페인, 크림 드 카시스를 직접 넣기(Building) 기법으로 만든 칵테일
미모사(Mimosa)	샴페인, 오렌지주스를 직접 넣기(Building) 기법으로 만든 칵테일

Check

상그리아(Sangria) 칵테일의 주재료는? 0505

① Red Wine ② White Wine
③ Brandy ④ Triple Sec

- 상그리아 칵테일의 베이스는 와인이다.

정답 ①

다. 기타 칵테일

① 뜨겁게 마시는 칵테일

Irish Coffee	아이리쉬 위스키와 커피, 설탕으로 만든 칵테일
Rum Grog	라이트럼, 라임주스, 슈가시럽을 넣고 끓는 물로 채운 칵테일
Vin Chaud	와인에 과일과 계피 등의 향신료를 넣어 끓여 만든 칵테일
Tom and Jerry	럼, 꼬냑, 뜨거운 우유를 섞어서 머그잔에 마시는 칵테일
Jamaica Coffee	다크럼, 브랜디, 커피, 꿀로 만든 커피 칵테일

Check

내열성이 강한 유리잔에 제공되는 칵테일은? 1602

① Grasshopper ② Tequila Sunrise
③ New York ④ Irish Coffee

정답 ④

- ①은 리큐르 베이스 칵테일로 쇼트 드링크로 칵테일 글라스에 제공된다.
- ②는 하이볼 글라스나 콜린스 글라스 같은 롱 드링크 잔을 사용한다.
- ③은 쇼트 드링크로 칵테일 글라스에 제공된다.

② 파인애플주스를 사용하는 칵테일

밀리언 달러 (Million dollar)	진, 베르무트, 파인애플주스, 시럽, 달걀 흰자를 셰이커에 넣고 셰이킹 기법으로 만든다.
블루문 (Blue moon)	드라이 진, 큐라소, 스위트앤사워믹스, 파인애플주스를 셰이커에 넣고 셰이킹 기법으로 만드는 칵테일이다.
준 벅 (June Bug)	멜론, 코코넛, 바나나 리큐르에 파인애플, 레몬주스를 셰이킹 기법으로 만든 후 파인애플과 체리로 장식한 칵테일이다.
마이타이 (Mai-Tai)	럼, 트리플 섹, 라임주스, 파인애플주스, 오렌지주스, 석류시럽을 셰이킹 기법으로 만든 칵테일이다.
피나 콜라다 (Pina Colada)	럼, 파인애플주스, 코코넛 밀크를 셰이킹 기법으로 만든 후 파인애플과 체리로 장식한 칵테일이다.
블루 하와이안 (Blue Hawaiian)	화이트럼, 트리플 섹, 코코넛 럼, 파인애플주스를 셰이킹 기법으로 만든 후 파인애플과 체리로 장식한 칵테일이다.

㉠ 준 벅(June Bug)

- 멜론, 코코넛, 바나나 리큐르에 파인애플, 레몬주스를 셰이킹 기법으로 만든 후 파인애플과 체리로 장식한 칵테일이다.
- 보드카를 넣기도 한다.
- 멜론 리큐르로 미도리, 코코넛 리큐르로 말리부, 바나나 리큐르로 마리브라지드의 것을 주로 사용한다.

Check

파인애플주스가 사용되지 않는 칵테일은? 1405

① Mai-Tai ② Pina Colada
③ Paradise ④ Blue Hawaiian

정답 ③

- ③은 진, 브랜디, 오렌지주스를 셰이킹 기법으로 만든 칵테일이다.

③ 굿 스피릿(Good spirits)

- 커피와 술을 이용한 커피 칵테일을 말한다.

아이리쉬 커피 (Irish coffee)	커피, 위스키, 설탕, 휘핑크림으로 만든다.
베일리스 커피 (Baileys coffee)	에스프레소, 베일리스(리큐르), 우유로 만든다.
카페 로얄 (Cafe Royale)	커피, 각설탕 위에 브랜디를 붓고 불을 붙여 만든다.

- 아이리쉬 커피는 유리잔에, 베일리스나 카페 로얄 등은 머그잔에 제공한다.
- 그 외에도 블랙러시안, 화이트러시안 등이 있다.

④ Grasshopper

- 크렘 드 카카오 화이트, 크렘 드 민트 그리고 생크림을 셰이커에 넣고 셰이킹 기법으로 만든다.
- Saucer형 샴페인 글라스에 제공된다.
- 식후주로 많이 이용된다.

Saucer형 샴페인 글라스

Check

Saucer형 샴페인 글라스에 제공되며 Menthe(Green) 1oz, Cacao(White) 1oz, Light Milk(우유) 1oz를 셰이킹하여 만드는 칵테일은? 1502

① Gin Fizz ② Gimlet
③ Grasshopper ④ Gibson

- ①은 진, 레몬주스, 시럽, 달걀 흰자를 셰이킹 기법으로 혼합한 칵테일이다.
- ②는 진, 라임주스, 시럽을 셰이커에 넣어 셰이킹 기법으로 만드는 칵테일이다.
- ④는 Gin을 베이스로 베르무트(Vermouth)를 추가한 후 믹싱 글라스를 이용하는 Stirring (휘젓기) 기법으로 만든다.

정답 ③

⑤ Red eye

- 스타우트 맥주와 토마토주스를 직접 넣기(Building) 기법으로 혼합하여 만든 칵테일이다.
- 숙취 해소에 도움이 되는 칵테일이라는 속설이 있다.
- 하이볼 글라스에 제공한다.

라. 얼음

① 얼음의 종류

Block of Ice	커다란 얼음덩어리
Lumped Ice	작은 얼음덩어리
Cracked Ice	얼음덩어리를 깬 다양한 형태의 얼음
Cubed Ice	직육면체 혹은 정육면체의 얼음(각얼음)
Crushed Ice	세밀하게 갈아낸 혹은 두들겨 으깬 얼음으로 블렌딩 기법에 사용하기 적당
Shaved Ice	팥빙수, 프라페용 얼음(눈꽃 모양)으로 가장 차가운 칵테일을 만들 때 사용

Check

가장 차가운 칵테일을 만들 때 사용하는 얼음은? 1101

① Shaved Ice ② Crushed Ice
③ Cubed Ice ④ Lump of Ice

정답 ①

• 프라페용 혹은 가장 차가운 칵테일을 만들 때는 눈꽃 모양으로 갈려진 Shaved Ice를 사용한다.

② 각얼음(Cubed Ice)의 취급상의 주의사항
- 칵테일에 많이 사용되는 것으로 재사용을 해서는 안 된다.
- 얼음 속에 공기나 기포가 없어 맑고 투명해야 한다.
- 아이스 텅(tongs)이나 아이스 스쿠프(scoop)를 사용한다.
- Ice bin 위에는 어떤 것이든 차게 하기 위하여 놓아서는 안 된다.

아이스 텅(Ice tongs)

마. 부재료

① 비터(Bitters)

㉠ 개요
- 쓴맛이 강한 혼성주로 칵테일이나 기타 드링크류에 소량을 첨가하여 향료 또는 고미제로 사용하는 술을 말한다.
- Campari, Amer Picon, Underberg, Jagermeiste, Angostura 등이 있다.
- 한 번 뿌려주는 양의 단위로 Dash를 사용한다.
- Manhattan, Old Fashioned, Negroni 등이 대표적인 비터를 추가한 칵테일이다.

카나페(Canape)
- 식전에 먹는 애피타이저로 손가락으로 집어 한 입에 먹을 수 있는 작은 요리를 말한다.
- Cocktail party에 안주로 주로 사용된다.

Check

다음 주류 중 Bitter가 아닌 것은? 0805

① Campari ② Underberg
③ Jagermeiste ④ Kirsch

정답 ④

• ④는 체리나 버찌를 발효, 증류한 무색의 브랜디이다.

㉡ 앙코스트라 비터(Angostura Bitter)
- 맨해튼(Manhattan), 올드 패션드(Old fashioned) 칵테일에 쓰이며 뛰어난 풍미와 향기가 있는 고미제로서 널리 사용된다.
- Trinidadian sector recipe로 만들어진다.
- Manhattan 칵테일은 앙코스트라 비터(Angostura Bitter) 1 dash 정도가 혼합되어있다.

② 감미료

㉠ 록 슈거(Rock Sugar)
- 순도가 높은 수크로오스액을 조려서 만든 결정이다.
- 빙당(氷糖)이라고도 부르는 얼음모양의 고결 설탕이다.
- 특히 과실주나 리큐르 등을 만들 때 사용된다.

록 슈거(Rock Sugar)

㉡ 사카린나트륨(Saccharin Natrium)
- 사카린은 식품류에 널리 사용되는 인공감미료이다.
- 설탕보다 500배 단맛을 낸다.
- 발효음료류 및 인삼, 홍삼음료를 제외한 음료의 감미료(0.2g/kg 이하)로 사용할 수 있다.

㉢ 칵테일 시럽(Syrup)

그레나딘 시럽 (Grenadine)	당밀에 풍미를 가한 석류열매의 붉은색과 향을 가진 시럽
플레인 시럽 (Plain)	일반적인 설탕(sugar) 시럽으로 심플 시럽이라고도 함.
검 시럽 (Gum)	아라비아의 검(Gum) 분말을 섞어 플레인 시럽의 설탕 덩어리가 침전되는 것을 방지
라즈베리 시럽 (Raspberry)	당밀에 나무딸기의 풍미를 가한 시럽
블랙베리 시럽 (Blackberry)	당밀에 검은 딸기의 풍미를 가한 시럽
메이플 시럽 (Maple)	캐나다 사탕단풍나무의 수액으로 만든 시럽으로 칵테일에는 잘 사용되지 않고 주로 핫케이크에 사용

㉣ 그레나딘 시럽(Grenadine Syrup)
- 당밀에 풍미를 가한 석류열매의 붉은색과 향을 가진 시럽이다.
- 조주 시 가장 많이 사용되는 시럽이다.
- 바카디, 테킬라 선라이즈, 마이타이, 슬로 진, 푸스카페 등의 칵테일에 사용된다.

Check

조주의 부재료에서 시럽류인 석류열매의 색과 향을 가진 것은? 0201 / 0705

① 그레나딘 시럽 ② 메이플 시럽 ③ 검 시럽 ④ 플레인 시럽

- ②는 캐나다 사탕단풍나무의 수액으로 만든 시럽으로 칵테일에는 잘 사용되지 않고 주로 핫케이크에 사용한다.
- ③은 아라비아의 검(Gum) 분말을 섞어 플레인 시럽의 설탕 덩어리가 침전되는 것을 방지한다.
- ④는 일반적인 설탕(sugar) 시럽으로 심플 시럽이라고도 한다.

정답 ①

③ 칵테일용 향신료(spice)

㉠ 종류

시나몬(Cinnamon)	인도, 동남아시아 등에서 생산되는 녹나무과로 부드럽고 은은하며 달콤한 향이 나는 향신료
넛맥(Nutmeg)	크림이나 계란의 비린 냄새를 제거하는 용도로 사용하는 칵테일 부재료
민트(Mint)	모히토 칵테일에서 많이 사용되는 허브로 쓴맛을 가진 향신료
타바스코 소스 (Tabasco sauce)	매운 맛이 강한 향료로서 주로 토마토주스가 들어가는 칵테일에 사용되는 칵테일 부재료
클로버(Clove)	따뜻하게 하면 달콤한 향이 나며, 강한 냄새를 억제시켜 주는 칵테일 부재료로 핫 드링크에 사용

Check

칵테일 부재료로 사용되고 매운 맛이 강한 향료로서 주로 토마토주스가 들어가는 칵테일에 사용되는 것은? 0602

① 넛맥(Nutmeg) ② 타바스코 소스(Tabasco sauce)
③ 민트(Mint) ④ 클로브(Clove)

정답 ②

- ①은 크림이나 계란의 비린 냄새를 제거하는 용도로 사용하는 칵테일 부재료이다.
- ③은 모히토 칵테일에서 많이 사용되는 허브로 쓴맛을 가지는 향신료이다.
- ④는 따뜻하게 하면 달콤한 향이 나며, 강한 냄새를 억제시켜 주며, 일반적으로 핫 드링크(hot drink)에 사용하는 칵테일 부재료이다.

㉡ 넛맥(Nutmeg)
- 인도네시아 원산의 향신료로 사향 냄새가 나는 호두라는 의미이며 씨 부분을 사용한다.
- 크림이나 계란의 비린 냄새를 제거하는 용도로 사용하는 칵테일 부재료이다.

Check

칵테일의 부재료 중 씨 부분을 사용하는 것은? 1501

① Cinnamon ② Nutmeg
③ Celery ④ Mint

정답 ②

- 넛맥은 인도네시아 원산 호두의 씨를 이용한 향신료이다.

④ 과일
㉠ 칵테일 부재료로 사용되는 과일
- 장식용 혹은 즙을 내어 사용한다.
- 올리브, 레몬, 라임, 파인애플, 오렌지, 체리, 자몽 등이 있다.

㉡ 딸기 손질법
- 딸기를 보관할 때는 씻지 않은 상태에서 꼭지를 떼지 말고 공기가 통하는 바구니에 넣어 냉장고에 보관한다.
- 딸기를 씻을 때는 꼭지를 떼지 말고 소금물로 재빠르게 헹구어야 한다.

⑤ 크림 드 멘트(Creme de Menthe)
- 주정에 설탕과 민트 잎을 넣어 숙성시켜 만든 리큐르이다.
- 1800년대 프랑스에서 소화제로 개발되어 사용되었다.
- 박하향이 나며, 페퍼민트 칵테일 제조 시 사용된다.

⑥ 크림 드 카카오(Creme de Cacao)
- 주정에 카카오와 설탕을 넣어 숙성시켜 만든 리큐르이다.
- 화이트와 다크(브라운) 2종류가 있다.
- 화이트의 경우 무색투명하나 초콜릿맛이 난다.
- 칵테일 혹은 제과제빵에 사용된다.
- Martini, Manhattan, Bronx, Cacao Fizz, Alexander, Grasshopper 등의 칵테일에 사용된다.

Check

Creme de Cacao 칵테일이 아닌 것은? 1102

① Martini ② Manhattan
③ Gin&Tonic ④ Bronx

• ③은 진을 잔에 넣은 후 토닉워터로 잔을 채우는 직접 넣기(Building) 기법으로 만들고 라임 혹은 레몬 슬라이스로 장식한 칵테일이다.

정답 ③

바. 칵테일 장식

① 가니쉬(Garnish)

- 칵테일의 외형을 돋보이게 하기 위해 장식하는 각종 과일과 채소를 말한다.
- 주로 과일이나 허브향이 나는 잎이나 줄기를 이용한다.
- 가니쉬로 사용하는 과일 등의 신선한 보관을 위해 냉장고를 이용한다.

Check

가니쉬(Garnish)에 대한 설명으로 옳은 것은? 1002

① 칵테일의 혼합비율을 나타내는 것이다.
② 칵테일에 장식되는 각종 과일과 채소를 말한다.
③ 칵테일을 블렌딩하여 만드는 과정을 말한다.
④ 칵테일에 대한 향과 맛을 나타내는 것이다.

• 가니쉬는 칵테일의 외형을 돋보이게 하기 위해 장식하는 각종 과일과 채소를 말한다.

정답 ②

② 칵테일 장식(Garnish) 종류

올리브	• Dry하고 씁쌀한 맛의 칵테일 가니쉬 • 드라이 마티니(Dry Martini), 맨해튼 드라이(Manhattan Dry) 등
양파	깁슨(Gibson)
체리	• 감미타입 칵테일의 가니쉬 • 맨해튼(Manhattan), 올드 패션드(Old Fashioned), 마이타이(Mai-Tai), 엔젤스키스(Angel's Kiss), 로브로이(Rob Roy), 핑크레이디(Pink Lady)
오렌지	오렌지주스를 사용한 롱 드링크
샐러리(Celery)	블러디 메리(Bloody Mary)
시즌과일(season fruits)	싱가포르 슬링(Singapore Sling)
라임 혹은 레몬 슬라이스	모스코뮬(Moscow Mule), 진토닉(Gin & Tonic), 쿠바 리브레(Cuba Libre), 다이키리(Daiquiri)
과일껍질	뉴욕(New York)
무(無) 장식	김렛(Gimlet), 그래스 호퍼(Grasshopper), 브롱크스(Bronx)

Check

다음 중 칵테일 장식용(Garnish)으로 사용되지 않는 것은? 1504

① Olive ② Onion
③ Raspberry Syrup ④ Cherry

정답 ③

• ③은 시럽의 종류로 장식용으로 보기 힘들다.

③ Lemon Peel

• 슬라이스한 레몬에서 칼로 과육을 도려내고 남은 부분을 꼬아서 만든 가니쉬를 사용한다.
• 트위스트(Twist)란 과육을 제거하고 껍질만 짜서 넣는 기법을 말한다.
• Twist of lemon peel이란 레몬껍질을 비틀어 짜 그 향을 칵테일에 스며들게 하는 기법을 말한다.

④ Horse's Neck(말의 목)

• 오렌지, 레몬 등의 껍질을 가늘고 길게 나선형으로 잘라 장식한 것을 말한다.
• 감귤류의 껍질을 가늘고 길게 잘라 오일은 칵테일에 뿌리고, 껍질은 칵테일에 넣는 기법을 말한다.

Check

레몬의 껍질을 가늘고 길게 나선형으로 장식하는 것과 관계있는 것은? 1504

① Slice ② Wedge
③ Horse's Neck ④ Peel

정답 ③

• 오렌지, 레몬 등의 껍질을 가늘고 길게 나선형으로 잘라 장식한 것을 Horse's Neck(말의 목)이라고 한다.

사. 글라스 종류

① 바(Bar)에서 사용되는 글라스의 분류

분류	설명	
텀블러형 (Tumbler)	• 원통형 글라스로 Non-Stem 글라스라고도 한다. • 위스키(온더락) 글라스, 올드 패션드 글라스, 하이볼 글라스, 콜린스 글라스 등	
스템드형 (Stemed)	• 손의 체온이 전해지지 않도록 사용되는 글라스로 줄기모양의 스템이 길게 되어 있다. • 칵테일 글라스, 샴페인 글라스, 사우어 글라스, 리큐르 글라스, 와인 글라스 등	

풋티드형 (Footed)	• 스템이 있어도 길지 않은 형태이다. • 브랜디 글라스, 고블렛 글라스, 필스너 글라스 등	

Check

바(Bar)에서 사용되는 글라스를 크게 3가지로 분류한 것으로 옳은 것은? 0104

① 텀블러, 풋티드 글라스, 스템드 글라스
② 세리 글라스, 리큐르 글라스, 와인 글라스
③ 칵테일 글라스, 코디알 글라스, 올드 패션드 글라스
④ 하이볼 글라스, 온더락 글라스, 칵테일 글라스

• 바(Bar)에서 사용되는 글라스는 크게 텀블러형, 스템드형, 풋티드형으로 구분된다.

정답 ①

② 칵테일용 글라스의 종류

샷 글라스	1oz, 스트레이트 글라스
칵테일 글라스	2~3oz
올드 패션드 글라스	6~8oz, Rocks glass
하이볼 글라스	8oz, 텀블러
콜린스 글라스	하이볼 글라스의 변형으로 좀 더 크고 길다.
톨 글라스	좁고 키가 높은 유리로 된 글라스

㉠ 칵테일 글라스

• 일명 마티니 글라스라 불리는 쇼트 드링크 칵테일의 전용 잔이다.
• 3대 명칭은 보울(Bowl), 스템(Stem), 베이스(Base)를 들 수 있다.
• 부위별 명칭

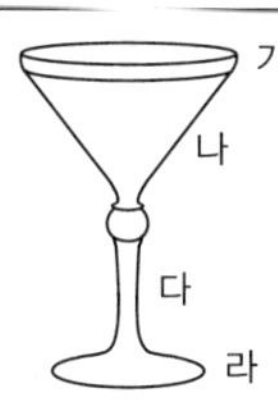	가) Rim / Lip : 입술이 닿는 부분 나) Face / Bowl / Body : 칵테일이 담기는 공간 다) Stem : 손잡이(체온의 영향이 미치지 않게 하는 역할) 라) Foot / Base / Bottom : 가장 아랫부분 지지대

㉡ 브랜디 글라스(Brandy Glass)

	• Snifter, Cognac Glass라고도 한다. • 6~8oz 용량의 글라스로 볼 윗부분이 좁고, 몸통부분은 넓으며 스템을 가지는 모양을 하고 있는 글라스이다.

Ⓒ 올드 패션드 글라스(Old Fashioned Glass)

	• 쇼트 칵테일 글라스의 일종으로 텀블러형(원통형) 글라스의 대표적인 스타일이다. • 6~8oz 용량을 주로 사용하며, 위스키나 스위트 베르무트 등을 On the Rocks로 제공할 때 사용하는 글라스이다. • 일명 On the Rocks Glass라고도 하고 스템(Stem)이 없는 Glass이다.

Check

다음 글라스의 용량 중 올드 패션드 칵테일을 제공하는 데 가장 적당한 것은? 0402

① 30~60mL　② 100~150mL
③ 180~300mL　④ 360~420mL

정답 ③

• Old Fashioned Glass는 6~8oz 용량이므로 이는 mL로 환산하면 180~240mL가 된다.

ⓔ 리큐르 글라스(Liqueur Glass)

	• 리큐르나 스피리츠 등을 마실 때 사용하는 1온스 정도의 아래 손잡이가 있는 글라스이다. • 미국에서는 Cordial Glass라고 한다.

글라스 홀더(Glass Holder)

• Hot Toddy와 같은 뜨거운 종류의 칵테일이 고객에게 제공될 때 뜨거운 글라스를 넣을 수 있는 손잡이가 달린 칵테일 기구이다.

ⓜ 사워 글라스(Sour Glass)

	• 위스키 사워, 브랜디 사워 등의 사워 칵테일에 주로 사용되며 3~5oz를 담기에 적당한 크기이다. • Stem이 길고 위가 좁고 밑이 깊어 거의 평형으로 생겼다.

ⓗ 하이볼 글라스(Highball Glass)

	• 양주 칵테일에서 롱 드링크를 제공하는 글라스이다. • 8oz 용량의 텀블러형 글라스이다. • 블러드 메리, 진피즈, 쿠바 리브레, 씨 브리즈 등을 제공할 때 주로 사용한다.

Check

하이볼 글라스(Highball Glass) 용량으로 가장 많이 사용되는 것은? 0102

① 6온스(Ounce)　② 7온스(Ounce)
③ 8온스(Ounce)　④ 9온스(Ounce)

정답 ③

• 하이볼 글라스는 8oz의 텀블러형 글라스이다.

ⓢ 칵테일 디캔터(Cocktail Decanter)

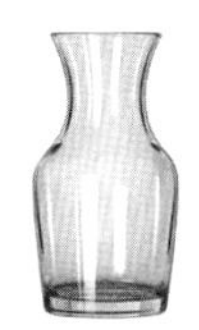	• 고객이 위스키 스트레이트를 주문하고 얼음과 함께 콜라나 소다수, 물 등을 원할 때 이를 제공하는 글라스이다. • 도수가 높은 술을 마신 후 마시는 낮은 도수의 술인 체이서(chaser)를 제공하는 글라스이다.

아. 칵테일 계량단위

① Dash

- 시럽이나 비터(Bitters) 등 칵테일에 소량 사용하는 재료의 양을 나타내는 단위이다.
- 한 번 뿌려 주는 양을 말한다.
- 0.9mL, 5방울, 1/32oz를 의미한다.

Check

1 대시(dash)는 몇 mL인가? 1404

① 0.9mL ② 5mL
③ 7mL ④ 10mL

• 1Dash는 0.9mL, 5Drop, 1/32oz를 의미한다.

정답 ①

② 칵테일의 계량단위

- 조주 시 기본이 되는 단위는 온스(Ounce, oz)이다.
- 1oz는 약 30mL, 1finger, 1pony, 1shot, 1single에 해당된다.

1드롭(Drop)	0.2mL, 1방울
1대시(Dash)	0.9mL, 5방울, 1/32oz
1티스푼(Teaspoon)	3.7mL, 1/8oz
1테이블스푼(Tablespoon)	14.787mL, 1/2oz
1온스(oz)	29.574mL, Pony와 동일
1지거(Jigger)	45mL, 1.5oz
1미니어처(Miniature)	80mL, 2.7oz
1스플릿(Split)	177mL, 6oz
1컵(Cup)	240mL, 8oz
1파인트(Pint)	480mL, 16oz
1병(Bottle)	750mL, 25oz
1휘프스(Fifth)	768mL, 25.6oz, 1/5Gallon
1쿼트(Qt)	950mL, 32oz
1매그넘(Magnum)	1,500mL, 50oz
1갤런(Gallon)	3,800mL, 128oz, 4Qt, 8Pint

Check

칵테일 도량용어로 1 Finger에 가장 가까운 양은? 1204

① 30mL 정도의 양 ② 1병(Bottle)만큼의 양
③ 1 대시(Dash)의 양 ④ 1컵(Cup)의 양

정답 ①

• 1oz는 약 30mL, 1finger, 1pony, 1shot, 1single에 해당된다.

자. 칵테일 서비스

① 칵테일 파티

㉠ 개요

- 여러 가지 주류와 음료를 주제로 해서 오드볼을 곁들인 스탠딩 형식의 파티를 말한다.
- 저녁식사 전에 주로 개최된다.

㉡ 칵테일 파티를 준비하는 요소

- 초대 인원 파악
- 개최 일시와 장소
- 메뉴의 결정
- 파티의 성격과 예산 확인

음료가 든 잔을 서비스할 때는 Tray를 사용하거나 Stem 혹은 Coaster를 잡아서 서빙한다.

② 음료 서빙 시 사용하는 비품

Napkin	냅킨
Coaster	컵 받침
Serving Tray	음료나 주류 등을 서빙할 때 옮기는 쟁반 등
Muddler	민트나 레몬 등을 글라스 안에서 으깨 즙을 내는 도구

Check

음료가 든 잔을 서비스할 때 틀린 사항은? 1204

① Tray를 사용한다. ② Stem을 잡는다.
③ Rim을 잡는다. ④ Coaster를 잡는다.

정답 ③

• Rim은 고객의 입술이 닿는 부분으로 위생 등을 고려할 때 절대 손으로 잡아서는 안 되는 부위이다.

③ 디저트 코스로 적당한 주류

- 코인트루(Cointreau)
- 크렘 드 카카오(Creme de Cacao)
- 슬로 진(Sloe Gin)

고객 서비스

고객 서비스에서는 주류 영업시스템, 프로모션, 주장 서비스, 식음료 부문의 직무와 체계, 바텐더의 직무와 업무규칙, 술과 건강 등이 주요하게 다뤄진다.

1 영업시스템

① 프랜차이즈와 독립경영의 비교

프랜차이즈	독립경영
• 대량구매 • 자금운영의 용이 • 위험도 낮음 • 수익성 낮음	• 소량구매 • 자금운영의 어려움 • 위험도 높음 • 수익성 높음

Check

프랜차이즈업과 독립경영을 비교할 때 프랜차이즈업의 특징에 해당하는 것은?

1002

① 수익성이 높다.
② 사업에 대한 위험도가 높다.
③ 자금운영의 어려움이 있다.
④ 대량구매로 원가절감에 도움이 된다.

• 프랜차이즈는 독립경영에 비해 대량구매, 자금운영의 용이, 위험도 낮은 반면 수익성도 낮다.

정답 ④

② 셰프 드 랑 시스템(Chef de Rang System)

㉠ 개요

- 국제서비스제도 혹은 French service system이라고도 한다.
- 정중하고 최고급의 서비스를 제공하는 고급 레스토랑에 적합한 조직이다.
- 지배인이 있고 그 아래에 헤드 웨이터, 그리고 3~4명의 웨이터조가 편성된다.

㉡ 특징

- 종사원의 근무조건에 대해 대체로 만족할 수 있다.
- 휴식시간이 충분하다.
- 고객에 대하여 정중한 서비스를 제공한다.
- 종사원에 대한 의존도가 높고, 인건비 지출이 크다.
- 다른 서비스에 비해 오래 걸리고 회전율이 낮다.

③ POS(Point of Sales)

- 판매시점에 매출을 등록, 집계하여 경영자에게 필요한 영업 및 경영정보를 제공하는 시스템을 말한다.
- 편의점이나 마트에서 사용하는 매출관리 시스템을 말한다.

Check

판매시점에 매출을 등록, 집계하여 경영자에게 필요한 영업 및 경영정보를 제공하는 시스템은? 0905

① SMS ② MRP
③ CRM ④ POS

정답 ④

- ①은 단순메시지서비스로 문자메시지를 의미한다.
- ②는 자재소요계획으로 제품의 생산수량과 일정을 역으로 판단해서 각 부품 및 공정의 진행시기에 맞게 생산계획을 진행하는 관리시스템이다.
- ③은 고객관계관리로 각 기업의 고객들의 정보를 관리하는 솔루션이다.

④ Corkage charge

- 고객이 다른 곳에서 구입한 주류를 바(Bar)에 가져와서 마실 때 부과되는 요금을 말한다.
- 음료를 마실 때 필요한 글라스, 얼음, 레몬과 직원 서비스 등을 업장에서 제공하고 보통 판매가의 20~30% 정도를 부과한다.
- 디캔팅 서비스를 제공하여 봉사료를 청구한다.
- 음료의 종류에 맞게 Corkage charge 리스트를 만들어 바에 비치하기도 한다.
- 주로 업소가 보유하고 있지 않은 와인을 시음할 때 많이 작용된다.

Check

Corkage charge에 대한 설명으로 틀린 것은? 0905

① 음료를 마실 때 필요한 얼음, 레몬 등은 손님이 준비하여야 한다.
② 보통 판매가의 20~30% 정도를 부과한다.
③ 디캔팅 서비스를 제공하여 봉사료를 청구한다.
④ 음료의 종류에 맞게 Corkage charge 리스트를 만들어 바에 비치하기도 한다.

정답 ①

- 음료를 마실 때 필요한 글라스, 얼음, 레몬과 직원 서비스 등을 업장에서 제공하고 보통 판매가의 20~30% 정도를 부과한다.

⑤ Event order

- 이벤트 세부 정보를 포함하여 이벤트 실행을 계획하고 개요를 설명하는 데 사용되는 문서이다.
- 중요한 연회 시 그 행사에 관한 모든 내용이나 협조사항을 호텔 각 부서에 알리는 행사지시서이다.

2 프로모션(판매촉진행사)

① 보틀 멤버(Bottle Member) 제도
- 회원이 구매해서 마시다 간 술병을 보관해 주는 서비스 제도를 말한다.
- 회원에게 특별요금으로 병째 판매하며 청량음료의 무료 서비스 혜택을 준다.
- 고정고객을 확보할 수 있어 고정수입이 확보된다.
- 선불이기 때문에 회수가 정확하여 자금운영이 원활하다.
- 음료의 판매회전을 촉진한다.

② Complimentary Service
- 호텔에서 호텔홍보, 판매촉진 등 특별한 접대목적으로 일부를 무료로 제공하는 것을 말한다.
- 호텔, 클럽, 기타 서비스업에서 프로모션을 위해 제공하는 무료서비스를 말한다.

③ 해피 아워(Happy Hour)
- 하루 중 시간을 정해서 가격을 낮춰 영업하는 시간을 말한다.
- 가격을 할인해 판매하는 시간을 말한다.

Check

주장(bar) 경영에서 의미하는 'Happy Hour'를 올바르게 설명한 것은? 1304

① 가격할인 판매시간 ② 연말연시 축하 이벤트 시간
③ 주말의 특별행사 시간 ④ 단골고객 사은 행사

- 해피 아워(Happy Hour)는 가격을 할인해 판매하는 시간을 말한다.

정답 ①

3 편익 제공

가. 주장 서비스

① 주장 서비스의 기본 주의사항
- 글라스에 얼음을 넣을 때 아이스 텅(Ice Tong)을 사용한다.
- 각각의 음료에 맞는 글라스를 사용한다.
- 주문된 음료를 신속 · 정확하게 서비스한다.
- 손님과의 대화 중에 다른 손님의 주문이 있을 때는 대화 중인 손님의 양해를 구한 후 다른 손님의 주문에 응한다.
- 주문은 항상 여성 손님부터 먼저 받도록 한다.
- 추가 주문은 고객의 음료가 글라스 바닥으로부터 1cm 정도 남아있을 때 여쭤본다.
- 위스키와 같은 알코올 도수가 높은 술을 주문받을 때에는 안주류도 함께 여쭤본다.
- 2명 이상의 외국인 고객의 경우 반드시 영수증을 하나로 할지, 개인별로 따로 할지 여쭤본다.
- 음료 주문을 먼저 받고 음료를 서빙한 다음 식사 주문을 받는 것이 보편적이다.

✓Check

주장 서비스의 기본 주의사항이 아닌 것은? 1104

① 글라스에 묻은 립스틱을 제거한다.
② 글라스에 얼음을 넣을 때 아이스 텅(Ice Tong)을 사용한다.
③ 각각의 음료에 맞는 글라스를 사용한다.
④ 표준 레시피 사용은 중요하지 않다.

정답 ④

• 표준 레시피는 품질과 맛의 계속적인 유지와 원가계산, 인건비 절감 등을 위해서 꼭 필요한 사항이다.

② 주류의 서비스 온도

보드카	여름에는 5℃, 겨울에는 12℃
적포도주	16~18℃
백포도주	8~14℃
꼬냑	20℃
위스키	18~21℃
스파클링 와인	6~8℃
맥주	여름에는 6~8℃, 겨울에는 10~16℃
브랜디	상온(보관은 15℃)

나. 서비스 제공

Mise en place
• '제자리에 놓다', '모으다'의 의미를 갖는 프랑스 요리 용어이다.
• 요리 전 필요한 설정으로 영업제반의 준비사항을 의미한다.

① 영업을 위한 준비작업
- 영업개시 전에 그날의 필요품을 보급 수령한다.
- 모든 청소는 영업개시 전에 반드시 완료한다.
- 영업 종료 후에 부패성이 있는 쓰레기를 즉시 치운다.
- 고명 및 장식품들을 준비한다.
- 바 시설 및 기물작동을 점검한다.

✓Check

영업을 위한 준비작업 중 틀린 것은? 0102

① 바 시설 및 기물작동 점검
② 일일 보급 수령
③ 고명장식 준비
④ 영업일보 작성

정답 ④

• 영업일보는 영업을 위한 준비작업이 아니라 마무리 작업에 해당한다.

② Bar 종사원의 올바른 태도
- 영업장 내에서 동료들과 좋은 인간관계를 유지하다.
- 항상 예의 바르고 분명한 언어와 태도로 고객을 대한다.
- 손님에게 지나친 주문을 요구하지 않는다.
- 정치적인 주제 등 민감한 사안에 대해서는 대화를 삼가도록 해야 한다.

Check

Bar 종사원의 올바른 태도가 아닌 것은? 1304

① 영업장 내에서 동료들과 좋은 인간관계를 유지하다.
② 항상 예의 바르고 분명한 언어와 태도로 고객을 대한다.
③ 고객과 정치성이 강한 대화를 주로 나눈다.
④ 손님에게 지나친 주문을 요구하지 않는다.

• 정치적인 주제 등 민감한 사안에 대해서는 대화를 삼가도록 해야 한다.

정답 ③

③ 주장 서비스의 부정요소
- 개인용 음료판매 가능
- 칵테일 표준량의 속임
- 무료서브의 남용
- 요금계산의 부정확성

④ 서비스 용품
㉠ 서비스 타월(Service Towel)
- 웨이터가 왼쪽 팔에 착용하는 수건을 말한다.
- Arm Towel 혹은 Hand Towel이라고도 한다.
- 흰 천이나 무늬 선이 들어있는 천 또는 약간의 색조가 들어있는 천 등 여러 가지가 있으며 면 또는 마로 만든다.

㉡ Under Cloth
- 테이블에 그릇을 놓는 소리를 막기 위해 테이블 위에 깐 얇은 천이다.
- 사일런스 클로스(Silent Cloth) 또는 테이블 패드(Table Pad)라고 한다.

Abbreviation(약어)
- 원활한 서비스를 위해 사용하는 직원 간에 미리 약속된 메뉴의 약어를 말한다.
- beef stake medium well을 b/steak (m/w)로 표기하는 것과 같은 방식이다.

Check

Under Cloth에 대한 설명으로 옳은 것은? 1501

① 흰색을 사용하는 것이 원칙이다.
② 식탁의 마지막 장식이라 할 수 있다.
③ 식탁 위의 소음을 줄여준다.
④ 서비스 플레이트나 식탁 위에 놓는다.

• Under Cloth는 테이블에 그릇을 놓는 소리를 막기 위해 테이블 위에 깐 얇은 천이다.

정답 ③

⑤ 표준 조주법(Standard recipe)
㉠ 개념
- 의사의 처방전이나 요리의 양목표처럼 칵테일에도 재료 배합의 기준량이나 조주하는 기준을 표준화하여 제시한 것을 말한다.

㉡ 목적
- 원가계산을 위한 기초를 제공한다.
- 재료의 낭비를 줄인다.
- 특정 바텐더에 대한 의존도를 낮춰준다.
- 일정한 품질과 맛의 지속적 유지에 도움을 준다.

Check

의사의 처방전이나 요리의 양목표처럼 칵테일에도 재료 배합의 기준량이나 조주하는 기준을 표시하는 것을 무엇이라고 하는가? 0202

① 하프 앤 하프(half & half)
② 레시피(recipe)
③ 드랍(drop)
④ 대시(dash)

정답 ②

• 레시피는 의사의 처방전이나 요리의 양목표처럼 칵테일에도 재료 배합의 기준량이나 조주하는 기준을 표준화하여 제시한 것을 말한다.

다. 식음료 부문의 직무와 체계

Bar Manager	주장운영의 실질적인 책임자로 모든 영업을 책임지는 사람으로 영업장 관리, 고객관리, 인력관리를 담당한다.
Assistant Bar Manager	지배인의 부재 시 업무를 대행하여 행정 및 고객관리의 업무를 수행한다.
Bar Captain	접객 서비스의 책임자로서 Head Waiter 또는 Supervisor라고 불리기도 한다.
Bus Boy	각종 기물과 얼음, 비 알코올성 음료를 준비 하는 책임이 있다.
Banquet Manager	연회를 전문으로 하는 연회(Banquet) 업장에서 손님들의 좌석, 식사와 음료의 제공, 그리고 테이블 정리를 감독하는 역할을 한다.

① 바 지배인(Bar Manager)

• 주장운영의 실질적인 책임자로 모든 영업을 책임지는 사람으로 영업장 관리, 고객관리, 인력관리를 담당한다.
• 영업 및 서비스에 관한 지휘 통제권을 갖는다.
• 운영 장비의 예산을 편성한다.
• 식음료의 질과 서비스를 점검한다.
• 직원의 근무 시간표를 작성한다.
• 직원들의 교육 훈련을 담당하고, 업무감독 및 지휘를 한다.
• 모든 술 종류의 청구 및 보충저장에 대한 지시를 한다.
• 술병조사와 빈병 파기에 대한 지시를 한다.
• 고객서비스를 지휘 · 감독하고 고객관리에 만전을 기한다.
• 원가계산을 할 수 있어야 하며 기말 재고조사를 실시한다.

Check

바 지배인(Bar Manager)의 주 임무가 아닌 것은? 0401

① 바(Bar)접객원의 업무감독 및 지휘
② 모든 술 종류의 청구 및 보충저장 지시
③ 술병조사와 빈병 파기에 대한 지시
④ 모든 주류 및 칵테일의 조주봉사

정답 ④

• ④는 헤드 바텐더의 업무이다.

② 주장의 캡틴(Bar Captain)

- 접객 서비스의 책임자로서 Head Waiter 또는 Supervisor라고 불리기도 한다.
- 서비스 준비사항과 구성인원을 점검한다.
- 지배인을 보좌하고 업장 내의 관리업무를 수행한다.
- 고객으로부터 직접 주문을 받고 서비스 등을 지시한다.

③ 헤드 바텐더(Head Bartender)

- 바텐더의 수장으로 전체 음료를 담당하는 관리자이다.
- 각 바(Bar)를 청결하고 정상적인 상태로 영업을 수행할 수 있도록 업무를 지시, 감독한다.

④ Bartender

㉠ 바텐더의 직무

- 음료에 대한 충분한 지식을 숙지한 후 서비스한다.
- 표준 레시피에 의한 정량 조주한다.
- 칵테일에 필요한 Garnish를 준비한다.
- 영업장 안의 각종 주류재고량 파악한 후 일일 판매할 주류가 적당한지 확인한다.
- 영업시간 전 준비상태 확인을 위한 각종 부재료를 파악한다.
- 각종 주문전표를 확인한다.
- 바(Bar)의 환경 및 기물 등의 청결을 유지, 관리한다.
- 각종 기계 및 기구의 작동상태를 점검한다.
- 영업 종료 후 재고조사를 하여 매니저에게 보고한다.

Check

Bartender의 직무와 거리가 먼 것은? 0705

① 재고량과 기물 등을 준비한다.
② 영업 보고서를 작성한다.
③ 글라스류 및 칵테일 용기 등을 세척, 정리한다.
④ 영업 종료 후 재고조사를 하여 매니저에게 보고한다.

- ②는 헤드 웨이터의 역할이다.

정답 ②

㉡ 바텐더(Bartender)의 업무 규칙

- 고객이 바 카운터나 라운지에 있을 때는 반드시 서서 대기해야 한다.
- 표준 레시피에 의한 정량 조주한다.
- 요금의 영수관계를 명확히 해야 한다.
- 단골 고객이나 동료 종사원에게 음료를 무료로 제공하는 것을 금한다.
- 고객의 허락 없이 빈 병을 정리하거나 다른 사람에게 건네서는 안 된다.
- 고객과의 대화에 지장이 없도록 교양을 넓힌다.
- 고객 한 사람마다 신경을 써서 주문에 응한다.
- 정중하게 손님을 환대하며 고객이 기분이 좋도록 Lip Service를 한다.
- 근무 중에는 금주와 금연을 원칙으로 한다.
- 고객끼리 대화할 경우 절대 간섭하지 않는다.
- 매출도 중요하지만 고객에게 고가의 술을 강요해서는 안 된다.

㉢ 주장 바텐더의 직무 태도

- 봉사성
- 청결성
- 환대성
- 전문성

주장 바텐더의 직무 태도와 관련이 먼 것은? 0902

① 봉사성(Service) ② 청결성(Cleanliness)
③ 환대성(Hospitality) ④ 인지성(Acknowledgment)

정답 ④

- 바텐더는 직무 태도와 관련하여 봉사성, 청결성, 환대성, 전문성을 갖추어야 한다.

㉣ 바텐더의 영업개시 전 준비사항

- 충분한 얼음을 준비한다.
- 글라스의 청결도를 점검한다.
- 전처리가 필요한 과일 등 가니쉬를 준비해 둔다.
- 음료, 보조 재료 등의 적정재고를 점검한다.
- 각종 바 기구를 정돈하고 비치해 둔다.

⑤ 바텐더 보조(Bar Helper)

㉠ 개요

- 칵테일 재료의 준비와 청결유지를 위한 청소담당 및 업장 보조를 하는 사람을 말한다.
- Bar Back, Bar Helper라고도 한다.

㉡ 업무

- 바에서 필요한 모든 물품을 창고로부터 수령한다.
- Ganish를 준비한다.
- 글라스 종류를 정리, 정돈한다.
- Bar Counter 내의 청결을 유지하고 정리, 정돈 등을 한다.

⑥ 주장 종사원(Waiter/Waitress)의 직무

- 고객으로부터 주문을 받고 서비스를 담당한다.
- 고객 주문전표를 조주원에게 전달한다.
- 영업시간 전에 필요한 사항을 준비한다.
- 고객을 위해서 테이블을 재정비한다.
- 항상 테이블을 정돈하고 청결을 유지한다.

Check

바 웨이트리스(Waitress)의 업무와 관계가 먼 것은? 1104

① 항상 테이블을 정돈하고 청결을 유지한다.
② 고객 주문전표를 조주원에게 전달한다.
③ 고객의 주문을 받는다.
④ 칵테일을 조주한다.

정답 ④

- ④는 바텐더의 역할이다.

⑦ 보조 웨이터
- Assistant Waiter라고도 한다.
- 직무는 캡틴이나 웨이터의 지시에 따른다.
- 기물의 철거 및 교체, 테이블 정리 · 정돈을 한다.

⑧ 소믈리에(Sommelier)

㉠ 개요
- 포도주를 관리하고 추천하는 직업이나 그 일을 하는 사람을 뜻한다.
- Wine Steward, Wine Waiter, 와인 마스터(Wine Master)라고도 불린다.
- 와인을 마시기 전에 블렌딩을 하는 사람이다.

㉡ 소믈리에(Sommelier)의 직무
- 와인을 진열, 점검, 관리한다.
- 고객에게 와인의 라벨 설명을 한다.
- 와인을 주문 받고 와인 서비스에 필요한 기물이나 장비를 사용하여 고객에게 정중하게 서브한다.
- 주문한 와인의 상표를 손님(Host)의 왼쪽에서부터 확인시킨다.

Check

포도주를 관리하고 추천하는 직업이나 그 일을 하는 사람을 뜻하며 와인 마스터(wine master)라고도 불리는 사람은? 1404

① 셰프(chef) ② 소믈리에(sommelier)
③ 바리스타(barista) ④ 믹솔로지스트(mixologist)

- 포도주를 관리하고 추천하는 직업이나 그 일을 하는 사람으로 wine steward, wine waiter, 와인 마스터(wine master), 소믈리에(sommelier)라고도 불린다.

정답 ②

5 술과 건강

① 알코올 농도

㉠ 개요
- 섭씨 15도에서 100g의 액체 중 에틸알코올이 40g 들어있으면 40%의 술이라고 표시한다.
- 주세법상 알코올분이란 원용량에 포함되어 있는 에틸알코올(섭씨 15도에서 0.7947의 비중을 가진 것)을 말한다.
- 식품 등의 표시기준에 의한 알코올 1g당 열량은 7kcal이다.
- 양조주의 알코올량은 용량퍼센트 즉, 용량 100분 중에 함유된 에틸알코올의 용량으로 표시한다.
- 미국의 경우 양조주 알코올량을 표시할 때 프루프(proof)단위를 사용하는데 이는 용량퍼센트의 2배에 해당한다.

에탄올과 메탄올
- 주류에 포함된 에탄올은 체내에 들어오면 대사과정을 통해 아세트알데히드라는 물질을 거쳐 최종적으로 이산화탄소와 물로 변한다.
- 메탄올은 간에서 분해되면 포름알데히드와 포름산 즉, 맹독성 산화물질로 변한다.

Check

Bourbon whiskey 80 proof는 우리나라 주정도수로 몇 도인가? 0102 / 1001

① 35도 ② 40도
③ 45도 ④ 50도

정답 ②

• 옥수수와 호밀로 만든 미국 위스키인 Bourbon whiskey 80 proof를 우리나라 주정도수로 하면 40도다.

㉡ 알코올 도수 계산법
- (알코올 도수×사용량)/(액체의 총용량)으로 구한다.
- 칵테일의 알코올 도수는 {(재료1 알코올 도수×사용량)+(재료2 알코올 도수×사용량)}/(총사용량)으로 구한다.
- 마신 알코올 양(mL)은 술의 농도(%)×마시는 양(mL)÷100으로 구한다.
- 혈중 알코올 농도는 음주량(mL)×알코올 도수(%)/833×체중(kg)로 구한다.

Check

하이볼 글라스에 위스키 (40도) 1온스와 맥주 (4도) 7온스를 혼합하면 알코올 도수는? 1302

① 약 6.5도 ② 약 7.5도
③ 약 8.5도 ④ 약 9.5도

정답 ③

• 알코올의 양은 {(40×30)+(4×210)}/100=20mL이다.
• 전체 액체의 양은 30+210=240mL이므로 알코올 도수는 (20/240)×100=8.33%가 된다.

㉢ 주류의 알코올 도수 표기 시 허용오차
- 일반적인 주류는 ±0.5%까지 허용한다.
- 탁주나 약주의 경우 −0.5~1.0%까지 허용한다.

② 술의 칼로리
- 위스키는 1oz당 약 82kcal의 칼로리를 갖는다.
- 리큐르(Liqueur)는 1oz당 약 33kcal의 칼로리를 갖는다.
- 소주와 화이트 와인은 1oz당 약 28kcal의 칼로리를 갖는다.
- 레드 와인은 1oz당 약 25kcal의 칼로리를 갖는다.
- 샴페인은 1oz당 약 13kcal의 칼로리를 갖는다.

③ 올바른 음주방법

㉠ 개요
- 술을 마시기 전에 음식을 먹어서 공복을 피한다.
- 본인의 적정 음주량을 초과하지 않는다.
- 알코올 도수가 낮은 술부터 높은 술 순으로 마신다.
- 술을 마실 때 가능한 한 천천히 그리고 조금씩 마신다.

Check

다음 중 올바른 음주방법과 가장 거리가 먼 것은? 1305

① 술을 마시기 전에 음식을 먹어서 공복을 피한다.
② 본인의 적정 음주량을 초과하지 않는다.
③ 먼저 알코올 도수가 높은 술부터 낮은 술로 마신다.
④ 술을 마실 때 가능한 한 천천히 그리고 조금씩 마신다.

• 알코올 도수가 낮은 술부터 높은 술 순으로 마신다.

정답 ③

㉡ 체이서(Chaser)

- 도수가 높은 술을 마신 후 마시는 낮은 도수의 음료를 말한다.
- 위스키에는 광천수, 진에는 토닉워터, 럼에는 오렌지주스, 보드카에는 크랜베리주스나 오렌지주스가 좋다.

④ 취객의 대처방법

- 상반신을 높게 하고 의복과 넥타이를 느슨하게 한다.
- 구토의 가능성이 있을 경우에는 얼굴을 옆으로 해서 쉬게 한다.
- 취기가 조금씩 떨어지면 뜨거운 커피나 홍차 등을 서브하여 취기를 빨리 가라앉게 한다.

음료영업장 관리

음료영업장 관리에서는 주장의 종류와 구성, 시설 및 설비관리, 음료 관리, 구매 관리, 재고관리, 원가관리 등이 주요하게 다뤄진다.

1 음료 영업장 시설 관리

① 주장(Bar)

- 주류를 중심으로 한 음료 판매가 가능한 일정시설을 갖추어 판매하는 공간이다.
- 프랑스어의 Bariere에서 유래되었다.
- 고객과 바텐더 사이에 놓인 널판을 의미한다.
- 영리를 목적으로 하는 사회적 영업장이다.
- 일정한 장소로서의 시설을 갖춘다.
- 주문과 서브가 이루어지는 고객들의 이용 장소이다.
- 인적, 물적 서비스를 상품으로 판매한다.

Check

주장(Bar)에 대한 설명으로 틀린 것은? 1001

① 프랑스어의 Bariere에서 유래된 말이다.
② Bar는 손님과 바텐더를 연결해 주는 널빤지이다.
③ Bartender는 Bar와 tender의 합성어이다.
④ Flair는 bar를 부드럽게 만드는 사람이라는 의미이다.

정답 ④

- ④에서 Flair는 '재주', '재능' 등 '제6의 감각'이란 뜻이다.

② 바(Bar)의 종류에 의한 분류

종류	설명
Classic Bar	클래식 음악이 많이 흘러나오는 조용하고 편안한 영업장으로 칵테일도 전통적인 레시피에 중심을 두고 제공한다.
Jazz Bar	재즈 및 피아노 연주를 라이브로 들려주어 음악 감상을 할 수 있는 바를 말한다.
Modern Bar	일반적인 바(Bar)로 가벼운 대화와 술을 즐길 수 있는 바를 말한다.
Western Bar	쇼 위주의 볼거리를 많이 제공하는 바를 말한다.
Wine Bar	간단한 안주류와 함께 와인 자체를 즐기는 것을 목적으로 하는 바를 말한다.
Cocktail Bar	칵테일을 전문적으로 제공하는 바를 말한다.
Members Club Bar	회원제로 자신의 음료를 맡겨두고 먹을 수 있도록 개인 보관함을 갖춘 바를 말한다.
Dance Bar	춤을 출 수 있거나 공연을 즐길 수 있는 분위기 속에 술이나 음료를 판매하는 바를 말한다.
Cigar Bar	시가와 함께 술이나 음료를 판매하는 바를 말한다.

Lounge Bar	잠시 쉬어 갈 수 있도록 편안하고 아늑한 분위기를 연출하는 로비라운지(Lobby Lounge), 스카이 라운지(Sky Lounge) 등을 말한다.
Pub(Bar)	생맥주를 중심으로 각종 식음료를 비교적 저렴하게 판매하는 영국식 선술집을 말한다.
Restaurant Bar	주종상품이 식료(Food) 위주로서 시설비와 인건비에 비하여 순수익이 높은 주장을 말한다.

Check

영업 형태에 따라 분류한 Bar의 종류 중 일반적으로 활기차고 즐거우며 조금은 어둡지만 따뜻하고 조용한 분위기와 가장 거리가 먼 것은? 1601

① Western Bar ② Classic Bar
③ Modern Bar ④ Room Bar

• ①은 쇼 위주의 볼거리를 많이 제공하는 바를 말한다.

정답 ①

③ 결제 방법에 의한 바의 분류

Open Bar	행사에서 호스트가 미리 결제하고 고객들에게 무료로 바 서비스를 제공하는 바를 말한다.
Cash Bar	결혼식이나 파티 등 행사장에 손님에게 돈을 받고 술이나 음료를 제공하는 임시적으로 설치된 바를 말한다.
Banquet Bar	연회(Banquet)석상에서 각 고객들이 마신(소비한) 만큼 계산을 별도로 하는 바를 말한다.
Host Bar	파티나 행사에서 고객들의 요구대로 음료를 제공하고, 계산은 주최 측이 마감 때 일괄적으로 지불하는 바를 말한다.
No-Host Bar	고객들이 자신의 술값을 직접 지불하는 바를 말한다.

그릴(Grill)
• 주로 일품요리를 제공하며 매출을 증대시키고, 고객의 기호와 편의를 도모하기 위해 그날의 특별요리를 제공하는 레스토랑이다.

Check

행사장에 임시로 설치해 간단한 주류와 음료를 판매하는 곳의 명칭은? 1305

① Open Bar ② Dance Bar
③ Cash Bar ④ Lounge Bar

• ①은 파티나 행사에서 고객들의 요구대로 음료를 제공하고, 계산은 주최 측이 일괄적으로 지불하는 바를 말한다.
• ②는 춤을 출 수 있거나 공연을 즐길 수 있는 분위기 속에 술이나 음료를 판매하는 바를 말한다.
• ④는 잠시 쉬어 갈 수 있도록 편안하고 아늑한 분위기를 연출하는 로비라운지(Lobby Lounge), 스카이 라운지(Sky Lounge) 등을 말한다.

정답 ③

④ 주장(Bar)관리

• 음료(Beverage) 재고조사 및 원가 관리의 우선함과 영업 이익을 추구하는데 목적이 있다.
• 재고관리, 원가관리, 매출관리 등을 수행한다.
• 주장의 효과적인 관리를 위한 원칙에는 청결유지, 분위기 연출, 완벽한 영업 준비 등이 필요하다.

2 음료 영업장 기구 · 글라스 관리

① 바(Bar)

㉠ 바의 구성

구분	내용
프론트 바 (Front Bar)	• 고객과 바텐더 사이에 놓인 카운터로 바텐더가 사교적인 활동을 하는 공간이다. • 카운터 바(Counter Bar)라고도 한다. • 높이는 110~120cm, Bar Top의 넓이는 40~60cm 정도가 적당하다.
백 바 (Back Bar)	• Bar의 뒤쪽 부분을 말한다. • 다양한 도구 및 판매되는 주류가 디스플레이 되어 있는 공간으로 진열장이 많다.
언더 바 (Under Bar)	• 바텐더가 주문 받은 음료를 만들고 제공하는 공간으로 Bar 안쪽에는 냉장고, 제빙기, 세면시설 등이 비치되어 있다. • 높이는 작업에 편한 80~90cm 정도가 좋다.

Check

바(Bar)의 구성 중 3가지 기능에 포함되지 않은 것은? 0103

① 프론트 바(Front Bar) ② 사이드 바(Side Bar)
③ 백 바(Back Bar) ④ 언더 바(Under Bar)

정답 ②

• 바는 프론트 바, 백 바, 언더 바로 구성된다.

㉡ 바(Bar) 디자인의 중요 점검사항

• 시간의 영업량, 콘셉트의 크기
• 음료종류, 주장의 형태와 크기
• 서비스 형태, 목표고객

주장설비의 조건
• 조명과 음악의 조화
• 바텐더의 활동공간의 필요
• 분위기와 시설이 업장에 알맞은 구조

㉢ 바(Bar) 시설물 설치 방법

• 칵테일 얼음을 바(Bar) 작업대 옆에 보관한다.
• 수도시설은 믹싱 스테이션(Mixing Station) 바로 후면에 설치한다.
• 냉각기(Cooling Cabinet)는 주방 밖에 설치하지만 표면에 병따개가 부착된 건성형은 Station 근처에 설치한다.
• 얼음제빙기는 가능한 한 바(Bar) 내 급수관 근처에 설치한다.
• 배수구는 바텐더의 바로 앞에, 바의 높이는 고객이 작업을 볼 수 있게 설치한다.

Check

기물의 설치에 대한 내용으로 옳지 않는 것은? 1205

① 바의 수도시설은 Mixing Station 바로 후면에 설치한다.
② 배수구는 바텐더의 바로 앞에, 바의 높이는 고객이 작업을 볼 수 있게 설치한다.
③ 얼음제빙기는 Back Side에 설치하는 것이 가장 적절하다.
④ 냉각기는 표면에 병따개가 부착된 건성형으로 Station 근처에 설치한다.

정답 ③

• 얼음제빙기는 가능한 한 바(Bar) 내 급수관 근처에 설치한다.

㉣ 바 카운터의 요건

- 카운터의 높이는 1~1.5m 정도가 적당하며 너무 높아서는 안 된다.
- 작업대(Working Board)는 카운터 뒤에 수평으로 부착시켜야 한다.
- 카운터 표면은 잘 닦이는 재료로 되어 있어야 한다.
- 바(Bar) 작업대와 가터레일(Gutter Rail)은 Bartender 정면에 시설되게 하고 높이는 술 붓는 것을 고객이 볼 수 있는 위치여야 한다.

㉤ Centerpiece

- 테이블의 분위기를 돋보이게 하거나 고객의 편의를 위해 중앙에 놓는 집기들의 배열을 말한다.
- 식탁의 중앙에 놓는 장식물을 말한다.

센터피스(Centerpiece)

② 주장(Bar)에서 기물의 취급방법

- 금이 간 접시나 글라스는 규정에 따라 폐기한다.
- 은기물은 은기물 전용 세척액에 오래 담가두어서는 안 된다.
- 크리스털 글라스는 가능한 한 손으로 세척한다.
- 식기는 같은 종류별로 보관하며 너무 많이 쌓아두지 않는다.

3 음료 관리

가. 음료 관리

① 음료 서비스와 관리

㉠ 식음료 서비스의 특성

- 제공과 사용의 동시성
- 형체의 무형성
- 품질의 다양성
- 상품의 소멸성

㉡ 음료관리상 꼭 지켜야 할 사항

- 영속적인 재고조사 시스템을 둔다.
- 검수 시에는 송장과 구매 청구서를 대조, 체크한다.
- 주문 시에는 서면구매 청구서를 사용한다.
- 주류 납품의 검수는 검수계에서 한다.
- 주류는 일단 입고 후 필요량만 현장에 보급한다.
- 연회용 재료는 상비용 재고와 구분 불출한다.
- 서장창고에는 권한이 부여된 사람만이 출입하도록 한다.
- 일일 재고조사(Daily Inventory)와 월별 재고조사 제도를 둔다.
- 재고량은 일정 범위(적정재고) 내 최소량을 유지한다.
- 주류의 불출 시에는 반드시 bin card 등 불출등록부 등에 내용을 기재해야 한다.

Check

음료관리상 꼭 지켜야 할 사항 중 틀린 것은? 0402

① 주류 납품의 검수는 검수계에서 한다.
② 일반 부재료는 납품업자가 현장에 직접 납품한다.
③ 주류는 일단 입고 후 필요량만 현장에 보급한다.
④ 연회용 재료는 상비용 재고와 구분 불출한다.

정답 ②

• 납품업자가 현장에 직접 납품할 필요는 없다.

② 관리 시스템

㉠ 기계적 관리체제

• 사전에 결정된 잔 규격에 의해 각 병의 잔 수를 만들어 미터기로 측정하는 방법을 말한다.
• 효과적인 음료의 통제제도로 활용된다.

㉡ 바틀 코드 넘버 시스템(Bottle Code Number System)

• 저장중인 음료관리를 위한 표준 설정방법이다.
• 음료관리 양식 및 절차를 대폭 표준화하기 위함이다.
• 재고 파악을 신속하고 용이하게 하기 위함이다.
• 음료 저장실 물자 배치를 표준화하기 위함이다.
• 품목별, 등급별 물자소비를 분석하는 데 도움을 준다.

㉢ 해썹(HACCP)

• 식품, 축산물, 사료 등을 만드는 과정에서 생물학적, 화학적, 물리적 위해요인이 발생할 수 있는 상황을 차단하여 소비자에게 안전하고 깨끗한 제품을 공급하기 위한 시스템적인 규정을 말한다.
• Hazard Analysis and Critical Control Point 즉, 식품위해요소중점관리기준이라 불린다.

Check

식품위해요소중점관리기준이라 불리는 위생관리 시스템은? 1102

① HAPPC ② HACCP
③ HACPP ④ HNCPP

정답 ②

• 식품위해요소중점관리기준은 해썹(HACCP)을 의미한다.

나. 구매관리

① 구매와 구매관리

㉠ 구매

• 자신의 목표를 달성하기 위해 재화나 용역을 얻으려고 시도하는 것을 말한다.
• 음료와 식료에 대한 원가관리의 기초가 되는 것으로서 단순히 필요한 물품만을 구입하는 업무만을 의미하는 것이 아니라, 바 경영을 계획, 통제, 관리하는 경영활동의 중요한 부분이다.

㉡ 구매부와 구매관리

- 적합한 거래처를 선정하고, 필요한 품질의 물품을 필요할 때 필요한 양만큼 적정한 가격으로 구입하는 역할을 하는 부서와 그 업무를 말한다.
- 구매품 사양의 결정, 거래처와 계약, 구매품의 검수, 구매품의 저장, 저장품의 불출 등의 역할을 수행한다.
- 저장창고의 크기, 업장의 재무상태, 음료의 회전을 고려하여 구매한다.

Check

구매관리 업무와 가장 거리가 먼 것은? 1305

① 납기관리 ② 우량 납품업체 선정
③ 시장조사 ④ 음료상품 판매촉진 기획

- ④는 판매와 관련된 업무에 해당한다.

정답 ④

② 구매관련 서류

㉠ 구매명세서(Standard Purchase Specification)

- 구매하고자 하는 물품의 품질이나 특성 등을 기록한 양식을 말한다.
- 물품명, 요구되는 품질등급, 규격 및 단위, 단가, 무게 또는 수량 등을 기재한다.

㉡ 구매 청구서

- 구매를 원하는 부서에서 구매를 담당하는 부서에 물품의 구매를 청구하는 양식을 말한다.
- 필요한 물품명과 수량, 물품이 입고되어야 할 날짜, 구매 요구부서, 필요한 물품에 대한 간단한 설명(규격, 단위, 무게, 요구 품질 등)을 기재한다.

㉢ 송장(Invoice)

- 매매계약 조건을 정당하게 이행하였음을 밝히는 것으로 판매자가 구매자에게 보내는 서류를 말한다.
- 계산서나 청구서의 기능을 가진다.

Check

다음은 무엇에 대한 설명인가? 1205

> 매매계약 조건을 정당하게 이행하였음을 밝히는 것으로 판매자가 구매자에게 보내는 서류를 말한다.

① 송장(Invoice)
② 출고전표
③ 인벤토리 시트(Inventory Sheet)
④ 빈 카드(Bin Card)

- ②는 재고의 출고를 재고담당부서에 명령하거나 출고사실을 경리관련 부서에 전달하기 위한 판매측 회사의 내부서류이다.
- ③은 영업이 끝난 후 남은 물량을 품목별로 재고조사하여 Bartender가 작성한 재고목록표를 말한다.
- ④는 물품에 대한 입·출고 현황에 따른 재고 기록카드이다.

정답 ①

㉣ 차/대변 메모

- 크레디트 메모(Credit memorandum)는 제품의 반품과 관련하여 고객으로부터의 채권을 줄이는 거래를 위해 작성한다.
- 데빗 메모(Debit memorandum)는 제품의 반품과 관련하여 거래처로부터의 채무를 줄이는 거래를 위해 작성한다.

③ 전수 검수법

- 납품된 전 품목을 검사하는 방법을 말한다.
- 식재료가 소량이면서 고가인 경우나 희귀한 아이템의 경우에 검수하는 방법이다.

Check

식재료가 소량이면서 고가인 경우나 희귀한 아이템의 경우에 검수하는 방법으로 옳은 것은? 1305

① 발췌 검수법 ② 전수 검수법
③ 송장 검수법 ④ 서명 검수법

정답 ②

- ①은 검수항목이 많거나 대량구입품에 대하여 샘플을 뽑아 검수하는 방법으로 검수비용과 시간을 절약할 수 있다.

다. 재고관리

주류 저장소의 요건
- 온도
- 습도 및 환기
- 진동

① 재료의 저장과 저장관리 원칙

㉠ 조주재료의 저장

- 일일 적정 재고량을 설정하여 시행한다.
- 조주재료는 항상 냉장 보관해야 한다.
- 원가통제를 위하여 1일 재고를 조사하여 문서상으로 기재 보관해야 한다.

㉡ 식음 재료의 저장관리 원칙

- 저장위치 표시의 원칙 : 품목별로 카드로 관리
- 분류저장의 원칙 : 분류기준 정해 같은 종류끼리 저장
- 재고순환(선입선출)의 원칙 : 먼저 입고된 것을 먼저 사용
- 품질유지의 원칙 : 적정 온도와 습도 유지
- 공간활용의 원칙 : 보온과 충분한 저장공간 확보

Check

선입선출(FIFO)의 의미로 옳은 것은? 1005 / 1204 / 1402

① First-in, First-on ② First-in, First-off
③ First-in, First-out ④ First-inside, First-on

정답 ③

- 선입선출(FIFO)의 의미는 First In First Out이다.

② 재고관련 용어

㉠ 안전재고

- 변화하는 수요에 대응할 수 있을 만큼의 최소의 재고 수량을 말한다.
- 일평균 소비량×리드타임×안전지수로 구한다.
- 리드타임은 해당 제품의 평균 납기일(주문에서부터 납품까지 걸리는 날짜)이다.
- 안전지수는 해당 제품의 중요도에 따라 업장에서 정한 값이다.

㉡ 파 스탁(Par Stock)

- 영업에 필요한 일일 적정 재고량을 말한다.
- 일과 업무 시작 전에 바(bar)에서 판매 가능한 양만큼 준비해 두는 각종 재료의 양을 의미한다.
- 영업매상(Sales Revenue), 일일소비량(Daily Consumption), 고회전 품목 등을 파악할 수 있다.

㉢ 인벤토리(Inventory)

- 영업이 끝난 후 남은 물량을 품목별로 재고조사하여 Bartender가 작성한 재고목록을 말한다.
- 남은 재료량을 파악하여 구매수준에 영향을 미친다.
- 업무종료 후 품목별로 재고조사하는 것을 재고관리(Inventory Management)라 한다.
- 재고목록에는 상품명, 전기 이월량, 규격(용량), 현재 재고량 등을 기재한다.

Check

일반적으로 남은 재료를 파악하여 구매수준에 영향을 미치는 것을 무엇이라 하는가? 1104

① Inventory ② FIFO
③ Issuing ④ Order

- 영업이 끝난 후 남은 물량을 품목별로 재고조사하여 Bartender가 작성한 재고목록을 인벤토리(Inventory)라 한다.

정답 ①

㉣ 월 재고회전율

- 월 출고량과 평균 재고량의 비율을 말한다.
- 현재의 재고로 한 달 동안 총매출을 몇 번 수행할 수 있는지를 평가하는 것으로 적정 재고량을 산출할 때 사용한다.
- 총매출원가는 월 출고량, 평균 재고액을 평균 재고량에 적용할 때 총매출원가/평균 재고액으로 구할 수 있다.

Check

월 재고회전율을 구하는 식은? 0802

① 총매출원가/평균 재고액 ② 평균 재고액/총매출원가
③ (월말재고−월초재고)*100 ④ (월초재고+월말재고)/2

- 월 재고회전율이란 월 출고량과 평균 재고량의 비율을 말한다.

정답 ①

③ 적정재고 수준 이상으로 과도할 경우의 현상

- 필요 이상의 유지 관리비가 요구된다.
- 기회 이익이 상실된다.
- 과다한 자본이 재고에 묶이게 된다.

라. 원가관리

① 원가관리

㉠ 원가의 종류

- 주장관리에서 핵심적인 원가의 3요소는 재료비, 인건비, 주장경비(기타 경비)이다.
- 고정비 : 생산량이나 조업도에 관계없이 기간에 따라 변하는 비용으로 임대료, 광열비, 보험료, 감가상각비, 간접인력의 임금 등
- 변동비 : 제품의 생산량 증감에 따라 변화하는 비용으로 재료비, 직접인력의 임금, 일정비율로 지급되는 판매수수료 등

Check

원가의 종류인 고정비와 관련 없는 것은? 1104

① 임대료 ② 광열비
③ 인건비 ④ 감가상각비

정답 ③

- 생산량에 상관없이 고정배치된 인원의 경우는 고정비이지만 생산량의 변동에 따라 인력은 추가적으로 투입되어야 하므로 변동비로 볼 수 있다.

㉡ 원가의 분류

제조원가	직접비+간접비
비제조원가	판매비+관리비
직접비	직접재료비+직접노무비
간접비	직접비를 제외한 제반비용

㉢ 인건비율

- 인건비가 매출액에서 차지하는 비율을 백분율로 나타낸 것이다.
- (인건비/매출액)×100으로 구한다.

Check

바의 한 달 전체 매출액이 1,000만 원이고 종사원에게 지불된 모든 급료가 300만 원이라면 이 바의 인건비율은? 1602

① 10% ② 20%
③ 30% ④ 40%

정답 ③

- 인건비가 매출액에서 차지하는 비율은 $\frac{300}{1,000} \times 100 = 30\%$이다.

㉣ 프라임 코스트(Prime Cost)

- 원재료비와 인건비를 합한 것을 말한다.
- 전체 매출 대비 직접비 지출의 효율적인 관리를 위해 사용하는 지표이다.
- 현장에서 프라임 코스트 비율이 65%선을 넘으면 경영에 문제가 발생할 수 있다고 경고한다.

㉤ 일드(Yield)

- 산출량 혹은 생산량을 말한다.
- 일드 테스트란 산출량 실험을 의미한다.
- 표준 산출량(Standard Yield) 설정은 생산량을 관리하는 데 목적을 둔다.

㉥ 식재료 원가율

- 총매출액 대비 식재료 원가의 백분율을 말한다.
- (식재료 원가/총매출액)×100으로 구한다.

Check

스카치 750mL 1병의 원가가 100,000원이고 평균원가율을 20%로 책정했다면 스카치 1잔의 판매가격은? 1601

① 10,000원 ② 15,000원
③ 20,000원 ④ 25,000원

- 스카치 위스키 1잔은 30mL이므로 스카치 1병으로 25잔을 만들 수 있다.
- 스카치 원가가 100,000원이고, 평균원가율이 20%라는 것은 매출액이 500,000원이라는 의미이다.
- 1잔의 판매가는 500,000/25=20,000(원)이 된다.

정답 ③

② 수익관리

㉠ 수익관리

수익(Revenue income)	매출액에서 비용을 빼고 남은 금액
비용(Expense)	상품 등을 생산하는 데 필요한 여러 생산 요소에 지불되는 대가
총수익(Gross profit)	전체음료의 판매수익에서 판매된 음료에 소요된 비용을 제한 것
감가상각비(Depreciation)	시간의 흐름에 자산의 가치 감소를 회계에 반영하는 것

예상 목표매출액은 (부대비용+목표이익)/총이익률로 구한다.

㉡ 바의 매출액

- 매출액=고객수×객단가로 구한다.
- 고객수=고정고객+일반고객으로 구한다.

③ 원가관리와 음료

㉠ 원가관리 측면에서 음료의 특성

- 식료에 비해 저장 기간이 비교적 길다.
- 식료에 비해 가격 변화가 적다.
- 식료에 비해 재고조사가 용이하다.
- 식료에 비해 공급자가 한정되어 있다.

✓Check

식료와 음료를 원가관리 측면에서 비교할 때 음료의 특성에 해당하지 않는 것은? 1001

① 저장 기간이 비교적 길다. ② 가격 변화가 심하다.
③ 재고조사가 용이하다. ④ 공급자가 한정되어 있다.

정답 ②

• 음료는 식료에 비해 가격 변화가 적다.

ⓛ 실제 원가가 표준원가를 초과하게 되는 원인
- 재료의 과도한 변질 발생
- 도난 발생
- 잔여분의 식자재 활용 미숙

UNIT 7

| 고시넷 국가기술자격 조주기능사 |

바텐더 외국어 사용

바텐더 외국어 사용에서는 고객 응대 시의 표현이므로 Would you ~, What kind of ~, How about ~, May I ~ 등의 의문문과 그 외 응대관련 문장들이 주요하게 다뤄진다.

1 기초 외국어 구사

① What would you like ~ (무엇을 ~하시겠습니까?)

- What would you like to order?(무엇을 주문하시겠습니까?)
- What would you like to buy?(무엇을 사시려고 합니까?)
- What would you like to try tonight?(오늘 밤에 무엇을 드시겠습니까?)
- What would you like to have?(무엇을 드시겠습니까?)
- What would you like for dessert?(디저트는 무엇으로 하겠습니까?)
- What would you like to drink?(무엇을 마시겠습니까?)

Check

'무엇을 사시려고 합니까?'의 가장 올바른 표현은? 0405

① What did you buy?
② Are you buy something?
③ What would you like buy?
④ What would you like to buy?

• '구입하다'라는 뜻을 가진 buy를 사용한다.

정답 ④

② Would you care for ~ (~하시겠습니까?)

- Would you care for a drink?(한 잔 하시겠습니까?)
- Would you care for dessert?(디저트 드시겠습니까?)

Check

"Would you care for dessert?"의 올바른 대답은? 1402

① Vanilla ice-cream, please.
② Ice-water, please.
③ Scotch on the rocks.
④ Cocktail, please.

• 디저트를 드시겠냐는 의미의 질문이다. 대답은 디저트 중 원하는 것을 말해야 한다.

정답 ①

③ How about ~ (~어떠신가요?)

- How about a Black Russian?(블랙 러시안은 어떠신가요?)
- How about a drink with me this evening?(저와 오늘 밤에 한잔 하시겠어요?)

Check

"저와 오늘밤에 한잔 하시겠어요?"의 적당한 표현은? 0401

① Let's drink wine with me tonight.
② What are you having this evening?
③ Why don't you drink a cup of wine with me tonight?
④ How about having a drink with me this evening?

정답 ④

- 의향을 물을 때는 How about ~이 적당한 표현이다.

④ Would you like ~ (~하시겠습니까?)

- Would you like to have a cocktail while you are waiting? (기다리시는 동안 칵테일 한 잔 하시겠습니까?)
- Would you like to have a drink?(한 잔 하시겠습니까?)
- Would you like some more drinks?(마실 것(술)을 좀 더 드릴까요?)
- Would you like me to catch a taxi for you?(택시 잡아 드릴까요?)
- Would you like it dry?(드라이한 맛으로 드릴까요?)

Check

손님에게 사용할 때 가장 공손한 표현이 되도록 다음의 __ 안에 들어갈 알맞은 표현은? 1505

____________ to have a drink?

① Would you like ② Won't you like
③ Will you like ④ Do you like

정답 ①

- 가장 공손한 표현에 어울리는 것은 Would you like ~이다.

⑤ 한 잔씩 더 주세요.

- We'd like to have another round, please.(모두에게 한 잔씩 더 주세요.)
- Bring us another round of beer.(우리에게 맥주 한 잔씩을 더 주세요.)
- I'd like to have another drink.(한 잔 더 주세요.)

Check

다음 (   ) 안에 들어갈 적절한 단어는? 1102

Bring us another (   ) of beer, please.

① around ② glass
③ circle ④ serve

• another round of beer 혹은 another glass of beer는 맥주 한 잔을 더 달라는 표현이다.

정답 ②

⑥ Shall I ~ ? (제가 ~ 할까요?)

• Shall I get you some more ice water?(제가 얼음물을 좀 더 갖다 드릴까요?)

Check

"얼음물 좀 더 갖다 드릴까요?"의 적절한 표현은? 0901

① Shall you have some more ice water?
② Shall I get you some more ice water?
③ Will you get me some more ice water?
④ Shall I have some more ice water?

• 당신을 위해서 제가 뭔가를 하려고 한다는 표현은 Shall I ~ ?가 적절하다.
• ④는 '얼음물을 제가 좀 더 마실까요?'라는 표현이다.

정답 ②

⑦ What kind of ~ (어떤 종류의 ~)

• What kind of drink would you like?(음료는 어떤 것으로 하겠습니까?)
• What kind of drinks do you have?(어떤 음료가 있나요?)
• What kind of bourbon whiskey do you have?(어떤 버번위스키가 있나요?)

Check

다음 물음에 가장 적절한 대답은? 1405

What kind of bourbon whiskey do you have?

① Ballentine's ② J&B
③ Jim Beam ④ Cutty Sark

• 고객이 어떤 버번위스키의 제공이 가능한지 묻고 있다. 버번위스키의 종류를 보기 중에서 찾으면 된다.
• ①, ②, ④는 대표적인 스카치 위스키이다.

정답 ③

⑧ May I ~ (상대방의 허락을 구할 때)

- May I take your order?(주문하시겠어요?)
- May I have some coffee please?(커피 마실 수 있을까요?)
- May I bring the same drink for you?(같은 음료를 드릴까요?)
- May I bring you cocktail before dinner?(저녁 전에 칵테일을 드릴까요?)
- May I have our check, please?(계산서 좀 주시겠어요?)

Check

"주문하시겠어요?"의 가장 적당한 영어 표현은? 0201

① Have you been served? ② Are you being served?
③ May I take your order? ④ Are you being malted upon?

정답 ③

- 업장에서 가장 많이 사용하는 질문이다. '주문하시겠어요?'는 May I ~ 구문을 사용하는 게 적당하다.

⑨ 의문문

- Are the same kinds of glasses used for all wines?(모든 와인은 같은 종류의 글라스를 사용하나요?)
- Are you through, sir?(식사 다 하셨습니까?)
- Are you leaving our hotel?(저희 호텔을 떠나십니까?)
- Are you free this evening?(오늘 밤에 시간이 있습니까?)

답변은 Yes, I am/No, I am not 등이 어울린다.

Check

"식사 다 드셨습니까?"의 가장 올바른 표현은? 0402

① Are you through, sir? ② Did you eat all, sir?
③ Did you finish, sir? ④ Are you finish, sir?

정답 ①

- Are you through는 식사를 다 했는지를 묻는 웨이터의 질문으로 적당하다.

⑩ What ~ (무엇을 ~)

- What are you looking for?(당신은 무엇을 찾고 있습니까?)
- What brand do you want?(어떤 브랜드를 원하십니까?)
- What do you do for living?(어떤 일을 하십니까?)

Check

다음 중 brand가 의미하는 것은? 1502

What brand do you want?

① 브랜디 ② 상표 ③ 칵테일의 일종 ④ 심심한 맛

정답 ②

- 어떤 브랜드를 원하느냐에 대한 물음이다.

⑪ Which ~ or ~ (~과 ~ 중에 어떤 것을 ~)/ or 여러 개 중 하나를 선택할 때

- Which do you like better, tea or coffee?(차와 커피 중에 어떤 것을 좋아합니까?)
- Which one do you like better whiskey or brandy?(위스키와 브랜디 중에 어떤 것을 좋아합니까?)

Check

다음의 밑줄에 들어갈 단어로 알맞은 것은? 0401 / 1502

Which one do you like better whiskey ______ brandy?

① as ② but
③ and ④ or

- Which ~ or ~ 는 둘 중 어떤 것을 선택하게 하는 구문이다.

정답 ④

⑫ 3인용 테이블

- I'd like a table for three, please.(3인용 테이블을 원합니다.)의 답변으로 A table for three, sir? Please, come this way.(3인용 테이블요? 이쪽으로 오시죠.)가 적절하다.

Check

다음 밑줄 친 부분에 들어갈 알맞은 단어는? 0101 / 0402

A table ______ three, sir? Please, come this way.

① on ② to
③ for ④ at

- for three는 3인용이라는 의미이다.

정답 ③

⑬ 고객 응대관련

- I am very sorry. I do hope you are not hurt.(정말 죄송합니다. 저는 당신이 다치지 않기를 바랍니다.)
- Please help yourself to the coffee before it gets cold.(식기 전에 커피를 드세요.)
- If the guest wants white wine with his steak, let him have it.(만약 손님이 스테이크와 함께 화이트 와인을 원한다면 그렇게 주세요.)
- I'll have this one.(이것으로 주세요.)
- I don't care for any dessert.(디저트를 원하지 않는다.)
- I don't like Liqueur.(나는 술이 싫다.)
- I'll have a glass of red wine, please.(레드 와인 한 잔 주세요.)
- We have a new blender.(우리는 새 블렌더를 가지고 있다.)

- Can you charge what I've just had to my room number 310?(내 방 310호로 방금 마신 것의 비용을 달아놓아 주시겠습니까?)
- First come first served(선착순)
- Do you mind sitting with this lady? We don't have any empty tables.(이 여자분과 함께 앉아도 괜찮으시겠습니까? 빈 테이블이 없습니다.)
- It is up to you.(당신에게 달렸어요.)
- Present a bottle of wine for the host's approval.(호스트의 승인을 위해 와인 한 병을 제공한다.)
- You must make a reservation in advance.(반드시 미리 예약을 해야 한다.)

2 접객 서비스 관련

① I beg your pardon. (죄송합니다./다시 한 번 말씀해주세요.)

- I beg your pardon.(죄송합니다./다시 한 번 말씀해주세요.)

Excuse me와 같은 의미를 갖는다.

Check

상대방이 말을 잘 알아듣지 못했을 때 상대방에게 사용하는 말은? 0302

① I'm sorry. I don't know. ② What are you talking about?
③ I beg your pardon. ④ What did you say?

정답 ③

- 상대방의 말을 잘 알아듣지 못했을 때 사용하는 표현은 I beg your pardon이다.

② How would you like ~ (~ 어떻게 해드릴까요?)

- How would you like your steak?(스테이크를 어떻게 해드릴까요?)

답변은 Rare, Medium, Medium rare, Well-done 등을 사용할 수 있다.

Check

"How would you like your steak?"의 대답으로 가장 적절한 것은? 1404

① Yes, I like it. ② I like my steak
③ Medium rare, please. ④ Filet mignon, please.

정답 ③

- '당신의 스테이크를 어떻게 해드릴까요?'라는 질문에 대한 답변은 Rare, Medium, Medium rare, Well-done 등을 사용할 수 있다.

③ Why don't you ~ (~ 하는 것이 어떠냐?)

- Why don't you come out of yourself?(속마음을 이야기해 보는 것이 어때?)
- Why don't you show me on a map?(지도로 보여주는 것이 어떠냐?)

Check

다음 문장이 의미하는 것은? 1101

Why don't you come out of yourself?

① 속마음을 이야기해 보는 것이 어때?
② 왜 나오지 않는 거니?
③ 왜 너 스스로 다 하려고 하니?
④ 네 의견은 무엇이니?

• Why don't you ~는 '~하는 것이 어떠냐'는 질문이다.

정답 ①

④ 전화관련

• The line is busy.(통화중이다.)
• The line is out of order.(전화가 고장났다.)
• You are wanted on the phone.(네게 전화가 왔다.)
• I am afraid you have the wrong number.(전화 잘못 거셨습니다.)

Check

다음 문장을 올바르게 해석한 것은? 0605

The line is out of order.

① 전화가 고장났습니다.
② 지금 통화중입니다.
③ 선이 연결되지 않습니다.
④ 전화가 잘 들리지 않습니다.

• out of order는 고장났다는 의미이다.

정답 ①

⑤ 예약관련

• We are fully booked on May 5th.(5월 5일에는 예약이 완료되었습니다.)
• All tables are booked tonight.(오늘 밤은 모든 테이블이 예약되어 있습니다.)

Check

"All tables are booked tonight."과 의미가 같은 것은? 0801 / 1305

① All books are on the table.
② There are a lot of table here.
③ All tables are very dirty tonight.
④ There aren't any available tables tonight.

• 오늘 밤에 모든 테이블이 예약되어 있으므로 사용가능한 테이블이 없다는 의미이다.

정답 ④

⑥ 체크인, 체크아웃

- When is your check-out time?(호텔의 퇴실시간은 언제입니까?)
- I have a reservation for tonight.(오늘 밤 예약했다.)
- I'd like to check out today.(오늘 체크아웃을 하고 싶다.)
- Can you hold my luggage until 4 pm?(오후 4시까지 제 짐을 맡아주실 수 있으세요?)

Check

When is your check-out time? 0501

① 호텔의 투숙시간은 언제입니까? ② 호텔의 퇴실시간은 언제입니까?
③ 호텔의 청소시간은 언제입니까? ④ 호텔의 조찬시간은 언제입니까?

정답 ②

- check in은 입실, check out은 퇴실을 말한다.

⑦ should~ (~해야 한다)

- You should be kind to guests.(당신은 손님들에게 친절해야 한다.)
- You should drink your milk while it's hot.(뜨거울 때 우유를 마셔야 한다.)

Check

"You ( ) drink your milk while it's hot."의 ( )에 들어갈 적절한 단어는? 0601

① will ② should
③ shall ④ could

정답 ②

- '~해야 한다'는 should를 사용한다. 뜨거울 때 우유를 마셔야 한다는 의미이다.

⑧ 고객과 종업원의 대화

- It is on the 4th floor.(4층에 있습니다.)
- It opens every morning at 6 AM.(매일 아침 오전 6시에 열립니다.)
- I am sorry to have kept you waiting. We have a table for you.(기다리게 해서 죄송합니다. 당신을 위한 좌석이 준비되었습니다.)
- Please be seated(어서 앉으세요.)
- Make that two.(같은 것으로 2잔 주세요.)

Check

다음 밑줄에 들어갈 가장 적절한 것은? 1602

I'm sorry to have ________ you waiting.

① kept ② made
③ put ④ had

정답 ①

- 기다리게 하는 행위는 keep ~ waiting을 사용한다.

⑨ 약속 관련

- The bar opens at seven o'clock every day.(바는 매일 7시에 열린다.)
- It is important to be on time for all business appointments.(업무약속은 시간을 지키는 것이 중요하다.)
- The meeting was postponed until tomorrow morning.(회의는 내일 아침으로 연기되었다.)
- I'll come to pick you up this evening.(제가 오늘 저녁에 당신을 데리러 가겠다.)

⑩ How often ~ (얼마나 자주 ~)

- How often do you go to the bar?(당신은 얼마나 자주 바에 갑니까?)
- How often do you drink?(당신은 얼마나 자주 술을 마십니까?)

답변은 빈도(Every day, About three time a month, Once a week, Quite often 등)로 표현해야 한다.

Check

"How often do you drink?"의 대답으로 적절하지 않은 것은? 1305

① Every day
② About three time a month
③ once a week
④ After work

• 얼마나 자주 술을 마시는지를 묻고 있다. 답변은 빈도로 표시되어야 한다.

정답 ④

⑪ 여행 관련 문장

- Thank you for inviting me.(초청해주셔서 감사합니다.)
- Where are you going on vacation?(휴가를 어디로 갈거니?)
- This is our first visit to Korea and before we have our dinner, we want to try some domestic drinks here.(우리는 한국에 처음 왔고 저녁을 먹기 전 여기에서 현지 음료를 좀 마셔보고 싶다.)
- Is the post office close to the hotel?(우체국이 호텔 근처에 있니?)
- This is the hotel where we stayed.(이 곳은 우리가 머물렀던 호텔이다.)
- I have been to Seoul before.(나는 전에 서울에 가본 적이 있다.)
- I'm afraid of losing the way.(나는 길을 잃을까봐 두렵다.)
- How long have you been in Korea?(한국에 오신 지 얼마나 됩니까?)
- How long have you worked for your hotel?(호텔에서 얼마나 오래 일했습니까?)
- Our shuttle bus leaves here 10 times a day.(우리 셔틀버스는 하루에 10번 여기서 출발합니다.)
- After you!(먼저 하세요.)

Check

"나는 길을 잃을까봐 두렵다."의 영어 표현으로 맞는 것은? 0402

① I'm afraid of losing the way.
② I'm afraid for losing the way.
③ I'm afraid by lose way.
④ I'm afraid to lost the way.

정답 ①

• 두려움을 나타낼 때는 be afraid to 동사원형 혹은 be afraid of ~ing를 사용한다.

⑫ 단어나 어구의 의미

- change(잔돈 혹은 변화)
- It doesn't matter.=It doesn't make any difference.=It is not important.(중요하지 않다.)
- don't have to=need not(~할 필요 없다.)
- I'll be right back.(곧 돌아올게, right은 immediately의 의미)
- I need very strong pants.(나는 튼튼한 바지가 필요하다, strong은 tough의 의미)
- She takes a good picture. This baggage takes much space.(앞 문장 take는 사진을 찍다, 다음 문장 take는 공간을 차지하다 의미)
- You are in good shape for a 50-year-old man.(당신은 50살에 비해 건강하다.)
- It's my treat this time.=I'll pick up the tab.=It's on me.(제가 낼게요.)
- Let's go Dutch.(각자 냅시다.)

Check

다음 문장의 ( ) 안의 표현과 같은 뜻은? 1101

You (don't have to) go so early.

① have not
② do not
③ need not
④ can not

정답 ③

• '~할 필요가 없다'는 의미이므로 need not이 적절하다.

3 음료 영업장 전문용어 구사

① 술꾼들끼리의 대화

- What's the occasion?(무슨 일 있어?)
- Let's go for a drink after work. Will you?(퇴근 후에 술 한잔 하지 않을래?)
- I don't feel like having a drink today.(오늘은 술을 마시고 싶지 않아.)
- Why the long face?(왜 죽상을 하고 있니?)
- I feel like throwing up.(토할 것 같다.)
- He drank a lot, didn't he?(그가 술을 너무 많이 먹었지?)
- He sure did. He always went out for a drink after work.(확실히 그는 그랬다. 그는 퇴근 후 항상 술을 마시러 나갔다.)
- Cheers! / Bottoms up! / Here's to us!(건배 구호)

Check

Choose the best answer for the blank. 0701

A : Why the (　　) face?
B : The coffee machine is out of order again.

① long　　② poker
③ terrific　　④ short

- ②는 무표정한 얼굴, ③은 멋진 얼굴, ④는 퉁명스러운 얼굴을 말한다.
- B의 답변으로 보아 커피머신의 고장으로 우울한 표정을 짓고 있는 것으로 보인다. 우울한 표정은 long face가 적절하다.

정답 ①

② 상품의 상태관련

- In speaking of fruit, the opposite of 'green' is ripe.(과일에서 '그린'의 반대말은 익은이다.)
- This milk has gone bad.(이 우유는 상했다.)
- Carbonated drinks should never be stirred vigorously. This releases the gas and makes the drink go flat quickly.(탄산음료는 절대로 격렬하게 저어서는 안 된다. 이것은 가스를 방출하고 음료를 빨리 김이 빠지게 만든다.)
- Flat is a negative characteristic in taste and finish of wine.(김이 빠진 와인은 냇과 끝맛이 좋지 않다.)
- This beer is flat. I don't like warm beer.(이 맥주는 김이 빠졌다. 나는 미지근한 맥주를 좋아하지 않는다.)
- Not all food is good to eat.(모든 음식이 먹기에 다 좋은 것은 아니다.)

Check

다음 ( ) 안에 들어갈 알맞은 단어는? 0301

> Carbonated drinks should ( ) be stirred vigorously. This releases the gas and makes the drink go flat quickly.

① ever ② fast
③ never ④ usually

정답 ③

• 탄산음료는 (절대로) 격렬하게 저어서는 (안) 된다. 이것은 가스를 방출하고 음료를 빨리 김이 빠지게 만든다.

③ 와인리스트 관련

• Tom Collins is not on the wine list.(와인리스트에 Tom Collins가 없습니다.)
• Could you show me the wine list?(와인리스트를 보여주시겠어요?)

Check

"I'm sorry, but Ch. Margaux is not ( ) the wine list."에서 ( )에 알맞은 것은? 1002

① on ② of
③ for ④ against

정답 ①

• ~on the wine list.는 '와인리스트에 ~'라는 의미이다.

④ 영업장 관련 용어

• Put a piece of ice in the glass.(글라스에 얼음을 넣으세요.)
• This bar is cleaned by a bar helper every morning.(이 바는 매일 아침 바 도우미에 의해 청소된다.)
• Bill trays are used to present the check, return the change or credit card, and remind the customer to leave the tip.(빌 트레이는 수표를 제시하고, 거스름돈이나 신용카드를 돌려받고, 고객에게 팁을 남기는 것을 상기시키는 데 사용된다.)
• The waitress goes to get champagne for Christie and Paul. She returns, pours the champagne, and asks if they are ready to order dinner.(웨이트리스는 크리스티와 폴을 위해 샴페인을 가지러 간다. 그녀는 돌아와서 샴페인을 따르고 그들이 저녁을 주문할 준비가 되었는지 묻는다.)
• Remove the wire muzzle with one hand while holding the bottle in the other. The cork should be gently eased out, while tilting the bottle slightly. Then comes the sublime moment of tasting.(한 손으로 철사 병마개를 제거하고 다른 손으로 병을 잡는다. 병을 약간 기울여 코르크 마개를 부드럽게 풀어야 한다. 그리고 나면 숭고한 맛을 느끼는 순간이 온다.)

Check

다음 ( ) 안에 들어갈 단어로 구성된 것은? 0401

> The waitress goes to get champagne for Christie and Paul. She returns, ( ) the champagne, and asks ( ) they are ready to order dinner.

① picks, when ② pull, if

③ pours, when ④ pours, if

• 웨이트리스는 크리스티와 폴을 위해 샴페인을 가지러 갑니다. 그녀는 돌아와서 샴페인을 (따르고) 그들이 저녁을 주문할 준비가 (되었는지) 물어봅니다.

정답 ④

UNIT 8

와인장비와 서비스

와인장비와 서비스에서는 와인을 제조하고 서비스하는 데 필요한 각종 장비와 비품, 와인과 식생활, 이상적인 와인의 서비스와 보관방법 등이 주요하게 다뤄진다.

1 와인장비

① 코르크 마개

㉠ 코르크 마개의 특성

- 코르크는 참나무의 외피로 만든다.
- 신축성이 뛰어나다.
- 밀폐성이 있다.
- 장기적으로 온도 변화에 부패하지 않아야 한다.

㉡ 부쇼네(Bouchonne)

- 코르크 마개가 원인이 되어 변질된 와인이다.
- 와인을 막고 있는 코르크가 곰팡이에 오염되어 와인의 맛이 변하는 것이다.
- 와인에서 종이 박스 향취, 곰팡이 냄새 등이 나는 것을 의미하는 현상이다.

Check

와인을 막고 있는 코르크가 곰팡이에 오염되어 와인의 맛이 변하는 것으로 와인에서 종이 박스 향취, 곰팡이 냄새 등이 나는 것을 의미하는 현상은? 1301

① 네고시앙(negociant) ② 부쇼네(bouchonne)
③ 귀부병(noble rot) ④ 부케(bouquet)

정답 ②

- 네고시앙(negociant)은 와인상인이나 중간 제조업자를 뜻한다. 즉, 와인을 구입하여 숙성시키거나 블렌딩하여 판매하는 사람이다.
- 귀부병(noble rot)은 포도껍질에 발생한 곰팡이 균으로 당도가 높아져 디저트 와인을 만드는 데 도움을 준다.
- 부케(bouquet)는 아로마보다 미묘하며 인공적인 향이다. 제조과정에서 발효, 숙성을 통해 생겨난다.

② 와인 장비와 비품

㉠ 화이트 와인 서비스 용품

- Wine cooler & stand는 화이트 와인이나 샴페인 등을 서비스할 때 얼음을 넣고 와인을 차게 하기 위해 사용한다.
- Wine opener는 와인병을 개봉하기 위한 도구로 소믈리에 나이프와 스크류 풀이 있다.

소믈리에 나이프

㉡ 아이스 페일(Ice pail)

- 얼음을 넣어두기 위한 용기를 말한다.
- Ice bucket이라고도 한다.

ⓒ 펀트(Punt)

- 와인병 바닥의 요철 모양으로 오목하게 들어간 부분을 말한다.
- 찌꺼기가 이동하는 것을 방지하기 위하여 만들어진 것이다.

Check

와인병 바닥의 요철 모양으로 오목하게 들어간 부분은? 1402

① 펀트(Punt) ② 발란스(Balance)
③ 포트(Port) ④ 노블 롯(Noble Rot)

• 적포도주 병의 바닥에 있는 요철 모양으로 들어간 것을 펀트라고 부르며 이로 인해 와인 찌꺼기가 이동하지 않는다.

정답 ①

펀트(Punt)

ⓔ 와인 디캔터(Decanter)

- 포도주를 제공하는 유리병으로 레드 와인을 일정시간 숙성시킨 후 제공하기 위해 사용한다.
- 와인을 서비스할 때 침전물을 걸러내기 위해 디캔터를 이용한다.
- 레드 와인의 디캔팅을 위해서는 Wine Cradle, Candle, Cloth Napkin 등이 사용된다.
- Cradle은 와인병을 운반하기 위해 제작된 금속 또는 고리버들로 만들어진 운반대를 말한다.
- Candle은 촛불로 병안의 침전물을 확인하기 위해 사용한다.

크레들(Cradle)

Check

Red Wine Decanting에 사용되지 않는 것은? 1305

① Wine Cradle ② Candle
③ Cloth Napkin ④ Snifter

• 스니프터(Snifter)는 브랜디, 꼬냑 등의 주류에 사용되는 튤립 모양 잔을 말한다.

정답 ④

③ 와인 저장

㉠ 와인 지장

- 포도주를 저장하는 것은 그리스에서 처음 시도되었다.
- 포도주 저장실을 Wine Cellar라 하고, 지하저장고를 까브(Cave)라 한다.
- 될 수 있는 한 햇빛이 들어오지 않는 지하실이 적합하다.
- 시원한 장소(12~15℃)가 적합하다.
- 진동이 없는 조용한 장소, 환기가 잘되는 건조한 장소가 적합하다.
- 습도는 75% 정도로 유지한다.
- 빈(bin)은 주류 저장소에 술병을 넣어 놓는 장소이다.

㉡ 양조통

- 프랑스어로 Cuve, 영어로 Vat은 일종의 저장용 탱크다.
- 와인용어로는 Winery에서 따로 보관해야 할 와인을 뜻한다.

와이너리(Winery)

- 포도주 양조장을 말한다.
- 샤또(Chateau)는 자체 포도농장을 운영하는 양조장을 말한다.

㉢ 라가르(Lagar)

- 포트 와인 양조 시 전통적으로 포도의 색과 타닌을 빨리 추출하기 위해 포도를 넣고 발로 밟는 화강암 통을 말한다.
- 포도주 통을 뜻하며 타닌을 빨리 추출할 수 있도록 포도를 밟을 때 사용한다.

Check

포트 와인 양조 시 전통적으로 포도의 색과 타닌을 빨리 추출하기 위해 포도를 넣고 발로 밟는 화강암 통은? 1202

① 라가르(Lagar) ② 마세라시옹(Maceration)
③ 챱탈리제이션(Chaptalisation) ④ 캐스크(Cask)

정답 ①

- ②는 와인 양조 과정에서 포도의 페놀 성분을 비롯해 맛, 향, 색을 추출하는 것을 말한다.
- ③은 포도 과즙을 짜내서 발효하기 전에 알코올 도수를 높이기 위해 설탕을 보충하는 작업을 말한다.
- ④는 와인을 숙성시키기 위해 사용하는 큰 나무통을 말한다.

㉣ 와인 저장기간별 분류

- 영 와인은 오래 숙성하지 않고 1~2년간 저장해서 5년 이내에 마시는 와인이다.
- 5~15년을 숙성하면 에이지 와인이다.
- 15년 이상 숙성한 와인을 그레이트 와인이라고 부른다.

④ 와인 서빙용 도구

Decanter	와인을 서비스할 때 침전물을 걸러내기 위해 이용	
Cork screw	와인병을 개봉할 때 코르크 마개를 빼기 위해 이용	
Pincers	스파클링 와인을 오픈할 때 사용	
Wine cooler	화이트 와인을 서비스할 때 사용	

Trolley	와인을 비롯한 각종 물건을 운반할 때 사용	

Check

다음 중 Wine 병마개를 뽑을 때 쓰는 기구는? 0501 / 0701

① Ice pick ② Bar spoon
③ Opener ④ Cork screw

• Cork screw는 와인의 코르크 마개를 뽑는 기구다.

정답 ④

푸어러 (Pourer)	술을 따를 때 술의 손실을 방지하기 위해 사용	
페니어 (Pannier)	자전거 등에 부착하는 와인용 바구니	
디스펜서 (Dispenser)	음료나 와인병을 개봉한 후에도 질소가스를 이용해 음료 및 와인의 맛과 향을 장기간 보존할 수 있도록 하는 장치	
드레입 (Drapes)	테이블 천	

2 와인과 식사

와인과 음식과의 조화

식전		Dry Sherry Wine
식사	생선	White Wine
	육류	Red Wine
식후		Port Wine/ Sweet White Wine

① 앙뜨레(Entree)

- 프랑스 풀코스 요리 중 생선요리 다음으로 나오는 요리이다.
- 영어로 Entrance는 중심이 되는 요리(Middle Course)를 의미한다.
- 원래 가벼운 육류(양고기 등)를 제공하였으나 최근에는 쇠고기, 송아지, 양, 돼지, 가금류 등의 육류를 제공한다.
- 미들코스(Middle Course)에 어울리는 적포도주를 제공한다.

Check

앙뜨레(Entree)에는 무슨 술을 제공해야 하는가? 0205

① 칵테일주 ② 쉐리주
③ 적포도주 ④ 브랜디

정답 ③

- 앙뜨레에는 미들코스(Middle Course)에 어울리는 적포도주를 제공한다.

② 식전주(食前酒; Aperitif)

㉠ 개요

- 일반적으로 식사 전의 음료로 식욕을 촉진하는 술을 말한다.
- 라틴어 aperire(open)에서 유래되었다.
- 약초계를 사용하기 때문에 씁쓸한 향을 지니고 있다.

㉡ 종류

- 스페인의 백포도주인 쉐리(Dry sherry)와인은 식전주로 애음된다.
- 이탈리아 쓴맛의 리큐르(Liqueur)인 Campari(캄파리)는 주로 식전주로 애음된다.
- 이탈리아 주정강화와인인 베르무트(Vermouth)는 식욕을 촉진시키며 식전주로서 즐겨 마신다.
- 프랑스산 레드 와인인 듀보네(Dubonnet)는 식전 포도주로 애용된다.
- 프랑스의 키르(Kir)는 화이트 와인을 베이스로 한 칵테일이며 식전음료로 유명하다.

애피타이저 코스 주류

- 애피타이저는 식사하기 전 식욕을 돋우기 위하여 술과 함께 안주로 먹는 것을 말한다.
- 애피타이저 코스 주류에는 달지 않은 Dry wine류의 Sherry, 베르무트(Vermouth) 종류의 포도주나 마티니, 맨해튼과 같은 칵테일이 어울린다.

㉢ 베르무트(Vermouth)

- 포도주에 브랜디 또는 당분을 넣어 만든 리큐르로 알코올 도수 16~18% 정도의 주정강화와인이다.
- 식욕을 촉진시키며 식전주로서 즐겨 마신다.
- 원료인 포도주에 브랜디나 당분을 섞고 향료나 약초를 넣어 향미를 내어 만들며 이탈리아산이 유명하다.
- 얼음(On the rocks)을 넣어서 마실 수 있다.
- 프렌치 베르무트(French Vermouth)는 특유한 풍미를 가지고 있는 담색의 무감미주다.

Check

다음 중 식사 전에 에프리티프(Aperitif Drink)로 제공하기에 가장 적당한 술은?

0305

① 쉐리주 ② 적포도주
③ 위스키 ④ 브랜디

• 식전주로 즐겨마시는 와인은 쉐리 와인(Sherry Wine)이다.

정답 ①

③ 테이블 와인

- 테이블 와인은 두 가지 다른 의미(와인 스타일, 와인 분류에 대한 품질 수준)를 내포한다.
- 미국에서는 주로 와인 스타일의 명칭으로 사용되며, 강화되지도 않고 스파클링되지도 않는 일반 와인을 의미한다.
- EU의 와인 규정에서 테이블 와인은 두 개의 보편적인 품질분류에서 낮은 등급 그리고 QWPSR 가운데 높은 것을 말한다.
- 식사와 함께 마시는 저렴한 와인을 말한다.
- Vin de Table(프랑스), Vino da Tavola(이탈리아), Vino de Mesa(스페인), Vinho de Mesa(포르투갈), Tafelwein(독일)이라고 부르는 가장 낮은 레벨의 분류에 해당한다.

QWPSR(Quality Wines Produced in Specified Regions)은 EU(유럽연합) 와인 규정으로 특정 지역에서 생산되는 고품질 와인을 의미한다.

Check

Table Wine으로 적합하지 않은 것은? 1201

① White Wine ② Red Wine
③ Rose Wine ④ Cream Sherry

• Cream Sherry는 단맛이 강해서 스위트 와인으로 디저트 와인에 가깝다.

정답 ④

④ 식후주(After drink)의 종류

- Cream Sherry는 올로로소에 당을 첨가시킨 것으로 식후주로 사용된다.
- 프랑스의 꼬냑 지방에서 생산된 포도주를 원료로 만든 브랜디인 꼬냑(Cognac)은 대표적인 식후주로 알코올 농도는 40~43° 정도다.
- 프랑스 꼬냑 지역에서 생산되는 헤네시(Hennessy)는 꼬냑의 한 종류로 식후주로 즐겨 마신다.
- 프랑스의 소테른(Sauternes)은 특정 균에 의해 쪼그라든 포도알에서 과즙을 추출한 와인으로 식후주로 사용될 만큼 달콤하다.
- 포도가 나무에서 얼어버릴 때까지 두었다가 압착해 만드는 독일과 캐나다의 아이스 와인(Ice Wine)은 대표적으로 스위트한 디저트 와인이다.
- 독일의 베렌아우스레지(Beerenauslese)는 늦수확 와인으로 만든 스위트 와인으로 식후주로 애용된다.
- 포르투갈의 대표적인 주정강화와인인 Port Wine은 후식용 포도주로 유명하다.
- 러스티 네일(Rusty Nail)은 스카치 위스키와 드람뷔로 만든 칵테일로 식후주로 애음된다.
- 비앤비(B&B)는 베네딕틴과 브랜디로 만든 칵테일로 식후주의 왕으로 불린다.

• 브랜디알렉산더(Alexander)는 영국의 대표적 식후 칵테일로 브랜디와 크렘 드 카카오 브라운으로 만든다.

Check

후식용 포도주로 유명한 포르투갈산 적포도주는? 1104

① Sherry wine ② Port wine
③ Sweet vermouth ④ Dry vermouth

정답 ②

• ①은 스페인의 백포도주로 가장 대표적인 식전주이다.
• ③과 ④는 포도주에 브랜디 또는 당분을 넣어 만든 리큐르로 식전주로 애용된다.

3 와인의 서비스와 보관

① 와인 서비스

와인 선택 시 고려사항
• 와인을 선택할 때는 산지, 포도품종, 수확년도, 브랜드명, 요리와의 조화 등을 고려한다.

㉠ 와인 서빙의 기초
• 적정한 온도로 보관하여 서비스한다.
• 소믈리에(Sommelier)가 주문을 받는다.
• 손님의 오른쪽에서 정중히 서브한다.
• 서비스 적정온도를 유지하고, 상표를 고객에게 확인시킨다.
• 코르크의 냄새를 맡아 이상 유무를 확인 후 손님에게 확인하도록 접시 위에 얹어서 보여준다.
• 와인병을 개봉했을 때 첫 잔은 주문자 혹은 주빈이 시음을 할 수 있도록 한다.
• 와인병이 와인 잔에 닿지 않도록 따른다.
• 글라스는 하단의 1/3 부분을 손끝으로 가볍게 쥐어 서브한다.
• 큰 잔일 경우 1/3, 중간 잔은 1/2, 작은 잔은 2/3 정도 따른다.
• 와인병 입구를 종이냅킨이나 크로스냅킨을 이용하여 닦는다.
• 와인을 따른 후 병 입구에 맺힌 와인이 흘러내리지 않도록 병목을 돌려서 자연스럽게 들어 올린다.
• 포도주병을 운반하거나 따를 때에는 병 내의 포도주가 흔들리지 않도록 한다.
• 보졸레 누보와 같은 신선한 맛을 생명으로 여기는 포도주는 디캔터를 사용하지 않고 서비스한다.

Check

와인(Wine) 서비스 방법 중 틀린 것은? 0301

① 손님의 오른쪽에서 정중히 서브한다.
② 소믈리에(Sommelier)가 주문을 받는다.
③ 와인라벨을 손님에게 설명한다.
④ 바텐더(Bartender)가 주문과 서브를 담당한다.

정답 ④

• 소믈리에(Sommelier)가 주문을 받는다.

㉡ 여러 가지 와인 서빙 시 주의사항

- 화이트 와인은 레드 와인보다 먼저 서비스한다.
- 드라이 와인을 스위트 와인보다 먼저 서비스한다.
- 맛이 가벼운 와인을 맛이 중후한 와인보다 먼저 서비스한다.
- 와인은 영 와인(Young wine)부터 라이트 와인(Light wine), 미디움(Medium wine), 무거운 와인(Heavy wine) 순으로 마셔야 한다.
- 레드 와인은 경우에 따라 산화작용을 위해 미리 병마개를 따 놓기도 한다.

Check

식사 중 여러 가지 와인을 서빙할 시 적절한 방법이 아닌 것은? 1302

① 화이트 와인은 레드 와인보다 먼저 서비스한다.
② 드라이 와인을 스위트 와인보다 먼저 서비스한다.
③ 맛이 가벼운 와인을 맛이 중후한 와인보다 먼저 서비스한다.
④ 숙성기간이 오래된 와인을 숙성기간이 짧은 와인보다 먼저 서비스한다.

- 숙성기간이 오래된 와인은 숙성기간이 짧은 와인보다 늦게 서비스하도록 한다.

정답 ④

㉢ 와인 Glass 취급 방법

- 습기가 없는 청결한 장소에 보관한다.
- 차게 서브되는 품목의 Glass는 냉장고에 보관한다.
- Glass는 사용 후 기름기가 많을 때는 따뜻한 물에 세척을 하는 것이 수월하다.
- Rack에 보관하여 파손을 줄인다.
- 서비스를 할 때는 하단을 쥐고 서브한다.

Check

Glass류 취급 요령으로 맞지 않는 것은? 0901

① 습기가 없는 청결한 장소에 보관한다.
② 차게 서브되는 품목의 Glass는 냉장고에 보관한다.
③ Glass는 사용 후 기름기가 많을 때는 찬물에 세척한다.
④ Rack에 보관하여 파손을 줄인다.

- Glass는 사용 후 기름기가 많을 때는 따뜻한 물에 세척을 하는 것이 수월하다.

정답 ③

② 와인과 온도

㉠ 온도와의 관계

- 레드 와인은 온도가 너무 낮으면 타닌의 떫은맛이 강해진다.
- 레드 와인은 고온에서 Fruity한 맛이 없어진다.
- 화이트 와인은 차갑게 해야 신선한 맛이 강조된다.
- 화이트 와인은 온도가 낮을수록 신맛이 억제되지만 향의 발산도 억제되는 단점을 갖는다.

ⓒ 주류의 서빙 온도

- 레드 와인은 실온(17~19℃)에 맞추어 제공하는 것이 바람직하다.
- 화이트 와인은 6~12℃ 사이로 냉각(보관)하고 10~12℃ 정도로 서빙하는 것이 적당하다.
- 샴페인(스파클링 와인)은 4~7℃로 서빙하는 것이 적당하다.
- 맥주의 서빙온도는 3~13℃가 적당하다.
- 화이트 와인, 로제 와인, 발포성 와인은 칠링을 해서 제공하며 레드 와인은 실온에서 제공한다.

칠링(Chilling)은 와인 등의 주류를 최대한 맛있게 제공하기 위해 그에 맞는 온도로 제공하는 것으로 주로 차갑게 해서 제공하는 것을 말한다.

③ 와인 보관방법

ⓐ 와인 보관 원칙

- 햇빛이 들지 않는 곳에 보관한다.
- 진동을 최소화하고, 와인의 코르크가 건조해져서 와인이 산화되거나 스파클링 와인일 경우 기포가 빠져나가는 것을 막기 위해 수평으로 눕혀서 보관해야 한다.
- 공기유통이 잘되는 건조한 장소를 택한다.
- 일정한 온도(12~15℃)에서 보관한다.
- 습도는 75% 정도로 유지한다.

Check

와인의 이상적인 저장고가 갖추어야 할 조건이 아닌 것은? 1204

① 8℃에서 14℃ 정도의 온도를 항상 유지해야 한다.
② 습도는 70~75% 정도를 항상 유지해야 한다.
③ 흔들림이 없어야 한다.
④ 통풍이 좋고 빛이 들어와야 한다.

정답 ④

- 와인 저장소는 될 수 있는 한 햇빛이 들어오지 않는 지하실이 적합하다.

ⓑ 개봉한 와인 보관법

- 코르크로 막아 즉시 냉장고에 넣는다.
- 병속에 불활성 기체를 넣어 산소의 침입을 막는다.
- Vacuum Pump로 병 속의 공기를 빼낸다.

진공펌프(Vacuum Pump)

memo

파트 2

문제편

CBT 빈출 800題

CBT란? Computer Based Test의 약자로 기존 시험과 달리 컴퓨터의 문제은행에 저장된 문제들이 수험생마다 각각 다르게 출제되어 컴퓨터를 통해서 답안을 체크하고 전송하면 바로 합격여부를 확인할 수 있는 시험이다.

조주기능사 CBT 빈출 800題

1305 / 1602

001 Repetitive Learning (1회 2회 3회)

음료의 역사에 대한 설명으로 틀린 것은?

① 기원전 6000년경 바빌로니아 사람들은 레몬과즙을 마셨다.
② 스페인 발렌시아 부근의 동굴에서는 탄산가스를 발견해 마시는 벽화가 있었다.
③ 바빌로니아 사람들은 밀빵이 물에 젖어 발효된 맥주를 발견해 음료로 즐겼다.
④ 중앙아시아 지역에서는 야생의 포도가 쌓여 자연 발효된 포도주를 음료로 즐겼다.

해설
- 스페인 발렌시아 부근의 동굴에는 봉밀을 채취하는 그림이 그려져 있다.

0502 / 1505

002 Repetitive Learning (1회 2회 3회)

다음 중 비알코올성 음료의 분류가 아닌 것은?

① 기호음료 ② 청량음료
③ 영양음료 ④ 유성음료

해설
- 유성음료는 milk beverage로 영양음료의 한 분류이다.

0405 / 1502

003 Repetitive Learning (1회 2회 3회)

비알코올성 음료(non-alcoholic beverage)에 대한 설명으로 옳은 것은?

① 양조주, 증류주, 혼성주로 구분된다.
② 맥주, 위스키, 리큐르(liqueur)로 구분된다.
③ 소프트드링크, 맥주, 브랜디로 구분한다.
④ 청량음료, 영양음료, 기호음료로 구분한다.

해설
- ①은 알코올성 음료에 대한 설명이다.
- 맥주는 양조주, 브랜드나 위스키는 증류주의 한 종류이다.
- 리큐르는 혼성주를 의미한다.

0801 / 1005 / 1302

004 Repetitive Learning (1회 2회 3회)

음료류와 주류에 대한 설명으로 틀린 것은?

① 맥주에서는 메탄올이 조금도 검출되어서는 안 된다.
② 탄산음료는 탄산가스 압이 0.5kg/㎠ 인 것을 말한다.
③ 탁주는 전분질 원료와 국을 주원료로 하여 술덧을 혼탁하게 제성한 것을 말한다.
④ 과일, 채소류 음료에는 보존료로 안식향산을 사용할 수 있다.

해설
- 증류주보다는 발효주에 메탄올이 더 많이 함유되어 있는데 맥주나 소주, 막걸리 등에서 메탄올은 0.01mg 이하로 검출되며, 위스키는 0.04mg, 와인에서는 0.26mg이 검출된다.

0705 / 1101

005 Repetitive Learning (1회 2회 3회)

양조주에 대한 설명으로 옳은 것은?

① 당질 또는 전분질 원료에 효모를 첨가하여 발효시켜 만든 술이다.
② 발효주에 열을 가하여 증류하여 만든다.
③ Amaretto, Drambuie, Cointreau 등은 양조주에 속한다.
④ 증류주 등에 초근, 목피, 향료, 과즙, 당분을 첨가하여 만든 술이다.

해설
- ②는 증류주에 대한 설명이다.
- ③과 ④는 혼성주에 대한 설명이다.

001 ② 002 ④ 003 ④ 004 ① 005 ① 정답

0201 / 0702 / 1201

006 Repetitive Learning (1회 2회 3회)

제조방법에 따른 술의 분류로 옳은 것은?

① 발효주, 증류주, 추출주
② 양조주, 증류주, 혼성주
③ 발효주, 칵테일, 에센스 주
④ 양조주, 칵테일, 여과주

해설

- 알코올성 음료(술)는 제조방법에 따라 양조주, 증류주, 혼성주로 분류된다.

1202 / 1502

007 Repetitive Learning (1회 2회 3회)

다음 중 양조주에 해당하는 것은?

① 청주(淸酒) ② 럼주(Rum)
③ 소주(燒酒) ④ 리큐르(Liqueur)

해설

- ②와 ③은 증류주이다.
- ④는 혼성주이다.

0401 / 1002 / 1201 / 1501

008 Repetitive Learning (1회 2회 3회)

다음 중 양조주가 아닌 것은?

① 맥주(beer) ② 와인(wine)
③ 브랜디(brandy) ④ 풀케(pulque)

해설

- 브랜디는 대표적인 증류주이다.
- 풀케는 멕시코 전통 발효주(양조주)이다.

0202 / 1502

009 Repetitive Learning (1회 2회 3회)

곡물로 만들어 농번기에 주로 먹었던 막걸리는 어느 분류에 속하는가?

① 혼성주 ② 증류주
③ 양조주 ④ 화주

해설

- 막걸리의 주재료는 쌀로, 양조주에 속한다.

0905 / 1405

010 Repetitive Learning (1회 2회 3회)

Fermented Liqueur에 속하는 술은?

① Chartreuse ② Gin
③ Campari ④ Wine

해설

- 양조주(Fermented Liqueur)에 속하는 술은 와인(Wine)이다.

0902 / 1601

011 Repetitive Learning (1회 2회 3회)

사과로 만들어진 양조주는?

① Camus Napoleon ② Cider
③ Kirschwasser ④ Anisette

해설

- ①은 프랑스 꼬냑의 포도를 비롯한 과일로 만들어진 꼬냑 대표 브랜드(증류주)이다.
- ③은 독일지역에서 체리나 버찌로 만들어진 숙성시키지 않은 무색의 브랜드(증류주)이다.
- ④는 지중해 지역에서 아니스 씨와 감초뿌리 추출물을 이용해서 만든 리큐르(혼성주)이다.

0904 / 1204 / 1504

012 Repetitive Learning (1회 2회 3회)

곡류를 원료로 만드는 술의 제조 시 당화과정에 필요한 것은?

① ethyl alcohol ② CO_2
③ yeast ④ diastase

해설

- diastase는 아밀라아제의 옛 명칭이자 녹말 분해 효소의 총칭이다.

1205 / 1504

013 Repetitive Learning (1회 2회 3회)

와인의 품질을 결정하는 요소가 아닌 것은?

① 환경요소(terroir) ② 양조기술
③ 포도 품종 ④ 제조국의 소득수준

해설

- 제조국의 소득수준은 와인의 품질을 결정하는 요소가 아니다.

정답 | 006 ② 007 ① 008 ③ 009 ③ 010 ④ 011 ② 012 ④ 013 ④

1002 / 1401

014 Repetitive Learning 1회 2회 3회

'a glossary of basic wine terms'의 연결로 틀린 것은?

① Balance : the portion of the wine's odor derived from the grape variety and fermentation.
② Nose : the total odor of wine composed of aroma, bouquet, and other factors.
③ Body : the weight or fullness of wine on palate.
④ Dry : a tasting term to denote the absence of sweetness in wine.

해설
• ①은 아로마(aroma)에 대한 설명이다.

0805 / 1102 / 1502

015 Repetitive Learning 1회 2회 3회

와인의 Tasting 방법으로 가장 옳은 것은?

① 와인을 오픈한 후 공기와 접촉되는 시간을 최소화하여 바로 따른 후 마신다.
② 와인에 얼음을 넣어 냉각시킨 후 마신다.
③ 와인 잔을 흔든 뒤 아로마나 부케의 향을 맡는다.
④ 검은 종이를 테이블에 깔아 투명도 및 색을 확인한다.

해설
• 와인을 오픈한 후 공기와 접촉되는 과정을 브리딩이라고 하고 고가의 영(young) 와인일수록 미리 오픈하여 공기와의 접촉시간을 길게 한다. 이는 와인의 종류에 따라 다른데 보통 15분 전~3시간 전까지 다양하다.

1201 / 1405

016 Repetitive Learning 1회 2회 3회

아로마(Aroma)에 대한 설명 중 틀린 것은?

① 포도의 품종에 따라 맡을 수 있는 와인의 첫 번째 냄새 또는 향기 이다.
② 와인의 발효과정이나 숙성과정 중에 형성되는 여러 가지 복잡하고 다양한 향기를 말한다.
③ 원료 자체에서 우러나오는 향기이다.
④ 같은 포도 품종이라도 토양의 성분, 기후, 재배조건에 따라 차이가 있다.

해설
• ②는 Bouquet에 대한 설명이다.

0702 / 0805 / 1104

017 Repetitive Learning 1회 2회 3회

용어의 설명이 틀린 것은?

① Clos : 최상급의 원산지 관리 증명 와인
② Vintage : 원료 포도의 수확년도
③ Fortified Wine : 브랜디를 첨가하여 알코올 농도를 강화한 와인
④ Riserva : 최저 숙성기간을 초과한 이태리 와인

해설
• Clos는 포도밭을 뜻하며, 포도원을 가리키기도 한다.

0401 / 0901

018 Repetitive Learning 1회 2회 3회

아래의 설명과 관계가 깊은 것은?

> As wine ages, its original aroma changes with maturity.

① Growth ② Brilliant
③ Bouquet ④ Delicate

해설
• ①은 성장, ②는 탁월함, ④는 섬세함(가볍지만 정제된)을 의미한다.

0102 / 0502

019 Repetitive Learning 1회 2회 3회

다음 중 인공감미료(人工甘味料)는?

① 그래뉼레이트슈거(granulated sugar)
② 사카린나트륨(saccharin natrium)
③ 큐브슈거(cube sugar)
④ 파우더슈거(powder sugar)

해설
• ①, ③, ④는 모두 자연 정제 설탕에 해당한다.

0101 / 0205 / 0302

020 Repetitive Learning 1회 2회 3회

빈티지(Vintage)란 무엇인가?

① 포도의 생산 지역을 말한다.
② 포도의 수확년도를 말한다.
③ 포도주의 등급을 표시하는 것이다.
④ 와인의 맛을 표시한 말이다.

014 ① 015 ③ 016 ② 017 ① 018 ③ 019 ② 020 ② 정답

해설

• 빈티지(Vintage)란 와인의 수확년도를 의미한다.

0104 / 0201 / 0602 / 0605 / 1004 / 1301 / 1304

021 Repetitive Learning (1회 2회 3회)

와인의 빈티지(Vintage)가 의미하는 것은?

① 포도주의 판매 유효 연도
② 포도의 수확년도
③ 포도의 품종
④ 포도주의 도수

해설

• 빈티지(Vintage)란 와인의 수확년도를 의미한다.

0705 / 0901 / 1102 / 1504

022 Repetitive Learning (1회 2회 3회)

Dry wine의 당분이 거의 남아 있지 않은 상태가 되는 주된 이유는?

① 발효 중에 생성되는 호박산, 젖산 등의 산 성분 때문에
② 포도 속의 천연 포도당을 거의 완전히 발효시키기 때문에
③ 페노릭 성분의 함량이 많기 때문에
④ 설탕을 넣는 가당 공정을 거치지 않기 때문에

해설

• Dry Wine은 포도 속의 천연 포도당을 거의 완전히 발효시켜 당분이 거의 남아 있지 않은 와인이다.

0103 / 0602 / 0802

023 Repetitive Learning (1회 2회 3회)

클라렛(Claret)은 어떤 와인인가?

① 레드 와인 ② 화이트 와인
③ 로제 와인 ④ 옐로 와인

해설

• 클라렛은 프랑스 보르도 지방에서 생산되는 적포도주(Red Wine)이다.

0805 / 1402

024 Repetitive Learning (1회 2회 3회)

다음 중 Fortified Wine이 아닌 것은?

① Sherry Wine ② Vermouth
③ Port Wine ④ Blush Wine

해설

• Blush Wine은 핑크에서 붉은색까지 나는 적포도로 만든 로제와인으로 적포도를 착즙해 주스만 발효시켜 만든 가벼운 디저트용 와인이다.

0802 / 1104 / 1504

025 Repetitive Learning (1회 2회 3회)

로제와인(rose wine)에 대한 설명으로 틀린 것은?

① 대체로 붉은 포도로 만든다.
② 제조 시 포도껍질을 같이 넣고 발효시킨다.
③ 오래 숙성시키지 않고 마시는 것이 좋다.
④ 일반적으로 상온(17~18℃) 정도로 해서 마신다.

해설

• 로제와인은 6~18℃ 정도로 차게 해서 마시는 것이 좋다.

0904 / 1302

026 Repetitive Learning (1회 2회 3회)

연회용 메뉴 계획 시 애피타이저 코스 주류로 알맞은 것은?

① cordials ② port wine
③ dry sherry ④ cream sherry

해설

• 애피타이저 코스 주류에는 달지 않은 Dry wine류의 Sherry, 베르무트(Vermouth) 종류의 포도주나 마티니, 맨해튼과 같은 칵테일이 어울린다.

0103 / 0405 / 0104 / 0601 / 0402 / 1501

027 Repetitive Learning

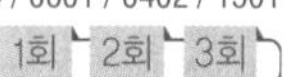

Which is the best wine with a beefsteak course at dinner?

① Red wine ② Dry sherry
③ Blush wine ④ White wine

해설

• Beefsteak 코스와 잘 어울리는 와인은 레드 와인이다.

0302 / 0505 / 0602 / 0405 / 0505 / 0701

028 Repetitive Learning (1회 2회 3회)

What is the best alcoholic beverage with fish dinner?

① Cocktail ② Whiskey
③ White wine ④ Beer

정답 | 021 ② 022 ② 023 ① 024 ④ 025 ④ 026 ③ 027 ① 028 ③

해설

• 생선은 White Wine과 함께 마시는 것이 좋다.

1002 / 1302

029 Repetitive Learning (1회 2회 3회)

Table wine에 대한 설명으로 틀린 것은?

① It is a wine term which is used in two different meanings in different countries : to signify a wine style and as a quality level with in wine classification.
② In the United States, it is primarily used as a designation of a wine style, and refers to 'ordinary wine', which is neither fortified nor sparkling.
③ In the EU wine regulations, it is used for the higher of two overall quality categories for wine.
④ It is fairly cheap wine that is drunk with meals.

해설

• EU의 와인 규정에서 테이블 와인은 두 개의 보편적인 품질분류에서 높은 등급이 아니라 낮은 등급을 말하는 용어이다.

0101 / 0104

030 Repetitive Learning (1회 2회 3회)

양조주 취급방법 중 적절하지 않은 것은?

① 와인은 수평으로 눕혀서 코르크 마개가 젖어 있도록 저장한다.
② 맥주는 출고 후 약 3개월 정도는 실내온도에서 저장할 수 있다.
③ 화이트 와인은 2~3일 전에 냉장고에 저장하여 충분히 냉각시킨 후 판매한다.
④ 선입선출 방식에 의해 저장·관리한다.

해설

• 화이트 와인이 가장 맛있는 온도는 8~13℃로 냉장고(냉장온도 평균 2℃)에 2~3일 전부터 저장하여 냉각시키는 것은 바람직하지 않다.

0701 / 1404

031 Repetitive Learning (1회 2회 3회)

Where is the place not to produce wine in France?

① Bordeaux ② Bourgonne
③ Alsace ④ Mosel

해설

• 모젤(Mosel)은 독일에서 유명한 백포도주의 생산지다.

0901 / 1004

032 Repetitive Learning (1회 2회 3회)

White Wine을 차게 제공하는 주된 이유는?

① 타닌의 맛이 강하게 느껴진다.
② 차가울수록 색이 하얗다.
③ 유산은 차가울 때 맛이 좋다.
④ 차가울 때 더 fruity한 맛을 준다.

해설

• 사과산은 온도가 차가울 때 더욱 fruity하기 때문에 화이트 와인은 차게 마시는 것이 좋다.

0805 / 1404

033 Repetitive Learning (1회 2회 3회)

Terroir의 의미를 가장 잘 설명한 것은?

① 포도재배에 있어서 영향을 미치는 자연적인 환경요소
② 영양분이 풍부한 땅
③ 와인을 저장할 때 영향을 미치는 온도, 습도, 시간의 변화
④ 물이 빠지는 토양

해설

• 토양(Terroir)은 프랑스어로 포도가 잘 재배되고 와인을 만드는 데 필요한 땅, 지역, 기후, 제조방법을 말한다.

1001 / 1201

034 Repetitive Learning (1회 2회 3회)

포도 품종에 대한 설명으로 틀린 것은?

① Syrah : 최근 호주의 대표 품종으로 자리 잡고 있으며, 호주에 서는 Shiraz라고 부른다.
② Gamay : 주로 레드 와인으로 사용되며 과일향이 풍부한 와인이 된다.
③ Merlot : 보르도, 캘리포니아, 칠레 등에서 재배되며, 부드러운 맛이 난다.
④ Pinot Noir : 보졸레에서 이 품종으로 정상급 레드 와인을 만들고 있으며, 보졸레 누보에 사용된다.

해설

• Pinot Noir는 프랑스 부르고뉴 지방의 대표적인 품종으로 Romancee-Conti를 만드는 데 사용된다.

029 ③ 030 ③ 031 ④ 032 ④ 033 ① 034 ④ | 정답

0502 / 0705 / 0902 / 1602

035 Repetitive Learning 1회 2회 3회

원산지가 프랑스인 술은?

① Absinthe ② Curacao
③ Kahlua ④ Drambuie

해설
- ②는 네덜란드 큐라소 섬에서 생산된 오렌지 껍질로 만들어진 술이다.
- ③은 멕시코가 원산지인 커피, 설탕, 바닐라, 캐러멜을 섞어 만든 술이다.
- ④는 스코틀랜드에서 스카치 위스키, 꿀, 허브 등을 섞어 만든 리큐르이다.

1104 / 1401

036 Repetitive Learning 1회 2회 3회

Which of the following doesn't belong to the regions of France where wine is produced?

① Bordeaux ② Burgundy
③ Champagne ④ Rheingau

해설
- 라인가우(Rheingau)는 독일 와인의 생산지로 대부분 리슬링(Riesling)을 재배한다.

1102 / 1305 / 1601

037 Repetitive Learning 1회 2회 3회

다음은 어떤 포도 품종에 관하여 설명한 것인가?

> 작은 포도알, 깊은 적갈색, 두꺼운 껍질, 많은 씨잇이 특징이며 씨앗은 타닌함량을 풍부하게 하고, 두꺼운 껍질은 색깔을 깊이 있게 나타낸다. 블랙커런트, 체리, 자두 향을 지니고 있으며, 대표적인 생산지역은 프랑스 보르도 지방이다.

① 메를로(Merlot)
② 피노 누아(Pinot Noir)
③ 까베르네 쇼비뇽(Cabernet Sauvignon)
④ 샤르도네(Chardonnay)

해설
- ①은 껍질이 얇아 포도알이 쉽게 썩는 문제를 가진 품종이다.
- ②는 포도알은 작으나 껍질이 얇은 특징을 가진 품종이다.
- ④는 프랑스 부르고뉴 지방의 화이트 와인용 품종이다.

1202 / 1602

038 Repetitive Learning 1회 2회 3회

보졸레 누보 양조과정의 특징이 아닌 것은?

① 기계수확을 한다.
② 열매를 분리하지 않고 송이째 밀폐된 탱크에 집어넣는다.
③ 발효 중 CO_2의 영향을 받아 산도가 낮은 와인이 만들어진다.
④ 오랜 숙성 기간 없이 출하한다.

해설
- 보졸레 누보는 열매를 분리하지 않고 인력으로 수확 후 송이채 밀폐된 탱크에 집어넣어 양조한다.

0904 / 1502

039 Repetitive Learning 1회 2회 3회

매년 보졸레 누보의 출시일은?

① 11월 1째 주 목요일 ② 11월 3째 주 목요일
③ 11월 1째 주 금요일 ④ 11월 3째 주 금요일

해설
- 프랑스 보졸레 지방에서 생산되는 포도주인 보졸레 누보는 매년 11월 셋째 주 목요일에 출시되며 숙성시키는 일반와인과 달리 신선한 맛이 생명이므로 가급적 빨리 마셔야 한다.

0102 / 0701 / 1005 / 1305

040 Repetitive Learning 1회 2회 3회

부르고뉴(Bourgogne) 지방과 함께 대표적인 포도주 산지로서 Medoc, Graves 등이 유명한 지방은?

① Pilsner ② Bordeaux
③ Staut ④ Mousseux

해설
- ①은 체코의 플젠 지방에서 유래된 맥주 브랜드이다.
- ③은 약간 시고 쓴맛이 있는 영국식 흑맥주 브랜드이다.
- ④는 프랑스어로 스파클링의 의미를 갖는 단어이다.

0302 / 1401

041 Repetitive Learning 1회 2회 3회

이탈리아 와인 중 지명이 아닌 것은?

① 키안티 ② 바르바레스코
③ 바롤로 ④ 바르베라

해설
- 바르베라는 이탈리아의 피에몬테 지역의 토착 포도 품종이다.

정답 | 035 ① 036 ④ 037 ③ 038 ① 039 ② 040 ② 041 ④

0302 / 1401

042 Repetitive Learning (1회 2회 3회)

프랑스 보르도(Bordeaux) 지방의 와인이 아닌 것은?

① 보졸레(Beaujolais), 론(Rhone)
② 메독(Medoc), 그라브(Grave)
③ 포므롤(Pomerol), 소테른(Sauternes)
④ 생떼밀리옹(Saint-Emilion), 바르삭(Barsac)

해설

• 보졸레(Beaujolais), 론(Rhone)은 프랑스의 와인생산 지역명이다.

0904 / 1204

043 Repetitive Learning (1회 2회 3회)

보르도에서 재배되는 레드 와인용 포도 품종이 아닌 것은?

① 메를로 ② 뮈스까델
③ 까베르네 소비뇽 ④ 까베르네 프랑

해설

• 뮈스까델(Muscadelle)은 까베르네 소비뇽(Cabernet Sauvignon), 까베르네 프랑(Cabernet Franc), 세미용(Semillon)처럼 보르도 지역의 주요 포도 품종이지만 레드 와인이 아닌 화이트 와인 품종이다.

0202 / 0905

044 Repetitive Learning (1회 2회 3회)

( ) 안에 들어갈 가장 적절한 것은?

A bottle of Burgundy would go very well ( ) your steak, Sir.

① for ② to
③ from ④ with

해설

• go with ~는 '~와 어울리다, 같이 가다'의 의미이다.

0601 / 0802 / 1101 / 1302 / 1604

045 Repetitive Learning (1회 2회 3회)

다음 중 호크 와인(Hock Wine)이란?

① 독일 라인산 화이트 와인
② 프랑스 버건디산 화이트 와인
③ 스페인 호크하임엘산 레드 와인
④ 이탈리아 피에몬테산 레드 와인

해설

• 호크 와인(Hock Wine)이란 독일 라인산 화이트 와인이다.

0801 / 1604

046 Repetitive Learning (1회 2회 3회)

이탈리아 와인에 대한 설명으로 틀린 것은?

① 거의 전 지역에서 와인이 생산된다.
② 지명도가 높은 와인 산지로는 피에몬테, 토스카나, 베네토 등이 있다.
③ 이탈리아 와인 등급체계는 5등급이다.
④ 네비올로, 산지오베제, 바르베라, 돌체토 포도 품종은 레드 와인용으로 사용된다.

해설

• 이탈리아 와인은 1963년에 제정된 법률에 의거하여 D.O.C.G → D.O.C → IGT → VDT로 분류되며 등급체계는 4등급이다.

1202 / 1601

047 Repetitive Learning (1회 2회 3회)

다음 중에서 이탈리아 와인 키안티 클라시코(Chianti classico)와 가장 거리가 먼 것은?

① Gallo nero ② Fiasco
③ Raffia ④ Barbaresco

해설

• 바르바레스코(Barbaresco)는 이탈리아 피에몬테 지역에서 생산된 와인이다.

0702 / 1202

048 Repetitive Learning (1회 2회 3회)

다음 중 Red Wine용 포도 품종은?

① Cabernet Sauvignon
② Chardonnay
③ Pino Blanc
④ Sauvignon Blanc

해설

• ②는 프랑스 부르고뉴 지방에서 생산되는 화이트 와인용 포도 품종이다.
• ③은 프랑스 알자스 지방에서 생산되는 화이트 와인용 포도 품종이다.
• ④는 프랑스 보르도, 루아르 지방에서 생산되는 화이트 와인용 포도 품종이다.

042 ① 043 ② 044 ④ 045 ① 046 ③ 047 ④ 048 ① 정답

1005 / 1402

049 Repetitive Learning 1회 2회 3회

주정 강화로 제조된 시칠리아산 와인은?

① Champagne ② Grappa
③ Marsala ④ Absente

해설
- 마르살라 와인은 이탈리아 시칠리아섬에서 생산되는 강화 와인이다.

0103 / 0302 / 0605 / 1102

050 Repetitive Learning 1회 2회 3회

포트 와인(Port Wine)을 가장 잘 설명한 것은?

① 붉은 포도주를 총칭한다.
② 포르투갈의 도우루(Douro) 지방 포도주를 말한다.
③ 항구에서 노역을 일삼는 서민들의 포도주를 일컫는다.
④ 백포도주로서 흔히 식사 전에 마신다.

해설
- 포트 와인은 포르투갈산의 도우루(Douro) 지방의 강화주를 말한다.

0401 / 0505

051 Repetitive Learning 1회 2회 3회

What is the meaning of port wine?

① Port wine is Italian red wine.
② Port wine is Portugal wine.
③ Port wine is Chille wine.
④ None of the above.

해설
- 포트 와인은 포르투갈산의 도우루(Douro) 지방의 강화주를 말한다.

1305 / 1604

052 Repetitive Learning 1회 2회 3회

레드 와인용 포도 품종이 아닌 것은?

① 리슬링(Riesling)
② 메를로(Merlot)
③ 피노 누아(Pinot Noir)
④ 까베르네 쇼비뇽(Cabernet Sauvignon)

해설
- 리슬링(Riesling)은 독일의 우수한 백포도주 품종이다.

0905 / 1402

053 Repetitive Learning 1회 2회 3회

화이트 와인용 포도 품종이 아닌 것은?

① 샤르도네 ② 시라
③ 소비뇽 블랑 ④ 피노 블랑

해설
- 시라(Syrah)는 프랑스 론의 북부 지방에서 주로 생산되는 적포도 품종으로, 색이 진하고 타닌이 많아서 숙성이 늦다.

1301 / 1505

054 Repetitive Learning 1회 2회 3회

감미 와인(Sweet Wine)을 만드는 방법이 아닌 것은?

① 귀부포도(Noble rot Grape)를 사용하는 방법
② 발효 도중 알코올을 강화하는 방법
③ 발효 시 설탕을 첨가하는 방법(Chaptalization)
④ 햇빛에 말린 포도를 사용하는 방법

해설
- ③은 포도가 빨리 익지 않는 성향을 가진 보르도, 부르고뉴, 롱 아일랜드와 같은 서늘한 지역에서 더 많은 양의 알코올을 얻기 위해 사용하는 방법이다.

0505 / 0605 / 1401

055 Repetitive Learning 1회 2회 3회

독일 와인의 분류 중 가장 고급와인의 등급표시는?

① Q.b.A ② Tafelwein
③ Landwein ④ Q.m.P

해설
- 등급이 높은 것에서부터 나열하면 ④-①-③-② 순이다.

0601 / 0805 / 1202

056 Repetitive Learning 1회 2회 3회

와인의 등급을 「AOC, VDQS, Vins de Pay, Vins de Table」로 구분하는 나라는?

① 이탈리아 ② 스페인
③ 독일 ④ 프랑스

해설
- 이탈리아 와인은 D.O.C.G, D.O.C, IGT, VDT로 등급이 나뉜다.
- 스페인 와인은 DOCa, DO, VdlT, VdM 등급이 나뉜다.
- 독일 와인은 QmP, QbA, Landwien, Deutschertaflwein, Tafelwein으로 등급이 나뉜다.

정답 | 049 ③ 050 ② 051 ② 052 ① 053 ② 054 ③ 055 ④ 056 ④

1001 / 0201 / 0202 / 0801 / 1005 / 1001 / 0405 / 1601

057 Repetitive Learning (1회 2회 3회)

프랑스 와인의 원산지 통제 증명법으로 가장 엄격한 기준은?

① DOC ② AOC
③ VDQS ④ QMP

해설
- ①은 이탈리아의 2번째 등급을 표시한다.
- ③은 프랑스의 2번째 등급을 표시한다.
- ④는 독일 최고 등급을 표시한다.

0305 / 0705

058 Repetitive Learning (1회 2회 3회)

「V. D. Q. S」 표시의 의미로 가장 적절한 것은?

① 위스키 등급 중 가장 좋은 등급이다.
② 와인의 품질검사 합격 증명이다.
③ 숙성년도가 2년 이상인 보드카이다.
④ 알코올 함유량 9% 이상의 브랜디이다.

해설
- V. D. Q. S는 와인의 품질검사 합격 증명이다.

1104 / 1402

059 Repetitive Learning (1회 2회 3회)

이탈리아 와인의 I.G.T 등급은 프랑스의 어느 등급에 해당되는가?

① V.D.Q.S ② Vin de Pays
③ Vin de Table ④ A.O.C

해설
- 이탈리아 와인의 I.G.T 등급은 프랑스의 Vin de Pays와 같다.

1304 / 1601

060 Repetitive Learning (1회 2회 3회)

다음 중 이탈리아 와인 등급 표시로 맞는 것은?

① A.O.P ② D.O
③ D.O.C.G ④ QbA

해설
- 이탈리아 와인은 1963년에 제정된 법률에 의거하여 D.O.C.G → D.O.C → IGT → VDT로 분류되며 등급체계는 4등급이다.

0401 / 0901 / 1304

061 Repetitive Learning (1회 2회 3회)

Sherry wine의 원산지는?

① Bordeaux 지방 ② Xeres 지방
③ Rhine 지방 ④ Hockheim 지방

해설
- 헤레스(Jeres)에서 프랑스식으로 세레스(Xeres)로 변해서 현재는 영어식으로 쉐리(Sherry)라고 부르게 되었다.

1302 / 1505

062 Repetitive Learning (1회 2회 3회)

다음 중 쉐리를 숙성하기에 가장 적합한 곳은?

① 솔레라(Solera) ② 보데가(Bodega)
③ 까브(Cave) ④ 플로(Flor)

해설
- ①은 쉐리를 만들 때 사용하는 독특한 숙성방법으로 숙성과정동안 갓 생산된 와인과 오래된 와인을 지속적으로 혼합하는 방법을 말한다.
- ③은 와인의 천연 저장고를 말한다.
- ④는 솔레라 시스템에서 숙성할 때 와인 표면층에 생기는 효모층을 말한다.

0301 / 0402 / 0705 / 1201

063 Repetitive Learning (1회 2회 3회)

아래는 무엇에 대한 설명인가?

> A fortified yellow or brown wine of Spanish origin with a distinctive nutty flavor.

① Sherry ② Rum
③ Vodka ④ Bloody Mary

해설
- 강화와인으로 노란색이나 브라운 색상인 스페인 본연의 독특한 견과류 향의 와인은 쉐리 와인이다.

0202 / 1005

064 Repetitive Learning (1회 2회 3회)

What is the meaning of sherry?

① Portugal wine ② Italian white wine
③ French wine ④ Spanish white wine

해설
- 쉐리 와인은 스페인의 백포도주다.

057 ② 058 ② 059 ② 060 ③ 061 ② 062 ② 063 ① 064 ④ | 정답

0601 / 0901

065 Repetitive Learning 1회 2회 3회

Fino를 일정기간 숙성시킨 것으로 숙성과정에서 색이 호박색(황금색)으로 변하는 medium sweet형의 sherry wine은?

① Amontillado ② Amoroso
③ Manzanilla ④ Oloroso

해설

• ②는 올로로쏘에 페드로 시메네즈 쉐리를 넣어 만든 것으로 금빛이 난다.
• ③은 피노(Fino)에 비해 야생 효모의 막이 두껍게 형성되는 산루카 데 바라메다 항구 주위의 팔로미노 포도로 만든다.
• ④는 알코올 도수를 17.5% 이상 높여서 플로(Flor)를 발생하지 않도록 한 것을 말한다.

0702 / 1404

066 Repetitive Learning 1회 2회 3회

Which is not the name of sherry?

① Fino ② Olorso
③ Tio pepe ④ Tawny port

해설

• Tawny port는 황갈색 포도주를 의미한다.

0205 / 0701

067 Repetitive Learning 1회 2회 3회

다음 중 실내 온도에 맞추어 제공하는 술은?

① 백포도주 ② 샴페인
③ 적포도주 ④ 맥주

해설

• 레드 와인은 실온(17~19℃)에 맞추어 제공하는 것이 바람직하다.

102 / 0302 / 1504

068 Repetitive Learning 1회 2회 3회

Red Bordeaux wine의 service 온도로 가장 적절한 것은?

① 3~5℃ ② 6~7℃
③ 7~11℃ ④ 17~19℃

해설

• 레드 와인은 실온(17~19℃)에 맞추어 제공하는 것이 바람직하다.

0104 / 1201

069 Repetitive Learning 1회 2회 3회

백포도주의 가장 알맞은 냉각(보관)온도는 몇 도인가?

① 12~18℃ ② 10~16℃
③ 8~19℃ ④ 6~12℃

해설

• 화이트 와인은 6~12℃ 사이로 냉각(보관)하고 10~12℃ 정도로 서빙하는 것이 적당하다.

0405 / 0605

070 Repetitive Learning 1회 2회 3회

다음 중 일반적으로 서빙온도가 가장 높아야 하는 것은?

① 소다수 ② 적포도주
③ 백포도주 ④ 맥주

해설

• 레드 와인은 실온(17~19℃)에 맞추어 제공하는 것이 바람직하므로 서빙온도가 가장 높다.

0902 / 1405

071 Repetitive Learning 1회 2회 3회

Wine serving 방법으로 가장 거리가 먼 것은?

① 코르크의 냄새를 맡아 이상 유무를 확인 후 손님에게 확인하도록 접시 위에 얹어서 보여준다.
② 은은한 향을 음미하도록 와인을 따른 후 한두 방울이 테이블에 떨어지도록 한다.
③ 서비스 적정온도를 유지하고, 상표를 고객에게 확인시킨다.
④ 와인을 따른 후 병 입구에 맺힌 와인이 흘러내리지 않도록 병목을 돌려서 자연스럽게 들어 올린다.

해설

• 와인을 따를 때 테이블에 떨어지지 않도록 주의한다.

1204 / 1504

072 Repetitive Learning 1회 2회 3회

와인 서빙에 필요하지 않은 것은?

① Decanter ② Cork screw
③ Stir rod ④ Pincers

해설

• Stir rod는 젓는 도구이므로 와인 서빙에 필요하지 않다.

정답 | 065 ① 066 ④ 067 ③ 068 ④ 069 ④ 070 ② 071 ② 072 ③

0502 / 0805

073 Repetitive Learning (1회 2회 3회)

위생적인 음료 취급이 아닌 것은?

① 맥주와 맥주글라스는 차갑게 보관된 것을 서브한다.
② 글라스는 반드시 하단의 1/3 부분을 손끝으로 가볍게 쥐어 서브한다.
③ 와인을 따를 때 글라스에 와인병이 닿아야 한다.
④ 와인을 따를 때 테이블 크로스에 와인 방울이 떨어지지 않도록 한다.

해설
- 와인을 따를 때 글라스에 와인병이 닿지 않도록 유의하며 서비스한다.

0104 / 0402 / 1005

074 Repetitive Learning (1회 2회 3회)

경우에 따라 고객에게 제공할 때 미리 병마개를 따 놓는 것은?

① Champagne ② Red Wine
③ Beer ④ Whiskey

해설
- 레드 와인은 경우에 따라 산화작용을 위해 미리 병마개를 따 놓기도 한다.

0402 / 0605

075 Repetitive Learning (1회 2회 3회)

물건을 운반하는 데 사용하는 것은?

① Dispenser ② Trolley
③ Ice Box ④ Decanter

해설
- Dispenser는 와인병을 개봉한 후에도 질소가스를 이용해 와인의 맛과 향을 장기간 보존할 수 있도록 하는 장치이다.
- Decanter는 와인 디캔딩을 할 때 사용한다.

0505 / 0702 / 0901 / 0202 / 1305

076 Repetitive Learning (1회 2회 3회)

Cork screw의 사용 용도는?

① 잔 받침대 ② 와인 보관용 그릇
③ 와인의 병마개용 ④ 와인의 병마개 오픈용

해설
- Cork screw는 코르크 마개를 따는 기구다.

0401 / 0605 / 1201

077 Repetitive Learning (1회 2회 3회)

와인을 오픈할 때 사용하는 기물로 적당한 것은?

① Cork screw ② White Napkin
③ Ice Tongs ④ Wine Basket

해설
- Cork screw는 코르크 마개를 따는 기구다.

0501 / 0701

078 Repetitive Learning (1회 2회 3회)

다음 중 Wine 병마개를 뽑을 때 쓰는 기구는?

① Ice pick ② Bar spoon
③ Opener ④ Cork screw

해설
- Cork screw는 와인의 코르크 마개를 뽑는 기구다.

0901 / 1005

079 Repetitive Learning (1회 2회 3회)

Glass 취급 방법으로 가장 적절한 것은?

① 상단을 쥐고 서브한다.
② 중간을 쥐고 서브한다.
③ 하단을 쥐고 서브한다.
④ 리밍부분을 쥐고 서브한다.

해설
- 서비스를 할 때는 하단을 쥐고 서브한다.

0101 / 0505

080 Repetitive Learning (1회 2회 3회)

위스키(Whiskey)나 베르무트(Vermouth) 등을 온더락(On the rocks)으로 제공할 때 준비하는 글라스는?

① Highball Glass ② Old Fashioned Glass
③ Cocktail Glass ④ Liquer Glass

해설
- ①은 8~10oz의 텀블러 글라스이다.
- ③은 역삼각형 모양의 가장 많이 사용하는 칵테일 글라스이다.
- ④는 리큐르, 스피리츠 등을 마실 때 사용하는 1온스 정도의 아래 손잡이가 있는 글라스이다.

073 ③ 074 ② 075 ② 076 ④ 077 ① 078 ④ 079 ③ 080 ② 정답

1004 / 1301

081 Repetitive Learning (1회 2회 3회)

와인의 마개로 사용되는 코르크 마개의 특성으로 가장 거리가 먼 것은?

① 온도 변화에 민감하다.
② 코르크 참나무의 외피로 만든다.
③ 신축성이 뛰어나다.
④ 밀폐성이 있다.

해설
- 코르크 마개는 온도 변화에 둔감해야 하며, 장기적으로는 부패하지 않아야 한다.

0103 / 0502 / 1504

082 Repetitive Learning (1회 2회 3회)

다음 중 Ice bucket에 해당되는 것은?

① Ice pail ② Ice tong
③ Ice pick ④ Ice pack

해설
- ②는 칵테일 제조에 사용되는 얼음을 위생적으로 사용하기 위한 집게이다.
- ③은 얼음을 깨는 데 사용하는 송곳이다.
- ④는 와인을 차갑게 이동시키기 위해 만든 얼음 주머니이다.

0102 / 0602

083 Repetitive Learning (1회 2회 3회)

적색 포도주(Red Wine)병의 바닥이 요철로 된 이유는?

① 보기 좋게 하기 위하여
② 안전하게 세우기 위하여
③ 용량표시를 쉽게 하기 위하여
④ 찌꺼기가 이동하는 것을 방지하기 위하여

해설
- 적포도주병의 바닥에 있는 요철모양으로 들어간 것을 펀트라고 부르며 이로 인해 와인 찌꺼기가 이동하지 않는다.

0302 / 0701 / 1302

084 Repetitive Learning (1회 2회 3회)

바(Bar)에서 사용하는 Wine Decanter의 용도는?

① 테이블용 얼음 용기
② 포도주를 제공하는 유리병
③ 펀치를 만들 때 사용하는 화채 그릇
④ 포도주병 하나를 눕혀 놓을 수 있는 바구니

해설
- Wine Decanter는 포도주를 제공하는 유리병이다.

0201 / 0505 / 0602 / 0902 / 1204

085 Repetitive Learning (1회 2회 3회)

다음 중 Decanter와 가장 관계있는 것은?

① Red Wine ② White Wine
③ Champagne ④ Sherry Wine

해설
- Red Wine을 서비스할 때 침전물을 걸러내기 위해 디캔터를 이용한다.
- 디캔터(Decanter)는 포도주를 제공하는 유리병 용기다.

0501 / 1005 / 1301

086 Repetitive Learning (1회 2회 3회)

와인은 병에 침전물이 가라앉았을 때 이 침전물이 글라스에 같이 따라지는 것을 방지하기 위해 사용하는 도구는?

① 와인 바스켓 ② 와인 디캔터
③ 와인 버켓 ④ 코르크스크류

해설
- 와인을 서비스할 때 침전물을 걸러내기 위해 디캔터를 이용한다.

0102 / 0405

087 Repetitive Learning (1회 2회 3회)

포도주 저장(Aging of wines)을 처음 시도한 나라는?

① 프랑스(France) ② 포르투갈(Portugal)
③ 스페인(Spain) ④ 그리스(Greece)

해설
- 포도주를 저장하는 것은 그리스에서 처음 시도되었다.

0202 / 1005

088 Repetitive Learning (1회 2회 3회)

포도주 저장 창고 위치로서 가장 적당한 곳은?

① 지하저장고 ② 구매접수가 용이한 곳
③ 바(Bar)와 가까운 곳 ④ 주방창고와 가까운 곳

해설
- 지하저장고에 포도주를 저장하면 햇빛이 들지 않기 때문에 적절하다.

정답 | 081 ① 082 ① 083 ④ 084 ② 085 ① 086 ② 087 ④ 088 ①

0702 / 1004 / 1201 / 1404

089 Repetitive Learning 1회 2회 3회

빈(bin)이 의미하는 것으로 가장 적절한 것은?

① 프랑스산 적포도주
② 주류 저장소에 술병을 넣어 놓는 장소
③ 칵테일 조주 시 가장 기본이 되는 주재료
④ 글라스를 세척하여 담아 놓는 기구

해설
• 빈(bin)은 주류 저장소에 술병을 넣어 놓는 장소를 말한다.

0301 / 0902 / 1004

090 Repetitive Learning 1회 2회 3회

Wine Cellar이란?

① 포도주 소매업자
② 포도주 도매업자
③ 포도주 저장실
④ 포도주를 주재로 한 칵테일 명칭

해설
• 포도주 저장실을 Wine Cellar라 하고, 지하저장고를 까브(Cave)라 한다.

0104 / 0902

091 Repetitive Learning 1회 2회 3회

술의 저장 장소의 환경으로 적합한 것은?

① 따뜻하고 햇볕이 잘 드는 곳
② 습기가 않고 진동이 많은 곳
③ 서늘하고 온도 변화가 적은 곳
④ 따뜻하고 온도 변화가 많은 곳

해설
• 술의 저장은 서늘하고 온도 변화가 적은 곳이 적합하다.

1205 / 1504

092 Repetitive Learning 1회 2회 3회

와인의 보관방법으로 적합하지 않은 것은?

① 진동이 없는 곳에 보관한다.
② 직사광선을 피하여 보관한다.
③ 와인을 눕혀서 보관한다.
④ 습기가 없는 곳에 보관한다.

해설
• 습도는 75% 정도로 유지한다.

0301 / 0904

093 Repetitive Learning 1회 2회 3회

와인의 보관방법 중 잘못된 것은?

① 보관온도를 일정하게 유지한다.
② 병을 세워서 보관한다.
③ 진동을 최소화한다.
④ 장시간 빛에 노출되지 않도록 한다.

해설
• 샴페인이나 와인은 진동을 최소화하여 수평으로 눕혀서 보관해야 한다.

0501 / 1004

094 Repetitive Learning 1회 2회 3회

와인의 보관에서 주의할 사항이 아닌 것은?

① 와인은 종류에 관계없이 묵힐수록 좋기 때문에 장기 보관 후 판매한다.
② 한번 개봉한 와인은 산소에 의한 변하므로 재보관하지 않도록 한다.
③ 와인은 눕혀서 보관해야 한다.
④ 코르크 마개가 건조해지지 않도록 한다.

해설
• 대개의 레드 와인은 장기보관할 경우 품질이 좋아지지만 화이트 와인과 보졸레 누보와 같은 신선한 맛을 생명으로 여기는 포도주는 별도의 보관작업 없이 판매한다.

0305 / 1102

095 Repetitive Learning 1회 2회 3회

White wine과 Red wine의 보관 방법으로 가장 알맞은 것은?

① 가급적 통풍이 잘되고 습한 곳에 보관하여 숙성을 돕는다.
② 병을 똑바로 세워서 침전물이 바닥으로 모이도록 보관한다.
③ 따뜻하고 건조한 장소에 뉘여서 보관한다.
④ 통풍이 잘되는 장소에 보관적정온도에 맞추어서 병을 뉘여서 보관한다.

해설
• 서늘하고 온도 변화가 적은 곳에 보관해야 한다.
• 진동을 최소화하고, 와인의 코르크가 건조해져서 와인이 산화되거나 스파클링 와인일 경우 기포가 빠져나가는 것을 막기 위해 수평으로 눕혀서 보관해야 한다.

정답: 089 ② 090 ③ 091 ③ 092 ④ 093 ② 094 ① 095 ④

0701 / 1101

096 Repetitive Learning (1회 2회 3회)

와인의 코르크가 건조해져서 와인이 산화되거나 스파클링 와인일 경우 기포가 빠져나가는 것을 막기 위한 방법은?

① 와인을 서늘한 곳에 보관한다.
② 와인의 보관위치를 자주 바꿔준다
③ 와인을 눕혀서 보관한다.
④ 냉장고에 세워서 보관한다.

해설
• 와인의 코르크가 건조해져서 와인이 산화되거나 스파클링 와인일 경우 기포가 빠져나가는 것을 막기 위해 수평으로 눕혀서 보관해야 한다.

0103 / 1401

097 Repetitive Learning (1회 2회 3회)

Wine 저장에 관한 내용 중 적절하지 않은 것은?

① White Wine은 냉장고에 보관하되 그 품목에 맞는 온도를 유지해 준다.
② Red Wine은 상온 Cellar에 보관하되 그 품목에 맞는 적정온도를 유지해 준다.
③ Wine을 보관하면서 정기적으로 이동 보관한다.
④ Wine은 햇볕이 잘 들지 않고 통풍이 잘되는 곳에 보관하는 것이 좋다.

해설
• 와인을 보관하면서 정기적으로 이동 보관하는 것은 옳지 못하다

1202 / 1502

098 Repetitive Learning (1회 2회 3회)

와인의 적정온도 유지의 원칙으로 옳지 않은 것은?

① 보관 장소는 햇빛이 들지 않고 서늘하며, 습기가 없는 곳이 좋다.
② 연중 급격한 변화가 없는 곳이어야 한다.
③ 와인에 전해지는 충격이나 진동이 없는 곳이 좋다.
④ 코르크가 젖어 있도록 병을 눕혀서 보관해야 한다.

해설
• 습도는 75% 정도로 유지하도록 한다.
• 습도가 낮으면 코르크 마개가 건조되고, 병 안으로 산소가 들어와 와인이 산화된다.

0602 / 1402

099 Repetitive Learning (1회 2회 3회)

와인병을 눕혀서 보관하는 이유로 가장 적합한 것은?

① 숙성이 잘되게 하기 위해서
② 침전물을 분리하기 위해서
③ 맛과 멋을 내기 위해서
④ 색과 향이 변질되는 것을 방지하기 위해서

해설
• 세워서 보관을 할 경우 산화되거나 기포가 빠져나갈 수 있다.

0102 / 0201

100 Repetitive Learning (1회 2회 3회)

그레이트 와인(Great Wine)이란 보존 기간이 몇 년 되는 것을 뜻하는가?

① 5년 이하　② 5년 이상
③ 10년 이상　④ 15년 이상

해설
• 15년 이상 숙성한 와인을 그레이트 와인이라고 부른다.

0904 / 1305

101 Repetitive Learning (1회 2회 3회)

개봉한 뒤 다 마시지 못한 와인의 보관방법으로 옳지 않은 것은?

① vacuum pump로 병 속의 공기를 빼낸다.
② 코르크로 막아 즉시 냉장고에 넣는다.
③ 마개가 없는 디캔터에 넣어 상온에 둔다.
④ 병속에 불활성 기체를 넣어 산소의 침입을 막는다.

해설
• 포도주는 남은 것을 오래 보관하기 어렵다. 즉시 코르크 마개로 막아야 하며 보관하려면 병 속에 불활성 기체를 넣어 산소의 침입을 막거나 vacuum pump로 병 속의 공기를 빼내야 한다.

0902 / 1004 / 1101 / 1502

102 Repetitive Learning (1회 2회 3회)

Which one is wine that can be served before meal?

① Table wine　② Dessert wine
③ Aperitif wine　④ Port wine

해설
• 식사 전에 마시는 음료는 식전주(Aperitif wine)다.

정답 | 096 ③ 097 ③ 098 ① 099 ④ 100 ④ 101 ③ 102 ③

0202 / 0901

103 Repetitive Learning (1회 2회 3회)

레드 와인 제조 과정이 순서대로 나열된 것은?

① 수확－분쇄－압착－발효－숙성－여과－병입
② 수확－분쇄－발효－압착－숙성－여과－병입
③ 수확－분쇄－압착－숙성－발효－여과－병입
④ 수확－압착－분쇄－발효－숙성－여과－병입

해설
• 레드 와인을 제조할 때 올바른 순서는 수확－분쇄－발효－압착－숙성－여과－병입 순서이다.

1302 / 1602

104 Repetitive Learning (1회 2회 3회)

포도 품종의 그린 수확(Green Harvest)에 대한 설명으로 옳은 것은?

① 수확량을 제한하기 위한 수확
② 청포도 품종 수확
③ 완숙한 최고의 포도 수확
④ 포도원의 잡초제거

해설
• 그린 수확이란 충분히 익지 않은 상태에서 포도를 솎아내는 작업을 통해 수확량을 제한하는 것으로 양분을 남은 포도에 집중시키기 위함이다.

1005 / 1401

105 Repetitive Learning (1회 2회 3회)

와인 제조 시 이산화황(SO_2)을 사용하는 이유가 아닌 것은?

① 항산화제 역할　② 부패균 생성 방지
③ 갈변 방지　④ 효모 분리

해설
• 항산화제 역할, 부패균 생성 방지, 갈변 방지를 위해 와인 제조 시 이산화황(SO_2)을 사용한다.

0705 / 0901

106 Repetitive Learning (1회 2회 3회)

aperitif에 대한 설명으로 옳은 것은?

① 식사 전에 먹는 식전주이다.
② 디저트용으로 먹는 술이다.
③ 메인음식과 함께 먹는 술이다.
④ 식사 후에 먹는 식후주이다.

해설
• aperitif는 식사 전에 먹는 식전주이다.

0904 / 1101

107 Repetitive Learning (1회 2회 3회)

와인 제조용 포도 재배 시 일조량이 부족한 경우의 해결책은?

① 알코올분 제거
② 황산구리 살포
③ 물 첨가
④ 발효 시 포도즙에 설탕 첨가

해설
• 일조량이 많으면 당분이 높아지는데, 일조량이 부족하면 발효 시 포도즙에 설탕을 첨가해서 당분을 높일 수 있다.

0301 / 1402

108 Repetitive Learning (1회 2회 3회)

다음 중 식전주로 가장 적합한 것은?

① 맥주(Beer)　② 드람뷔이(Drambuie)
③ 캄파리(Campari)　④ 꼬냑(Cognac)

해설
• ①은 식전주로 사용하면 포만감에 식사를 방해할 수 있다.
• ②는 스코틀랜드산 위스키에 벌꿀과 향로를 가미한 리큐르로 식후주로 사용된다.
• ④는 프랑스 샤랸트 지방에서 생산된 브랜디로 식후주로 사용된다.

0103 / 1604

109 Repetitive Learning (1회 2회 3회)

식후주(After Dinner Drink)로 가장 적합한 것은?

① 꼬냑(Cognac)
② 드라이 쉐리 와인(Dry Sherry Wine)
③ 드라이 진(Dry Gin)
④ 베르무트(Vermouth)

해설
• ②는 스페인의 백포도주로 가장 대표적인 식전주이다.
• ③은 리큐르인 베르무트를 섞어 만든 칵테일인 마티니나 진토닉을 만들 때 사용한다.
• ④는 포도주에 브랜디 또는 당분을 넣어 만든 리큐르로 식전주로 애용된다.

103 ② 104 ① 105 ④ 106 ① 107 ④ 108 ③ 109 ① 정답

0405 / 0502 / 1602

110 

다음 중 Aperitif Wine으로 가장 적합한 것은?

① Dry Sherry Wine ② White Wine
③ Red Wine ④ Port Wine

해설

- ②는 식중주로 생선에 어울린다.
- ③은 식중주로 육류에 어울린다.
- ④는 주정강화와인으로 주로 식후에 먹는 달콤한 와인이다.

0802 / 1405

111 Repetitive Learning 1회 2회 3회

Which one is the classical French liqueur of aperitifs?

① Dubonnet ② Sherry
③ Mosell ④ Campari

해설

- 프랑스산 식전 포도주는 듀보네(Dubonnet)이다.

0702 / 1202

112 Repetitive Learning 1회 2회 3회

다음 중 Aperitif의 특징이 아닌 것은?

① 식욕촉진용으로 사용되는 음료이다.
② 라틴어 Aperire(Open)에서 유래되었다.
③ 약초계를 많이 사용하기 때문에 씁쓸한 향을 지니고 있다.
④ 당분이 많이 함유된 단맛이 있는 술이다.

해설

- 단맛이 있는 술은 식후주로 적합하다.

0402 / 0505 / 0705 / 1001

113 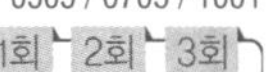

French Vermouth에 대한 설명으로 옳은 것은?

① 와인을 인위적으로 착향시킨 담색 무감미주
② 와인을 인위적으로 착향시킨 담색 감미주
③ 와인을 인위적으로 착향시킨 적색 감미주
④ 와인을 인위적으로 착향시킨 적색 무감미주

해설

- 프렌치 베르무트(French Vermouth)는 특유한 풍미를 가지고 있는 담색의 무감미주다.

1001 / 1602

114 Repetitive Learning 1회 2회 3회

Which one is not aperitif cocktail?

① Dry Martini ② Kir
③ Campari Orange ④ Grasshopper

해설

- 그래스 호퍼(Grasshopper)는 식후주 칵테일로 유명하다.

1001 / 1101

115 Repetitive Learning 1회 2회 3회

주류에 따른 일반적인 주정 도수의 연결이 틀린 것은?

① Beer : 4~11% alcohol by volume
② Vermouth : 44~45% alcohol by volume
③ Fortified Wines : 18~21% alcohol by volume
④ Brandy : 40% alcohol by volume

해설

- ②는 평균적으로 16~18% 정도의 주정강화와인이다.

1005 / 1602

116 Repetitive Learning 1회 2회 3회

원료인 포도주에 브랜디나 당분을 섞고 향료나 약초를 넣어 향미를 내어 만들며 이탈리아산이 유명한 것은?

① Manzanilla ② Vermouth
③ Stout ④ Hock

해설

- ①은 스페인의 대서양 연안에서 발효 숙성시킨 피노 와인이다.
- ③은 영국의 대표적인 흑맥주이다.

0101 / 0605 / 1104 / 1305

117 Repetitive Learning 1회 2회 3회

샴페인에 관한 설명 중 틀린 것은?

① 샴페인은 포말성(Sparkling) 와인의 일종이다.
② 샴페인 원료는 피노 누아, 피노 뫼니에, 샤르도네이다.
③ 동 페리뇽(Dom perignon)에 의해 만들어졌다.
④ 샴페인 산지인 샹파뉴 지방은 이탈리아 북부에 위치하고 있다.

해설

- 샴페인 산지인 샹파뉴 지역은 프랑스 동북부의 지방이다.

정답 | 110 ① 111 ① 112 ④ 113 ① 114 ④ 115 ② 116 ② 117 ④

0601 / 0802 / 0904

118 Repetitive Learning 1회 2회 3회

얼음(On the rocks)을 넣어서 마실 수 있는 것은?

① Champagne ② Vermouth
③ White wine ④ Red wine

해설

• 얼음(On the rocks)을 넣어 마시는 식전주는 베르무트(Vermouth)다.

1201 / 1502

119 Repetitive Learning 1회 2회 3회

샴페인의 발명자는?

① Bordeaux ② Champagne
③ St. Emilion ④ Dom Perignon

해설

• 코르크 마개를 개발한 Dom Perignon은 샴페인을 발명했다.

0802 / 1205

120 Repetitive Learning 

다음 중 프랑스의 발포성 와인으로 옳은 것은?

① Vin Mousseux ② Sekt
③ Spumante ④ Perlwein

해설

• 뱅 무쉐(Vin Mousseux)는 프랑스 샹파뉴(Champagne) 지방을 제외한 지역에서 생산되는 프랑스 발포성 와인(Sparkling Wine)을 말한다.

1102 / 1502

121 Repetitive Learning 1회 2회 3회

각 나라별 발포성 와인(Sparkling Wine)의 명칭이 잘못 연결된 것은?

① 프랑스－Cremant
② 스페인－Vin Mousseux
③ 독일－Sekt
④ 이탈리아－Spumante

해설

• 뱅 무쉐(Vin Mousseux)는 프랑스 샹파뉴(Champagne) 지방을 제외한 지역에서 생산되는 프랑스 발포성 와인(Sparkling Wine)을 말한다.

0103 / 0302

122 Repetitive Learning 1회 2회 3회

발포성 와인(Sparkling Wine)과 거리가 먼 것은?

① Sparkling Burgundy
② Cold Duck
③ Dry Sherry
④ Champagne

해설

• ③은 단맛이 없는 쉐리주(Dry Sherry)로 발포성 와인이 아니다.

0205 / 1001 / 1202

123 Repetitive Learning 1회 2회 3회

Sparkling Wine과 관련이 없는 것은?

① Champagne ② Sekt
③ Cremant ④ Armagnac

해설

• 아르마냑(Armagnac)은 프랑스 보르도(Bordeaux) 지방의 아르마냑 지역에서 생산되는 브랜디의 일종이다.

1201 / 1604

124 Repetitive Learning 1회 2회 3회

발포성 와인의 이름이 잘못 연결된 것은?

① 스페인－카바(Cava)
② 독일－젝트(Sekt)
③ 이탈리아－스푸만테(Spumante)
④ 포르투갈－도세(Doce)

해설

• 도세(Doce)는 단맛이 나는 포르투갈 와인이다.

1005 / 1201

125 Repetitive Learning 1회 2회 3회

샴페인 포도 품종이 아닌 것은?

① 피노 누아(Pinot Noir)
② 피노 뫼니에(Pinot Meunier)
③ 샤르도네(Chardonnay)
④ 쎄미뇽(Semillon)

해설

• 쎄미뇽(Semillon)은 귀부현상을 보이는 포도로 무감미 화이트 와인용 포도 품종이다.

118 ② 119 ④ 120 ① 121 ② 122 ③ 123 ④ 124 ④ 125 ④ 정답

0705 / 1202

126 Repetitive Learning 1회 2회 3회

화이트 포도 품종인 샤르도네만을 사용하여 만드는 샴페인은?

① Bland de Noirs ② Blanc de Blanc
③ Asti Spumante ④ Beaujolais

해설
- ①은 레드 포도 품종으로 만든 샴페인이다.
- ③은 이탈리아 아스티 지역에서 모스카토 품종으로 만들어진 발포성 와인이다.
- ④는 프랑스 보졸레 지방에서 생산되는 포도주를 말한다.

0302 / 1104

127 Repetitive Learning 1회 2회 3회

샴페인의 서비스에 관련된 설명 중 틀린 것은?

① 얼음을 채운 바스켓에 칠링(Chilling)한다.
② 호스트(Host)에게 상표를 확인시킨다.
③ "펑"소리를 크게 하며 거품을 최대한 많이 내야 한다.
④ 서브는 여자 손님부터 시계방향으로 한다.

해설
- 병을 45°로 기울인 후 개봉할 때 "뻥"하는 소리가 나지 않고 "스스스"하는 소리가 나도록 천천히 터뜨린다.

0405 / 0801 / 1402

128 Repetitive Learning 1회 2회 3회

Champagne 서브 방법으로 옳은 것은?

① 병을 미리 흔들어서 거품이 많이 나도록 한다.
② 0~4℃ 정도의 냉장온도로 서브한다.
③ 쿨러에 얼음과 함께 담아서 운반한다.
④ 코르크를 열 때 가능한 한 소리가 크게 나도록 한다.

해설
- 거품이 나도록 흔들지 않는다.
- 와인쿨러에 물과 얼음을 넣고 발포성 와인병을 넣어 차갑게 한 다음 서브한다.(서빙온도는 7~9℃)
- 병을 45°로 기울인 후 개봉할 때 "뻥"하는 소리가 나지 않고 "스스스"하는 소리가 나도록 천천히 터뜨린다.

0101 / 0904

129 Repetitive Learning 1회 2회 3회

술의 독한 맛에 대한 표현과 거리가 먼 것은?

① Strong ② Dry
③ Hard ④ Straight

해설
- 스트레이트란 아무것도 섞지 않고 술 원액 그대로를 마시는 것이다.

0705 / 0801 / 1005 / 1104

130 Repetitive Learning 1회 2회 3회

샹빠뉴 지방의 당분함량 표기에서 「Very Dry」한 표기로 알맞은 것은?

① Brut ② Sec
③ Doux ④ Demi Sec

해설
- ②는 단맛이 있는 듯 없는 듯한 표현이다.
- ③은 매우 단맛을 표현한다.
- ④는 약간 단맛을 표현한다.

0702 / 0805 / 1201 / 1501

131 Repetitive Learning 1회 2회 3회

술 자체의 맛을 의미하는 것으로 '단맛'이라는 의미의 프랑스어는?

① Trocken ② Blanc
③ Cru ④ Doux

해설
- ①은 Dry, Sec과 같은 표현으로 단맛이 있는 듯 없는 듯할 때 사용한다.
- ②는 화이트 와인을 지칭하는 단어이다.
- ③은 품질이 뛰어난 와인을 생산하는 유명한 지역 또는 포도밭을 지칭한다.

1004 / 1305

132 Repetitive Learning 1회 2회 3회

좋은 맥주용 보리의 조건으로 알맞은 것은?

① 껍질이 두껍고 윤택이 있는 것
② 알맹이가 고르고 발아가 잘 안 되는 것
③ 수분 함유량이 높은 것
④ 전분 함유량이 많은 것

해설
- 껍질이 얇아야 한다.
- 알맹이가 고르고 95% 이상의 발아율이 있어야 한다.
- 수분 함유량 13% 이하로 잘 건조되어야 한다.

정답 | 126 ② 127 ③ 128 ③ 129 ④ 130 ① 131 ④ 132 ④

0901 / 0905 / 1502

133 Repetitive Learning (1회 2회 3회)

맥주 제조에 필요한 중요한 원료가 아닌 것은?

① 맥아 ② 포도당
③ 물 ④ 효모

해설
• 맥주를 제조할 때 필요한 원료는 맥아, 물, 효모이다.

1201 / 1501

134 Repetitive Learning (1회 2회 3회)

맥주용 보리의 조건이 아닌 것은?

① 껍질이 얇아야 한다.
② 담황색을 띠고 윤택이 있어야 한다.
③ 전분 함유량이 적어야 한다.
④ 수분 함유량 13% 이하로 잘 건조되어야 한다.

해설
• 전분 함유량이 많아야 한다.

0801 / 1205

135 Repetitive Learning (1회 2회 3회)

맥주의 원료 중 홉(hop)의 역할이 아닌 것은?

① 맥주 특유의 상큼한 쓴맛과 향을 낸다.
② 알코올의 농도를 증가시킨다.
③ 맥아즙의 단백질을 제거한다.
④ 잡균을 제거하여 보존성을 증가시킨다.

해설
• 홉은 맥주(Beer)에서 특이한 쓴맛과 향기로 잡균을 제거하여 보존성을 증가시키고, 맥아즙의 단백질을 제거하는 역할을 하는 원료이다.

0805 / 1401 / 1602

136 Repetitive Learning (1회 2회 3회)

Hop에 대한 설명 중 틀린 것은?

① 자웅이주의 숙근 식물로서 수정이 안 된 암꽃을 사용한다.
② 맥주의 쓴맛과 향을 부여한다.
③ 거품의 지속성과 항균성을 부여한다.
④ 맥아즙 속의 당분을 분해하여 알코올과 탄산가스를 만드는 작용을 한다.

해설
• 알코올과 탄산가스를 만드는 작용은 효모의 역할이다.

1104 / 1405

137 Repetitive Learning (1회 2회 3회)

효모의 생육조건이 아닌 것은?

① 적정 영양소 ② 적정 온도
③ 적정 pH ④ 적정 알코올

해설
• 효모가 생육하기 위해서는 적정 영양소, 적정 온도, 적정 pH가 보장되어야 한다.

1205 / 1602

138 Repetitive Learning (1회 2회 3회)

상면발효맥주로 옳은 것은?

① Bock Beer ② Budweiser Beer
③ Porter Beer ④ Asahi Beer

해설
• 포터 비어(Porter Beer)는 상면발효방식으로 생산되는 영국산 맥주다.

0605 / 1304

139 Repetitive Learning (1회 2회 3회)

다음 중 하면발효맥주에 해당되는 것은?

① Stout Beer ② Porter Beer
③ Pilsner Beer ④ Ale Beer

해설
• ①, ②, ④는 모두 상면발효맥주이다.

0101 / 1301

140 Repetitive Learning (1회 2회 3회)

저온살균되어 저장 가능한 맥주는?

① Draught Beer ② Unpasteurized Beer
③ Draft Beer ④ Lager Beer

해설
• Lager Beer는 제조과정에서 발효균을 살균하여 병에 넣은 맥주이며 저온살균하므로 저장이 가능한 맥주다.

133 ② 134 ③ 135 ② 136 ④ 137 ④ 138 ③ 139 ③ 140 ④ 정답

0904 / 1405

141 Repetitive Learning (1회 2회 3회)

다음 중 맥주의 종류가 아닌 것은?

① Ale ② Porter
③ Hock ④ Bock

해설

• Hock(호크)는 독일 라인 지방산의 백포도주를 뜻한다.

0805 / 1201 / 1601

142 Repetitive Learning (1회 2회 3회)

Bock beer에 대한 설명으로 옳은 것은?

① 알코올 도수가 높은 흑맥주
② 알코올 도수가 낮은 담색 맥주
③ 이탈리아산 고급 흑맥주
④ 제조 12시간 이내의 생맥주

해설

• Bock(보크)는 독일 북부에서 유래한 라거맥주의 일종이다.

0103 / 0401

143 Repetitive Learning (1회 2회 3회)

일반적인 Lager Beer의 알코올 도수로 가장 적당한 것은?

① 1도 ② 4도
③ 9도 ④ 16도

해설

• Lager Beer의 알코올 도수는 일반적으로 4도이다.

0702 / 0901

144 Repetitive Learning (1회 2회 3회)

Draft Beer 관리 방법으로 잘못된 것은?

① 충격을 주면 거품이 지나치게 많이 생기므로 주의한다.
② 적온 유지를 위해 냉장고에 보관한다.
③ 직사광선을 피한다.
④ 변질을 막기 위하여 냉동고에 보관한다.

해설

• 생맥주는 2~3℃의 온도를 유지할 수 있는 저장시설(냉장고)에 보관한다.

0902 / 1005

145 Repetitive Learning (1회 2회 3회)

하이네켄(Heineken) 맥주의 산지는?

① 미국 ② 영국
③ 독일 ④ 네덜란드

해설

• 하이네켄(Heineken)은 네덜란드 맥주다.

0202 / 0605 / 1005

146 Repetitive Learning (1회 2회 3회)

맥주 제조 과정에서 비살균 상태로 저장되는 맥주는?

① Black Beer ② Draft Beer
③ Porter Beer ④ Lager Beer

해설

• 생맥주(Draft Beer)는 제조 과정에서 비살균 상태로 저장된다.

0405 / 0901 / 1405

147 Repetitive Learning (1회 2회 3회)

Draft beer란 무엇인가?

① 효모가 살균되어 저장이 가능한 맥주
② 효모가 살균되지 않아 장기 저장이 불가능한 맥주
③ 제조과정에서 특별히 만든 흑맥주
④ 저장이 가능한 병이나 캔맥주

해설

• 저온에서 살균처리가 안 된 맥주를 생맥주(Draft Beer)라고 부른다.

0104 / 0605

148 Repetitive Learning (1회 2회 3회)

생맥주(Draft Beer) 취급의 필수적인 요건이 아닌 것은?

① 냉장시설의 적정온도 유지
② 술통 속 맥주의 적정압력 유지
③ 쾌적한 실내 장식과 판매카운터
④ 선입선출에 의한 재고 순환

해설

• 생맥주의 저장 취급 3대 원칙은 적정온도, 적정압력, 선입선출이다.

정답 | 141 ③ 142 ① 143 ② 144 ④ 145 ④ 146 ② 147 ② 148 ③

0505 / 1002

149 Repetitive Learning 1회 2회 3회

생맥주 저장 취급의 3대 원칙이 아닌 것은?

① 적정온도　② 적정압력
③ 선입선출　④ 장기저장

해설
• 생맥주는 장기저장이 불가능한 맥주다.

0102 / 1005 / 1301

150 Repetitive Learning 1회 2회 3회

생맥주(Draft Beer) 취급요령 중 틀린 것은?

① 2~3℃의 온도를 유지할 수 있는 저장시설을 갖추어야 한다.
② 술통 속의 압력은 12~14 pound로 일정하게 유지해야 한다.
③ 신선도를 유지하기 위해 입고 순서와 관계없이 좋은 상태의 것을 먼저 사용한다.
④ 글라스에 서비스할 때 3~4℃정도의 온도가 유지되어야 한다.

해설
• 신선도를 유지하기 위해 입고 순서에 따라 출고되는 선입선출의 원칙을 준수한다.

0902 / 1201

151 Repetitive Learning 1회 2회 3회

맥주의 보관 · 유통 시 주의할 사항이 아닌 것은?

① 심한 진동을 가하지 않는다.
② 너무 차게 하지 않는다.
③ 햇볕에 노출시키지 않는다.
④ 장기 보관 시 맥주와 공기가 접촉되게 한다.

해설
• 맥주와 공기가 접촉되지 않도록 해야 한다.

0301 / 1601

152 Repetitive Learning 1회 2회 3회

맥주의 보관에 대한 내용으로 옳지 않은 것은?

① 장기 보관할수록 맛이 좋아진다.
② 맥주가 얼지 않도록 보관한다.
③ 직사광선을 피한다.
④ 적정온도(4~10℃)에 보관한다.

해설
• 맥주는 장기 보관해도 맛이 좋아지지 않는다.

0104 / 0401 / 0402

153 Repetitive Learning 1회 2회 3회

영업 준비 시 맥주 저장은 어디에 하는가?

① 싱크(sink)
② 아이스 빈(ice bin)
③ 냉장고(refrigerator)
④ 프리저(freezer)

해설
• 영업 준비 시 맥주와 잔은 냉장고(refrigerator)에 보관한다.

0805 / 1101

154 Repetitive Learning 1회 2회 3회

맥주의 관리방법으로 잘못된 것은?

① 맥주는 5~10℃의 냉장온도에서 보관하여야 한다.
② 장시간 보관 · 숙성시켜서 먹는 것이 좋다.
③ 병을 굴리거나 뒤집지 않는다.
④ 직사광선을 피해 그늘지고 어두운 곳에 보관하여야 한다.

해설
• 맥주 취급의 기본원칙은 선입선출이다. 따라서 장기간 보관하여 숙성시키지 않는다.

0601 / 1401 / 1501

155 Repetitive Learning 1회 2회 3회

증류주를 설명한 것 중 알맞은 것은?

① 과실이나 곡류 등을 발효시킨 후 열을 가하여 분리하는 것을 말한다.
② 과실의 향료를 혼합하여 향기와 감미를 첨가한 것을 말한다.
③ 주로 맥주, 와인, 양주 등을 말한다.
④ 탄산성 음료를 증류주라고 한다.

해설
• ②는 리큐르에 대한 설명이다.
• ③에서 맥주와 와인은 양조주이고, 일반적으로 부르는 양주는 증류주에 속한다.
• ④의 탄산성 음료는 비알코올성 음료 중 청량음료에 해당한다.

149 ④ 150 ③ 151 ④ 152 ① 153 ③ 154 ② 155 ① 정답

0103 / 0505

156 → Repetitive Learning (1회 2회 3회)

맥주(Beer) 저장 장소로 적절하지 않은 곳은?

① 저장실 온도가 20℃ 이상 유지되는 곳
② 통풍이 잘되고 건조한 장소
③ 직사광선이 들어오지 않는 곳
④ 온도 변화가 심하지 않는 곳

해설
- 저장실 온도는 5~10℃ 정도가 적절하다.

0904 / 1501 / 1205

157 → Repetitive Learning (1회 2회 3회)

Pilsner Glass에 대한 설명으로 옳은 것은?

① 브랜디를 마실 때 사용한다.
② 맥주를 따르면 기포가 올라와 거품이 유지된다.
③ 와인향을 즐기는 데 가장 적합하다.
④ 옆면이 둥글게 되어 있어 발레리나를 연상하게 하는 모양이다.

해설
- Pilsner Glass는 맥주를 마실 때 주로 사용한다.
- 주둥이에서 바닥으로 갈수록 점점 가늘어지는 모양이다.

0402 / 1505

158 → Repetitive Learning (1회 2회 3회)

맥주를 따를 때 글라스 위쪽에 생성된 거품의 작용과 가장 거리가 먼 것은?

① 탄산가스의 발산을 막아준다.
② 산화작용을 억제시킨다.
③ 맥주의 신선도를 유지시킨다.
④ 맥주 용량을 줄일 수 있다.

해설
- 거품과 맥주의 양은 크게 관련이 없다.

0201 / 0501 / 0602 / 0802 / 0805 / 0904 / 1002 / 1201 / 1205 / 1504

159 → Repetitive Learning (1회 2회 3회)

재고 관리상 쓰이는 FIFO란 용어의 뜻은?

① 정기구입 ② 선입선출
③ 임의불출 ④ 후입선출

해설
- 선입선출(FIFO)의 의미는 First In First Out이다.

0202 / 0401 / 0402 / 1002 / 1304

160 → Repetitive Learning (1회 2회 3회)

음료 저장관리방법 중 FIFO의 원칙에 적용될 수 있는 술은?

① 위스키 ② 맥주
③ 브랜디 ④ 포도주

해설
- 맥주는 유통기한이 있으므로 선입선출(FIFO)을 하는 것이 바람직하다.

0305 / 0705

161 → Repetitive Learning (1회 2회 3회)

First In First Out(FIFO)은 다음 중 무엇에 해당하는가?

① 매상관리방법 ② 칵테일 조주방법
③ 저장관리방법 ④ 노무관리방법

해설
- 선입선출(FIFO)의 의미는 First In First Out이다.

0205 / 0405 / 1301

162 → Repetitive Learning (1회 2회 3회)

저장관리원칙과 가장 거리가 먼 것은?

① 저장위치 표시 ② 분류저장
③ 품질보전 ④ 매상증진

해설
- ④대신 선입선출의 원칙과 공간활용의 원칙이 있다.

0801 / 1405

163 → Repetitive Learning (1회 2회 3회)

다음 증류주에 대한 설명으로 틀린 것은?

① Gin은 곡물을 발효 증류한 주정에 두송나무 열매를 첨가한 것이다.
② Tequila는 멕시코 원주민들이 즐겨 마시는 풀케(Pulque)를 증류한 것이다.
③ Vodka는 무색, 무취, 무미하며 러시아인들이 즐겨 마신다.
④ Rum의 주원료는 서인도제도에서 생산되는 자몽(grapefruit)이다.

해설
- Rum은 당밀이나 사탕수수의 즙을 발효하여 증류한 술이다.

정답 | 156 ① 157 ② 158 ④ 159 ② 160 ② 161 ③ 162 ④ 163 ④

0801 / 1005

164 Repetitive Learning (1회 2회 3회)

다음 중 증류주는?

① Bourbon ② Champagne
③ Beer ④ Wine

해설
• ②, ③, ④는 모두 양조주에 해당한다.
• 버번은 미국에서 옥수수로 만든 위스키이다.

0901 / 1405

165 Repetitive Learning (1회 2회 3회)

다음 중 증류주가 아닌 것은?

① Rum ② Malt whiskey
③ Brandy ④ Vermouth

해설
• 베르무트(Vermouth)는 이탈리아 주정강화와인으로 양조주에 해당한다.

0202 / 1304 / 1405

166 Repetitive Learning (1회 2회 3회)

다음 중 증류주가 아닌 것은?

① 보드카(vodka)
② 샴페인(champagne)
③ 진(gin)
④ 럼(rum)

해설
• ②는 와인의 한 종류로 양조주에 해당한다.

0202 / 1304

167 Repetitive Learning (1회 2회 3회)

저먼 진(German gin)이라고 일컬어지는 Spirits는?

① 아쿠아비트(Aquavit)
② 슈타인헤거(Steinhager)
③ 키르슈(Kirsch)
④ 후람보아즈(Framboise)

해설
• ①은 북유럽(스칸디나비아 반도 일대) 특산주로 생명수라는 뜻의 향이 나는 증류주이다.
• ③은 독일에서 버찌를 증류한 과일 브랜디이다.
• ④는 프랑스에서 산딸기로 만든 증류주이다.

0302 / 1101 / 1404

168 Repetitive Learning (1회 2회 3회)

다음 증류주 중에서 곡류의 전분을 원료로 하지 않는 것은?

① 진(Gin) ② 럼(Rum)
③ 보드카(Vodka) ④ 위스키(Whiskey)

해설
• 럼주(Rum)는 사탕수수에서 당밀을 발효시켜 만든다.

0905 / 1304

169 Repetitive Learning (1회 2회 3회)

단식 증류법(pot still)의 장점이 아닌 것은?

① 대량생산이 가능하다.
② 원료의 맛을 잘 살릴 수 있다.
③ 좋은 향을 잘 살릴 수 있다.
④ 시설비가 적게 든다.

해설
• 단식 증류법(pot still)은 대량생산이 불가능하지만 원료의 맛과 향을 살릴 수 있으며 시설비가 적게 든다는 장점이 있다.

0805 / 1402

170 Repetitive Learning (1회 2회 3회)

단식 증류기의 일반적인 특징이 아닌 것은?

① 원료 고유의 향을 잘 얻을 수 있다.
② 고급 증류주의 제조에 이용한다.
③ 적은 양을 빠른 시간에 증류하여 시간이 적게 걸린다.
④ 증류 시 알코올 도수를 80도 이하로 낮게 증류한다.

해설
• 단식 증류법(pot still)은 원료의 맛과 향을 살릴 수 있으며 시설비가 적게 든다는 장점이 있으나 속도가 느리다.

0201 / 0602

171 Repetitive Learning (1회 2회 3회)

살구의 냄새가 나는 달콤한 증류주는 어느 것인가?

① Apricot Brandy ② Anisette
③ Cherry Brandy ④ Amer

해설
• ②는 아니스 향이 나는 달콤한 증류주이다.
• ③은 체리를 주원료로 하여 향료를 침전시켜 만드는 리큐르이다.

164 ① 165 ④ 166 ② 167 ② 168 ② 169 ① 170 ③ 171 ① 정답

0602 / 1305 / 1501

172 Repetitive Learning (1회 2회 3회)

오렌지를 주원료로 만든 술이 아닌 것은?

① Triple Sec ② Tequila
③ Cointreau ④ Grand Marnier

해설
- ②는 멕시코의 용설란 수액을 발효시킨 것을 증류하여 만든 것이다.

1004 / 1601

173 Repetitive Learning (1회 2회 3회)

다음 중 연속식 증류주에 해당하는 것은?

① Pot still whiskey
② Malt whiskey
③ Cognac
④ Patent still whiskey

해설
- ①, ②, ③은 대량생산이 가능한 연속식 증류주보다 비싼 편이고, 법에 의해 단식 증류법으로 생산해야 하는 증류주이다.
- Patent still whiskey는 그레인 위스키 증류기(Coffey Still)와 동일한 의미다.

0602 / 1402

174 Repetitive Learning (1회 2회 3회)

아쿠아비트(Aquavit)에 대한 설명 중 틀린 것은?

① 감자를 당화시켜 연속 증류법으로 증류한다.
② 혼성주의 한 종류로 식후주에 적합하다.
③ 맥주와 곁들여 마시기도 한다.
④ 진(Gin)의 제조 방법과 비슷하다.

해설
- 아쿠아비트는 스칸디나비아 반도 일대에서 생산되는 향이 나는 증류주이다.

0801 / 1304

175 Repetitive Learning (1회 2회 3회)

Aquavit에 대한 설명으로 틀린 것은?

① 감자를 맥아로 당화시켜 발효하여 만든다.
② 알코올 농도는 40~45%이다.
③ 엷은 노란색을 띠는 것을 taffel이라고 한다.
④ 북유럽에서 만드는 증류주이다.

해설
- 투명한 아쿠아비트를 taffel이라고 한다.

1301 / 1602

176 Repetitive Learning (1회 2회 3회)

다음에서 설명하는 것은?

> – 북유럽 스칸디나비아 지방의 특산주로 어원은 '생명의 물'이라는 라틴어에서 온 말이다.
> – 제조과정은 먼저 감자를 익혀서 으깬 감자와 맥아를 당화, 발효시켜 증류시킨다.
> – 연속증류기로 95%의 고농도 알코올을 얻은 다음 물로 희석하고 회향초 씨나, 박하, 오렌지 껍질 등 여러 가지 종류의 허브로 향기를 착향시킨 술이다.

① 보드카(Vodka) ② 럼(Rum)
③ 아쿠아비트(Aquavit) ④ 브랜디(Brandy)

해설
- ①은 동유럽 원산의 증류주이다.
- ②는 사탕수수즙이나 당밀 등으로 발효 증류시킨 증류주로 달콤한 냄새와 특유의 맛을 갖고 있다.
- ④는 화이트 와인을 증류시켜 만든 증류주이다.

1204 / 1502

177 Repetitive Learning (1회 2회 3회)

보드카(Vodka)에 대한 설명 중 틀린 것은?

① 슬라브 민족의 국민주라고 할 수 있을 정도로 애음되는 술이다.
② 사탕수수를 주원료로 사용한다.
③ 무색(colorless), 무미(tasteless), 무취(odorless)이다.
④ 자작나무의 활성탄과 모래를 통과시켜 여과한 술이다.

해설
- 보드카의 주원료는 사탕수수가 아니라 감자 또는 각종 곡류나 옥수수를 바탕으로 한다.

0205 / 0701 / 1504

178 Repetitive Learning (1회 2회 3회)

럼(Rum)의 분류 중 틀린 것은?

① Light Rum ② Soft Rum
③ Heavy Rum ④ Medium Rum

해설
- 럼은 Light Rum, Medium Rum, Heavy Rum으로 분류한다.

정답 | 172 ② 173 ④ 174 ② 175 ③ 176 ③ 177 ② 178 ②

0602 / 0705 / 0902

179 Repetitive Learning 1회 2회 3회

Rum에 대한 설명으로 틀린 것은?

① 사탕수수를 압착하여 액을 얻는다.
② 해비럼(Heavy-rum)은 감미가 높다.
③ 효모를 첨가하여 만든다.
④ 감자로 만든 증류주이다.

해설

- ④는 보드카에 대한 설명이다.

1001 / 1601

180 Repetitive Learning 1회 2회 3회

담색 또는 무색으로 칵테일의 기본주로 사용되는 Rum은?

① Heavy Rum ② Medium Rum
③ Light Rum ④ Jamaica Rum

해설

- ①은 감미가 강하고 짙은 갈색이다. 자연발효로 만들어지며 자메이카산이 유명하다.
- ②는 감미가 강하지 않으면서 색도 연한 갈색이다.
- 럼은 Light Rum, Medium Rum, Heavy Rum으로 분류한다.

1001 / 0501 / 0701 / 1202

181 Repetitive Learning 1회 2회 3회

다음 중 Rum의 원산지는?

① 러시아 ② 카리브해 서인도제도
③ 북미지역 ④ 아프리카지역

해설

- 럼은 카리브해 서인도제도에서 사탕수수 또는 당밀을 원료로 만든 증류주이다.

1302 / 1602

182 Repetitive Learning 1회 2회 3회

다음 ( ) 안에 알맞은 것은?

> ( ) is distilled spirits from the fermented juice of sugarcane or other sugarcane by-products.

① Whiskey ② Vodka
③ Gin ④ Rum

해설

- 사탕수수 또는 사탕수수의 부산물에서 증류된 증류주는 럼이다.
- ①은 맥아 및 곡류를 당화발효시킨 발효주를 증류하여 만든 술로 단맛과 함께 다양한 향을 내는 술이다.
- ②는 곡류와 감자 증류액을 숯과 모래에 여과하여 정제한 술이다.
- ③은 호밀 등을 원료로 하고 두송자로 독특한 향기를 내는 무색투명한 술이다.

0104 / 1301

183 Repetitive Learning 1회 2회 3회

럼(Rum)의 주원료는?

① 대맥(Rye)과 보리(Barley)
② 사탕수수(Sugar cane)와 당밀(Molasses)
③ 꿀(Honey)
④ 쌀(Rice)과 옥수수(Corn)

해설

- 럼은 카리브해 서인도제도에서 사탕수수 또는 당밀을 원료로 만든 증류주이다.
- ①은 맥주의 주원료이다.

1205 / 1604

184 Repetitive Learning 1회 2회 3회

일반적으로 단식 증류기(Pot Still)로 증류하는 것은?

① Kentucky Straight Bourbon whiskey
② Grain whiskey
③ Dark Rum
④ Aquavit

해설

- 럼은 증류주이며 무색 또는 빛깔이 연한 것을 화이트럼이라고 부르며 진하면 다크럼이라고 부른다. 다크럼은 헤비럼으로 단식 증류기로 만든다.

0405 / 0705

185 Repetitive Learning 1회 2회 3회

Tequila의 원산지는 어느 나라인가?

① 영국 ② 멕시코
③ 프랑스 ④ 이탈리아

해설

- Tequila의 원산지는 멕시코다.

179 ④ 180 ③ 181 ② 182 ④ 183 ② 184 ③ 185 ② 정답

1001 / 0802

186 Repetitive Learning 1회 2회 3회

다음 중 Tequila와 관계가 없는 것은?

① 용설란 ② 풀케
③ 멕시코 ④ 사탕수수

해설
- ④는 럼(Rum)과 관련있다.

0705 / 0205 / 0601 / 1002 / 1302

187 Repetitive Learning 1회 2회 3회

풀케(Pulque)를 증류해서 만든 술은?

① Rum ② Vodka
③ Tequila ④ Aquavit

해설
- 풀케(pulque)란 아가베(Agave)라는 용설란으로 만든 멕시코산 토속주이다.
- ①은 카리브해 서인도제도에서 사탕수수 또는 당밀을 원료로 만든 증류주이다.
- ②는 곡류와 감자가 원료인 러시아의 대표적인 증류주다.
- ④는 북유럽(스칸디나비아 반도 일대) 특산주로 감자와 맥아를 주원료로 다양한 허브로 향기를 내는 증류주이다.

1102 / 1402

188 Repetitive Learning 1회 2회 3회

테킬라에 대한 설명으로 맞게 연결된 것은?

- 최초의 원산지는 (㉠)로서 이 나라의 특산주이다.
- 원료는 백합과의 (㉡)인데 이 식물에는 (㉢)이라는 전분과 비슷한 물질이 함유되어 있다.

① ㉠ 멕시코, ㉡ 풀케(Pulque), ㉢ 루플린
② ㉠ 멕시코, ㉡ 아가베(Agave), ㉢ 이눌린
③ ㉠ 스페인, ㉡ 아가베(Agave), ㉢ 루플린
④ ㉠ 스페인, ㉡ 풀케(Pulque), ㉢ 이눌린

해설
- 테킬라의 최초 원산지는 멕시코이며 아가베에 함유된 과당의 일종인 이눌린을 발효한 발효주가 풀케다.

0103 / 0605 / 0904

189 Repetitive Learning 1회 2회 3회

다음 중 멕시코산 증류주는?

① Cognac ② Johnnie walker
③ Tequila ④ Cutty Sark

해설
- 멕시코산 증류주는 테킬라(Tequila)이다.

0401 / 1002

190 Repetitive Learning 1회 2회 3회

다음 중 테킬라의 주원료는?

① 아가베 ② 포도
③ 옥수수 ④ 호밀

해설
- 용설란(Agave)을 아가베라고 부르는데, 이에 함유된 과당의 일종인 이눌린을 발효한 발효주가 풀케이며 증류하면 테킬라가 된다.

0701 / 1602

191 Repetitive Learning 1회 2회 3회

다음 중 테킬라(Tequila)가 아닌 것은?

① Cuervo ② El Toro
③ Sambuca ④ Sauza

해설
- ③은 테킬라가 아니라 프랑스의 리큐르이다.

0801 / 1205 / 1604

192 Repetitive Learning 1회 2회 3회

Which one is the spirit made from agave?

① Tequila ② Rum
③ Vodka ④ Gin

해설
- 용설란(Agave)을 아가베라고 부르는데, 이에 함유된 과당의 일종인 이눌린을 발효한 발효주가 풀케이며 증류하면 테킬라가 된다.

0401 / 1402

193 Repetitive Learning 1회 2회 3회

진(Gin)이 제일 처음 만들어진 나라는?

① 프랑스 ② 네덜란드
③ 영국 ④ 덴마크

해설
- 진(Gin)은 네덜란드에서 약용으로 쓰이면서 처음 만들어졌다.

정답 | 186 ④ 187 ③ 188 ② 189 ③ 190 ① 191 ③ 192 ① 193 ②

1004 / 1304

194 Repetitive Learning 1회 2회 3회

프리미엄 테킬라의 원료는?

① 아가베 아메리카나
② 아가베 아즐 테킬라나
③ 아가베 시럽
④ 아가베 아트로비렌스

해설

• 아가베 아메리카나(Agave Americana), 아가베 아즐 테킬라나(Agave Azul Tequilana), 아가베 아트로비렌스(Agave Atroviren) 중에서도 테킬라의 원료가 되는 아가베는 Agave Azul Tequilana이며 일반적으로 블루 아가베(blue Agave)라고 불린다.

0602 / 0904 / 1504

195 Repetitive Learning 1회 2회 3회

Gin에 대한 설명으로 틀린 것은?

① 대맥, 호밀, 옥수수 등 곡물을 주원료로 한다.
② 무색투명한 증류주이다.
③ 활성탄 여과법으로 맛을 낸다.
④ Juniper berry를 사용하여 착향시킨다.

해설

• ③은 보드카의 제조법이다.

0702 / 1102 / 1305

196 Repetitive Learning 1회 2회 3회

Gin에 대한 설명으로 틀린 것은?

① 저장, 숙성을 하지 않는다.
② '생명의 물'이라는 뜻이다.
③ 무색투명하고 산뜻한 맛이다.
④ 알코올 농도는 40~50% 정도이다.

해설

• ②는 위스키, 브랜디, 보드카, 아쿠아비트 등을 지칭하는 용어로 사용되었었다.

0102 / 1205

197 Repetitive Learning 1회 2회 3회

'생명의 물'이라고 지칭되었던 술이 아닌 것은?

① 위스키 ② 브랜디
③ 보드카 ④ 진

해설

• 생명의 물로 지칭된 것은 위스키, 브랜디, 보드카, 아쿠아비트 등이다.

0801 / 1004

198 Repetitive Learning 1회 2회 3회

Which one is basic liqueur among the cocktail name which containing 'Alexander'?

① Gin ② Vodka
③ Whiskey ④ Rum

해설

• 알렉산더(Alexander)의 베이스는 진(Gin)이지만 Brandy를 베이스로 한 브랜디 알렉산더(Brandy Alexander)도 있다.

0805 / 1001 / 1505

199 Repetitive Learning 1회 2회 3회

두송자를 첨가하여 풍미가 나게 하는 술은?

① Gin ② Rum
③ Vodka ④ Tequila

해설

• 주니퍼 베리는 두송 열매를 뜻한다.

0205 / 0501

200 Repetitive Learning 1회 2회 3회

주니퍼 베리(Juniper Berry)를 넣은 술은 무엇인가?

① Irish whiskey ② Gin
③ American whiskey ④ Vodka

해설

• 주니퍼 베리는 두송 열매를 뜻한다.

0501 / 1401

201 Repetitive Learning 1회 2회 3회

다음 ( )에 알맞은 단어는?

> Dry gin merely signifies that the gin lacks ( ).

① sweetness ② sourness
③ bitterness ④ hotness

해설

• 드라이 진은 단지 진이 단맛이 부족하다는 것을 의미한다.

194 ② 195 ③ 196 ② 197 ④ 198 ① 199 ① 200 ② 201 ① | 정답

0904 / 1204 / 1601

202 Repetitive Learning (1회 2회 3회)

다음 ( ) 안에 알맞은 것은?

( ) must have juniper berry flavor and can be made either by distillation or re-distillation.

① Whiskey ② Rum
③ Tequila ④ Gin

해설
- 주니퍼 베리 향을 내야하며 증류되거나 재련하여 만들어진 것은 진이다.
- ①은 맥아 및 곡류를 당화발효시킨 발효주를 증류하여 만든 술로 단맛과 함께 다양한 향을 내는 술이다.
- ②는 사탕수수즙이나 당밀 등으로 발효 증류시킨 증류주로 달콤한 냄새와 특유의 맛을 갖고 있다.
- ③은 용설란으로 만들어 용설란 특유의 향과 달콤한 맛을 가진 멕시코 술이다.

0102 / 0605 / 1005 / 1205

203 Repetitive Learning (1회 2회 3회)

곡물(Grain)을 원료로 만든 무색투명한 증류주에 두송자(Juniper berry)의 향을 착미시킨 술은?

① Tequila ② Rum
③ Vodka ④ Gin

해설
- ①은 용설란으로 만들어 용설란 특유의 향과 달콤한 맛을 가진 멕시코 술이다.
- ②는 사탕수수즙이나 당밀 등으로 발효 증류시킨 증류주로 달콤한 냄새와 특유의 맛을 갖고 있다.
- ③은 곡류와 감자 증류액을 숯과 모래에 여과하여 정제한 술이다.

0301 / 0101 / 0904

204 Repetitive Learning (1회 2회 3회)

sloe gin에 대한 설명 중 옳은 것은?

① 리큐르의 일종이며 gin의 종류이다.
② 오얏나무 열매성분을 gin에 첨가한 것이다.
③ vodka에 그레나딘 시럽을 첨가한 것이다.
④ 아주 천천히 분위기 있게 먹는 칵테일이다.

해설
- 슬로 진(sloe gin)은 자두의 일종인 sloe berry(오얏나무 열매성분)를 진에 넣어 만든 리큐르다.

0701 / 1302

205 Repetitive Learning (1회 2회 3회)

whiskey에 대한 설명 중 틀린 것은?

① 어원은 'aqua vitae'가 변한 말로 '생명의 물'이란 뜻이다.
② 등급은 V.O, V.S.O.P, X.O 등으로 나누어진다.
③ Canadian whiskey에는 Canadian Club, Seagram's V.O, Crown Royal 등이 있다.
④ 증류 방법은 Pot Still과 Patent Still이다.

해설
- 위스키는 저장년도에 따라 VS, VO, VSO, VSOP, XO 등으로 나뉜다.

0501 / 0601 / 1005 / 1202 / 1204 / 1405 / 1601

206 Repetitive Learning (1회 2회 3회)

세계 4대 위스키가 아닌 것은?

① Scotch whiskey
② American whiskey
③ Canadian whiskey
④ Japanese whiskey

해설
- ④는 최근에 5대 위스키로 포함되고 있다. 4대 위스키에는 아이리시 위스키가 포함되어야 한다.

0102 / 1504

207 Repetitive Learning (1회 2회 3회)

위스키의 종류 중 증류방법에 의한 분류는?

① malt whiskey ② grain whiskey
③ blended whiskey ④ patent whiskey

해설
- ④는 연속식 증류 위스키를 의미한다.
- ①, ②, ③은 모두 원료에 따른 분류에 해당한다.

0904 / 1604

208 Repetitive Learning (1회 2회 3회)

whiskey의 재료가 아닌 것은?

① 맥아 ② 보리
③ 호밀 ④ 감자

해설
- 감자를 주원료로 하여 만든 증류주는 보드카다.

정답 | 202 ④ 203 ④ 204 ② 205 ② 206 ④ 207 ④ 208 ④

1001 / 1304 / 1505

209 Repetitive Learning (1회 2회 3회)

다음의 ( ) 안에 들어갈 적절한 것은?

( ) whiskey is a whiskey which is distilled and produced at just one particular distillery. ( )s are made entirely from one type of malted grain, traditionally barley, which is cultivated in the region of the distillery.

① Grain ② Blended
③ Single malt ④ Bourbon

해설
- 싱글 몰트 위스키는 증류되고 특정 증류주 양조장에서 생산된 위스키이다. 싱글 몰트 위스키는 전적으로 한 종류의 맥아, 전통적으로 보리로부터 만들어지는데, 이는 양조장 지역에서 재배된다.

0402 / 0805 / 1205 / 1601

210 Repetitive Learning (1회 2회 3회)

Malt whiskey를 바르게 설명한 것은?

① 대량의 양조주를 연속식으로 증류해서 만든 위스키
② 단식 증류기를 사용하여 2회의 증류과정을 거쳐 만든 위스키
③ 피트탄(peat, 석탄)으로 건조한 맥아의 당액을 발효해서 증류한 피트향과 통의 향이 배인 독특한 맛의 위스키
④ 옥수수를 원료로 대맥의 맥아를 사용하여 당화시켜 개량솥으로 증류한 고농도 알코올의 위스키

해설
- ①은 Patent 위스키에 대한 설명이다.
- ②는 Single 혹은 Pot still 위스키에 대한 설명이다.
- ④는 Bourbon 위스키에 대한 설명이다.

0805 / 1304

211 Repetitive Learning (1회 2회 3회)

Straight whiskey에 대한 설명으로 틀린 것은?

① 스코틀랜드에서 생산되는 위스키이다.
② 버번위스키, 콘 위스키 등이 이에 속한다.
③ 원료곡물 중 한 가지를 51% 이상 사용해야 한다.
④ 오크통에서 2년 이상 숙성시켜야 한다.

해설
- 스트레이트 위스키는 주로 아메리칸 위스키를 말한다.

0705 / 0905 / 1504

212 Repetitive Learning (1회 2회 3회)

grain whiskey에 대한 설명으로 옳은 것은?

① silent spirit라고도 불린다.
② 발아시킨 보리를 원료로 해서 만든다.
③ 향이 강하다.
④ Andrew Usher에 의해 개발되었다.

해설
- ②와 ③은 몰트 위스키에 대한 설명이다.
- ④는 블렌디드 위스키에 대한 설명이다.

0605 / 0802 / 0905 / 1201

213 Repetitive Learning (1회 2회 3회)

다음 중 연속식 증류(patent still)법으로 증류하는 위스키는?

① Irish whiskey ② Blended whiskey
③ Malt whiskey ④ Grain whiskey

해설
- Grain whiskey는 맥아 이외의 곡류(보리, 호밀, 밀, 옥수수 등)에 맥아를 혼합하여 당화, 발효한 후 연속식 증류법(patent still)으로 증류한 위스키를 말한다.

0902 / 1104

214 Repetitive Learning (1회 2회 3회)

Straight Bourbon whiskey의 기준으로 틀린 것은?

① Produced in the USA
② Distilled at less than 160 proof(80% ABV)
③ No additives allowed(except water to reduce proof where necessary)
④ Made of a grain mix of at maximum 51%

해설
- Straight Bourbon whiskey는 51% 이상의 옥수수를 원료로 하여야 한다.

0301 / 0501 / 1101 / 1601

215 Repetitive Learning (1회 2회 3회)

리큐르(liqueur) 중 베일리스가 생산되는 곳은?

① 스코틀랜드 ② 아일랜드
③ 잉글랜드 ④ 뉴질랜드

해설
- 아일랜드(Ireland)에서 베일리스(Bailey's)가 비롯되었다.

209 ③ 210 ③ 211 ① 212 ① 213 ④ 214 ④ 215 ② | 정답

1001 / 1301

216 Repetitive Learning (1회 2회 3회)

블렌디드(Blended) 위스키가 아닌 것은?

① Chivas Regal 18년 ② Glenfiddich 15년
③ Royal Salute 21년 ④ Dimple 12년

해설

• 글렌피딕 15년(Glenfiddich 15years old)은 영국 스코틀랜드의 프리미엄 싱글 몰트 위스키이다.

0901 / 1302

217 Repetitive Learning (1회 2회 3회)

Malt whiskey의 제조순서를 바르게 나열한 것은?

1. 보리(2조 보리)	2. 침맥
3. 건조(피트)	4. 분쇄
5. 당화	6. 발효
7. 증류(단식증류)	8. 숙성
9. 병입	

① 1-2-3-4-5-6-7-8-9
② 1-3-2-4-5-6-7-8-9
③ 1-3-2-4-6-5-7-8-9
④ 1-2-3-4-6-5-7-8-9

해설

• 싱글 몰트 위스키(Single Malt whiskey)는 하나의 곡물(보리나 호밀)을 이용하여 주조된 한 군데의 주조장에서 만든 위스키를 의미한다.

0201 / 0904

218 Repetitive Learning (1회 2회 3회)

whiskey의 주문, 서빙 방법으로 적합하지 않은 것은?

① 상표선택은 관리인이나 지배인의 추천에 의해 인기 있는 상표를 선택한다.
② 상표가 다른 위스키를 섞어서 사용하는 것은 절대 금한다.
③ 고객의 기호와 회사의 이익을 고려하여 위스키를 선택한다.
④ 특정한 상표를 지정하여 주문한 위스키가 없을 때는 그것과 유사한 위스키로 대체한다.

해설

• 특정한 상표를 지정하여 주문한 위스키가 없을 때 유사한 위스키로 대치해서는 안 된다.

0104 / 0302 / 0401 / 0502 / 0801 / 1201 / 1504

219 Repetitive Learning (1회 2회 3회)

위스키(whiskey)를 만드는 과정이 옳게 배열된 것은?

① mashing-fermentation-distillation-aging
② fermentation-mashing-distillation-aging
③ aging-fermentation-distillation-mashing
④ distillation-fermentation-mashing-aging

해설

• mashing은 담금과정으로 밀 등의 곡물을 물과 결합한 다음 가열하는 과정으로 위스키 제조순서의 가장 첫 번째 단계이다.

0302 / 0802 / 1102

220 Repetitive Learning (1회 2회 3회)

일반적으로 Old fashioned glass를 가장 많이 사용해서 마시는 것은?

① Whiskey ② Beer
③ Champagne ④ Red Eye

해설

• Old fashioned glass로 마시는 술은 위스키(Whiskey)다.

1001 / 1202 / 1601

221 Repetitive Learning (1회 2회 3회)

Irish whiskey에 대한 설명으로 틀린 것은?

① 깊고 진한 맛과 향을 지닌 몰트 위스키도 포함된다.
② 피트훈연을 하지 않아 향이 깨끗하고 맛이 부드럽다.
③ 스카치 위스키와 제조과정이 동일하다.
④ John Jameson, Old Bushmills가 대표적이다.

해설

• 아이리쉬 위스키는 2번 증류하는 스카치 위스키와 다르게 대형의 단식 증류기를 이용하여 총 3번 증류한다.

0405 / 1204 / 1504

222 Repetitive Learning (1회 2회 3회)

Which is not scotch whiskey?

① Bourbon ② Ballantine
③ Cutty sark ④ V.A.T.69

해설

• ①은 옥수수(Corn)를 51% 이상 사용하는 아메리칸 위스키이다.

정답 | 216 ② 217 ① 218 ④ 219 ① 220 ① 221 ③ 222 ①

0702 / 1004

223 Repetitive Learning 1회 2회 3회

( ) 안에 알맞은 것은?

> For spirits, the alcohol content is expressed in terms of proof, which is twice the percentage figure. Thus a 100–proof whiskey is (   ) percent alcohol by volume.

① 100 ② 50
③ 75 ④ 25

해설
- 알코올 성분은 알코올 함량이 proof 값으로 제시되며, 이는 백분율 수치의 두 배이다. 따라서 100 proof 위스키는 알코올 도수로 50도이다.

1101 / 1402

224 Repetitive Learning 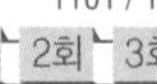

Which of the following is not Scotch whiskey?

① Cutty Sark ② White Horse
③ John Jameson ④ Royal Salute

해설
- 존 제임슨(John Jameson)은 아이리시 위스키의 대표적인 브랜드이다.

1302 / 1401 / 1602

225 Repetitive Learning 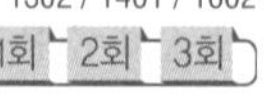

다음 중 스카치 위스키(Scotch whiskey)가 아닌 것은?

① Crown Royal ② White Horse
③ Johnnie Walker ④ Chivas Regal

해설
- ①은 캐나디안 위스키이며 숙성향이 풍부한 것이 특징이다.

0102 / 0502 / 1102

226 Repetitive Learning 

스카치 위스키의 주원료는?

① 호밀 ② 옥수수
③ 보리 ④ 감자

해설
- 스카치 위스키는 스코틀랜드에서 제조되는 위스키의 총칭이며 주원료는 보리이다.

1205 / 1505

227 Repetitive Learning 1회 2회 3회

스카치 위스키(Scotch whiskey)와 가장 거리가 먼 것은?

① Malt
② Peat
③ Used sherry Cask
④ Used Limousin Oak Cask

해설
- ④는 꼬냑에서 주로 사용되는 숙성방법이다.

0301 / 1002 / 1302

228 Repetitive Learning 1회 2회 3회

Jack Daniel's와 Bourbon whiskey의 차이점은?

① 옥수수의 사용 여부
② 단풍나무 숯을 이용한 여과 과정의 유무
③ 내부를 불로 그을린 오크통에서 숙성시키는지의 여부
④ 미국에서 생산되는지의 여부

해설
- 테네시에서 생산되는 잭 다니엘(Jack Daniel's) 위스키는 숙성되기 전 나무통에서 단풍나무 숯으로 걸러지지만 버번 위스키의 한 종류이다.

0201 / 0405 / 0605 / 0901

229 Repetitive Learning 1회 2회 3회

일반적으로 Bourbon whiskey를 주조할 때 약 몇 %의 어떤 곡물이 사용되는가?

① 50% 이상의 호밀 ② 40% 이상의 감자
③ 51% 이상의 옥수수 ④ 40% 이상의 보리

해설
- 버번위스키(Bourbon whiskey)는 Corn이 51% 이상 사용된다.

0202 / 1204 / 1504

230 Repetitive Learning 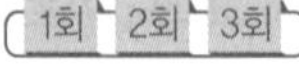

다음 중 버번위스키가 아닌 것은?

① Jim Beam ② Jack Daniel
③ Wild Turkey ④ John Jameson

해설
- ④는 아이리시 위스키의 베스트셀러 브랜드다.

223 ② 224 ③ 225 ① 226 ③ 227 ④ 228 ② 229 ③ 230 ④ 정답

0602 / 1001 / 1601

231 Repetitive Learning (1회 2회 3회)

옥수수를 51% 이상 사용하고 연속식 증류기로 알코올 농도 40% 이상 80% 미만으로 증류하는 위스키는?

① Scotch whiskey ② Bourbon whiskey
③ Irish whiskey ④ Canadian whiskey

해설
- 버번위스키(Bourbon whiskey)는 Corn이 51% 이상 사용된다.

0104 / 1102 / 1304

232 Repetitive Learning (1회 2회 3회)

다음 중 버번위스키(bourbon whiskey)는?

① Ballantine's ② I. W. Harper's
③ Lord Calvert ④ Old Bushmills

해설
- ①은 스카치 위스키이다.
- ③은 캐나디안 위스키이다.
- ④는 아이리시 위스키이다.

0205 / 0501

233 Repetitive Learning (1회 2회 3회)

버번(Bourbon)위스키는 어느 나라의 술인가?

① 영국 ② 프랑스
③ 미국 ④ 캐나다

해설
- 버번(Bourbon)위스키는 옥수수(Corn)를 51% 이상 사용하는 아메리칸 위스키이다.

0305 / 1201

234 Repetitive Learning (1회 2회 3회)

Which of the following is made from grape?

① Calvados ② Rum
③ Gin ④ Brandy

해설
- ①은 프랑스 노르망디(Normandie)에서 생산된 사과 브랜디를 뜻한다.
- ②는 당밀이나 사탕수수의 즙을 발효하여 증류한 술이다.
- ③은 주니퍼 베리(juniper berry)로 만들어졌으며 무색투명한 증류주이다.

0701 / 0905 / 1301 / 1602

235 Repetitive Learning (1회 2회 3회)

다음 중 아메리칸 위스키(American whiskey)가 아닌 것은?

① Jim Beam ② Wild whiskey
③ John Jameson ④ Jack Daniel

해설
- ③은 아이리시 위스키의 베스트셀러 브랜드다.

0902 / 1201

236 Repetitive Learning (1회 2회 3회)

오드 비(Eau-de-Vie)와 관련 있는 것은?

① Tequila ② Grappa
③ Gin ④ Brandy

해설
- ①은 멕시코 원주민들이 즐겨 마시는 풀케(Pulque)를 증류한 술이다.
- ②는 와인을 만들고 난 포도 부산물로 만든 이탈리아의 브랜디로 증류주이다.
- ③은 주니퍼 베리(juniper berry)로 만들어졌으며 무색투명한 증류주이다.

1001 / 1401

237 Repetitive Learning (1회 2회 3회)

브랜디의 제조순서로 옳은 것은?

① 양조작업－저장－혼합－증류－숙성－병입
② 양조작업－증류－저장－혼합－숙성－병입
③ 양조작업－숙성－저장－혼합－증류－병입
④ 양소삭업－증류－숙성－저장－혼합－병입

해설
- 브랜디는 양조작업－증류－저장－혼합－숙성－병입 순으로 제조한다.

0302 / 1601

238 Repetitive Learning (1회 2회 3회)

칼바도스(Calvados)는 보관온도상 다음 품목 중 어떤 것과 같이 두어도 좋은가?

① 백포도주 ② 샴페인
③ 생맥주 ④ 꼬냑

해설
- 꼬냑과 칼바도스 둘 다 도수가 높으므로 실온에서 보관한다.

정답 | 231 ② 232 ② 233 ③ 234 ④ 235 ③ 236 ④ 237 ② 238 ④

0705 / 1104

239 Repetitive Learning 1회 2회 3회

다음 ( ) 안에 알맞은 것은?

> (   ) is distilled from fermented fruit, sometimes aged in oak casks, and usually bottled at 80 proof.

① Vodka ② Brandy
③ whiskey ④ Dry gin

해설
- ①은 곡류와 감자가 원료인 러시아의 대표적인 증류주다.
- ③은 보리, 밀, 옥수수 등의 곡류를 증류해서 만든 술이다.
- ④는 리큐르인 베르무트를 섞어 만든 칵테일로 마티니나 진토닉을 만들 때 사용한다.
- 발효 과일에서 증류되면서 오크통에서 숙성하기도 하며, 보통 80 proof로 병입하는 것은 브랜디이다.

1205 / 1604

240 Repetitive Learning 1회 2회 3회

브랜디에 대한 설명으로 가장 거리가 먼 것은?

① 포도 또는 과실을 발효하여 증류한 술이다.
② 꼬냑 브랜디에 처음으로 별표의 기호를 도입한 것은 1865년 헤네시(Hennessy)사에 의해서이다.
③ Brandy는 저장기간을 부호로 표시하며 그 부호가 나타내는 저장기간은 법적으로 정해져 있다.
④ 브랜디의 증류는 와인을 2~3회 단식 증류기(Pot Still)로 증류한다.

해설
- 브랜디의 등급표시는 법적으로 정해져 있지 않다. 따라서 공통된 문자나 부호를 사용하는 것이 아니다.

1004 / 1301 / 1601

241 Repetitive Learning 1회 2회 3회

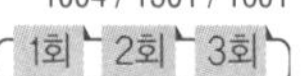

브랜디의 제조공정에서 증류한 브랜디를 열탕 소독한 White oak Barrel에 담기 전에 무엇을 채워 유해한 색소나 이물질을 제거하는가?

① Beer ② Gin
③ Red Wine ④ White Wine

해설
- White Wine을 술통에 채워넣어 유해한 물질을 제거하고 쏟아낸 후 브랜디를 보관한다.

0205 / 1401

242 Repetitive Learning 1회 2회 3회

다음 음료 중 냉장 보관이 필요 없는 것은?

① White Wine ② Dry Sherry
③ Beer ④ Brandy

해설
- Brandy는 냉장 보관이 필수가 아니다. 와인을 증류한 증류주이므로 알코올 도수가 높아서 따로 냉장 보관을 하지 않아도 된다.

0601 / 1004

243 Repetitive Learning 1회 2회 3회

사과를 주원료로 해서 만들어지는 브랜디는?

① Kirsch ② Calvados
③ Campari ④ Framboise

해설
- ①은 체리를 증류시킨 오드비이다.
- ③은 이탈리아 쓴맛의 리큐르(Liqueur)이다.
- ④는 로즈베리를 증류시킨 오드비이다.

0101 / 0402 / 0601 / 0802 / 1602

244 Repetitive Learning 1회 2회 3회

프랑스에서 생산되는 칼바도스(Calvados)는 어느 종류에 속하는가?

① 브랜디(Brandy) ② 진(Gin)
③ 와인(Wine) ④ 위스키(Whiskey)

해설
- 칼바도스(Calvados)는 프랑스 노르망디(Normandie)에서 생산된 사과 브랜디를 뜻한다.

0605 / 1205

245 Repetitive Learning 1회 2회 3회

브랜디 글라스(Brandy Glass)에 대한 설명 중 틀린 것은?

① 튤립형의 글라스이다.
② 향이 잔속에서 휘감기는 특징이 있다.
③ 글라스를 예열하여 따뜻한 상태로 사용한다.
④ 브랜디는 글라스에 가득 채워 따른다.

해설
- 글라스 안에 브랜디의 숙성된 향기가 맴돌 수 있도록 한잔 1oz(30mL)로 브랜디를 제공하는 것이 바람직하다.

239 ② 240 ③ 241 ④ 242 ④ 243 ② 244 ① 245 ④ 정답

0901 / 1401

246 Repetitive Learning 1회 2회 3회

브랜디 글라스(Brandy Glass)에 대한 설명으로 틀린 것은?

① 꼬냑 등을 마실 때 사용하는 튤립형의 글라스이다.
② 향을 잘 느낄 수 있도록 만들어졌다.
③ 기둥이 긴 것으로 윗부분이 넓다.
④ 스니프터(snifter)라고도 하며 밑이 넓고 위는 좁다.

해설
- 브랜디 글라스는 와인 글라스처럼 튤립 모양이지만 입구가 더 좁고 배 모양을 하고 있어서 향을 오래 간직할 수 있다.

0101 / 0502

247 Repetitive Learning 1회 2회 3회

Snifter에는 일반적으로 어떤 음료를 제공하는 것이 가장 좋은가?

① Soft Drink ② Cocktail Drink
③ Mixed Drink ④ Armagnac 종류

해설
- 스니프터(Snifter)는 Brandy의 술잔이고, 아르마냑(Armagnac)은 프랑스산 브랜디의 일종이다.

0301 / 0501

248 Repetitive Learning 1회 2회 3회

브랜디의 숙성정도의 표시와 그 약자가 바르게 연결되지 않은 것은?

① V−Very ② P−Pale
③ S−Special ④ X−Extra

해설
- S는 Superior이라는 의미다.

0101 / 0802

249 Repetitive Learning 1회 2회 3회

다음 중 Brandy의 숙성 연수가 가장 긴 것은?

① V.O ② V.S.O
③ V.S.O.P ④ X.O

해설
- 브랜디(Brandy)에서 3 Star은 5년, VO가 10년, VSO가 20년, VSOP는 30년, X·O와 Napoleon은 45년 이상, EXTRA는 75년 이상이다.

0104 / 0901

250 Repetitive Learning 1회 2회 3회

Brandy의 등급을 나타내는 V.S.O.P의 약자는?

① Very Superior Old Passion
② Very Superior Old pale
③ Verse Superior Old pale
④ Verse Special Old Passion

해설
- Brandy의 등급으로 VSOP(Very Superior Old Pale)는 30년동안 숙성되었다는 것을 의미한다.

0302 / 0902 / 1102 / 1304

251 Repetitive Learning 1회 2회 3회

가장 오랫동안 숙성한 브랜디(Brandy)는?

① V.O. ② V.S.O.P
③ X.O. ④ EXTRA

해설
- 브랜디(Brandy)에서 3 Star은 5년, VO가 10년, VSO가 20년, VSOP는 30년, X·O와 Napoleon은 45년 이상, EXTRA는 75년 이상이다.

0905 / 1601

252 Repetitive Learning 1회 2회 3회

헤네시의 등급 규격으로 틀린 것은?

① EXTRA : 15~25년
② V.O : 15년
③ X.O : 45년 이상
④ V.S.O.P : 20~30년

해설
- 브랜디(Brandy)에서 3 Star은 5년, VO가 10년, VSO가 20년, VSOP는 30년, X·O와 Napoleon은 45년 이상, EXTRA는 75년 이상이다.

0305 / 0602 / 0701 / 0901 / 1404

253 Repetitive Learning 1회 2회 3회

꼬냑은 무엇으로 만든 술인가?

① 보리 ② 옥수수
③ 포도 ④ 감자

해설
- ①과 ②를 주원료로 만든 술은 위스키이다.
- ④를 주원료로 만든 술은 보드카다.

정답 | 246 ③ 247 ④ 248 ③ 249 ④ 250 ② 251 ④ 252 ① 253 ③

0605 / 1101

254 Repetitive Learning (1회 2회 3회)

브랜디와 꼬냑에 대한 설명으로 틀린 것은?

① 모든 꼬냑은 브랜디에 속한다.
② 모든 브랜디는 꼬냑에 속한다.
③ 꼬냑비장에서 생산되는 브랜디만이 꼬냑이다.
④ 꼬냑은 포도를 주재료로 한 증류주의 일종이다.

해설

- 모든 브랜디가 꼬냑은 아니지만 꼬냑은 모두 브랜디에 속한다.

0801 / 1501

255 Repetitive Learning (1회 2회 3회)

다음 중 Cognac지방의 Brandy가 아닌 것은?

① Remy Martin ② Hennessy
③ Chabot ④ Hine

해설

- 샤보(Chabot)는 프랑스의 브랜디이며 아르마냑 지방이 산지다.

0902 / 1405

256 Repetitive Learning (1회 2회 3회)

When do you usually serve Cognac?

① Before the meal ② After meal
③ During the meal ④ With the soup

해설

- 일반적으로 꼬냑은 식후에 제공된다.

0301 / 0401 / 1002 / 1201 / 1405

257 Repetitive Learning (1회 2회 3회)

다음 중 나머지 셋과 성격이 다른 것은?

A. Cherry brandy	B. Peach brandy
C. Hennessy brandy	D. Apricot brandy

① A ② B
③ C ④ D

해설

- A, B, D는 모두 리큐르이다.
- C는 브랜디의 한 종류인 꼬냑의 대표 브랜드이다.

1001 / 1402

258 Repetitive Learning (1회 2회 3회)

혼성주의 특징으로 옳은 것은?

① 사람들의 식욕부진이나 원기 회복을 위해 제조되었다.
② 과일 중에 함유되어 있는 당분이나 전분을 발효시켰다.
③ 과일이나 향료, 약초 등 초근목피의 침전물로 향미를 더하여 만든 것으로, 현재는 식후주로 많이 애음된다.
④ 저온 살균하여 영양분을 섭취할 수 있다.

해설

- 혼성주는 식후주로 즐겨 마시며 화려한 색채와 특이한 향을 지닌 술을 말한다.

1002 / 1301 / 1502

259 Repetitive Learning (1회 2회 3회)

혼성주(compounded Liqueur)에 대한 설명 중 틀린 것은?

① 칵테일 제조나 식후주로 사용된다.
② 발효주에 초근목피의 침출물을 혼합하여 만든다.
③ 색채, 향기, 감미, 알코올의 조화가 잘 된 술이다.
④ 혼성주는 고대 그리스 시대에 약용으로 사용되었다.

해설

- 혼성주는 증류주에 초근목피의 침출물을 혼합한 술이다.

1204 / 1604

260 Repetitive Learning (1회 2회 3회)

과일이나 곡류를 발효시켜 증류한 스피릿츠(Spirits)에 감미와 천연 추출물 등을 첨가한 것은?

① 양조주(Fermented Liqueur)
② 증류주(Distilled Liqueur)
③ 혼성주(Liqueur)
④ 아쿠아비트(Aquavit)

해설

- ①은 과일(당질) 또는 곡물(전분질) 원료에 효모를 첨가하여 발효시킨 술이다.
- ②는 과실이나 곡류 등을 발효시킨 후 열을 가하여(비등점의 차이를) 분리한 술을 말한다.
- ④는 감자와 맥아를 부재료로 사용하여 증류 후에 회향초씨(Caraway Seed) 등 여러 가지 허브로 향기를 착향시킨 북유럽 특산주이다.

254 ② 255 ③ 256 ② 257 ③ 258 ③ 259 ② 260 ③ 정답

0405 / 1202 / 1501

261 Repetitive Learning (1회 2회 3회)

혼성주 특유의 향과 맛을 이루는 주재료로 가장 거리가 먼 것은?

① 과일 ② 꽃
③ 천연향료 ④ 곡물

해설
- 혼성주는 과실류나 초목, 향초를 혼합하여 만드는 것이며 곡물이 재료가 아니다.

0501 / 0702

262 Repetitive Learning (1회 2회 3회)

Liqueur에 대한 설명으로 틀린 것은?

① 영국, 미국에서는 코디얼(Cordials)이라고도 부른다.
② 술 분류상 혼성주 범주에 속한다.
③ 주정(Base liqueur)에다 약초, 과일, 씨 뿌리의 즙을 넣어서 만든다.
④ 위스키(Whiskey)가 대표적이다.

해설
- 위스키(Whiskey)는 곡류 또는 감자를 원료로 한 증류주이다.

1004 / 1401

263 Repetitive Learning (1회 2회 3회)

커피를 주원료로 만든 리큐르는?

① Grand Marnier ② Benedictine
③ Kahlua ④ Sloe Gin

해설
- ①은 꼬냑(Cognac)에 오렌지향을 가미한 프랑스산 리큐르이다.
- ②는 황금색의 약초 감미주로서 술병에 D.O.M이라고 쓰여 있는 리큐르이다.
- ④는 자두의 일종인 sloe berry를 진에 첨가하여 설탕을 가한 붉은색 혼성주이다.

0702 / 1602

264 Repetitive Learning (1회 2회 3회)

다음 중 1oz당 칼로리가 가장 높은 것은? (단, 각 주류의 도수는 일반적인 경우를 따른다)

① Red Wine ② Champagne
③ Liqueur ④ White Wine

해설
- 보기의 주류를 칼로리가 높은 것부터 나열하면 리큐르>화이트 와인>레드 와인>샴페인 순이다.

0302 / 0401 / 0701 / 0205 / 1102 / 1202 / 1402

265 Repetitive Learning (1회 2회 3회)

증류하면 변질될 수 있는 과일이나 약초, 향료에 증류주를 가해 향미성을 용해시키는 방법으로 열을 가하지 않는 리큐르 제조법으로 가장 적합한 것은?

① 증류법 ② 침출법
③ 여과법 ④ 에센스법

해설
- 혼성주의 조주방법에는 증류법, 침출법, 에센스법이 있다.
- ①은 침출시킨 주정을 재증류하는 방법이다.
- ④는 향유를 혼합시켜 만드는 방법이다.

0103 / 0502 / 0705 / 0801

266 Repetitive Learning (1회 2회 3회)

다음 중 ( ) 안에 들어갈 알맞은 것은?

> (   ) is the chemical interaction of grape sugar and yeast cells to produce alcohol, carbon dioxide and heat.

① Distillation ② Maturation
③ Blending ④ Fermentation

해설
- 발효는 포도 설탕과 효모 세포의 화학적 상호작용으로 알코올, 이산화탄소 및 열을 생성한다.

0101 / 0802 / 1101

267 Repetitive Learning (1회 2회 3회)

Liqueur병에 적혀 있는 D.O.M의 의미는?

① 이탈리아어의 약자로 최고의 리큐르라는 뜻이다.
② 라틴어로 베네딕틴 술을 말하며, '최선, 최대의 신에게'라는 뜻이다.
③ 15년 이상 숙성된 약술을 의미한다.
④ 프랑스 샹빠뉴 지방에서 생산된 리큐르를 의미한다.

해설
- 베네딕틴의 레이블에 D.O.M(Deo Option Maximo 최고의 신에게 바치는 술)이라고 표기되어 있다.

정답 | 261 ④ 262 ④ 263 ③ 264 ③ 265 ② 266 ④ 267 ②

0202 / 1005

268 Repetitive Learning 1회 2회 3회

다음 (   )에 들어갈 알맞은 단어는?

> If you take the process of fermentation one step further and separate the alcohol from the fermented liquid, you will create the essence or the spirit of the liquid. The process of separation is called (   ).

① intoxication ② evaporation
③ liquidization ④ distillation

해설
- 발효 과정을 한 단계 더 진행시켜 알코올과 발효액을 분리하면 액체의 주정이나 에센스가 만들어진다. 이 분리의 과정을 증류라고 한다.

0104 / 0502

269 Repetitive Learning

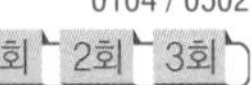

1510년 불란서 Fecamp 사원에서 성직자가 만든 술로서 D.O.M 이라고도 불리며 주정도가 43도인 혼성주는?

① 샤르트뢰즈(Chartreause)
② 베네딕틴(Benedictine)
③ 드램브이(Drambuie)
④ 쿠앵트루(Cointreau)

해설
- ①은 프랑스어로 수도원, 승원이라는 뜻으로 리큐르의 여왕이라고 불린다.
- ③은 스카치 위스키를 기본주로 Honey, Herbs가 첨가된 호박색 리큐르이다.
- ④는 오렌지 껍질로 만든 프랑스산 리큐르이다.

1104 / 1401

270 Repetitive Learning

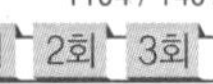

다음 술 종류 중 코디얼(Cordial)에 해당하는 것은?

① 베네딕틴(Benedictine)
② 고든스 런던 드라이 진(Gordon's London Dry Gin)
③ 커티 샥(Cutty Sark)
④ 올드 그랜드 대드(Old Grand Dad)

해설
- 코디얼은 리큐르를 의미한다.
- ②는 진(Gin)의 한 종류이다.
- ③은 위스키의 한 종류이다.
- ④는 버번위스키의 한 종류이다.

0301 / 0801

271 Repetitive Learning 1회 2회 3회

다음 중 혼성주에 속하는 것은?

① Whiskey ② Tequila
③ Rum ④ Benedictine

해설
- Benedictine(베네딕틴)은 수십 종의 약초를 사용한 약 42°의 호박색 리큐르(Liqueur)이다.

0901 / 1102 / 1304 / 1505

272 Repetitive Learning 1회 2회 3회

( ) 안에 들어갈 알맞은 리큐르는?

> (   ) is called the queen of liqueur. This is one of the French traditional liqueur and is made from several years aging after distilling various herbs added to spirit.

① Chartreuse ② Benedictine
③ Kummel ④ Cointreau

해설
- ②는 황금색의 약초 감미주로서 술병에 D.O.M이라고 쓰여 있는 리큐르(Liqueur)이다.
- ③은 회양풀(Caraway)로 만드는 리큐르이다.
- ④는 오렌지 껍질로 만든 프랑스산 리큐르이다.
- 리큐르의 여왕이라고 불린다. 이것은 프랑스 전통 리큐르이고 스피리트에 여러 가지 종류의 허브를 숙성시켜서 증류하여 만들어진다.

1005 / 1502

273 Repetitive Learning

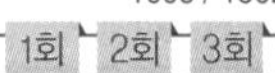

다음에서 설명하는 혼성주는?

> The great proprietary liqueur of Scotland made of scotch and heather honey.

① Anisette ② Sambuca
③ Drambuie ④ Peter Heering

해설
- ①은 지중해 지방산의 미나리과 식물인 아니스(Anise)향이 있는 무색 리큐르이다.
- ②는 아니스로 만든 투명한 이탈리아 리큐르이다.
- ④는 체리향이 나는 덴마크 리큐르이다.
- 스코틀랜드의 거대한 유산인 리큐르는 스카치와 헤더 꿀로 만들어진 것은 드램브이(Drambuie)이다.

정답 268 ④ 269 ② 270 ① 271 ④ 272 ① 273 ③

0201 / 0302 / 1004 / 1604

274 → Repetitive Learning (1회 2회 3회)

리큐르 중 D.O.M. 글자가 표기되어 있는 것은?

① Sloe Gin ② Kahlua
③ Kummel ④ Benedictine

해설
- 베네딕틴의 레이블에 D.O.M(Deo Option Maximo 최고의 신에게 바치는 술)이라고 표기되어 있다.

1002 / 0702

275 → Repetitive Learning (1회 2회 3회)

Benedictine의 Bottle에 적힌 D.O.M의 의미는?

① 완전한 사랑 ② 최선 최대의 신에게
③ 쓴맛 ④ 순록의 머리

해설
- 베네딕틴의 레이블에 D.O.M(Deo Option Maximo 최고의 신에게 바치는 술)이라고 표기되어 있다.

0401 / 0601 / 1304 / 1604

276 → Repetitive Learning (1회 2회 3회)

슬로 진(Sloe Gin)에 대한 설명 중 옳은 것은?

① 증류주의 일종이며, 진(Gin)의 종류이다.
② 보드카(Vodka)에 그레나딘 시럽을 첨가한 것이다.
③ 아주 천천히 분위기 있게 먹는 칵테일이다.
④ 진(Gin)에 야생자두(Sloe Berry)의 성분을 첨가한 것이다.

해설
- 슬로 진은 진에 Sloe Berry를 첨가한 혼성주이다.

0605 / 1402

277 → Repetitive Learning (1회 2회 3회)

What is the name of famous Liqueur on scotch basis?

① Drambuie ② Cointreau
③ Grand marnier ④ Curacao

해설
- ②는 오렌지 껍질로 만든 프랑스산 리큐르이다.
- ③은 꼬냑(Cognac)에 오렌지향을 가미한 프랑스산 리큐르이다.
- ④는 라라하 귤(오렌지) 열매의 껍질을 말려 향을 낸 리큐르로 Triple Sec(트리플 섹)이 대표적이다.

0402 / 1402

278 → Repetitive Learning (1회 2회 3회)

다음 주류 중 알코올 도수가 가장 약한 것은?

① 진(Gin)
② 위스키(Whiskey)
③ 브랜디(Brandy)
④ 슬로 진(Sloe Gin)

해설
- ①, ②, ③은 모두 증류주이며 도수가 40% 정도이다.

1205 / 1501

279 → Repetitive Learning (1회 2회 3회)

Scotch whiskey에 꿀을 넣어 만든 혼성주는?

① Cherry Heering ② Cointreau
③ Galliano ④ Drambuie

해설
- ①은 체리향이 나는 덴마크 리큐르이다.
- ②는 오렌지 껍질로 만든 프랑스산 리큐르이다.
- ③은 아니스, 생강, 감귤류 등을 주정에 넣고 숙성시킨 달콤한 리큐르이다.

0405 / 1302 / 1505

280 → Repetitive Learning (1회 2회 3회)

스카치 위스키를 기주로 하여 만들어진 리큐르는?

① 샤트루즈 ② 드램브이
③ 꼬앙뜨로 ④ 베네딕틴

해설
- ①은 프랑스어로 수도원, 승원이라는 뜻으로 리큐르의 여왕이라 불리는 천연 허브로 향과 색을 낸 녹색의 리큐르이다.
- ③은 오렌지 껍질로 만든 프랑스산 리큐르이다.
- ④는 황금색의 약초 감미주로서 술병에 D.O.M이라고 쓰여 있는 리큐르(Liqueur)이다.

0602 / 0904 / 1504

281 → Repetitive Learning (1회 2회 3회)

다음 중 주재료가 나머지 셋과 다른 것은?

① Grand Marnier ② Drambuie
③ Triple Sec ④ Cointreau

해설
- ①, ③, ④는 모두 주재료가 꼬냑인데 반해 ②는 스카치 위스키이다.

정답 | 274 ④ 275 ② 276 ④ 277 ① 278 ④ 279 ④ 280 ② 281 ②

0701 / 1104 / 1405

282 Repetitive Learning 1회 2회 3회

다음은 어떤 리큐르에 대한 설명인가?

> 스카치산 위스키에 히스꽃에서 딴 봉밀과 그 밖에 허브를 넣어 만든 감미 짙은 리큐르로 러스티 네일을 만들 때 사용한다.

① Cointreau ② Galliano
③ Chartreuse ④ Drambuie

해설

- ①은 오렌지 껍질로 만든 프랑스산 리큐르이다.
- ②는 아니스, 생강, 감귤류 등을 주정에 넣고 숙성시킨 달콤한 리큐르이다.
- ③은 프랑스어로 수도원, 승원이라는 뜻으로 리큐르의 여왕이라 불리는 천연 허브로 향과 색을 낸 녹색의 리큐르이다.

0502 / 1102 / 1404

283 Repetitive Learning 

다음 ( ) 안에 들어갈 적절한 단어는?

> ( ) is a generic cordial invented in Italy and made from apricot pits and herbs, yielding a pleasant almond flavor.

① Anisette ② Amaretto
③ Advocaat ④ Amontillado

해설

- ①은 지중해 지방산의 미나리과 식물인 아니스(Anise)향이 있는 무색 리큐르이다.
- ③은 브랜디에 계란노른자와 설탕 바닐라향을 착향시켜서 만든 네덜란드산 혼성주다. 계란 브랜디(Egg Brandy)라고도 부른다.
- ④는 스페인의 쉐리 와인이다.
- 이탈리아에서 만들어진 일반적인 코디얼이며 살구 씨와 허브로 만들어져 있고, 좋은 아몬드 향을 내는 술은 아마레토이다.

1004 / 1005 / 1504

284 Repetitive Learning 1회 2회 3회

아티초크를 원료로 사용한 혼성주는?

① 운더베르그(Underberg)
② 시나(Cynar)
③ 아마르 피콘(Amer Picon)
④ 샤브라(Sabra)

해설

- ①은 30가지 이상의 약초로 만든 약술이다.
- ③은 오렌지 껍질, 용담 추출물, 신코나 나무 껍질 등으로 만든 리큐르이다.
- ④는 초콜릿 맛이 나는 이스라엘산 오렌지 리큐르이다.

0705 / 1305

285 Repetitive Learning 1회 2회 3회

꿀로 만든 리큐르(Liqueur)는?

① Creme de Menthe ② Curacao
③ Galliano ④ Drambuie

해설

- ①은 박하를 넣은 리큐르이다.
- ②는 라라하 귤(오렌지) 열매의 껍질을 말려 향을 낸 리큐르로 Triple Sec(트리플 섹)이 대표적이다.
- ③은 이탈리아에서 만든 달콤한 맛의 허브 리큐르이다.

0502 / 0901 / 1402

286 Repetitive Learning 1회 2회 3회

이탈리아 리큐르로 살구 씨를 물과 함께 증류하여 향초 성분과 혼합하고 시럽을 첨가해서 만든 것은?

① Cherry Brandy ② Curacao
③ Amaretto ④ Tia Maria

해설

- ①은 체리를 주원료로 하여 향료를 침전시켜 만드는 리큐르이다.
- ②는 라라하 귤(오렌지) 열매의 껍질을 말려 향을 낸 리큐르로 Triple Sec(트리플 섹)이 대표적이다.
- ④는 자메이카 블루 마운틴 커피로 만든 리큐르이다.

0101 / 0402

287 Repetitive Learning 1회 2회 3회

얼음덩이와 함께 세게 쉐이크해서 마실 수 있는 리큐르(Liqueur)는 어느 것인가?

① Absinthe ② Creme de Cacao
③ Apricot Brandy ④ Chartreuse

해설

- ②는 향초를 사용하지 않고 코코아와 바닐라 열매를 넣어 제조한 리큐르이다.
- ③은 살구를 원료로 한 황갈색의 리큐르이다.
- ④는 프랑스어로 수도원, 승원이라는 뜻으로 리큐르의 여왕이라 불리는 천연 허브로 향과 색을 낸 녹색의 리큐르이다.

282 ④ 283 ② 284 ② 285 ④ 286 ③ 287 ① 정답

0702 / 1502

288 Repetitive Learning (1회 2회 3회)

What is the Liqueur on apricot pits base?

① Benedictine ② Chartreuse
③ Kahlua ④ Amaretto

해설

- ①은 황금색의 약초 감미주로서 술병에 D.O.M이라고 쓰여 있는 리큐르(Liqueur)이다.
- ②는 프랑스어로 수도원, 승원이라는 뜻으로 리큐르의 여왕이라 불리는 천연 허브로 향과 색을 낸 녹색의 리큐르이다.
- ③은 멕시코산 커피 리큐르이며 테킬라, 커피, 설탕을 주성분으로 Cocoa, Vanilla 향을 첨가하여 만든 혼성주이다.
- 살구 씨를 기본으로 만들어진 리큐르는 아마레토(Amaretto)이다.

1302 / 1502

289 Repetitive Learning (1회 2회 3회)

포도주에 아티초크를 배합한 리큐르로 약간 진한 커피색을 띠는 것은?

① Chartreuse ② Cynar
③ Dubonnet ④ Campari

해설

- ①은 프랑스어로 수도원, 승원이라는 뜻으로 리큐르의 여왕이라 불리는 천연 허브로 향과 색을 낸 녹색의 리큐르이다.
- ③은 프랑스 레드 와인에 키니네를 첨가한 강화주이다.
- ④는 이탈리아의 국민주로 70여 가지의 재료로 만들어진 매우 쓴맛의 붉은색 리큐르(Liqueur)이다.

1202 / 1602

290 Repetitive Learning (1회 2회 3회)

혼성주의 종류에 대한 설명이 틀린 것은?

① 아드보카트(Advocaat)는 브랜디에 계란노른자와 설탕을 혼합하여 만들었다.
② 드람브이(Drambuie)는 '사람을 만족시키는 음료'라는 뜻을 가지고 있다.
③ 아르마냑(Armagnac)은 체리향을 혼합하여 만든 술이다.
④ 깔루아(Kahlua)는 증류주에 커피를 혼합하여 만든 술이다.

해설

- 아르마냑은 프랑스산 브랜디의 일종이다. 제조과정에서 꼬냑과 달리 반 연속식 증류기를 한 번만 거치며 블랙 오크통에 넣어 숙성시킨다.

0101 / 0302 / 0701 / 0805 / 1602

291 Repetitive Learning (1회 2회 3회)

다음 중 혼성주에 해당하는 것은?

① Armagnac ② Corn whiskey
③ Cointreau ④ Jamaican Rum

해설

- ①은 프랑스산 브랜디의 일종이다.
- ②는 옥수수를 주원료로 한 아메리칸 위스키이다.
- ④는 자메이카 지역의 사탕수수와 당밀로 만든 럼이다.

1301 / 1502

292 Repetitive Learning (1회 2회 3회)

다음의 설명에 해당하는 혼성주를 바르게 연결한 것은?

> ㉠ 멕시코산 커피를 주원료로 하여 Cocoa, Vanilla 향을 첨가해서 만든 혼성주이다.
> ㉡ 야생 오얏을 진에 첨가해서 만든 빨간색의 혼성주이다.
> ㉢ 이탈리아의 국민주로 제조법은 각종 식물의 뿌리, 씨, 향초, 껍질 등 70여 가지의 재료로 만들어지며 제조 기간은 45일이 걸린다.

① ㉠ 샤르트뢰즈(Chartreuse) ㉡ 시나(Cynar) ㉢ 캄파리(Campari)
② ㉠ 파샤(Pasha) ㉡ 슬로 진(Sloe Gin) ㉢ 캄파리(Campari)
③ ㉠ 칼루아(Kahlua) ㉡ 시나(Cynar) ㉢ 캄파리(Campari)
④ ㉠ 칼루아(Kahlua) ㉡ 슬로 진(Sloe Gin) ㉢ 캄파리(Campari)

해설

- 샤르트뢰즈는 프랑스어로 수도원, 승원이라는 뜻으로 리큐르의 여왕이라 불리는 천연 허브로 향과 색을 낸 녹색의 리큐르이다.
- 시나(Cynar)는 와인에 아티초크를 배합하여 제조하였으며 색상은 진한 갈색을 띠는 리큐르이다.

0601 / 1401

293 Repetitive Learning (1회 2회 3회)

다음 중 혼성주가 아닌 것은?

① Apricot brandy ② Amaretto
③ Rusty nail ④ Anisette

해설

- ③은 위스키가 베이스인 칵테일이다.

정답 | 288 ④ 289 ② 290 ③ 291 ③ 292 ④ 293 ③

1305 / 1404

294 Repetitive Learning (1회 2회 3회)

다음 중 오렌지향의 리큐르가 아닌 것은?

① 그랑 마니에르(Grand Marnier)
② 트리플 섹(Triple Sec)
③ 꼬엥뜨로(Cointreau)
④ 뮤슈(Mousseux)

해설
- ①, ②, ③은 모두 꼬냑에 오렌지 껍질을 말려 향을 낸 리큐르이다.
- ④는 샹파뉴 지방 외에서 만들어진 발포성 와인을 통칭하는 명칭이다.

0602 / 0904

295 Repetitive Learning (1회 2회 3회)

오렌지 껍질을 원료로 하는 혼성주는?

① Kahlua ② Cream de Cacao
③ Curacao ④ Drambuie

해설
- ①은 멕시코산 커피 리큐르이며 테킬라, 커피, 설탕을 주성분으로 Cocoa, Vanilla 향을 첨가하여 만든 혼성주이다.
- ②는 향초를 사용하지 않고 코코아와 바닐라 열매를 넣어 제조한 리큐르이다.
- ④는 스카치 위스키(Scotch whiskey)를 기주로 하여 꿀을 넣어 달게 하고 오렌지향이 첨가된 호박색 리큐르(Liqueur)이다.

0202 / 0802

296 Repetitive Learning (1회 2회 3회)

다음 중 혼성주에 속하는 것은?

① London dry gin ② Creme de Cacao
③ Schnaps ④ Moet et Chandon

해설
- ①은 진(Gin)의 한 종류로 증류주이다.
- ③은 독일어로 도수 높은 술을 통칭하는 개념이다(증류주 등을 포함한다).
- ④는 프랑스 샴페인이다.

1004 / 1501

297 Repetitive Learning (1회 2회 3회)

오렌지 껍질을 주원료로 만든 혼성주는?

① Anisette ② Campari
③ Triple Sec ④ Underberg

해설
- ①은 지중해 지방산의 미나리과 식물인 아니스(Anise)향이 있는 무색 리큐르이다.
- ②는 이탈리아의 국민주로 70여 가지의 재료로 만들어진 매우 쓴맛의 붉은색 리큐르(Liqueur)이다.
- ④는 30가지 이상의 약초로 만든 독일 약술이다.

0702 / 1401

298 Repetitive Learning (1회 2회 3회)

오렌지 과피, 회향초 등을 주원료로 만들며 알코올 농도가 23% 정도가 되는 붉은색의 혼성주는?

① Beer ② Drambuie
③ Campari Bitters ④ Cognac

해설
- ①은 양조주이다.
- ②는 스카치 위스키(Scotch whiskey)를 기주로 하여 꿀을 넣어 달게 하고 오렌지향이 첨가된 호박색 리큐르(Liqueur)이다.
- ④는 프랑스에서 생산된 포도주를 원료로 만든 브랜디의 일종으로 증류주이다.

0401 / 0505

299 Repetitive Learning (1회 2회 3회)

다음 술 중 주재료가 틀린 술 한 가지는?

① Grand Marnier ② Campari
③ Triple Sec ④ Cointreau

해설
- ①, ③, ④는 모두 꼬냑에 오렌지 껍질을 말려 향을 낸 리큐르이다.
- ②는 이탈리아의 국민주로 70여 가지의 재료로 만들어진 매우 쓴맛의 붉은색 리큐르(Liqueur)이다.

1101 / 1404

300 Repetitive Learning (1회 2회 3회)

다음 중 원료가 다른 술은?

① 트리플 섹 ② 마라스퀸
③ 꼬엥뜨로 ④ 블루 퀴라소

해설
- ①, ③, ④는 모두 꼬냑에 오렌지 껍질을 말려 향을 낸 리큐르이다.
- 마라스퀸(marasquin)은 마라스카라고 하는 벚나무 열매의 일종 또는 벚나무 열매의 즙액을 가한 리큐르이다.

294 ④ 295 ③ 296 ② 297 ③ 298 ③ 299 ② 300 ② 정답

0801 / 1304

301 Repetitive Learning 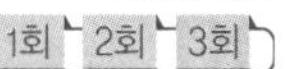

다음에서 설명하는 것은?

> It is a liqueur made by orange peel originated from Venezuela.

① Drambuie　　② Jagermeister
③ Benedictine　　④ Curacao

해설

- ①은 스카치 위스키(Scotch whiskey)를 기주로 하여 꿀을 넣어 달게 하고 오렌지향이 첨가된 호박색 리큐르(Liqueur)이다.
- ②는 독일에서 사냥터 관리인이라는 이름으로 불리는 짙은 갈색, 특유의 허브향과 강한 단맛이 특징인 전통 리큐르이다.
- ③은 황금색의 약초 감미주로서 술병에 D.O.M이라고 쓰여져 있는 리큐르(Liqueur)이다.

0405 / 1304

302 Repetitive Learning 

다음 중 리큐르(Liqueur)는 어느 것인가?

① 버건디(Burgundy)
② 드라이 쉐리(Dry Sherry)
③ 쿠앵트로(Cointreau)
④ 베르무트(Vermouth)

해설

- ①은 프랑스 부르고뉴 지방의 와인 브랜드이다.
- ②는 스페인의 백포도주로 주로 식전주로 마시는 쉐리 와인을 말한다.
- ④는 각종 약초를 첨가하여 특유의 향을 강조한 강화와인이다.

0102 / 0402 / 1005

303 Repetitive Learning 1회 2회 3회

다음 중 리큐르는?

① Burgundy　　② Bacardi Rum
③ Cherry Brandy　　④ Canadian Club

해설

- ①은 프랑스 부르고뉴 지방의 와인 브랜드이다.
- ②는 카리브해 연안 사탕수수로 만든 증류주인 럼의 한 종류이다.
- ④는 캐나디안 위스키(Canadian whiskey)로 증류주에 해당한다.

0502 / 1004

304 Repetitive Learning 1회 2회 3회

다음 중 리큐르가 아닌 것은?

① Cointeau　　② Seagrams V.O
③ Anisette　　④ Benedictine

해설

- ②는 위스키의 대표적인 브랜드이다.

0305 / 0902

305 Repetitive Learning 

다음 중 리큐르(Liqueur)와 관계가 없는 것은?

① 코디알(Cordials)
② 아르노 드 빌네브(Arnaud de Villeneuve)
③ 베네딕틴(Benedictine)
④ 돔 페리뇬(Dom Perignon)

해설

- ④는 샴페인의 종류이다.

0502 / 1404

306 Repetitive Learning 1회 2회 3회

다음 중 미국을 대표하는 리큐르는?

① 슬로 진(Sloe Gin)
② 리카르드(Ricard)
③ 사우던 컴포트(Southern Comfort)
④ 크림 데 카카오(Creme de Cacao)

해설

- ①은 영국 자두의 일종인 Sloe Berry를 진에 첨가하여 설탕을 가한 붉은색 혼성주이다.
- ②는 프랑스의 감초를 베이스로 한 리큐르이다.
- ④는 향초를 사용하지 않고 코코아와 바닐라 열매를 넣어 제조한 리큐르이다.

0705 / 1102

307 Repetitive Learning 

다음 중 청주의 주재료는?

① 옥수수　　② 감자
③ 보리　　④ 쌀

해설

- 청주는 쌀, 누룩, 물을 원료로 빚어서 걸러낸 맑은 술이다.

정답 | 301 ④　302 ③　303 ③　304 ②　305 ④　306 ③　307 ④

0104 / 0405 / 1001

308 Repetitive Learning 1회 2회 3회

이탈리아 밀라노 지방에서 생산되는 것으로 오렌지와 바닐라 향이 강하며 독특하고 길쭉한 병에 담긴 리큐르는?

① 갈리아노(Galliano) ② 쿰멜(Kummel)
③ 깔루아(Kahlua) ④ 드램브이(Drambuie)

해설
- ②는 회양풀(Caraway)로 만드는 리큐르이다.
- ③은 멕시코산 커피 리큐르이며 테킬라, 커피, 설탕을 주성분으로 Cocoa, Vanilla 향을 첨가하여 만든 혼성주이다.
- ④는 스카치 위스키(Scotch whiskey)를 기주로 하여 꿀을 넣어 달게 하고 오렌지향이 첨가된 호박색 리큐르이다.

0805 / 1504

309 Repetitive Learning 1회 2회 3회

아래의 설명에 해당하는 것은?

> This complex, aromatic concoction containing some 56 herbs, roots, and fruits has been popular in Germany since its introduction in 1878.

① Kummel ② Sloe Gin
③ Maraschino ④ Jagermeister

해설
- ①은 회양풀(Caraway)로 만드는 리큐르이다.
- ②는 자두의 일종인 sloe berry를 진에 첨가하여 설탕을 가한 붉은색 혼성주이다.
- ③은 체리를 발효한 다음 증류시켜 만든 술에 물과 설탕을 첨가해 만든 이탈리아 리큐르이다.
- 56개의 허브, 뿌리 그리고 과일을 포함하는 이 복잡하고 향기로운 혼합물은 1878년에 소개된 후로 독일에서 인기가 있어 왔다.

0902 / 1604

310 Repetitive Learning 1회 2회 3회

우리나라 전통주에 대한 설명으로 틀린 것은?

① 증류주 제조기술은 고려시대 때 몽고에 의해 전래되었다.
② 탁주는 쌀 등 곡식을 주로 이용하였다.
③ 탁주, 약주, 소주의 순서로 개발되었다.
④ 청주는 쌀의 향을 얻기 위해 현미를 주로 사용한다.

해설
- 청주는 누룩으로 만든 탁주를 침전시키거나 걸러낸 맑은 술로 백미를 주로 사용하나 조나 수수로 만들기도 한다.

1204 / 1504

311 Repetitive Learning 1회 2회 3회

우리나라 민속주에 대한 설명으로 틀린 것은?

① 탁주류, 약주류, 소주류 등 다양한 민속주가 생산된다.
② 쌀 등 곡물을 주원료로 사용하는 민속주가 많다.
③ 삼국시대부터 증류주가 제조되었다.
④ 발효제로는 누룩만을 사용하여 제조하고 있다.

해설
- 증류주 제조기술은 고려시대 때 몽고에 의해 전래되었다.

0805 / 1004 / 1201

312 Repetitive Learning 1회 2회 3회

민속주 도량형 「되」에 대한 설명으로 틀린 것은?

① 곡식이나 액체, 가루 등의 분량을 재는 것이다.
② 보통 정육면체 또는 직육면체이며 나무와 쇠로 만든다.
③ 분량(1되)을 부피의 기준으로 하여 2분의 1을 1홉(合)이라고 한다.
④ 1되는 약 1.8리터 정도이다.

해설
- 분량(1되)을 부피의 기준으로 하여 10분의 1을 1홉(合), 10배를 1말이라고 한다.

0302 / 0605 / 1302 / 1505

313 Repetitive Learning 1회 2회 3회

다음에서 설명되는 약용주는?

> 충남 서북부 해안지방의 전통 민속주로 고려 개국공신 복지겸이 백약이 무효인 병을 앓고 있을 때 백일기도 끝에 터득한 비법에 따라 찹쌀, 아미산의 진달래, 안샘물로 빚은 술을 마심으로 질병을 고쳤다는 신비의 전설과 함께 전해져 내려온다.

① 두견주 ② 송순주
③ 문배주 ④ 백세주

해설
- ②는 대전 지역의 전통주로 소나무 순을 이용해 숙성한 술이다.
- ③은 조와 찰수수로 만든 국가지정 중요무형문화재로 지정된 증류식 소주이다.
- ④는 조선시대 장수주로 찹쌀, 구기자, 약초로 만들어진 우리나라 고유의 술이다.

308 ① 309 ④ 310 ④ 311 ③ 312 ③ 313 ① 정답

0801 / 1301

314 Repetitive Learning (1회 2회 3회)

민속주 중 모주(母酒)에 대한 설명으로 틀린 것은?

① 조선 광해군 때 인목대비의 어머니가 빚었던 술이라고 알려져 있다.
② 증류해서 만든 제주도의 대표적인 민속주이다.
③ 막걸리에 한약재를 넣고 끓인 해장술이다.
④ 계피가루를 넣어 먹는다.

해설
- 모주는 막걸리를 이용해 만든 탁주의 일종으로 알코올이 거의 없어(1% 미만) 음료에 가깝다.

0401 / 0905 / 1202

315 Repetitive Learning (1회 2회 3회)

다음에서 말하는 물을 의미하는 것은?

> 우리나라 고유의 술은 곡물과 누룩도 좋아야 하지만 특히 물이 좋아야 한다. 예부터 만물이 잠든 자정에 모든 오물이 다 가라앉은 맑고 깨끗한 물을 길어 술을 담갔다고 한다.

① 우물물　② 광천수
③ 암반수　④ 정화수

해설
- 우물물은 우물에 있는 물이다.
- 광천수는 광물질이 함유되어있는 물로 미네랄워터라고 한다.
- 암반수는 지하에 있는 물이다.

0201 / 0501

316 Repetitive Learning (1회 2회 3회)

특히 여름에만 마시는 것으로 소주에다 젯밥을 넣고 여기에 계피, 건강, 향인 등을 넣어 장마가 지고 습한 기운이 있을 때 소화를 돕고 향료가 있는 맛 좋은 고유의 술은?

① 연엽주　② 춘향주
③ 과하주　④ 송순주

해설
- ①은 고려 때에 등장한 연잎을 곁들여 쌀로 빚은 술이다.
- ②는 지리산의 야생국화와 지리산 뱀사골의 지하 암반수로 빚어진 남원지방 민속주이다.
- ④는 대전 지역의 전통주로 소나무 순을 이용해 숙성한 술이다.

0801 / 1002

317 Repetitive Learning (1회 2회 3회)

다음 중 병행복발효주는?

① 와인　② 맥주
③ 사과주　④ 청주

해설
- ①과 ③은 당류에 직접 효모를 이용하여 발효하는 단발효주이다.
- ②는 당화 후에 발효되는 단행복발효주이다.

1005 / 1301

318 Repetitive Learning (1회 2회 3회)

우리나라 고유한 술 중에서 증류주에 속하는 것은?

① 경주법주　② 동동주
③ 문배주　④ 백세주

해설
- ①은 신라시대부터 전해오는 전통주로 국가지정 중요무형문화재로 지정된 빛깔이 희고 맛이 순수한 발효주이다.
- ②는 경기도 전통술로 쌀, 누룩 등으로 만든 발효주이다.
- ④는 조선시대 장수주로 찹쌀, 구기자, 약초로 만들어진 우리나라 고유의 술(발효주)이다.

1005 / 0802 / 1402

319 Repetitive Learning (1회 2회 3회)

조선시대에 유입된 외래주가 아닌 것은?

① 천축주　② 섬라주
③ 금화주　④ 두견주

해설
- 조선시대 때 유입된 외래주에는 천축주, 미인주, 섬라주, 금화주, 무술주 등이 있다.

1102 / 1304

320 Repetitive Learning (1회 2회 3회)

다음 민속주 중 약주가 아닌 것은?

① 한산 소곡주　② 경주 교동법주
③ 아산 연엽주　④ 진도 홍주

해설
- ①은 충남 한산면에서 만들어진 청주이자 약주로 백제 때 만든 것으로 알려진다.
- ②는 신라시대부터 전해오는 전통주로 국가지정 중요무형문화재로 지정된 빛깔이 희고 맛이 순수한 민속주이다.
- ③은 고려 때에 등장한 연잎을 곁들여 쌀로 빚은 술이다.

정답 | 314 ② 315 ④ 316 ③ 317 ④ 318 ③ 319 ④ 320 ④

0702 / 1405

321 ──• Repetitive Learning (1회 2회 3회)

다음에서 설명하는 전통주는?

> –원료는 쌀이며 혼성주에 속한다.
> –약주에 소주를 섞어 빚는다.
> –무더운 여름을 탈 없이 날 수 있는 술이라는 뜻에서 그 이름이 유래되었다.

① 과하주　　② 백세주
③ 두견주　　④ 문배주

해설
- ②는 조선시대 장수주로 찹쌀, 구기자, 약초로 만들어진 우리나라 고유의 술이다.
- ③은 충남 해안지방의 전통 민속주로 청주에 진달래꽃을 넣어 만든 가향주다.
- ④는 조와 찰수수로 만든 국가지정 중요무형문화재로 지정된 증류식 소주이다.

1002 / 0505 / 1202

322 ──• Repetitive Learning (1회 2회 3회)

조선시대 정약용의 지봉유설에 전해오는 것으로 이것을 마시면 불로장생한다하여 장수주(長壽酒)로 유명하며, 주로 찹쌀과 구기자, 고유약초로 만들어지는 우리나라 고유의 술은?

① 두견주　　② 백세주
③ 문배주　　④ 이강주

해설
- ①은 충남 해안지방의 전통 민속주로 청주에 진달래꽃을 넣어 만든 가향주로 약주이다.
- ③은 고려시대에 왕실에 진상되었으며, 일체의 첨가물 없이 조와 찰수수만으로 전래의 비법에 따라 빚어내는 순곡의 증류식 소주이다.
- ④는 전북 전주의 전통주로 쌀로 빚으며 소주에 배, 생강, 울금 등 한약재를 넣어 숙성시킨 약주이다.

0301 / 1001 / 1305

323 ──• Repetitive Learning 

지방의 특산 전통주가 잘못 연결된 것은?

① 금산–인삼주　　② 홍천–옥선주
③ 안동–송화주　　④ 전주–소곡주

해설
- 전주지방의 특산주는 이강주다.

0205 / 0802 / 1104

324 ──• Repetitive Learning (1회 2회 3회)

부드러우며 뒤끝이 깨끗한 약주로서 쌀로 빚으며 소주에 배, 생강, 울금 등 한약재를 넣어 숙성시킨 전북 전주의 전통주는?

① 두견주　　② 국화주
③ 이강주　　④ 춘향주

해설
- ①은 충남 해안지방의 전통 민속주로 청주에 진달래꽃을 넣어 만든 가향주다.
- ②는 두견주와 함께 가을철 대표적인 가향주다.
- ④는 지리산의 야생국화와 지리산 뱀사골의 지하 암반수로 빚어진 남원지방 민속주이다.

0401 / 0602 / 0904 / 1602

325 ──• Repetitive Learning (1회 2회 3회)

다음에서 설명되는 우리나라 고유의 술은?

> 엄격한 법도에 의해 술을 담근다는 전통주로 신라시대부터 전해오는 유상곡수(流觴曲水)라 하여 주로 상류계급에서 즐기던 것으로 중국 남방 술인 사오싱주보다 빛깔은 조금 희고 그 순수한 맛이 가히 일품이다.

① 두견주　　② 인삼주
③ 감홍로주　　④ 경주 교동법주

해설
- ①은 충남 해안지방의 전통 민속주로 청주에 진달래꽃을 넣어 만든 가향주다.
- ②는 통일신라시대 때부터 만들어진 것으로 전해지는 민속주로 인삼, 누룩, 찹쌀로 만든 약주이다.
- ③은 조선시대 3대 명주중의 하나로 약소주로 불리는 증류주이다.

0801 / 1405

326 ──• Repetitive Learning (1회 2회 3회)

안동소주에 대한 설명으로 틀린 것은?

① 제조 시 소주를 내릴 때 소주고리를 사용한다.
② 곡식을 물에 불린 후 시루에 쪄 고두밥을 만들고 누룩을 섞어 발효시켜 빚는다.
③ 경상북도 무형문화재로 지정되어 있다.
④ 희석식 소주로서 알코올 농도는 20도이다.

해설
- 안동소주는 증류식 소주로서 알코올 농도 45%이다.

정답: 321 ① 322 ② 323 ④ 324 ③ 325 ④ 326 ④

0705 / 0904 / 1101 / 1404

327 Repetitive Learning (1회 2회 3회)

다음 중 우리나라의 전통주가 아닌 것은?

① 소흥주 ② 소곡주
③ 문배주 ④ 경주법주

해설
- ②는 충남 한산면에서 만들어진 청주이자 약주로 백제 때 만든 것으로 알려진다.
- ③은 조와 찰수수로 만든 국가지정 중요무형문화재로 지정된 증류식 소주이다.
- ④는 신라시대부터 전해오는 전통주로 국가지정 중요무형문화재로 지정된 빛깔이 희고 맛이 순수한 민속주이다.

1205 / 1505

328 Repetitive Learning (1회 2회 3회)

우리나라의 증류식 소주에 해당되지 않은 것은?

① 안동소주 ② 제주 한주
③ 경기 문배주 ④ 금산 삼송주

해설
- ④는 인삼을 술에 녹여낸 전통 발효주에 해당한다.

0205 / 1104 / 1505

329 Repetitive Learning (1회 2회 3회)

소주의 원료로 틀린 것은?

① 쌀 ② 보리
③ 밀 ④ 맥아

해설
- 맥아는 맥주의 주재료이다.

0101 / 0205

330 Repetitive Learning (1회 2회 3회)

다음 영문에서 나타내는 것은?

> The cold, sweet, non-alcoholic drink which is often charged with gas.

① distilled Liqueur ② sodium chloride
③ hard drink ④ soft drink

해설
- 종종 가스로 충전되는 차갑고 달콤한 무알코올 음료는 청량음료이다.

0901 / 1102

331 Repetitive Learning (1회 2회 3회)

소주의 특성 중 틀린 것은?

① 초기에는 약용으로 음용되기 시작하였다.
② 희석식 소주가 가장 일반적이다.
③ 자작나무 숯으로 여과하기에 맑고 투명하다.
④ 저장과 숙성과정을 거치면 고급화된다.

해설
- ③은 보드카에 대한 설명이다.

0801 / 1101

332 Repetitive Learning (1회 2회 3회)

다음 중 주세법상 발효주류에 해당하지 않는 것은?

① 소주 ② 탁주
③ 약주 ④ 과실주

해설
- 소주는 우리나라의 대표적인 증류주에 해당한다.

0602 / 1004 / 1504

333 Repetitive Learning (1회 2회 3회)

쌀, 보리, 조, 수수, 콩 등 5가지 곡식을 물에 불린 후 시루에 쪄 고두밥을 만들고, 누룩을 섞고 발효시켜 전술을 빚는 것은?

① 백세주 ② 과하주
③ 안동소주 ④ 연엽주

해설
- ②는 여름에 주로 먹는 소주를 약주에 섞은 혼성주이다.
- ④는 고려 때에 등장한 연잎을 곁들여 쌀로 빚은 술이다.

1001 / 1202 / 1505

334 Repetitive Learning (1회 2회 3회)

Liqueur Glass의 다른 명칭은?

① Shot Glass ② Cordial Glass
③ Sour Glass ④ Goblet

해설
- Shot Glass는 증류주를 스트레이트로 마실 때 사용하는 글라스다.
- Sour Glass는 브랜디 사워를 제공할 때 사용하는 글라스다.
- Goblet은 받침이 달린 잔으로 일반적으로 물잔을 뜻한다.

정답 | 327 ① 328 ④ 329 ④ 330 ④ 331 ③ 332 ① 333 ③ 334 ②

0802 / 1102

339 Repetitive Learning (1회 2회 3회)

다음 중 비탄산성 음료는?

① Mineral water ② Soda water
③ Tonic water ④ Cider

해설

• ②, ③, ④는 탄산음료이다.

1001 / 1404

335 Repetitive Learning (1회 2회 3회)

다음 민속주 중 증류식 소주가 아닌 것은?

① 문배주 ② 삼해주
③ 옥로주 ④ 안동소주

해설

• ②는 쌀과 누룩으로 만든 약주이며, 이를 증류하면 소주가 된다.

1201 / 1604

336 Repetitive Learning (1회 2회 3회)

비알코올성 음료의 분류방법에 해당되지 않는 것은?

① 청량음료 ② 영양음료
③ 발포성음료 ④ 기호음료

해설

• 비알코올성 음료는 크게 청량음료, 영양음료, 기호음료로 구분한다.

0103 / 0602 / 1302

337 Repetitive Learning (1회 2회 3회)

다음 품목 중 청량음료에 속하는 것은?

① 탄산수(Sparkling Water)
② 생맥주(Draft Beer)
③ 톰 콜린스(Tom Collins)
④ 진 피즈(Gin Fizz)

해설

• ②는 양조주이고, ③과 ④는 칵테일이다.

0301 / 0701 / 1401 / 1602

338 Repetitive Learning (1회 2회 3회)

레몬주스, 슈가시럽, 소다수를 혼합한 것으로 대용할 수 있는 것은?

① 진저에일 ② 토닉워터
③ 콜린스 믹스 ④ 사이다

해설

• ①은 생강으로 향과 맛을 내 캐러멜로 착색한 탄산음료이다.
• ②는 소다수에 레몬, 키니네(quinine) 껍질 등의 농축액을 함유한 것으로 진(Gin)과 가장 좋은 조화를 이룬다.
• ④는 소다수에 구연산, 주석산, 레몬즙 등을 혼합한 것이다.

0101 / 0201

340 Repetitive Learning (1회 2회 3회)

다음의 탄산음료 중 설명이 옳지 못한 것은?

① 탄산가스가 함유된 천연광천수
② 천연과즙에 탄산가스를 함유한 것
③ 순수한 탄산가스를 함유한 것
④ 음료수에 천연감미료를 탄 것

해설

• 탄산음료는 이산화탄소(탄산가스)를 넣어 만든 청량음료이다.

1202 / 1501

341 Repetitive Learning (1회 2회 3회)

음료에 대한 설명이 틀린 것은?

① 콜린스 믹스(Collins mix)는 레몬주스와 설탕을 주원료로 만든 착향 탄산음료이다.
② 토닉워터(Tonic water)는 키니네(quinine)를 함유하고 있다.
③ 코코아(cocoa)는 코코넛(coconut)열매를 가공하여 가루로 만든 것이다.
④ 콜라(coke)는 콜라닌과 카페인을 함유하고 있다.

해설

• Cocoa는 카카오 씨앗을 압착해서 카카오기름을 제거한 뒤 분쇄한 것이다.

1004 / 1304

342 Repetitive Learning (1회 2회 3회)

탄산음료에서 탄산가스의 역할이 아닌 것은?

① 당분 분해 ② 미생물의 발효 저지
③ 향기의 변화 보호 ④ 청량감 부여

해설

• 탄산가스는 청량감을 부여하고 향기를 유지시키며 미생물의 발효를 저지한다.

335 ② 336 ③ 337 ① 338 ③ 339 ① 340 ④ 341 ③ 342 ① | 정답

1104 / 1604

343 Repetitive Learning (1회 2회 3회)

탄산음료 중 뒷맛이 쌉쌀한 맛이 남는 음료는?

① 콜린스 믹스 ② 토닉워터
③ 진저에일 ④ 콜라

해설
- 토닉워터는 키니네 때문에 뒷맛이 다소 쌉쌀하다.

0602 / 0905

344 Repetitive Learning (1회 2회 3회)

영국에서 발명한 무색투명한 음료로서 레몬, 라임, 오렌지, 키니네 등으로 엑기스를 만들어 당분을 배합한 것으로 열대 지방에서 일하는 노동자들의 식욕부진과 원기를 회복하기 위해 제조되었던 것이며, 제 2차 세계대전 후 진(gin)과 혼합하여 진토닉을 만들어 세계적인 음료로 환영받고 있는 것은?

① 미네랄워터(Mineral Water)
② 사이다(Cider)
③ 토닉워터(Tonic Water)
④ 콜린스 믹스(Collins Mix)

해설
- 토닉워터는 주로 칵테일용으로 많이 사용되며 무색투명하다.

0103 / 0605 / 0902 / 1502

345 Repetitive Learning (1회 2회 3회)

영국에서 발명한 무색투명한 음류로서 키니네가 함유된 청량음료는?

① cider ② cola
③ tonic water ④ soda water

해설
- 토닉워터는 키니네 때문에 뒷맛이 다소 쌉쌀하다.

0102 / 0302

346 Repetitive Learning (1회 2회 3회)

다음의 진(Gin)에 혼합하는 탄산음료 중 가장 많이 사용되는 것은?

① Cola ② Collins mix
③ Fanta Grape ④ Cider

해설
- 진에 혼합하는 탄산음료 중 가장 많이 사용되는 것은 콜린스 믹스와 토닉워터이다.

0702 / 1302

347 Repetitive Learning (1회 2회 3회)

다음에서 설명하고 있는 것은?

> 키니네, 레몬, 라임 등 여러 가지 향료 식물 원료로 만들며, 열대지방 사람들의 식욕증진과 원기를 회복시키는 강장제 음료이다.

① Cola ② Soda Water
③ Ginger Ale ④ Tonic Water

해설
- 토닉(Tonic)이란 자양강장제라는 뜻이고, 토닉워터는 키니네 때문에 뒷맛이 다소 쌉쌀하다.

0205 / 0401 / 0602 / 1004 / 1301 / 1304

348 Repetitive Learning (1회 2회 3회)

생강을 주원료로 만든 탄산음료는?

① Soda Water ② Tonic Water
③ Perrier Water ④ Ginger Ale

해설
- ①은 물에 이산화탄소를 가미한 것이다.
- ②는 소다수에 레몬, 키니네(quinine) 껍질 등의 농축액을 함유하여 뒷맛이 다소 쌉쌀한 청량음료로 진(Gin)과 가장 좋은 조화를 이룬다.
- ③은 프랑스의 탄산수로 '광천수계의 샴페인'이라는 슬로건대로 생수의 고급화를 선도했다.

0801 / 1005 / 1301

349 Repetitive Learning (1회 2회 3회)

토닉워터(tonic water)에 대한 설명으로 틀린 것은?

① 무색투명한 음료이다.
② Gin과 혼합하여 즐겨 마신다.
③ 식욕증진과 원기를 회복시키는 강장제 음료이다.
④ 주로 구연산, 감미료, 커피 향을 첨가하여 만든다.

해설
- 토닉워터는 소다수에 레몬, 키니네(quinine) 껍질 등의 농축액을 함유하여 뒷맛이 다소 쌉쌀한 청량음료로 진(Gin)과 가장 좋은 조화를 이룬다.

정답 | 343 ② 344 ③ 345 ③ 346 ② 347 ④ 348 ④ 349 ④

1305 / 1401 / 1405

350 Repetitive Learning 1회 2회 3회

탄산음료의 종류가 아닌 것은?

① Tonic water ② Soda water
③ Collins mixer ④ Evian water

해설
• ④는 프랑스의 가장 대표적인 천연광천수로 무탄산음료이다.

0103 / 0501

351 Repetitive Learning 1회 2회 3회

미국에서 발명한 갈색 청량음료로서 카페인이 커피의 두 배가 함유된 음료는?

① 사이다(Cider)
② 콜라(Cola)
③ 토닉워터(Tonic water)
④ 소다워터(Soda water)

해설
• 콜라는 코카나무 잎에서 추출한 성분과 콜라나무 껍질에서 추출한 원액에 캐러멜 색소와 탄산을 넣어 만든 탄산음료로 카페인이 커피의 두 배에 해당한다.

1102 / 1402

352 Repetitive Learning 1회 2회 3회

진저에일(Ginger ale)에 대한 설명 중 틀린 것은?

① 맥주에 혼합하여 마시기도 한다.
② 생강향이 함유된 청량음료이다.
③ 진저에일의 에일은 알코올을 뜻한다.
④ 진저에일은 알코올분이 있는 혼성주이다.

해설
• 진저에일은 생강향이 함유된 청량음료로 알코올 성분이 없다.

0805 / 1302 / 1601

353 Repetitive Learning 1회 2회 3회

Ginger ale에 대한 설명 중 틀린 것은?

① 생강의 향을 함유한 소다수이다.
② 알코올 성분이 포함된 영양음료이다.
③ 식욕증진이나 소화제로 효과가 있다.
④ Gin이나 Brandy와 조주하여 마시기도 한다.

해설
• 진저에일은 생강향이 함유된 청량음료로 알코올 성분이 없다.

0702 / 1304

354 Repetitive Learning 1회 2회 3회

Which one is made with ginger and sugar?

① Tonic water ② Ginger ale
③ Sprite ④ Collins mix

해설
• ①은 소다수에 레몬, 키니네(quinine) 껍질 등의 농축액을 함유하여 뒷맛이 다소 쌉쌀한 청량음료로 진(Gin)과 가장 좋은 조화를 이룬다.
• ③은 카페인이 없는 무색투명의 착향 탄산음료이다.
• ④는 레몬주스와 설탕을 주원료로 만든 것으로 Gin에 혼합하는 탄산음료이다.
• 생강과 설탕으로 만들어진 것은 진저에일이다.

1005 / 1401 / 1602

355 Repetitive Learning 1회 2회 3회

소다수에 대한 설명으로 틀린 것은?

① 인공적으로 이산화탄소를 첨가한다.
② 약간의 신맛과 단맛이 나며 청량감이 있다.
③ 식욕을 돋우는 효과가 있다.
④ 성분은 수분과 이산화탄소로 칼로리는 없다.

해설
• 소다수(Soda Water)는 물에 이산화탄소를 첨가한 것으로 특유의 청량감을 주며 무색, 무미, 무취의 탄산음료다.

0201 / 0705 / 1204

356 Repetitive Learning 1회 2회 3회

수분과 이산화탄소로만 구성되어 식욕을 돋우는 효과가 있는 음료는?

① Mineral Water ② Soda Water
③ Plain Water ④ Cider

해설
• 소다수는 영양가는 없지만 식욕을 돋우는 효과가 있다.

0902 / 1501

357 Repetitive Learning 1회 2회 3회

발효방법에 따른 차의 분류가 잘못 연결된 것은?

① 비발효차－녹차 ② 반발효차－우롱차
③ 발효차－말차 ④ 후발효차－흑차

해설
• 말차는 불(비)발효차에 속한다.

350 ④ 351 ② 352 ④ 353 ② 354 ② 355 ② 356 ② 357 ③ 정답

1004 / 0505

358 Repetitive Learning (1회 2회 3회)

Cocktail Shaker에 넣어서는 안 될 재료는?

① 럼(Rum)
② 소다수(Soda Water)
③ 우유(Milk)
④ 계란 흰자위

해설

- Cocktail Shaker에 소다수를 넣고 쉐이킹하면 압력에 의해 터질 수 있으므로 소다수는 쉐이킹한 후에 따로 잔에 부어 준다.

0102 / 1005 / 1601

359 Repetitive Learning (1회 2회 3회)

소프트 드링크(soft drink) 디캔터(decanter)의 올바른 사용법은?

① 각종 청량음료(soft drink)를 별도로 담아 나간다.
② 술과 같이 혼합하여 나간다.
③ 얼음과 같이 넣어 나간다.
④ 술과 얼음을 같이 넣어 나간다.

해설

- 소프트 드링크에서는 디캔터는 주스나 청량음료를 얼음 없이 유리나 플라스틱 용기에 담기 위해 사용하는 용기이다.

0201 / 0802

360 Repetitive Learning (1회 2회 3회)

Dispenser용 Soft Drink 보관 방법으로 맞는 것은?

① 온도차가 큰 곳에 보관한다.
② 시원하고 그늘진 곳에 보관한다.
③ 햇볕이 들어오는 창가에 보관한다.
④ 열기가 많은 주방에 보관한다.

해설

- Dispenser로 사용하는 Soft Drink는 시원하고 그늘진 곳에 보관한다.

0301 / 0501 / 0905

361 Repetitive Learning (1회 2회 3회)

다음 중 기호음료(Tasting Beverage)가 아닌 것은?

① 오렌지주스(Orange Juice)
② 커피 (Coffee)
③ 코코아(Cocoa)
④ 티(Tea)

해설

- ①은 비알코올성 음료-영양음료 중 주스류에 해당한다.

1305 / 1602

362 Repetitive Learning (1회 2회 3회)

차를 만드는 방법에 따른 분류와 대표적인 차의 연결이 틀린 것은?

① 불발효차-보성녹차
② 반발효차-오룡차
③ 발효차-다즐링차
④ 후발효차-쟈스민차

해설

- 쟈스민차는 반발효차에 속한다.

1205 / 1505

363 Repetitive Learning (1회 2회 3회)

제조방법상 발효 방법이 다른 차(Tea)는?

① 한국의 작설차
② 인도의 다즐링(Darjeeling)
③ 중국의 기문차
④ 스리랑카의 우바(Uva)

해설

- ②, ③, ④는 모두 홍차의 종류들로 발효차에 해당한다.
- ①은 녹차로 불발효차에 속한다.

1301 / 1502

364 Repetitive Learning (1회 2회 3회)

차의 분류가 바르게 연결된 것은?

① 발효차-얼그레이
② 불발효차-보이차
③ 반발효차-녹차
④ 후발효차-쟈스민

해설

- ②에서 보이차는 후발효차이다.
- ③에서 녹차는 불발표차이다.
- ④에서 쟈스민차는 반발효차이다.

0102 / 0605

365 Repetitive Learning (1회 2회 3회)

커피는 음료의 어느 부문에 속하는가?

① 알코올성 음료
② 기호음료
③ 영양음료
④ 청량음료

해설

- 커피는 기호음료에 속한다.

정답 | 358 ② 359 ① 360 ② 361 ① 362 ④ 363 ① 364 ① 365 ②

1005 / 1305

366 Repetitive Learning (1회 2회 3회)

차나무의 분포 지역을 가장 잘 표시한 것은?

① 남위 20°~북위 40° 사이의 지역
② 남위 23°~북위 43° 사이의 지역
③ 남위 26°~북위 46° 사이의 지역
④ 남위 25°~북위 50° 사이의 지역

해설
• 차나무는 상록활엽관목으로 원산지는 중국이며 한국과 일본 그리고 인도에도 분포되어 있다. 주로 열대, 온대, 아열대 지방에 서식하는 나무다.

0801 / 1402

367 Repetitive Learning (1회 2회 3회)

차와 코코아에 대한 설명으로 틀린 것은?

① 차는 보통 홍차, 녹차, 청차 등으로 분류된다.
② 차의 등급은 잎의 크기나 위치 등에 크게 좌우된다.
③ 코코아는 카카오 기름을 제거하여 만든다.
④ 코코아는 사이폰(syphon)을 사용하여 만든다.

해설
• 사이폰(syphon)은 커피추출방법의 일종으로 관을 통과하여 커피를 유추하는 법으로 증기압을 이용하므로 화력에 주의해야 한다.

1104 / 1402

368 Repetitive Learning (1회 2회 3회)

다음 중 홍차가 아닌 것은?

① 잉글리시 블랙퍼스트(English breakfast)
② 로브스타(Robusta)
③ 다즐링(Dazeeling)
④ 우바(Uva)

해설
• 로브스타는 커피 품종 중 하나다. 아라비카와 더불어 가장 대중적인 커피이며 원산지는 아프리카의 콩고이다.

1204 / 1505

369 Repetitive Learning (1회 2회 3회)

커피의 맛과 향을 결정하는 중요 가공 요소가 아닌 것은?

① roasting ② blending
③ grinding ④ weathering

해설
• 풍화작용(weathering)은 커피 맛과 향을 결정하는 요소가 아니다. 커피를 생산할 때 로스팅(roasting), 블렌딩(blending), 그라인딩(grinding)이 커피의 맛과 향을 결정한다.

0801 / 1302

370 Repetitive Learning (1회 2회 3회)

커피에 대한 설명으로 가장 거리가 먼 것은?

① 아라비카종의 원산지는 에티오피아이다.
② 초기에는 약용으로 사용되기도 했다.
③ 발효와 숙성과정을 거쳐 만들어진다.
④ 카페인이 중추신경을 자극하여 피로감을 없애준다.

해설
• 커피나무에서 생두를 수확하여 볶고 분쇄하여 추출하면 커피가 된다. 즉 별도의 발효와 숙성과정이 필요 없다.

1305 / 1604

371 Repetitive Learning (1회 2회 3회)

커피 로스팅의 정도에 따라 약한 순서에서 강한 순서대로 나열한 것은?

① American Roasting → German Roasting → French Roasting → Italian Roasting
② German Roasting → Italian Roasting → American Roasting → French Roasting
③ Italian Roasting → German Roasting → American Roasting → French Roasting
④ French Roasting → American Roasting → Italian Roasting → German Roasting

해설
• 로스팅의 정도를 약한 순에서 강한 순으로 나열하면 American Roasting → German Roasting → French Roasting → Italian Roasting이 된다.

1001 / 1004 / 1204 / 1601

372 Repetitive Learning (1회 2회 3회)

커피의 3대 원종이 아닌 것은?

① 로부스타종 ② 아라비카종
③ 인디카종 ④ 리베리카종

해설
• ③은 알갱이가 길쭉하게 생긴 쌀 종류이며 커피가 아니다.

366 ② 367 ④ 368 ② 369 ④ 370 ③ 371 ① 372 ③ | 정답

1201 / 1504

373 Repetitive Learning 1회 2회 3회

비알코올성 음료에 대한 설명으로 틀린 것은?

① Decaffeinated coffee는 caffeine을 제거한 커피이다.
② 아라비카종은 이디오피아가 원산지인 향미가 우수한 커피이다.
③ 에스프레소 커피는 고압의 수증기로 추출한 커피이다.
④ Cocoa는 카카오 열매의 과육을 말려 가공한 것이다.

해설
- Cocoa는 카카오 씨앗을 압착해서 카카오기름을 제거한 뒤 분쇄한 것이다.

0705 / 1004

374 Repetitive Learning 1회 2회 3회

Irish Coffee의 재료가 아닌 것은?

① Irish whiskey ② Rum
③ Hot Coffee ④ Sugar

해설
- 커피향과 조화를 이루는 아이리쉬 커피는 위스키, 커피, 설탕, 휘핑크림으로 제조된다.

1301 / 1602

375 Repetitive Learning 1회 2회 3회

다음 중 그 종류가 다른 하나는?

① Vienna Coffee ② Cappuccino Coffee
③ Espresso Coffee ④ Irish Coffee

해설
- ④는 주로 추운 계절에 추위를 녹이기 위하여 외출이나 등산 후에 따뜻하게 마시기 위해 아이리쉬 위스키와 커피, 설탕으로 만든 칵테일이다.

1205 / 1602

376 Repetitive Learning 1회 2회 3회

에스프레소 추출 시 너무 진한 크레마(Dark Crema)가 추출되었을 때 그 원인이 아닌 것은?

① 물의 온도가 95℃보다 높은 경우
② 펌프압력이 기준 압력보다 낮은 경우
③ 포터필터의 구멍이 너무 큰 경우
④ 물 공급이 제대로 안 되는 경우

해설
- 포터필터의 구멍이 너무 크면 에스프레소 추출이 과하게 되어 크레마가 적게 만들어진다.

1304 / 1601

377 Repetitive Learning 1회 2회 3회

다음 중 알코올성 커피는?

① 카페 로얄(Cafe Royale)
② 비엔나 커피(Vienna Coffee)
③ 데미타세 커피(Demi-Tasse Coffee)
④ 카페오레(Cafe au Lait)

해설
- ②는 아메리카노 위에 하얀 휘핑크림을 얹은 커피를 말한다.
- ③은 통상 커피 잔의 반 정도인 커피 잔에 커피를 담아 제공하는 커피를 말한다.
- ④는 뜨거운 우유를 첨가한 커피를 말한다.

1004 / 1505

378 Repetitive Learning 1회 2회 3회

다음 ( ) 안에 공통적으로 적합한 단어는?

> ( ), which looks like fine sea spray, is the Holy Grail of espresso, the beautifully tangible sign that everything has gone right.
> ( ) is a golden foam made up of oil and colloids, which floats atop the surface of a perfectly brewed cup of espresso.

① Crema ② Cupping
③ Cappuccino ④ Caffe Latte

해설
- 에스프레소의 성배, 훌륭한 바다 꽃무늬와 같아 보이는, 모든 것이 제대로 진행되었음을 보여주는 아름답게 가시적인 신호이다.
기름과 콜로이드로 구성된 황금 거품으로, 완벽하게 양조된 에스프레소 컵의 표면 위에 떠 있다.

1304 / 1602

379 Repetitive Learning 1회 2회 3회

다음 중 과실음료가 아닌 것은?

① 토마토주스 ② 천연과즙주스
③ 희석과즙음료 ④ 과립과즙음료

해설
- ①은 채소주스에 해당한다.

정답 | 373 ④ 374 ② 375 ④ 376 ③ 377 ① 378 ① 379 ①

1205 / 1505

380 Repetitive Learning (1회 2회 3회)

커피의 제조방법이 아닌 것은?

① 드립식(drip filter)
② 퍼콜레이터식(percolator)
③ 에스프레소식(espresso)
④ 디캔터식(decanter)

해설
• ④의 디캔터는 와인 등의 술의 침전물을 거르는 도구로 커피와는 관련 없다.

1304 / 1604

381 Repetitive Learning (1회 2회 3회)

에스프레소의 커피추출이 빨리 되는 원인이 아닌 것은?

① 너무 굵은 분쇄입자
② 약한 탬핑 강도
③ 너무 많은 커피 사용
④ 높은 펌프 압력

해설
• 너무 많은 커피를 사용하면 커피 추출시간이 느려지며 진한 에스프레소가 추출된다.

0602 / 0905 / 1304

382 Repetitive Learning (1회 2회 3회)

주스류(juice)의 보관 방법으로 가장 적절한 것은?

① 캔 주스는 냉동실에 보관한다.
② 한번 오픈한 주스는 상온에 보관한다.
③ 열기가 많고 햇볕이 드는 곳에 보관한다.
④ 캔 주스는 오픈한 후 유리그릇, 플라스틱 용기에 담아서 냉장 보관한다.

해설
• 캔 주스는 오픈한 후 별도의 용기(유리, 플라스틱)에 담아서 냉장보관을 해야 상하지 않는다. 주스류는 유효기간을 체크하도록 해야 한다.

0305 / 1302 / 1504

383 Repetitive Learning (1회 2회 3회)

칵테일의 기본 5대 요소와 거리가 가장 먼 것은?

① Decoration(장식) ② Method(방법)
③ Glass(잔) ④ Flavor(향)

해설
• 칵테일의 5대 요소는 맛(Taste), 향(Flavour), 색(Colour), 글라스(Glass), 장식(Decoration Garnish)이다.

0101 / 0205 / 0301

384 Repetitive Learning (1회 2회 3회)

칵테일 부재료는 어떻게 보관하는가?

① 오픈한 부재료는 냉장고에 보관한다.
② 쓰다 남은 부재료를 상온에 보관한다.
③ 모든 부재료는 냉동고에 보관한다.
④ 햇볕이 많이 들어오는 곳에 보관한다.

해설
• 캔 주스는 오픈한 후 별도의 용기(유리, 플라스틱)에 담아서 냉장보관을 해야 상하지 않는다. 주스류는 유효기간을 체크하도록 해야 한다.

0901 / 1601

385 Repetitive Learning (1회 2회 3회)

칵테일의 특징이 아닌 것은?

① 부드러운 맛
② 분위기의 증진
③ 색, 맛, 향의 조화
④ 항산화, 소화증진 효소 함유

해설
• 칵테일이 식욕을 증진시키는 윤활유 역할을 하지만 항산화나 소화증진 효소를 함유하지는 않는다.

0104 / 0705

386 Repetitive Learning (1회 2회 3회)

칵테일을 만드는 방법으로 적합하지 않은 것은?

① on the rock은 잔에 술을 먼저 붓고 난 뒤 얼음을 넣는다.
② olive는 찬물에 헹구어 짠맛을 엷게 해서 사용한다.
③ mist를 만들 때는 분쇄얼음을 사용한다.
④ 찬술은 보통 찬 글라스를, 뜨거운 술은 뜨거운 글라스를 사용한다.

해설
• 온더락은 글라스에 얼음을 2~3개 넣은 후 그 위에 위스키를 따르는 방법이다.

380 ④ 381 ③ 382 ④ 383 ② 384 ① 385 ④ 386 ① | 정답

0505 / 1404

387 Repetitive Learning (1회 2회 3회)

칵테일의 분류 중 맛에 따른 분류에 속하지 않는 것은?

① 스위트 칵테일(Sweet Cocktail)
② 사워 칵테일(Sour Cocktail)
③ 드라이 칵테일(Dry Cocktail)
④ 아페리티프 칵테일(Aperitif Cocktail)

해설

- 칵테일은 맛에 따라 스위트, 사워, 드라이 칵테일로 크게 분류한다.

1101 / 1402

388 Repetitive Learning (1회 2회 3회)

메뉴 구성 시 산지, 빈티지, 가격 등이 포함되어야 하는 품목과 거리가 먼 것은?

① 칵테일 ② 와인
③ 위스키 ④ 브랜디

해설

- 칵테일(Cocktail)은 여러 가지 술을 섞어서 만드는 음료로 산지나 빈티지 등이 포함될 필요가 없다.

0202 / 1201 / 1602

389 Repetitive Learning (1회 2회 3회)

칵테일 레시피(Recipe)를 보고 알 수 없는 것은?

① 칵테일의 색깔 ② 칵테일의 판매량
③ 칵테일의 분량 ④ 칵테일의 성분

해설

- 칵테일 레시피로는 가격이나 판매량을 확인할 수 없다.

1204 / 1301

390 Repetitive Learning (1회 2회 3회)

믹싱 글라스(Mixing Glass)에서 만든 칵테일을 글라스에 따를 때 얼음을 걸러주는 역할을 하는 기구는?

① Ice Pick ② Ice Tong
③ Strainer ④ Squeezer

해설

- ①은 얼음을 부수거나 따거나 쪼개는 데 사용하는 날카로운 금속 도구이다.
- ②는 얼음 등을 잡고 들어올릴 때 사용하는 집게이다.
- ④는 과일즙을 짜는 도구이다.

0104 / 0904

391 Repetitive Learning (1회 2회 3회)

칵테일 도구에 대한 설명 중 틀린 것은?

① strainer : 재료를 혼합, 반죽하는 도구
② squeezer : 과즙을 짜는 도구
③ pourer : 술 손실 예방 도구
④ cork screw : 코르크 마개를 빼는 도구

해설

- ①은 칵테일을 제조할 때 여과기로 사용되며 얼음이 흘러나오지 않도록 막는다.

0401 / 0405 / 0505 / 1304

392 Repetitive Learning (1회 2회 3회)

칵테일을 컵에 따를 때 얼음이 들어가지 않도록 걸러 주는 기구는?

① Shaker ② Strainer
③ Stick ④ Blender

해설

- ①은 계란, 설탕, 시럽 등 농후한 재료를 사용하는 칵테일의 경우 휘저어 섞는 것만으로는 잘 혼합이 되지 않기 때문에 강한 움직임을 주기 위하여 사용하는 도구이다.
- ③은 칵테일 제조 시 올리브나 체리 등을 장식할 때 사용되는 도구이다.
- ④는 혼합하기 어려운 재료들을 섞거나 프로즌 스타일의 칵테일을 만들 때 사용하는 도구이다.

0302 / 0305 / 1104 / 1505

393 Repetitive Learning (1회 2회 3회)

주장에서 사용하는 기물이 아닌 것은?

① Champagne Cooler ② Soup Spoon
③ Lemon Squeezer ④ Decanter

해설

- ②는 수프용 스푼을 말한다.

0501 / 0705 / 1505

394 Repetitive Learning (1회 2회 3회)

다음 중 바 기물과 거리가 먼 것은?

① ice cube maker ② muddler
③ beer cooler ④ deep freezer

해설

- ④는 초저온 냉동고로 영하 80℃ 이하의 초저온 상태로 내부 온도를 유지시키는 장비로 바 기물로는 어울리지 않는다.

정답 | 387 ④ 388 ① 389 ② 390 ③ 391 ① 392 ② 393 ② 394 ④

0602 / 0901 / 1501

395 Repetitive Learning 1회 2회 3회

얼음을 거르는 기구는?

① Jigger ② Cork Screw
③ Pourer ④ Strainer

해설
- ①은 칵테일 레시피에 표시된 음료의 양을 정확하게 측정하기 위해 사용하는 도구이다.
- ②는 코르크 마개를 빼는 도구이다.
- ③은 술 손실 예방 도구로 음료가 일정하게 나오도록 조절하는 기구로 푸링 립(Pouring Lip)이라고도 한다.

0402 / 0405

396 Repetitive Learning 1회 2회 3회

과일의 즙을 낼 때 사용하는 기구는?

① Measure cup ② Squeezer
③ Mixing glass ④ Strainer

해설
- ①은 지거 또는 계량컵이라 불리는데 칵테일 레시피에 표시된 음료의 양을 정확하게 측정하기 위해 사용하는 도구이다.
- ③은 셰이커와 같이 재료를 섞고 차갑게 식히는 역할을 하는 도구이다.
- ④는 칵테일을 제조할 때 여과기로 사용되며 얼음이 흘러나오지 않도록 막는 도구이다.

0101 / 0202

397 Repetitive Learning 1회 2회 3회

주장(Bar) 내에서 필요한 기구류가 아닌 것은?

① Strainer(스트레이너)
② Ice Pick(아이스 픽)
③ Pouring Lip(푸링 립)
④ Cocktail Napkin(칵테일 냅킨)

해설
- ④는 테이블 세팅용 냅킨이다.

0301 / 1202

398 Repetitive Learning 1회 2회 3회

다음 중 칵테일 조주에 필요한 기구로 가장 거리가 먼 것은?

① Jigger ② Shaker
③ Ice Equipment ④ Straw

해설
- ④는 칵테일을 마시기 쉽게 하기 위한 빨대로 칵테일 서비스에 필요한 기물이다.

0402 / 1305

399 Repetitive Learning 1회 2회 3회

바(Bar)의 기구가 아닌 것은?

① 믹싱 셰이커(Mixing Shaker)
② 레몬 스퀴저(Lemon Squeezer)
③ 바 스트레이너(Bar Strainer)
④ 스테이플러(Stapler)

해설
- ④는 가는 금속 부품을 이용해 종이나 이와 유사한 재료를 고정시킬 수 있게 하는 장치이다.

0402 / 0502

400 Repetitive Learning 1회 2회 3회

술의 손실을 방지하고 술을 따를 때 용이하게 사용하는 것은?

① 디캔터(decanter) ② 머들러(muddler)
③ 푸어러(pourer) ④ 스퀴저(squeezer)

해설
- ①은 와인을 서비스할 때 침전물을 걸러내기 위해 이용한다.
- ②는 허브잎이나 과일 또는 설탕 등을 으깨서 향을 낼 때 사용하는 도구이다.
- ④는 과일즙을 짜는 도구이다.

0301 / 1502

401 Repetitive Learning 1회 2회 3회

조주용 기물 종류 중 푸어러(Pourer)에 대한 설명으로 바른 것은?

① 쓰고 남은 청량음료를 밀폐시키는 병마개
② 칵테일을 마시기 쉽게 하기 위한 빨대
③ 술병 입구에 끼워 쏟아지는 양을 일정하게 만드는 기구
④ 물을 담아놓고 쓰는 손잡이가 달린 물병

해설
- ①은 스토퍼(Stopper)에 대한 설명이다.
- ②는 스트로우(Straw)에 대한 설명이다.
- ④는 디캔터(Decanter)에 대한 설명이다.

395 ④ 396 ② 397 ④ 398 ④ 399 ④ 400 ③ 401 ③ | 정답

0405 / 0705

402 Repetitive Learning (1회 2회 3회)

술을 메져컵(Measure Cup)에 따를 때 많은 양이 흘러 나오는 것을 방지하며 소량만 나오게 하는 기구는?

① 푸어러(Pourer) ② 머들러(Muddler)
③ 스토퍼(Stopper) ④ 스트로우(Straw)

해설
- ②는 허브잎이나 과일 또는 설탕 등을 으깨서 향을 낼 때 사용하는 도구이다.
- ③은 남은 음료를 보관하기 위한 병마개이다.
- ④는 칵테일을 마시기 쉽게 하기 위한 빨대를 말한다.

0601 / 0902

403 Repetitive Learning (1회 2회 3회)

Bar에서 꼭 필요하지 않는 기물은?

① Ice Tongs ② Ice Cream Mixer
③ Can Opener ④ Shaker

해설
- ②는 아이스크림 믹서로 바에서 반드시 필요한 기물과는 거리가 있다.

0302 / 0305 / 0601 / 1301

404 Repetitive Learning (1회 2회 3회)

쿨러(cooler)의 종류에 해당되지 않는 것은?

① Jigger cooler ② Cup cooler
③ Beer cooler ④ Wine cooler

해설
- ①은 칵테일 레시피에 표시된 음료의 양을 정확하게 측정하기 위해 사용하는 도구로 쿨러가 필요하지 않다.

0301 / 1505

405 Repetitive Learning (1회 2회 3회)

칵테일 기구인 지거(Jigger)를 잘못 설명한 것은?

① 일명 Measure Cup이라고 한다.
② 지거는 크고 작은 두 개의 삼각형 컵이 양쪽으로 붙어 있다.
③ 작은 쪽 컵은 1oz이다.
④ 큰 쪽의 컵은 대부분 2oz이다.

해설
- 큰 쪽의 컵은 45mL(1.5oz)이다.

0805 / 1201

406 Repetitive Learning (1회 2회 3회)

「Measure Cup」에 대한 설명 중 틀린 것은?

① 각종 주류의 용량을 측정한다.
② 윗부분은 1oz(30mL)이다.
③ 아랫부분은 1.5oz(45mL)이다.
④ 병마개를 감쌀 때 쓰일 수 있다.

해설
- Measure Cup은 칵테일 조주 시 각종 주류의 용량을 측정하는 컵이다.

0801 / 0905

407 Repetitive Learning (1회 2회 3회)

칵테일 조주 시 술의 양을 계량할 때 사용하는 기구는?

① Squeezer ② Measure cup
③ Cork screw ④ Ice pick

해설
- ①은 과일즙을 짜는 도구이다.
- ③은 코르크 마개를 빼는 도구이다.
- ④는 얼음을 부수거나 따거나 쪼개는 데 사용하는 날카로운 금속 도구이다.

0401 / 1402

408 Repetitive Learning (1회 2회 3회)

얼음을 다루는 기구 중 설명이 틀린 것은?

① Ice Pick : 얼음을 깰 때 사용하는 기구
② Ice Scooper : 얼음을 푸는 기구
③ Ice Crusher : 얼음을 가는 기구
④ Ice Tong : 얼음을 보관하는 기구

해설
- ④는 얼음을 집는 집게이다.

0201 / 0502

409 Repetitive Learning (1회 2회 3회)

다음 중 Ice Equipment가 아닌 것은?

① Ice Pail ② Ice Scoop
③ Ice Tong ④ Ice Knife

해설
- Ice Equipment에는 ①, ②, ③ 외에 Ice Pick, Ice Bucket, Ice Crusher 등이 있다.

정답 | 402 ① 403 ② 404 ① 405 ④ 406 ④ 407 ② 408 ④ 409 ④

0605 / 0902 / 1202

410 Repetitive Learning 1회 2회 3회

주류의 용량을 측정하기 위한 기구는?

① Jigger　② Mixing Glass
③ Straw　④ Decanter

해설
- ②는 셰이커와 같이 재료를 섞고 차갑게 식히는 역할을 하는 도구로 stir 기법(휘젓기)에 사용하는 기물이다.
- ③은 칵테일을 마시기 쉽게 하기 위한 빨대이다.
- ④는 소프트 드링크에서 주스나 청량음료를 얼음 없이 유리나 플라스틱 용기에 담기 위해 사용하는 용기이다.

0501 / 0602 / 0705 / 1201

411 Repetitive Learning 1회 2회 3회

칵테일 조주 시 술이나 부재료, 주스의 용량을 재는 기구로 스테인리스제가 많이 쓰이며, 삼각형 30mL와 45mL의 컵이 등을 맞대고 있는 기구는?

① 스트레이너　② 믹싱글라스
③ 지거　④ 스퀴저

해설
- ①은 칵테일을 제조할 때 여과기로 사용되며 얼음이 흘러나오지 않도록 막는 도구로 믹싱 글라스에서 제조된 칵테일을 잔에 따를 때 사용한다.
- ②는 셰이커와 같이 재료를 섞고 차갑게 식히는 역할을 하는 도구로 stir 기법(휘젓기)에 사용하는 기물이다.
- ④는 과일즙을 짜는 도구이다.

0302 / 0701 / 1104

412 Repetitive Learning 1회 2회 3회

「Jigger」는 어디에 사용하는 기구인가?

① 주스(Juice)를 따를 때 사용한다.
② 주류의 분량을 측정하기 위하여 사용한다.
③ 와인(Wine)을 시음할 때 사용한다.
④ 과일을 깎을 때 사용하는 칼이다.

해설
- ①은 푸어러에 대한 설명이다.

0305 / 0602 / 1102

413 Repetitive Learning 1회 2회 3회

코스터(Coaster)의 용도는?

① 잔 닦는 용　② 잔 받침대 용
③ 남은 술 보관용　④ 병마개 따는 용

해설
- 코스터(Coaster)는 주류를 글라스에 담아서 고객에게 서빙할 때 글라스 밑받침으로 사용하는 것을 말한다.

0103 / 0104 / 1302

414 Repetitive Learning 1회 2회 3회

칵테일 주조 시 각종 주류와 부재료를 재는 표준용량 계량기는?

① Hand Shaker　② Mixing Glass
③ Squeezer　④ Jigger

해설
- ①은 계란, 설탕, 시럽 등 농후한 재료를 사용하는 칵테일의 경우 휘저어 섞는 것만으로는 잘 혼합이 되지 않기 때문에 강한 움직임을 주기 위하여 사용하는 도구이다.
- ②는 셰이커와 같이 재료를 섞고 차갑게 식히는 역할을 하는 도구로 stir 기법(휘젓기)에 사용하는 기물이다.
- ③은 과일즙을 짜는 도구이다.

0102 / 0405

415 Repetitive Learning 1회 2회 3회

머들러(Muddler)의 사용 방법 중 맞는 것은?

① Garnish를 꽂아 제공한다.
② 주류 용량을 재는 막대기이다.
③ 롱 드링크(Long Drink) 서비스 및 칵테일 제공 시 고객이 직접 휘젓기할 수 있게 음료와 함께 제공한다.
④ 오렌지나 레몬 주스를 짤 때 사용하는 Squeezer이다.

해설
- ①은 Cocktail Pick에 대한 설명이다.
- ②는 Bar Spoon에 대한 설명이다.

0702 / 1101

416 Repetitive Learning 1회 2회 3회

Muddler에 대한 설명으로 틀린 것은?

① 설탕이나 장식과일 등을 으깨거나 혼합하기에 편리하게 사용할 수 있는 긴 막대형이다.
② 칵테일 장식에 체리나 올리브 등을 찔러 사용한다.
③ 롱 드링크를 마실 때는 휘젓는 용도로 사용한다.
④ Stirring Rod라고도 한다.

해설
- ②는 Cocktail Pick에 대한 설명이다.

410 ① 411 ③ 412 ② 413 ② 414 ④ 415 ③ 416 ② 정답

0601 / 0802 / 1205

417 Repetitive Learning (1회 2회 3회)

목재 머들러(wood muddler)의 용도는?

① 스파이스나 향료를 으깰 때 사용한다.
② 레몬을 스퀴즈할 때 사용한다.
③ 음료를 서빙할 때 사용한다.
④ 브랜디를 띄울 때 쓴다.

해설
- 머들러는 허브잎이나 과일 또는 설탕 등을 으깨서 향을 낼 때 사용하는 도구이다.

0103 / 0402 / 0901 / 1502

418 Repetitive Learning (1회 2회 3회)

바 스푼(Bar Spoon)의 용도에 대한 설명으로 틀린 것은?

① Floating Cocktail을 만들 때 사용한다.
② Mixing Glass를 이용하여 칵테일을 만들 때 휘젓는 용도로 사용한다.
③ 글라스의 내용물을 섞을 때 사용한다.
④ 얼음을 아주 잘게 부술 때 사용한다.

해설
- ④는 Ice Pick에 대한 설명이다.

0802 / 0905 / 1202

419 Repetitive Learning (1회 2회 3회)

칵테일에 관련된 각 용어의 설명이 틀린 것은?

① Cocktail Pick : 장식에 사용하는 핀
② Peel : 과일 껍질
③ Decanter : 신맛이라는 뜻
④ Fix : 약간 달고, 맛이 강한 칵테일의 종류

해설
- ③은 와인을 서비스할 때 침전물을 걸러내기 위해 이용한다.

0701 / 0901

420 Repetitive Learning (1회 2회 3회)

Which is not an appropriate definition?

① Ice Pick : 얼음을 잘게 부술 때 사용하는 기구
② Squeezer : 과즙을 짤 때 사용하는 기구
③ Ice Tong : 얼음을 제조하는 기구
④ Pourer : 주류를 따를 때 흘리지 않도록 하는 기구

해설
- ③은 얼음을 집는 집게이고, 얼음을 제조하는 기계는 아이스 크러셔이다.

0501 / 1104

421 Repetitive Learning (1회 2회 3회)

제스터(Zester)에 대한 설명으로 옳은 것은?

① 향미를 돋보이게 하는 용기
② 레몬이나 오렌지를 조각내는 집기
③ 얼음을 넣어두는 용기
④ 향미를 보호하기 위한 밀폐되는 용기

해설
- ③은 아이스 버킷에 대한 설명이다.

0103 / 0602

422 Repetitive Learning (1회 2회 3회)

혼합하기 어려운 재료를 섞거나 프로즌 드링크를 만들 때 쓰는 기구 중 가장 적합한 것은?

① 셰이커 ② 제스터
③ 믹싱글라스 ④ 블렌더

해설
- ①은 계란, 설탕, 시럽 등 농후한 재료를 사용하는 칵테일의 경우 휘저어 섞는 것만으로는 잘 혼합이 되지 않기 때문에 강한 움직임을 주기 위하여 사용하는 도구이다.
- ②는 레몬이나 오렌지의 껍질을 깎아내는 집기이다.
- ③은 셰이커와 같이 재료를 섞고 차갑게 식히는 역할을 하는 도구로 stir 기법(휘젓기)에 사용하는 기물이다.

0601 / 1101

423 Repetitive Learning (1회 2회 3회)

주류를 글라스에 담아서 고객에게 서빙할 때 글라스 밑받침으로 사용하는 것은?

① 스터러(stirrer)
② 디캔터(decanter)
③ 컷팅보드(cutting board)
④ 코스터(coaster)

해설
- ①은 휘젓기 기법에 사용되는 믹싱 글라스를 말한다.
- ②는 소프트 드링크에서 주스나 청량음료를 얼음 없이 유리나 플라스틱 용기에 담기 위해 사용하는 용기이다.

정답 | 417 ① 418 ④ 419 ③ 420 ③ 421 ② 422 ④ 423 ④

0104 / 0405 / 0802 / 1102 / 1404 / 1601

424 Repetitive Learning 1회 2회 3회

탄산음료나 샴페인을 사용하고 남은 일부를 보관 시 사용되는 기물은?

① 스토퍼 ② 푸어러
③ 코르크 ④ 코스터

해설
- ②는 술 손실 예방 도구로 음료가 일정하게 나오도록 조절하는 기구로 푸링 립(Pouring Lip)이라고도 한다.

1202 / 1405

425 Repetitive Learning 1회 2회 3회

잔(Glass) 가장자리에 소금, 설탕을 묻힐 때 빠르고 간편하게 사용할 수 있는 칵테일 기구는?

① 글라스 리머(Glass rimmer)
② 디캔터(Decanter)
③ 푸어러(Pourer)
④ 코스터(Coaster)

해설
- ②는 소프트 드링크에서 주스나 청량음료를 얼음 없이 유리나 플라스틱 용기에 담기 위해 사용하는 용기이다.
- ③은 술을 글라스에 따를 때 사용하는 기구이다.
- ④는 주류를 글라스에 담아서 고객에게 서빙할 때 글라스 밑받침으로 사용하는 것을 말한다.

0401 / 1404

426 Repetitive Learning 1회 2회 3회

쇼트 드링크(short drink)란?

① 만드는 시간이 짧은 음료
② 증류주와 청량음료를 믹스한 음료
③ 시간적인 개념으로 짧은 시간에 마시는 칵테일 음료
④ 증류주와 맥주를 믹스한 음료

해설
- 쇼트 드링크는 용량이 150ml(5oz) 미만의 칵테일로 짧은 시간에 마시는 칵테일을 말한다.

0205 / 0405

427 Repetitive Learning 1회 2회 3회

롱 드링크 칵테일(Long drinks cocktail)인 것은?

① Mai Tai ② Martini
③ Daiquiri ④ Alexander

해설
- ②, ③, ④는 모두 쇼트 드링크이다.

0401 / 0801

428 Repetitive Learning 1회 2회 3회

칵테일 잔의 밑받침대로 헝겊이나 두터운 종이로 만든 것은?

① Muddler ② Pourer
③ Stopper ④ Coaster

해설
- ①은 허브잎이나 과일 또는 설탕 등을 으깨서 향을 낼 때 사용하는 도구이다.
- ②는 주류를 따를 때 흘리지 않도록 하는 기구이다.
- ③은 탄산음료나 샴페인을 사용하고 남은 일부를 보관 시 사용되는 기물이다.

0104 / 1205

429 Repetitive Learning 1회 2회 3회

Long Drink에 대한 설명으로 틀린 것은?

① 주로 텀블러 글라스, 하이볼 글라스 등으로 제공한다.
② 탐 콜린스, 진피즈 등이 속한다.
③ 일반적으로 한 종류 이상의 술에 청량음료를 섞는다.
④ 무알코올 음료의 총칭이다.

해설
- 롱 드링크는 하이볼 글라스나 콜린스 글라스 등에 담겨 제공되는 용량이 많아(180ml, 6oz 이상) 오래 마실 수 있는 칵테일을 말한다.

0102 / 0302 / 0801 / 1004

430 Repetitive Learning 1회 2회 3회

다음 중 롱 드링크(Long drink)에 해당하는 것은?

① 사이드 카(Side car)
② 스팅어(Stinger)
③ 로얄 피즈(Royal fizz)
④ 맨해튼(Manhattan)

해설
- ①, ②, ④는 모두 용량이 150ml 미만인 쇼트 드링크에 해당된다.

424 ① 425 ① 426 ③ 427 ① 428 ④ 429 ④ 430 ③ 정답

0401 / 1404

431 ——• Repetitive Learning (1회 2회 3회)

다음 중 롱 드링크(Long Drink)에 해당하는 것은?

① 마티니(Martini)
② 진피즈(Gin Fizz)
③ 맨해튼(Manhattan)
④ 스팅어(Stinger)

해설

• ①, ③, ④는 모두 용량이 150ml 미만인 쇼트 드링크에 해당된다.

0602 / 1005

432 ——• Repetitive Learning (1회 2회 3회)

칵테일의 기능에 따른 분류 중 롱 드링크(Long Drink)가 아닌 것은?

① 피나콜라다(Pina Colada)
② 마티니(Martini)
③ 톰 콜린스(Tom Collins)
④ 치치(Chi-Chi)

해설

• ②는 대표적인 쇼트 드링크이다.

0802 / 1404

433 ——• Repetitive Learning (1회 2회 3회)

Long Drink가 아닌 것은?

① Pina colada ② Manhattan
③ Singapore Sling ④ Rum Punch

해설

• ②는 대표적인 쇼트 드링크이다.

0701 / 1401 / 1402

434 ——• Repetitive Learning 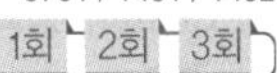

다음은 무엇에 관한 설명인가?

> When making a cocktail, this is the main ingredient into which other things are added.

① base ② glass
③ straw ④ decoration

해설

• 칵테일을 만들 때 주가 되는 것은 베이스를 의미한다.

0101 / 0405

435 ——• Repetitive Learning (1회 2회 3회)

양주 칵테일에는 롱 드링크(long drink)가 있는데 이는 무슨 음료를 혼합하는가?

① 탄산음료 ② 물
③ 리큐르 ④ 커피

해설

• 롱 드링크에는 주로 탄산음료(소다수 등)를 많이 혼합한다.

0301 / 1202 / 1501

436 ——• Repetitive Learning (1회 2회 3회)

칵테일 글라스의 부위명칭으로 틀린 것은?

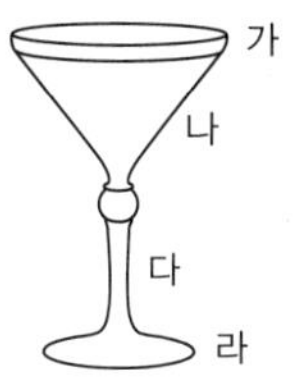

① 가-rim ② 나-face
③ 다-body ④ 라-bottom

해설

• ③은 stem(줄기)에 해당한다.

0605 / 0904 / 1401 / 1601

437 ——• Repetitive Learning (1회 2회 3회)

칵테일 글라스의 3대 명칭이 아닌 것은?

① 베이스(Base) ② 스템(Stem)
③ 보울(Bowl) ④ 캡(Cap)

해설

• 칵테일 글라스의 3대 명칭은 보울(Bowl), 스템(Stem), 베이스(Base)를 들 수 있다.

0103 / 0802 / 1104

438 ——• Repetitive Learning (1회 2회 3회)

마티니 칵테일을 서브할 때의 글라스(Glass)로 올바른 선택은?

① 하이볼 글라스 ② 위스키샤워 글라스
③ 칵테일 글라스 ④ 올드 패션드 글라스

해설

• 마티니는 대표적인 쇼트 드링크로 칵테일 글라스로 서비스한다.

정답 | 431 ② 432 ② 433 ② 434 ① 435 ① 436 ③ 437 ④ 438 ③

1301 / 1504

439 Repetitive Learning 1회 2회 3회

서브 시 칵테일 글라스를 잡는 부위로 가장 적합한 것은?

① Rim ② Stem
③ Body ④ Bottom

해설
- ①은 입술이 닿는 부분을 의미한다.
- ③은 칵테일이 담기는 공간을 의미한다.
- ④는 잔의 가장 아랫부분 지지대를 의미한다.

0401 / 0505 / 0705

440 Repetitive Learning 1회 2회 3회

Blue Bird라는 칵테일은 어떤 종류의 글라스를 사용하는가?

① Tumbler Glass
② Sour Glass
③ Old Fashion Glass
④ Cocktail Glass

해설
- 블루 버드는 쇼트 드링크로 칵테일 글라스로 서비스한다.

0605 / 1402

441 Repetitive Learning 1회 2회 3회

스팅어(Stinger)를 제공하는 유리잔(Glass)의 종류는?

① 하이볼(Highball) 글라스
② 칵테일(Cocktail) 글라스
③ 올드 패션드(Old Fashioned) 글라스
④ 사워(Sour) 글라스

해설
- 스팅어(Stinger)는 대표적인 쇼트 드링크로 칵테일 글라스로 서비스한다.

0602 / 1204

442 Repetitive Learning 1회 2회 3회

맨해튼(Manhattan) 칵테일을 담아 제공하는 글라스로 가장 적합한 것은?

① 샴페인 글라스(Champagne Glass)
② 칵테일 글라스(Cocktail Glass)
③ 하이볼 글라스(Highball Glass)
④ 온더락 글라스(On the Rock Glass)

해설
- 맨해튼은 대표적인 쇼트 드링크로 칵테일 글라스로 서비스한다.

0205 / 0501 / 0905

443 Repetitive Learning 1회 2회 3회

다음 중 Straight Glass에 해당하지 않는 것은?

① Single Glass ② Whiskey Glass
③ Cocktail Glass ④ Shot Glass

해설
- ①, ②, ④는 모두 스트레이트 글라스에 해당한다.

0103 / 0401 / 0402 / 0501 / 0505

444 Repetitive Learning 1회 2회 3회

칵테일은 차게 해서 마셔야 한다. 손의 체온이 전해지지 않도록 사용되는 글라스(Glass)는?

① 실린드리컬 글라스(Cylindrical Glass)
② 스템드 글라스(Stemmed Glass)
③ 믹싱글라스(Mixing Glass)
④ 하이볼글라스(Highball Glass)

해설
- ③은 셰이커와 같이 재료를 섞고 차갑게 식히는 역할을 하는 도구로 stir 기법(휘젓기)에 사용하는 기물이다.
- ④는 텀블러형 글라스로 스카치와 소다 혹은 버번과 미네랄워터를 믹스할 때 사용한다.

0802 / 1101

445 Repetitive Learning 1회 2회 3회

아래에서 설명하는 Glass는?

- 위스키 사워, 브랜디 사워 등의 사워 칵테일에 주로 사용되며 3~5oz를 담기에 적당한 크기이다.
- Stem이 길고 위가 좁고 밑이 깊어 거의 평형으로 생겼다.

① Goblet ② Wine Glass
③ Sour Glass ④ Cocktail Glass

해설
- ①은 물잔으로 주로 사용하는 글라스이다.
- ②는 10~12oz 용량의 와인용 글라스로 롱 드링크 칵테일에 응용한다.
- ④는 2~3oz의 일명 마티니 글라스라 불리는 쇼트 드링크 칵테일의 전용잔이다.

439 ② 440 ④ 441 ② 442 ② 443 ③ 444 ② 445 ③ 정답

1102 / 1305

446 Repetitive Learning (1회 2회 3회)

Stem Glass인 것은?

① Collins Glass
② Old Fashioned Glass
③ Straight up Glass
④ Sherry Glass

해설
- ①, ②, ③은 모두 텀블러형 글라스이다.

0601 / 1005

447 Repetitive Learning (1회 2회 3회)

칵테일은 차게 해서 조주되어야 한다. 만들어진 칵테일이 손에서 체온이 전달되지 않도록 사용되어야 할 글라스(glass)는?

① stemmed glass ② tumbler
③ highball glass ④ collins

해설
- ②는 원통형 글라스로 non-Stem 글라스라고도 한다.
- ③은 양주 칵테일에서 롱 드링크(long drink)를 제공하는 글라스이다.
- ④는 하이볼 글라스의 변형으로 좀 더 크고 긴 글라스이다.

0705 / 1201

448 Repetitive Learning (1회 2회 3회)

다음 중 용량이 가장 작은 글라스는?

① Old Fashioned Glass
② Highball Glass
③ Cocktail Glass
④ Shot Glass

해설
- 주어진 보기의 글라스를 크기 순으로 나열하면 ④<③<①<② 순이다.

0101 / 1104 / 1405

449 Repetitive Learning (1회 2회 3회)

올드 패션드(Old Fashioned)나 온더락(On the Rocks)을 마실 때 사용되는 글라스(Glass)의 용량은?

① 1~2온스 ② 3~4온스
③ 4~6온스 ④ 6~8온스

해설
- 올드 패션드 글라스의 용량은 6~8oz이다.

0205 / 0301

450 Repetitive Learning (1회 2회 3회)

Glass 종류가 아닌 것은?

① Highball ② On the Rocks
③ Straight ④ Vermouth

해설
- ④는 이탈리아 주정강화와인을 말한다.

0104 / 0305

451 Repetitive Learning (1회 2회 3회)

일반적으로 가장 많이 사용하는 Cocktail Glass의 용량은 몇 mL인가?

① 30mL ② 60mL
③ 90mL ④ 120mL

해설
- 일반적으로 사용하는 칵테일 글라스의 크기는 2oz(60mL)이다.

0702 / 1005

452 Repetitive Learning (1회 2회 3회)

다음 중 지칭하는 대상이 다른 것은?

① Brandy Glass ② Snifter
③ Cognac Glass ④ Whiskey sour

해설
- ④는 위스키, 레몬주스, 설탕으로 만든 칵테일을 말한다.

0102 / 0402

453 Repetitive Learning (1회 2회 3회)

What is a tumbler?

① A flat-bottomed glass without stem
② Footed ware
③ Stemware
④ Beer mug

해설
- 텀블러형(Tumbler) 글라스는 원통형 글라스로 Non-Stem 글라스라고도 한다.

정답 | 446 ④ 447 ① 448 ④ 449 ④ 450 ④ 451 ② 452 ④ 453 ①

0902 / 1505

454 — Repetitive Learning (1회 2회 3회)

Whiskey나 Vermouth 등을 On the Rocks로 제공할 때 준비하는 글라스는?

① Highball Glass
② Old Fashioned Glass
③ Cocktail Glass
④ Liqueur Glass

해설
- ①은 스카치와 소다 혹은 버번과 미네랄워터를 믹스하여 제공할 때 사용하는 글라스이다.
- ③은 역삼각형 형태의 글라스로 쇼트 드링크 칵테일을 제공할 때 기본으로 사용하는 글라스이다.
- ④는 1oz 용량의 리큐르 전용 글라스로 코디얼 글라스라고도 한다.

0502 / 1601

455 — Repetitive Learning (1회 2회 3회)

고객이 위스키를 주문하고, 얼음과 함께 콜라나 소다수, 물 등을 원할 때 제공하는 글라스는?

① 와인 디캔터(Wine Decanter)
② 칵테일 디캔터(Cocktail Decanter)
③ 콜린스 글라스(Collins Glass)
④ 칵테일 글라스(Cocktail Glass)

해설
- ①은 공기와 와인의 접촉을 최대한 빠르게 하여 와인의 산도를 빠른 시간 내에 공기 중으로 분산시키는 용기이다.
- ③은 하이볼 글라스와 유사하나 길이가 좀 더 긴 글라스이다.
- ④는 마티니 글라스라 불리는 쇼트 드링크 칵테일의 전용 잔이다.

1302 / 1504

456 — Repetitive Learning (1회 2회 3회)

다음 중 Highball Glass를 사용하는 칵테일은?

① 마가리타(Margarita)
② 키르 로열(Kir Royal)
③ 씨 브리즈(Sea Breeze)
④ 블루 하와이(Blue Hawaii)

해설
- 하이볼 글라스(Highball Glass)는 블러드 메리, 진피즈, 쿠바 리브레, 씨 브리즈 등을 제공할 때 주로 사용한다.

0402 / 0702 / 1101 / 1502

457 — Repetitive Learning (1회 2회 3회)

다음 중 Tumbler Glass는 어느 것인가?

① Champagne Glass
② Cocktail Glass
③ Highball Glass
④ Brandy Glass

해설
- 텀블러형 글라스에는 위스키(온더락) 글라스, 올드 패션드 글라스, 하이볼 글라스, 콜린스 글라스 등이 있다.

0205 / 1202

458 — Repetitive Learning (1회 2회 3회)

글라스(Glass)의 위생적인 취급방법으로 옳지 못한 것은?

① Glass는 불쾌한 냄새나 기름기가 없고 환기가 잘되는 곳에 보관해야 한다.
② Glass는 비눗물에 닦고 뜨거운 물과 맑은 물에 헹구어 사용하면 된다.
③ Glass를 차게 할 때는 냄새가 전혀 없는 냉장고에서 Frosting 시킨다.
④ 얼음으로 Frosting 시킬 때는 냄새가 없는 얼음인가를 반드시 확인해야 한다.

해설
- 글라스 세척용 중성세제를 사용해서 세척하고 두 번(더운물-찬물 순) 이상 헹군다.

1001 / 1404

459 — Repetitive Learning (1회 2회 3회)

바(Bar)에서 유리잔(Glass)을 취급 · 관리하는 방법으로 잘못된 것은?

① Cocktail Glass는 목 부분(Stem)의 아래쪽을 잡는다.
② Wine Glass는 무늬를 조각한 크리스털 잔을 사용하는 것이 좋다.
③ Brandy Glass는 잔의 받침(Foot)과 볼(Bowl) 사이에 손가락을 넣어 감싸 잡는다.
④ 냉장고에서 차게 해 둔 잔(Glass)이라도 사용 전 반드시 파손과 청결상태를 확인한다.

해설
- 와인 글라스는 투명한 잔을 사용한다.

정답: 454 ② 455 ② 456 ③ 457 ③ 458 ② 459 ②

0402 / 1101

460 Repetitive Learning (1회 2회 3회)

다음 중 Tumbler glass는 어느 것인가?

① Champagne glass ② Cocktail glass
③ Collins glass ④ Brandy glass

해설
• 텀블러형(Tumbler) 글라스에는 위스키(온더락) 글라스, 올드 패션드 글라스, 하이볼 글라스, 콜린스 글라스 등이 있다.

0201 / 1201 / 1601

461 Repetitive Learning (1회 2회 3회)

바텐더가 Bar에서 Glass를 사용할 때 가장 먼저 체크하여야 할 사항은?

① Glass의 가장자리 파손 여부
② Glass의 청결 여부
③ Glass의 재고 여부
④ Glass의 온도 여부

해설
• 글라스 사용 전에 반드시 바텐더는 글라스의 가장자리(Rim) 파손 여부를 체크하도록 한다.

0601 / 1005 / 1302 / 1604

462 Repetitive Learning (1회 2회 3회)

글라스 세척 시 알맞은 세제와 세척순서로 짝지어진 것은?

① 산성세제, 더운물－찬물
② 중성세제, 찬물－더운물
③ 산성세제, 찬물－더운물
④ 중성세제, 더운물－찬물

해설
• 글라스 세척용 중성세제를 사용해서 세척하고 두 번(더운물－찬물 순) 이상 헹군다.

0305 / 0502

463 Repetitive Learning (1회 2회 3회)

바(bar)에서 사용한 글라스(glass) 세척에 대한 설명이 아닌 것은?

① 글라스 세척용 중성세제를 사용한다.
② 두 번 이상 헹군다.
③ 세척한 글라스는 잔의 테두리를 잡고 운반한다.
④ 세척한 글라스는 종류별로 보관한다.

해설
• 세척한 글라스는 스템부분을 손가락 사이에 끼워 잡은 상태로 아래로 향하도록 들고 운반한다.

0301 / 0601

464 Repetitive Learning (1회 2회 3회)

Glass Ware의 취급요령 중 설명이 틀린 것은?

① Glass Ware는 고객에게 서비스하기 전 반드시 닦아서 서브한다.
② Glass Ware는 닦을 때 반드시 뜨거운 물에 담구고 닦는다.
③ 글라스는 자주 닦으면 좋지 않다.
④ 글라스에 냄새가 날 때는 레몬 슬라이스를 물에 넣어서 닦으면 냄새를 제거할 수 있다.

해설
• 글라스는 위생을 위해서 자주 닦는 것이 좋다.

1202 / 1502

465 Repetitive Learning (1회 2회 3회)

조주기법(Cocktail Technique)에 관한 사항에 해당되지 않는 것은?

① Stirring ② Distilling
③ Straining ④ Chilling

해설
• ②는 증류로 칵테일과는 거리가 멀다.
• ③은 얼음을 거르는 과정, ④는 글라스를 냉각하는 과정으로 칵테일 만들 때 들어가는 과정의 하나이다.

0201 / 0505 / 0902 / 1201

466 Repetitive Learning (1회 2회 3회)

조주 방법 중 「Stirring」에 대한 설명으로 옳은 것은?

① 칵테일을 차게 만들기 위해 믹싱 글라스에 얼음을 넣고 바 스푼으로 휘저어 만드는 것
② Shaking으로는 얻을 수 없는 설탕을 첨가한 차가운 칵테일을 만드는 방법
③ 칵테일을 완성시킨 후 향기를 가미시킨 것
④ 글라스에 직접 재료를 넣어 만드는 방법

해설
• ②는 Blending 방법이다.
• ③은 가니쉬(Garnish)에 대한 설명이다.
• ④는 직접 넣기(Building) 방법이다.

정답 | 460 ③ 461 ① 462 ④ 463 ③ 464 ③ 465 ② 466 ①

0301 / 1102

467 Repetitive Learning 1회 2회 3회

칵테일을 만드는 대표적인 방법이 아닌 것은?

① punching ② blending
③ stirring ④ shaking

해설

- ①에서 punch는 큰 그릇에 과일, 주스, 술, 설탕, 물 등을 혼합하여 얼음을 넣어 여러 사람이 함께 떠먹는 음료를 의미한다.

0505 / 1601

468 Repetitive Learning 1회 2회 3회

휘젓기(stirring) 기법을 할 때 사용하는 칵테일 기구로 가장 적합한 것은?

① hand shaker
② mixing glass
③ squeezer
④ jigger

해설

- ①은 계란, 설탕, 시럽 등 농후한 재료를 사용하는 칵테일의 경우 휘저어 섞는 것만으로는 잘 혼합이 되지 않기 때문에 강한 움직임을 주기 위하여 사용하는 도구이다.
- ③은 과일즙을 짜는 도구이다.
- ④는 칵테일 레시피에 표시된 음료의 양을 정확하게 측정하기 위해 사용하는 도구이다.

0501 / 1004

469 Repetitive Learning 1회 2회 3회

휘젓기(Stirring) 기법에서 재료를 섞거나 차게 할 때 사용되는 기구는?

① 스트레이너(Strainer)
② 믹싱 컵(Mixing Cup)
③ 스퀴저(Squeezer)
④ 바 스푼(Bar Spoon)

해설

- ①은 믹싱글라스(Mixing Glass)에서 제조된 칵테일을 잔에 따를 때 사용하는 기물이다.
- ②는 셰이커와 같이 재료를 섞고 차갑게 식히는 역할을 하는 도구로 stir 기법(휘젓기)에 사용하는 기물이다.
- ③은 과일즙을 짜는 도구이다.

1301 / 1604

470 Repetitive Learning 1회 2회 3회

주장(Bar)에서 기물의 취급방법으로 적합하지 않은 것은?

① 금이 간 접시나 글라스는 규정에 따라 폐기한다.
② 은기물은 은기물 전용 세척액에 오래 담가두어야 한다.
③ 크리스털 글라스는 가능한 한 손으로 세척한다.
④ 식기는 같은 종류별로 보관하며 너무 많이 쌓아두지 않는다.

해설

- 은기물은 은기물 전용 세척액에 오래 담가두어서는 안 된다.

0103 / 0401 / 0701 / 1202 / 1505

471 Repetitive Learning 1회 2회 3회

다음 칵테일 중 Mixing Glass를 사용하지 않는 것은?

① Martini ② Gin Fizz
③ Manhattan ④ Rob Roy

해설

- ②는 슬로 진, 레몬주스, 설탕시럽을 셰이커에 넣고 셰이킹 기법으로 만드는 칵테일이다.

0202 / 1201

472 Repetitive Learning 1회 2회 3회

Dry Martini를 만드는 방법은?

① Mix ② Stir
③ Shake ④ Float

해설

- Martini, Manhattan, Rob Roy, Gibson 등을 만들 때는 믹싱 글라스를 이용해 stir 기법으로 제조한다.

0405 / 0501 / 0702 / 0805 / 1104

473 Repetitive Learning 1회 2회 3회

Mixing Glass를 사용하여 Stir 기법으로 만드는 것은?

① Stirrup cup ② Gin fizz
③ Martini ④ Singapore sling

해설

- Martini, Manhattan, Rob Roy, Gibson 등을 만들 때는 믹싱 글라스를 이용해 stir 기법으로 제조한다.

467 ① 468 ② 469 ④ 470 ② 471 ② 472 ② 473 ③ 정답

0101 / 0302

474 Repetitive Learning (1회 2회 3회)

다음 중 Mixing Glass에 대한 설명으로 옳은 것은?

① 칵테일 조주 시 음료를 혼합할 수 있는 기물이다.
② 칵테일 조주 시에 사용되는 글라스의 총칭이다.
③ 믹서기에 부착된 혼합용기를 말한다.
④ 칵테일에 혼합되는 과일을 으깰 때 사용한다.

해설
- 믹싱 글라스는 셰이커와 같이 재료를 섞고 차갑게 식히는 역할을 하는 도구로 stir 기법(휘젓기)에 사용하는 기물이다.

1004 / 1505

475 Repetitive Learning (1회 2회 3회)

믹싱 글라스(Mixing Glass)에 대한 설명 중 옳은 것은?

① 칵테일 조주 시 음료 혼합물을 섞을 수 있는 기물이다.
② 셰이커의 또 다른 명칭이다.
③ 칵테일에 혼합되어지는 과일이나 약초를 머들링(Muddling)하기 위한 기물이다.
④ 보스턴 셰이커를 구성하는 기물로서 주로 안전한 플라스틱 재질을 사용한다.

해설
- 셰이커는 셰이킹 기법에서, 믹싱 글라스는 휘젓기 기법에서 사용하는 기주와 첨가물을 혼합하는 기물이다.

0701 / 0802 / 1205

476 Repetitive Learning (1회 2회 3회)

칵테일을 만드는 기법 중 'Stirring'에서 사용하는 도구와 거리가 먼 것은?

① Mixing Glass ② Bar Spoon
③ Strainer ④ Shaker

해설
- ④는 계란, 설탕, 시럽 등 농후한 재료를 사용하는 칵테일의 경우 휘저어 섞는 것만으로는 잘 혼합이 되지 않기 때문에 강한 움직임을 주기 위하여 사용하는 도구이다.

0801 / 1002

477 Repetitive Learning (1회 2회 3회)

다음 중 나머지 셋과 칵테일 만드는 기법이 다른 것은?

① Martini ② Grasshopper
③ Stinger ④ Zoom Cocktail

해설
- ②는 리큐르 베이스의 강한 민트향을 내는 칵테일로 Shaking 기법으로 만든다.
- ③은 브랜디, 크림 드 민트 화이트를 셰이커에 넣어 셰이킹하여 만든다.
- ④는 브랜디, 꿀, 크림을 셰이커에 넣어 셰이킹하여 만든다.

1302 / 1604

478 Repetitive Learning (1회 2회 3회)

다음 중 휘젓기(Stirring) 기법으로 만드는 칵테일이 아닌 것은?

① Manhattan ② Martini
③ Gibson ④ Gimlet

해설
- ④는 진, 라임주스, 시럽을 셰이커에 넣어 셰이킹 기법으로 만드는 칵테일이다.

0902 / 1604

479 Repetitive Learning (1회 2회 3회)

Manhattan 조주 시 사용하는 기물은?

① 셰이커(Shaker)
② 믹싱 글라스(Mixing Glass)
③ 전기 블렌더(Blender)
④ 주스 믹서(Juice Mixer)

해설
- Martini, Manhattan, Rob Roy, Gibson 등을 만들 때는 믹싱 글라스를 이용해 stir 기법으로 제조한다.

0602 / 0904 / 1002 / 1201 / 1402

480 Repetitive Learning (1회 2회 3회)

계란, 설탕 등의 부재료가 사용되는 칵테일을 혼합할 때 사용하는 기구는?

① Shaker ② Mixing Glass
③ Strainer ④ Muddler

해설
- ②는 셰이커와 같이 재료를 섞고 차갑게 식히는 역할을 하는 도구이다.
- ③은 칵테일을 제조할 때 여과기로 사용되며 얼음이 흘러나오지 않도록 막는 도구이다.
- ④는 허브잎이나 과일 또는 설탕 등을 으깨서 향을 낼 때 사용하는 도구이다.

정답 | 474 ① 475 ① 476 ④ 477 ① 478 ④ 479 ② 480 ①

0602 / 1005 / 1305

481

Repetitive Learning 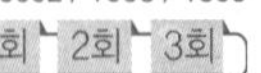

조주 시 필요한 셰이커(Shake)의 3대 구성 요소의 명칭이 아닌 것은?

① 믹싱(Mixing)
② 보디(Body)
③ 스트레이너(Strainer)
④ 캡(Cap)

해설
- 셰이커는 캡(Cap), 스트레이너(Strainer), 바디(Body)로 구성된다.

0305 / 0405

482

Repetitive Learning 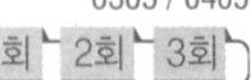

셰이커의 구성 요소가 아닌 것은?

① 캡(Cap)　② 바디(Body)
③ 스토퍼(Stopper)　④ 스트레이너(Strainer)

해설
- 셰이커는 캡(Cap), 스트레이너(Strainer), 바디(Body)로 구성된다.

0302 / 0601

483

Repetitive Learning 

다음 중 Shaker의 부분이 아닌 것은?

① Cap　② Screw
③ Strainer　④ Body

해설
- 셰이커는 캡(Cap), 스트레이너(Strainer), 바디(Body)로 구성된다.

0103 / 0705

484

Repetitive Learning 

아래에서 설명하는 주장 기물은?

리큐르나 시럽 등 농후한 재료를 사용하여 만드는 칵테일의 경우는 휘저어 섞는 것만으로는 잘 혼합이 되지 않기 때문에 강한 움직임을 주기 위하여 이 기물이 필요하다.

① bar spoon　② cocktail glass
③ cock screw　④ shaker

해설
- ①은 믹싱스푼이라고도 하는데 재료를 혼합하기 위해 사용하는 스푼이다.
- ②는 칵테일을 제공하는 글라스를 통칭하는 용어이다.
- ③은 코르크 마개를 빼는 도구이다.

0101 / 1405

485

Repetitive Learning 1회 2회 3회

조주 기구 중 3단으로 구성되어있는 스탠다드 셰이커(Standard shaker)의 구성으로 틀린 것은?

① 스퀴저(Squeezer)
② 바디(Body)
③ 캡(Cap)
④ 스트레이너(Straincr)

해설
- ①은 과일즙을 짜는 도구로 셰이커와는 거리가 멀다.

0201 / 0205 / 0502 / 0702 / 0805 / 1005

486

Repetitive Learning 1회 2회 3회

설탕, 계란 등을 이용하는 칵테일에 필요한 기구는?

① 믹싱글라스(Mixing Glass)
② 스트레이너(Strainer)
③ 스퀴저(Squeezer)
④ 셰이커(Shaker)

해설
- ①은 셰이커와 같이 재료를 섞고 차갑게 식히는 역할을 하는 도구이다.
- ②는 칵테일을 제조할 때 여과기로 사용되며 얼음이 흘러나오지 않도록 막는 도구이다.
- ③은 과일즙을 짜는 도구이다.

0402 / 0802 / 1002

487

Repetitive Learning 

Shaker의 사용방법으로 가장 적합한 것은?

① 사용하기 직전에 씻어 물기가 있는 채로 사용한다.
② 술을 먼저 넣고 그 다음에 얼음을 채운다.
③ 얼음을 채운 후에 술을 따른다.
④ 부재료를 넣고 술을 넣은 후에 얼음을 채운다.

해설
- 잔에 얼음을 채운 후 셰이킹할 술을 따르고 그 후에 부재료를 채운다.

정답 481 ① 482 ③ 483 ② 484 ④ 485 ① 486 ④ 487 ③

1201 / 1205 / 1604

488 ——• Repetitive Learning (1회 2회 3회)

셰이킹(Shaking) 기법에 대한 설명으로 틀린 것은?

① 셰이커(Shaker)에 얼음을 충분히 넣어 빠른 시간 안에 잘 섞이고 차게 한다.
② 셰이커(Shaker)에 재료를 넣고 순서대로 Cap을 Strainer에 씌운 다음 Body에 덮는다.
③ 잘 섞이지 않는 재료들을 셰이커(Shaker)에 넣어 세차게 흔들어 섞는 조주기법이다.
④ 계란, 우유, 크림, 당분이 많은 리큐르 등으로 칵테일을 만들 때 많이 사용된다.

해설

- 뚜껑이 캡, 중간이 스트레이너, 아래쪽이 바디이다.

1202 / 1405

489 ——• Repetitive Learning (1회 2회 3회)

셰이커(shaker)를 이용하여 만든 칵테일로만 구성된 것은?

㉠ Pink Lady	㉡ Olympic
㉢ Stinger	㉣ Seabreeze
㉤ Bacardi	㉥ Kir

① ㉠, ㉡, ㉤ ② ㉠, ㉣, ㉤
③ ㉡, ㉣, ㉥ ④ ㉠, ㉡, ㉥

해설

- ④는 보드카, 크랜베리 및 자몽 주스를 이용해 직접 넣기(build) 기법으로 만든다.
- ⑥은 화이트 와인과 크림드 카시스를 이용해 직접 넣기(build) 기법으로 만든다.

0502 / 1304 / 1505

490 ——• Repetitive Learning (1회 2회 3회)

다음 중 셰이커(Shaker)를 사용하여야 하는 칵테일은?

① 브랜디 알렉산더(Brandy Alexander)
② 드라이 마티니(Dry Martini)
③ 올드 패션드(Old Fashioned)
④ 크렘드 망뜨 프라페(Creme de Menthe Frappe)

해설

- ②는 스터링으로 제조하는 칵테일이다.
- ③과 ④는 기구를 사용하지 않고 재료들을 직접 글라스에 넣는 직접 넣기(Building) 방법으로 제조하는 칵테일이다.

0901 / 1405

491 ——• Repetitive Learning (1회 2회 3회)

Grasshopper 칵테일의 조주기법은?

① Float & layer ② Shaking
③ Stirring ④ Building

해설

- Grasshopper 칵테일은 크렘 드 카카오 화이트, 크렘 드 민트 그리고 생크림을 셰이커에 넣고 셰이킹 기법으로 만든다.

0205 / 0701 / 0905

492 ——• Repetitive Learning (1회 2회 3회)

칵테일 조주 방법 중에서 재료의 비중을 이용하여 내용물을 위에 띄우거나 쌓이도록 하는 것은?

① Floating ② Shaking
③ Blending ④ Stirring

해설

- ②는 계란, 설탕, 시럽 등 농후한 재료를 사용하는 칵테일의 경우 휘저어 섞는 것만으로는 잘 혼합이 되지 않기 때문에 강한 움직임을 주기 위하여 사용하는 방법이다.
- ③은 블렌더에 재료와 잘게 부순 얼음을 넣고 전동으로 돌려서 만드는 방법이다.
- ④는 믹싱 글라스에 얼음과 술을 넣고 바 스푼으로 잘 저어서 잔에 따르는 방법이다.

1201 / 1502

493 ——• Repetitive Learning (1회 2회 3회)

칵테일을 만들 때, 흔들거나 섞지 않고 글라스에 직접 얼음과 재료를 넣어 바 스푼이나 머들러로 휘저어 만드는 칵테일은?

① 스크루드라이버(screw driver)
② 스팅어(stinger)
③ 마가리타(magarita)
④ 싱가포르 슬링(singapore sling)

해설

- 문제는 직접 넣기 기법을 사용한 칵테일을 묻고 있다.
- ②는 브랜디, 크림 드 화이트를 셰이커에 넣고 셰이킹 기법으로 만드는 칵테일이다.
- ③은 테킬라, 오렌지 큐라소, 라임주스를 셰이커에 넣고 셰이킹 기법으로 만든 후 소금을 글라스에 묻혀서 만드는 칵테일이다.
- ④는 드라이 진, 레몬주스, 설탕을 셰이커에 넣고 셰이킹 기법으로 만든 후 소다수와 체리 브랜디를 직접 넣어주는 기법으로 만드는 칵테일이다.

정답 | 488 ② 489 ① 490 ① 491 ② 492 ① 493 ①

0104 / 0301 / 0502 / 0705 / 1104

494 ─── Repetitive Learning (1회 2회 3회)

다음 조주기법 중 'Float'기법이란?

① 재료의 비중을 이용하여 섞이지 않도록 띄우는 방법
② 재료를 믹서기로 갈아서 만드는 방법
③ 글라스에 직접 재료를 넣어서 조주
④ 혼합하기 쉬운 술끼리 휘저어서 조주

해설

- ②는 블렌딩 기법이다.
- ③은 빌딩 기법이다.
- ④는 stir(휘젓기) 기법이다.

0605 / 0902

495 ─── Repetitive Learning (1회 2회 3회)

칵테일 조주 시 재료의 비중을 이용해서 섞이지 않도록 하는 방법은?

① Blend 기법 ② Build 기법
③ Stir 기법 ④ Float 기법

해설

- ①은 블렌더에 재료와 잘게 부순 얼음을 넣고 전동으로 돌려서 만드는 방법이다.
- ②는 글라스에 직접 재료를 넣어서 조주하는 방법이다.
- ③은 믹싱 글라스에 얼음과 술을 넣고 바 스푼으로 잘 저어서 잔에 따르는 방법이다.

0405 / 0702 / 1202

496 ─── Repetitive Learning 

다음 중 Angel's Kiss를 만들 때 사용하는 것은?

① Shaker ② Mixing Glass
③ Blender ④ Bar Spoon

해설

- Angel's Kiss는 플로팅(Floating) 기법으로 만드는 칵테일로 여러 개의 층으로 분리할 때 바 스푼을 이용한다.

1202 / 1505

497 ─── Repetitive Learning (1회 2회 3회)

프로스팅(Frosting) 기법을 사용하지 않는 칵테일은?

① Margarita
② Kiss of Fire
③ Harvey Wallbanger
④ Irish Coffee

해설

- ③은 보드카, 오렌지주스를 직접 넣기 기법으로 잔에 넣은 후 갈리아노를 띄어(플로팅) 완성한 칵테일이다.

1201 / 1404

498 ─── Repetitive Learning (1회 2회 3회)

Floating의 방법으로 글라스에 직접 제공하여야 할 칵테일은?

① Highball ② Gin fizz
③ Pousse cafe ④ Flip

해설

- ①은 대표적인 직접 넣기(Building) 기법으로 만드는 칵테일이다.
- ②는 슬로 진, 레몬주스, 설탕시럽을 셰이커에 넣고 셰이킹 기법으로 만드는 칵테일이다.
- ④는 계란이 통째로(혹은 노른자만이라도) 들어간 칵테일을 말한다.

0601 /,0802

499 ─── Repetitive Learning (1회 2회 3회)

다음 중 floating하는 칵테일은?

① Rob Roy ② Angel's Kiss
③ Margarita ④ Screw Driver

해설

- ①은 스카치 위스키, 베르무트, 비터스 등을 믹싱 글라스에 넣어 휘젓기(stir) 기법으로 만드는 칵테일이다.
- ③은 글라스 가장자리를 소금으로 프로스팅(Frosting)하는 기법으로 만드는 칵테일이다.
- ④는 보드카, 오렌지주스로 직접 넣기(Building) 기법으로 만드는 칵테일이다.

0805 / 1501

500 ─── Repetitive Learning (1회 2회 3회)

다음 중 브랜디를 베이스로 한 칵테일은?

① Honeymoon ② New York
③ Old Fashioned ④ Rusty Nail

해설

- ②는 버번위스키, 라임주스, 시럽을 쉐이킹기법으로 만든 칵테일이다.
- ③은 버번위스키, 각설탕, 비터스, 소다로 만들며, 오렌지와 체리로 장식한 칵테일이다.
- ④는 스카치 위스키와 드람뷔로 만든 칵테일로 식후주로 애음된다.

494 ① 495 ④ 496 ④ 497 ③ 498 ③ 499 ② 500 ① | 정답

0401 / 1005

501 Repetitive Learning 1회 2회 3회

Blender를 사용하는 것은?

① 하이볼 ② 프로즌 드링크
③ 마티니 ④ 맨해튼

해설
- ①은 대표적인 직접 넣기(Building) 기법으로 만드는 칵테일이다.
- ③과 ④는 믹싱 글라스를 이용해 stir 기법으로 제조한다.

0302 / 0601 / 0801

502 Repetitive Learning 1회 2회 3회

주로 Blender를 사용하여 만드는 칵테일은?

① Mai Tai ② Seven and seven
③ Rusty nail ④ Angel's kiss

해설
- ②는 블렌디드 위스키와 청량음료(세븐업)를 혼합한 하이볼 칵테일로 직접 넣기(Building) 기법으로 만드는 칵테일이다.
- ③은 스카치 위스키, 드람뷔를 믹싱 글라스를 이용해 stir 기법으로 제조한다.
- ④는 재료의 비중을 이용하여 섞이지 않도록 내용물을 위에 띄우거나 쌓이도록 하는 플로팅(Floating) 기법으로 만든다.

0205 / 0601 / 1104

503 Repetitive Learning 1회 2회 3회

다음 중 글라스(Glass) 가장자리의 스노우 스타일(Snow Style) 장식 칵테일로 어울리지 않는 것은?

① Kiss of Fire ② Magarita
③ Chicago ④ Grasshopper

해설
- ④는 크렘 드 카카오 화이트, 크렘 드 민트 그리고 생크림을 셰이커에 넣고 셰이킹 기법으로 만든다.

0601 / 1404

504 Repetitive Learning 1회 2회 3회

Stinger를 조주할 때 사용되는 술은?

① Brandy
② Creme de Menthe Blue
③ Cacao
④ Sloe Gin

해설
- 스팅어(Stinger)는 브랜디를 베이스로 만든 칵테일이다. 특히 페퍼민트 향이 나는 것이 특징이며 식후주로 즐긴다.

0205 / 0501 / 1204 / 1504

505 Repetitive Learning 1회 2회 3회

잔 주위에 설탕이나 소금 등을 묻혀서 만드는 방법은?

① Shaking ② Building
③ Floating ④ Frosting

해설
- ①은 계란, 설탕, 시럽 등 농후한 재료를 사용하는 칵테일의 경우 휘저어 섞는 것만으로는 잘 혼합이 되지 않기 때문에 강한 움직임을 주기 위하여 사용하는 방법이다.
- ②는 흔들거나 휘젓지 않고 글라스에 직접 얼음과 재료를 넣어 바 스푼으로 혼합하여 만드는 방법이다.
- ③은 재료의 비중을 이용하여 섞이지 않도록 내용물을 위에 띄우거나 쌓이도록 하는 방법이다.

0104 / 1104

506 Repetitive Learning 1회 2회 3회

글라스 가장자리를 소금으로 프로스팅(Frosting)하는 기법의 칵테일은?

① 마가리타(Magarita)
② 키스 오브 파이어(Kiss of fire)
③ 아이리쉬 커피(Irish coffee)
④ 다이커리(Daiquiri)

해설
- ②와 ③은 설탕을 글라스 가장자리에 프로스팅하는 칵테일이다.
- ④는 럼, 라임주스, 설탕을 셰이커에 넣고 셰이킹하는 기법으로 만드는 칵테일이다.

0602 / 0605

507 Repetitive Learning 1회 2회 3회

다음 칵테일 중 Snow Style 기법의 칵테일이 아닌 것은?

① Margarita ② Irish Coffee
③ Kiss of Fire ④ Mai Tai

해설
- ④는 럼, 트리플 섹, 각종 주스를 이용해 블렌딩 기법으로 만드는 칵테일이다.

정답 | 501 ② 502 ① 503 ④ 504 ① 505 ④ 506 ① 507 ④

0605 / 1101

508 → Repetitive Learning (1회 2회 3회)

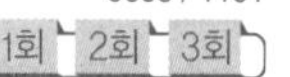

다음 칵테일(Cocktail) 중 글라스(Glass) 가장자리에 소금으로 프로스트(Frost)하여 내용물을 담는 것은?

① Million Dollar ② Cuba Libre
③ Grasshopper ④ Margarita

해설

- ①은 진, 베르무트, 파인애플주스, 시럽, 달걀 흰자를 셰이커에 넣고 셰이킹 기법으로 만든다.
- ②는 럼과 라임주스, 콜라를 이용해 직접 넣기 기법으로 만드는 칵테일이다.
- ③은 크렘 드 카카오 화이트, 크렘 드 민트 그리고 생크림을 셰이커에 넣고 셰이킹 기법으로 만든다.

0701 / 1205 / 1501

509 → Repetitive Learning (1회 2회 3회)

소금을 Cocktail Glass 가장자리에 찍어서(Riming) 만드는 칵테일은?

① Singapore Sling ② Side Car
③ Margarita ④ Snowball

해설

- ①은 드라이 진, 레몬주스, 설탕을 셰이커에 넣고 셰이킹 기법으로 만든 후 소다수와 체리 브랜디를 직접 넣어주는 기법으로 만드는 칵테일이다.
- ②는 브랜디, 쿠앵트로, 레몬주스를 셰이커에 넣고 셰이킹 기법으로 만드는 칵테일이다.
- ④는 달걀 리큐어와 사이다를 셰이커에 넣고 셰이킹 기법으로 만드는 칵테일이다.

0301 / 0801 / 0904 / 1202 / 1505

510 → Repetitive Learning (1회 2회 3회)

다음 중 Sugar Frost로 만드는 칵테일은?

① Rob Roy ② Kiss of Fire
③ Margarita ④ Angel's Tip

해설

- ①은 스카치 위스키, 베르무트, 비터스 등을 믹싱 글라스에 넣어 휘젓기(stir) 기법으로 만드는 칵테일이다.
- ③은 소금을 Cocktail Glass 가장자리에 찍어서(Riming) 만드는 칵테일이다.
- ④는 크렘 드 카카오와 크림을 재료의 비중을 이용하여 섞이지 않도록 내용물을 위에 띄우거나 쌓이도록 하는 방법(플로팅)으로 만드는 칵테일이다.

0501 / 0901 / 1404

511 → Repetitive Learning (1회 2회 3회)

Brandy Base Cocktail이 아닌 것은?

① Gibson ② B&B
③ Side car ④ Stinger

해설

- ①은 Gin을 베이스로 베르무트(Vermouth)를 추가한 후 믹싱 글라스를 이용하는 Stirring(휘젓기) 기법으로 만든 칵테일이다.

0602 / 0805

512 → Repetitive Learning (1회 2회 3회)

Stinger의 주재료와 부재료로 짝지어진 것은?

① Brandy, Mint ② Gin, Vermouth
③ Brandy, Cacao ④ Whiskey, Cream

해설

- 스팅어(Stinger)는 브랜디를 베이스로 만든 칵테일이다. 특히 페퍼민트 향이 나는 것이 특징이며 식후주로 즐긴다.

0103 / 0402

513 → Repetitive Learning (1회 2회 3회)

브랜디 알렉산더(Alexander) 칵테일 조주 시 필요한 재료 중 틀린 것은?

① 카카오(Cacao brown)
② 브랜디(Brandy)
③ 크림(Heavy Cream)
④ 비터즈(Bitters)

해설

- 브랜디 알렉산더(Alexander)는 브랜디, 크림 드 카카오 브라운, 우유를 셰이킹 기법으로 만든 칵테일이다.

0505 / 0802

514 → Repetitive Learning (1회 2회 3회)

Which is the correct one as a base of Side car in the following?

① Bourbon whiskey ② Brandy
③ Gin ④ Vodka

해설

- 사이드카(Side car)는 Brandy, 쿠앵트로, 레몬주스를 셰이킹 기법으로 만든 칵테일이다.

508 ④ 509 ③ 510 ② 511 ① 512 ① 513 ④ 514 ② | 정답

1202 / 1505

515 Repetitive Learning (1회 2회 3회)

Side car 칵테일을 만들 때의 재료로 적절하지 않은 것은?

① 테킬라 ② 브랜디
③ 화이트 큐라소 ④ 레몬주스

해설
• 사이드카(Side car)는 Brandy, 쿠앵트로(화이트 큐라소), 레몬주스를 셰이킹 기법으로 만든 칵테일이다.

0103 / 0305 / 0705 / 1002 / 1604

516 Repetitive Learning (1회 2회 3회)

Pousse Cafe를 만드는 재료 중 가장 나중에 따르는 것은?

① Brandy
② Grenadine
③ Creme de Menthe(White)
④ Creme de Cassis

해설
• 푸스카페(Pousse Cafe)는 플로트(Float) 방식으로 만드는 브랜디 베이스의 칵테일이다. 그레나딘 시럽–크림 드 카카오–페퍼민트–브랜디 순으로 넣는다.

1101 / 1405

517 Repetitive Learning (1회 2회 3회)

비중이 서로 다른 술을 섞이지 않고 띄워서 여러 가지 색상을 음미할 수 있는 칵테일은?

① 프라페(Frappe) ② 슬링(Sling)
③ 피즈(Fizz) ④ 푸스카페(Pousse Cafe)

해설
• ①은 Shaved Ice를 칵테일 글라스에 채운 후 술을 붓고 빨대를 꽂아서 제공하는 칵테일이다.
• ②는 피즈와 비슷하나 피즈보다 용량이 많고 리큐르를 첨가하여 레몬체리로 장식한 칵테일이다.
• ③은 진, 리큐르 등을 베이스로 하여 설탕, 진 또는 레몬주스, 소다수 등을 사용한다.

0802 / 1405

518 Repetitive Learning (1회 2회 3회)

다음 중 After dinner cocktail로 가장 적합한 것은?

① Campari Soda ② Dry Martini
③ Negroni ④ Pousse Cafe

해설
• 달콤한 맛과 눈으로 보는 즐거움을 주는 칵테일로 저녁 식사 후 칵테일로 적합한 것은 Pousse Cafe이다.

0505 / 0905

519 Repetitive Learning (1회 2회 3회)

Pousse cafe 칵테일은 각 재료의 비중을 이용하여 만드는 칵테일이다. 다음 중 그 순서가 바른 것은?

① Grenadine–Creme de Cacao–Peppermint
② Violet–Peppermint–Maraschino–Grenadine
③ 노른자–Grenadine–Maraschino–Champagne
④ Benediction–Kirschwasser–Curacao

해설
• 푸스카페(Pousse Cafe)는 플로트(Float) 방식으로 만드는 브랜디 베이스의 칵테일이다. 그레나딘 시럽–크림 드 카카오–페퍼민트–브랜디 순으로 넣는다.

0201 / 0402

520 Repetitive Learning (1회 2회 3회)

진(Gin)을 기주(Base)로 한 칵테일이 아닌 것은?

① Martini ② Bronx
③ Pink Lady ④ Screw Driver

해설
• ④는 오렌지주스와 보드카로 만든 하이볼 칵테일이다.

1401 / 1602

521 Repetitive Learning (1회 2회 3회)

네그로니(Negroni) 칵테일의 조주 시 재료로 가장 적합한 것은?

① Rum 3/4oz, Sweet Vermouth 3/4oz, Campari 3/4oz, Twist of Lemon Peel
② Dry Gin 3/4oz, Sweet Vermouth 3/4oz, Campari 3/4oz, Twist of Lemon Peel
③ Dry Gin 3/4oz, Dry Vermouth 3/4oz , Campari 3/4oz, Twist of Lemon Peel
④ Tequila 3/4oz, Sweet Vermouth 3/4oz, Campari 3/4oz, Twist of Lemon Peel

해설
• 네그로니는 진, 스윗 베르무트, 캄파리를 믹싱 글라스에 넣고 휘젓기(stir) 기법으로 만든 칵테일이다.

정답 | 515 ① 516 ① 517 ④ 518 ④ 519 ① 520 ④ 521 ②

0705 / 1502

522 Repetitive Learning 1회 2회 3회

다음 중 Gin Base에 속하는 칵테일은?

① Stinger ② Old-fashioned
③ Dry Martini ④ Side car

해설
- ①은 브랜디, 크림 드 민트 화이트를 셰이커에 넣어 셰이킹 하여 만든다.
- ②는 버번위스키, 각설탕, 비터스, 소다로 만들며, 오렌지와 체리로 장식한 칵테일이다.
- ④는 브랜디를 베이스로 한 칵테일로 식후주에 애용된다.

0103 / 0602

523 Repetitive Learning 1회 2회 3회

진(Gin) 베이스로 들어가는 칵테일이 아닌 것은?

① Gin Fizz ② Screw Driver
③ Dry Martini ④ Gibson

해설
- ②는 오렌지주스와 보드카로 만든 하이볼 칵테일이다.

0501 / 1301 / 1504

524 Repetitive Learning 1회 2회 3회

싱가포르 슬링(Singapore Sling) 칵테일의 재료로 가장 거리가 먼 것은?

① 드라이 진(Dry Gin)
② 체리 브랜디(Cherry-flavored Brandy)
③ 레몬주스(Lemon Juice)
④ 토닉워터(Tonic Water)

해설
- 싱가포르 슬링은 진, 레몬주스, 설탕을 셰이킹 기법으로 만든 후 소다수와 체리 브랜디를 가미한 칵테일이다.

0505 / 1402

525 Repetitive Learning 1회 2회 3회

Which one is the cocktail containing Gin, Vermouth, and olive?

① Vodka tonic ② Gin tonic
③ Manhattan olive ④ Martini

해설
- 진, 베르무트를 믹싱 글라스에 넣고 휘젓기(stir) 기법으로 만든 칵테일은 마티니이다.

0705 / 0905

526 Repetitive Learning 1회 2회 3회

다음 중 Snowball 칵테일의 재료로 사용되는 것은?

① Gin, Anisette, Light Cream
② Gin, Anisette, Sugar
③ Gin, Grenadine, Light Cream
④ Rum, Grenadine, Light Cream

해설
- Snowball은 진, 아니셋, 생크림을 셰이커에 넣은 후 셰이킹 기법으로 만든 칵테일이다.

0301 / 1502

527 Repetitive Learning 1회 2회 3회

Which drink is prepared with Gin?

① Tom Collins ② Rob Roy
③ B&B ④ Black Russian

해설
- ②는 스카치 위스키, 베르무트, 앙고스투라 비터스를 믹싱 글라스에 넣은 후 Stirring(휘젓기) 기법으로 만든 칵테일이다.
- ③은 브랜디, 베네딕틴 DOM을 직접 넣기(Building) 기법으로 만든 칵테일로 섞지 않고 제공한다.
- ④는 보드카, 커피술을 얼음과 함께 섞어 만드는 커피 칵테일이다.

1204 / 1504

528 Repetitive Learning 1회 2회 3회

다음 중 Gin Rickey에 포함되는 재료는?

① 소다수(soda water) ② 진저에일(ginger ale)
③ 콜라(cola) ④ 사이다(cider)

해설
- 진 리키(Gin Rickey)는 진, 라임주스, 소다수를 이용해 직접 넣기(Building) 기법으로 만든 칵테일이다.

0801 / 1501

529 Repetitive Learning 

Gin Fizz를 서브할 때 사용하는 글라스로 적절한 것은?

① Cocktail Glass ② Champagne Glass
③ Liqueur Glass ④ Highball Glass

해설
- Gin Fizz Cocktail은 하이볼 글라스를 사용해 서브한다.

522 ③ 523 ② 524 ④ 525 ④ 526 ① 527 ① 528 ① 529 ④ 정답

0103 / 1104 / 1604

530 Repetitive Learning 1회 2회 3회

Dry Gin, Egg White, and Grenadine are the main ingredients of (　　　　　).

① Bloody Mary　② Eggnog
③ Tom and Jerry　④ Pink Lady

해설
- ①은 보드카, 토마토주스, 레몬주스, 우스터소스, 타바스코 소스, 후추, 소금을 직접 넣기(Building) 기법으로 만든 칵테일이다.
- ②는 브랜디, 넛맥, 시럽, 우유, 계란을 셰이킹 기법으로 만든 에그녹 스타일의 칵테일이다.
- ③은 럼, 꼬냑, 뜨거운 우유를 섞어서 머그잔에 마시는 칵테일이다.

0103 / 0902 / 1102 / 1604

531 Repetitive Learning 1회 2회 3회

다음 중 달걀이 들어가는 칵테일은?

① Million Dollar　② Black Russian
③ Brandy Alexander　④ Daiquiri

해설
- ②는 보드카, 커피술을 얼음과 함께 섞어 만드는 커피 칵테일이다.
- ③은 브랜디, 크림 드 카카오 브라운, 우유를 셰이킹 기법으로 만든 칵테일이다.
- ④는 화이트럼, 라임주스, 설탕시럽을 얼음을 채운 셰이커에 넣은 후 셰이킹 기법으로 만든 후 라임 슬라이스로 장식한 칵테일이다.

0402 / 0902 / 1204

532 Repetitive Learning 1회 2회 3회

테킬라에 오렌지주스를 배합한 후 붉은색 시럽을 뿌려서 가라앉은 모양이 마치 일출의 장관을 연출케 하는 희망과 환의의 칵테일로 유명한 것은?

① Stinger　② Tequila Sunrise
③ Screw Driver　④ Pink Lady

해설
- ①은 브랜디, 크림 드 민트 화이트를 셰이커에 넣어 셰이킹하여 만든다.
- ③은 오렌지주스와 보드카로 만든 하이볼 칵테일이다.
- ④는 진, 그레나딘 시럽, 우유, 계란 흰자를 셰이킹 기법으로 만든 칵테일이다.

0805 / 1101 / 1404

533 Repetitive Learning 1회 2회 3회

Gin Fizz의 특징이 아닌 것은?

① 하이볼 글라스를 사용한다.
② 기법으로 Shaking과 Building을 병행한다.
③ 레몬의 신맛과 설탕의 단맛이 난다.
④ 칵테일 어니언(onion)으로 장식한다.

해설
- Gin Fizz Cocktail은 레몬 슬라이스로 장식한다.

0101 / 0205 / 0605 / 0701 / 1302

534 Repetitive Learning 1회 2회 3회

다음 중 Cocktail Onion으로 장식하는 칵테일은?

① Martini　② Gibson
③ Bacardi　④ Cuba Libre

해설
- 깁슨(Gibson)을 잘 저어서 칵테일 잔에 따르고, 칵테일 어니언을 칵테일 핀에 꽂아서 장식한다. 기호에 맞게 레몬 필을 짜 넣어도 된다.
- ④는 럼과 라임주스, 콜라를 이용해 직접 넣기 기법으로 만드는 칵테일이다.

1204 / 1602

535 Repetitive Learning 1회 2회 3회

Gibson에 대한 설명으로 틀린 것은?

① 알코올 도수는 약 36도에 해당한다.
② 베이스는 Gin이다.
③ 카테일 어니언(Onion)으로 장식한다.
④ 기법은 Shaking이다.

해설
- 깁슨(Gibson)은 Stirring(휘젓기) 기법으로 만든다.

0305 / 0602 / 0705 / 0802 / 0901 / 1205 / 1602

536 Repetitive Learning 1회 2회 3회

Gibson을 조주할 때 Garnish는 무엇으로 하는가?

① Olive　② Cherry
③ Onion　④ Lime

해설
- 깁슨(Gibson)의 베이스는 Gin이며 칵테일 어니언(Cocktail onion)을 꽂아서 장식한다.

정답 | 530 ④　531 ①　532 ②　533 ④　534 ②　535 ④　536 ③

0602 / 1304 / 1604

537 — Repetitive Learning 1회 2회 3회

위스키가 기주로 쓰이지 않는 칵테일은?

① 뉴욕(New York)
② 로브 로이(Rob Roy)
③ 블랙 러시안(Black Russian)
④ 맨해튼(Manhattan)

해설
• ③은 보드카, 커피술을 얼음과 함께 섞어 만드는 커피 칵테일이다.

0605 / 1101

538 — Repetitive Learning 1회 2회 3회

Rob Roy를 조주할 때는 일반적으로 어떤 술을 사용하는가?

① Rye whiskey
② Bourbon whiskey
③ Canadian whiskey
④ Scotch whiskey

해설
• ②를 베이스로 사용하면 Manhattan 칵테일이지만 ④를 베이스로 사용하면 스카치 맨해튼 즉, 로브 로이(Rob Roy)가 된다.

0501 / 1402

539 — Repetitive Learning 1회 2회 3회

칵테일의 종류 중 마가리타(Margarita)의 주원료로 쓰이는 술의 이름은?

① 위스키(Whiskey) ② 럼(Rum)
③ 테킬라(Tequila) ④ 브랜디(Brandy)

해설
• 마가리타 칵테일은 테킬라, 오렌지 큐라소(트리플 섹 등), 라임주스를 셰이킹 기법으로 만든 후 술잔에 소금을 묻혀서 만드는 칵테일이다.

0201 / 0501 / 1104

540 — Repetitive Learning 1회 2회 3회

맨해튼(Manhattan) 칵테일의 기주(Based Liquer)는?

① 버번위스키 ② 스위트 버머스
③ 앙고스트라 비트 ④ 스터프드 올리브

해설
• 맨해튼 칵테일은 버번위스키, 베르무트, 비터스를 믹싱 글라스에 담고 휘젓기(Stir) 기법으로 만들고 체리로 장식한다.

0301 / 0502

541 — Repetitive Learning 1회 2회 3회

테킬라 선라이즈를 만들 때 필요하지 않은 것은?

① 테킬라 ② 진
③ 오렌지주스 ④ 그레나딘 시럽

해설
• 테킬라 선라이즈(Tequila Sunrise) 칵테일은 테킬라, 오렌지주스, 그레나딘 시럽을 직접 넣기(Building) 기법으로 만드는 칵테일이다.

0104 / 1205 / 1501

542 — Repetitive Learning 1회 2회 3회

보드카가 기주로 쓰이지 않는 칵테일은?

① 맨해튼 ② 스크루드라이버
③ 키스 오브 파이어 ④ 치치

해설
• ①은 버번위스키, 베르무트, 비터스를 믹싱 글라스에 담고 휘젓기(Stir) 기법으로 만들고 체리로 장식한다.

0705 / 0805

543 — Repetitive Learning 1회 2회 3회

White Russian의 재료는?

① Vodka ② Dry Gin
③ Old Tom Gin ④ Cacao

해설
• 화이트 러시안은 보드카, 커피술(Kahlua, Tia Maria 등), 생크림을 직접 넣기(Building) 기법으로 만든 커피 칵테일이다.

0101 / 0505

544 — Repetitive Learning 1회 2회 3회

러시안(Russian) 칵테일의 재료로 적절한 것은?

① 보드카 ② 드라이 진
③ 올드톰진 ④ 카카오

해설
• 화이트 러시안은 보드카, 커피술(Kahlua, Tia Maria 등), 생크림을 직접 넣기(Building) 기법으로 만든 커피 칵테일이다.

537 ③ 538 ④ 539 ③ 540 ① 541 ② 542 ① 543 ① 544 ① 정답

0701 / 1002

545 Repetitive Learning (1회 2회 3회)

다음 중 Vodka Base Cocktail은?

① Paradise Cocktail ② Million Dollars
③ Bronx Cocktail ④ Kiss of Fire

해설
- ①은 진, 브랜디, 오렌지주스를 셰이킹 기법으로 만든 칵테일이다.
- ②는 Gin, 베르무트, 파인애플주스, 계란 흰자, 시럽을 셰이킹 기법으로 만든 칵테일이다.
- ③은 진, 베르무트, 오렌지주스를 셰이킹 기법으로 만든 칵테일이다.

0801 / 1101 / 1604

546 Repetitive Learning (1회 2회 3회)

Rum 베이스 칵테일이 아닌 것은?

① Daiquiri ② Cuba Libre
③ Mai Tai ④ Stinger

해설
- ④는 브랜디, 크림 드 민트 화이트를 셰이커에 넣어 셰이킹하여 만든다.

0202 / 0502 / 1101

547 Repetitive Learning (1회 2회 3회)

Daiquiri Frozen의 주재료와 부재료는 어느 것인가?

① Grenadine syrup과 Lime juice
② Vodka와 Lime juice
③ Rum과 Lime juice
④ Brandy와 Grenadine syrup

해설
- 다이키리(Daiquiri)는 화이트럼, 라임주스, 설탕시럽을 얼음을 채운 셰이커에 넣은 후 셰이킹 기법으로 만든 후 라임 슬라이스로 장식한 칵테일이다.

0602 / 1305

548 Repetitive Learning (1회 2회 3회)

Which cocktail name means ‘Freedom’?

① God mother ② Cuba libre
③ God father ④ French kiss

해설
- ②는 자유쿠바 만세라는 의미의 칵테일 명이다.

0301 / 0601

549 Repetitive Learning (1회 2회 3회)

Zombie cocktail의 조주에서 주재료로 사용되는 것은?

① Vodka ② Gin
③ Scotch ④ Rum

해설
- 좀비(Zombie)는 화이트럼, 골드럼, 다크럼, 브랜디, 트리플섹, 파인애플, 오렌지, 라임주스, 그레나딘 시럽을 셰이킹 기법으로 만든 칵테일이다.

0601 / 0605 / 1101

550 Repetitive Learning (1회 2회 3회)

Pina Colada를 만들 때 필요한 재료로 가장 거리가 먼 것은?

① 럼 ② 파인애플주스
③ 코코넛 밀크 ④ 레몬주스

해설
- Pina Colada는 파인애플주스와 화이트럼, 코코넛 밀크를 얼음과 함께 셰이킹 기법으로 만든 칵테일이다.

0102 / 0501 / 0701 / 0802 / 1401

551 Repetitive Learning (1회 2회 3회)

와인을 주재료(Wine base)로 한 칵테일이 아닌 것은?

① 키어(Kir)
② 블루 하와이(Blue hawaii)
③ 스프리처(Sprizer)
④ 미모사(Mimosa)

해설
- ②는 럼, 큐라소, 파인애플주스, 레몬주스를 셰이킹 기법으로 만든 칵테일이다.

0805 / 1401

552 Repetitive Learning (1회 2회 3회)

Which is the correct one as a base of Port Sangaree in the following?

① Rum ② Vodka
③ Gin ④ Wine

해설
- 상그리아 칵테일의 베이스는 와인이다.

정답 | 545 ④ 546 ④ 547 ③ 548 ② 549 ④ 550 ④ 551 ② 552 ④

0702 / 1204 / 1405

553 Repetitive Learning (1회 2회 3회)

정찬코스에서 Hors d' oeuvre 또는 soup 대신에 마시는 우아하고 자양분이 많은 칵테일은?

① After dinner cocktail
② Before dinner cocktail
③ Club cocktail
④ Night cap cocktail

해설
- 럼, 베르무트, 체리시럽과 물을 셰이킹 기법으로 만든 칵테일로 정찬코스에서 Hors d' oeuvre 또는 soup 대신에 마시는 술은 클럽 칵테일이다.

0305 / 0405 / 1101 / 1305

554 Repetitive Learning (1회 2회 3회)

Please select the wine-based cocktail in the following.

① Mai-Tai ② Mah-jong
③ Salty-Dog ④ Sangria

해설
- 와인을 베이스로 한 칵테일에는 상그리아, 스프리처, 키어, 미모사 등이 있다.

0305

555 Repetitive Learning (1회 2회 3회)

Please select the wine-based cocktail in the following.

① Stinger ② Martini
③ Rob Roy ④ Kir

해설
- 와인을 베이스로 한 칵테일을 묻고 있다.

0702 / 0902

556 Repetitive Learning (1회 2회 3회)

'Chilled White Wine'과 'Club Soda'로 만드는 칵테일은?

① Wine Cooler
② Mimosa
③ Hot Springs Cocktail
④ Spritzer

해설
- ①은 와인, 석류시럽, 진저에일을 직접 넣기(Building) 기법으로 만든 칵테일이다.
- ②는 샴페인, 오렌지주스를 직접 넣기(Building) 기법으로 만든 칵테일이다.
- ③은 캐나디안 위스키, 베르무트, 파인애플주스를 직접 넣기(Building) 기법으로 만든 칵테일이다.

0605 / 1305

557 Repetitive Learning (1회 2회 3회)

증류주가 사용되지 않은 칵테일은?

① Manhattan ② Rusty Nail
③ Irish Coffee ④ Grasshopper

해설
- ①은 위스키 베이스 칵테일이다.
- ②는 스카치 위스키와 드람뷔로 만든 칵테일로 식후주로 애음된다.
- ③은 아이리쉬 위스키와 커피, 설탕으로 만든 칵테일이다.

0805 / 1404

558 Repetitive Learning (1회 2회 3회)

Fizz류의 칵테일 조주 시 일반적으로 사용되는 것은?

① shaker ② mixing glass
③ pitcher ④ stirring rod

해설
- Fizz는 진, 리큐르 등을 베이스로 하여 설탕, 진 또는 레몬주스, 소다수 등을 사용하여 만든 칵테일로 주로 셰이킹 기법으로 만든다.

0801 / 1301

559 Repetitive Learning (1회 2회 3회)

뜨거운 물 또는 차가운 물에 설탕과 술을 넣어서 만든 칵테일은?

① toddy ② punch
③ sour ④ sling

해설
- ②는 펀치볼에 과일, 주스, 술, 설탕 등을 넣고 얼음을 띄워 여러 명이 함께 먹는 칵테일을 말한다.
- ③은 증류주에 레몬, 라임주스 등을 넣고 소다수로 채워 만든 신맛의 칵테일을 말한다.
- ④는 피즈와 비슷하나 피즈보다 용량이 많고 리큐르를 첨가하여 레몬체리로 장식한 칵테일을 말한다.

553 ③ 554 ④ 555 ④ 556 ④ 557 ④ 558 ① 559 ① | 정답

0202 / 0701 / 0802 / 0905

560 Repetitive Learning (1회 2회 3회)

다음 중 완성 후 Nutmeg을 뿌려 제공하는 것은?

① Egg Nogg ② Tom Collins
③ Sloe Gin Fizz ④ Paradise

해설
- ②는 진, 레몬주스, 설탕을 셰이킹 기법으로 만든 칵테일로 레몬이나 오렌지 슬라이스와 체리를 장식하여 제공한다.
- ③은 진, 레몬주스, 시럽, 달걀 흰자를 셰이킹 기법으로 혼합한 칵테일이다.
- ④는 진, 브랜디, 오렌지주스를 셰이킹 기법으로 만든 칵테일이다.

0104 / 1305

561 Repetitive Learning (1회 2회 3회)

주로 추운 계절에 추위를 녹이기 위하여 외출이나 등산 후에 따뜻하게 마시는 칵테일로 가장 거리가 먼 것은?

① Irish Coffee ② Tropical Cocktail
③ Rum Grog ④ Vin Chaud

해설
- ②는 열대성 칵테일로 과일주스, 시럽 등을 사용해 시원하고 단맛을 내는 칵테일을 말한다.

0101 / 1002 / 1201 / 1204

562 Repetitive Learning (1회 2회 3회)

다음 중 뜨거운 칵테일은?

① Irish Coffee ② Pink Lady
③ Pina Colada ④ Manhattan

해설
- ②는 진, 그레나딘 시럽, 우유, 계란 흰자를 셰이킹 기법으로 만든 칵테일이다.
- ③은 파인애플주스와 화이트럼, 코코넛 밀크를 얼음과 함께 셰이킹 기법으로 만든 칵테일이다.
- ④는 버번위스키, 베르무트, 비터스를 믹싱 글라스에 담고 휘젓기(Stir) 기법으로 만들고 체리로 장식한 칵테일이다.

1004 / 1304

563 Repetitive Learning (1회 2회 3회)

Hot drinks cocktail이 아닌 것은?

① God Father ② Irish Coffee
③ Jamaica Coffee ④ Tom and Jerry

해설
- ①은 스카치 위스키에 살구 리큐르를 넣어서 얼음과 함께 제공되는 칵테일이다.

0601 / 1501

564 Repetitive Learning (1회 2회 3회)

Which one is the cocktail containing beer and tomato juice?

① Red boy ② Bloody mary
③ Red eye ④ Tom collins

해설
- ②는 보드카, 토마토주스, 레몬주스, 우스터소스, 타바스코 소스, 후추, 소금을 직접 넣기(Building) 기법으로 만든 칵테일이다.
- ④는 진, 레몬주스, 설탕을 셰이킹 기법으로 만든 칵테일로 레몬이나 오렌지 슬라이스와 체리를 장식하여 제공한다.
- 맥주와 토마토 주스로 만든 칵테일은 레드아이이다.

0505 / 1102

565 Repetitive Learning (1회 2회 3회)

프라페(Frappe)를 만들 때 사용하는 얼음은?

① Cubed Ice ② Shaved Ice
③ Cracked Ice ④ Block of Ice

해설
- 프라페용으로는 눈꽃 모양으로 갈려진 Shaved Ice를 사용한다.

1205 / 1504

566 Repetitive Learning (1회 2회 3회)

칵테일 제조에 사용되는 얼음(Ice) 종류의 설명이 틀린 것은?

① 쉐이브드 아이스(Shaved Ice) : 곱게 빻은 가루 얼음
② 큐브드 아이스(Cubed Ice) : 정육면체의 조각얼음 또는 육각형 얼음
③ 크렉드 아이스(Cracked Ice) : 큰 얼음을 아이스 픽(Ice Pick)으로 깨어서 만든 각얼음
④ 럼프 아이스(Lump Ice) : 각얼음을 분쇄하여 만든 작은 콩알 얼음

해설
- ④는 Crushed Ice에 대한 설명이다. 럼프 아이스는 작은 얼음덩어리를 말한다.

정답 | 560 ① 561 ② 562 ① 563 ① 564 ③ 565 ② 566 ④

1204 / 1501

567 Repetitive Learning (1회 2회 3회)

프라페(Frappe)를 만들기 위해 준비하는 얼음은?

① Cube Ice
② Big Ice
③ Crashed Ice
④ Crushed Ice

해설
- 프라페용으로는 눈꽃 모양으로 갈려진 Shaved Ice를 사용하는데 보기에 없으므로 그보다 크지만 세밀하게 갈아낸 얼음인 Crushed Ice가 적절하다.

0401 / 1502

568 Repetitive Learning (1회 2회 3회)

칵테일에 사용하는 얼음으로 적합하지 않은 것은?

① 컬러 얼음(Color Ice)
② 가루 얼음(Shaved Ice)
③ 기계 얼음(Cube Ice)
④ 작은 얼음(Cracked Ice)

해설
- ①은 식용이 아니라 장식용(네일 등)으로 사용되는 모조얼음이다.

0801 / 0904 / 1102 / 1402

569 Repetitive Learning (1회 2회 3회)

주로 tropical cocktail을 조주할 때 사용하며 '두들겨 으깬다'라는 의미를 가지고 있는 얼음은?

① shaved ice
② crushed ice
③ cubed ice
④ cracked ice

해설
- ①은 눈꽃 모양 얼음으로 가장 차가운 칵테일을 만들 때 사용한다.
- ③은 직육면체 혹은 정육면체의 각얼음이다.
- ④는 작게 갈아낸 얼음이다.

0801 / 1501

570 Repetitive Learning (1회 2회 3회)

다음 중 비터(Bitters)에 대한 설명으로 옳은 것은?

① 쓴맛이 강한 혼성주로 칵테일에는 소량을 첨가하여 향료 또는 고미제로 사용
② 야생체리로 착색한 무색의 투명한 술
③ 박하냄새가 나는 녹색의 색소
④ 초콜릿 맛이 나는 시럽

해설
- ②는 마라스퀸 리큐르에 대한 설명이다.
- ③은 민트박하에 대한 설명이다.
- ④는 초콜릿 시럽에 대한 설명이다.

0202 / 1102

571 Repetitive Learning (1회 2회 3회)

조주의 기본기법 중 얼음(Ice)의 선택사항에 해당되지 않는 것은?

① 칵테일과 얼음은 밀접한 관계가 성립된다.
② 칵테일에 많이 사용되는 것은 각얼음(Cubed ice)이다.
③ 얼음은 재사용할 수 있고 얼음 속에 공기가 들어있는 것이 좋다.
④ 투명하고 단단한 얼음이어야 한다.

해설
- 얼음은 재사용을 해서는 안 되고, 얼음 속에 공기나 기포가 없어 맑고 투명해야 한다.

0301 / 0501

572 Repetitive Learning (1회 2회 3회)

위생적인 관점에서 가장 알맞은 얼음처리 방법은?

① 얼음을 글라스에 넣을 때 손으로 집는다.
② 사용했던 얼음은 씻어서 다시 사용할 수 있다.
③ 얼음을 냅킨으로 싸서 집는다.
④ 얼음을 아이스 텅(ice tong)으로 집는다.

해설
- 얼음을 집거나 덜어낼 때는 아이스 텅(tong)이나 아이스 스쿱(scoop)을 사용한다.

0101 / 0405

573 Repetitive Learning (1회 2회 3회)

카나페(canape)란 무엇인가?

① 식사 전에 먹는 오드볼
② 통조림식품
③ 과자의 일종인 술안주
④ 칵테일의 이름

해설
- 카나페(canape)는 식전에 먹는 애피타이저로 손가락으로 집어 한 입에 먹을 수 있는 작은 요리를 말한다.

정답: 567 ④ 568 ① 569 ② 570 ① 571 ③ 572 ④ 573 ①

0301 / 1505

574 Repetitive Learning (1회 2회 3회)

맨해튼(Manhattan), 올드 패션드(Old fashioned) 칵테일에 쓰이며 뛰어난 풍미와 향기가 있는 고미제로서 널리 사용되는 것은?

① 클로버(Clove)
② 시나몬(Cinnamon)
③ 앙코스트라 비터(Angostura Bitter)
④ 오렌지 비터(Orange Bitter)

해설
- ①은 따뜻하게 하면 달콤한 향이 나는 것이 특징이며, 강한 냄새를 억제시켜 주며, 일반적으로 핫 드링크에 사용하는 칵테일 부재료이다.
- ②는 바닐라 계통의 향미를 내는 페놀계통의 오이제놀 성분이 풍부한 향신료이다.
- ④는 진한 노란색의 유동성 액체로 신선한 오렌지 향기가 나는 비터이다.

1401 / 1604

575 Repetitive Learning (1회 2회 3회)

다음 중 Bitter가 아닌 것은?

① Angostura ② Campari
③ Galliano ④ Amer Picon

해설
- ③은 이탈리아에서 생산되는 달콤한 허브 리큐르이다.

0904 / 1504

576 Repetitive Learning (1회 2회 3회)

Angostura Bitter가 1 dash 정도로 혼합되는 것은?

① Daiquiri ② Grasshopper
③ Pink Lady ④ Manhattan

해설
- Manhattan 칵테일은 앙코스트라 비터(Angostura Bitter) 1 dash 정도가 혼합되어 있다.

0103 / 0905

577 Repetitive Learning (1회 2회 3회)

다음 재료 중 칵테일 조주 시 많이 사용하는 붉은색의 시럽은?

① Maple Syrup ② Honey
③ Plain Syrup ④ Grenadine Syrup

해설
- 칵테일 제조 시 가장 많이 사용되는 붉은색 시럽은 pomegranate(석류나무) 열매로 만든 시럽은 그레나딘 시럽이다.

0702 / 1305

578 Repetitive Learning (1회 2회 3회)

다음에서 설명하는 bitters는?

It is made from a Trinidadian sector recipe.

① Peyshaud's bitters
② Abbott's aged bitters
③ Orange bitters
④ Angostura bitters

해설
- Trinidadian sector recipe로 만들어진 비트는 앙코스트라 비터(Angostura Bitter)이다.

0305 / 0405 / 0505 / 0901

579 Repetitive Learning (1회 2회 3회)

일반적으로 칵테일에 사용되지 않는 시럽(syrup)은?

① Plain syrup ② Gum syrup
③ Grenadine syrup ④ Maple syrup

해설
- ④는 캐나다 사탕단풍나무의 수액으로 만든 시럽으로 칵테일에는 잘 사용되지 않는다.

0505 / 1402

580 Repetitive Learning (1회 2회 3회)

칵테일 재료 중 석류를 사용해 만든 시럽(Syrup)은?

① 플레인 시럽 (Plain Syrup)
② 검 시럽 (Gum Syrup)
③ 그레나딘 시럽 (Grenadine Syrup)
④ 메이플 시럽 (Maple Syrup)

해설
- ①은 일반적인 설탕(sugar) 시럽으로 심플 시럽이라고도 한다.
- ②는 아라비아의 검(Gum) 분말을 섞어 플레인 시럽의 설탕 덩어리가 침전되는 것을 방지한다.
- ④는 캐나다 사탕단풍나무의 수액으로 만든 시럽으로 칵테일에는 잘 사용되지 않고 주로 핫케이크에 사용한다.

정답 | 574 ③ 575 ③ 576 ④ 577 ④ 578 ④ 579 ④ 580 ③

0101 / 0104

581 ——— Repetitive Learning (1회 2회 3회)

조주 시 사용되는 시럽(Syrup)이 아닌 것은?

① Plain syrup ② Grenadine syrup
③ Raspberry syrup ④ Ginger syrup

해설
- 조주 시 주로 사용되는 시럽은 그레나딘, 플레인, 검, 라즈베리, 블랙베리 시럽 등이다.

0904 / 1005 / 1301

582 ——— Repetitive Learning (1회 2회 3회)

다음 시럽 중 나머지 셋과 특징이 다른 것은?

① grenadine syrup ② can sugar syrup
③ simple syrup ④ plain syrup

해설
- ②, ③, ④는 설탕으로 만든 시럽이다.

0405 / 1504

583 ——— Repetitive Learning (1회 2회 3회)

당밀에 풍미를 가한 석류 시럽(Syrup)은?

① Raspberry syrup ② Grenadine syrup
③ Blackberry syrup ④ Maple syrup

해설
- ①은 당밀에 나무딸기의 풍미를 가한 시럽이다.
- ③은 당밀에 검은 딸기의 풍미를 가한 시럽이다.
- ④는 캐나다 사탕단풍나무의 수액으로 만든 시럽으로 칵테일에는 잘 사용되지 않고 주로 핫케이크에 사용한다.

0305 / 1204 / 1504

584 ——— Repetitive Learning (1회 2회 3회)

다음 중 그레나딘(Grenadine)이 필요한 칵테일은?

① 위스키 사워(Whiskey Sour)
② 바카디(Bacardi)
③ 카루소(Caruso)
④ 마가리타(Margarita)

해설
- ①은 위스키, 레몬주스, 설탕으로 만든 칵테일을 말한다.
- ③은 진, 베르무트, 크림 드 민트를 셰이킹 기법으로 만든 칵테일이다.
- ④는 테킬라, 트리플 섹, 라임주스를 셰이킹 기법으로 만든 칵테일이다.

0702 / 1402

585 ——— Repetitive Learning (1회 2회 3회)

Which is the syrup made by pomegranate?

① Maple Syrup ② Strawberry
③ Grenadine Syrup ④ Almond Syrup

해설
- pomegranate(석류나무) 열매로 만든 시럽은 그레나딘 시럽이다.

0401 / 0505 / 0705 / 0901

586 ——— Repetitive Learning (1회 2회 3회)

simple syrup을 만드는 데 필요한 것은?

① lemon ② butter
③ cinnamon ④ sugar

해설
- 심플 시럽 즉 플레인 시럽은 일반적인 설탕(sugar) 시럽이다.

0205 / 0401 / 0902

587 ——— Repetitive Learning (1회 2회 3회)

계란(egg)이 들어가는 칵테일에 주로 뿌려 주는 부재료는?

① Nutmeg Powder
② Lemon Powder
③ Cinnamon Powder
④ Chocolate Powder

해설
- 계란의 비린 냄새를 제거하는 용도로 사용하는 칵테일 부재료는 넛맥 가루이다.

0104 / 0501 / 0705

588 ——— Repetitive Learning (1회 2회 3회)

다음 중 꿀을 사용하는 칵테일은?

① Zoom ② Honeymoon
③ Golden Cadillac ④ Harmony

해설
- ②는 브랜디, 베네딕틴, 트리플 섹, 레몬주스를 셰이커에 넣고 셰이킹 기법으로 만드는 칵테일이다.
- ③은 갈리아노, 크림 드 카카오 화이트, 크림을 셰이커에 넣고 셰이킹 기법으로 만드는 칵테일이다.
- ④는 꼬냑, 석류즙, 레몬주스, 마라스키노 리큐어를 셰이커에 넣고 셰이킹 기법으로 만드는 칵테일이다.

581 ④ 582 ① 583 ② 584 ② 585 ③ 586 ④ 587 ① 588 ① | 정답

0401 / 0902 / 1005 / 1401

589 Repetitive Learning (1회 2회 3회)

칵테일 부재료 중 spice류에 해당되지 않는 것은?

① Grenadine syrup
② Mint
③ Nutmeg
④ Cinnamon

해설
• ①은 향신료가 아니라 당밀에 석류열매를 가한 시럽이다.

0102 / 0602 / 0805

590 Repetitive Learning (1회 2회 3회)

Creme de Cacao를 사용하는 칵테일이 아닌 것은?

① Cacao Fizz　② Mai-Tai
③ Alexander　④ Grasshopper

해설
• ②는 럼, 트리플 섹, 라임주스, 파인애플주스, 오렌지주스, 석류시럽을 셰이킹 기법으로 만든 칵테일이다.

0402 / 1004

591 Repetitive Learning (1회 2회 3회)

가니쉬(Garnish)에 필요한 재료를 상하지 않게 보관하는 곳은?

① 혼합용 용기　② 냉장고
③ 냉동실　④ 얼음통

해설
• 가니쉬로 사용하는 과일 등의 신선한 보관을 위해 냉장고를 이용한다.

1104 / 1602

592 Repetitive Learning (1회 2회 3회)

칵테일에 사용되는 Garnish에 대한 설명으로 가장 적절한 것은?

① 과일만 사용이 가능하다.
② 꽃이 화려하고 향기가 많이 나는 것이 좋다.
③ 꽃가루가 많은 꽃은 더욱 운치가 있어서 잘 어울린다.
④ 과일이나 허브향이 나는 잎이나 줄기가 적합하다.

해설
• 가니쉬는 칵테일의 외형을 돋보이게 하기 위해 장식하는 각종 과일과 채소를 말하는데 주로 잎이나 줄기를 사용한다.

0402 / 0505

593 Repetitive Learning (1회 2회 3회)

칵테일 가니쉬로 적당하지 않은 것은?

① 체리　② 오렌지
③ 올리브　④ 컬리플라워

해설
• ④는 브로콜리의 일종으로 칵테일 가니쉬로는 적당하지 않다.

0201 / 0501 / 1602

594 Repetitive Learning (1회 2회 3회)

다음 중 장식이 필요 없는 칵테일은?

① 김렛(Gimlet)
② 시브리즈(Seabreeze)
③ 올드 패션드(Old Fashioned)
④ 싱가포르 슬링(Singapore Sling)

해설
• 장식을 하지 않는 칵테일은 김렛(Gimlet), 그래스호퍼(Grasshopper), 브롱크스(Bronx) 등이 있다.

1002 / 1201

595 Repetitive Learning (1회 2회 3회)

장식으로 양파(Cocktail Onion)가 필요한 것은?

① 마티니(Martini)　② 깁슨(Gibson)
③ 좀비(Zombie)　④ 다이키리(Daiquiri)

해설
• ①은 올리브를 가니쉬로 사용한다.
• ③은 민트 잎을 가니쉬로 사용한다.
• ④는 라임 슬라이스를 가니쉬로 사용한다.

0104 / 0802

596 Repetitive Learning (1회 2회 3회)

칵테일 장식과 그 용도가 적절하지 않은 것은?

① 체리-감미타입 칵테일
② 올리브-쌉쌀한 맛의 칵테일
③ 오렌지-오렌지주스를 사용한 롱 드링크
④ 샐러리-달콤한 칵테일

해설
• 샐러리는 토마토주스를 주재료로 하는 블러디 메리에서 주로 채택해서 사용하는 가니쉬이다.

정답 | 589 ① 590 ② 591 ② 592 ④ 593 ④ 594 ① 595 ② 596 ④

0102 / 0401

597 Repetitive Learning (1회 2회 3회)

식욕촉진제로 마시는 칵테일(Cocktail)로서 드라이(Dry)한 칵테일에 사용하는 고명(Garnish)은?

① Cherry ② Orange
③ Olive ④ Pineapple

해설
- 드라이 마티니, 혹은 드라이 맨해튼 등 드라이한 칵테일의 고명으로는 올리브가 적당하다.

0202 / 0605

598 Repetitive Learning (1회 2회 3회)

Martini에 가장 기본적인 장식 재료는?

① 체리(Cherry) ② 올리브(Olive)
③ 오렌지(Orange) ④ 자두(Plum)

해설
- 마티니는 주로 올리브를 가니쉬로 사용한다.

0305 / 0905

599 Repetitive Learning (1회 2회 3회)

오렌지주스를 사용한 칵테일에 잘 어울리는 장식 재료는?

① 체리(cherry) ② 올리브(olive)
③ 오렌지(orange) ④ 레몬(lemon)

해설
- 오렌지주스를 사용한 칵테일에는 주로 오렌지를 가니쉬로 사용한다.

1002 / 1401

600 Repetitive Learning (1회 2회 3회)

싱가포르 슬링(Singapore Sling) 칵테일의 장식으로 알맞은 것은?

① 시즌과일(season fruits)
② 올리브(olive)
③ 필 어니언(peel onion)
④ 계피(cinnamon)

해설
- 싱가포르 슬링(Singapore Sling)은 시즌과일(season fruits) 중에서도 체리, 레몬 등을 가니쉬로 많이 사용한다.

0305 / 1602

601 Repetitive Learning (1회 2회 3회)

다음 중에서 Cherry로 장식하지 않는 칵테일은?

① Angel's Kiss ② Manhattan
③ Rob Roy ④ Martini

해설
- ④는 올리브로 주로 장식한다.

0805 / 1001

602 Repetitive Learning (1회 2회 3회)

장식으로 과일의 껍질만 사용하는 칵테일은?

① Moscow Mule ② New York
③ Bronx ④ Gin Buck

해설
- ①은 라임 혹은 레몬 슬라이스를 장식으로 사용한다.
- ③은 가니쉬는 특별히 없다.
- ④는 레몬 조각을 장식으로 사용한다.

0702 / 0904 / 1205 / 1604

603 Repetitive Learning (1회 2회 3회)

Gin & Tonic에 알맞은 glass와 장식은?

① Collins Glass–Pineapple Slice
② Cocktail Glass–Olive
③ Cocktail Glass–Orange Slice
④ Highball Glass–Lemon Slice

해설
- 진토닉(Gin &Tonic) 칵테일은 레몬 슬라이스를 가니쉬로 주로 사용하며, 하이볼 글라스로 서브한다.

0702 / 1001

604 Repetitive Learning (1회 2회 3회)

Over the rainbow의 일반적인 Garnish는?

① Strawberry, Peach Slice
② Cherry, Orange Slice
③ Pineapple Spear, Cherry
④ Lime Wedge

해설
- Over the rainbow는 주로 딸기와 복숭아 슬라이스를 가니쉬로 사용한다.

597 ③ 598 ② 599 ③ 600 ① 601 ④ 602 ② 603 ④ 604 ① | 정답

0104 / 0501

605 Repetitive Learning 1회 2회 3회

Cocktail Recipe 계량 중 1Dash는 Drop으로 약 얼마인가?

① 35-40Drop ② 15-20Drop
③ 25-30Drop ④ 5-10Drop

해설
- 1Dash는 0.9mL, 5Drop, 1/32oz를 의미한다.

0103 / 0305 / 0405 / 0902

606 Repetitive Learning 1회 2회 3회

시럽이나 비터(bitters) 등 칵테일에 소량 사용하는 재료의 양을 나타내는 단위로 한 번 뿌려 주는 양을 말하는 것은?

① Toddy ② Double
③ Dry ④ Dash

해설
- ①은 야자수 즙을 발효시켜 만든 술을 말한다.
- ②의 Double은 2oz 즉, 60mL를 의미한다.
- ③은 칵테일에서 담백한 맛이 강한 칵테일을 지칭한다.

0205 / 1402

607 Repetitive Learning 1회 2회 3회

조주상 사용되는 표준계량의 표시 중에서 틀린 것은?

① 1티스푼(teaspoon)=1/8온스
② 1스플리트(split)=6온스
③ 1파인트(pint)=10온스
④ 1포니(pony)=1온스

해설
- 1파인트(pint)는 16온스에 해당된다.

0901 / 1002

608 Repetitive Learning 1회 2회 3회

다음 계량단위 중 옳은 것은?

① 1oz=29.57mL ② 1Dash=6Teaspoon
③ 1Jigger=60mL ④ 1Shot=100mL

해설
- ②에서 1Dash는 1/4Teaspoon에 해당된다.
- ③에서 1Jigger는 45mL에 해당된다.
- ④에서 1Shot은 1oz이고, 30mL에 해당된다.

1101 / 1601

609 Repetitive Learning 1회 2회 3회

용량 표시가 옳은 것은?

① 1Teaspoon=1/32oz
② 1pony=1/2oz
③ 1pint=1/2quart
④ 1Table spoon=1/32oz

해설
- ①에서 1Teaspoon은 1/8oz이고 3.7mL이다.
- ②에서 1pony는 1oz이다.
- ④에서 1Table spoon은 1/2oz이고 14.787mL이다.

0205 / 0501 / 0505

610 Repetitive Learning 1회 2회 3회

조주 시 기본이 되는 단위는?

① cc(씨씨) ② g(그람)
③ oz(온스) ④ mg(밀리그램)

해설
- 조주 시 기본이 되는 단위는 온스(Ounce, oz)이다.

0905 / 1402

611 Repetitive Learning 1회 2회 3회

1온스(oz)는 몇 mL인가?

① 10.5mL ② 20.5mL
③ 29.5mL ④ 40.5mL

해설
- 1온스(oz)는 29.574mL이고, Pony와 동일한 단위이다.

0201 / 0601

612 Repetitive Learning 1회 2회 3회

싱글(Single)은 술 30mL분의 양을 기준으로 한다. 그러면 2배인 60mL의 분량을 의미하는 것은?

① 핑거(Finger) ② 대시(Dash)
③ 드랍(Drop) ④ 더블(Double)

해설
- Single이 1oz이고 30mL이므로 Double은 2oz이고 60mL에 해당된다.

정답 | 605 ④ 606 ④ 607 ③ 608 ① 609 ③ 610 ③ 611 ③ 612 ④

0301 / 1002

613 Repetitive Learning 1회 2회 3회

1Gallon이 128oz이면, 1Pint는 몇 oz인가?

① 32oz ② 16oz
③ 26.6oz ④ 12.8oz

해설
- 1Gallon은 8Pint이므로 1Pint는 16oz이다.

0205 / 1405

614 Repetitive Learning 1회 2회 3회

다음 중 칵테일 조주 시 용량이 가장 적은 계량 단위는?

① Table spoon ② Pony
③ Jigger ④ Dash

해설
- 보기의 단위를 순서대로 나열하면 ④<①<②<③ 순이다.

0405 / 0701

615 Repetitive Learning 1회 2회 3회

1Gallon을 Ounce로 환산하면 얼마인가?

① 128oz ② 64oz
③ 32oz ④ 16oz

해설
- 1Gallon은 3,800mL, 128oz, 4Qt, 8Pint에 해당된다.

0701 / 0802

616 Repetitive Learning 1회 2회 3회

다음 중 1pony의 액체 분량과 다른 것은?

① 1oz ② 30mL
③ 1pint ④ 1shot

해설
- 1pony는 1oz와 같으므로 30mL, 1shot에 해당된다.

0502 / 1402

617 Repetitive Learning 1회 2회 3회

칵테일 용어 중 트위스트(Twist)란?

① 칵테일 내용물이 춤을 추듯 움직임
② 과육을 제거하고 껍질만 짜서 넣음
③ 주류 용량을 잴 때 사용하는 기물
④ 칵테일의 2온스 단위

해설
- 트위스트(Twist)란 과육을 제거하고 껍질만 짜서 넣는 기법을 말한다.

0201 / 0502

618 Repetitive Learning 1회 2회 3회

1Pony는 몇 Ounce인가?

① 1Ounce ② 1½Ounce
③ 2Ounces ④ 3Ounces

해설
- 1Pony는 1oz와 같으므로 30mL에 해당된다.

0201 / 0205 / 0602 / 0605 / 0802 / 0805 / 0904 / 1005 / 1205

619 Repetitive Learning 1회 2회 3회

1quart는 몇 ounce인가?

① 1 ② 16
③ 32 ④ 38.4

해설
- 1쿼트(Qt)는 950mL이고 32oz에 해당된다.

0101 / 0601

620 Repetitive Learning 1회 2회 3회

1quart는 몇 mL에 해당되는가?

① 약 60mL ② 약 240mL
③ 약 760mL ④ 약 950mL

해설
- 1쿼트(Qt)는 950mL이고 32oz, 4Cup에 해당된다.

0103 / 0305

621 Repetitive Learning 1회 2회 3회

파티 때 디저트(Dessert) 코스로 서브하기에 적절하지 않은 것은?

① 코인트루(Cointreau)
② 크렘 드 카카오(Creme de Cacao)
③ 슬로 진(Sloe gin)
④ 비어(Beer)

해설
- ④는 디저트 코스로 어울리는 주류가 아니다.

613 ② 614 ④ 615 ① 616 ③ 617 ② 618 ① 619 ③ 620 ④ 621 ④ 정답

0101 / 0205

622 Repetitive Learning (1회 2회 3회)

칵테일(Cocktail)의 도량 용어와 관계있는 단어는?

① 드라이(Dry) ② 드랍(Drop)
③ 셰이커(Shaker) ④ 프로트(Float)

해설
• ②의 1드랍(Drop)은 0.2mL, 1방울에 해당하는 계량단위이다.

1001 / 0705

623 Repetitive Learning (1회 2회 3회)

'Twist of lemon peel'의 의미로 옳은 것은?

① 레몬껍질을 비틀어 짜 그 향을 칵테일에 스며들게 한다.
② 레몬을 반으로 접듯이 하여 과즙을 짠다.
③ 레몬껍질을 가늘고 길게 잘라 칵테일에 넣는다.
④ 과피를 믹서기에 갈아 즙을 2~3방울 칵테일에 떨어뜨린다.

해설
• Twist of lemon peel이란 레몬껍질을 비틀어 짜 그 향을 칵테일에 스며들게 하는 기법을 말한다.

0102 / 0401 / 0601

624 Repetitive Learning (1회 2회 3회)

칵테일 파티를 준비하는 요소로서 적절하지 못한 사항은?

① 초대 인원 파악
② 개최 일시와 장소
③ 파티의 매너(manner)
④ 메뉴의 결정

해설
• ③은 기본으로 갖춰야 하는 것으로 별도로 준비하는 요소는 아니다.

0305 / 0805 / 1604

625 Repetitive Learning (1회 2회 3회)

구매부서의 기능이 아닌 것은?

① 검수 ② 저장
③ 불출 ④ 판매

해설
• ④는 바텐더 등 바에 근무하는 요원의 역할이다.

0302 / 0702 / 0805 / 1004 / 1201 / 1205

626 Repetitive Learning (1회 2회 3회)

음료를 서빙할 때에 일반적으로 사용하는 비품이 아닌 것은?

① Napkin ② Coaster
③ Serving Tray ④ Bar Spoon

해설
• ④는 mixing glass를 이용하여 칵테일을 만들 때 내용물을 섞기 위해 휘젓는 용도로 사용하는 스푼이다.

0103 / 1401

627 Repetitive Learning (1회 2회 3회)

고객에게 음료를 제공할 때 반드시 필요하지 않은 비품은?

① Cocktail Napkin ② Can Opener
③ Straw ④ Coaster

해설
• ②는 캔을 열 때 사용하는 도구로 반드시 필요하거나 제공해야 하는 도구는 아니다.

1005 / 1205

628 Repetitive Learning (1회 2회 3회)

구매명세서(Standard Purchase Specification)를 사용부서에서 작성할 때 필요사항이 아닌 것은?

① 요구되는 품질요건 ② 품목의 규격
③ 무게 또는 수량 ④ 거래처의 상호

해설
• 구매명세서에는 ①, ②, ③외에 품명이나 무게, 수량, 과일이나 채소의 경우 생산지나 익은 정도 등을 기재한다.

1002 / 1204

629 Repetitive Learning (1회 2회 3회)

원가를 변동비와 고정비로 구분할 때 변동비에 해당하는 것은?

① 임차료 ② 직접재료비
③ 재산세 ④ 보험료

해설
• 직접재료비는 생산량의 증감에 따라 변화하는 비용이므로 변동비에 해당한다.

정답 | 622 ② 623 ① 624 ③ 625 ④ 626 ④ 627 ② 628 ④ 629 ②

1102 / 1601

630 Repetitive Learning 1회 2회 3회

스트레이트 업(Straight Up)의 의미로 가장 적절한 것은?

① 술이나 재료의 비중을 이용하여 섞이지 않게 마시는 것
② 얼음을 넣지 않은 상태로 마시는 것
③ 얼음만 넣고 그 위에 술을 따른 상태로 마시는 것
④ 글라스 위에 장식하여 마시는 것

해설
- ①은 Float를 의미한다.
- ③은 온더락(On the Rocks)을 의미한다.
- ④는 가니쉬(Garnish)를 의미한다.

1001 / 1304

631 Repetitive Learning 1회 2회 3회

구매관리와 관련된 원칙에 대한 설명으로 옳은 것은?

① 나중에 반입된 저장품부터 소비한다.
② 한꺼번에 많이 구매한다.
③ 공급업자와의 유대관계를 고려하여 검수 과정은 생략한다.
④ 저장창고의 크기, 호텔의 재무상태, 음료의 회전을 고려하여 구매한다.

해설
- ①에서 먼저 반입된 저장품부터 소비해야 한다.
- ②에서 적절한 재고량에 기반해서 구매해야 한다.
- ③에서 공급업자와 유대관계를 유지하는 것은 좋으나 검수 과정을 생략하는 것은 있을 수 없는 일이다.

0205 / 0601

632 Repetitive Learning 1회 2회 3회

주류의 구매 관리에 있어서 적절하지 못한 것은?

① 최대 저장량은 2개월분이 적당하다.
② 다량의 주류저장은 도난 위험이 있으므로 비효율적이다.
③ 증류주는 변질의 우려가 있으므로 다량 구매의 장점을 살린다.
④ 재고로 발생된 비용은 자금회전율을 늦추게 하므로 유의한다.

해설
- 증류주는 변질의 우려가 적으므로 다량 구매의 장점을 살릴 수 있다.

0802 / 0805 / 1001 / 1004 / 1302 / 1305 / 1401 / 1404

633 Repetitive Learning 1회 2회 3회

주장관리에서 핵심적인 원가의 3요소는?

① 재료비, 인건비, 주장경비
② 세금, 봉사료, 인건비
③ 인건비, 주세, 재료비
④ 재료비, 세금, 주장경비

해설
- 주장관리에서 핵심적인 원가의 3요소는 재료비, 인건비, 주장경비(기타경비)이다.

0802 / 0905

634 Repetitive Learning 1회 2회 3회

실제 원가가 표준원가를 초과하게 되는 원인이 아닌 것은?

① 재료의 과도한 변질 발생
② 도난 발생
③ 계획 대비 소량 생산
④ 잔여분의 식자재 활용 미숙

해설
- ③은 매출이 적은 원인이지 표준원가를 초과하는 원인은 아니다.

0101 / 0305 / 0401 / 0502 / 0605 / 0705 / 1104

635 Repetitive Learning 1회 2회 3회

파 스탁(par stock)이란?

① 일일 적정 요구량 ② 일일 적정 사용량
③ 일일 적정 재고량 ④ 일일 적정 보급량

해설
- 파 스탁(par stock)이란 영업에 필요한 일일 적정 재고량을 말한다.

0103 / 0202 / 0405 / 0901

636 Repetitive Learning 1회 2회 3회

par stock이란?

① 영업장 보관 재고량 ② 술 창고 보관 재고량
③ 일일 음료 판매량 ④ 재고 순환율

해설
- 파 스탁(par stock)이란 영업에 필요한 일일 적정 재고량을 말한다.

630 ② 631 ④ 632 ③ 633 ① 634 ③ 635 ③ 636 ① 정답

0904 / 1202

637 Repetitive Learning (1회 2회 3회)

Dry Martini의 레시피가 「Gin 2oz, Dry Vermouth 1/4oz, Olive 1개」이며 판매가가 10,000원이다. 재료별 가격이 다음과 같을 때 원가율은?

> – Dry Gin 20,000원/병(25oz)
> – Olive 100원/개당
> – Dry Vermouth 10,000원/병(25oz)

① 10%　　② 12%
③ 15%　　④ 18%

해설

- Gin 2oz는 20,000×2/25=1,600원이고, Olive는 100원, Vermouth는 10,000/(25×4)=100원이므로 총 1,800원이다.
- 1잔당 판매가가 10,000원이므로 그중 1,800원은 18%가 된다.

0102 / 1401

638 Repetitive Learning (1회 2회 3회)

일과 업무 시작 전에 바(bar)에서 판매 가능한 양만큼 준비해 두는 각종의 재료를 무엇이라고 하는가?

① Bar Stock
② Par Stock
③ Pre-Product
④ Ordering Product

해설

- 영업에 필요한 일일 적정 재고량을 파 스탁(Par Stock)이라고 한다.

0104 / 0602 / 0801 / 1204

639 Repetitive Learning 

다음은 무엇에 대한 설명인가?

> 일정기간 동안 어떤 물품에 대한 정상적인 수요를 충족시키는 데 필요한 재고량

① 기준재고량(Par Stock)
② 일일재고량
③ 월말재고량
④ 주단위 재고량

해설

- 영업에 필요한 일일 적정 재고량을 파 스탁(Par Stock)이라고 한다.

1101 / 1304

640 Repetitive Learning (1회 2회 3회)

영업을 폐점하고 남은 물량을 품목별로 재고조사하는 것을 무엇이라 하는가?

① Daily Issue
② Par Stock
③ Inventory Management
④ FIFO

해설

- 영업을 폐점하고 남은 물량을 품목별로 재고조사하는 것을 재고관리(Inventory Management)라 한다.

0103 / 0301 / 0701 / 0904 / 1401

641 Repetitive Learning (1회 2회 3회)

주장(bar) 영업종료 후 재고조사표를 작성하는 사람은?

① 식음료 매니저　　② 바 매니저
③ 바 보조　　④ 바텐더

해설

- 인벤토리는 영업이 끝난 후 바텐더가 작성한다.

0302 / 0502 / 0701 / 1004 / 1102

642 Repetitive Learning (1회 2회 3회)

주장관리에서 Inventory의 의미는?

① 구매 관리　　② 재고 관리
③ 검수 관리　　④ 판매 관리

해설

- 인벤토리(Inventory)는 영업이 끝난 후 남은 물량을 품목별로 재고조사하여 Bartender가 작성한 재고목록을 말한다.

0801 / 0802 / 1104 / 1205

643 Repetitive Learning (1회 2회 3회)

음료가 저장고에 적정재고 수준 이상으로 과도할 경우 나타나는 현상이 아닌 것은?

① 필요 이상의 유지 관리비가 요구된다.
② 기회 이익이 상실된다.
③ 판매 기회가 상실된다.
④ 과다한 자본이 재고에 묶이게 된다.

해설

- ③은 저장고의 재고가 적정재고 수준 이하로 과소할 경우의 현상이다.

정답 | 637 ④　638 ②　639 ①　640 ③　641 ④　642 ②　643 ③

0802 / 0904

644 Repetitive Learning 1회 2회 3회

일드 테스트(yield test)란?

① 산출량 실험
② 종사원들의 양보성향 조사
③ 알코올 도수 실험
④ 재고 조사

해설

• 일드 테스트란 산출량 실험을 의미한다.

0902 / 1202

645 Repetitive Learning 1회 2회 3회

바(Bar)의 종류에 의한 분류에 해당하지 않는 것은?

① Jazz Bar ② Back Bar
③ Western Bar ④ Wine Bar

해설

• ②는 Bar의 뒤쪽 부분을 말하는 바 시설의 한 종류이다.

0103 / 1502

646 Repetitive Learning 1회 2회 3회

연회(Banquet)석상에서 각 고객들이 마신(소비한) 만큼 계산을 별도로 하는 바(Bar)를 무엇이라고 하는가?

① Banquet Bar ② Host Bar
③ No-Host Bar ④ Paid Bar

해설

• ②는 파티나 행사에서 고객들의 요구대로 음료를 제공하고, 계산은 주최 측이 마감 때 일괄적으로 지불하는 바를 말한다.
• ③은 고객들이 자신의 술값을 직접 지불하는 바를 말한다.
• ④는 오픈 바를 말하는데 행사에서 호스트가 미리 결제하고 고객들에게 무료로 바 서비스를 제공하는 바를 말한다.

0905 / 1201 / 1405

647 Repetitive Learning 1회 2회 3회

주로 일품요리를 제공하며 매출을 증대시키고, 고객의 기호와 편의를 도모하기 위해 그날의 특별요리를 제공하는 레스토랑은?

① 다이닝룸(dining room)
② 그릴(grill)
③ 카페테리아(cafeteria)
④ 델리카트슨(delicatessen)

해설

• ①은 조식을 제외하고 점심과 저녁을 나누어 정해진 시간에 식사를 제공하는 호텔식당을 말한다.
• ③은 음식물이 진열되어 있는 전열식탁에서 요금을 지불한 고객이 직접 음식을 골라 담아 먹는 셀프서비스 식당을 말한다.
• ④는 조리된 육류나 치즈, 흔하지 않은 수입 식품을 파는 가게를 말한다.

1205 / 1604

648 Repetitive Learning 1회 2회 3회

주장의 종류로 가장 거리가 먼 것은?

① Cocktail Bar ② Members Club Bar
③ Snack Bar ④ Pub Bar

해설

• ③은 서서 식사를 하는 간이형 식당을 말한다.

0102 / 0402 / 0702 / 1001

649 Repetitive Learning 1회 2회 3회

중요한 연회 시 그 행사에 관한 모든 내용이나 협조사항을 호텔 각 부서에 알리는 행사지시서는?

① Event order
② Check-up list
③ Reservation sheet
④ Banquet memorandum

해설

• Event order는 이벤트 세부 정보를 포함하여 이벤트 실행을 계획하고 개요를 설명하는 데 사용되는 문서로 행사에 관한 모든 내용이나 협조사항을 호텔 각 부서에 알리는 행사지시서이다.

0805 / 1404

650 Repetitive Learning 1회 2회 3회

다음은 어떤 용어에 대한 설명인가?

> A small space or room in some restaurants where food items or food-related equipment is kept.

① Pantry ② Cloakroom
③ Reception Desk ④ Hospitality Room

해설

• 일부 식당에서 식품 또는 식품 관련 장비를 보관하는 작은 공간 또는 방을 Pantry(식료품 저장고)라고 한다.

644 ① 645 ② 646 ① 647 ② 648 ③ 649 ① 650 ① | 정답

0202 / 1302

651 Repetitive Learning 1회 2회 3회

조주를 하는 목적과 거리가 가장 먼 것은?

① 술과 술을 섞어서 두 가지 향의 배합으로 색다른 맛을 얻을 수 있다.
② 술과 소프트드링크 혼합으로 좀 더 부드럽게 마실 수 있다.
③ 술과 기타 부재료를 가미하여 좀 더 독특한 맛과 향을 창출해 낼 수 있다.
④ 원가를 줄여서 이익을 극대화할 수 있다.

해설
• 원가를 줄이는 것과 조주와는 아무런 관련이 없다.

0602 / 1005 / 1302

652 Repetitive Learning 1회 2회 3회

주장(Bar)을 의미하는 것이 아닌 것은?

① 주류를 중심으로 한 음료 판매가 가능한 일정시설을 갖추어 판매하는 공간
② 고객과 바텐더 사이에 놓인 널판을 의미
③ 주문과 서브가 이루어지는 고객들의 이용 장소
④ 조리 가능한 시설을 갖추어 음료와 식사를 제공하는 장소

해설
• 주장은 주류를 중심으로 한 음료 판매가 가능한 일정시설을 갖추어 판매하는 공간이다.

1004 / 1205

653 Repetitive Learning 1회 2회 3회

바(Bar)에 대한 설명 중 틀린 것은?

① 프랑스어의 Bariere에서 유래되었다.
② 술을 판매하는 식당을 총칭하는 의미로도 사용된다.
③ 종업원만의 휴식공간이다.
④ 손님과 바맨 사이에 가로 질러진 널판을 의미한다.

해설
• 바는 주문과 서브가 이루어지는 고객들의 이용 장소이다.

0103 / 0302

654 Repetitive Learning 1회 2회 3회

다음 항목 중 바텐더의 창의성을 가장 요하는 것은?

① 가니쉬(장식)
② 향신료(부재료)선택
③ 글라스 선택
④ 기주 선택

해설
• ②, ③, ④는 표준 레시피로 정해져 있는 재료와 양을 사용한다.

0905 / 1302

655 Repetitive Learning 1회 2회 3회

바(bar)에서 하는 일과 가장 거리가 먼 것은?

① Store에서 음료를 수령한다.
② Appetizer를 만든다.
③ Bar Stool을 정리한다.
④ 음료 Cost 관리를 한다.

해설
• 주장은 주류를 중심으로 한 음료 판매가 가능한 일정시설을 갖추어 판매하는 공간이다.

0102 / 0302 / 0505 / 0702 / 0905 / 1302

656 Repetitive Learning 1회 2회 3회

Standard recipe를 설정하는 목적에 대한 설명 중 틀린 것은?

① 원가계산을 위한 기초를 제공한다.
② 바텐더에 대한 의존도를 높인다.
③ 품질 관리에 도움을 준다.
④ 재료의 낭비를 줄인다.

해설
• Standard recipe는 특정 바텐더에 대한 의존도를 낮춰준다.

1201 / 1204

657 Repetitive Learning 1회 2회 3회

프론트 바(Front Bar)에 대한 설명으로 옳은 것은?

① 주문과 서브가 이루어지는 고객들의 이용 장소로서 일반적으로 폭 40cm, 높이 120cm가 표준이다.
② 술과 잔을 전시하는 기능을 갖고 있다.
③ 술을 저장하는 창고이다.
④ 주문과 서브가 이루어지는 고객들의 이용 장소로서 일반적으로 폭 80cm, 높이 150cm가 표준이다.

해설
• ②는 백 바에 대한 설명이다.
• ③은 주류 저장소에 대한 설명이다.
• ④에서 높이는 110~120cm, Bar Top의 넓이는 40~60cm 정도가 적당하다.

정답 | 651 ④ 652 ④ 653 ③ 654 ① 655 ② 656 ② 657 ①

0301 / 0802 / 1505

658 Repetitive Learning 1회 2회 3회

주장에서 사용하는 스탠다드 레시피(Standard Recipe)의 뜻은?

① 표준 검수법 ② 표준 저장법
③ 표준 조주법 ④ 표준 봉사법

해설
- 스탠다드 레시피는 의사의 처방전이나 요리의 양목표처럼 칵테일에도 재료 배합의 기준량이나 조주하는 기준을 표준화하여 제시한 것을 말한다.

1204 / 1404

659 Repetitive Learning 1회 2회 3회

Standard recipe를 지켜야 하는 이유로 가장 거리가 먼 것은?

① 다양한 맛을 낼 수 있다.
② 객관성을 유지할 수 있다.
③ 원가책정의 기초로 삼을 수 있다.
④ 동일한 제조 방법으로 숙련할 수 있다.

해설
- 표준 조주법(Standard recipe)은 일정한 품질과 맛의 지속적 유지를 위해 필요하다.

0103 / 1104

660 Repetitive Learning 1회 2회 3회

바(Bar) 디자인의 중요 점검사항에 포함되지 않는 것은?

① 주류가격, 병의 크기
② 시간의 영업량, 콘셉트의 크기
③ 음료종류, 주장의 형태와 크기
④ 서비스 형태, 목표고객

해설
- 주류의 가격 등은 바의 디자인과 거리가 멀다.

1002 / 1204 / 1505

661 Repetitive Learning 1회 2회 3회

테이블의 분위기를 돋보이게 하거나 고객의 편의를 위해 중앙에 놓는 집기들의 배열을 무엇이라 하는가?

① Service wagon ② Show plate
③ B & B plate ④ Center piece

해설
- ①은 고객서비스의 일종으로 손님 앞에서 요리를 서비스하는 등의 서비스를 말한다.
- ②는 Service Plate라고도 하며, 주요리 접시(Entree Plate)와 같은 크기의 장식용 접시를 말한다.
- ③은 빵(bread)과 버터(butter)를 놓기 위해 사용하는 접시를 말한다.

0801 / 1202 / 1504

662 Repetitive Learning 1회 2회 3회

Corkage Charge의 의미는?

① 적극적인 고객 유치를 위한 판촉비용
② 고객이 Bottle 주문 시 따라 나오는 Soft Drink의 요금
③ 고객이 다른 곳에서 구입한 주류를 바(Bar)에 가져와서 마실 때 부과되는 요금
④ 고객이 술을 보관할 때 지불하는 보관 요금

해설
- Corkage Charge란 고객이 업장의 음료상품을 이용하지 않고 음료를 가지고 오는 경우, 서비스하고 여기에 필요한 글라스, 얼음, 레몬 등을 제공하여 받는 대가를 말한다.

1205 / 1501

663 Repetitive Learning 1회 2회 3회

고객이 호텔의 음료상품을 이용하지 않고 음료를 가지고 오는 경우, 서비스하고 여기에 필요한 글라스, 얼음, 레몬 등을 제공하여 받는 대가를 무엇이라 하는가?

① Rental charge
② V.A.T(Value Added Tax)
③ Corkage charge
④ Service charge

해설
- 고객이 다른 곳에서 구입한 주류를 바(Bar)에 가져와서 마실 때 부과되는 요금을 Corkage charge라고 한다.

0901 / 1202

664 Repetitive Learning 1회 2회 3회

주장 경영에 있어서 프라임 코스트(Prime Cost)는?

① 감가상각과 이자율
② 식음료 재료비와 인건비
③ 임대비 등의 부동산 관련 비용
④ 초과근무수당

658 ③ 659 ① 660 ① 661 ④ 662 ③ 663 ③ 664 ② 정답

해설

• 프라임 코스트(Prime Cost)는 원재료비와 인건비를 합한 것을 말한다.

0705 / 0805

665 Repetitive Learning 1회 2회 3회

서비스의 방법으로 적합하지 않은 것은?

① 주문된 음료를 신속·정확하게 서비스 한다.
② 주문은 연장자의 주문을 먼저 받은 다음 여성 손님 순으로 주문을 받는다.
③ 손님과의 대화 중에 다른 손님의 주문이 있을 때는 대화 중인 손님의 양해를 구한 후 다른 손님의 주문에 응한다.
④ 바 카운터는 항상 정리, 정돈하여 청결을 유지한다.

해설

• 주문은 항상 여성 손님부터 먼저 받도록 한다.

0102 / 0502 / 1104

666 Repetitive Learning 1회 2회 3회

바(Bar) 업무능률 향상을 위한 시설물 설치 방법 중 옳지 않은 것은?

① 칵테일 얼음을 바(Bar) 작업대 옆에 보관한다.
② 바(Bar)의 수도시설은 믹싱 스테이션(Mixing Station) 바로 후면에 설치한다.
③ 냉각기(Cooling Cabinet)는 주방에 설치한다.
④ 얼음제빙기는 가능한 바(Bar) 내에 설치한다.

해설

• 냉각기(Cooling Cabinet)는 주방 밖에 설치하지만 표면에 병따개 부착된 건성형은 Station 근처에 설치한다.

0402 / 1301

667 Repetitive Learning 1회 2회 3회

바(Bar) 작업대와 가터레일(Gutter Rail)의 시설 위치로 옳은 것은?

① Bartender 정면에 시설되게 하고 높이는 술 붓는 것을 고객이 볼 수 있는 위치
② Bartender 후면에 시설되게 하고 높이는 술 붓는 것을 고객이 볼 수 없는 위치
③ Bartender 우측에 시설되게 하고 높이는 술 붓는 것을 고객이 볼 수 있는 위치
④ Bartender 좌측에 시설되게 하고 높이는 술 붓는 것을 고객이 볼 수 없는 위치

해설

• 바(Bar) 작업대와 가터레일(Gutter Rail)은 Bartender 정면에 시설되게 하고 높이는 술 붓는 것을 고객이 볼 수 있는 위치여야 한다.

0104 / 1301

668 Repetitive Learning 1회 2회 3회

바 카운터의 요건으로 가장 거리가 먼 것은?

① 카운터의 높이는 1~1.5m 정도가 적당하며 너무 높아서는 안 된다.
② 카운터는 넓을수록 좋다.
③ 작업대(Working board)는 카운터 뒤에 수평으로 부착시켜야 한다.
④ 카운터 표면은 잘 닦여지는 재료로 되어 있어야 한다.

해설

• 카운터의 넓이가 너무 넓으면 바텐더가 음료를 서브할 때 불편하다.

0805 / 1205 / 1501 / 1504

669 Repetitive Learning 1회 2회 3회

Key Box나 Bottle Member 제도에 대한 설명으로 옳은 것은?

① 음료의 판매회전이 촉진된다.
② 고정고객을 확보하기는 어렵다.
③ 후불이기 때문에 회수가 불분명하여 자금운영이 원활하지 못하다.
④ 주문시간이 많이 걸린다.

해설

• 고정고객을 확보하기 쉽다.
• 선불이어서 회수가 정확하여 자금운영이 원활하다.

1001 / 1304

670 Repetitive Learning 1회 2회 3회

호텔에서 호텔홍보, 판매촉진 등 특별한 접대목적으로 일부를 무료로 제공하는 것은?

① Complaint ② Complimentary Service
③ F/O Cashier ④ Out of Order

해설

• 호텔, 클럽, 기타 서비스업에서 프로모션을 위해 제공하는 무료서비스를 Complimentary Service라고 한다.

정답 | 665 ② 666 ③ 667 ① 668 ② 669 ① 670 ②

0103 / 0104

671 Repetitive Learning 1회 2회 3회

키박스(Key Box)나 보틀 멤버(Bottle Member) 제도의 잘못된 설명은?

① 자기 술병을 가지고 있으므로 음료의 판매회전이 저조하다.
② 고정고객을 확보할 수 있어 고정수입이 확보된다.
③ 선불이기 때문에 회수가 정확하며 자금운영이 원활하다.
④ 회원에게 특별요금으로 병째 판매하며 청량음료의 무료 서비스 혜택을 준다.

해설
- 키박스나 보틀 멤버 제도는 음료의 판매회전을 촉진한다.

0201 / 0402

672 Repetitive Learning 1회 2회 3회

알코올 음료 판매 시 판매자의 입장에서 가장 중요하게 감안되어야 할 사항은?

① 고객의 기호
② 재료의 선택
③ 고객의 건강과 업소의 수익
④ 고객의 기호와 업소의 수익

해설
- 알코올 음료 판매 시 중요하게 고려할 사항은 고객의 기호와 업소의 수익이다.

1402 / 1505

673 Repetitive Learning 1회 2회 3회

조주보조원이라 일컬으며 칵테일 재료의 준비와 청결유지를 위한 청소담당 및 업장 보조를 하는 사람을 의미하는 것은?

① 바 헬퍼(Bar Helper)
② 바텐더(Bartender)
③ 헤드 바텐더(Head Bartender)
④ 바 매니저(Bar Manager)

해설
- ②는 음료에 대한 충분한 지식을 숙지하고 서비스하는 조주요원이다.
- ③은 바텐더의 수장으로 전체 음료를 담당하는 관리자이다.
- ④는 주장운영의 실질적인 책임자로 모든 영업을 책임지는 사람으로 영업장 관리, 고객관리, 인력관리를 담당한다.

0701 / 0101 / 0405 / 0505 / 0601 / 0705 / 1002 / 0805

674 Repetitive Learning 1회 2회 3회

해피 아워(Happy Hour)란?

① 손님이 가장 많은 시간
② 하루 중 시간을 정해서 가격을 낮춰 영업하는 시간
③ 하루 중 고객에게 특별행사로 가격을 인상해서 영업하는 시간
④ 단골 고객에게 선물 주는 시간

해설
- 해피 아워(Happy Hour)는 가격을 할인해 판매하는 시간을 말한다.

0401 / 1101

675 Repetitive Learning 1회 2회 3회

바 웨이터의 역할과 거리가 먼 것은?

① 음료의 주문 그리고 서비스를 담당한다.
② 영업시간 전에 필요한 사항을 준비한다.
③ 고객을 위해서 테이블을 재정비한다.
④ 칵테일을 직접 조주한다.

해설
- ④는 바텐더의 역할이다.

0805 / 1402

676 Repetitive Learning 1회 2회 3회

바 매니저(Bar Manager)의 주 업무가 아닌 것은?

① 영업 및 서비스에 관한 지휘 통제권을 갖는다.
② 직원의 근무 시간표를 작성한다.
③ 직원들의 교육 훈련을 담당한다.
④ 인벤토리(Inventory)를 세부적으로 관리한다.

해설
- ④는 바텐더의 업무이다.

0104 / 0405

677 Repetitive Learning 1회 2회 3회

주장 요원의 직무가 아닌 것은?

① 영업장 안의 각종 주류재고량 파악
② 각종 주문전표 확인
③ 영업시간 전 준비상태 확인을 위한 각종 부재료 파악
④ 음식물 제공여부 점검

해설
- ④는 헤드 웨이터의 역할이다.

671 ① 672 ④ 673 ① 674 ② 675 ④ 676 ④ 677 ④ 정답

1304 / 1602

678 ——• Repetitive Learning (1회 2회 3회)

다음 중 주장 종사원(Waiter/Waitress)의 주요 임무는?

① 고객이 사용한 기물과 빈 잔을 세척한다.
② 칵테일의 부재료를 준비한다.
③ 창고에서 주장(Bar)에서 필요한 물품을 보급한다.
④ 고객에게 주문을 받고 주문받은 음료를 제공한다.

해설
• 주장 종사원(Waiter/Waitress)의 가장 기본적인 직무는 고객으로부터 주문을 받고 서비스를 담당하는 것에 있다.

1002 / 1405

679 ——• Repetitive Learning (1회 2회 3회)

서비스 종사원이 사용하는 타월로 arm towel 혹은 hand towel이라고도 하는 것은?

① table cloth ② under cloth
③ napkin ④ service towel

해설
• 서비스 종사원이 사용하는 타월로 arm towel 혹은 hand towel이라고도 하는 것은 service towel이다.

0201 / 0202

680 ——• Repetitive Learning (1회 2회 3회)

다음 중 조주 보조원(Bar Helper)의 주 임무는?

① 고객에게 주문을 받고 음료를 제공한다.
② 고객이 사용한 식탁을 청소하고 빈 잔을 치운다.
③ 바(Bar)에서 필요한 보급품, 린넨, 소모품 등의 보급색으로 조주원의 직업을 돕는다.
④ 얼음기계, 냉장고 등 모든 기물들의 상태를 점검한다.

해설
• ①과 ②는 주장 종사원(Waiter/Waitress)의 업무이다.
• ④는 바텐더의 업무이다.

1005 / 1302

681 ——• Repetitive Learning (1회 2회 3회)

주장의 캡틴(Bar Captain)에 대한 설명으로 틀린 것은?

① 영업을 지휘 · 통제한다.
② 서비스 준비사항과 구성인원을 점검한다.
③ 지배인을 보좌하고 업장 내의 관리업무를 수행한다.
④ 고객으로부터 직접 주문을 받고 서비스 등을 지시한다.

해설
• ①은 바 매니저의 업무이다.

1004 / 1301 / 1604

682 ——• Repetitive Learning (1회 2회 3회)

( ) 안에 들어갈 단어로 구성된 것은?

> A bartender must ( ) his waiters or waitresses. He must also ( ) various kinds of records, such as stock control, inventory, daily sales reports, purchasing reports and so on.

① take, manage
② supervise, handle
③ respect, deal
④ manage, careful

해설
• 바텐더는 웨이터와 웨이트리스를 감독해야 하며 다양한 서류(재고관리, 재고, 일일판매보고서, 구매보고서 등)를 다루어야 한다.

0701 / 0802 / 1004

683 ——• Repetitive Learning (1회 2회 3회)

바(Bar) 영업을 하기 위한 Bartender의 역할이 아닌 것은?

① 음료에 대한 충분한 지식을 숙지하여야 한다.
② 칵테일에 필요한 Garnish를 준비한다.
③ Bar Counter 내의 청결을 수시로 관리한다.
④ 영업장의 책임자로서 모든 영업에 책임을 진다.

해설
• ④는 바 매니저에 대한 설명이다.

0305 / 1005 / 1205 / 1602

684 ——• Repetitive Learning (1회 2회 3회)

바람직한 바텐더(Bartender) 직무가 아닌 것은?

① 바(Bar) 내에 필요한 물품 재고를 항상 파악한다.
② 일일 판매할 주류가 적당한지 확인한다.
③ 바(Bar)의 환경 및 기물 등의 청결을 유지, 관리한다.
④ 칵테일 조주 시 지거(Jigger)를 사용하지 않는다.

해설
• 칵테일 조주 시 표준 조주법(Standard recipe)을 따르기 위해 가능한 한 지거(Jigger)를 사용하여야 한다.

정답 | 678 ④ 679 ④ 680 ③ 681 ① 682 ② 683 ④ 684 ④

0103 / 0605

685 Repetitive Learning 1회 2회 3회

다음 중 바텐더가 해야 할 업무가 아닌 것은?

① 표준 레시피에 의한 정량 조주를 해야 한다.
② 용모가 단정하고 예의 바른 매너를 지켜야 한다.
③ 제공된 음료는 정확히 전표를 발행해야 한다.
④ 매출 및 인원 관리 등 업장을 전반적으로 책임진다.

해설
- ④는 바 매니저의 역할이다.

0702 / 1002

686 Repetitive Learning 1회 2회 3회

바텐더의 역할이 아닌 것은?

① 음료 및 부재료의 보급과 Bar 내의 청결을 유지한다.
② 직원의 근무시간표를 작성한다.
③ 칵테일을 조주한다.
④ Bar 내의 모든 기물을 정리 정돈한다.

해설
- ②는 바 매니저의 역할이다.

0101 / 0302 / 1004

687 Repetitive Learning 1회 2회 3회

조주원의 직무에 관한 설명 중 틀린 것은?

① 주문에 의하여 신속 · 정확하게 조주를 제공한다.
② 칵테일은 수시로 자기 아이디어에 따라 조주한다.
③ 글라스류와 바 기물을 세척하여 청결상태를 유지한다.
④ 영업 시작 시간 전에 그날의 소요품을 수령한다.

해설
- ②에서 바텐더는 표준 레시피에 의한 정량 조주한다.

0802 / 0904

688 Repetitive Learning 1회 2회 3회

다음 ( ) 안에 들어갈 알맞은 단어는?

Being a ( ) requires far more than memorizing a few recipes and learning to use some basic tools.

① Shaker ② Jigger
③ Bartender ④ Cork screw

해설
- (바텐더)가 되려면 몇 가지 요리법을 외우고 기본적인 도구를 사용하는 법을 배우는 것 이상의 것이 필요하다.

0302 / 1001 / 1301

689 Repetitive Learning 1회 2회 3회

다음 ( ) 안에 들어갈 적절한 것은?

A bartender should be ( ) with the English names of all stores of Liqueurs and mixed drinks.

① familiar ② warm
③ use ④ accustom

해설
- 바텐더는 모든 매장의 리큐르와 혼합 음료의 영어 이름에 (익숙)해야 한다.

0602 / 1204

690 Repetitive Learning 1회 2회 3회

바텐더가 지켜야 할 바(Bar)에서의 예의로 가장 올바른 것은?

① 정중하게 손님을 환대하며 고객이 기분이 좋도록 Lip Service를 한다.
② 자주 오시는 손님에게는 오랜 시간 이야기한다.
③ Second Order를 하도록 적극적으로 강요한다.
④ 고가의 품목을 적극 추천하여 손님의 입장보다 매출에 많은 신경을 쓴다.

해설
- 자주 오시는 손님이라도 상대편이 모르는 체할 때는 가벼운 인사만 하며, 모든 고객들에게 공평하게 접대하도록 한다.
- 매출도 중요하지만 고객에게 고가의 술이나 추가주문을 강요해서는 안 된다.

0501 / 1101

691 Repetitive Learning 1회 2회 3회

바텐더가 영업시작 전 준비하는 업무가 아닌 것은?

① 충분한 얼음을 준비한다.
② 글라스의 청결도를 점검한다.
③ 레드 와인을 냉각시켜 놓는다.
④ 전처리가 필요한 과일 등을 준비해 둔다.

해설
- 레드 와인은 상온에 보관하고 판매한다.

685 ④ 686 ② 687 ② 688 ③ 689 ① 690 ① 691 ③ 정답

0901 / 1201

692 Repetitive Learning (1회 2회 3회)

바텐더가 지켜야 할 사항이 아닌 것은?

① 항상 고객의 입장에서 근무하여 고객을 공평히 대할 것
② 업장에 손님이 없을 시에도 서비스 자세를 바르게 유지할 것
③ 고객의 취향에 맞추어 서비스할 것
④ 고객끼리의 대화를 할 경우 적극적으로 대화에 참여할 것

해설
- 고객끼리 대화할 경우 절대 간섭하지 않는다.

1002 / 1305

693 Repetitive Learning (1회 2회 3회)

바텐더의 자세로 가장 바람직하지 못한 것은?

① 영업 전후 Inventory 정리를 한다.
② 유통기한을 수시로 체크한다.
③ 손님과의 대화를 위해 뉴스, 신문 등을 자주 본다.
④ 고가의 상품을 손님에게 추천한다.

해설
- 매출도 중요하지만 고객에게 고가의 술을 강요해서는 안 된다.

0103 / 0305 / 0702 / 0901

694 Repetitive Learning (1회 2회 3회)

바텐더의 영업개시 전 준비사항으로 바람직하지 않은 것은?

① 레드 와인을 냉각시킨다.
② 칵테일용 얼음을 준비한다.
③ 글라스의 청결도를 점검한다.
④ 적정재고를 점검한다.

해설
- 레드 와인은 상온에 보관하고 판매한다.

0505 / 1302

695 Repetitive Learning (1회 2회 3회)

술과 체이서(Chaser)의 연결이 적절하지 않은 것은?

① 위스키－광천수 ② 진－토닉워터
③ 보드카－시드르 ④ 럼－오렌지주스

해설
- 보드카에는 크랜베리주스나 오렌지주스가 체이서로 좋다.

0101 / 0701 / 1302

696 Repetitive Learning (1회 2회 3회)

위생적인 주류 취급방법 중 틀린 것은?

① 먼지가 많은 양주는 깨끗이 닦아 Setting한다.
② 백포도주의 적정 냉각온도는 실온이다.
③ 사용한 주류는 항상 뚜껑을 닫아 둔다.
④ 창고에 보관할 때는 Bin Card를 작성한다.

해설
- 화이트 와인은 영업 전 냉각시켜야 한다.

0201 / 0601

697 Repetitive Learning (1회 2회 3회)

한 Table에서 4인의 주문이 들어 왔을 때 Bartender가 가장 마지막에 만들 주문 품목은?

① Bottle Beer
② Whiskey with Soda Water
③ Salty Dog
④ Dry Martini Straight up Lemon Twist

해설
- Bartender가 가장 마지막에 만들 주문 품목은 시간이 가장 오래 걸리는 Dry Martini Straight up Lemon Twist이다.

1301 / 1504

698 Repetitive Learning (1회 2회 3회)

다음 중 소믈리에(Sommelier)의 역할로 틀린 것은?

① 손님의 취향과 음식과의 조화, 예산 등에 따라 와인을 추천한다.
② 주문한 와인은 먼저 여성에게 우선적으로 와인병의 상표를 보여 주며 주문한 와인임을 확인시켜 준다.
③ 시음 후 여성부터 차례로 와인을 따르고 마지막에 그 날의 호스트에게 와인을 따라준다.
④ 코르크 마개를 열고 주빈에게 코르크 마개를 보여주면서 시큼하고 이상한 냄새가 나지 않는지, 코르크가 잘 젖어있는지를 확인시킨다.

해설
- 주문한 와인을 보여주는 상대는 와인을 주문한 손님(Host)이다.

정답 | 692 ④ 693 ④ 694 ① 695 ③ 696 ② 697 ④ 698 ②

0505 / 0904

699 Repetitive Learning (1회 2회 3회)

위생적인 주장관리 방법이 아닌 것은?

① 병맥주는 깨끗하게 닦아서 냉장고에 보관한다.
② glass는 물기 있는 그대로 보관한다.
③ 사용한 칼과 도마는 소독을 한 후 보관한다.
④ garnish는 냉장 보관한다.

해설
• 글라스는 세척 후 마른 수건으로 닦아서 보관한다.

1001 / 0103 / 1505

700 Repetitive Learning (1회 2회 3회)

조주 서비스에서 Chaser의 의미는?

① 음료를 체온보다 높여 약 62~67도로 해서 서빙하는 것
② 따로 조주하지 않고 생으로 마시는 것
③ 서로 다른 두 가지 술을 반씩 따라 담는 것
④ 독한 술이나 칵테일을 내놓을 때 다른 글라스에 물 등을 담아 내놓는 것

해설
• 체이서(Chaser)란 도수가 높은 술을 마신 후 마시는 낮은 도수의 음료를 말한다.

0201 / 0302

701 Repetitive Learning (1회 2회 3회)

주장 서비스의 부정요소와 직접적인 관계가 먼 것은?

① 개인용 음료판매 가능
② 칵테일 표준량의 속임
③ 무료서브의 남용
④ 요금계산의 정확성

해설
• 요금계산의 부정확성이 주장 서비스의 부정요소가 된다.

0805 / 1502

702 Repetitive Learning (1회 2회 3회)

Wine Master의 의미로 가장 적합한 것은?

① 와인의 제조 및 저장관리를 책임지는 사람
② 포도나무를 가꾸고 재배하는 사람
③ 와인을 판매 및 관리하는 사람
④ 와인을 구매하는 사람

해설
• Wine Master는 와인의 제조 및 저장관리를 책임지는 사람을 일컫는다.

0102 / 0401

703 Repetitive Learning (1회 2회 3회)

와인 스트워드(wine steward)의 주된 임무는?

① 와인 구매
② 와인 저장
③ 와인 판매
④ 와인 검수

해설
• 와인 스트워드(wine steward)는 소믈리에(sommelier)를 일컫는데 와인을 진열, 점검, 관리하면서 고객에게 와인을 판매하는 역할을 한다.

0305 / 0402 / 0601 / 1604 / 1604

704 Repetitive Learning (1회 2회 3회)

다음 중 소믈리에(Sommelier)의 주요 임무는?

① 기물세척(Utensil Cleaning)
② 주류저장(Store Keeper)
③ 와인판매(Wine Steward)
④ 칵테일조주(Cocktail Mixing)

해설
• 소믈리에(Sommelier)는 와인을 진열, 점검, 관리하면서 고객에게 와인을 판매하는 역할을 한다.

0801 / 1505

705 Repetitive Learning (1회 2회 3회)

레스토랑에서 사용하는 용어인 'Abbreviation'의 의미는?

① 헤드웨이터가 몇 명의 웨이터들에게 담당구역을 배정하여 고객에 대한 서비스를 제공하는 제도
② 주방에서 음식을 미리 접시에 담아 제공하는 서비스
③ 레스토랑에서 고객이 찾고자 하는 고객을 대신 찾아주는 서비스
④ 원활한 서비스를 위해 사용하는 직원 간에 미리 약속된 메뉴의 약어

해설
• 원활한 서비스를 위해 사용하는 직원 간에 미리 약속된 메뉴의 약어를 Abbreviation라 한다.

699 ② 700 ④ 701 ④ 702 ① 703 ③ 704 ③ 705 ④ 정답

0102 / 1401

706 Repetitive Learning 1회 2회 3회

물품검수 시 주문내용과 차이가 발견될 때 반품하기 위하여 작성하는 서류는?

① 송장(invoice)
② 견적서(price quotation sheet)
③ 크레디트 메모(credit memorandum)
④ 검수보고서(receiving sheet)

해설
- ①은 판매자가 매매계약을 이행했음을 구매자에게 알리는 문서이다.
- ②는 고객의 요청에 따라 가격을 산정하여 고객에게 보내는 문서이다.
- ④는 입고된 물건을 검수하고 그 결과를 기록한 문서이다.

0101 / 0502

707 Repetitive Learning 1회 2회 3회

음료메뉴(Beverage list) 설정방법 중 가장 적당하지 못한 것은?

① 경영 정책을 음료에 포함시킨다.
② 내용이 충실하며 고가로 판매할 수 있어야 한다.
③ 계절감을 채택하여야 한다.
④ 이미지(Image) 개선을 위해 특별 칵테일을 고안 판매한다.

해설
- 음료메뉴는 고가인 경우 고객들을 잃을 수 있음에 유의하여야 한다.

0905 / 1102

708 Repetitive Learning 1회 2회 3회

알코올 농도의 정의는?

① 섭씨 4°C에서 원용량 100분 중에 포함되어 있는 알코올분의 용량
② 섭씨 15°C에서 원용량 100분 중에 포함되어 있는 알코올분의 용량
③ 섭씨 4°C에서 원용량 100분 중에 포함되어 있는 알코올분의 질량
④ 섭씨 20°C에서 원용량 100분 중에 포함되어 있는 알코올분의 용량

해설
- 섭씨 15도에서 100g의 액체 중 에틸알코올이 40g 들어있으면 40%의 술이라고 표시한다.

0201 / 0901 / 1404

709 Repetitive Learning 1회 2회 3회

store room에서 쓰이는 bin card의 용도는?

① 품목별 불출입 재고 기록
② 품목별 상품특성 및 용도 기록
③ 품목별 수입가와 판매가 기록
④ 품목별 생산지와 빈티지 기록

해설
- bin card는 품목별 불출입 재고 기록카드를 말한다.

0705 / 1104

710 Repetitive Learning 1회 2회 3회

식음료 서비스의 특성이 아닌 것은?

① 제공과 사용의 분리성
② 형체의 무형성
③ 품질의 다양성
④ 상품의 소멸성

해설
- 식음료 서비스는 고객의 주문과 제공, 그리고 사용이 동시에 이루어지는 관계를 갖는다.

0205 / 0305 / 0502 / 0801

711 Repetitive Learning 1회 2회 3회

효과적인 음료 통제제도로 적절하지 않은 것은?

① 주문 시에는 서면구매 청구서를 사용한다.
② 검수 시에는 송장과 구매 청구서를 대조, 체크한다.
③ 영속적인 재고조사 시스템을 둔다.
④ 바의 간이 창고에는 한 달분의 재료를 저장한다.

해설
- 재고량은 일정 범위(적정재고) 내 최소량을 유지한다.

0402 / 0501 / 0505 / 0602 / 0705 / 0801 / 0805 / 1004 / 1202 / 1505

712 Repetitive Learning 1회 2회 3회

양주병에 80 proof라고 표기되어 있는 것은 알코올 도수 얼마에 해당하는가?

① 80% ② 40%
③ 20% ④ 10%

해설
- 80 proof라고 표기된 것은 알코올 도수가 40%이다.

정답 | 706 ③ 707 ② 708 ② 709 ① 710 ① 711 ④ 712 ②

0701 / 0904 / 1104 / 1501

713 Repetitive Learning (1회 2회 3회)

마신 알코올량(mL)을 나타내는 공식은?

① 알코올량(mL)×0.8
② 술의 농도(%)×마시는 양(mL)÷100
③ 술의 농도(%)−마시는 양(mL)
④ 술의 농도(%)÷마시는 양(mL)

해설

- 마신 알코올량(mL)은 술의 농도(%)×마시는 양(mL)÷100으로 구한다.

0902 / 1101

714 Repetitive Learning (1회 2회 3회)

다음 중 알코올의 함량이 가장 많은 것은?

① 알코올 40도의 위스키 1잔(1oz)
② 알코올 10도의 와인 1잔(4oz)
③ 알코올 5도의 맥주 2잔(16oz)
④ 알코올 20도의 소주 1잔(2oz)

해설

- ①은 40×1oz/100=0.4이다.
- ②는 10×4oz/100=0.4이다.
- ③은 5×16oz/100=0.8이다.
- ④는 20×2oz/100=0.4이다.

0101 / 0901

715 Repetitive Learning (1회 2회 3회)

양주에 표시된 도수 중 미국식 도수 표시(American proof) 86도는 우리나라 도수 표시로 몇 도에 해당하는가?

① 43도 ② 86도
③ 172도 ④ 7.9도

해설

- 86 proof라고 표기된 것은 알코올 도수가 43%이다.

0701 / 1501

716 Repetitive Learning (1회 2회 3회)

우리나라 주세법상 탁주와 약주의 알코올 도수 표기 시 허용 오차는?

① ±0.1% ② −0.5~0.5%
③ −0.5~1.0% ④ ±1.5%

해설

- 주류의 알코올분 도수는 최종제품에 표시된 알코올분 도수의 0.5도까지 그 증감을 허용하되, 살균하지 않은 탁주·약주는 추가로 0.5도까지 증가를 허용한다.

0202 / 0405 / 0605

717 Repetitive Learning (1회 2회 3회)

미국산 위스키(whiskey)의 86 proof를 우리나라 도수로 변환하면 얼마인가?

① 40도 ② 41도
③ 42도 ④ 43도

해설

- 86 proof라고 표기된 것은 알코올 도수가 43%이다.

1205 / 1502

718 Repetitive Learning (1회 2회 3회)

주류의 주정 도수가 높은 것부터 낮은 순서대로 나열된 것으로 옳은 것은?

① Vermouth>Brandy>Fortified Wine>Kahlua
② Fortified Wine>Vermouth>Brandy>Beer
③ Fortified Wine>Brandy>Beer>Kahlua
④ Brandy>Sloe Gin>Fortified Wine>Beer

해설

- 도수가 가장 높은 Brandy는 40%, Sloe Gin은 30~35%, Fortified Wine은 18~20%, 가장 낮은 Beer는 4%이다.

0705 / 1201 / 1504

719 Repetitive Learning (1회 2회 3회)

음료류의 식품유형에 대한 설명으로 틀린 것은?

① 무향탄산음료 : 먹는 물에 식품 또는 식품첨가물(착향료 제외) 등을 가한 후 탄산가스를 주입한 것을 말한다.
② 착향탄산음료 : 탄산음료에 식품첨가물(착향료)을 주입한 것을 말한다.
③ 과실음료 : 농축과실즙(또는 과실분), 과실주스 등을 원료로 하여 가공한 것(과실즙 10% 이상)을 말한다.
④ 유산균음료 : 유가공품 또는 식물성 원료를 효모로 발효시켜 가공(살균을 포함)한 것을 말한다.

해설

- ④의 유산균음료는 유가공품 또는 식물성 원료를 유산균으로 발효시켜 가공(살균 포함)한 것을 말한다. 효모로 발효시켜 가공한 것은 효모음료이다.

713 ② 714 ③ 715 ① 716 ③ 717 ④ 718 ④ 719 ④ | 정답

0102 / 0401

720 ———• Repetitive Learning (1회 2회 3회)

다음 중 주정도와 관련이 적은 것은?

① Over proof ② Under proof
③ American proof ④ ℃

해설

• ④는 온도의 단위이다.

1101 / 1302

721 ———• Repetitive Learning (1회 2회 3회)

주장의 영업 허가가 되는 근거 법률은?

① 외식산업진흥법 ② 음식업법
③ 식품위생법 ④ 주세법

해설

• ①은 외식산업의 육성 및 지원에 필요한 사항을 정하여 외식산업 진흥의 기반을 조성하고 경쟁력을 강화함으로써 국민의 삶의 질 향상과 국민경제의 건전한 발전에 이바지하는 것을 목적으로 한다.
• ④는 주세의 과세 요건 및 절차를 규정함으로써 주세를 공정하게 과세하고, 납세의무의 적정한 이행을 확보하며, 재정수입의 원활한 조달에 이바지함을 목적으로 한다.

0904 / 1204

722 ———• Repetitive Learning (1회 2회 3회)

다음 ( ) 안에 들어갈 적절한 단어는?

A : What would you like to drink?
B : I'd like a (   ).

① bread ② sauce
③ pizza ④ beer

해설

• 무엇을 마실 것인지 묻고 있다. 마실 것을 찾으면 된다.

0103 / 0302 / 0401

723 ———• Repetitive Learning

다음 문장에서 ( )에 들어갈 단어는?

What will you have, sir?
I'll have a double Johnny Walker (   ) the rocks.

① above ② on
③ over ④ in

해설

• 글라스에 얼음을 2~3개 넣은 후 그 위에 위스키를 따르는 온더락(on the rocks)을 주문하고 있다.

1205 / 1602

724 ———• Repetitive Learning

다음 ( ) 안에 들어갈 가장 적절한 것은?

W : Good evening, Mr. Carr.
How are you this evening?
G : Fine, and you Mr. Kim?
W : Very well, thank you.
What would you like to try tonight?
G : (   )
W : A whiskey, no ice, no water. Am I correct?
G : Fantastic!

① Just one for my health, please.
② One for the road.
③ I'll stick to my usual.
④ Another one please.

해설

• 바에 찾아온 손님(Mr. Carr)에게 바텐더가 오늘 밤에 무엇을 마시겠냐는 질문에 대한 손님의 답변으로 맞는 것을 찾아야 한다.
• 문맥으로 볼 때 평소 마시던 대로(위스키, 얼음 없이, 물 없이) 달라는 답이 가장 어울린다.
• ①은 나의 건강을 위해서 하나만 달라는 의미이다.
• ②는 집에 가기 전 마지막 한 잔을 하겠다는 의미이다.
• ④는 다른 것을 달라는 의미이다.

1001 / 1601

725 ———• Repetitive Learning

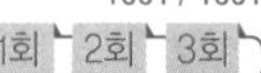

바텐더가 손님에게 처음 주문을 받을 때 사용할 수 있는 표현으로 가장 적절한 것은?

① What do you recommend?
② Would you care for a drink?
③ What would you like with that?
④ Do you have a reservation?

해설

• 손님에게 처음 주문을 받을 때 사용하는 표현을 묻고 있다.
• ①은 손님이 바텐더에게 묻는 질문에 가깝다. 무엇을 추천하는지를 묻고 있다.
• ③은 그것으로 무엇을 드시겠냐는 질문이다.
• ④는 예약을 했는지를 묻고 있다.

정답 | 720 ④ 721 ③ 722 ④ 723 ② 724 ③ 725 ②

0605 / 1304

726

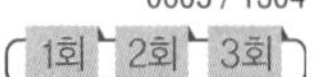

밑줄 친 곳에 들어갈 가장 알맞은 말은?

> A : May I take your order?
> B : Yes, please.
> A : ______________________
> B : I'd like to have Bulgogi.

① Do you have a table for three?
② Pass me the salt, please.
③ What would you like to have?
④ How do you like your steak?

해설

- A는 주문을 받고 있다. 손님인 B가 불고기를 먹고 싶다고 답하고 있으므로 A는 무엇을 드실 것인지를 물어야 가장 자연스럽다.
- ①은 3인이 앉을 수 있는 테이블이 있는지를 묻고 있다.
- ②는 소금을 건네달라는 표현이다.
- ④는 스테이크를 어떻게 해드리는지를 묻고 있다.

0801 / 1005 / 1201

727

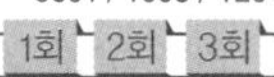

다른 문장들과 의미가 다른 하나는?

> A. May I take your order?
> B. Are you ready to order?
> C. What would you like, sir?
> D. How would you like, sir?

① A　② B
③ C　④ D

해설

- A, B, C는 모두 주문을 받을 때 웨이터가 할 수 있는 표현이다.
- D는 어떻게 하겠냐는 질문에 해당한다. '스테이크를 어떻게 해드릴까요?(How would you like your steak to be done?)' 등에서 사용할 수 있다.

1002 / 1201

728

Repetitive Learning 1회 2회 3회

"Bring us ( ) round of beer."에서 ( ) 안에 알맞은 것은?

① each　② another
③ every　④ all

해설

- another round of beer 혹은 another glass of beer는 맥주 한 잔을 더 달라는 표현이다.

0904 / 1402

729

Repetitive Learning 1회 2회 3회

다음 문장 중 나머지 셋과 의미가 다른 하나는?

① What would you like to have?
② Would you like to order now?
③ Are you ready to order?
④ Did you order him out?

해설

- ①, ②, ③은 모두 주문을 받을 때 웨이터가 할 수 있는 표현이다.
- ④는 '그를 내보내라고 당신이 명령했나요?'라고 묻고 있다.

0501 / 0905

730

Repetitive Learning 1회 2회 3회

( ) 안에 들어갈 가장 적절한 것은?

> Would you care ( ) a drink?

① to　② toward
③ against　④ for

해설

- 한 잔 하겠냐는 바텐더의 질문으로 손님에게 처음 주문을 받을 때 사용할 수 있는 표현이다.

0505 / 0902

731

Repetitive Learning 1회 2회 3회

여러 명이서 함께 술을 마실 때 "마시던 것으로 전부 한 잔씩 더 돌려주세요."라는 표현으로 가장 적절한 것은?

① We'd like to have another round, please.
② Please give me same drinks.
③ We want the other around of drinks.
④ Let me have them again.

해설

- ②는 같은 음료를 달라는 표현이다.
- ③은 다른 음료를 달라는 표현이다.
- ④는 '다시 한 번 주세요'라는 표현이다.

726 ③　727 ④　728 ②　729 ④　730 ④　731 ①　정답

0202 / 0902

732 Repetitive Learning (1회 2회 3회)

다음 ( ) 안에 들어갈 알맞은 것은?

> Would you like to have a cocktail (   ) you are waiting?

① while　② where
③ as soon as　④ upon

해설
• '기다리는 동안 칵테일 한 잔 하시겠습니까?'라는 의미의 질문이다. '기다리는 동안'이 되어야 하므로 while이 사용된다.

0802 / 1304

733 Repetitive Learning (1회 2회 3회)

다음 밑줄 친 단어와 바꾸어 쓸 수 있는 것은?

> A : Would you <u>like</u> some more drinks?
> B : No, thanks. I've had enough.

① care in　② care for
③ care to　④ care of

해설
• '마실 것(술)을 좀 더 드릴까요?'라는 의미의 질문이다. 즉, A가 B를 위해서 마실 것을 챙겨주는 개념이므로 care for가 적당하다.

1005 / 1301

734 Repetitive Learning (1회 2회 3회)

What is an alternative form of "I beg your pardon?"

① Excuse me?　② Wait for me.
③ I'd like to know.　④ Let me see.

해설
• I beg your pardon?을 대신할 수 있는 표현을 묻고 있다. I beg your pardon?은 상대방의 말을 잘 알아듣지 못했을 때 사용하는 표현이다.

0405 / 1102 / 1601

735 Repetitive Learning (1회 2회 3회)

'한 잔 더 주세요'의 가장 정확한 영어 표현은?

① I'd like other drink.
② I'd like to have another drink.
③ I want one more wine.
④ I'd like to have the other drink.

해설
• 한 잔 더 달라는 요청을 표현할 때는 'd like to~ 가 적당하다.

0301 / 0402 / 0701 / 0805 / 1101 / 1302

736 Repetitive Learning (1회 2회 3회)

( ) 안에 들어갈 가장 적절한 것은?

> May I have (   ) coffee, please?

① some　② many
③ to　④ only

해설
• '커피를 마시다'는 have some coffee를 사용한다.

0302 / 0902

737 Repetitive Learning (1회 2회 3회)

"How would you like your steak?"의 대답으로 적절하지 않은 것은?

① rare　② medium
③ rare-done　④ well-done

해설
• '당신의 스테이크를 어떻게 해드릴까요?'라는 질문에 대한 답변은 Rare, Medium, Medium rare, Well-done 등을 사용할 수 있다.

0702 / 1102

738 Repetitive Learning (1회 2회 3회)

Choose the most appropriate response to the statement.

> A : How can I get to the bar?
> B : I haven't been there in years!
> A : Well, why don't you show me on a map?
> B : ______________________

① I'm sorry to hear that.
② No, I think I can find it.
③ You should have gone there.
④ I guess I could.

해설
• 바에 어떻게 가냐는 질문에 최근에 가보지 않았다고 대답하니 지도상의 위치를 알려줄 수 있냐는 물음에 대한 답변으로 바른 것을 찾으면 된다.

정답 | 732 ①　733 ②　734 ①　735 ②　736 ①　737 ③　738 ④

0301 / 0502 / 1104

739 Repetitive Learning (1회 2회 3회)

「Which do you like better, tea or coffee?」의 대답으로 나올 수 있는 문장은?

① Tea. ② Tea and coffee.
③ Yes, tea. ④ Yes, coffee.

해설
• '차와 커피 중에 어떤 것을 좋아하느냐?'는 질문에 대한 답변을 고르면 된다.

0401 / 1502

740 Repetitive Learning (1회 2회 3회)

다음의 밑줄에 들어갈 단어로 알맞은 것은?

> Which one do you like better, whiskey _____ brandy?

① as ② but
③ and ④ or

해설
• Which ~ or ~ 는 둘 중 어떤 것을 선택하게 하는 구문이다.

0302 / 0705 / 1004

741 Repetitive Learning (1회 2회 3회)

( ) 안에 들어갈 알맞은 것은?

> Who is the tallest, Mr. Kim, Lee, ( ) Park?

① and ② or
③ with ④ to

해설
• 김 군과 이 군, 박 군 중에서 가장 키가 큰 사람이 누군지 묻고 있다.

0701 / 1304

742 Repetitive Learning (1회 2회 3회)

다음의 ( ) 안에 들어갈 적절한 것은?

> A : Do you have a new job?
> B : Yes, I ( ) for a wine bar now.

① do ② take
③ can ④ work

해설
• 와인바에서 일한다는 표현이므로 work가 되어야 한다.

0505 / 1205

743 Repetitive Learning (1회 2회 3회)

"당신은 무엇을 찾고 있습니까?"의 올바른 표현은?

① What are you look for?
② What do you look for?
③ What are you looking for?
④ What is looking for you?

해설
• '찾아다니다, 찾고 있다'는 looking for ~ 을 사용한다.

1001 / 0505 / 1204 / 1501

744 Repetitive Learning (1회 2회 3회)

What is the meaning of a walk-in guest?

① A guest with no reservation.
② Guest charged instead of the reserved guest.
③ By walk-in guest.
④ Guest that checks in through the front desk.

해설
• walk-in guest란 예약 없이 방문한 손님을 말한다.

0904 / 1104 / 1501

745 Repetitive Learning (1회 2회 3회)

호텔에서 check-in 또는 check-out 시 customer가 할 수 있는 말로 적절하지 않은 것은?

① Would you fill out this registration form?
② I have a reservation for tonight.
③ I'd like to check out today.
④ Can you hold my luggage until 4pm?

해설
• ①은 예약하기 위한 양식에 작성을 요청하는 표현으로 체크인 또는 체크아웃과는 거리가 멀다.
• ②는 오늘 밤 예약했다는 뜻이다.
• ③은 오늘 체크아웃을 하고 싶다는 뜻이다.
• ④는 오후 4시까지 짐을 맡아줄 수 있는지를 묻는 표현이다.

739 ① 740 ④ 741 ② 742 ④ 743 ③ 744 ① 745 ① 정답

0602 / 1302

746 Repetitive Learning (1회 2회 3회)

다음 B의 가장 적절한 대답은?

A : What do you do for living?
B : ____________________

① I'm writing a letter to my mother.
② I can't decide.
③ I work for a bank.
④ Yes, thank you.

해설

• 직업이 무엇이냐는 질문에 대한 답변을 찾으면 된다.

0101 / 1202

747 Repetitive Learning (1회 2회 3회)

다음 ( )에 들어갈 알맞은 것은?

What is an air conditioner?
An air conditioner is ( ) controls the temperature in a room.

① this ② what
③ which ④ something

해설

• 에어컨을 설명하는 문이 뒤에 있으므로 what이 되어야 한다.

1001 / 1202

748 Repetitive Learning (1회 2회 3회)

아래의 Guest(G)와 Receptionist(R)의 대화에서 A, B에 들어갈 단어로 알맞은 것은?

G : Is there a swimming pool in this hotel?
R : Yes, there is. It is (A) the 4th floor.
G : What time does it open in the morning?
R : It opens (B) morning at 6 AM.

① A : at, B : each
② A : on, B : every
③ A : to, B : at
④ A : by, B : in

해설

• 층수를 나타내는 전치사는 on을 사용한다.

1005 / 1604

749 Repetitive Learning (1회 2회 3회)

다음 문장의 의미는?

The line is busy, so I can't put you through.

① 통화 중이므로 바꿔 드릴 수 없습니다.
② 고장이므로 바꿔 드릴 수 없습니다.
③ 외출 중이므로 바꿔 드릴 수 없습니다.
④ 아무도 없으므로 바꿔 드릴 수 없습니다.

해설

• line is busy는 통화 중이라는 의미이다.

0103 / 0602

750 Repetitive Learning (1회 2회 3회)

다음 전치사 중에서 ( ) 안에 알맞은 것은?

You are wanted ( ) the phone.

① in ② on
③ of ④ for

해설

• be wanted on the phone은 통화를 하고 싶어하는 전화가 왔다는 의미이다.

0904 / 1302 / 1602

751 Repetitive Learning (1회 2회 3회)

다음 ( ) 안에 들어갈 알맞은 단어와 아래의 상황 후 Jenny가 Kate에게 할 말의 연결로 가장 적절한 것은?

Jenny comes back with a magnum and glasses carried by a barman. She sets the glasses while the barman opens the bottle. There is a loud "( )" and the cork hits Kate who jumps up with a cry. The champagne spills all over the carpet.

① Peep—Good luck to you.
② Ouch—I am sorry to hear that.
③ Tut—How awful!
④ Pop—I am very sorry. I do hope you are not hurt.

해설

• 샴페인 뚜껑이 따지는 소리와 함께 뚜껑이 케이트를 맞춘 데 대해 바텐더의 사과가 필요하다.

정답 | 746 ③ 747 ② 748 ② 749 ① 750 ② 751 ④

0502 / 1504

752 Repetitive Learning 1회 2회 3회

다음의 ( )에 들어갈 알맞은 단어는?

> I am afraid you have the ( ) number. (전화 잘못 거셨습니다.)

① correct ② wrong
③ missed ④ busy

해설

• 전화를 잘못 건 경우는 have the wrong number라고 표현한다.

0905 / 1604

753 Repetitive Learning 1회 2회 3회

"5월 5일에는 이미 예약이 다 되어 있습니다."의 표현은?

① We look forward to seeing you on May 5th.
② We are fully booked on May 5th.
③ We are available on May 5th.
④ I will check availability on May 5th.

해설

• be fully booked는 예약이 완료되어 더 이상 예약이 불가능하다는 의미이다.

0801 / 1305

754 Repetitive Learning 1회 2회 3회

"All tables are booked tonight."과 의미가 같은 것은?

① All books are on the table.
② There are a lot of table here.
③ All tables are very dirty tonight.
④ There aren't any available tables tonight.

해설

• 오늘 밤에 모든 테이블이 예약되어 있으므로 사용가능한 테이블이 없다는 의미이다.

0202 / 1502

755 Repetitive Learning 1회 2회 3회

다음 질문의 대답으로 적절한 것은?

> Are the same kinds of glasses used for all wines?

① Yes, they are. ② No, they don't.
③ Yes, they do. ④ No, they are not.

해설

• Are로 물었으므로 are로 대답해야 한다. 와인을 같은 종류의 글라스로 마시는 것은 아니므로 부정형의 답변이 적절하다.

0802 / 0905 / 1201 / 1602

756 Repetitive Learning 1회 2회 3회

"우리 호텔을 떠나십니까?"의 표현으로 옳은 것은?

① Do you start our hotel?
② Are you leave to our hotel?
③ Are you leaving our hotel?
④ Do you go our hotel?

해설

• be ~ing는 현재 진행되는 상황을 묻는 의문문이다.

0205 / 1601

757 Repetitive Learning 1회 2회 3회

'Are you free this evening?'의 의미로 가장 적합한 것은?

① 이것은 무료입니까?
② 오늘밤에 시간 있으십니까?
③ 오늘밤에 만나시겠습니까?
④ 오늘밤에 개점합니까?

해설

• Are you free는 한가하냐는 의미를 묻는 의문문이다.

0104 / 1101

758 Repetitive Learning 1회 2회 3회

밑줄 친 부분에 들어갈 가장 알맞은 말은?

> A : I am buying drinks tonight.
> B : ______________________

① What happened?
② What's wrong with you?
③ What's the matter with you?
④ What's the occasion?

해설

• 술을 사겠다는 A의 말에 대한 B의 반응으로 알맞은 것을 고른다.
• ①은 걱정하는 느낌이 강한 물음이다.
• ②와 ③은 따지는 느낌(시비거는 느낌)이 강한 물음이다.

752 ② 753 ② 754 ④ 755 ④ 756 ③ 757 ② 758 ④ 정답

0305 / 0502 / 1301

759 Repetitive Learning (1회 2회 3회)

다음 ( ) 안에 들어갈 적절한 것은?

Are you interested in (   )?

① make cocktail ② made cocktail
③ making cocktail ④ a making cocktail

해설
• 하고 싶다는 바람이나 행위에 대해서는 be interested in+동명사의 형식을 사용한다.

0202 / 0602

760 Repetitive Learning (1회 2회 3회)

다음 ( ) 안에 들어갈 적당한 말은?

I'd like a table (   ) three, please. (3인용 테이블을 하나 원합니다.)

① against ② to
③ from ④ for

해설
• for three는 3인용이라는 의미이다.

0402 / 0901

761 Repetitive Learning (1회 2회 3회)

고객과 종업원 간의 대화에서 ( ) 안에 들어갈 알맞은 것은?

W : Welcome to Toscana restaurant.
G : Do you have a table for three?
W : Sorry. All the tables are occupied for now. Would you wait for a while in front of restaurant?
G : Ok.
– a few minutes later –
W : (   ) We have a table for you.

① I am sorry to have kept you waiting.
② I am sorry to kept your wait.
③ I am sorry to have not kept you waiting.
④ I am sorry not to keep you waiting.

해설
• 좌석이 없어서 기다리는 손님에게 오래 기다리게 해서 죄송한 마음과 함께 손님을 위한 좌석이 마련되었다고 알리고 있다.

0101 / 0402

762 Repetitive Learning (1회 2회 3회)

다음 밑줄 친 부분에 들어갈 알맞은 단어는?

A table _____ three, sir? Please, come this way.

① on ② to
③ for ④ at

해설
• for three는 3인용이라는 의미이다.

0104 / 0904 / 1202 / 1404

763 Repetitive Learning (1회 2회 3회)

다음 ( ) 안에 들어갈 단어로 알맞은 것은?

It is also a part of your job to make polite and friendly small talk with customers to (   ) them feel at home.

① doing ② takes
③ gives ④ make

해설
• make ~ feel at home은 '~를 편안하게 느끼게 하다'는 의미이다.

0104 / 0802 / 1002 / 1205

764 Repetitive Learning (1회 2회 3회)

"This milk has gone bad."의 의미는?

① 이 우유는 상했다. ② 이 우유는 맛이 없다.
③ 이 우유는 신선하다. ④ 우유는 건강에 나쁘다.

해설
• 우유가 상했다는 의미이다.

0401 / 0602

765 Repetitive Learning (1회 2회 3회)

What is a negative characteristic in taste and finish of wine?

① flat ② full-bodied
③ elegant ④ pleasant

해설
• 밍밍한 와인은 맛과 끝맛이 좋지 않다.

정답 | 759 ③ 760 ④ 761 ① 762 ③ 763 ④ 764 ① 765 ①

0101 / 0205 / 0605 / 1501

766 Repetitive Learning (1회 2회 3회)

다음 ( ) 안에 들어갈 단어로 가장 적절한 것은?

> Please ( ) yourself to the coffee before it gets cold.

① drink ② help
③ like ④ does

해설
- help yourself ~는 '알아서 드세요', '좋을대로 하세요'의 의미이다.
- '커피가 식기 전에 드세요'라는 의미이다.

0805 / 1305 / 1504

767 Repetitive Learning (1회 2회 3회)

"이것으로 주세요." 또는 "이것으로 할게요."라는 의미의 표현으로 가장 적절한 것은?

① I'll have this one.
② Give me one more.
③ I would like to drink something.
④ I already had one.

해설
- ②는 하나 더 달라는 의미이다.
- ③은 뭔가를 마시고 싶다는 의미이다.
- ④는 이미 하나를 가지고 있다는 의미이다.

0102 / 1401

768 Repetitive Learning (1회 2회 3회)

다음 ( ) 안에 들어갈 단어로 구성된 것은?

> This is our first visit to Korea and before we ( ) our dinner, we want to ( ) some domestic drinks here.

① have, try
② having, trying
③ serve, served
④ serving, be served

해설
- '우리는 한국에 처음 방문하는 것이고 저녁을 먹기 전에, 우리는 여기에서 국내 음료를 좀 마셔보고 싶다'라는 의미이다. to 다음에는 동사원형이 와야 한다.

0401 / 1102

769 Repetitive Learning (1회 2회 3회)

'나는 술이 싫다.'의 올바른 표현은?

① I don't like a Liqueur.
② I don't like the Liqueur.
③ I don't like Liqueurs.
④ I don't like Liqueur.

해설
- Liqueur는 액체이므로 셀 수 없으므로 복수형이 올 수 없고, a나 the와 같이 특정 술이 아닌 술 자체가 싫은 것이므로 a나 the도 붙이지 않는다.

0102 / 0502 / 1002

770 Repetitive Learning (1회 2회 3회)

"초청해주셔서 감사합니다."의 가장 올바른 표현은?

① Thank you for inviting me.
② Thank you for invitation me.
③ It was thanks that you call me.
④ Thank you that you invited me.

해설
- Thank you for 다음에 명사나 동명사가 와야 한다. '나'를 초청한 것이므로 목적어 me를 포함하고 동명사 inviting이 오는 것이 적절하다.

0501 / 1104

771 Repetitive Learning (1회 2회 3회)

다음 ( ) 안에 들어갈 말은?

> I'll come to ( ) you up this evening.

① pick ② have
③ keep ④ take

해설
- '내가 오늘 저녁에 당신을 데리러 가겠다'는 표현으로 pick ~ up이 어울린다.

0102 / 0405 / 1101

772 Repetitive Learning (1회 2회 3회)

Is the post office ( ) the hotel?

① close ② closed by
③ close for ④ close to

해설
- '호텔과 가까이에 있다'는 close to the hotel이 적절하다.

766 ② 767 ① 768 ① 769 ④ 770 ① 771 ① 772 ④ | 정답

0104 / 1005

773 Repetitive Learning 1회 2회 3회

다음 밑줄 친 부분에 들어갈 알맞은 것은?

Hardly had he mailed the letter ______________.

① then he began to regret having written it
② then he received one
③ when he mailed it
④ when he began to regret having written it

해설
• '그는 편지를 부치자마자 ___'에 어울리는 표현을 찾으면 된다. 편지를 부치자마자 편지 쓴 것을 후회하기 시작했다는 의미가 되어야 적절하다.

0801 / 1204

774 Repetitive Learning 1회 2회 3회

다음 밑줄 친 단어의 의미는?

A : This beer is flat. I don't like warm beer.
B : I'll replace it with a cold one.

① 시원함 ② 맛이 좋은
③ 김이 빠진 ④ 너무 독한

해설
• A의 뒤 문장을 보면 맥주가 따뜻해진 상태를 유추할 수 있다. 즉, 김이 빠진 상태를 표현하는 단어이다.

0602 / 1405

775 Repetitive Learning 1회 2회 3회

다음 ( ) 안에 들어갈 가장 적절한 표현은?

If you ( ) him, he will help you.

① asked ② will ask
③ ask ④ be ask

해설
• 당신이 그에게 (요청)하면 그는 당신을 도와줄 것이다.

0801 / 1505

776 Repetitive Learning 1회 2회 3회

'I feel like throwing up.'의 의미는?

① 토할 것 같다. ② 기분이 너무 좋다.
③ 공을 던지고 싶다. ④ 술을 더 마시고 싶다.

해설
• throw up은 '토하다'라는 의미이다.

0201 / 0601

777 Repetitive Learning 1회 2회 3회

다음 중 틀린 곳이 있는 문장은?

① He skates well. –He is a good skater.
② He works hard. –He is a hard worker.
③ He cooks well. –He is a good cooker.
④ He drives carefully. –He is a careful driver.

해설
• ③에서 cooker는 cook이 되어야 한다. cooker는 밥솥이나 요리도구를 의미한다.

0601 / 1005 / 1204

778 Repetitive Learning 1회 2회 3회

"우리는 새 블렌더를 가지고 있다."를 가장 잘 표현한 것은?

① We has been a new blender.
② We has a new blender.
③ We had a new blender.
④ We have a new blender.

해설
• 현재 가지고 있으므로 동사원형이 사용되어야 한다. has는 3인칭 단수의 현재형이다.

0805 / 1305

779 Repetitive Learning 1회 2회 3회

아래의 대화에서 ( ) 안에 들어갈 단어로 짝지어진 것은?

A : Let's go ( ) a drink after work. Will you?
B : I don't ( ) like having a drink today.

① for, feel ② to, have
③ in, know ④ of, give

해설
• '퇴근 후에 술 한잔 하러 갈래?'라고 묻자 오늘은 술을 마시고 싶지 않다고 답변하고 있다. 이때 '술 한잔 하러'는 go for a drink가 적절하고, '~하고 싶지 않다'는 not feel like ~가 적절하다.

정답 | 773 ④ 774 ③ 775 ③ 776 ① 777 ③ 778 ④ 779 ①

0501 / 1504

780 Repetitive Learning (1회 2회 3회)

'먼저 하세요'라고 양보할 때 쓰는 영어 표현은?

① Before you, please
② Follow me, please
③ After you!
④ Let's go

해설
• '당신부터 하세요'는 After you!를 사용한다.

0402 / 0905 / 1301 / 1504

781 Repetitive Learning (1회 2회 3회)

다음 중 밑줄 친 change가 나머지 셋과 다른 의미로 쓰인 것은?

① Do you have change for a dollar?
② Keep the change.
③ I need some change for the bus.
④ Let's try a new restaurant for a change.

해설
• ①, ②, ③은 잔돈을 의미한다. ④는 변화를 의미한다.

0101 / 0401

782 Repetitive Learning (1회 2회 3회)

다음 밑줄 친 곳에 들어갈 단어는?

_____ all ingredients with half a cup of crushed ice into a blender.

① Doing ② Put
③ Keeps ④ Makes

해설
• 모든 재료들을 반 컵의 얼음과 함께 블렌더에 put(넣어야) 한다.

0103 / 0605

783 Repetitive Learning (1회 2회 3회)

다음 (　) 안에 들어갈 적절한 것은?

Present a bottle of wine for the host's (　　).

① approve ② to approve
③ approval ④ see

해설
• 호스트의 (승인)을 위해 와인 한 병을 제공한다. 승인의 명사형이 사용되어야 한다.

0103 / 1002

784 Repetitive Learning (1회 2회 3회)

The bar ______ at seven o'clock every day.

① has open ② opened
③ is opening ④ opens

해설
• every day는 '매일'이라는 의미로 이와 함께 쓰는 동사는 동사 원형이 되어야 한다.

0605 / 1405

785 Repetitive Learning (1회 2회 3회)

다음 질문의 대답으로 가장 적절한 것은?

A : Who's your favorite singer? B : ______________________

① I like jazz the best.
② I guess I'd have to say Elton John.
③ I don't really like to sing.
④ I like opera music.

해설
• 가장 좋아하는 가수가 누구인지 물었으므로 가수의 이름이 나와야 한다.

0901 / 1405

786 Repetitive Learning (1회 2회 3회)

'Can you charge what I've just had to my room number 310?'의 의미는 무엇인가?

① 제 방 310호로 주문한 것을 배달해 주실 수 있습니까?
② 제 방 310호로 거스름돈을 가져다 주실 수 있습니까?
③ 제 방 310호로 담당자를 보내 주시겠습니까?
④ 제 방 310호로 방금 마신 것의 비용을 달아놓아 주시겠습니까?

해설
• '방금 먹은 것을 310호 방에 비용을 청구해 주실 수 있나요?'라는 의미이다.

780 ③ 781 ④ 782 ② 783 ③ 784 ④ 785 ② 786 ④ 정답

0305 / 1004

787 — Repetitive Learning (1회 2회 3회)

'이 곳은 우리가 머물렀던 호텔이다'의 표현으로 옳은 것은?

① This is a hotel that we staying.
② This is the hotel where we stayed.
③ This is a hotel it we stayed.
④ This is the hotel where we stay.

해설
• 호텔을 설명하는 것이므로 where, 머문 경험은 과거의 일이므로 과거형이 사용되어야 한다.

0701 / 1404

788 — Repetitive Learning (1회 2회 3회)

다음 질문에 대한 대답으로 가장 적절한 것은?

How often do you go to the bar?

① For a long time. ② When I am free.
③ Quite often. OK. ④ From yesterday.

해설
• 얼마나 자주 바에 가는지를 묻고 있으므로 빈도로 답해야 한다.

0702 / 1205

789 — Repetitive Learning (1회 2회 3회)

「First come first served」의 의미는?

① 선착순 ② 시음회
③ 선불제 ④ 연장자순

해설
• 먼저 온 사람에게 먼저 서브하는 것이므로 선착순 개념이다.

0802 / 1505

790 — Repetitive Learning (1회 2회 3회)

다음의 문장에서 밑줄 친 postponed와 가장 가까운 뜻은?

The meeting was <u>postponed</u> until tomorrow morning.

① cancelled ② finished
③ put off ④ taken off

해설
• '회의는 내일 아침으로 연기되었다'라는 의미이므로 '연기되다'에 해당하는 단어를 찾아야 한다.

0104 / 1502

791 — Repetitive Learning (1회 2회 3회)

다음의 밑줄에 들어갈 알맞은 것은?

This bar ______ by a bar helper every morning.

① cleans ② is cleaned
③ is cleaning ④ be cleaned

해설
• '이 바는 바 헬퍼에 의해 매일 아침 청소된다'라는 의미이다. 청소가 되어지는 것이므로 is cleaned가 적절하다.

1004 / 1202 / 1604

792 — Repetitive Learning (1회 2회 3회)

다음 ( )에 들어갈 단어로 가장 적절한 것은?

( ) goes well with dessert.

① Ice wine ② Red wine
③ Vermouth ④ Dry Sherry

해설
• 디저트와 잘 어울리는 것은 아이스 와인이다.

0705 / 1104

793 — Repetitive Learning (1회 2회 3회)

다음 대화에서 A, B에 들어갈 가장 알맞은 것은?

A : Come on, Marry. Hurry up and finish your coffee. We have to catch a taxi to the airport. B : I can't hurry. This coffee is (A) hot for me (B) drink.

① A : so, B : that
② A : too, B : to
③ A : due, B : to
④ A : would, B : on

해설
• 공항까지 택시를 타야하므로 커피를 빨리 마시라고 독촉하는 A에게 B는 커피가 너무 뜨거워서 서두를 수 없다고 이야기 하고 있다. '너무 ~해서 ~ 하다'는 too ~ to가 적절하다.

정답 | 787 ② 788 ③ 789 ① 790 ③ 791 ② 792 ① 793 ②

1102 / 1402

794 Repetitive Learning 1회 2회 3회

다음 중 의미가 다른 하나는?

① Cheers! ② Give up!
③ Bottoms up! ④ Here's to us!

해설

• ②는 포기하라는 의미이고, ①, ③, ④는 건배 시 구호이다.

0103 / 1005

795 Repetitive Learning 1회 2회 3회

다음 중 나머지 셋과 의미가 다른 문장은?

① It doesn't matter.
② It doesn't make any difference.
③ It is not important.
④ It is not difficult.

해설

• ①, ②, ③은 '문제되지 않는다', '중요하지 않다'는 의미인데 반해 ④는 '어렵지 않다'는 의미이다.

0305 / 0705

796 Repetitive Learning 1회 2회 3회

다음 ( ) 안에 들어갈 알맞은 것은?

Our shuttle bus leaves here 10 times ( ).

① in day ② the day
③ day ④ a day

해설

• '우리 셔틀버스는 하루에 10번 여기서 출발합니다'라는 의미이다. '하루에'는 a day로 표현한다. the day는 특정한 날을 의미한다.

0502 / 0605

797 Repetitive Learning

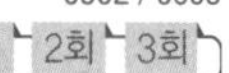

다음 중 밑줄 친 부분의 뜻은?

You are <u>in good shape</u> for a 50-year-old man.

① hand some ② smart
③ healthy ④ young

해설

• '당신은 50세 노인치고는 좋아 보인다'는 뜻이다. 즉, 나이에 비해 건강해 보인다는 의미이다.

1202 / 1604

798 Repetitive Learning 1회 2회 3회

다음 중 의미가 다른 하나는?

① It's my treat this time.
② I'll pick up the tab.
③ Let's go Dutch.
④ It's on me.

해설

• ①, ②, ④는 자기가 낸다는 표현인데 반해 ③은 각자 내자는 의미이다.

0101 / 0201

799 Repetitive Learning 1회 2회 3회

불특정 다수에게 선전하는 방법 중 틀린 것은?

① 신문광고 ② 싸인 보드
③ 디렉트 메일 ④ 빌 보드

해설

• 디렉트 메일(DM)은 특정 고객층에게 보내는 광고나 전단물이다.

0702 / 0905

800 Repetitive Learning 1회 2회 3회

간장을 보호하는 음주법으로 가장 바람직한 것은?

① 도수가 낮은 술에서 높은 술 순으로 마신다.
② 도수가 높은 술에서 낮은 술 순으로 마신다.
③ 도수와 관계없이 개인의 기호대로 마신다.
④ 여러 종류의 술을 섞어 마신다.

해설

• 간장을 보호하려면 낮은 도수부터 높은 도수 순서로 마셔야 한다.

794 ② 795 ④ 796 ④ 797 ③ 798 ③ 799 ③ 800 ① 정답

memo

파트 3

2012 ~ 2016 기출문제

- 2012년 제1회 조주기능사 필기 기출문제(2012. 02. 12)
- 2012년 제2회 조주기능사 필기 기출문제(2012. 04. 08)
- 2012년 제4회 조주기능사 필기 기출문제(2012. 07. 22)
- 2012년 제5회 조주기능사 필기 기출문제(2012. 10. 20)
- 2013년 제1회 조주기능사 필기 기출문제(2013. 01. 27)
- 2013년 제2회 조주기능사 필기 기출문제(2013. 04. 14)
- 2013년 제4회 조주기능사 필기 기출문제(2013. 07. 21)
- 2013년 제5회 조주기능사 필기 기출문제(2013. 10. 12)
- 2014년 제1회 조주기능사 필기 기출문제(2014. 01. 26)
- 2014년 제2회 조주기능사 필기 기출문제(2014. 04. 06)
- 2014년 제4회 조주기능사 필기 기출문제(2014. 07. 20)
- 2014년 제5회 조주기능사 필기 기출문제(2014. 10. 11)
- 2015년 제1회 조주기능사 필기 기출문제(2015. 01. 25)
- 2015년 제2회 조주기능사 필기 기출문제(2015. 04. 04)
- 2015년 제4회 조주기능사 필기 기출문제(2015. 07. 19)
- 2015년 제5회 조주기능사 필기 기출문제(2015. 10. 10)
- 2016년 제1회 조주기능사 필기 기출문제(2016. 01. 24)
- 2016년 제2회 조주기능사 필기 기출문제(2016. 04. 02)
- 2016년 제4회 조주기능사 필기 기출문제(2016. 07. 10)

2012년 제1회

2012년 2월 12일 필기

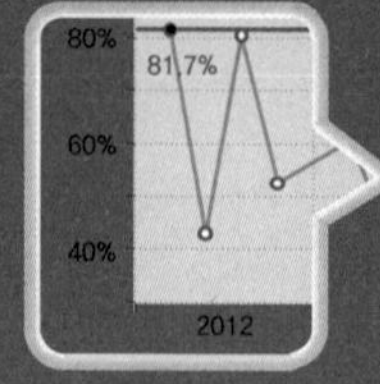

12년 1회차 필기시험
합격률 81.7%

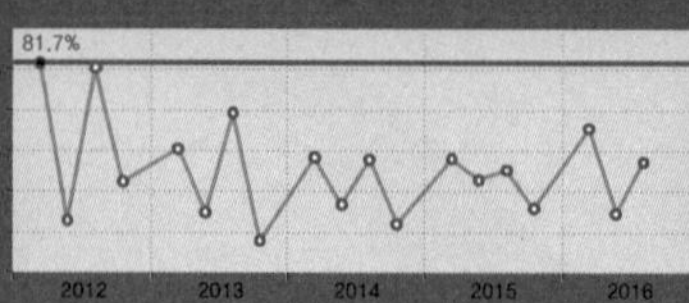

0605 / 0802 / 0905

01 Repetitive Learning (1회 2회 3회)

다음 중 연속식 증류(Patent Still)법으로 증류하는 위스키는?

① Irish whiskey ② Blended whiskey
③ Malt whiskey ④ Grain whiskey

해설
• Grain whiskey는 맥아 이외의 곡류(보리, 호밀, 밀, 옥수수 등)에 맥아를 혼합하여 당화, 발효한 후 연속식 증류법(Patent Still)으로 증류한 위스키를 말한다.

0201 / 1601

02 Repetitive Learning (1회 2회 3회)

바텐더가 Bar에서 Glass를 사용할 때 가장 먼저 체크하여야 할 사항은?

① Glass의 가장자리 파손 여부
② Glass의 청결 여부
③ Glass의 재고 여부
④ Glass의 온도 여부

해설
• 글라스 사용 전에 반드시 바텐더는 글라스의 가장자리(Rim) 파손 여부를 체크하도록 한다.

0805 / 1004

03 Repetitive Learning (1회 2회 3회)

민속주 도량형 「되」에 대한 설명으로 틀린 것은?

① 곡식이나 액체, 가루 등의 분량을 재는 것이다.
② 보통 정육면체 또는 직육면체로써 나무와 쇠로 만든다.
③ 분량(1되)을 부피의 기준으로 하여 2분의 1을 1홉(合)이라고 한다.
④ 1되는 약 1.8리터 정도이다.

해설
• 분량(1되)을 부피의 기준으로 하여 10분의 1을 1홉(合), 10배를 1말이라고 한다.

1205

04 Repetitive Learning (1회 2회 3회)

셰이킹(Shaking) 기법에 대한 설명으로 틀린 것은?

① 셰이커(Shaker)에 얼음을 충분히 넣어 빠른 시간 안에 잘 섞이고 차게 한다.
② 셰이커(Shaker)에 재료를 넣고 순서대로 Cap을 Strainer에 씌운 다음 Body에 덮는다.
③ 잘 섞이지 않는 재료들을 셰이커(Shaker)에 넣어 세차게 흔들어 섞는 조주기법이다.
④ 계란, 우유, 크림, 당분이 많은 리큐르 등으로 칵테일을 만들 때 많이 사용된다.

해설
• 뚜껑이 캡, 중간이 스트레이너, 아래쪽이 바디이다.

1405

05 Repetitive Learning (1회 2회 3회)

아로마(Aroma)에 대한 설명 중 틀린 것은?

① 포도의 품종에 따라 맡을 수 있는 와인의 첫 번째 냄새 또는 향기 이다.
② 와인의 발효과정이나 숙성과정 중에 형성되는 여러 가지 복잡 다양한 향기를 말한다.
③ 원료 자체에서 우러나오는 향기이다.
④ 같은 포도 품종이라도 토양의 성분, 기후, 재배조건에 따라 차이가 있다.

해설
• ②는 Bouquet에 대한 설명이다.

01 ④ 02 ① 03 ③ 04 ② 05 ② 정답

1005

06 Repetitive Learning (1회 2회 3회)

샴페인 포도 품종이 아닌 것은?

① 피노 누아(Pinot Noir)
② 피노 뫼니에(Pinot Meunier)
③ 샤르도네(Chardonnay)
④ 쎄미뇽(Semillon)

해설
• 쎄미뇽(Semillon)은 귀부현상을 보이는 포도로 무감미 화이트 와인용 포도 품종이다.

0202

07 Repetitive Learning (1회 2회 3회)

Dry Martini를 만드는 방법은?

① Mix ② Stir
③ Shake ④ Float

해설
• Martini, Manhattan, Rob Roy, Gibson 등을 만들 때는 믹싱 글라스를 이용해 stir 기법으로 제조한다.

08 Repetitive Learning (1회 2회 3회)

칵테일에 대한 설명으로 틀린 것은?

① 식욕을 증진시키는 윤활유 역할을 한다.
② 감미를 포함시켜 아주 달며 마시기 쉬워야 한다.
③ 식욕 증진과 동시에 마음을 자극하여 분위기를 만들어 내야 한다.
④ 제조 시 재료의 넣는 순서에 유의해야 한다.

해설
• 칵테일이라고 해서 무조건 달게 만드는 것은 아니다.

09 Repetitive Learning (1회 2회 3회)

약주, 탁주 제조에 사용되는 발효제가 아닌 것은?

① 누룩 ② 입국
③ 조효소제 ④ 유산균

해설
• 유산균은 당류를 분해하여 젖산을 만드는 균이며 젖산균이라고 하는데 약주 및 탁주 제조 시 발효제와는 거리가 멀다.

1404

10 Repetitive Learning (1회 2회 3회)

Floating의 방법으로 글라스에 직접 제공하여야 할 칵테일은?

① Highball ② Gin fizz
③ Pousse cafe ④ Flip

해설
• ①은 대표적인 직접 넣기(Building) 기법으로 만드는 칵테일이다.
• ②는 슬로 진, 레몬주스, 설탕시럽을 셰이커에 넣고 셰이킹 기법으로 만드는 칵테일이다.
• ④는 계란이 통째로(혹은 노른자만이라도) 들어간 칵테일을 말한다.

11 Repetitive Learning (1회 2회 3회)

계량 단위에 대한 설명 중 옳은 것은?

① 1Dash는 1/30Ounce이며, 0.9mL이다.
② 1Teaspoon은 1/8Ounce로 3.7mL이다.
③ 1cL은 1/10mL이다.
④ 1L는 32온스이며 960mL이다.

해설
• ①에서 1Dash는 1/32oz이고 0.9mL이다.
• ③에서 1cL는 10mL이다.
• ④에서 1L는 33.814oz이고 1,000mL이다.

1001

12 Repetitive Learning (1회 2회 3회)

포도 품종에 대한 설명으로 틀린 것은?

① Syrah : 최근 호주의 대표 품종으로 자리 잡고 있으며, 호주에서는 Shiraz라고 부른다.
② Gamay : 주로 레드 와인으로 사용되며 과일향이 풍부한 와인이 된다.
③ Merlot : 보르도, 캘리포니아, 칠레 등에서 재배되며, 부드러운 맛이 난다.
④ Pinot Noir : 보졸레에서 이 품종으로 정상급 레드 와인을 만들고 있으며, 보졸레 누보에 사용된다.

해설
• Pinot Noir는 프랑스 부르고뉴 지방의 대표적인 품종으로 Romancee-Conti를 만드는 데 사용된다.

정답 | 06 ④ 07 ② 08 ② 09 ④ 10 ③ 11 ② 12 ④

0104 / 0302 / 0401 / 0502 / 0801 / 1504

13 ——— Repetitive Learning (1회 2회 3회)

위스키(whiskey)를 만드는 과정이 바르게 배열된 것은?

① mashing－fermentation－distillation－aging
② fermentation－mashing－distillation－aging
③ aging－fermentation－distillation－mashing
④ distillation－fermentation－mashing－aging

해설

- mashing은 담금과정으로 밀 등의 곡물을 물과 결합한 다음 가열하는 과정으로 위스키 제조순서의 가장 첫 번째 단계이다.

0902

14 ——— Repetitive Learning 

오드 비(Eau-de-Vie)와 관련 있는 것은?

① Tequila　② Grappa
③ Gin　④ Brandy

해설

- ①은 Tequila는 멕시코 원주민들이 즐겨 마시는 풀케(Pulque)를 증류한 술이다.
- ②는 와인을 만들고 난 포도 부산물로 만든 이탈리아의 브랜디로 증류주이다.
- ③은 주니퍼 베리(juniper berry)로 만들어졌으며 무색투명한 증류주이다.

0401 / 1002 / 1501

15 ——— Repetitive Learning (1회 2회 3회)

다음 중 양조주가 아닌 것은?

① 맥주(beer)　② 와인(wine)
③ 브랜디(brandy)　④ 풀케(pulque)

해설

- 브랜디는 대표적인 증류주이다.
- 풀케는 멕시코 전통 발효주(양조주)이다

0501 / 0602 / 0705

16 ——— Repetitive Learning 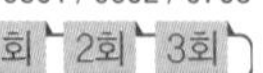

칵테일 조주 시 술이나 부재료, 주스의 용량을 재는 기구로 스테인리스제가 많이 쓰이며, 삼각형 30mL와 45mL의 컵이 등을 맞대고 있는 기구는?

① 스트레이너　② 믹싱글라스
③ 지거　④ 스퀴저

해설

- ①은 칵테일을 제조할 때 여과기로 사용되며 얼음이 흘러나오지 않도록 막는 도구로 믹싱 글라스에서 제조된 칵테일을 잔에 따를 때 사용한다.
- ②는 셰이커와 같이 재료를 섞고 차갑게 식히는 역할을 하는 도구로 stir 기법(휘젓기)에 사용하는 기물이다.
- ④는 과일즙을 짜는 도구이다.

1502

17 ——— Repetitive Learning (1회 2회 3회)

칵테일을 만들 때, 흔들거나 섞지 않고 글라스에 직접 얼음과 재료를 넣어 바 스푼이나 머들러로 휘저어 만드는 칵테일은?

① 스크루드라이버(screw driver)
② 스팅어(stinger)
③ 마가리타(magarita)
④ 싱가포르 슬링(singapore sling)

해설

- 문제는 직접 넣기 기법을 사용한 칵테일을 묻고 있다.
- ②는 브랜디, 크림 드 화이트를 셰이커에 넣고 셰이킹 기법으로 만드는 칵테일이다.
- ③은 테킬라, 오렌지 큐라소, 라임주스를 셰이커에 넣고 셰이킹 기법으로 만든 후 소금을 글라스에 묻혀서 만드는 칵테일이다.
- ④는 드라이 진, 레몬주스, 설탕을 셰이커에 넣고 셰이킹 기법으로 만든 후 소다수와 체리 브랜디를 직접 넣어주는 기법으로 만드는 칵테일이다.

0705 / 1504

18 ——— Repetitive Learning (1회 2회 3회)

음료류의 식품유형에 대한 설명으로 틀린 것은?

① 무향탄산음료 : 먹는 물에 식품 또는 식품첨가물(착향료 제외) 등을 가한 후 탄산가스를 주입한 것을 말한다.
② 착향탄산음료 : 탄산음료에 식품첨가물(착향료)을 주입한 것을 말한다.
③ 과실음료 : 농축과실즙(또는 과실분), 과실주스 등을 원료로 하여 가공한 것(과실즙 10% 이상)을 말한다.
④ 유산균음료 : 유가공품 또는 식물성 원료를 효모로 발효시켜 가공(살균 포함)한 것을 말한다.

해설

- ④의 유산균음료는 유가공품 또는 식물성 원료를 유산균으로 발효시켜 가공(살균 포함)한 것을 말한다. 효모로 발효시켜 가공한 것은 효모음료이다.

13 ① 14 ④ 15 ③ 16 ③ 17 ① 18 ④ | 정답

0101 / 1002 / 1204

19 Repetitive Learning (1회 2회 3회)

다음 중 뜨거운 칵테일은?

① Irish Coffee ② Pink Lady
③ Pina Colada ④ Manhattan

해설
- ②는 진, 그레나딘 시럽, 우유, 계란 흰자를 셰이킹 기법으로 만든 칵테일이다.
- ③은 파인애플주스와 화이트럼, 코코넛 밀크를 얼음과 함께 셰이킹 기법으로 만든 칵테일이다.
- ④는 버번위스키, 베르무트, 비터스를 믹싱 글라스에 담고 휘젓기(Stir) 기법으로 만들고 체리로 장식한 칵테일이다.

1604

20 Repetitive Learning (1회 2회 3회)

발포성 와인의 이름이 잘못 연결된 것은?

① 스페인-카바(Cava)
② 독일-젝트(Sekt)
③ 이탈리아-스푸만테(Spumante)
④ 포르투갈-도세(Doce)

해설
- 도세(Doce)는 단맛이 나는 포르투갈 와인이다.

1502

21 Repetitive Learning (1회 2회 3회)

샴페인의 발명자는?

① Bordeaux ② Champagne
③ St. Emilion ④ Dom Perignon

해설
- 코르크 마개를 개발한 Dom Perignon은 샴페인을 발명했다.

1002

22 Repetitive Learning (1회 2회 3회)

장식으로 양파(Cocktail Onion)가 필요한 것은?

① 마티니(Martini) ② 깁슨(Gibson)
③ 좀비(Zombie) ④ 다이키리(Daiquiri)

해설
- ①은 올리브를 가니쉬로 사용한다.
- ③은 민트 잎을 가니쉬로 사용한다.
- ④는 라임 슬라이스를 가니쉬로 사용한다.

1501

23 Repetitive Learning (1회 2회 3회)

맥주용 보리의 조건이 아닌 것은?

① 껍질이 얇아야 한다.
② 담황색을 띠고 윤택이 있어야 한다.
③ 전분 함유량이 적어야 한다.
④ 수분 함유량 13% 이하로 잘 건조되어야 한다.

해설
- 전분 함유량이 많아야 한다.

0201 / 0702

24 Repetitive Learning (1회 2회 3회)

제조방법에 따른 술의 분류로 옳은 것은?

① 발효주, 증류주, 추출주
② 양조주, 증류주, 혼성주
③ 발효주, 칵테일, 에센스 주
④ 양조주, 칵테일, 여과주

해설
- 알코올성 음료(술)는 제조방법에 따라 양조주, 증류주, 혼성주로 분류된다.

1504

25 Repetitive Learning (1회 2회 3회)

비알코올성 음료에 대한 설명으로 틀린 것은?

① Decaffeinated coffee는 caffeine을 제거한 커피이다.
② 아라비카종은 이디오피아가 원산지인 향미가 우수한 커피이다.
③ 에스프레소 커피는 고압의 수증기로 추출한 커피이다.
④ Cocoa는 카카오 열매의 과육을 말려 가공한 것이다.

해설
- Cocoa는 카카오 씨앗을 압착해서 카카오기름을 제거한 뒤 분쇄한 것이다.

26 Repetitive Learning (1회 2회 3회)

Table Wine으로 적합하지 않은 것은?

① White Wine ② Red Wine
③ Rose Wine ④ Cream Sherry

해설
- Cream Sherry는 단맛이 강해서 스위트 와인으로 디저트 와인에 가깝다.

정답 | 19 ① 20 ④ 21 ④ 22 ② 23 ③ 24 ② 25 ④ 26 ④

1604

27 Repetitive Learning 1회 2회 3회

비알코올성 음료의 분류방법에 해당되지 않는 것은?

① 청량음료 ② 영양음료
③ 발포성음료 ④ 기호음료

해설
- 비알코올성 음료는 크게 청량음료, 영양음료, 기호음료로 구분한다.

28 Repetitive Learning 1회 2회 3회

다음과 같은 재료를 사용하여 만드는 칵테일은?

Liqueur+Lemon Juice+Sugar+Soda Water

① Collins ② Martini
③ Flip ④ Rickey

해설
- ②는 진, 베르무트를 믹싱글라스에 넣고 휘젓기(stir) 기법으로 만든 칵테일이다.
- ③은 계란이 통째로(혹은 노른자만이라도) 들어간 칵테일을 말한다.
- ④는 라임즙을 글라스에 넣어 소다수 또는 물로 채운 달지 않은 칵테일을 말한다.

0301 / 0401 / 1002 / 1405

29 Repetitive Learning 1회 2회 3회

다음 중 나머지 셋과 성격이 다른 것은?

A. Cherry brandy	B. Peach brandy
C. Hennessy brandy	D. Apricot brandy

① A ② B
③ C ④ D

해설
- A, B, D는 모두 리큐르이다.
- C는 브랜디의 한 종류인 꼬냑의 대표 브랜드이다.

0702 / 0805 / 1501

30 Repetitive Learning 1회 2회 3회

술 자체의 맛을 의미하는 것으로 '단맛'이라는 의미의 프랑스어는?

① Trocken ② Blanc
③ Cru ④ Doux

해설
- ①은 Dry, Sec과 같은 표현으로 단맛이 있는 듯 없는 듯 할 때 사용한다.
- ②는 화이트 와인을 지칭하는 단어이다.
- ③은 품질이 뛰어난 와인을 생산하는 유명한 지역 또는 포도밭을 지칭한다.

0905 / 1405

31 Repetitive Learning 1회 2회 3회

주로 일품요리를 제공하며 매출을 증대시키고, 고객의 기호와 편의를 도모하기 위해 그날의 특별요리를 제공하는 레스토랑은?

① 다이닝룸(dining room)
② 그릴(grill)
③ 카페테리아(cafeteria)
④ 델리카트슨(delicatessen)

해설
- ①은 조식을 제외하고 점심과 저녁을 나누어 정해진 시간에 식사를 제공하는 호텔식당을 말한다.
- ③은 음식물이 진열되어 있는 전열식탁에서 요금을 지불한 고객이 직접 음식을 골라 담아 먹는 셀프서비스 식당을 말한다.
- ④는 조리된 육류나 치즈, 흔하지 않은 수입 식품을 파는 가게를 말한다.

0705

32 Repetitive Learning 1회 2회 3회

다음 중 용량이 가장 작은 글라스는?

① Old Fashioned Glass
② Highball Glass
③ Cocktail Glass
④ Shot Glass

해설
- 주어진 보기의 글라스를 크기 순으로 나열하면 ④<③<①<② 순이다.

0702 / 1004 / 1404

33 Repetitive Learning 1회 2회 3회

빈(bin)이 의미하는 것으로 가장 적절한 것은?

① 프랑스산 적포도주
② 주류 저장소에 술병을 넣어 놓는 장소
③ 칵테일 조주 시 가장 기본이 되는 주재료
④ 글라스를 세척하여 담아 놓는 기구

27 ③ 28 ① 29 ③ 30 ④ 31 ② 32 ④ 33 ② | 정답

해설

• 빈(bin)은 주류 저장소에 술병을 넣어 놓는 장소를 말한다.

0901

34 Repetitive Learning (1회 2회 3회)

바텐더가 지켜야 할 사항이 아닌 것은?

① 항상 고객의 입장에서 근무하여 고객을 공평히 대할 것
② 업장에 손님이 없을 시에도 서비스 자세를 바르게 유지할 것
③ 고객의 취향에 맞추어 서비스할 것
④ 고객끼리의 대화를 할 경우 적극적으로 대화에 참여할 것

해설

• 고객끼리 대화할 경우 절대 간섭하지 않는다.

0302 / 0702 / 0805 / 1004 / 1205

35 Repetitive Learning (1회 2회 3회)

음료를 서빙할 때에 일반적으로 사용하는 비품이 아닌 것은?

① Napkin ② Coaster
③ Serving Tray ④ Bar Spoon

해설

• ④는 Mixing Glass를 이용하여 칵테일을 만들 때 내용물을 섞기 위해 휘젓는 용도로 사용하는 스푼이다.

36 Repetitive Learning (1회 2회 3회)

다음 중 믹싱 글라스(Mixing Glass)를 이용하여 만든 칵테일만으로 구성된 것은?

㉠ Pink Lady	㉡ Gibson
㉢ Stinger	㉣ Manhattan
㉤ Bacardi	㉥ Dry Martini

① ㉠, ㉡, ㉤ ② ㉠, ㉣, ㉤
③ ㉡, ㉣, ㉥ ④ ㉠, ㉢, ㉥

해설

• ㉠은 진, 시럽, 흰 크림, 계란 흰자 등을 셰이커에 넣어 셰이킹하여 만든다.
• ㉢은 브랜디, 크림 드 민트 화이트를 셰이커에 넣어 셰이킹하여 만든다.
• ㉤은 럼, 라임주스, 시럽을 셰이커에 넣어 셰이킹하여 만든다.

0201 / 0505 / 0902

37 Repetitive Learning (1회 2회 3회)

조주 방법 중 'Stirring'에 대한 설명으로 옳은 것은?

① 칵테일을 차게 만들기 위해 믹싱 글라스에 얼음을 넣고 바 스푼으로 휘저어 만드는 것
② Shaking으로는 얻을 수 없는 설탕을 첨가한 차가운 칵테일을 만드는 방법
③ 칵테일을 완성시킨 후 향기를 가미 시킨 것
④ 글라스에 직접 재료를 넣어 만드는 방법

해설

• ②는 Blending 방법이다.
• ③은 가니쉬(Garnish)에 대한 설명이다.
• ④는 직접넣기(Building) 방법이다.

38 Repetitive Learning (1회 2회 3회)

「Squeezer」에 대한 설명으로 옳은 것은?

① Bar에서 사용하는 Measure-Cup의 일종이다.
② Mixing Glass를 대용할 때 쓴다.
③ Strainer가 없을 때 흔히 사용한다.
④ 과일즙을 낼 때 사용한다.

해설

• 스퀴저는 과일즙을 짜는 도구이다.

0202 / 1602

39 Repetitive Learning (1회 2회 3회)

칵테일 레시피(Recipe)를 보고 알 수 없는 것은?

① 칵테일의 색깔 ② 칵테일의 판매량
③ 칵테일의 분량 ④ 칵테일의 성분

해설

• 칵테일 레시피로는 가격이나 판매량을 확인할 수 없다.

0201 / 0501 / 0602 / 0802 / 0805 / 0904 / 1002 / 1205 / 1504

40 Repetitive Learning (1회 2회 3회)

재고 관리상 쓰이는 FIFO란 용어의 뜻은?

① 정기 구입 ② 선입 선출
③ 임의 불출 ④ 후입 선출

해설

• 선입선출(FIFO)의 의미는 First In First Out이다.

정답 | 34 ④ 35 ④ 36 ③ 37 ① 38 ④ 39 ② 40 ②

41 → Repetitive Learning (1회 2회 3회)

0805

「Measure Cup」에 대한 설명 중 틀린 것은?

① 각종 주류의 용량을 측정한다.
② 윗부분은 1oz(30mL)이다.
③ 아랫부분은 1.5oz(45mL)이다.
④ 병마개를 감쌀 때 쓰일 수 있다.

해설
- Measure Cup은 칵테일 조주 시 각종 주류의 용량을 측정하는 컵이다.

42 → Repetitive Learning (1회 2회 3회)

0902

맥주의 보관 · 유통 시 주의할 사항이 아닌 것은?

① 심한 진동을 가하지 않는다.
② 너무 차게 하지 않는다.
③ 햇볕에 노출시키지 않는다.
④ 장기 보관 시 맥주와 공기가 접촉되게 한다.

해설
- 맥주와 공기가 접촉되지 않도록 해야 한다.

43 → Repetitive Learning (1회 2회 3회)

구매된 주류에 대한 저장관리의 원칙에 해당하지 않는 것은?

① 적정 온도유지의 원칙
② 품목별 분류저장의 원칙
③ 고가위주의 저장원칙
④ 선입선출의 원칙

해설
- ①, ②, ④ 외에 저장위치 표시의 원칙, 공간활용의 원칙 등이 있다.

44 → Repetitive Learning (1회 2회 3회)

와인과 음식과의 조화가 제대로 이루어지지 않은 것은?

① 식전-Dry Sherry Wine
② 식후-Port Wine
③ 생선-Sweet Wine
④ 육류-Red Wine

해설
- 생선은 White Wine과 함께 먹는 것이 좋다.

45 → Repetitive Learning (1회 2회 3회)

1204

프론트 바(Front Bar)에 대한 설명으로 옳은 것은?

① 주문과 서브가 이루어지는 고객들의 이용 장소로서 일반적으로 폭 40cm, 높이 120cm가 표준이다.
② 술과 잔을 전시하는 기능을 갖고 있다.
③ 술을 저장하는 창고이다.
④ 주문과 서브가 이루어지는 고객들의 이용 장소로서 일반적으로 폭 80cm, 높이 150cm가 표준이다.

해설
- ②는 백 바에 대한 설명이다.
- ③은 주류 저장소에 대한 설명이다.
- ④에서 높이는 110~120cm, Bar Top의 넓이는 40~60cm 정도가 적당하다.

46 → Repetitive Learning (1회 2회 3회)

0602 / 0904 / 1002 / 1402

계란, 설탕 등의 부재료가 사용되는 칵테일을 혼합할 때 사용하는 기구는?

① Shaker ② Mixing Glass
③ Strainer ④ Muddler

해설
- ②는 셰이커와 같이 재료를 섞고 차갑게 식히는 역할을 하는 도구이다.
- ③은 칵테일을 제조할 때 여과기로 사용되며 얼음이 흘러나오지 않도록 막는 도구이다.
- ④는 허브잎이나 과일 또는 설탕 등을 으깨서 향을 낼 때 사용하는 도구이다.

47 → Repetitive Learning (1회 2회 3회)

0805 / 1601

Bock beer에 대한 설명으로 옳은 것은?

① 알코올 도수가 높은 흑맥주
② 알코올 도수가 낮은 담색 맥주
③ 이탈리아산 고급 흑맥주
④ 제조 12시간 이내의 생맥주

해설
- Bock(보크)는 독일 북부에서 유래한 라거맥주의 일종이다.

41 ④ 42 ④ 43 ③ 44 ③ 45 ① 46 ① 47 ① | 정답

0104

48

Repetitive Learning 1회 2회 3회

백포도주의 가장 알맞은 냉각(보관)온도는 몇 도인가?

① 12~18℃ ② 10~16℃

③ 8~19℃ ④ 6~12℃

해설

- 화이트 와인은 6~12℃ 사이로 냉각(보관)하고 10~12℃ 정도로 서빙하는 것이 적당하다.

49

Repetitive Learning 1회 2회 3회

애플 마티니(Apple Martini) 칵테일 원가비율을 20%에 맞추어 판매하고자 할 때, 재료비가 1,500원이라면 판매가는?

① 7,500원 ② 8,500원

③ 9,000원 ④ 10,000원

해설

- 20%=(1,500/x)×100이므로 x=1,500/0.2=7,500(원)이 된다.

0401 / 0605

50

Repetitive Learning 1회 2회 3회

와인을 오픈할 때 사용하는 기물로 적당한 것은?

① Cork screw ② White Napkin

③ Ice Tongs ④ Wine Basket

해설

- Cork screw는 코르크 마개를 따는 기구다.

0301 / 0402 / 0705

51

Repetitive Learning 1회 2회 3회

아래는 무엇에 대한 설명인가?

> A fortified yellow or brown wine of Spanish origin with a distinctive nutty flavor.

① Sherry ② Rum

③ Vodka ④ Bloody Mary

해설

- 강화와인으로 노란색이나 브라운 색상인 스페인 본연의 독특한 견과류 향의 와인은 쉐리 와인이다.

52

Repetitive Learning 1회 2회 3회

As a rule, the dry wine is served (   ).

① in the meat course

② in the fish course

③ before dinner

④ after dinner

해설

- 드라이 와인은 식전주로 공급된다.

53

Repetitive Learning 1회 2회 3회

Which of the following is not correct in the blank?

> As a barman, you would suggest to guest that they have one more drink. Say : (   )

① The same again, sir?

② One for the road?

③ I have another waiting on ice for you.

④ Cheers, sir!

해설

- 추가 주문을 받고자 고객에게 하는 말로 알맞지 않은 것을 찾으면 된다. ④는 건배 시 하는 표현이다.

54

Repetitive Learning 1회 2회 3회

다음은 어떤 술에 대한 설명인가?

> It was created over 200 years ago by a Dutch chemist named Dr. Franciscus Sylvius.

① Gin ② Rum

③ Vodka ④ Tequila

해설

- 250년 전, 네덜란드의 화학자 프란시스퀴스 실비우스에 의해 만들어진 것은 진(Gin)이다.
- ②는 카리브해 서인도제도에서 사탕수수 또는 당밀을 원료로 만든 증류주로 선원들이 즐겨마시던 술이다.
- ③은 곡류와 감자가 원료인 러시아의 대표적인 증류주다.
- ④는 용설란으로 만들어 용설란 특유의 향과 달콤한 맛을 가진 멕시코 술이다.

정답 | 48 ④ 49 ① 50 ① 51 ① 52 ③ 53 ④ 54 ①

0305

55

Repetitive Learning 1회 2회 3회

Which of the following is made from grape?

① Calvados ② Rum
③ Gin ④ Brandy

해설
- ①은 프랑스 노르망디(Normandie)에서 생산된 사과 브랜디를 뜻한다.
- ②는 당밀이나 사탕수수의 즙을 발효하여 증류한 술이다.
- ③은 주니퍼 베리(juniper berry)로 만들어졌으며 무색투명한 증류주이다.

56

Repetitive Learning 1회 2회 3회

"실례했습니다."의 표현과 거리가 먼 것은?

① I'm sorry to have disturbed you.
② I'm sorry to have troubled you.
③ I hope I didn't disturb you.
④ I'm sorry I didn't interrupt you.

해설
- ④는 '실례했습니다'의 표현이 아니다. '실례했습니다'의 표현이 되게 하려면 ①, ②, ③과 같이 해야 한다.

1002

57

Repetitive Learning 1회 2회 3회

"Bring us (   ) round of beer."에서 ( ) 안에 들어갈 알맞은 것은?

① each ② another
③ every ④ all

해설
- another round of beer 혹은 another glass of beer는 맥주 한 잔을 더 달라는 표현이다.

0802 / 0905 / 1602

58

Repetitive Learning 1회 2회 3회

"우리 호텔을 떠나십니까?"의 표현으로 옳은 것은?

① Do you start our hotel?
② Are you leave to our hotel?
③ Are you leaving our hotel?
④ Do you go our hotel?

해설
- be ~ing는 현재 진행되는 상황을 묻는 의문문이다.

59

Repetitive Learning 1회 2회 3회

Which one is the most famous herb liqueur?

① Baileys Irish Cream
② Benedictine D.O.M
③ Cream de Cacao
④ Akvavit

해설
- Benedictine(베네딕틴)은 수십 종의 약초를 사용한 약 42°의 호박색 리큐르이다.

0801 / 1005

60

Repetitive Learning 1회 2회 3회

다른 문장들과 의미가 다른 하나는?

A. May I take your order?
B. Are you ready to order?
C. What would you like, Sir?
D. How would you like, Sir?

① A ② B
③ C ④ D

해설
- A, B, C는 모두 주문을 받을 때 웨이터가 할 수 있는 표현이다.
- D는 어떻게 하겠냐는 질문에 해당한다. '스테이크를 어떻게 해드릴까요?(How would you like your steak to be done?)' 등에서 사용할 수 있다.

55 ④ 56 ④ 57 ② 58 ③ 59 ② 60 ④ 정답

2012년 제2회

2012년 4월 8일 필기

12년 2회차 필기시험
합격률 43.1%

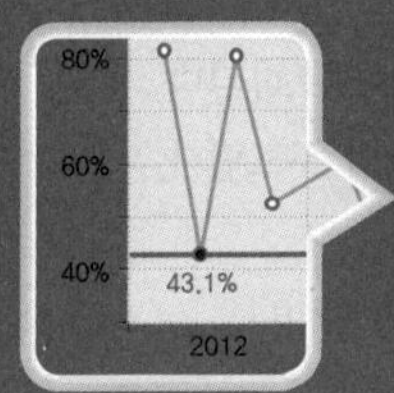

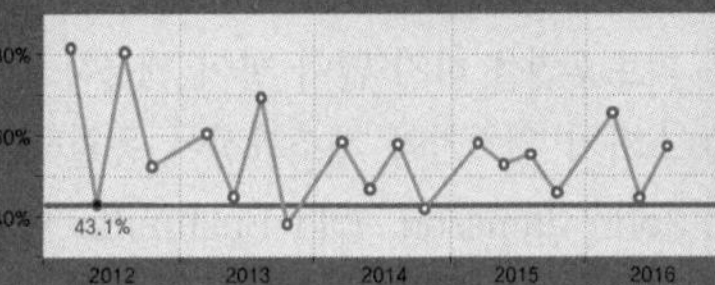

1602

01 Repetitive Learning 1회 2회 3회

보졸레 누보 양조과정의 특징이 아닌 것은?

① 기계수확을 한다.
② 열매를 분리하지 않고 송이채 밀폐된 탱크에 집어넣는다.
③ 발효 중 CO_2의 영향을 받아 산도가 낮은 와인이 만들어진다.
④ 오랜 숙성 기간 없이 출하한다.

해설
• 보졸레 누보는 열매를 분리하지 않고 인력으로 수확 후 송이채 밀폐된 탱크에 집어넣어 양조한다.

1502

02 Repetitive Learning 1회 2회 3회

다음 중 양조주에 해당하는 것은?

① 청주(淸酒) ② 럼주(Rum)
③ 소주(燒酒) ④ 리큐르(Liqueur)

해설
• ②와 ③은 증류주이다.
• ④는 혼성주이다.

0103 / 0401 / 0701 / 1505

03 Repetitive Learning 1회 2회 3회

다음 칵테일 중 Mixing Glass를 사용하지 않는 것은?

① Martini ② Gin Fizz
③ Manhattan ④ Rob Roy

해설
• ②는 슬로 진, 레몬주스, 설탕시럽을 셰이커에 넣고 셰이킹 기법으로 만드는 칵테일이다.

04 Repetitive Learning 1회 2회 3회

텀블러 글라스에 Dry Gin 1oz, Lime Juice 1/2oz, 그리고 Soda Water로 채우고 레몬슬라이스로 장식하여 제공되는 칵테일은?

① Gin Fizz ② Gimlet
③ Gin Rickey ④ Gibson

해설
• ①은 진, 레몬주스, 시럽, 달걀흰자를 셰이킹 기법으로 만든 후 탄산수를 채우고 레몬 슬라이스로 장식한 칵테일이다.
• ②는 진, 라임주스, 파우더슈가를 셰이킹 기법으로 만든 칵테일이다.
• ④는 Gin, 베르무트를 믹싱 글라스에 넣고 Stirring(휘젓기) 기법으로 만든 칵테일이다.

05 Repetitive Learning 1회 2회 3회

다음 중 연결이 틀린 것은?

① 1Quart－32oz ② 1Quart－944mL
③ 1Quart－1/4Gallon ④ 1Quart－25Pony

해설
• 1쿼트(Qt)는 950mL이고 32oz, 4Cup에 해당된다.
• Pony는 oz와 단위가 같으므로 32Pony가 되어야 한다.

0501 / 0701 / 1001

06 Repetitive Learning 1회 2회 3회

다음 중 Rum의 원산지는?

① 러시아 ② 카리브해 서인도제도
③ 북미지역 ④ 아프리카지역

해설
• 럼은 카리브해 서인도제도에서 사탕수수 또는 당밀을 원료로 만든 증류주이다.

정답 | 01 ① 02 ① 03 ② 04 ③ 05 ④ 06 ②

1001 / 1601

07 Repetitive Learning (1회 2회 3회)

Irish whiskey에 대한 설명으로 틀린 것은?

① 깊고 진한 맛과 향을 지닌 몰트 위스키도 포함된다.
② 피트훈연을 하지 않아 향이 깨끗하고 맛이 부드럽다.
③ 스카치 위스키와 제조과정이 동일하다.
④ John Jameson, Old Bushmills가 대표적이다.

해설
- 아이리쉬 위스키는 2번 증류하는 스카치 위스키와 다르게 대형의 단식 증류기를 이용하여 총 3번 증류한다.

0705

08 Repetitive Learning (1회 2회 3회)

화이트 포도 품종인 샤르도네만을 사용하여 만드는 샴페인은?

① Bland de Noirs ② Blanc de Blanc
③ Asti Spumante ④ Beaujolais

해설
- ①은 레드 포도 품종으로 만든 샴페인이다.
- ③은 이탈리아 아스티 지역에서 모스카토 품종으로 만들어진 발포성 와인이다.
- ④는 프랑스 보졸레 지방에서 생산되는 포도주를 말한다.

0301

09 Repetitive Learning (1회 2회 3회)

다음 중 칵테일 조주에 필요한 기구로 가장 거리가 먼 것은?

① Jigger ② Shaker
③ Ice Equipment ④ Straw

해설
- ④는 칵테일을 마시기 쉽게 하기 위한 빨대로 칵테일 서비스에 필요한 기물이다.

0205 / 1001

10 Repetitive Learning (1회 2회 3회)

Sparkling Wine과 관련이 없는 것은?

① Champagne ② Sekt
③ Cremant ④ Armagnac

해설
- 아르마냑(Armagnac)은 프랑스 보르도(Bordeaux) 지방의 아르마냑 지역에서 생산되는 브랜디의 일종이다.

0601 / 0805

11 Repetitive Learning (1회 2회 3회)

와인의 등급을 「AOC, VDQS, Vins de Pay, Vins de Table」로 구분하는 나라는?

① 이탈리아 ② 스페인
③ 독일 ④ 프랑스

해설
- 이탈리아 와인은 D.O.C.G, D.O.C, IGT, VDT로 등급이 나뉜다.
- 스페인 와인은 DOCa, DO, VdlT, VdM 등급이 나뉜다.
- 독일 와인은 QmP, QbA, Landwien, Deutschertaflwein, Tafelwein으로 등급이 나뉜다.

1501

12 Repetitive Learning (1회 2회 3회)

음료에 대한 설명이 틀린 것은?

① 콜린스 믹스(Collins mix)는 레몬주스와 설탕을 주원료로 만든 착향 탄산음료이다.
② 토닉워터(Tonic water)는 키니네(quinine)를 함유하고 있다.
③ 코코아(cocoa)는 코코넛(coconut)열매를 가공하여 가루로 만든 것이다.
④ 콜라(coke)는 콜라닌과 카페인을 함유하고 있다.

해설
- cocoa는 카카오 씨앗을 압착해서 카카오기름을 제거한 뒤 분쇄한 것이다.

0401 / 0905

13 Repetitive Learning (1회 2회 3회)

다음에서 말하는 물을 의미하는 것은?

> 우리나라 고유의 술은 곡물과 누룩도 좋아야 하지만 특히 물이 좋아야 한다. 예부터 만물이 잠든 자정에 모든 오물이 다 가라앉은 맑고 깨끗한 물을 길어 술을 담갔다고 한다.

① 우물물 ② 광천수
③ 암반수 ④ 정화수

해설
- 우물물은 우물에 있는 물이다.
- 광천수는 광물질이 함유되어있는 물로 미네랄워터라고 한다.
- 암반수는 지하에 있는 물이다.

07 ③ 08 ② 09 ④ 10 ④ 11 ④ 12 ③ 13 ④ 정답

14 Repetitive Learning (1회 2회 3회)

다음 중 가장 많은 재료를 넣어 셰이킹하는 칵테일은?

① Manhattan ② Apple Martini
③ Gibson ④ Pink Lady

해설
- ①, ②, ③은 모두 믹싱 글라스를 이용해 stir 기법으로 제조한다.

15 Repetitive Learning (1회 2회 3회)

샴페인의 「Extra Dry」라는 문구는 잔여 당분의 함량을 가리키는 표현이다. 이 문구를 삽입하고자 할 때 병에 함유된 잔여 당분의 정도는?

① 0~6g/ℓ ② 6~12g/ℓ
③ 12~20g/ℓ ④ 20~50g/ℓ

해설
- ①은 Extra Brut, ②는 Brut, ④는 Demi-Sec이다.

16 Repetitive Learning (1회 2회 3회)

다음 중 꼬냑(Cognac)의 증류가 끝나도록 규정되어진 때는?

① 12월 31일 ② 2월 1일
③ 3월 31일 ④ 5월 1일

해설
- 꼬냑은 와인을 2~3회 단식증류기로 증류한다. 이때 향기를 최대한 많이 가지도록 10월 말이나 11월부터 발효가 끝난 와인은 3월 31일까지 증류를 마치며 4월 1일부터는 오크통에 넣어 숙성한다.

0605 / 1002 / 1005 / 1301 / 1401

17 Repetitive Learning (1회 2회 3회)

리큐르(Liqueur)의 제조법과 가장 거리가 먼 것은?

① 블렌딩법(Blending)
② 침출법(Infusion)
③ 증류법(Distillation)
④ 에센스법(Essence process)

해설
- 혼성주의 조주방법에는 증류법, 침출법, 에센스법이 있다.

0801 / 1004

18 Repetitive Learning (1회 2회 3회)

80 proof는 알코올 도수(%)로 얼마인가?

① 10% ② 20%
③ 30% ④ 40%

해설
- 80 proof라고 표기된 것은 알코올 도수가 40%이다.

1502

19 Repetitive Learning (1회 2회 3회)

조주기법(Cocktail Technique)에 관한 사항에 해당되지 않는 것은?

① Stirring ② Distilling
③ Straining ④ Chilling

해설
- ②는 증류로 칵테일과는 거리가 멀다.
- ③은 얼음을 거르는 과정, ④는 글라스를 냉각하는 과정으로 칵테일을 만들 때 들어가는 과정의 하나이다.

20 Repetitive Learning (1회 2회 3회)

와인생산지역 중 나머지 셋과 기후가 다른 지역은?

ㄱ. 지중해 지역
ㄴ. 캘리포니아 지역
ㄷ. 남아프리카공화국 남서부 지역
ㄹ. 아르헨티나 멘도자(Mendoza) 지역

① (ㄱ) ② (ㄴ)
③ (ㄷ) ④ (ㄹ)

해설
- ㄱ, ㄴ, ㄷ은 모두 지중해성 기후인 반면 아르헨티나 멘도자(Mendoza) 지역은 일교차가 심하다.

1505

21 Repetitive Learning (1회 2회 3회)

Side car 칵테일을 만들 때의 재료로 적절하지 않은 것은?

① 테킬라 ② 브랜디
③ 화이트 큐라소 ④ 레몬주스

해설
- 사이드카(Side car)는 Brandy, 쿠앵트로(화이트 큐라소), 레몬주스를 셰이킹 기법으로 만든 칵테일이다.

정답 | 14 ④ 15 ③ 16 ③ 17 ① 18 ④ 19 ② 20 ④ 21 ①

22 Repetitive Learning (1회 2회 3회)

포트 와인 양조 시 전통적으로 포도의 색과 타닌을 빨리 추출하기 위해 포도를 넣고 발로 밟는 화강암 통은?

① 라가르(Lagar)
② 마세라시옹(Maceration)
③ 챱탈리제이션(Chaptalisation)
④ 캐스크(Cask)

해설

- ②는 와인 양조 과정에서 포도의 페놀 성분을 비롯해 맛, 향, 색을 추출하는 것을 말한다.
- ③은 포도 과즙을 짜내서 발효하기 전에 알코올 도수를 높이기 위해 설탕을 보충하는 작업을 말한다.
- ④는 와인을 숙성시키기 위해 사용하는 큰 나무통을 말한다.

0702

23 Repetitive Learning (1회 2회 3회)

다음 중 Red Wine용 포도 품종은?

① Cabernet Sauvignon
② Chardonnay
③ Pino Blanc
④ Sauvignon Blanc

해설

- ②는 프랑스 부르고뉴 지방에서 생산되는 화이트 와인용 포도 품종이다.
- ③은 프랑스 알자스 지방에서 생산되는 화이트 와인용 포도 품종이다.
- ④는 프랑스 보르도, 루아르 지방에서 생산되는 화이트 와인용 포도 품종이다.

0301 / 0801 / 0904 / 1505

24 Repetitive Learning (1회 2회 3회)

다음 중 Sugar Frost로 만드는 칵테일은?

① Rob Roy ② Kiss of Fire
③ Margarita ④ Angel's Tip

해설

- ①은 스카치 위스키, 베르무트, 비터스 등을 믹싱 글라스에 넣어 휘젓기(stir) 기법으로 만드는 칵테일이다.
- ③은 소금을 Cocktail Glass 가장자리에 찍어서(Riming) 만드는 칵테일이다.
- ④는 크렘 드 카카오와 크림을 재료의 비중을 이용하여 섞이지 않도록 내용물을 위에 띄우거나 쌓이도록 하는 방법(플로팅)으로 만드는 칵테일이다.

1505

25 Repetitive Learning (1회 2회 3회)

프로스팅(Frosting)기법을 사용하지 않는 칵테일은?

① Margarita
② Kiss of Fire
③ Harvey Wallbanger
④ Irish Coffee

해설

- ③은 보드카, 오렌지주스를 직접 넣기 기법으로 잔에 넣은 후 갈리아노를 띄워(플로팅) 완성한 칵테일이다.

1002 / 0505

26 Repetitive Learning (1회 2회 3회)

조선시대 정약용의 지봉유설에 전해오는 것으로 이것을 마시면 불로장생한다하여 장수주(長壽酒)로 유명하며, 주로 찹쌀과 구기자, 고유약초로 만들어지는 우리나라 고유의 술은?

① 두견주 ② 백세주
③ 문배주 ④ 이강주

해설

- ①은 충남 해안지방의 전통 민속주로 청주에 진달래꽃을 넣어 만든 가향주로 약주이다.
- ③은 고려시대에 왕실에 진상되었으며, 일체의 첨가물 없이 조와 찰수수만으로 전래의 비법에 따라 빚어내는 순곡의 증류식 소주이다.
- ④는 전북 전주의 전통주로 쌀로 빚으며 소주에 배, 생강, 울금 등 한약재를 넣어 숙성시킨 약주이다.

27 Repetitive Learning (1회 2회 3회)

혼성주(Compounded Liqueur) 종류에 대한 설명이 틀린 것은?

① 아드보가트(Advocaat)는 브랜디에 계란노른자와 설탕을 혼합하여 만들었다.
② 드람브이(Drambuie)는「사람을 만족시키는 음료」라는 뜻을 가지고 있다.
③ 아르마냑(Armagnac)은 체리향을 혼합하여 만든 술이다.
④ 깔루아(Khalua)는 증류주에 커피를 혼합하여 만든 술이다.

해설

- ③은 프랑스 보르도(Bordeaux) 지방의 남쪽 피레네산맥에 근접한 아르마냑 지역에서 생산되는 브랜디의 일종이다.

22 ① 23 ① 24 ② 25 ③ 26 ② 27 ③ | 정답

28 ——• Repetitive Learning (1회 2회 3회)

칵테일 조주 시 셰이킹(Shaking) 기법을 사용하는 재료로 가장 거리가 먼 것은?

① 우유나 크림 ② 꿀이나 설탕시럽
③ 증류주와 소다수 ④ 증류주와 계란

해설
- 셰이킹 기법은 잘 섞이지 않고 비중이 다른 음료를 조주할 때 적합하다.

1601
29 ——• Repetitive Learning (1회 2회 3회)

다음 중에서 이탈리아 와인 키안티 클라시코(Chianti classico)와 가장 거리가 먼 것은?

① Gallo nero ② Fiasco
③ Raffia ④ Barbaresco

해설
- 바르바레스코(Barbaresco)는 이탈리아 피에몬테 지역에서 생산된 와인이다.

0405 / 1501
30 ——• Repetitive Learning (1회 2회 3회)

혼성주 특유의 향과 맛을 이루는 주재료로 가장 거리가 먼 것은?

① 과일 ② 꽃
③ 천연향료 ④ 곡물

해설
- 혼성주는 과실류나 초목, 향초를 혼합하여 만드는 것이며 곡물은 재료가 아니다.

1001
31 ——• Repetitive Learning (1회 2회 3회)

Liqueur Glass의 다른 명칭은?

① Shot Glass ② Cordial Glass
③ Sour Glass ④ Goblet

해설
- ①은 증류주를 스트레이트로 마실 때 사용하는 글라스다.
- ③은 브랜디 사워를 제공할 때 사용하는 글라스다.
- ④는 받침이 달린 잔으로 일반적으로 물잔을 뜻한다.

0301 / 1501
32 ——• Repetitive Learning (1회 2회 3회)

칵테일 글라스의 부위명칭으로 틀린 것은?

가
나
다
라

① 가－rim ② 나－face
③ 다－body ④ 라－bottom

해설
- ③은 stem(줄기)에 해당한다.

33 ——• Repetitive Learning (1회 2회 3회)

보조 웨이터의 설명으로 틀린 것은?

① Assistant Waiter라고도 한다.
② 직무는 캡틴이나 웨이터의 지시에 따른다.
③ 기물의 철거 및 교체, 테이블 정리 · 정돈을 한다.
④ 재고조사(Inventory)를 담당한다.

해설
- ④는 바텐더의 역할이다.

34 ——• Repetitive Learning (1회 2회 3회)

다음 중 숙성기간이 가장 긴 브랜디의 표기는?

① 3 Star ② V · S · O · P
③ V · S · O ④ X · O

해설
- 브랜디(Brandy)에서 3 Star은 5년, VO가 10년, VSO가 20년, VSOP는 30년, X · O와 Napoleon은 45년 이상, EXTRA는 75년 이상이다.

0902
35 ——• Repetitive Learning (1회 2회 3회)

바(Bar)의 종류에 의한 분류에 해당하지 않는 것은?

① Jazz Bar ② Back Bar
③ Western Bar ④ Wine Bar

해설
- ②는 Bar의 뒤쪽 부분을 말하는 바 시설의 한 종류이다.

정답 | 28 ③ 29 ④ 30 ④ 31 ② 32 ③ 33 ④ 34 ④ 35 ②

0901

36 Repetitive Learning (1회 2회 3회)

주장 경영에 있어서 프라임 코스트(Prime Cost)는?

① 감가상각과 이자율
② 식음료 재료비와 인건비
③ 임대비 등의 부동산 관련 비용
④ 초과근무수당

해설
- 프라임 코스트(Prime Cost)는 원재료비와 인건비를 합한 것을 말한다.

0702

37 Repetitive Learning (1회 2회 3회)

다음 중 Aperitif의 특징이 아닌 것은?

① 식욕촉진용으로 사용되는 음료이다.
② 라틴어 Aperire(Open)에서 유래되었다.
③ 약초계를 많이 사용하기 때문에 씁쓸한 향을 지니고 있다.
④ 당분이 많이 함유된 단맛이 있는 술이다.

해설
- 단맛이 있는 술은 식후주로 적합하다.

0405 / 0702

38 Repetitive Learning (1회 2회 3회)

다음 중 Angel's Kiss를 만들 때 사용하는 것은?

① Shaker ② Mixing Glass
③ Blender ④ Bar Spoon

해설
- Angel's Kiss는 플로팅(Floating) 기법으로 만드는 칵테일로 여러 개의 층으로 분리할 때 바 스푼을 이용한다.

1405

39 Repetitive Learning (1회 2회 3회)

셰이커(shaker)를 이용하여 만든 칵테일로만 구성된 것은?

㉠ Pink Lady	㉡ Olympic
㉢ Stinger	㉣ Seabreeze
㉤ Bacardi	㉥ Kir

① ㉠, ㉡, ㉤ ② ㉠, ㉣, ㉤
③ ㉡, ㉣, ㉥ ④ ㉠, ㉡, ㉥

해설
- ㉣은 보드카, 크랜베리 및 자몽 주스를 이용해 직접 넣기(build) 기법으로 만든다.
- ㉥은 화이트 와인과 크림드 카시스를 이용해 직접 넣기(build) 기법으로 만든다.

40 Repetitive Learning (1회 2회 3회)

Port Wine을 가장 바르게 표현한 것은?

① 항구에서 막노동을 하는 선원들이 즐겨 찾던 적포도주
② 적포도주의 총칭
③ 스페인에서 생산되는 식탁용 드라이(Dry) 포도주
④ 포르투갈에서 생산되는 감미(Sweet) 포도주

해설
- 포트 와인(Port Wine)은 포르투갈의 주정강화와인으로 주로 식후에 먹는 달콤한 와인이다.

0905

41 Repetitive Learning (1회 2회 3회)

생맥주의 취급의 기본원칙 중 틀린 것은?

① 적정온도준수 ② 후입선출
③ 적정압력유지 ④ 청결유지

해설
- 생맥주의 취급의 기본원칙은 선입선출이다.

0801 / 1504

42 Repetitive Learning (1회 2회 3회)

Corkage Charge의 의미는?

① 적극적인 고객 유치를 위한 판촉비용
② 고객이 Bottle 주문 시 따라 나오는 Soft Drink의 요금
③ 고객이 다른 곳에서 구입한 주류를 바(Bar)에 가져와서 마실 때 부과되는 요금
④ 고객이 술을 보관할 때 지불하는 보관 요금

해설
- Corkage Charge란 고객이 업장의 음료상품을 이용하지 않고 음료를 가지고 오는 경우, 서비스하고 여기에 필요한 글라스, 얼음, 레몬 등을 제공하여 받는 대가를 말한다.

36 ② 37 ④ 38 ④ 39 ① 40 ④ 41 ② 42 ③ 정답

0605 / 0902

43 Repetitive Learning (1회 2회 3회)

주류의 용량을 측정하기 위한 기구는?

① Jigger ② Mixing Glass
③ Straw ④ Decanter

해설
- ②는 셰이커와 같이 재료를 섞고 차갑게 식히는 역할을 하는 도구로 stir 기법(휘젓기)에 사용하는 기물이다.
- ③은 칵테일을 마시기 쉽게 하기 위한 빨대이다.
- ④는 소프트 드링크에서 주스나 청량음료를 얼음 없이 유리나 플라스틱 용기에 담기 위해 사용하는 용기이다.

1405

44 Repetitive Learning (1회 2회 3회)

잔(Glass) 가장자리에 소금, 설탕을 묻힐 때 빠르고 간편하게 사용할 수 있는 칵테일 기구는?

① 글라스 리머(Glass rimmer)
② 디캔터(Decanter)
③ 푸어러(Pourer)
④ 코스터(Coaster)

해설
- ②는 소프트 드링크에서 주스나 청량음료를 얼음 없이 유리나 플라스틱 용기에 담기 위해 사용하는 용기이다.
- ③은 술을 글라스에 따를 때 사용하는 기구이다.
- ④는 주류를 글라스에 담아서 고객에게 서빙할 때 글라스 밑받침으로 사용하는 것을 말한다.

0205

45 Repetitive Learning (1회 2회 3회)

글라스(Glass)의 위생적인 취급방법으로 옳지 못한 것은?

① Glass는 불쾌한 냄새나 기름기가 없고 환기가 잘되는 곳에 보관해야 한다.
② Glass는 비눗물에 닦고 뜨거운 물과 맑은 물에 헹구어 사용하면 된다.
③ Glass를 차게 할 때는 냄새가 전혀 없는 냉장고에서 Frosting 시킨다.
④ 얼음으로 Frosting 시킬 때는 냄새가 없는 얼음인가를 반드시 확인해야 한다.

해설
- 글라스 세척용 중성세제를 사용해서 세척하고 두 번(더운 물－찬물 순) 이상 헹군다.

46 Repetitive Learning (1회 2회 3회)

칵테일에서 사용되는 청량음료로 Quinine, Lemon 등 여러 가지 향료 식물로 만든 것은?

① Soda Water ② Ginger Ale
③ Collins Mixer ④ Tonic Water

해설
- ①은 물에 이산화탄소를 가미한 것이다.
- ②는 생강으로 향과 맛을 내 캐러멜로 착색한 탄산음료이다.
- ③은 레몬주스와 설탕을 주원료로 만든 것으로 Gin에 혼합하는 탄산음료이다.

1502

47 Repetitive Learning (1회 2회 3회)

와인의 적정온도 유지의 원칙으로 옳지 않은 것은?

① 보관 장소는 햇빛이 들지 않고 서늘하며, 습기가 없는 곳이 좋다.
② 연중 급격한 변화가 없는 곳이어야 한다.
③ 와인에 전해지는 충격이나 진동이 없는 곳이 좋다.
④ 코르크가 젖어 있도록 병을 눕혀서 보관해야 한다.

해설
- 습도는 75% 정도로 유지하도록 한다.
- 습도가 낮으면 코르크 마개가 건조되고, 병 안으로 산소가 들어와 와인이 산화된다.

0904

48 Repetitive Learning (1회 2회 3회)

Dry Martini의 레시피가 「Gin 2oz, Dry Vermouth 1/4oz, Olive 1개」이며 판매가가 10,000원이다. 재료별 가격이 다음과 같을 때 원가율은?

– Dry Gin 20,000원/병(25oz) – Olive 100원/개당 – Dry Vermouth 10,000원/병(25oz)

① 10% ② 12%
③ 15% ④ 18%

해설
- Gin 2oz는 20,000×2/25＝1,600(원)이고, Olive는 100원, Vermouth는 10,000/(25×4)＝100(원)이므로 총 1,800원이다.
- 1잔당 판매가가 10,000원이므로 그중 1,800원은 18%가 된다.

정답 | 43 ① 44 ① 45 ② 46 ④ 47 ① 48 ④

0802 / 0905

49 Repetitive Learning (1회 2회 3회)

칵테일에 관련된 각 용어의 설명이 틀린 것은?

① Cocktail Pick : 장식에 사용하는 핀
② Peel : 과일 껍질
③ Decanter : 신맛이라는 뜻
④ Fix : 약간 달고, 맛이 강한 칵테일의 종류

해설
• ③은 와인을 서비스할 때 침전물을 걸러내기 위해 이용한다.

50 Repetitive Learning (1회 2회 3회)

마티니(Martini)를 만들 때 사용하는 칵테일 기구로 적절하지 않은 것은?

① 믹싱 글라스(Mixing Glass)
② 바 스트레이너(Bar Strainer)
③ 바 스푼(Bar Spoon)
④ 셰이커(Shaker)

해설
• Martini, Manhattan, Rob Roy, Gibson 등을 만들 때는 믹싱 글라스를 이용해 stir 기법으로 제조한다.

0501 / 0601 / 1005 / 1204 / 1405 / 1601

51 Repetitive Learning (1회 2회 3회)

Which is not one of four famous whiskies in the world?

① Scotch whiskey
② American whiskey
③ Canadian whiskey
④ Japanese whiskey

해설
• ④는 최근에 5대 위스키로 포함되고 있다.

1604

52 Repetitive Learning (1회 2회 3회)

다음 중 의미가 다른 하나는?

① It's my treat this time.
② I'll pick up the tab.
③ Let's go Dutch.
④ It's on me.

해설
• ①, ②, ④는 자기가 낸다는 표현인데 반해 ③은 각자 내자는 의미이다.

0101

53 Repetitive Learning (1회 2회 3회)

다음 ( )에 들어갈 알맞은 것은?

What is an air conditioner? An air conditioner is ( ) controls the temperature in a room.

① this ② what
③ which ④ something

해설
• 에어컨을 설명하는 문이 뒤에 있으므로 what이 되어야 한다.

54 Repetitive Learning (1회 2회 3회)

What is a sommelier?

① bartender ② wine steward
③ pub owner ④ waiter

해설
• 소믈리에(sommelier)는 포도주를 관리하고 추천하는 직업이나 그 일을 하는 사람으로 wine steward, wine waiter, 와인 마스터(wine master)라고도 불린다.

0104 / 0904 / 1404

55 Repetitive Learning (1회 2회 3회)

다음 ( ) 안에 들어갈 단어로 알맞은 것은?

It is also a part of your job to make polite and friendly small talk with customers to ( ) them feel at home.

① doing ② takes
③ gives ④ make

해설
• make ~ feel at home은 '~를 편안하게 느끼게 하다'는 의미이다.

49 ③ 50 ④ 51 ④ 52 ③ 53 ② 54 ② 55 ④ | 정답

1004 / 1604

56 Repetitive Learning 1회 2회 3회

다음 ( )에 들어갈 단어로 가장 적합한 것은?

( ) goes well with dessert.

① Ice wine ② Red wine
③ Vermouth ④ Dry Sherry

해설
• 디저트와 잘 어울리는 것은 아이스 와인이다.

57 Repetitive Learning 1회 2회 3회

다음 ( )에 들어갈 단어로 알맞은 것은?

( ) is the process of converting sugar contained in the mash or must into ethyl alcohol.

① Distillation ② Fermentation
③ Infusion ④ Decanting

해설
• 발효는 으깨어진 것에 포함된 설탕을 에틸알코올로 전환하는 것이다.

58 Repetitive Learning 1회 2회 3회

다음 ( )에 들어갈 단어로 옳은 것은?

G1 : This is the bar I told you about.
G2 : Hmmm.... looks ( ) a very nice one.
G1 : Let's see. Scotch ( ) the rocks, a double.

① be, over ② liking, off
③ like, on ④ alike, off

해설
• looks like~ 문과 on the rocks에 대한 물음이다.

59 Repetitive Learning 1회 2회 3회

Which of the following is not distilled Liqueur?

① Vodka ② Gin
③ Calvados ④ Pulque

해설
• ④는 아가베에 함유된 과당의 일종인 이눌린을 발효한 발효주이며, ④를 증류하면 테킬라가 된다.

1001

60 Repetitive Learning 1회 2회 3회

다음 Guest(G)와 Receptionist(R)의 대화에서 A, B에 들어갈 단어로 알맞은 것은?

G : Is there a swimming pool in this hotel?
R : Yes, there is. It is (A) the 4th floor.
G : What time does it open in the morning?
R : It opens (B) morning at 6 AM.

① A : at, B : each ② A : on, B : every
③ A : to, B : at ④ A : by, B : in

해설
• 층수를 나타내는 전치사는 on을 사용한다.

정답 | 56 ① 57 ② 58 ③ 59 ④ 60 ②

2012년 제4회

2012년 7월 22일 필기

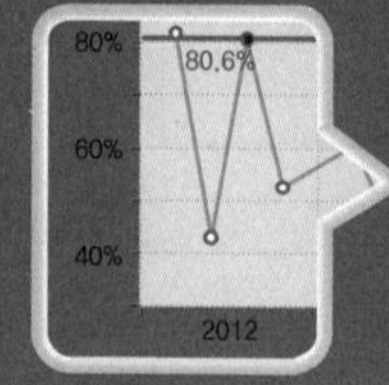

12년 4회차 필기시험
합격률 80.6%

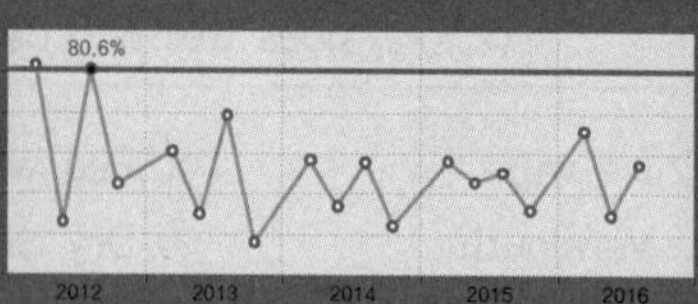

0904 / 1504

01 Repetitive Learning (1회 2회 3회)

곡류를 원료로 만드는 술의 제조 시 당화과정에 필요한 것은?

① ethyl alcohol ② CO_2
③ yeast ④ diastase

해설

- diastase는 아밀라아제의 옛 명칭이자 녹말 분해 효소의 총칭이다.

0402 / 0902

02 Repetitive Learning (1회 2회 3회)

테킬라에 오렌지주스를 배합한 후 붉은색 시럽을 뿌려서 가라앉은 모양이 마치 일출의 장관을 연출케 하는 희망과 환의의 칵테일로 유명한 것은?

① Stinger ② Tequila Sunrise
③ Screw Driver ④ Pink Lady

해설

- ①은 브랜디, 크림 드 민트 화이트를 셰이커에 넣어 셰이킹하여 만든다.
- ③은 오렌지주스와 보드카로 만든 하이볼 칵테일이다.
- ④는 진, 그레나딘 시럽, 우유, 계란 흰자를 셰이킹 기법으로 만든 칵테일이다.

03 Repetitive Learning (1회 2회 3회)

다음 중 용량이 가장 큰 계량 단위는?

① 1 Teaspoon ② 1 Pint
③ 1 Split ④ 1 Dash

해설

- 보기의 단위를 순서대로 나열하면 ④<①<③<② 순이다.

1604

04 Repetitive Learning (1회 2회 3회)

과일이나 곡류를 발효시켜 증류한 스피릿츠(Spirits)에 감미와 천연 추출물 등을 첨가한 것은?

① 양조주(Fermented Liqueur)
② 증류주(Distilled Liqueur)
③ 혼성주(Liqueur)
④ 아쿠아비트(Aquavit)

해설

- ①은 과일(당질) 또는 곡물(전분질) 원료에 효모를 첨가하여 발효시킨 술이다.
- ②는 과실이나 곡류 등을 발효시킨 후 열을 가하여(비등점의 차이를) 분리한 술을 말한다.
- ④는 감자와 맥아를 부재료로 사용하여 증류 후에 회향초씨(Caraway Seed) 등 여러 가지 허브로 향기를 착향시킨 북유럽 특산주이다.

05 Repetitive Learning (1회 2회 3회)

프랑스에서 가장 오래된 혼성주 중의 하나로 호박색을 띠고 '최대, 최선의 신에게'라는 뜻을 가지고 있는 것은?

① 압생트(Absente)
② 아쿠아비트(Aquavit)
③ 캄파리(Campari)
④ 베네딕틴 디오엠(Benedictine D.O.M)

해설

- ①은 식전주로도 쓰이는 리큐르의 일종으로 알코올 45~74도 정도의 증류주이다.
- ②는 북유럽(스칸디나비아 반도 일대) 특산주로 생명수라는 뜻의 향이 나는 증류주이다.
- ③은 이탈리아의 국민주로 70여 가지의 재료로 만들어진 매우 쓴맛의 붉은색 리큐르(Liqueur)이다.

01 ④ 02 ② 03 ② 04 ③ 05 ④ | 정답

1505

06 Repetitive Learning (1회 2회 3회)

커피의 맛과 향을 결정하는 중요 가공 요소가 아닌 것은?

① roasting ② blending
③ grinding ④ weathering

해설
• 풍화작용(weathering)은 커피 맛과 향을 결정하는 요소가 아니다. 커피를 생산할 때 로스팅(roasting), 블렌딩(blending), 그라인딩(grinding)이 커피의 맛과 향을 결정한다.

1502

07 Repetitive Learning (1회 2회 3회)

보드카(vodka)에 대한 설명 중 틀린 것은?

① 슬라브 민족의 국민주라고 할 수 있을 정도로 애음되는 술이다.
② 사탕수수를 주원료로 사용한다.
③ 무색(colorless), 무미(tasteless), 무취(odorless)이다.
④ 자작나무의 활성탄과 모래를 통과시켜 여과한 술이다.

해설
• 보드카의 주원료는 사탕수수가 아니라 감자 또는 각종 곡류나 옥수수를 바탕으로 한다.

08 Repetitive Learning (1회 2회 3회)

칵테일 장식에 사용되는 올리브(Olive)에 대한 설명으로 틀린 것은?

① 칵테일용과 식용이 있다.
② 마티니의 맛을 한껏 더해 준다.
③ 스터프트 올리브(Stuffed Olive)는 칵테일용이다.
④ 롭 로이 칵테일에 장식되며 절여서 사용한다.

해설
• ④에서 롭 로이는 Red Cherry를 가니쉬로 사용한다.

09 Repetitive Learning (1회 2회 3회)

다음 중 혼성주의 제조방법이 아닌 것은?

① 샤마르법(Charmat Process)
② 증류법(Distilled Process)
③ 침출법(Infusion Process)
④ 배합법(Essence Process)

해설
• 혼성주의 조주방법에는 증류법, 침출법, 에센스법이 있다.

10 Repetitive Learning (1회 2회 3회)

흑맥주가 아닌 것은?

① Stout Beer ② Munchener Beer
③ Kolsch Beer ④ Porter Beer

해설
• 콜쉬 비어(Kolsch Beer)는 필스너(Pilsner) 타입의 맥주처럼 금색이지만 더 연하고 다소 과일향이 나는 상면발효 에일의 맥주이다.

0305 / 1504

11 Repetitive Learning (1회 2회 3회)

다음 중 그레나딘(Grenadine)이 필요한 칵테일은?

① 위스키 사워(Whiskey Sour)
② 바카디(Bacardi)
③ 카루소(Caruso)
④ 마가리타(Margarita)

해설
• ①은 위스키, 레몬주스, 설탕으로 만든 칵테일을 말한다.
• ③은 진, 베르무트, 크림 드 민트를 셰이킹 기법으로 만든 칵테일이다.
• ④는 테킬라, 트리플 섹, 라임주스를 셰이킹 기법으로 만든 칵테일이다.

0702 / 1405

12 Repetitive Learning (1회 2회 3회)

정찬코스에서 Hors d' oeuvre 또는 soup 대신에 마시는 우아하고 자양분이 많은 칵테일은?

① After dinner cocktail
② Before dinner cocktail
③ Club cocktail
④ Night cap cocktail

해설
• 럼, 베르무트, 체리시럽과 물을 셰이킹 기법으로 만든 칵테일로 정찬코스에서 Hors d' oeuvre 또는 soup 대신에 마시는 술은 클럽 칵테일이다.

정답 | 06 ④ 07 ② 08 ④ 09 ① 10 ③ 11 ② 12 ③

1601

13 Repetitive Learning 1회 2회 3회

스파클링 와인에 해당되지 않는 것은?

① Champagne
② Cremant
③ Vin doux naturel
④ Spumante

해설

• 뱅 두 나뛰렐(Vin Doux Naturel)은 프랑스산 주정강화와인이다.

0201 / 0705

14 Repetitive Learning 1회 2회 3회

수분과 이산화탄소로만 구성되어 식욕을 돋우는 효과가 있는 음료는?

① Mineral Water ② Soda Water
③ Plain Water ④ Cider

해설

• 소다수는 영양가는 없지만 식욕을 돋우는 효과가 있다.

0101 / 1002 / 1201

15 Repetitive Learning 1회 2회 3회

다음 중 뜨거운 칵테일은?

① Irish Coffee ② Pink Lady
③ Pina Colada ④ Manhattan

해설

• ②는 진, 그레나딘 시럽, 우유, 계란 흰자를 셰이킹 기법으로 만든 칵테일이다.
• ③은 파인애플 주스와 화이트럼, 코코넛 밀크를 얼음과 함께 셰이킹 기법으로 만든 칵테일이다.
• ④는 버번위스키, 베르무트, 비터스를 믹싱 글라스에 담고 휘젓기(Stir) 기법으로 만들고 체리로 장식한 칵테일이다.

16 Repetitive Learning 1회 2회 3회

알코올성 음료 중 성질이 다른 하나는?

① Kahlua ② Tia Maria
③ Vodka ④ Anisette

해설

• ①, ②, ④는 혼성주이다.
• ②는 자메이카 블루 마운틴 커피로 만든 리큐르이다.

0201 / 0501 / 0601

17 Repetitive Learning 1회 2회 3회

에일(Ale)이란 음료는?

① 와인의 일종이다.
② 증류주의 일종이다.
③ 맥주의 일종이다.
④ 혼성주의 일종이다.

해설

• 에일(Ale)은 영국식 상면발효맥주이다.

18 Repetitive Learning 1회 2회 3회

다음 중 오드비가 아닌 것은?

① Kirsch ② Apricots
③ Framboise ④ Amaretto

해설

• 아마레토(Amaretto)는 아몬드 향이 나는 리큐르(혼합주)다.

0904

19 Repetitive Learning 1회 2회 3회

보르도에서 재배되는 레드 와인용 포도 품종이 아닌 것은?

① 메를로 ② 뮈스까델
③ 까베르네 소비뇽 ④ 까베르네 프랑

해설

• 뮈스까델(Muscadelle)은 까베르네 소비뇽(Cabernet Sauvignon), 까베르네 프랑(Cabernet Franc), 세미용(Semillon)처럼 보르도 지역의 주요 포도 품종이지만 레드 와인이 아닌 화이트 와인 품종이다.

0602

20 Repetitive Learning 1회 2회 3회

맨해튼(Manhattan) 칵테일을 담아 제공하는 글라스로 가장 적합한 것은?

① 샴페인 글라스(Champagne Glass)
② 칵테일 글라스(Cocktail Glass)
③ 하이볼 글라스(Highball Glass)
④ 온더락 글라스(On the Rock Glass)

해설

• 맨해튼은 대표적인 쇼트 드링크로 칵테일 글라스로 서비스한다.

13 ③ 14 ② 15 ① 16 ③ 17 ③ 18 ④ 19 ② 20 ② 정답

21 Repetitive Learning 1회 2회 3회

포트 와인(Port Wine)이란?

① 포르투갈산 강화주
② 포도주의 총칭
③ 캘리포니아산 적포도주
④ 호주산 적포도주

해설

• 포트 와인(Port Wine)은 포르투갈의 주정강화와인으로 주로 식후에 먹는 달콤한 와인이다.

0501 / 0601 / 1005 / 1202 / 1405 / 1601

22 Repetitive Learning 1회 2회 3회

세계 4대 위스키가 아닌 것은?

① Scotch whiskey
② American whiskey
③ Canadian whiskey
④ Japanese whiskey

해설

• ④는 최근에 5대 위스키로 포함되고 있다.

23 Repetitive Learning 1회 2회 3회

칵테일 도량용어로 1 Finger에 가장 가까운 양은?

① 30mL 정도의 양 ② 1병(Bottle)만큼의 양
③ 1 대시(Dash)의 양 ④ 1컵(Cup)의 양

해설

• 1oz는 약 30mL, 1finger, 1pony, 1shot, 1single에 해당된다.

1504

24 Repetitive Learning 1회 2회 3회

다음 중 Gin Rickey에 포함되는 재료는?

① 소다수(soda water)
② 진저에일(ginger ale)
③ 콜라(cola)
④ 사이다(cider)

해설

• 진 리키(Gin Rickey)는 진, 라임주스, 소다수를 이용해 직접 넣기(Building) 기법으로 만든 칵테일이다.

1602

25 Repetitive Learning 1회 2회 3회

Gibson에 대한 설명으로 틀린 것은?

① 알코올 도수는 약 36도에 해당한다.
② 베이스는 Gin이다.
③ 칵테일 어니언(Onion)으로 장식한다.
④ 기법은 Shaking이다.

해설

• 깁슨(Gibson)은 Stirring(휘젓기) 기법으로 만든다.

1504

26 Repetitive Learning 1회 2회 3회

우리나라 민속주에 대한 설명으로 틀린 것은?

① 탁주류, 약주류, 소주류 등 다양한 민속주가 생산된다.
② 쌀 등 곡물을 주원료로 사용하는 민속주가 많다.
③ 삼국시대부터 증류주가 제조되었다.
④ 발효제로는 누룩만을 사용하여 제조하고 있다.

해설

• 증류주 제조기술은 고려시대 때 몽고에 의해 전래되었다.

27 Repetitive Learning 1회 2회 3회

와인의 용량 중 1.5L 사이즈는?

① 발따자르(Balthazer)
② 드미(Demi)
③ 매그넘(Magnum)
④ 제로보암(Jeroboam)

해설

• 매그넘(Magnum)은 포도주 등을 담는 1.5ℓ의 병을 말한다.

1001 / 1004 / 1601

28 Repetitive Learning 1회 2회 3회

커피의 3대 원종이 아닌 것은?

① 로부스타종 ② 아라비카종
③ 인디카종 ④ 리베리카종

해설

• ③은 알갱이가 길쭉하게 생긴 쌀 종류이며 커피가 아니다.

정답 | 21 ① 22 ④ 23 ① 24 ① 25 ④ 26 ③ 27 ③ 28 ③

0202 / 1504

29 Repetitive Learning 1회 2회 3회

다음 중 버번위스키가 아닌 것은?

① Jim Beam ② Jack Daniel
③ Wild Turkey ④ John Jameson

해설
- ④는 아이리시 위스키의 베스트셀러 브랜드다.

0205 / 0501 / 1504

30 Repetitive Learning 1회 2회 3회

잔 주위에 설탕이나 소금 등을 묻혀서 만드는 방법은?

① Shaking ② Building
③ Floating ④ frosting

해설
- ①은 계란, 설탕, 시럽 등 농후한 재료를 사용하는 칵테일의 경우 휘저어 섞는 것만으로는 잘 혼합이 되지 않기 때문에 강한 움직임을 주기 위하여 사용하는 방법이다.
- ②는 흔들거나 휘젓지 않고 글라스에 직접 얼음과 재료를 넣어 바 스푼으로 혼합하여 만드는 방법이다.
- ③은 재료의 비중을 이용하여 섞이지 않도록 내용물을 위에 띄우거나 쌓이도록 하는 방법이다.

31 Repetitive Learning 1회 2회 3회

발포성 와인의 서비스 방법으로 틀린 것은?

① 병을 45°로 기울인 후 세게 흔들어 거품이 충분히 나도록 한 후 철사 열개를 푼다.
② 와인쿨러에 물과 얼음을 넣고 발포성 와인병을 넣어 차갑게 한 다음 서브한다.
③ 서브 후 서비스 냅킨으로 병목을 닦아 술이 테이블 위로 떨어지는 것을 방지한다.
④ 거품이 너무 나오지 않게 잔의 내측 벽으로 흘리면서 잔을 채운다.

해설
- 발포성 와인을 서비스할 때는 거품이 나도록 흔들면 안 된다.

1002

32 Repetitive Learning 1회 2회 3회

원가를 변동비와 고정비로 구분할 때 변동비에 해당하는 것은?

① 임차료 ② 직접재료비
③ 재산세 ④ 보험료

해설
- 직접재료비는 생산량의 증감에 따라 변화하는 비용이므로 변동비에 해당한다.

1301

33 Repetitive Learning 1회 2회 3회

믹싱 글라스(Mixing Glass)에서 만든 칵테일을 글라스에 따를 때 얼음을 걸러주는 역할을 하는 기구는?

① Ice Pick ② Ice Tong
③ Strainer ④ Squeezer

해설
- ①은 얼음을 부수거나 따거나 쪼개는 데 사용하는 날카로운 금속 도구이다.
- ②는 얼음 등을 잡고 들어올릴 때 사용하는 집게이다.
- ④는 과일즙을 짜는 도구이다.

1002 / 1505

34 Repetitive Learning 1회 2회 3회

테이블의 분위기를 돋보이게 하거나 고객의 편의를 위해 중앙에 놓는 집기들의 배열을 무엇이라 하는가?

① Service Wagon ② Show plate
③ B & B plate ④ Centerpiece

해설
- ①은 고객서비스의 일종으로 손님 앞에서 요리를 서비스하는 등의 서비스를 말한다.
- ②는 Service Plate라고도 하며, 주요리 접시(Entree Plate)와 같은 크기의 장식용 접시를 말한다.
- ③은 빵(bread)과 버터(butter)를 놓기 위해 사용하는 접시를 말한다.

35 Repetitive Learning 1회 2회 3회

바텐더(Bartender)의 수칙이 아닌 것은?

① Recipe에 의한 재료와 양을 사용한다.
② 영업 중 Bar에서 재고조사를 한다.
③ 고객과의 대화에 지장이 없도록 교양을 넓힌다.
④ 고객 한 사람마다 신경을 써서 주문에 응한다.

해설
- 바텐더는 영업 종료 후 재고조사를 하여 매니저에게 보고한다.

29 ④ 30 ④ 31 ① 32 ② 33 ③ 34 ④ 35 ② 정답

1404

36 Repetitive Learning 1회 2회 3회

Standard recipe를 지켜야 하는 이유로 가장 거리가 먼 것은?

① 다양한 맛을 낼 수 있다.
② 객관성을 유지할 수 있다.
③ 원가책정의 기초로 삼을 수 있다.
④ 동일한 제조 방법으로 숙련할 수 있다.

해설
- 표준 조주법(Standard recipe)은 일정한 품질과 맛의 지속적 유지를 위해 필요하다.

37 Repetitive Learning 1회 2회 3회

레몬이나 과일 등의 가니쉬를 으깰 때 쓰는 목재로 된 기구는?

① 칵테일 픽(Cocktail Pick)
② 푸어러(Pourer)
③ 아이스 페일(Ice Pail)
④ 우드 머들러(Wood Muddler)

해설
- ①은 칵테일 장식에 체리나 올리브 등을 찔러 장식할 때 사용한다.
- ②는 술 손실 예방 도구로 음료가 일정하게 나오도록 조절하는 기구이다.
- ③은 얼음을 넣어 두는 용기이다.

38 Repetitive Learning 1회 2회 3회

음료가 든 잔을 서비스할 때 틀린 사항은?

① Tray를 사용한다. ② Stem을 잡는다.
③ Rim을 잡는다. ④ Coaster를 잡는다.

해설
- Rim은 고객의 입술이 닿는 부분으로 위생 등을 고려할 때 절대 손으로 잡아서는 안 되는 부위이다.

1504

39 Repetitive Learning 1회 2회 3회

와인 서빙에 필요하지 않은 것은?

① Decanter ② Cork screw
③ Stir rod ④ Pincers

해설
- Stir rod는 젓는 도구이므로 와인 서빙에 필요하지 않다.

1001 / 0102 / 0402 / 1405

40 Repetitive Learning 1회 2회 3회

바에서 사용하는 House brand의 의미는?

① 널리 알려진 술의 종류
② 지정 주문이 아닐 때 쓰는 술의 종류
③ 상품(上品)에 해당하는 술의 종류
④ 조리용으로 사용하는 술의 종류

해설
- 하우스 와인은 고객이 별개로 와인을 정하지 않았을 경우에 매니저가 와인을 선택하여 제공하는 와인을 말한다.

0602

41 Repetitive Learning 1회 2회 3회

바텐더가 지켜야 할 바(Bar)에서의 예의로 가장 올바른 것은?

① 정중하게 손님을 환대하며 고객이 기분이 좋도록 Lip Service를 한다.
② 자주 오시는 손님에게는 오랜 시간 이야기한다.
③ Second Order를 하도록 적극적으로 강요한다.
④ 고가의 품목을 적극 추천하여 손님의 입장보다 매출에 많은 신경을 쓴다.

해설
- 자주 오시는 손님이라도 상대편이 모르는 체할 때는 가벼운 인사만 하며, 모든 고객들에게 공평하게 접대하도록 한다.
- 매출도 중요하지만 고객에게 고가의 술이나 추가주문을 강요해서는 안 된다.

0201 / 0505 / 0602 / 0902

42 Repetitive Learning 1회 2회 3회

다음 중 Decanter와 가장 관계있는 것은?

① Red Wine ② White Wine
③ Champagne ④ Sherry Wine

해설
- Red Wine은 서비스할 때 침전물을 걸러내기 위해 디캔터를 이용한다.
- 디캔터(Decanter)는 포도주를 제공하는 유리병 용기다.

정답 | 36 ① 37 ④ 38 ③ 39 ③ 40 ② 41 ① 42 ①

0104 / 0602 / 0801

43 Repetitive Learning 1회 2회 3회

다음은 무엇에 대한 설명인가?

> 일정기간 동안 어떤 물품에 대한 정상적인 수요를 충족시키는 데 필요한 재고량

① 기준재고량(Par Stock)
② 일일재고량
③ 월말재고량
④ 주단위 재고량

해설
- 영업에 필요한 일일 적정 재고량을 파 스탁(Par Stock)이라고 한다.

44 Repetitive Learning 1회 2회 3회

바(Bar) 집기 비품에 속하지 않는 것은?

① Nut Meg ② Spindle Mixer
③ Paring Knife ④ Ice Pail

해설
- ①은 크림이나 계란의 비린 냄새를 제거하는 용도로 사용하는 칵테일 부재료이다.

45 Repetitive Learning 1회 2회 3회

맥주의 관리방법으로 옳은 것은?

① 습도가 높은 곳에 보관한다.
② 장시간 보관 · 숙성시켜서 먹는 것이 좋다.
③ 냉장보관할 필요는 없다.
④ 직사광선을 피해 그늘지고 어두운 곳에 보관하여야 한다.

해설
- 맥주는 직사광선을 피해 그늘지고 어두운 곳에 보관하여야 한다.

1501

46 Repetitive Learning 1회 2회 3회

프라페(Frappe)를 만들기 위해 준비하는 얼음은?

① Cube Ice ② Big Ice
③ Crashed Ice ④ Crushed Ice

해설
- 프라페용으로는 눈꽃 모양으로 갈려진 Shaved Ice를 사용하는데 보기에 없으므로 그보다 크지만 세밀하게 갈아낸 얼음인 Crushed Ice가 적당하다.

47 Repetitive Learning 1회 2회 3회

와인의 이상적인 저장고가 갖추어야 할 조건이 아닌 것은?

① 8℃에서 14℃ 정도의 온도를 항상 유지해야 한다.
② 습도는 70~75% 정도를 항상 유지해야 한다.
③ 흔들림이 없어야 한다.
④ 통풍이 좋고 빛이 들어와야 한다.

해설
- 와인 저장소는 될 수 있는 한 햇빛이 들어오지 않는 지하실이 적합하다.

1201

48 Repetitive Learning 1회 2회 3회

프론트 바(Front Bar)에 대한 설명으로 옳은 것은?

① 주문과 서브가 이루어지는 고객들의 이용 장소로서 일반적으로 폭 40cm, 높이 120cm가 표준이다.
② 술과 잔을 전시하는 기능을 갖고 있다.
③ 술을 저장하는 창고이다.
④ 주문과 서브가 이루어지는 고객들의 이용 장소로서 일반적으로 폭 80cm, 높이 150cm가 표준이다.

해설
- ②는 백 바에 대한 설명이다.
- ③은 주류 저장소에 대한 설명이다.
- ④에서 높이는 110~120cm, Bar Top의 넓이는 40~60cm 정도가 적당하다.

49 Repetitive Learning 1회 2회 3회

Rob Roy 조주 시 사용하는 기물은?

① 셰이커(Shaker)
② 믹싱 글라스(Mixing Glass)
③ 전기 블렌더(Blender)
④ 주스믹서(Juice Mixer)

해설
- Martini, Manhattan, Rob Roy, Gibson 등을 만들 때는 믹싱 글라스를 이용해 stir 기법으로 제조한다.

43 ① 44 ① 45 ④ 46 ④ 47 ④ 48 ① 49 ② | 정답

1005 / 1402

50 Repetitive Learning (1회 2회 3회)

선입선출(FIFO)의 의미로 옳은 것은?

① First－in, First－on
② First－in, First－off
③ First－in, First－out
④ First－inside, First－on

해설
• 선입선출(FIFO)의 의미는 First In First Out이다.

1001 / 0505 / 1501

51 Repetitive Learning (1회 2회 3회)

What is the meaning of a walk-in guest?

① A guest with no reservation.
② Guest charged instead of the reserved guest.
③ By walk-in guest.
④ Guest that checks in through the front desk.

해설
• walk-in guest란 예약 없이 방문한 손님을 말한다.

0801

52 Repetitive Learning (1회 2회 3회)

다음 밑줄 친 단어의 의미는?

> A : This beer is <u>flat</u>. I don't like warm beer.
> B : I'll replace it with a cold one

① 시원함 ② 맛이 좋은
③ 김이 빠진 ④ 너무 독한

해설
• A의 뒤 문장을 보면 맥주가 따뜻해진 상태를 유추할 수 있다. 즉, 김이 빠진 상태를 표현하는 단어이다.

53 Repetitive Learning (1회 2회 3회)

다음에서 설명하는 것은?

> A drinking mug usually made of earthenware and used for serving beer.

① Stein ② Coaster
③ Decanter ④ Muddler

해설
• 토기로 만들어져 맥주를 제공하는 데 사용되는 음료수 머그잔은 자기이다.

54 Repetitive Learning (1회 2회 3회)

다음에서 설명하는 것은?

> It is a denomination that controls the quality of grapes, cultivation, unit, density, crop, and production.

① V.D.Q.S ② Vin de Pays
③ Vin de Table ④ A.O.C

해설
• A.O.C는 포도의 퀄리티, 재배, 단위, 밀도, 농작물 생산까지 조절한다.

55 Repetitive Learning (1회 2회 3회)

다음 ( ) 안에 가장 들어갈 알맞은 것은?

> Our hotel's bar has a (   ) from 6 to 9 every Monday.

① bargain sales ② expensive price
③ happy hour ④ business time

해설
• 해피 아워(happy hour)는 가격을 할인해 판매하는 시간을 말한다.

0601 / 1005

56 Repetitive Learning (1회 2회 3회)

"우리는 새 블렌더를 가지고 있다."를 가장 잘 표현한 것은?

① We has been a new blender.
② We has a new blender.
③ We had a new blender.
④ We have a new blender.

해설
• 현재 가지고 있으므로 동사원형이 사용되어야 한다. has는 3인칭 단수의 현재형이다.

정답 | 50 ③ 51 ① 52 ③ 53 ① 54 ④ 55 ③ 56 ④

0405 / 1504

57

Repetitive Learning 1회 2회 3회

Which is not Scotch whiskey?

① Bourbon ② Ballantine
③ Cutty sark ④ V.A.T.69

해설

• ①은 옥수수(Corn)를 51% 이상 사용하는 아메리칸 위스키이다.

0904

58

Repetitive Learning 1회 2회 3회

다음 ( ) 안에 들어갈 적절한 단어는?

A : What would you like to drink?
B : I'd like a (　　).

① bread ② sauce
③ pizza ④ beer

해설

• 무엇을 마실 것인지 묻고 있다. 마실 것을 찾으면 된다.

59

Repetitive Learning 1회 2회 3회

What is the difference between Cognac and Brandy?

① material
② region
③ manufacturing company
④ nation

해설

• 꼬냑(Cognac)과 브랜디(Brandy)의 차이는 꼬냑이 프랑스 꼬냑 지방에서 만들어진데 반해 브랜디는 세계 곳곳에서 만들어진다는 것이다.

0904 / 1601

60

Repetitive Learning 1회 2회 3회

다음 ( ) 안에 들어갈 알맞은 것은?

(　　) must have juniper berry flavor and can be made either by distillation or re-distillation.

① Whiskey ② Rum
③ Tequila ④ Gin

해설

• 주니퍼 베리 향을 내야하며 증류되거나 재련하여 만들어진 것은 진이다.
• ①은 맥아 및 곡류를 당화발효시킨 발효주를 증류하여 만든 술로 단맛과 함께 다양한 향을 내는 술이다.
• ②는 사탕수수즙이나 당밀 등으로 발효 증류시킨 증류주로 달콤한 냄새와 특유의 맛을 갖고 있다.
• ③은 용설란으로 만들어 용설란 특유의 향과 달콤한 맛을 가진 멕시코 술이다.

57 ① 58 ④ 59 ② 60 ④ 정답

2012년 제5회

2012년 10월 20일 필기

12년 5회차 필기시험

합격률 52.6%

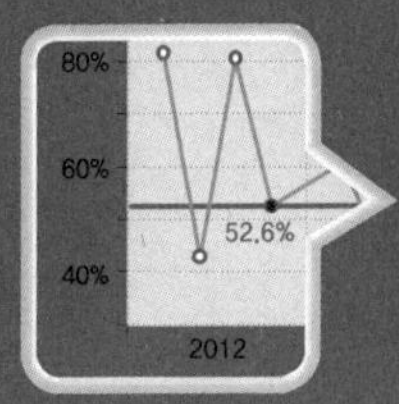

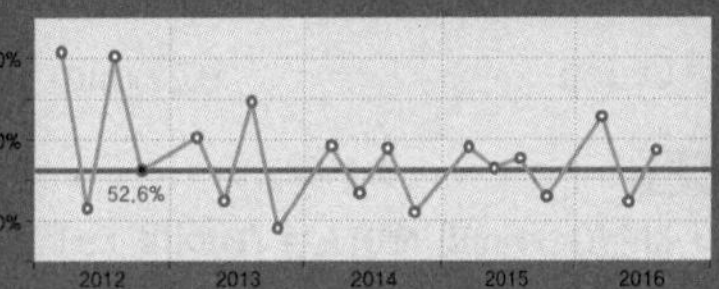

0102 / 0605 / 1005

01 Repetitive Learning (1회 2회 3회)

곡물(Grain)을 원료로 만든 무색투명한 증류주에 두송자(Juniper berry)의 향을 착미시킨 술은?

① Tequila ② Rum
③ Vodka ④ Gin

해설

- ①은 용설란으로 만들어 용설란 특유의 향과 달콤한 맛을 가진 멕시코 술이다.
- ②는 사탕수수즙이나 당밀 등으로 발효 증류시킨 증류주로 달콤한 냄새와 특유의 맛을 갖고 있다.
- ③은 곡류와 감자 증류액을 숯과 모래에 여과하여 정제한 술이다.

1604

02 Repetitive Learning (1회 2회 3회)

다음 단어들과 가장 관련있는 것은?

- 만사니아(Manzanilla) • 몬티아(Montilla)
- 올로로쏘(Oloroso) • 아몬티아도(Amontillado)

① 이탈리아산 포도주 ② 스페인산 백포도주
③ 프랑스산 샴페인 ④ 독일산 포도주

해설

- ①에는 키안티, 마르살라, 바롤로 등이 있다.
- ③에는 블랑드블랑, 블랑드누아 등이 있다.
- ④에는 모젤, 라인가우 등이 있다.

1505

03 Repetitive Learning (1회 2회 3회)

우리나라의 증류식 소주에 해당되지 않은 것은?

① 안동소주 ② 제주 한주
③ 경기 문배주 ④ 금산 삼송주

해설

- ④는 인삼을 술에 녹여낸 전통 발효주에 해당한다.

04 Repetitive Learning (1회 2회 3회)

만들어진 칵테일에 손의 체온이 전달되지 않도록 할 때 사용되는 글라스(glass)로 가장 적절한 것은?

① stemmed glass
② old fashioned glass
③ highball glass
④ collins glass

해설

- ②는 대표적인 텀블러형 숏 칵테일 글라스로 락 글라스라고도 한다.
- ③은 텀블러형 글라스로 스카치와 소다 혹은 버번과 미네랄워터를 믹스할 때 사용한다.
- ④는 하이볼 글라스와 유사하나 길이가 좀 더 긴 글라스이다.

05 Repetitive Learning (1회 2회 3회)

다음 중 연결이 옳은 것은?

① absinthe–노르망디 지방의 프랑스산 사과 브랜디
② campari–주정에 향쑥을 넣어 만드는 프랑스산 리큐르
③ calvados–이탈리아 밀라노에서 생산되는 와인
④ chartreuse–승원(수도원)이란 뜻을 가진 리큐르

해설

- ①은 원산지가 프랑스인 증류주이다.
- ②는 이탈리아의 국민주로 70여 가지의 재료로 만들어진 매우 쓴맛의 붉은색 리큐르(Liqueur)이다.
- ③은 프랑스에서 사과를 원료로 만든 증류주인 Apple Brandy이다.

정답 | 01 ④ 02 ② 03 ④ 04 ① 05 ④

0305 / 0602 / 0705 / 0802 / 0901 / 1602

06

Repetitive Learning 1회 2회 3회

Gibson을 조주할 때 Garnish는 무엇으로 하는가?

① Olive ② Cherry
③ Onion ④ Lime

해설
• 깁슨(Gibson)의 베이스는 Gin이며 칵테일 어니언(Cocktail Onion)을 꽂아서 장식한다.

1504

07

Repetitive Learning 1회 2회 3회

와인의 품질을 결정하는 요소가 아닌 것은?

① 환경요소(terroir) ② 양조기술
③ 포도품종 ④ 제조국의 소득수준

해설
• 제조국의 소득수준은 와인의 품질을 결정하는 요소가 아니다.

1604

08

Repetitive Learning 1회 2회 3회

일반적으로 단식 증류기(Pot Still)로 증류하는 것은?

① Kentucky Straight Bourbon whiskey
② Grain whiskey
③ Dark Rum
④ Aquavit

해설
• 럼은 증류주이며 무색 또는 빛깔이 연한 것을 화이트럼이라고 부르며 진하면 다크럼이라고 부른다. 다크럼은 헤비럼으로 단식 증류기로 만든다.

0402 / 0805 / 1601

09

Repetitive Learning 1회 2회 3회

Malt whiskey를 바르게 설명한 것은?

① 대량의 양조주를 연속식으로 증류해서 만든 위스키
② 단식 증류기를 사용하여 2회의 증류과정을 거쳐 만든 위스키
③ 피트탄(peat, 석탄)으로 건조한 맥아의 당액을 발효해서 증류한 피트향과 통의 향이 배인 독특한 맛의 위스키
④ 옥수수를 원료로 대맥의 맥아를 사용하여 당화시켜 개량솥으로 증류한 고농도 알코올의 위스키

해설
• ①은 Patent 위스키에 대한 설명이다.
• ②는 Single 혹은 Pot Still 위스키에 대한 설명이다.
• ④는 Bourbon 위스키에 대한 설명이다.

1602

10

Repetitive Learning 1회 2회 3회

상면발효맥주로 옳은 것은?

① Bock Beer ② Budweiser Beer
③ Porter Beer ④ Asahi Beer

해설
• 포터 비어(Porter Beer)는 상면발효방식으로 생산되는 영국산 맥주다.

1501

11

Repetitive Learning 1회 2회 3회

Scotch whiskey에 꿀을 넣어 만든 혼성주는?

① Cherry Heering ② Cointreau
③ Galliano ④ Drambuie

해설
• ①은 체리향이 나는 덴마크 리큐르이다.
• ②는 오렌지 껍질로 만든 프랑스산 리큐르이다.
• ③은 아니스, 생강, 감귤류 등을 주정에 넣고 숙성시킨 달콤한 리큐르이다.

1505

12

Repetitive Learning 1회 2회 3회

커피(coffee)의 제조방법 중 틀린 것은?

① 드립식(drip filter)
② 퍼콜레이터식(percolator)
③ 에스프레소식(espresso)
④ 디캔터식(decanter)

해설
• ④의 디캔터는 와인 등의 술의 침전물을 거르는 도구로 커피와는 관련 없다.

0802

13

Repetitive Learning 1회 2회 3회

다음 중 프랑스의 발포성 와인으로 옳은 것은?

① Vin Mousseux ② Sekt
③ Spumante ④ Perlwein

06 ③ 07 ④ 08 ③ 09 ③ 10 ③ 11 ④ 12 ④ 13 ① | 정답

해설

- 뱅 무쉐(Vin Mousseux)는 프랑스 샹파뉴(Champagne) 지방을 제외한 지역에서 생산되는 프랑스 발포성 와인(Sparkling Wine)을 말한다.

0102

14 Repetitive Learning (1회 2회 3회)

'생명의 물'이라고 지칭되었던 유래가 없는 술은?

① 위스키 ② 브랜디
③ 보드카 ④ 진

해설

- 생명의 물로 지칭된 것은 위스키, 브랜디, 보드카, 아쿠아비트 등이다.

0701 / 1501

15 Repetitive Learning (1회 2회 3회)

소금을 Cocktail Glass 가장자리에 찍어서(Riming) 만드는 칵테일은?

① Singapore Sling ② Side Car
③ Margarita ④ Snowball

해설

- ①은 드라이 진, 레몬주스, 설탕을 셰이커에 넣고 셰이킹 기법으로 만든 후 소다수와 체리브랜드를 직접 넣어주는 기법으로 만드는 칵테일이다.
- ②는 브랜디, 쿠앵트로, 레몬주스를 셰이커에 넣고 셰이킹 기법으로 만드는 칵테일이다.
- ④는 달걀 리큐어와 사이다를 셰이커에 넣고 셰이킹 기법으로 만드는 칵테일이다.

0104

16 Repetitive Learning (1회 2회 3회)

Long Drink에 대한 설명으로 틀린 것은?

① 주로 텀블러 글라스, 하이볼 글라스 등으로 제공한다.
② 탐 콜린스, 진피즈 등이 속한다.
③ 일반적으로 한 종류 이상의 술에 청량음료를 섞는다.
④ 무알코올 음료의 총칭이다.

해설

- 롱 드링크는 하이볼 글라스나 콜린스 글라스 등에 담겨 제공되는 용량이 많아(180ml, 6oz 이상) 오래 마실 수 있는 칵테일을 말한다.

0104 / 1501

17 Repetitive Learning (1회 2회 3회)

보드카가 기주로 쓰이지 않는 칵테일은?

① 맨해튼 ② 스크루드라이버
③ 키스 오브 파이어 ④ 치치

해설

- ①은 버번위스키, 베르무트, 비터스를 믹싱 글라스에 담고 휘젓기(Stir) 기법으로 만들고 체리로 장식한다.

0201 / 0205 / 0602 / 0605 / 0802 / 0805 / 0904 / 1005

18 Repetitive Learning (1회 2회 3회)

1quart는 몇 ounce인가?

① 1 ② 16
③ 32 ④ 38.4

해설

- 1쿼트(Qt)는 950mL이고 32oz에 해당된다.

0702 / 0904 / 1604

19 Repetitive Learning (1회 2회 3회)

Gin & Tonic에 알맞은 Glass와 장식은?

① Collins Glass－Pineapple Slice
② Cocktail Glass－Olive
③ Cocktail Glass－Orange Slice
④ Highball Glass－Lemon Slice

해설

- 진토닉(Gin &Tonic) 칵테일은 주로 레몬 슬라이스를 가니쉬로 사용하며, 하이볼 글라스로 서브한다.

1502

20 Repetitive Learning (1회 2회 3회)

주류의 주정 노수가 높은 것부터 낮은 순서대로 나열된 것은?

① Vermouth＞Brandy＞Fortified Wine＞Kahlua
② Fortified Wine＞Vermouth＞Brandy＞Beer
③ Fortified Wine＞Brandy＞Beer＞Kahlua
④ Brandy＞Sloe Gin＞Fortified Wine＞Beer

해설

- 도수가 가장 높은 Brandy는 40%, Sloe Gin은 30~35%, Fortified Wine은 18~20%, 가장 낮은 Beer는 4%이다.

정답 | 14 ④ 15 ③ 16 ④ 17 ① 18 ③ 19 ④ 20 ④

1504

21 Repetitive Learning (1회 2회 3회)

칵테일 제조에 사용되는 얼음(Ice) 종류의 설명이 틀린 것은?

① 쉐이브드 아이스(Shaved Ice) : 곱게 빻은 가루 얼음
② 큐브드 아이스(Cubed Ice) : 정육면체의 조각얼음 또는 육각형 얼음
③ 크랙드 아이스(Cracked Ice) : 큰 얼음을 아이스 픽(Ice Pick)으로 깨어서 만든 각얼음
④ 럼프 아이스(Lump Ice) : 각얼음을 분쇄하여 만든 작은 콩알 얼음

해설
- ④는 Crushed Ice에 대한 설명이다. 럼프 아이스는 작은 얼음덩어리를 말한다.

1604

22 Repetitive Learning (1회 2회 3회)

브랜디에 대한 설명으로 가장 거리가 먼 것은?

① 포도 또는 과실을 발효하여 증류한 술이다.
② 꼬냑 브랜디에 처음으로 별표의 기호를 도입한 것은 1865년 헤네시(Hennessy)사에 의해서이다.
③ Brandy는 저장기간을 부호로 표시하며 그 부호가 나타내는 저장기간은 법적으로 정해져 있다.
④ 브랜디의 증류는 와인을 2~3회 단식 증류기(Pot Still)로 증류한다.

해설
- 브랜디의 등급표시는 법적으로 정해져 있지 않다. 따라서 공통된 문자나 부호를 사용하는 것이 아니다.

0801

23 Repetitive Learning (1회 2회 3회)

맥주의 원료 중 홉(hop)의 역할이 아닌 것은?

① 맥주 특유의 상큼한 쓴맛과 향을 낸다.
② 알코올의 농도를 증가시킨다.
③ 맥아즙의 단백질을 제거한다.
④ 잡균을 제거하여 보존성을 증가시킨다.

해설
- 홉은 맥주에서 특이한 쓴맛과 향기로 잡균을 제거하여 보존성을 증가시키고, 맥아즙의 단백질을 제거하는 역할을 하는 원료이다.

1505

24 Repetitive Learning (1회 2회 3회)

스카치 위스키(Scotch whiskey)와 가장 거리가 먼 것은?

① Malt
② Peat
③ Used sherry Cask
④ Used Limousin Oak Cask

해설
- ④는 꼬냑에서 주로 사용되는 숙성방법이다.

1505

25 Repetitive Learning (1회 2회 3회)

제조방법상 발효 방법이 다른 차(Tea)는?

① 한국의 작설차
② 인도의 다즐링(Darjeeling)
③ 중국의 기문차
④ 스리랑카의 우바(Uva)

해설
- ②, ③, ④는 모두 홍차의 종류들로 발효차에 해당한다.
- ①은 녹차로 불발효차에 속한다.

26 Repetitive Learning (1회 2회 3회)

부르고뉴 지역의 주요 포도 품종은?

① 가메이와 메를로
② 샤르도네와 피노 누아
③ 리슬링과 산지오베제
④ 진판델과 까베르네 소비뇽

해설
- 부르고뉴 지역의 대표적인 레드 품종은 피노 누아이고, 화이트 품종은 샤르도네이다.

1502

27 Repetitive Learning (1회 2회 3회)

위스키의 제조과정을 순서대로 나열한 것으로 가장 적절한 것은?

① 맥아－당화－발효－증류－숙성
② 맥아－당화－증류－저장－후숙
③ 맥아－발효－증류－당화－블렌딩
④ 맥아－증류－저장－숙성－발효

21 ④ 22 ③ 23 ② 24 ④ 25 ① 26 ② 27 ① | 정답

해설

• 위스키의 제조순서는 보리 담금(mashing)－분쇄－당화－발효(fermentation)－증류(distillation)－숙성(aging)－병입의 순으로 이뤄진다.

28 Repetitive Learning (1회 2회 3회)

혼성주의 특성과 가장 거리가 먼 것은?

① 증류주 혹은 양조주에 초근목피, 향료, 과즙, 당분을 첨가하여 만든 술
② 리큐르(Liqueur)라고 불리는 술
③ 주로 식후주로 즐겨 마시며 화려한 색채와 특이한 향을 지닌 술
④ 곡류와 과실 등을 원료로 발효한 술

해설

• ④는 양조주에 대한 설명이다. 맥주, 와인, 막걸리가 대표적이다.

29 Repetitive Learning (1회 2회 3회)

독일의 와인에 대한 설명 중 틀린 것은?

① 라인(Rhein)과 모젤(Mosel) 지역이 대표적이다.
② 리슬링(Riesling)품종의 백포도주가 유명하다.
③ 와인의 등급을 포도 수확 시의 당분함량에 따라 결정한다.
④ 1935년 원산지 호칭 통제법을 제정하여 오늘날까지 시행하고 있다.

해설

• ④는 프랑스 와인에 대한 설명이다.

1201

30 Repetitive Learning (1회 2회 3회)

셰이킹(Shaking) 기법에 대한 설명으로 틀린 것은?

① 셰이커(Shaker)에 얼음을 충분히 넣어 빠른 시간 안에 잘 섞이고 차게 한다.
② 셰이커(Shaker)에 재료를 넣고 순서대로 Cap을 Strainer에 씌운 다음 Body에 덮는다.
③ 잘 섞이지 않는 재료들을 셰이커(Shaker)에 넣어 세차게 흔들어 섞는 조주기법이다.
④ 계란, 우유, 크림, 당분이 많은 리큐르 등으로 칵테일을 만들 때 많이 사용된다.

해설

• 뚜껑이 캡, 중간이 스트레이너, 아래쪽이 바디이다.

0302 / 0702 / 0805 / 1004 / 1201

31 Repetitive Learning (1회 2회 3회)

음료를 서빙할 때에 일반적으로 사용하는 비품이 아닌 것은?

① Napkin ② Coaster
③ Serving Tray ④ Bar Spoon

해설

• ④는 Mixing Glass를 이용하여 칵테일을 만들 때 내용물을 섞기 위해 휘젓는 용도로 사용하는 스푼이다.

1004

32 Repetitive Learning (1회 2회 3회)

바(Bar)에 대한 설명 중 틀린 것은?

① 프랑스어의 Bariere에서 유래되었다.
② 술을 판매하는 식당을 총칭하는 의미로도 사용된다.
③ 종업원만의 휴식공간이다.
④ 손님과 바맨 사이에 가로 질러진 널판을 의미한다.

해설

• 바는 주문과 서브가 이루어지는 고객들의 이용 장소이다.

0201 / 0501 / 0602 / 0802 / 0805 / 0904 / 1002 / 1201 / 1504

33 Repetitive Learning (1회 2회 3회)

재고 관리상 쓰이는 FIFO란 용어의 뜻은?

① 정기 구입 ② 선입 선출
③ 임의 불출 ④ 후입 선출

해설

• 선입선출(FIFO)의 의미는 First In First Out이다.

1604

34 Repetitive Learning (1회 2회 3회)

주장의 종류로 가장 거리가 먼 것은?

① Cocktail Bar ② Members Club Bar
③ Snack Bar ④ Pub Bar

해설

• ③은 서서 식사를 하는 간이형 식당을 말한다.

정답 | 28 ④ 29 ④ 30 ② 31 ④ 32 ③ 33 ② 34 ③

1602

35 Repetitive Learning 1회 2회 3회

에스프레소 추출 시 너무 진한 크레마(Dark Crema)가 추출되었을 때 그 원인이 아닌 것은?

① 물의 온도가 95℃보다 높은 경우
② 펌프압력이 기준 압력보다 낮은 경우
③ 포터필터의 구멍이 너무 큰 경우
④ 물 공급이 제대로 안 되는 경우

해설

• 포터필터의 구멍이 너무 크면 에스프레소 추출이 과하게 되어 크레마가 적게 만들어진다.

1504

36 Repetitive Learning 1회 2회 3회

와인의 보관방법으로 적합하지 않은 것은?

① 진동이 없는 곳에 보관한다.
② 직사광선을 피하여 보관한다.
③ 와인을 눕혀서 보관한다.
④ 습기가 없는 곳에 보관한다.

해설

• 습도는 75% 정도로 유지한다.

0601 / 0802

37 Repetitive Learning 1회 2회 3회

목재 머들러(wood muddler)의 용도는?

① 스파이스나 향료를 으깰 때 사용한다.
② 레몬을 스퀴즈할 때 사용한다.
③ 음료를 서빙할 때 사용한다.
④ 브랜디를 띄울 때 쓴다.

해설

• 머들러는 허브잎이나 과일 또는 설탕 등을 으깨서 향을 낼 때 사용하는 도구이다.

0605

38 Repetitive Learning 1회 2회 3회

브랜디 글라스(Brandy Glass)에 대한 설명 중 틀린 것은?

① 튤립형의 글라스이다.
② 향이 잔 속에서 휘감기는 특징이 있다.
③ 글라스를 예열하여 따뜻한 상태로 사용한다.
④ 브랜디는 글라스에 가득 채워 따른다.

해설

• 글라스 안에 브랜디의 숙성된 향기가 맴돌 수 있도록 한 잔 1oz(30mL)로 브랜디를 제공하는 것이 바람직하다.

39 Repetitive Learning 1회 2회 3회

기물의 설치에 대한 내용으로 옳지 않는 것은?

① 바의 수도시설은 Mixing Station 바로 후면에 설치한다.
② 배수구는 바텐더의 바로 앞에, 바의 높이는 고객이 작업을 볼 수 있게 설치한다.
③ 얼음제빙기는 Back Side에 설치하는 것이 가장 적절하다.
④ 냉각기는 표면에 병따개가 부착된 건성형으로 Station 근처에 설치한다.

해설

• 얼음제빙기는 가능한 한 바(Bar) 내 급수관 근처에 설치한다.

0305 / 1005 / 1602

40 Repetitive Learning 1회 2회 3회

바람직한 바텐더(Bartender) 직무가 아닌 것은?

① 바(Bar) 내에 필요한 물품 재고를 항상 파악한다.
② 일일 판매할 주류가 적당한지 확인한다.
③ 바(Bar)의 환경 및 기물 등의 청결을 유지, 관리한다.
④ 칵테일 조주 시 지거(Jigger)를 사용하지 않는다.

해설

• 칵테일 조주 시 표준 조주법(Standard recipe)을 따르기 위해 가능한 지거(Jigger)를 사용하여야 한다.

0701 / 0802

41 Repetitive Learning 1회 2회 3회

칵테일을 만드는 기법 중 'Stirring'에서 사용하는 도구와 거리가 먼 것은?

① Mixing Glass ② Bar Spoon
③ Strainer ④ Shaker

해설

• ④는 계란, 설탕, 시럽 등 농후한 재료를 사용하는 칵테일의 경우 휘저어 섞는 것만으로는 잘 혼합이 되지 않기 때문에 강한 움직임을 주기 위하여 사용하는 도구이다.

35 ③ 36 ④ 37 ① 38 ④ 39 ③ 40 ④ 41 ④ 정답

42 Repetitive Learning (1회 2회 3회)

포도주(Wine)를 서비스하는 방법 중 옳지 않는 것은?

① 포도주병을 운반하거나 따를 때에는 병 내의 포도주가 흔들리지 않도록 한다.
② 와인병을 개봉했을 때 첫 잔은 주문자 혹은 주빈이 시음을 할 수 있도록 한다.
③ 보졸레 누보와 같은 포도주는 디캔터를 사용하여 일정시간 숙성시킨 후 서비스한다.
④ 포도주는 손님의 오른쪽에서 따르며 마지막에 보틀을 돌려 흐르지 않도록 한다.

해설

- 프랑스 보졸레 지방에서 생산되는 포도주인 보졸레 누보는 매년 11월 셋째 주 목요일에 출시되며 숙성시키는 일반와인과 달리 신선한 맛이 생명이므로 가급적 빨리 마셔야 한다.

43 Repetitive Learning (1회 2회 3회)

바텐더가 음료를 관리하기 위해서 반드시 필요한 것이 아닌 것은?

① Inventory ② FIFO
③ 유통기한 ④ 매출

해설

- 바텐더는 매일 영업마감 후 인벤토리를 조사해서 매니저에게 보고하며, 재료 사용의 원칙인 FIFO를 지켜 재료를 선택해야 한다. 아울러 상품의 신선도를 위해 유통기한을 철저히 지켜야 한다.

0805 / 1501 / 1504

44 Repetitive Learning 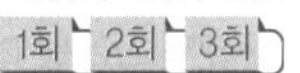

Key Box나 Bottle Member 제도에 대한 설명으로 옳은 것은?

① 음료의 판매회전이 촉진된다.
② 고정고객을 확보하기는 어렵다.
③ 후불이기 때문에 회수가 불분명하여 자금운영이 원활하지 못하다.
④ 주문시간이 많이 걸린다.

해설

- 고정고객을 확보하기 쉽다.
- 선불이어서 회수가 정확하여 자금운영이 원활하다.

1005

45 Repetitive Learning (1회 2회 3회)

구매명세서(Standard Purchase Specification)를 사용부서에서 작성할 때 필요사항이 아닌 것은?

① 요구되는 품질요건 ② 품목의 규격
③ 무게 또는 수량 ④ 거래처의 상호

해설

- 구매명세서에는 ①, ②, ③외에 품명이나 무게, 수량, 과일이나 채소의 경우 생산지나 익은 정도 등을 기재한다.

0801 / 0802 / 1104

46 Repetitive Learning (1회 2회 3회)

음료가 저장고에 적정재고 수준 이상으로 과도할 경우 나타나는 현상이 아닌 것은?

① 필요 이상의 유지 관리비가 요구된다.
② 기회 이익이 상실된다.
③ 판매 기회가 상실된다.
④ 과다한 자본이 재고에 묶이게 된다.

해설

- ③은 저장고의 재고가 적정재고 수준 이하로 과소할 경우의 현상이다.

0904 / 1501

47 Repetitive Learning (1회 2회 3회)

Pilsner Glass에 대한 설명으로 옳은 것은?

① 브랜디를 마실 때 사용한다.
② 맥주를 따르면 기포가 올라와 거품이 유지된다.
③ 와인향을 즐기는 데 가장 적합하다.
④ 옆면이 둥글게 되어 있어 발레리나를 연상하게 하는 모양이다.

해설

- Pilsner Glass는 맥주를 마실 때 주로 사용한다.
- 주둥이에서 바닥으로 갈수록 점점 가늘어지는 모양이다.

48 Repetitive Learning (1회 2회 3회)

주장 종사원(waiter)의 직무에 해당하는 것은?

① 바(bar) 내부의 청결을 유지한다.
② 고객으로부터 주문을 받고 봉사한다.
③ 보급품과 기물주류 등을 창고로부터 보급 받는다.
④ 조주에 필요한 얼음을 준비한다.

정답 | 42 ③ 43 ④ 44 ① 45 ④ 46 ③ 47 ② 48 ②

해설

- 주장 종사원(Waiter/Waitress)의 가장 기본적인 직무는 고객으로부터 주문을 받고 서비스를 담당하는 것에 있다.

1501

49 Repetitive Learning (1회 2회 3회)

고객이 호텔의 음료상품을 이용하지 않고 음료를 가지고 오는 경우, 서비스하고 여기에 필요한 글라스, 얼음, 레몬 등을 제공하여 받는 대가를 무엇이라 하는가?

① Rental charge
② V.A.T(Value Added Tax)
③ Corkage charge
④ Service charge

해설

- 고객이 다른 곳에서 구입한 주류를 바(Bar)에 가져와서 마실 때 부과되는 요금을 Corkage charge라고 한다.

50 Repetitive Learning (1회 2회 3회)

다음은 무엇에 대한 설명인가?

> 매매계약 조건을 정당하게 이행하였음을 밝히는 것으로 판매자가 구매자에게 보내는 서류를 말한다.

① 송장(Invoice)
② 출고전표
③ 인벤토리 시트(Inventory Sheet)
④ 빈 카드(Bin Card)

해설

- ②는 재고의 출고를 재고담당부서에 명령하거나 출고사실을 경리관련 부서에 전달하기 위한 판매측 회사의 내부서류이다.
- ③은 영업이 끝난 후 남은 물량을 품목별로 재고조사하여 Bartender가 작성한 재고목록표를 말한다.
- ④는 물품에 대한 입·출고 현황에 따른 재고 기록카드이다.

0104 / 0802 / 1002

51 Repetitive Learning (1회 2회 3회)

"This milk has gone bad."의 의미는?

① 이 우유는 상했다. ② 이 우유는 맛이 없다.
③ 이 우유는 신선하다. ④ 우유는 건강에 나쁘다.

해설

- 우유가 상했다는 의미이다.

52 Repetitive Learning (1회 2회 3회)

다음 ( ) 안에 들어갈 단어로 가장 적합한 것은?

> I'd like a stinger. Make it very (　　), but not too strong, please.

① hot ② cold
③ sour ④ dry

해설

- 저는 스팅어 한 잔 주세요. 아주 차갑게 하되 너무 세게는 말고요.

1602

53 Repetitive Learning (1회 2회 3회)

다음 ( ) 안에 들어갈 가장 적절한 것은?

> W : Good evening, Mr. Carr.
> How are you this evening?
> G : Fine, and you Mr. Kim?
> W : Very well, thank you.
> What would you like to try tonight?
> G : (　　　　　　　　　　)
> W : A whiskey, no ice, no water. Am I correct?
> G : Fantastic!

① Just one for my health, please.
② One for the road.
③ I'll stick to my usual.
④ Another one please.

해설

- 바에 찾아온 손님(Mr. Carr)에게 바텐더가 오늘 밤에 무엇을 마시겠냐는 질문에 대한 손님의 답변으로 맞는 것을 찾아야 한다.
- 문맥으로 볼 때 평소 마시던 대로(위스키, 얼음 없이, 물 없이) 달라는 답이 가장 어울린다.
- ①은 나의 건강을 위해서 하나만 달라는 의미이다.
- ②는 집에 가기 전 마지막 한 잔을 하겠다는 의미이다.
- ④는 다른 것을 달라는 의미이다.

0702

54 Repetitive Learning (1회 2회 3회)

「First come first served」의 의미는?

① 선착순 ② 시음회
③ 선불제 ④ 연장자순

49 ③ 50 ① 51 ① 52 ② 53 ③ 54 ① | 정답

해설

• 먼저 온 사람에게 먼저 서브하는 것이므로 선착순 개념이다.

0505

55 Repetitive Learning 1회 2회 3회

"당신은 무엇을 찾고 있습니까?"의 올바른 표현은?

① What are you look for?
② What do you look for?
③ What are you looking for?
④ What is looking for you?

해설

• '찾아다니다', '찾고 있다'는 looking for ~ 를 사용한다.

56 Repetitive Learning 1회 2회 3회

Which is the Vodka based cocktail in the following?

① Paradise Cocktail
② Million Dollars
③ Stinger
④ Kiss of Fire

해설

• ①은 진, 브랜디, 오렌지주스를 셰이킹 기법으로 만든 칵테일이다.
• ②는 Gin, 베르무트, 파인애플주스, 계란 흰자, 시럽을 셰이킹 기법으로 만든 칵테일이다.
• ③은 브랜디, 크림 드 민트 화이트를 셰이커에 넣어 셰이킹하여 만든다.

57 Repetitive Learning 1회 2회 3회

What is the juice of the wine grapes called?

① mustard ② must
③ grapeshot ④ grape sugar

해설

• ①은 겨자씨로 만든 소스를 말한다.
• ③은 포도탄이라는 산탄의 한 종류로 캐넌포로 발사한다.
• ④는 포도당을 말한다.

58 Repetitive Learning 1회 2회 3회

Which one is the cocktail containing Bourbon, Lemon, and Sugar?

① Whisper of kiss ② Whiskey sour
③ Western rose ④ Washington

해설

• 버번위스키, 레몬주스, 설탕을 셰이킹 기법으로 만든 후 사워글라스에 넣고 소다수를 채워준 후 레몬과 체리로 장식한 칵테일은 위스키 사워이다.

0801 / 1604

59 Repetitive Learning 1회 2회 3회

Which one is the spirit made from Agave?

① Tequila ② Rum
③ Vodka ④ Gin

해설

• 용설란(Agave)을 아가베라고 부르는데, 이에 함유된 과당의 일종인 이눌린을 발효한 발효주가 풀케이며 증류하면 테킬라가 된다.

60 Repetitive Learning 1회 2회 3회

Which one is the cocktail to serve not to mix?

① B&B ② Black russian
③ Bull Shot ④ Pink lady

해설

• ②는 보드카, 커피술을 얼음과 함께 섞어 만드는 커피 칵테일이다.
• ③은 얼음과 보드카를 넣은 잔에 비프 비욘을 넣은 후 가볍게 섞어서 만드는 칵테일이다.
• ④는 진, 그레나딘 시럽, 우유, 계란 흰자를 셰이킹 기법으로 만든 칵테일이다.

정답 | 55 ③ 56 ④ 57 ② 58 ② 59 ① 60 ①

2013년 제1회

2013년 1월 27일 필기

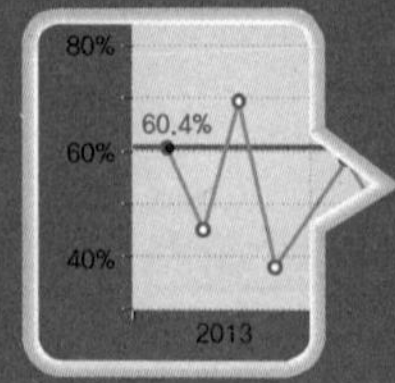

13년 1회차 필기시험
합격률 60.4%

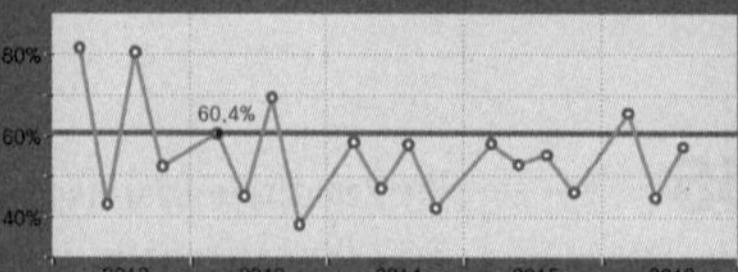

1002 / 1502

01 Repetitive Learning (1회 2회 3회)

혼성주(compounded Liqueur)에 대한 설명 중 틀린 것은?

① 칵테일 제조나 식후주로 사용된다.
② 발효주에 초근목피의 침출물을 혼합하여 만든다.
③ 색채, 향기, 감미, 알코올의 조화가 잘 된 술이다.
④ 혼성주는 고대 그리스 시대에 약용으로 사용되었다.

해설
- 혼성주는 증류주에 초근목피의 침출물을 혼합한 술이다.

02 Repetitive Learning (1회 2회 3회)

커피의 향미를 평가하는 순서로 가장 적절한 것은?

① 미각(맛) → 후각(향기) → 촉각(입안의 느낌)
② 색 → 촉각(입안의 느낌) → 미각(맛)
③ 촉각(입안의 느낌) → 미각(맛) → 후각(향기)
④ 후각(향기) → 미각(맛) → 촉각(입안의 느낌)

해설
- 커피의 향미는 향기, 맛, 입안의 느낌 순으로 평가한다.

03 Repetitive Learning (1회 2회 3회)

다음 중 혼성주에 해당되는 것은?

① Beer ② Drambuie
③ Olmeca ④ Graves

해설
- ①은 양조주이다.
- ③은 멕시코 토속주(증류주)인 테킬라의 한 종류이다.
- ④는 프랑스 보르도 지역의 와인이다.

1001

04 Repetitive Learning (1회 2회 3회)

블렌디드(Blended) 위스키가 아닌 것은?

① Chivas Regal 18년
② Glenfiddich 15년
③ Royal Salute 21년
④ Dimple 12년

해설
- 글렌피딕 15년(Glenfiddich 15years old)은 영국 스코틀랜드의 프리미엄 싱글 몰트 위스키이다.

05 Repetitive Learning (1회 2회 3회)

증류주(Distilled Liqueur)에 포함되지 않는 것은?

① 위스키(Whiskey) ② 맥주(Beer)
③ 브랜디(Brandy) ④ 럼(Rum)

해설
- ②는 양조주에 속한다.

06 Repetitive Learning (1회 2회 3회)

브랜디(Brandy)와 꼬냑(Cognac)에 대한 설명으로 옳은 것은?

① 브랜디와 꼬냑은 재료의 성질에 차이가 있다.
② 꼬냑은 프랑스의 꼬냑 지방에서 만들었다.
③ 꼬냑은 브랜디를 보관 연도별로 구분한 것이다.
④ 브랜디와 꼬냑은 내용물의 알코올 함량에 차이가 크다.

해설
- 꼬냑은 프랑스의 꼬냑 지방에서 만들었으며 브랜디 중에서도 가장 훌륭한 품질을 자랑한다.

01 ② 02 ④ 03 ② 04 ② 05 ② 06 ② 정답

07 Repetitive Learning (1회 2회 3회)

리큐르(Liqueur)가 아닌 것은?

① Benedictine ② Anisette
③ Augier ④ Absinthe

해설
- 오지에(Augier)는 가장 오래된 꼬냑의 명품 브랜드이며 1643년 피에르 오지에가 만들었다.

0701 / 0905 / 1602

08 Repetitive Learning (1회 2회 3회)

다음 중 아메리칸 위스키(American whiskey)가 아닌 것은?

① Jim Beam ② Wild Turkey
③ John Jameson ④ Jack Daniel

해설
- ③은 아이리시 위스키의 베스트셀러 브랜드다.

1005

09 Repetitive Learning (1회 2회 3회)

우리나라 고유한 술 중에서 증류주에 속하는 것은?

① 경주법주 ② 동동주
③ 문배주 ④ 백세주

해설
- ①은 신라시대부터 전해오는 전통주로 국가지정 중요무형문화재로 지정된 빛깔이 희고 맛이 순수한 민속주이다.
- ②는 경기도 전통술로 쌀, 누룩 등으로 만든 발효주이다.
- ④는 조선시대 장수주로 찹쌀, 구기자, 약초로 만들어진 우리나라 고유의 술이다.

1602

10 Repetitive Learning (1회 2회 3회)

다음 중 그 종류가 다른 하나는?

① Vienna Coffee
② Cappuccino Coffee
③ Espresso Coffee
④ Irish Coffee

해설
- ④는 주로 추운 계절에 추위를 녹이기 위하여 외출이나 등산 후에 따뜻하게 마시기 위해 아이리쉬 위스키와 커피, 설탕으로 만든 칵테일이다.

11 Repetitive Learning (1회 2회 3회)

독일의 리슬링(Riesling)와인에 대한 설명으로 틀린 것은?

① 독일의 대표적인 와인이다.
② 살구향, 사과향 등의 과실향이 주로 난다.
③ 대부분 무감미 와인(Dry Wine)이다.
④ 다른 나라 와인에 비해 비교적 알코올 도수가 낮다.

해설
- 리슬링 와인은 독일의 대표적인 화이트 와인이다.

12 Repetitive Learning (1회 2회 3회)

와인을 막고 있는 코르크가 곰팡이에 오염되어 와인의 맛이 변하는 것으로 와인에서 종이 박스 향취, 곰팡이 냄새 등이 나는 것을 의미하는 현상은?

① 네고시앙(negociant)
② 부쇼네(bouchonne)
③ 귀부병(noble rot)
④ 부케(bouquet)

해설
- 네고시앙(negociant)은 와인상인이나 중간 제조업자를 뜻한다. 즉, 와인을 구입하여 숙성시키거나 블렌딩하여 판매하는 사람이다.
- 귀부병(noble rot)은 포도껍질에 발생한 곰팡이 균으로 당도가 높아져 디저트 와인을 만드는 데 도움을 준다.
- 부케(bouquet)는 아로마보다 미묘하며 인공적인 향이다. 제조과정에서 발효, 숙성을 통해 생겨난다.

13 Repetitive Learning (1회 2회 3회)

쉐리의 숙성 중 솔레라(solera) 시스템에 대한 설명으로 옳은 것은?

① 소량씩의 반자동 블렌딩 방식이다.
② 영(young)한 와인보다 숙성된 와인을 채워주는 방식이다.
③ 빈티지 쉐리를 만들 때 사용한다.
④ 주정을 채워 주는 방식이다.

해설
- 오래된 와인에 새 와인을 첨가해서 와인의 신선함을 유지하며 일정한 스타일의 와인을 지속적으로 만드는 시스템을 뜻한다.

정답 | 07 ③ 08 ③ 09 ③ 10 ④ 11 ③ 12 ② 13 ①

1004 / 1601

14 Repetitive Learning (1회 2회 3회)

브랜디의 제조공정에서 증류한 브랜디를 열탕 소독한 White oak Barrel에 담기 전에 무엇을 채워 유해한 색소나 이물질을 제거하는가?

① Beer ② Gin
③ Red Wine ④ White Wine

해설
- White Wine을 술통에 채워넣어 유해한 물질을 제거하고 쏟아낸 후 브랜디를 보관한다.

15 Repetitive Learning (1회 2회 3회)

탄산음료의 CO_2에 대한 설명으로 틀린 것은?

① 미생물의 발육을 억제한다.
② 향기의 변화를 예방한다.
③ 단맛과 부드러운 맛을 부여한다.
④ 청량감과 시원한 느낌을 준다.

해설
- 탄산가스는 청량감을 부여하고 향기를 유지시키며 미생물의 발효를 저지한다.

1502

16 Repetitive Learning (1회 2회 3회)

차의 분류가 바르게 연결된 것은?

① 발효차－얼그레이 ② 불발효차－보이차
③ 반발효차－녹차 ④ 후발효차－쟈스민

해설
- ②에서 보이차는 후발효차이다.
- ③에서 녹차는 불발표차이다.
- ④에서 쟈스민차는 반발효차이다.

17 Repetitive Learning (1회 2회 3회)

다음 중 상면발효맥주에 해당하는 것은?

① Lager Beer ② Porter Beer
③ Pilsner Beer ④ Dortmunder Beer

해설
- 상면발효맥주는 에일(Ale), 스타우트(Stout), 포터(Porter), 램빅(Lambic) 등이 있다.

0104

18 Repetitive Learning (1회 2회 3회)

럼(Rum)의 주원료는?

① 대맥(Rye)과 보리(Barley)
② 사탕수수(Sugar cane)와 당밀(Molasses)
③ 꿀(Honey)
④ 쌀(Rice)과 옥수수(Corn)

해설
- 럼은 카리브해 서인도제도에서 사탕수수 또는 당밀을 원료로 만든 증류주이다.
- ①은 맥주의 주원료이다.

0605 / 1002 / 1005 / 1401

19 Repetitive Learning (1회 2회 3회)

리큐르(Liqueur)의 제조법과 가장 거리가 먼 것은?

① 블렌딩법(Blending)
② 침출법(Infusion)
③ 증류법(Distillation)
④ 에센스법(Essence process)

해설
- 혼성주의 조주방법에는 증류법, 침출법, 에센스법이 있다.

20 Repetitive Learning (1회 2회 3회)

다음에서 설명하는 프랑스의 기후는?

－연평균 기온 11~12.5℃ 사이의 온화한 기후로 걸프스트림이라는 바닷바람의 영향을 받는다. －보르도, 꼬냑, 알마냑 지방 등에 영향을 준다.

① 대서양 기후 ② 내륙성 기후
③ 지중해성 기후 ④ 대륙성 기후

해설
- 대서양 기후는 보르도, 꼬냑, 알마냑 지방 등에 영향을 준다.

21 Repetitive Learning (1회 2회 3회)

와인 양조 시 1%의 알코올을 만들기 위해 약 몇 그램의 당분이 필요한가?

① 1g/L ② 10g/L
③ 16.5g/L ④ 20.5g/L

14 ④ 15 ③ 16 ① 17 ② 18 ② 19 ① 20 ① 21 ③ | 정답

해설

- 와인 양조 시 1%의 알코올을 만들기 위해 16.5g/L 당분이 필요하다.

22 ──── Repetitive Learning (1회 2회 3회)

와인 테이스팅의 표현으로 가장 적절하지 않은 것은?

① Moldy(몰디) : 곰팡이가 낀 과일이나 나무 냄새
② Raisiny(레이즈니) : 건포도나 과숙한 포도 냄새
③ Woody(우디) : 마른 풀이나 꽃 냄새
④ Corky(코르키) : 곰팡이 낀 코르크 냄새

해설

- Woody(우디)는 나무 냄새다. 오크통에서 오래 숙성시키면 나무 향이 난다.

0101

23 ──── Repetitive Learning (1회 2회 3회)

저온살균되어 저장 가능한 맥주는?

① Draught Beer ② Unpasteurized Beer
③ Draft Beer ④ Lager Beer

해설

- Lager Beer는 제조과정에서 발효균을 살균하여 병에 넣은 맥주이며 저온살균하므로 저장이 가능한 맥주다.

0801 / 1005

24 ──── Repetitive Learning (1회 2회 3회)

토닉워터(tonic water)에 대한 설명으로 틀린 것은?

① 무색투명한 음료이다.
② Gin과 혼합하여 즐겨 마신다.
③ 식욕증진과 원기를 회복시키는 강장제 음료이다.
④ 주로 구연산, 감미료, 커피 향을 첨가하여 만든다.

해설

- 토닉워터는 소다수에 레몬, 키니네(quinine) 껍질 등의 농축액을 함유하여 뒷맛이 다소 쌉쌀한 청량음료로 진(Gin)과 가장 좋은 조화를 이룬다.

0205 / 0401 / 0602 / 1004 / 1304

25 ──── Repetitive Learning (1회 2회 3회)

생강을 주원료로 만든 탄산음료는?

① Soda Water ② Tonic Water
③ Perrier Water ④ Ginger Ale

해설

- ①은 물에 이산화탄소를 가미한 것이다.
- ②는 소다수에 레몬, 키니네(quinine) 껍질 등의 농축액을 함유하여 뒷맛이 다소 쌉쌀한 청량음료로 진(Gin)과 가장 좋은 조화를 이룬다.
- ③은 프랑스의 탄산수로 '광천수계의 샴페인'이라는 슬로건대로 생수의 고급화를 선도했다.

1502

26 ──── Repetitive Learning (1회 2회 3회)

다음의 설명에 해당하는 혼성주를 바르게 연결한 것은?

> ㉠ 멕시코산 커피를 주원료로 하여 Cocoa, Vanilla 향을 첨가해서 만든 혼성주이다.
> ㉡ 야생 오얏을 진에 첨가해서 만든 빨간색의 혼성주이다.
> ㉢ 이탈리아의 국민주로 제조법은 각종 식물의 뿌리, 씨, 향초, 껍질 등 70여 가지의 재료로 만들어지며 제조 기간은 45일이 걸린다.

① ㉠ 샤르트뢰즈(Chartreuse) ㉡ 시나(Cynar) ㉢ 캄파리(Campari)
② ㉠ 파샤(Pasha) ㉡ 슬로 진(Sloe Gin) ㉢ 캄파리(Campari)
③ ㉠ 칼루아(Kahlua) ㉡ 시나(Cynar) ㉢ 캄파리(Campari)
④ ㉠ 칼루아(Kahlua) ㉡ 슬로 진(Sloe Gin) ㉢ 캄파리(Campari)

해설

- 샤르트뢰즈는 프랑스어로 수도원, 승원이라는 뜻으로 리큐르의 여왕이라 불리는 천연 허브로 향과 색을 낸 녹색의 리큐르이다.
- 시나(Cynar)는 와인에 아티초크를 배합하여 제조하였으며 색상은 진한 갈색을 띠는 리큐르이다.

27 ──── Repetitive Learning (1회 2회 3회)

와인을 분류하는 방법의 연결이 틀린 것은?

① 스파클링 와인－알코올 유무
② 드라이 와인－맛
③ 아페리티프 와인－식사용도
④ 로제 와인－색깔

해설

- 스파클링 와인은 탄산가스의 유무에 따른 분류 중 발포성 와인으로 탄산가스를 가진 와인을 일컫는다.

정답 | 22 ③ 23 ④ 24 ④ 25 ④ 26 ④ 27 ①

0801

28 ——— Repetitive Learning (1회 2회 3회)

민속주 중 모주(母酒)에 대한 설명으로 틀린 것은?

① 조선 광해군 때 인목대비의 어머니가 빚었던 술이라고 알려져 있다.
② 증류해서 만든 제주도의 대표적인 민속주이다.
③ 막걸리에 한약재를 넣고 끓인 해장술이다.
④ 계피가루를 넣어 먹는다.

해설
• 모주는 막걸리를 이용해 만든 탁주의 일종으로 알코올이 거의 없어(1% 미만) 음료에 가깝다.

1602

29 ——— Repetitive Learning (1회 2회 3회)

다음에서 설명하는 것은?

- 북유럽 스칸디나비아 지방의 특산주로 어원은 '생명의 물'이라는 라틴어에서 온 말이다. - 제조과정은 먼저 감자를 익혀서 으깬 감자와 맥아를 당화, 발효시켜 증류시킨다. - 연속증류기로 95%의 고농도 알코올을 얻은 다음 물로 희석하고 회향초 씨나, 박하, 오렌지 껍질 등 여러 가지 종류의 허브로 향기를 착향시킨 술이다.

① 보드카(Vodka)
② 럼(Rum)
③ 아쿠아비트(Aquavit)
④ 브랜디(Brandy)

해설
• ①은 동유럽 원산의 증류주이다.
• ②는 사탕수수즙이나 당밀 등으로 발효 증류시킨 증류주로 달콤한 냄새와 특유의 맛을 갖고 있다.
• ④는 화이트 와인을 증류시켜 만든 증류주이다.

30 ——— Repetitive Learning (1회 2회 3회)

Portable Bar에 포함되지 않는 것은?

① Room Service Bar ② Banquet Bar
③ Catering Bar ④ Western Bar

해설
• 이동식 바에 포함되지 않는 것을 말한다. ④는 쇼 위주의 볼거리를 많이 제공하는 바로 극장식 공간을 필요로 하므로 고정식이다.

1505

31 ——— Repetitive Learning (1회 2회 3회)

감미 와인(Sweet Wine)을 만드는 방법이 아닌 것은?

① 귀부포도(Noble rot Grape)를 사용하는 방법
② 발효 도중 알코올을 강화하는 방법
③ 발효 시 설탕을 첨가하는 방법(Chaptalization)
④ 햇빛에 말린 포도를 사용하는 방법

해설
• ③은 포도가 빨리 익지 않는 성향을 가진 보르도, 부르고뉴, 롱 아일랜드와 같은 서늘한 지역에서 더 많은 양의 알코올을 얻기 위해 사용하는 방법이다.

1204

32 ——— Repetitive Learning (1회 2회 3회)

믹싱글라스(Mixing Glass)에서 만든 칵테일을 글라스에 따를 때 얼음을 걸러주는 역할을 하는 기구는?

① Ice Pick ② Ice Tong
③ Strainer ④ Squeezer

해설
• ①은 얼음을 부수거나 따거나 쪼개는 데 사용하는 날카로운 금속 도구이다.
• ②는 얼음 등을 잡고 들어올릴 때 사용하는 집게이다.
• ④는 과일즙을 짜는 도구이다.

0501 / 1005

33 ——— Repetitive Learning (1회 2회 3회)

와인은 병에 침전물이 가라앉았을 때 이 침전물이 글라스에 같이 따라지는 것을 방지하기 위해 사용하는 도구는?

① 와인 바스켓 ② 와인 디캔터
③ 와인 버켓 ④ 코르크스크류

해설
• 와인을 서비스할 때 침전물을 걸러내기 위해 디캔터를 이용한다.

0801

34 ——— Repetitive Learning (1회 2회 3회)

뜨거운 물 또는 차가운 물에 설탕과 술을 넣어서 만든 칵테일은?

① toddy ② punch
③ sour ④ sling

28 ② 29 ③ 30 ④ 31 ③ 32 ③ 33 ② 34 ① 정답

해설

- ②는 펀치볼에 과일, 주스, 술, 설탕 등을 넣고 얼음을 띄워 여러 명이 함께 먹는 칵테일을 말한다.
- ③은 증류주에 레몬, 라임주스 등을 넣고 소다수로 채워 만든 신맛의 칵테일을 말한다.
- ④는 피즈와 비슷하나 피즈보다 용량이 많고 리큐르를 첨가하여 레몬체리로 장식한 칵테일을 말한다.

35 Repetitive Learning (1회 2회 3회)

다음 중 바텐더의 직무가 아닌 것은?

① 글라스류 및 칵테일용 기물을 세척 정돈한다.
② 바텐더는 여러 가지 종류의 와인에 대하여 충분한 지식을 가지고 서비스를 한다.
③ 고객이 바 카운터에 있을 때는 항상 서있어야 한다.
④ 호텔 내외에서 거행되는 파티를 돕는다.

해설

- 바텐더는 고객이 바 카운터나 라운지에 있을 때는 반드시 서서 대기해야 한다.

0102 / 1005

36 Repetitive Learning (1회 2회 3회)

생맥주(Draft Beer) 취급요령 중 틀린 것은?

① 2~3℃의 온도를 유지할 수 있는 저장시설을 갖추어야 한다.
② 술통 속의 압력은 12~14 pound로 일정하게 유지해야 한다.
③ 신선도를 유지하기 위해 입고 순서와 관계없이 좋은 상태의 것을 먼저 사용한다.
④ 글라스에 서비스할 때 3~4℃정도의 온도가 유지 되어야 한다.

해설

- 신선도를 유지하기 위해 입고 순서에 따라 출고되는 선입선출의 원칙을 준수한다.

0205 / 0405

37 Repetitive Learning (1회 2회 3회)

저장관리원칙과 가장 거리가 먼 것은?

① 저장위치 표시 ② 분류저장
③ 품질보전 ④ 매상증진

해설

- ④ 대신 선입선출의 원칙과 공간활용의 원칙이 있다.

0104

38 Repetitive Learning (1회 2회 3회)

바 카운터의 요건으로 가장 거리가 먼 것은?

① 카운터의 높이는 1~1.5m 정도가 적당하며 너무 높아서는 안 된다.
② 카운터는 넓을수록 좋다.
③ 작업대(Working board)는 카운터 뒤에 수평으로 부착시켜야 한다.
④ 카운터 표면은 잘 닦이는 재료로 되어 있어야 한다.

해설

- 카운터의 넓이가 너무 넓으면 바텐더가 음료를 서브할 때 불편하다.

0501 / 1504

39 Repetitive Learning (1회 2회 3회)

싱가포르 슬링(Singapore Sling) 칵테일의 재료로 가장 거리가 먼 것은?

① 드라이 진(Dry Gin)
② 체리 브랜디(Cherry-flavored Brandy)
③ 레몬주스(Lemon Juice)
④ 토닉워터(Tonic Water)

해설

- 싱가포르 슬링은 진, 레몬주스, 설탕을 셰이킹 기법으로 만든 후 소다수와 체리 브랜디를 가미한 칵테일이다.

1604

40 Repetitive Learning (1회 2회 3회)

주장(Bar)에서 기물의 취급방법으로 적합하지 않은 것은?

① 금이 간 접시나 글라스는 규정에 따라 폐기한다.
② 은기물은 은기물 전용 세척액에 오래 담가두어야 한다.
③ 크리스털 글라스는 가능한 한 손으로 세척한다.
④ 식기는 같은 종류별로 보관하며 너무 많이 쌓아두지 않는다.

해설

- 은기물은 은기물 전용 세척액에 오래 담가두어서는 안 된다.

정답 | 35 ③ 36 ③ 37 ④ 38 ② 39 ④ 40 ②

0104 / 0201 / 0602 / 0605 / 1004 / 1304

41 Repetitive Learning (1회 2회 3회)

와인의 빈티지(Vintage)가 의미하는 것은?

① 포도주의 판매 유효 연도
② 포도의 수확년도
③ 포도의 품종
④ 포도주의 도수

해설

• 빈티지(Vintage)란 와인의 수확년도를 의미한다.

42 Repetitive Learning (1회 2회 3회)

스파클링 와인(Sparkling Wine) 서비스 방법으로 틀린 것은?

① 병을 천천히 돌리면서 천천히 코르크가 빠지게 한다.
② 반드시 '뻥' 하는 소리가 나게 신경 써서 개봉한다.
③ 상표가 보이게 하여 테이블에 놓여있는 글라스에 천천히 넘치지 않게 따른다.
④ 오랫동안 거품을 간직할 수 있는 풀루트(Flute)형 잔에 따른다.

해설

• 병을 45°로 기울인 후 개봉할 때 "뻥"하는 소리가 나지 않고 "스스스"하는 소리가 나도록 천천히 터뜨린다.

43 Repetitive Learning (1회 2회 3회)

주장(Bar)에서 주문받는 방법으로 옳지 않은 것은?

① 가능한 한 빨리 주문을 받는다.
② 분위기나 계절에 어울리는 음료를 추천한다.
③ 추가 주문은 잔이 비었을 때에 받는다.
④ 시간이 걸리더라도 구체적이고 명확하게 주문받는다.

해설

• 추가 주문은 고객의 음료가 글라스 바닥으로부터 1cm 정도 남아있을 때 여쭤본다.

1504

44 Repetitive Learning (1회 2회 3회)

서브 시 칵테일 글라스를 잡는 부위로 가장 적합한 것은?

① Rim　　② Stem
③ Body　　④ Bottom

해설

• ①은 입술이 닿는 부분을 의미한다.
• ③은 칵테일이 담기는 공간을 의미한다.
• ④는 잔의 가장 아랫부분 지지대를 의미한다.

0302 / 0305 / 0601

45 Repetitive Learning (1회 2회 3회)

쿨러(cooler)의 종류에 해당되지 않는 것은?

① Jigger cooler　　② Cup cooler
③ Beer cooler　　④ Wine cooler

해설

• ①은 칵테일 레시피에 표시된 음료의 양을 정확하게 측정하기 위해 사용하는 도구로 쿨러가 필요하지 않다.

1504

46 Repetitive Learning (1회 2회 3회)

다음 중 소믈리에(Sommelier)의 역할로 틀린 것은?

① 손님의 취향과 음식과의 조화, 예산 등에 따라 와인을 추천한다.
② 주문한 와인은 먼저 여성에게 우선적으로 와인병의 상표를 보여 주며 주문한 와인임을 확인시켜 준다.
③ 시음 후 여성부터 차례로 와인을 따르고 마지막에 그 날의 호스트에게 와인을 따라준다.
④ 코르크 마개를 열고 주빈에게 코르크 마개를 보여주면서 시큼하고 이상한 냄새가 나지 않는지, 코르크가 잘 젖어있는지를 확인시킨다.

해설

• 주문한 와인을 보여주는 상대는 와인을 주문한 손님(Host)이다.

1004

47 Repetitive Learning (1회 2회 3회)

와인의 마개로 사용되는 코르크 마개의 특성으로 가장 거리가 먼 것은?

① 온도 변화에 민감하다.
② 코르크 참나무의 외피로 만든다.
③ 신축성이 뛰어나다.
④ 밀폐성이 있다.

해설

• 코르크 마개는 온도 변화에 둔감해야 하며, 장기적으로는 부패하지 않아야 한다.

41 ② 42 ② 43 ③ 44 ② 45 ① 46 ② 47 ① | 정답

0904 / 1005

48

Repetitive Learning (1회 2회 3회)

다음 시럽 중 나머지 셋과 특징이 다른 것은?

① grenadine syrup ② can sugar syrup
③ simple syrup ④ plain syrup

해설

• ②, ③, ④는 설탕으로 만든 시럽이다.

49

Repetitive Learning (1회 2회 3회)

맨해튼 칵테일(Manhattan Cocktail)의 가니시(Garnish)로 옳은 것은?

① Cocktail Olive ② Pearl Onion
③ Lemon ④ Cherry

해설

• 오리지널 맨해튼은 Red Cherry 장식을 사용하고, 드라이(Dry) 칵테일 버전은 올리브를 장식으로 사용한다.

0402

50

Repetitive Learning (1회 2회 3회)

바(Bar) 작업대와 가터레일(Gutter Rail)의 시설 위치로 옳은 것은?

① Bartender 정면에 시설되게 하고 높이는 술 붓는 것을 고객이 볼 수 있는 위치
② Bartender 후면에 시설되게 하고 높이는 술 붓는 것을 고객이 볼 수 없는 위치
③ Bartender 우측에 시설되게 하고 높이는 술 붓는 것을 고객이 볼 수 있는 위치
④ Bartender 좌측에 시설되게 하고 높이는 술 붓는 것을 고객이 볼 수 없는 위치

해설

• 바(Bar) 작업대와 가터레일(Gutter Rail)은 Bartender 정면에 시설되게 하고 높이는 술 붓는 것을 고객이 볼 수 있는 위치여야 한다.

1005

51

Repetitive Learning (1회 2회 3회)

What is an alternative form of "I beg your pardon?"

① Excuse me? ② Wait for me.
③ I'd like to know. ④ Let me see.

해설

• I beg your pardon?을 대신할 수 있는 표현을 묻고 있다. I beg your pardon?은 상대방의 말을 잘 알아듣지 못했을 때 사용하는 표현이다.

0402 / 0905 / 1504

52

Repetitive Learning (1회 2회 3회)

다음 중 밑줄 친 change가 나머지 셋과 다른 의미로 쓰인 것은?

① Do you have <u>change</u> for a dollar?
② Keep the <u>change</u>.
③ I need some <u>change</u> for the bus.
④ Let's try a new restaurant for a <u>change</u>.

해설

• ①, ②, ③은 잔돈을 의미한다. ④는 변화를 의미한다.

0305 / 0502

53

Repetitive Learning (1회 2회 3회)

다음 ( ) 안에 들어갈 적절한 것은?

Are you interested in ( )?

① make cocktail ② made cocktail
③ making cocktail ④ a making cocktail

해설

• 하고 싶다는 바람이나 행위에 대해서는 be interested in+동명사의 형식을 사용한다.

54

Repetitive Learning (1회 2회 3회)

Which is the most famous orange flavored cognac liqueur?

① Grand Marnier ② Drambuie
③ Cherry Heering ④ Galliano

해설

• ②는 스카치 위스키(Scotch whiskey)를 기주로 하여 꿀을 넣어 달게 하고 오렌지향이 첨가된 호박색 리큐르이다.
• ③은 체리향이 나는 덴마크 리큐르이다.
• ④는 아니스, 생강, 감귤류 등을 주정에 넣고 숙성시킨 달콤한 리큐르이다.
• 꼬냑에 오렌지향을 넣은 프랑스산 리큐르는 그랑 마니에르(Grand Marnier)이다.

정답 | 48 ① 49 ④ 50 ① 51 ① 52 ④ 53 ③ 54 ①

55 Repetitive Learning 1회 2회 3회

Which of the following is not fermented Liqueur?

① Aquavit ② Wine
③ Sake ④ Toddy

해설

• 발효주가 아닌 것은 보드카의 한 종류인 아쿠아비트이다. 아쿠아비트는 감자를 주원료로 하는 증류주이며 알코올 도수는 45도 이상이다.

56 Repetitive Learning 1회 2회 3회

( ) 안에 들어갈 알맞은 것은?

( ) is a spirits made by distilling wines or fermented mash of fruit.

① Liqueur ② Bitter
③ Brandy ④ Champagne

해설

• ①은 증류주에 과일, 약초 등을 첨가해서 만든 혼성주로 주로 식후주로 사용된다.
• ②는 칵테일이나 기타 음료에 향미를 더하기 위해 넣는 착향제다.
• ④는 포말성(Sparkling) 와인으로 프랑스 동북부의 샹파뉴 지방의 와인이다.
• 포도주 또는 발효 과즙을 증류하여 만든 증류주는 브랜디이다.

1004 / 1604

57 Repetitive Learning 1회 2회 3회

( ) 안에 들어갈 단어로 구성된 것은?

A bartender must ( ) his waiters or waitresses. He must also ( ) various kinds of records, such as stock control, inventory, daily sales reports, purchasing reports and so on.

① take, manage
② supervise, handle
③ respect, deal
④ manage, careful

해설

• 바텐더는 웨이터와 웨이트리스를 감독해야 하며 다양한 서류(재고관리, 재고, 일일판매보고서, 구매보고서 등)를 다루어야 한다.

58 Repetitive Learning 1회 2회 3회

Which is the correct one as a base of Bloody Mary in the following?

① Gin ② Rum
③ Vodka ④ Tequila

해설

• Bloody Mary는 보드카, 토마토주스, 레몬주스, 우스터소스, 타바스코소스, 후추, 소금을 직접 넣기(Building) 기법으로 만든 칵테일이다.

0302 / 1001

59 Repetitive Learning 1회 2회 3회

다음 ( ) 안에 들어갈 적절한 것은?

A bartender should be ( ) with the English names of all stores of Liqueurs and mixed drinks.

① familiar ② warm
③ use ④ accustom

해설

• 바텐더는 모든 매장의 리큐어와 혼합 음료의 영어 이름에 (익숙)해야 한다.

60 Repetitive Learning 1회 2회 3회

Which country does Campari come from?

① Scotland ② America
③ Fran ④ Italy

해설

• 캄파리는 이탈리아의 국민주로 70여 가지의 재료로 만들어진 매우 쓴맛의 붉은색 리큐르(Liqueur)이다.

55 ① 56 ③ 57 ② 58 ③ 59 ① 60 ④ | 정답

2013년 제2회

2013년 4월 14일 필기

13년 2회차 필기시험
합격률 45.0%

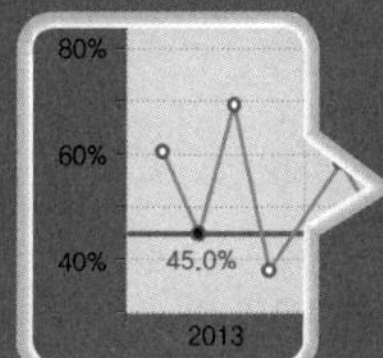

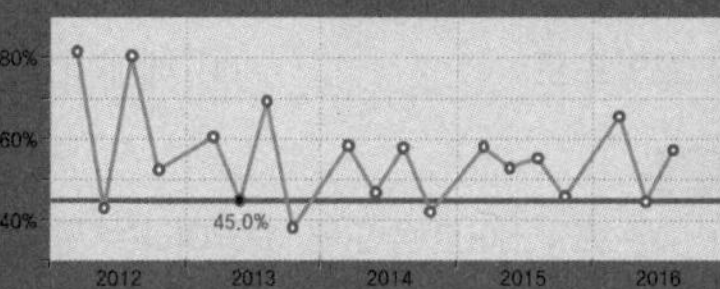

0301 / 1002

01 Repetitive Learning (1회 2회 3회)

Jack Daniel's와 Bourbon whiskey의 차이점은?

① 옥수수의 사용 여부
② 단풍나무 숯을 이용한 여과 과정의 유무
③ 내부를 불로 그을린 오크통에서 숙성시키는지의 여부
④ 미국에서 생산되는지의 여부

해설
- 테네시에서 생산되는 잭 다니엘(Jack Daniel's) 위스키는 숙성되기 전 나무통에서 단풍나무 숯으로 걸러지지만 버번 위스키의 한 종류이다.

02 Repetitive Learning (1회 2회 3회)

하이볼 글라스에 위스키 (40도) 1온스와 맥주 (4도) 7온스를 혼합하면 알코올 도수는?

① 약 6.5도 ② 약 7.5도
③ 약 8.5도 ④ 약 9.5도

해설
- 알코올의 양은 {(40×30)+(4×210)}/100=20mL이다.
- 전체 액체의 양은 30+210=240mL이므로 알코올 도수는 (20/240)×100=8.33%가 된다.

03 Repetitive Learning (1회 2회 3회)

다음 주류 중 주재료로 곡식(Grain)을 사용할 수 없는 것은?

① Whiskey ② Gin
③ Rum ④ Vodka

해설
- 럼은 사탕수수(sugar cane)와 당밀(molasses)로 만들어졌다.

0702

04 Repetitive Learning (1회 2회 3회)

다음에서 설명하고 있는 것은?

> 키니네, 레몬, 라임 등 여러 가지 향료 식물 원료로 만들며, 열대지방 사람들의 식용증진과 원기를 회복시키는 강장제 음료이다.

① Cola ② Soda Water
③ Ginger Ale ④ Tonic Water

해설
- 토닉(Tonic)이란 자양강장제라는 뜻이고, 토닉워터는 키니네 때문에 뒷맛이 다소 쌉쌀하다.

0802 / 1305

05 Repetitive Learning (1회 2회 3회)

다음 중 Irish whiskey는?

① Johnnie Walker Blue ② John Jameson
③ Wild Turkey ④ Crown Royal

해설
- ①은 스카치 위스키의 브랜드이다.
- ③은 아메리칸 위스키(American whiskey)이다.
- ④는 캐나디안(Canadian whiskey)이다.

0505

06 Repetitive Learning (1회 2회 3회)

술과 체이서(Chaser)의 연결이 적절하지 않은 것은?

① 위스키－광천수 ② 진－토닉워터
③ 보드카－시드르 ④ 럼－오렌지주스

해설
- 보드카에는 크랜베리주스나 오렌지주스가 체이서로 좋다.

정답 | 01 ② 02 ③ 03 ③ 04 ④ 05 ② 06 ③

0405 / 1505

07 Repetitive Learning (1회 2회 3회)

스카치 위스키를 기주로 하여 만들어진 리큐르는?

① 샤트루즈 ② 드램브이
③ 꼬앙뜨로 ④ 베네딕틴

해설

- ①은 프랑스어로 수도원, 승원이라는 뜻으로 리큐르의 여왕이라 불리는 천연 허브로 향과 색을 낸 녹색의 리큐르이다.
- ③은 오렌지 껍질로 만든 프랑스산 리큐르이다.
- ④는 황금색의 약초 감미주로서 술병에 D.O.M이라고 쓰여 있는 리큐르(Liqueur)이다.

0801

08 Repetitive Learning (1회 2회 3회)

커피에 대한 설명으로 가장 거리가 먼 것은?

① 아라비카종의 원산지는 에티오피아이다.
② 초기에는 약용으로 사용되기도 했다.
③ 발효와 숙성과정을 거쳐 만들어진다.
④ 카페인이 중추신경을 자극하여 피로감을 없애준다.

해설

- 커피나무에서 생두를 수확하여 볶고 분쇄하여 추출하면 커피가 된다. 즉 별도의 발효와 숙성과정이 필요없다.

0701

09 Repetitive Learning (1회 2회 3회)

맥주(beer) 양조용 보리로 가장 거리가 먼 것은?

① 껍질이 얇고, 담황색을 하고 윤택이 있는 것
② 알맹이가 고르고 95% 이상의 발아율이 있는 것
③ 수분 함유량은 10% 내외로 잘 건조된 것
④ 단백질이 많은 것

해설

- 단백질 함량은 9~12%로 낮은 것이 좋다.

1401 / 1602

10 Repetitive Learning (1회 2회 3회)

다음 중 스카치 위스키(Scotch whiskey)가 아닌 것은?

① Crown Royal ② White Horse
③ Johnnie Walker ④ Chivas Regal

해설

- ①은 캐나디안 위스키이며 숙성향이 풍부한 것이 특징이다.

0601 / 0802 / 1101 / 1604

11 Repetitive Learning (1회 2회 3회)

다음 중 호크 와인(Hock Wine)이란?

① 독일 라인산 화이트 와인
② 프랑스 버건디산 화이트 와인
③ 스페인 호크하임엘산 레드 와인
④ 이탈리아 피에몬테산 레드 와인

해설

- 호크 와인(Hock Wine)이란 독일 라인산 화이트 와인이다.

12 Repetitive Learning (1회 2회 3회)

버번위스키(Bourbon whiskey)는 Corn 재료를 약 몇 % 이상 사용하는가?

① Corn 0.1% ② Corn 12%
③ Corn 20% ④ Corn 51%

해설

- 버번(Bourbon)위스키는 옥수수(Corn)를 51% 이상 사용하는 아메리칸 위스키이다.

0805 / 1601

13 Repetitive Learning (1회 2회 3회)

Ginger Ale에 대한 설명 중 틀린 것은?

① 생강의 향을 함유한 소다수이다.
② 알코올 성분이 포함된 영양음료이다.
③ 식욕증진이나 소화제로 효과가 있다.
④ Gin이나 Brandy와 조주하여 마시기도 한다.

해설

- 진저에일은 생강향이 함유된 청량음료로 알코올 성분이 없다.

14 Repetitive Learning (1회 2회 3회)

Tequila에 대한 설명으로 틀린 것은?

① Agave Tequiliana 종으로 만든다.
② Tequila는 멕시코 전 지역에서 생산된다.
③ Reposado는 1년 이하 숙성시킨 것이다.
④ Anejo는 1년 이상 숙성시킨 것이다.

해설

- 멕시코에서 다섯 개의 지역에서만 테킬라가 생산된다.

정답: 07 ② 08 ③ 09 ④ 10 ① 11 ① 12 ④ 13 ② 14 ②

1602

15 Repetitive Learning (1회 2회 3회)

포도 품종의 그린 수확(Green Harvest)에 대한 설명으로 옳은 것은?

① 수확량을 제한하기 위한 수확
② 청포도 품종 수확
③ 완숙한 최고의 포도 수확
④ 포도원의 잡초제거

해설

• 그린 수확이란 충분히 익지 않은 상태에서 포도를 솎아내는 작업을 통해 수확량을 제한하는 것으로 양분을 남은 포도에 집중시키기 위함이다.

16 Repetitive Learning (1회 2회 3회)

다음 중 증류주에 속하는 것은?

① Beer ② Sweet Vermouth
③ Dry Sherry ④ Cognac

해설

• Cognac은 프랑스의 꼬냑 지방에서 생산되는 포도주를 원료로 한 증류주다.

17 Repetitive Learning (1회 2회 3회)

시대별 전통주의 연결로 틀린 것은?

① 한산소곡주－백제시대
② 두견주－고려시대
③ 칠선주－신라시대
④ 백세주－조선시대

해설

• ③은 조선시대 때 지금의 인천지역에서 빚기 시작한 7가지 한약재로 빚은 술이다.

18 Repetitive Learning (1회 2회 3회)

다음 중 싱글 몰트 위스키로 옳은 것은?

① Johnnie Walker ② Ballantine
③ Glenfiddich ④ Bell's Special

해설

• 글렌피딕(Glenfiddich)은 영국 스코틀랜드에서 생산하는 싱글 몰트 위스키 브랜드다.

0901

19 Repetitive Learning (1회 2회 3회)

Malt whiskey의 제조순서를 바르게 나열한 것은?

1. 보리(2조 보리)	2. 침맥
3. 건조(피트)	4. 분쇄
5. 당화	6. 발효
7. 증류(단식증류)	8. 숙성
9. 병입	

① 1－2－3－4－5－6－7－8－9
② 1－3－2－4－5－6－7－8－9
③ 1－3－2－4－6－5－7－8－9
④ 1－2－3－4－6－5－7－8－9

해설

• 싱글 몰트 위스키(Single Malt whiskey)는 하나의 곡물(보리나 호밀)을 이용하여 주조된 한 군데의 주조장에서 만든 위스키를 의미한다.

20 Repetitive Learning (1회 2회 3회)

음료에 함유된 성분이 잘못 연결된 것은?

① Tonic Water－Quinine(Kinine)
② Kahlua－Chocolate
③ Ginger Ale－Ginger Flavor
④ Collins Mixer－Lemon Juice

해설

• ②에서 칼루아는 멕시코의 커피 리큐르로 증류주에 커피를 혼합하여 만든 술이다.

0705 / 0205 / 0601 / 1002

21 Repetitive Learning (1회 2회 3회)

풀케(Pulque)를 증류해서 만든 술은?

① Rum ② Vodka
③ Tequila ④ Aquavit

해설

• 풀케(Pulque)란 아가베(Agave)라는 용설란으로 만든 멕시코산 토속주이다.
• ①은 카리브해 서인도제도에서 사탕수수 또는 당밀을 원료로 만든 증류주이다.
• ②는 곡류와 감자가 원료인 러시아의 대표적인 증류주다.
• ④는 북유럽(스칸디나비아 반도 일대) 특산주로 감자와 맥아를 주원료로 다양한 허브로 향기를 내는 증류주이다.

정답 | 15 ① 16 ④ 17 ③ 18 ③ 19 ① 20 ② 21 ③

0302 / 0605 / 1505

22
Repetitive Learning 1회 2회 3회

다음에서 설명되는 약용주는?

> 충남 서북부 해안지방의 전통 민속주로 고려 개국공신 복지겸이 백약이 무효인 병을 앓고 있을 때 백일기도 끝에 터득한 비법에 따라 찹쌀, 아미산의 진달래, 안샘물로 빚은 술을 마심으로 질병을 고쳤다는 신비의 전설과 함께 전해져 내려온다.

① 두견주 ② 송순주
③ 문배주 ④ 백세주

해설
- ②는 대전 지역의 전통주로 소나무 순을 이용해 숙성한 술이다.
- ③은 조와 찰수수로 만든 국가지정 중요무형문화재로 지정된 증류식 소주이다.
- ④는 조선시대 장수주로 찹쌀, 구기자, 약초로 만들어진 우리나라 고유의 술이다.

0103 / 0602

23
Repetitive Learning 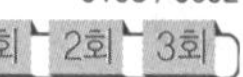

다음 품목 중 청량음료에 속하는 것은?

① 탄산수(Sparkling Water)
② 생맥주(Draft Beer)
③ 톰 콜린스(Tom Collins)
④ 진 피즈(Gin Fizz)

해설
- ②는 양조주이고, ③과 ④는 칵테일이다.

0801 / 1005

24
Repetitive Learning 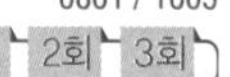

음료류와 주류에 대한 설명으로 틀린 것은?

① 맥주에서는 메탄올이 조금도 검출되어서는 안 된다.
② 탄산음료는 탄산가스 압이 0.5kg/㎠ 인 것을 말한다.
③ 탁주는 전분질 원료와 국을 주원료로 하여 술덧을 혼탁하게 제성한 것을 말한다.
④ 과일, 채소류 음료에는 보존료로 안식향산을 사용할 수 있다.

해설
- 증류주보다는 발효주에 메탄올이 더 많이 함유되어 있는데 맥주나 소주, 막걸리 등에서 메탄올은 0.01mg 이하로 검출되며, 위스키는 0.04mg, 와인에서는 0.26mg이 검출된다.

25
Repetitive Learning 1회 2회 3회

Red Wine의 품종이 아닌 것은?

① Malbec ② Cabernet Saubignon
③ Riesling ④ Cabernet franc

해설
- 리슬링(Riesling)은 독일의 우수한 백포도주 품종이다.

26
Repetitive Learning 1회 2회 3회

진(Gin)의 설명으로 틀린 것은?

① 진의 원산지는 네덜란드다.
② 진은 프란시크루스 실비우스에 의해 만들어졌다.
③ 진의 원료는 과일에다 jniper berry를 혼합하여 만들었다.
④ 소나무 향이 나는 것이 특징이다.

해설
- 진(Gin)은 대맥, 호밀, 옥수수 등 곡물을 주원료로 한다.

27
Repetitive Learning 1회 2회 3회

다음 중 각국 와인에 대한 설명이 잘못된 것은?

① 모든 와인생산 국가는 의무적으로 와인의 등급을 표기해야 한다.
② 프랑스는 와인의 Terroir를 강조한다.
③ 스페인과 포르투갈에서는 강화와인도 생산한다.
④ 독일은 기후의 영향으로 White wine의 생산량이 Red wine보다 많다.

해설
- 프랑스, 이탈리아 등 유럽국가의 경우 라벨에 등급을 표기하지만 신세계 와인이라 불리는 미국, 칠레, 호주, 뉴질랜드, 남아공 등은 라벨에 등급을 표기하지 않는다.

1505

28
Repetitive Learning 1회 2회 3회

다음 리큐르(Liqueur) 중 그 용도가 다른 하나는?

① 드램브이(Drambuie) ② 갈리아노(Galliano)
③ 시나(Cynar) ④ 꼬앙트루(Cointreau)

해설
- ①, ②, ④는 칵테일에 주로 사용되나 ③은 탄산수나 오렌지 주스 등에 많이 사용된다.

22 ① 23 ① 24 ① 25 ③ 26 ③ 27 ① 28 ③ | 정답

0701

29 Repetitive Learning (1회 2회 3회)

다음 whiskey에 대한 설명 중 틀린 것은?

① 어원은 'Aqua Vitae'가 변한 말로 '생명의 물'이란 뜻이다.
② 등급은 V.O, V.S.O.P, X.O 등으로 나누어진다.
③ Canadian whiskey에는 Canadian Club, Seagram's V.O, Crown Royal 등이 있다.
④ 증류 방법은 Pot Still과 Patent Still 이다.

해설
• 위스키는 저장년도에 따라 VS, VO, VSO, VSOP, XO 등으로 나뉜다.

0202

30 Repetitive Learning (1회 2회 3회)

조주를 하는 목적과 거리가 가장 먼 것은?

① 술과 술을 섞어서 두 가지 향의 배합으로 색다른 맛을 얻을 수 있다.
② 술과 소프트드링크 혼합으로 좀 더 부드럽게 마실 수 있다.
③ 술과 기타 부재료를 가미하여 좀 더 독특한 맛과 향을 창출해 낼 수 있다.
④ 원가를 줄여서 이익을 극대화할 수 있다.

해설
• 원가를 줄이는 것과 조주와는 아무런 관련이 없다.

1604

31 Repetitive Learning (1회 2회 3회)

다음 중 휘젓기(Stirring) 기법으로 만드는 칵테일이 아닌 것은?

① Manhattan ② Martini
③ Gibson ④ Gimlet

해설
• ④는 진, 라임주스, 시럽을 셰이커에 넣어 셰이킹 기법으로 만드는 칵테일이다.

1505

32 Repetitive Learning (1회 2회 3회)

다음 중 쉐리를 숙성하기에 가장 적합한 곳은?

① 솔레라(Solera) ② 보데가(Bodega)
③ 까브(Cave) ④ 플로(Flor)

해설
• ①은 쉐리를 만들 때 사용하는 독특한 숙성방법으로 숙성과정동안 갓 생산된 와인과 오래된 와인을 지속적으로 혼합하는 방법을 말한다.
• ③은 와인의 천연 저장고를 말한다.
• ④는 솔레라 시스템에서 숙성할 때 와인 표면층에 생기는 효모층을 말한다.

0302 / 0701

33 Repetitive Learning (1회 2회 3회)

바(Bar)에서 사용하는 Wine Decanter의 용도는?

① 테이블용 얼음 용기
② 포도주를 제공하는 유리병
③ 펀치를 만들 때 사용하는 화채 그릇
④ 포도주병 하나를 눕혀 놓을 수 있는 바구니

해설
• Wine Decanter는 포도주를 제공하는 유리병이다.

0602 / 1005

34 Repetitive Learning (1회 2회 3회)

주장(Bar)을 의미하는 것이 아닌 것은?

① 주류를 중심으로 한 음료 판매가 가능한 일정시설을 갖추어 판매하는 공간
② 고객과 바텐더 사이에 놓인 널판을 의미
③ 주문과 서브가 이루어지는 고객들의 이용 장소
④ 조리 가능한 시설을 갖추어 음료와 식사를 제공하는 장소

해설
• 주장은 주류를 중심으로 한 음료 판매가 가능한 일정시설을 갖추어 판매하는 공간이다.

0101 / 0701

35 Repetitive Learning (1회 2회 3회)

위생적인 주류 취급방법 중 틀린 것은?

① 먼지가 많은 양주는 깨끗이 닦아 Setting한다.
② 백포도주의 적정 냉각온도는 실온이다.
③ 사용한 주류는 항상 뚜껑을 닫아 둔다.
④ 창고에 보관할 때는 Bin Card를 작성한다.

해설
• 화이트 와인은 영업 전 냉각시켜야 한다.

정답 | 29 ② 30 ④ 31 ④ 32 ② 33 ② 34 ④ 35 ②

36 Repetitive Learning (1회 2회 3회)

바텐더가 지켜야 할 규칙사항으로 가장 적합한 것은?

① 고객이 바 카운터에 있으면 앉아서 대기해야 한다.
② 고객이 권하는 술은 고마움을 표시하고 받아 마신다.
③ 매출을 위해서 고객에게 고가의 술을 강요한다.
④ 근무 중에는 금주와 금연을 원칙으로 한다.

해설
- 고객이 바 카운터나 라운지에 있을 때는 반드시 서서 대기해야 한다.
- 근무 중에는 금주와 금연을 원칙으로 한다.
- 매출도 중요하지만 고객에게 고가의 술을 강요해서는 안 된다.

0102 / 0302 / 0505 / 0702 / 0905

37 Repetitive Learning (1회 2회 3회)

Standard recipe를 설정하는 목적에 대한 설명 중 틀린 것은?

① 원가계산을 위한 기초를 제공한다.
② 바텐더에 대한 의존도를 높인다.
③ 품질 관리에 도움을 준다.
④ 재료의 낭비를 줄인다.

해설
- Standard recipe는 특정 바텐더에 대한 의존도를 낮춰준다.

0101 / 0205 / 0605 / 0701

38 Repetitive Learning (1회 2회 3회)

다음 중 Cocktail Onion으로 장식하는 칵테일은?

① Martini ② Gibson
③ Bacardi ④ Cuba Libre

해설
- 깁슨(Gibson)을 잘 저어서 칵테일 잔에 따르고, 칵테일 어니언을 칵테일 핀에 꽂아서 장식한다. 기호에 맞게 레몬 필을 짜 넣어도 된다.
- ④는 럼과 라임주스, 콜라를 이용해 직접 넣기 기법으로 만드는 칵테일이다.

0305 / 1504

39 Repetitive Learning (1회 2회 3회)

칵테일의 기본 5대 요소와 거리가 가장 먼 것은?

① Decoration(장식) ② Method(방법)
③ Glass(잔) ④ Flavor(향)

해설
- 칵테일의 5대 요소는 맛(Taste), 향(Flavour), 색(Colour), 글라스(Glass), 장식(Decoration Garnish)이다.

40 Repetitive Learning (1회 2회 3회)

Strainer에 대한 설명으로 가장 적절한 것은?

① Mixing Glass와 함께 Stir 기법에 사용한다.
② 재료를 저을 때 사용한다.
③ 혼합하기 힘든 재료를 섞을 때 사용한다.
④ 재료의 용량을 측정할 때 사용한다.

해설
- ②는 바 스푼(Bar spoon)에 대한 설명이다.
- ③은 셰이커(Shaker)에 대한 설명이다.
- ④는 지거(Jigger)에 대한 설명이다.

1504

41 Repetitive Learning (1회 2회 3회)

다음 중 Highball Glass를 사용하는 칵테일은?

① 마가리타(Margarita)
② 키르 로열(Kir Royal)
③ 씨 브리즈(Sea Breeze)
④ 블루 하와이(Blue Hawaii)

해설
- 하이볼 글라스(Highball Glass)는 블러드 메리, 진피즈, 쿠바 리브레, 씨 브리즈 등을 제공할 때 주로 사용한다.

42 Repetitive Learning (1회 2회 3회)

(A), (B), (C)에 들어갈 말을 순서대로 나열한 것은?

> (A)는 프랑스어의 (B)에서 유래된 말로 고객과 바텐더 사이에 가로질러진 널판을 (C)라고 하던 개념이 현재에 와서는 술을 파는 식당을 총칭하는 의미로 사용되고 있다.

① Flair, Bariere, Bar
② Bar, Bariere, Bar
③ Bar, Bariere, Bartender
④ Flair, Bariere, Bartender

해설
- Bar는 프랑스어의 Bariere에서 유래되었다.

36 ④ 37 ② 38 ② 39 ② 40 ① 41 ③ 42 ② 정답

0103 / 0104

43 Repetitive Learning (1회 2회 3회)

칵테일 주조 시 각종 주류와 부재료를 재는 표준용량 계량기는?

① Hand shaker ② Mixing Glass
③ Squeezer ④ Jigger

해설
- ①은 계란, 설탕, 시럽 등 농후한 재료를 사용하는 칵테일의 경우 휘저어 섞는 것만으로는 잘 혼합이 되지 않기 때문에 강한 움직임을 주기 위하여 사용하는 도구이다.
- ②는 셰이커와 같이 재료를 섞고 차갑게 식히는 역할을 하는 도구로 stir 기법(휘젓기)에 사용하는 기물이다.
- ③은 과일즙을 짜는 도구이다.

0904

44 Repetitive Learning (1회 2회 3회)

연회용 메뉴 계획 시 애피타이저 코스 주류로 알맞은 것은?

① Cordials ② Port Wine
③ Dry Sherry ④ Cream Sherry

해설
- 애피타이저 코스 주류에는 달지 않은 Dry Wine류의 Sherry, 베르무트(Vermouth) 종류의 포도주나 마티니, 맨해튼과 같은 칵테일이 어울린다.

0905

45 Repetitive Learning (1회 2회 3회)

바(bar)에서 하는 일과 가장 거리가 먼 것은?

① Store에서 음료를 수령한다.
② Appetizer를 만든다.
③ Bar Stool을 정리한다.
④ 음료 Cost 관리를 한다.

해설
- 주장은 주류를 중심으로 한 음료 판매가 가능한 일정시설을 갖추어 판매하는 공간이다.

1101

46 Repetitive Learning (1회 2회 3회)

주장의 영업 허가가 되는 근거 법률은?

① 외식산업진흥법 ② 음식업법
③ 식품위생법 ④ 주세법

해설
- ①은 외식산업의 육성 및 지원에 필요한 사항을 정하여 외식산업 진흥의 기반을 조성하고 경쟁력을 강화함으로써 국민의 삶의 질 향상과 국민경제의 건전한 발전에 이바지하는 것을 목적으로 한다.
- ④는 주세의 과세 요건 및 절차를 규정함으로써 주세를 공정하게 과세하고, 납세의무의 적정한 이행을 확보하며, 재정수입의 원활한 조달에 이바지함을 목적으로 한다.

1005

47 Repetitive Learning (1회 2회 3회)

주장의 캡틴(Bar Captain)에 대한 설명으로 틀린 것은?

① 영업을 지휘 · 통제한다.
② 서비스 준비사항과 구성인원을 점검한다.
③ 지배인을 보좌하고 업장 내의 관리업무를 수행한다.
④ 고객으로부터 직접 주문을 받고 서비스 등을 지시한다.

해설
- ①은 바 매니저의 업무이다.

0802 / 0805 / 1001 / 1004 / 1305 / 1401 / 1404

48 Repetitive Learning (1회 2회 3회)

주장관리에서 핵심적인 원가의 3요소는?

① 재료비, 인건비, 주장경비
② 세금, 봉사료, 인건비
③ 인건비, 주세, 재료비
④ 재료비, 세금, 주장경비

해설
- 주장관리에서 핵심적인 원가의 3요소는 재료비, 인건비, 주장경비(기타경비)이다.

0601 / 1005 / 1604

49 Repetitive Learning (1회 2회 3회)

글라스 세척 시 알맞은 세제와 세척순서로 짝지어진 것은?

① 산성세제, 더운물－찬물
② 중성세제, 찬물－더운물
③ 산성세제, 찬물－더운물
④ 중성세제, 더운물－찬물

해설
- 글라스 세척용 중성세제를 사용해서 세척하고 두 번(더운물－찬물 순) 이상 헹군다.

정답 | 43 ④ 44 ③ 45 ② 46 ③ 47 ① 48 ① 49 ④

50 Repetitive Learning 1회 2회 3회

식사 중 여러 가지 와인을 서빙할 시 적절한 방법이 아닌 것은?

① 화이트 와인은 레드 와인보다 먼저 서비스한다.
② 드라이 와인을 스위트 와인보다 먼저 서비스한다.
③ 맛이 가벼운 와인을 맛이 중후한 와인보다 먼저 서비스한다.
④ 숙성기간이 오래된 와인을 숙성기간이 짧은 와인보다 먼저 서비스한다.

해설

- 숙성기간이 오래된 와인은 숙성기간이 짧은 와인보다 늦게 서비스하도록 한다.

51 Repetitive Learning 1회 2회 3회

Which is the Liqueur made by the rind of grape in Italy?

① Marc ② Grappa
③ Ouzo ④ Pisco

해설

- ①은 포도주를 짜낸 찌꺼기에서 증류한 프랑스 브랜디이다.
- ③은 그리스와 키프로스에서 애음되는 아니스향의 식전주이다.
- ④는 스페인에서 포도로 만든 증류주인 브랜디이다.
- 이탈리아에서 포도 껍질로 만든 술은 그라빠이다.

0904 / 1602

52 Repetitive Learning 1회 2회 3회

다음 ( ) 안에 들어갈 알맞은 단어와 아래의 상황 후 Jenny가 Kate에게 할 말의 연결로 가장 적절한 것은?

> Jenny comes back with a magnum and glasses carried by a barman. She sets the glasses while the barman opens the bottle. There is a loud "( )" and the cork hits Kate who jumps up with a cry. The champagne spills all over the carpet.

① Peep−Good luck to you.
② Ouch−I am sorry to hear that.
③ Tut−How awful!
④ Pop−I am very sorry. I do hope you are not hurt.

해설

- 샴페인 뚜껑이 따지는 소리와 함께 뚜껑이 케이트를 맞춘 데 대해 바텐더의 사과가 필요하다.

53 Repetitive Learning 1회 2회 3회

다음에서 설명하는 혼성주로 옳은 것은?

> The elixir of "perfect love" is a sweet, perfumed liqueur with hints of flowers, spices, and fruit. It has a mauve color that apparently had great appeal to women in the nineteenth century.

① triple sec ② Peter heering
③ parfait Amour ④ Southern comfort

해설

- ①은 오렌지 껍질을 주원료로 만든 혼성주인 큐라소(Curacao)의 한 종류이다.
- ②는 체리향이 나는 덴마크 리큐르이다.
- ④는 버번위스키에 과일과 바닐라, 계피향을 추가한 미국의 리큐르이다.
- "완벽한 사랑"의 묘약은 꽃, 향신료, 과일로부터 달콤하고 향기로운 향기를 내며 맛이 풍부하다. 19세기 여성들에게 어필한 것으로 보이며 연보라색상이다.

54 Repetitive Learning 1회 2회 3회

Which is the best term used for the preparing of daily products?

① Bar Purchaser ② Par Stock
③ Inventory ③ Order Slip

해설

- 영업에 필요한 일일 적정 재고량을 파 스탁(Par Stock)이라고 한다.

0301 / 0402 / 0701 / 0805 / 1101

55 Repetitive Learning 1회 2회 3회

( ) 안에 들어갈 가장 적절한 것은?

> May I have ( ) coffee please?

① some ② many
③ to ④ only

해설

- '커피를 마시다'는 have some coffee를 사용한다.

50 ④ 51 ② 52 ④ 53 ③ 54 ② 55 ① 정답

56

1002

Repetitive Learning 1회 2회 3회

Table wine에 대한 설명으로 틀린 것은?

① It is a wine term which is used in two different meanings in different countries : to signify a wine style and as a quality level with in wine classification.
② In the United States, it is primarily used as a designation of a wine style, and refers to 'ordinary wine', which is neither fortified nor sparkling.
③ In the EU wine regulations, it is used for the higher of two overall quality categories for wine.
④ It is fairly cheap wine that is drunk with meals.

해설

• EU의 와인 규정에서 테이블 와인은 두 개의 보편적인 품질 분류에서 높은 등급이 아니라 낮은 등급을 말하는 용어이다.

57

0602

Repetitive Learning 1회 2회 3회

다음 B의 가장 적절한 대답은?

A : What do you do for living?
B : ____________________

① I'm writing a letter to my mother.
② I can't decide.
③ I work for a bank.
④ Yes, thank you.

해설

• 직업이 무엇이냐는 질문에 대한 답변을 찾으면 된다.

58

Repetitive Learning 1회 2회 3회

다음은 무엇을 만들기 위한 과정인가?

1. First, take the cocktail shaker and fill it half with crushed ice. Then add one ounce of lime juice.
2. After that, put in one and a half ounces of rum and one teaspoon of powdered sugar.
3. Then, shake it well and pass it through a strainer into a cocktail glass.

① Bacardi ② Cuba Libre
③ Blue Hawaiian ④ Daiquiri

해설

• ①은 화이트럼, 라임주스, 그레나딘 시럽을 셰이킹 기법으로 만든 칵테일이다.
• ②는 럼과 라임주스, 콜라를 이용해 직접 넣기 기법으로 만드는 칵테일이다.
• ③은 화이트럼, 트리플 섹, 코코넛 럼, 파인애플주스를 셰이킹 기법으로 만든 칵테일이다.

59

1602

Repetitive Learning 1회 2회 3회

다음 ( ) 안에 들어갈 알맞은 것은?

( ) is distilled spirits from the fermented juice of sugarcane or other sugarcane by-products.

① Whiskey ② Vodka
③ Gin ④ Rum

해설

• 사탕수수 또는 사탕수수의 부산물에서 증류된 증류주는 럼이다.
• ①은 맥아 및 곡류를 당화발효시킨 발효주를 증류하여 만든 술로 단맛과 함께 다양한 향을 내는 술이다.
• ②는 곡류와 감자 증류액을 숯과 모래에 여과하여 정제한 술이다.
• ③은 호밀 등을 원료로 하고 두송자로 독특한 향기를 내는 무색투명한 술이다.

60

Repetitive Learning 1회 2회 3회

Which is correct to serve wine?

① When pouring, make sure to touch the bottle to the glass.
② Before the host acknowledges and approves his selection, open the bottle.
③ All white, roses, and sparkling wines are chilled. Red wine is served at room temperature.
④ The bottle of wine doesn't need to be presented to the host for verification of the bottle he or she ordered.

해설

• 와인을 따를 때 와인병이 잔에 닿지 않도록 해야 한다.
• 호스트가 선택을 확인한 후에 병을 오픈해야 한다.
• 호스트의 주문을 확인하기 위해 병을 호스트에게 제시해야 한다.

정답 | 56 ③ 57 ③ 58 ④ 59 ④ 60 ③

2013년 제4회

2013년 7월 21일 필기

13년 4회차 필기시험 합격률 69.5%

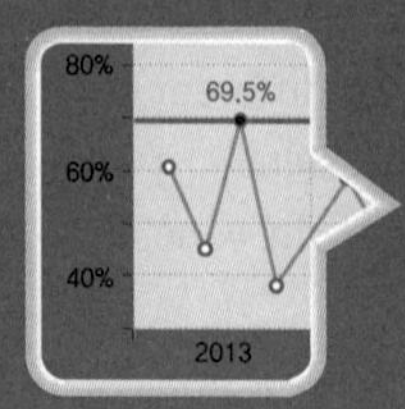

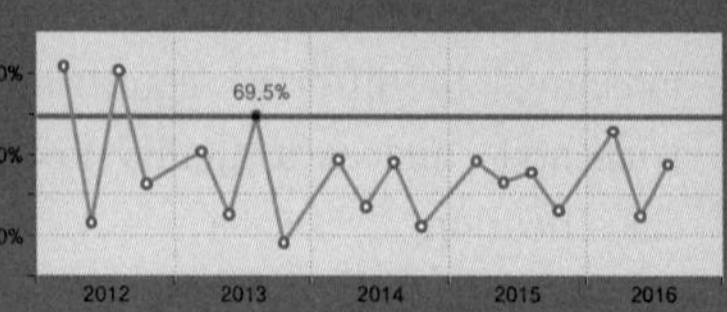

01 Repetitive Learning (1회 2회 3회)

다음 중 양조주에 대한 설명이 옳지 않은 것은?

① 맥주, 와인 등이 이에 속한다.
② 증류주와 혼성주의 제조 원료가 되기도 한다.
③ 보존기간이 비교적 짧고 유통기간이 있는 것이 많다.
④ 발효주라고도 하며 알코올 발효는 효모에 의해서만 이루어진다.

해설
- 알코올 발효는 당분에 의해서 일어나며, 효모 외에 박테리아, 곰팡이, 상황버섯균사체 등도 알코올 발효능력을 갖는다.

02 Repetitive Learning (1회 2회 3회)

양조주에 대한 설명으로 옳지 않은 것은?

① 주로 과일이나 곡물을 발효하여 만든 술이다.
② 단발효주, 복발효주 2가지 방법이 있다.
③ 양조주의 알코올 함유량은 대략 25% 이상이다.
④ 발효하는 과정에서 당분이 효모에 의해 물, 에틸알코올, 이산화탄소가 발생한다.

해설
- 양조주의 알코올 함량은 보통 1~18% 이내이다.

0202

03 Repetitive Learning (1회 2회 3회)

다음 중 증류주가 아닌 것은?

① 보드카(vodka) ② 샴페인(champagne)
③ 진(gin) ④ 럼(rum)

해설
- ②는 와인의 한 종류로 양조주에 해당한다.

0905

04 Repetitive Learning (1회 2회 3회)

단식 증류법(pot still)의 장점이 아닌 것은?

① 대량생산이 가능하다.
② 원료의 맛을 잘 살리 수 있다.
③ 좋은 향을 잘 살릴 수 있다.
④ 시설비가 적게 든다.

해설
- 단식 증류법(pot still)은 대량생산이 불가능하지만 원료의 맛과 향을 살릴 수 있으며 시설비가 적게 든다는 장점이 있다.

05 Repetitive Learning (1회 2회 3회)

음료에 관한 설명으로 틀린 것은?

① 음료는 크게 알코올성 음료와 비알코올성 음료로 구분된다.
② 알코올성 음료는 양조주, 증류주, 혼성주로 분류된다.
③ 커피는 영양음료로 분류된다.
④ 발효주에는 탁주, 와인, 청주, 맥주 등이 있다.

해설
- 커피는 기호음료에 속한다.

1004

06 Repetitive Learning (1회 2회 3회)

탄산음료에서 탄산가스의 역할이 아닌 것은?

① 당분 분해 ② 미생물의 발효 저지
③ 향기의 변화 보호 ④ 청량감 부여

해설
- 탄산가스는 청량감을 부여하고 향기를 유지시키며 미생물의 발효를 저지한다.

01 ④ 02 ③ 03 ② 04 ① 05 ③ 06 ① 정답

1602

07 Repetitive Learning 1회 2회 3회

다음 중 과실음료가 아닌 것은?

① 토마토주스　② 천연과즙주스
③ 희석과즙음료　④ 과립과즙음료

해설
• ①은 채소주스에 해당한다.

08 Repetitive Learning 1회 2회 3회

호남의 명주로서 부드럽게 취하고 뒤끝이 깨끗하여 우리의 고유한 전통술로 정평이 나있고, 쌀로 빚은 30도의 소주에 배, 생강, 울금 등 한약재를 넣어 숙성시킨 약주에 해당하는 민속주는?

① 이강주　② 춘향주
③ 국화주　④ 복분자주

해설
• ②는 지리산의 야생국화와 지리산 뱀사골의 지하 암반수로 빚어진 남원지방 민속주이다.
• ③은 두견주와 함께 가을철 대표적인 가향주다.
• ④는 전북 고창의 복분자로 빚은 토속주이다.

09 Repetitive Learning 1회 2회 3회

다음 중 의미가 다른 것은?

① 섹(Sec)　② 두(Doux)
③ 둘체(Dulce)　④ 스위트(Sweet)

해설
• ①은 '단맛이 거의 없다'는 의미이고, ②, ③, ④는 달콤한 샴페인을 말한다.

10 Repetitive Learning 1회 2회 3회

독일의 스파클링 와인(Sparkling wine)은?

① 젝트　② 로트바인
③ 로제바인　④ 바이스바인

해설
• ②는 독일의 레드 와인이다.
• ③은 까베르네 소비뇽으로 만들어진 발포성 디저트 와인이다.
• ④는 독일의 가장 대표적인 화이트 와인이다.

1102

11 Repetitive Learning 1회 2회 3회

다음 민속주 중 약주가 아닌 것은?

① 한산 소곡주　② 경주 교동법주
③ 아산 연엽주　④ 진도 홍주

해설
• ①은 충남 한산면에서 만들어진 청주이자 약주로 백제 때 만든 것으로 알려진다.
• ②는 신라시대부터 전해오는 전통주로 국가지정 중요무형문화재로 지정된 빛깔이 희고 맛이 순수한 민속주이다.
• ③은 고려 때에 등장한 연잎을 곁들여 쌀로 빚은 술이다.

12 Repetitive Learning 1회 2회 3회

독일의 QmP 와인 등급 6단계에 속하지 않는 것은?

① 라트바인　② 카비네트
③ 슈페트레제　④ 아우스레제

해설
• QmP는 독일의 와인 6등급(카비네트, 슈페트레제, 아우스레제, 베렌아우스레제, 트록켄베렌아우스레제, 아이스바인) 체계이며 당분이 풍부한 포도만을 사용하여 만든 와인으로 수확시기를 조절하여 와인으로 생산한다.

1601

13 Repetitive Learning 1회 2회 3회

다음 중 이탈리아 와인 등급 표시로 맞는 것은?

① A.O.P　② D.O
③ D.O.C.G　④ QbA

해설
• 이탈리아 와인은 1963년에 제정된 법률에 의거하여 D.O.C.G → D.O.C → IGT → VDT로 분류되며 등급체계는 4등급이다.

0401 / 0901

14 Repetitive Learning 1회 2회 3회

Sherry wine의 원산지는?

① Bordeaux 지방　② Xeres 지방
③ Rhine 지방　④ Hockheim 지방

해설
• 헤레스(Jeres)에서 프랑스식으로 세레스(Xeres)로 변해서 현재는 영어식으로 쉐리(Sherry)라고 부르게 되었다.

정답 | 07 ① 08 ① 09 ① 10 ① 11 ④ 12 ① 13 ③ 14 ②

15

Repetitive Learning 1회 2회 3회

다음 중 White wine 품종은?

① Sangiovese ② Nebbiolo
③ Barbera ④ Muscadelle

해설

• ①, ②, ③은 모두 이탈리아 라치오, 피에몬테 지역의 레드 와인 품종이다.

0104 / 0201 / 0602 / 0605 / 1004 / 1301

16

Repetitive Learning 1회 2회 3회

와인의 빈티지(Vintage)가 의미하는 것은?

① 포도주의 판매 유효 연도
② 포도의 수확년도
③ 포도의 품종
④ 포도주의 도수

해설

• 빈티지(Vintage)란 와인의 수확년도를 의미한다.

17

Repetitive Learning 1회 2회 3회

브랜디의 설명으로 틀린 것은?

① 블렌딩하여 제조한다.
② 향미가 좋아 식전주로 주로 마신다.
③ 유명산지는 꼬냑과 아르마냑이다.
④ 과실을 주원료로 사용하는 모든 증류주에 이 명칭을 사용한다.

해설

• 브랜디는 과일즙이나 포도주를 증류하여 제조한 술이며 식후주로 즐겨 마신다.

0302 / 0902 / 1102

18

Repetitive Learning 1회 2회 3회

가장 오랫동안 숙성한 브랜디(Brandy)는?

① V.O. ② V.S.O.P
③ X.O. ④ EXTRA

해설

• 브랜디(Brandy)에서 3 Star은 5년, VO가 10년, VSO가 20년, VSOP는 30년, X·O와 Napoleon은 45년 이상, EXTRA는 75년 이상이다.

1004

19

Repetitive Learning 1회 2회 3회

프리미엄 테킬라의 원료는?

① 아가베 아메리카나
② 아가베 아즐 테킬라나
③ 아가베 시럽
④ 아가베 아트로비렌스

해설

• 아가베 아메리카나(Agave Americana), 아가베 아즐 테킬라나(Agave Azul Tequilana), 아가베 아트로비렌스(Agave Atroviren)중에서도 테킬라의 원료가 되는 아가베는 Agave Azul Tequilana이며 일반적으로 블루 아가베(Blue Agave)라고 불린다.

0104 / 1102

20

Repetitive Learning 1회 2회 3회

다음 중 버번위스키(Bourbon whiskey)는?

① Ballantine's ② I. W. Harper's
③ Lord Calvert ④ Old Bushmills

해설

• ①은 스카치 위스키이다.
• ③은 캐나디안 위스키이다.
• ④는 아이리시 위스키이다.

0401 / 0601 / 1604

21

Repetitive Learning 1회 2회 3회

슬로 진(Sloe Gin)의 설명 중 옳은 것은?

① 증류주의 일종이며, 진(Gin)의 종류이다.
② 보드카(Vodka)에 그레나딘 시럽을 첨가한 것이다.
③ 아주 천천히 분위기 있게 먹는 칵테일이다.
④ 진(Gin)에 야생자두(Sloe Berry)의 성분을 첨가한 것이다.

해설

• 슬로 진은 진에 Sloe Berry를 첨가한 혼성주이다.

0202

22

Repetitive Learning 1회 2회 3회

저먼 진(German Gin)이라고 일컬어지는 Spirits는?

① 아쿠아비트(Aquavit) ② 슈타인헤거(Steinhager)
③ 키르슈(Kirsch) ④ 후람보아즈(Framboise)

15 ④ 16 ② 17 ② 18 ④ 19 ② 20 ② 21 ④ 22 ② 정답

해설

- ①은 북유럽(스칸디나비아 반도 일대) 특산주로 생명수라는 뜻의 향이 나는 증류주이다.
- ③은 독일에서 버찌를 증류한 과일 브랜디이다.
- ④는 프랑스에서 산딸기로 만든 증류주이다.

1604

23 Repetitive Learning (1회 2회 3회)

에스프레소의 커피추출이 빨리 되는 원인이 아닌 것은?

① 너무 굵은 분쇄입자
② 약한 탬핑 강도
③ 너무 많은 커피 사용
④ 높은 펌프 압력

해설

- 너무 많은 커피를 사용하면 커피 추출시간이 느려지며 진한 에스프레소가 추출된다.

1101 / 1604

24 Repetitive Learning (1회 2회 3회)

콘 위스키(Corn whiskey)란?

① 원료의 50% 이상 옥수수를 사용한 것
② 원료에 옥수수 50%, 호밀 50%가 섞인 것
③ 원료의 80% 이상 옥수수를 사용한 것
④ 원료의 40% 이상 옥수수를 사용한 것

해설

- 콘 위스키(Corn whiskey)란 원료의 80% 이상을 옥수수를 사용하여 제조한 위스기를 뜻한다.

0405

25 Repetitive Learning (1회 2회 3회)

다음 중 리큐르(Liqueur)는 어느 것인가?

① 버건디(Burgundy)
② 드라이 쉐리(Dry sherry)
③ 쿠앵트로(Cointreau)
④ 베르무트(Vermouth)

해설

- ①은 프랑스 부르고뉴 지방의 와인 브랜드이다.
- ②는 스페인의 백포도주로 주로 식전주로 마시는 쉐리 와인을 말한다.
- ④는 각종 약초를 첨가하여 특유의 향을 강조한 강화와인이다.

0805

26 Repetitive Learning (1회 2회 3회)

Straight whiskey에 대한 설명으로 틀린 것은?

① 스코틀랜드에서 생산되는 위스키이다.
② 버번위스키, 콘 위스키 등이 이에 속한다.
③ 원료곡물 중 한 가지를 51% 이상 사용해야 한다.
④ 오크통에서 2년 이상 숙성시켜야 한다.

해설

- 스트레이트 위스키는 주로 아메리칸 위스키를 말한다.

0801

27 Repetitive Learning (1회 2회 3회)

Aquavit에 대한 설명으로 틀린 것은?

① 감자를 맥아로 당화시켜 발효하여 만든다.
② 알코올 농도는 40~45%이다.
③ 엷은 노란색을 띠는 것을 taffel이라고 한다.
④ 북유럽에서 만드는 증류주이다.

해설

- 투명한 아쿠아비트를 taffel이라고 한다.

0205 / 0401 / 0602 / 1004 / 1301

28 Repetitive Learning (1회 2회 3회)

생강을 주원료로 만든 탄산음료는?

① Soda Water ② Tonic Water
③ Perrier Water ④ Ginger Ale

해설

- ①은 물에 이산화탄소를 가미한 것이다.
- ②는 소다수에 레몬, 키니네(quinine) 껍질 등의 농축액을 함유하여 뒷맛이 다소 쌉쌀한 청량음료로 진(Gin)과 가장 좋은 조화를 이룬다.
- ③은 프랑스의 탄산수로 '광천수계의 샴페인'이라는 슬로건대로 생수의 고급화를 선도했다.

0605

29 Repetitive Learning (1회 2회 3회)

다음 중 하면발효맥주에 해당되는 것은?

① Stout Beer ② Porter Beer
③ Pilsner ④ Ale Beer

해설

- ①, ②, ④는 모두 상면발효맥주이다.

정답 | 23 ③ 24 ③ 25 ③ 26 ① 27 ③ 28 ④ 29 ③

1601

30 Repetitive Learning (1회 2회 3회)

다음 중 알코올성 커피는?

① 카페 로얄(Cafe Royale)
② 비엔나 커피(Vienna Coffee)
③ 데미타세 커피(Demi-Tasse Coffee)
④ 카페오레(Cafe au Lait)

해설

• ②는 아메리카노 위에 하얀 휘핑크림을 얹은 커피를 말한다.
• ③은 통상 커피 잔의 반 정도인 커피 잔에 커피를 담아 제공하는 커피를 말한다.
• ④는 뜨거운 우유를 첨가한 커피를 말한다.

31 Repetitive Learning (1회 2회 3회)

주장(bar) 경영에서 의미하는 'Happy Hour'를 올바르게 설명한 것은?

① 가격할인 판매시간
② 연말연시 축하 이벤트 시간
③ 주말의 특별행사 시간
④ 단골고객 사은 행사

해설

• 해피 아워(Happy Hour)는 가격을 할인해 판매하는 시간을 말한다.

32 Repetitive Learning (1회 2회 3회)

다음 중 주장관리의 의의에 해당되지 않는 것은?

① 원가관리 ② 매상관리
③ 재고관리 ④ 예약관리

해설

• 주장관리는 음료(Beverage) 재고조사 및 원가 관리의 우선함과 영업 이익을 추구하는 데 목적이 있다.

33 Repetitive Learning (1회 2회 3회)

주장(bar)의 핵심점검표 사항 중 영업에 관련한 법규상의 문제와 관계가 가장 먼 것은?

① 소방 및 방화사항 ② 예산집행에 관한 사항
③ 면허 및 허가사항 ④ 위생 점검 필요사항

해설

• ②는 내부적인 확인을 위한 점검표이다. 법규상의 문제와는 거리가 멀다.

34 Repetitive Learning (1회 2회 3회)

주장의 시설에 대한 설명으로 잘못된 것은?

① 주장은 크게 프런트 바(front bar), 백 바(back bar), 언더 바(under bar)로 구분된다.
② 프런트 바(front bar)는 바텐더와 고객이 마주보고 서브하고 서빙을 받는 바를 말한다.
③ 백 바(back bar)는 칵테일용으로 쓰이는 술의 저장 및 전시를 위한 공간이다.
④ 언더 바(under bar)는 바텐더 허리 아래의 공간으로 휴지통이나 빈병 등을 둔다.

해설

• ④에서 언더 바는 바텐더가 주문 받은 음료를 만들고 제공하는 공간이다.

1101

35 Repetitive Learning (1회 2회 3회)

영업을 폐점하고 남은 물량을 품목별로 재고조사하는 것을 무엇이라 하는가?

① Daily Issue
② Par Stock
③ Inventory Management
④ FIFO

해설

• 영업을 폐점하고 남은 물량을 품목별로 재고조사하는 것을 재고관리(Inventory Management)라 한다.

1001

36 Repetitive Learning (1회 2회 3회)

호텔에서 호텔홍보, 판매촉진 등 특별한 접대목적으로 일부를 무료로 제공하는 것은?

① Complaint ② Complimentary Service
③ F/O Cashier ④ Out of Order

해설

• 호텔, 클럽, 기타 서비스업에서 프로모션을 위해 제공하는 무료서비스를 Complimentary Service라고 한다.

30 ① 31 ① 32 ④ 33 ② 34 ④ 35 ③ 36 ② | 정답

1001

37 Repetitive Learning (1회 2회 3회)

구매관리와 관련된 원칙에 대한 설명으로 옳은 것은?

① 나중에 반입된 저장품부터 소비한다.
② 한꺼번에 많이 구매한다.
③ 공급업자와의 유대관계를 고려하여 검수 과정은 생략한다.
④ 저장창고의 크기, 호텔의 재무상태, 음료의 회전을 고려하여 구매한다.

해설
- ①에서 먼저 반입된 저장품부터 소비해야 한다.
- ②에서 적절한 재고량에 기반해서 구매해야 한다.
- ③에서 공급업자와 유대관계를 유지하는 것은 좋으나 검수 과정을 생략하는 것은 있을 수 없는 일이다.

38 Repetitive Learning (1회 2회 3회)

바텐더(bartender)의 직무에 관한 설명으로 가장 거리가 먼 것은?

① 바 카운터 내의 청결, 정리정돈 등을 수시로 해야 한다.
② 파 스탁(par stock)에 준한 보급수령을 해야 한다.
③ 각종 기계 및 기구의 작동상태를 점검해야 한다.
④ 조주는 바텐더 자신의 기준이나 아이디어에 따라 제조해야 한다.

해설
- ④에서 바텐더는 표준 레시피에 의한 정량 조주한다.

0401 / 0405 / 0505

39 Repetitive Learning (1회 2회 3회)

칵테일을 컵에 따를 때 얼음이 들어가지 않도록 걸러 주는 기구는?

① Shaker ② Strainer
③ Stick ④ Blender

해설
- ①은 계란, 설탕, 시럽 등 농후한 재료를 사용하는 칵테일의 경우 휘저어 섞는 것만으로는 잘 혼합이 되지 않기 때문에 강한 움직임을 주기 위하여 사용하는 도구이다.
- ③은 칵테일 제조 시 올리브나 체리 등을 장식할 때 사용되는 도구이다.
- ④는 혼합하기 어려운 재료들을 섞거나 프로즌 스타일의 칵테일을 만들 때 사용하는 도구이다.

1602

40 Repetitive Learning (1회 2회 3회)

다음 중 주장 종사원(Waiter/Waitress)의 주요 임무는?

① 고객이 사용한 기물과 빈 잔을 세척한다.
② 칵테일의 부재료를 준비한다.
③ 창고에서 주장(Bar)에서 필요한 물품을 보급한다.
④ 고객에게 주문을 받고 주문받은 음료를 제공한다.

해설
- 주장 종사원(Waiter/Waitress)의 가장 기본적인 직무는 고객으로부터 주문을 받고 서비스를 담당하는 것에 있다.

41 Repetitive Learning (1회 2회 3회)

Bar 종사원의 올바른 태도가 아닌 것은?

① 영업장 내에서 동료들과 좋은 인간관계를 유지하다.
② 항상 예의 바르고 분명한 언어와 태도로 고객을 대한다.
③ 고객과 정치성이 강한 대화를 주로 나눈다.
④ 손님에게 지나친 주문을 요구하지 않는다.

해설
- 정치적인 주제 등 민감한 사안에 대해서는 대화를 삼가도록 해야 한다.

42 Repetitive Learning (1회 2회 3회)

바텐더의 영업 개시 전 준비사항이 아닌 것은?

① 모든 부재료를 점검한다.
② White wine을 상온에 보관하고 판매한다.
③ Juice 종류가 다양한지 확인한다.
④ 칵테일 냅킨과 코스터를 준비한다.

해설
- 화이트 와인은 영업 전 냉각시켜야 한다.

1004

43 Repetitive Learning (1회 2회 3회)

Hot drinks cocktail이 아닌 것은?

① God Father ② Irish Coffee
③ Jamaica Coffee ④ Tom and Jerry

해설
- ①은 스카치 위스키에 살구 리큐르를 넣어서 얼음과 함께 제공되는 칵테일이다.

정답 | 37 ④ 38 ④ 39 ② 40 ④ 41 ③ 42 ② 43 ①

0502 / 1505

44 Repetitive Learning (1회 2회 3회)

다음 중 셰이커(Shaker)를 사용하여야 하는 칵테일은?

① 브랜디 알렉산더(Brandy Alexander)
② 드라이 마티니(Dry Martini)
③ 올드 패션드(Old Fashioned)
④ 크렘드 망뜨 프라페(Creme de Menthe Frappe)

해설
- ②는 스터링으로 제조하는 칵테일이다.
- ③과 ④는 기구를 사용하지 않고 재료들을 직접 글라스에 넣는 직접넣기(Building) 방법으로 제조하는 칵테일이다.

0602 / 1604

45 Repetitive Learning (1회 2회 3회)

위스키가 기주로 쓰이지 않는 칵테일은?

① 뉴욕(New York)
② 로브 로이(Rob Roy)
③ 블랙 러시안(Black Russian)
④ 맨해튼(Manhattan)

해설
- ③은 보드카, 커피술을 얼음과 함께 섞어 만드는 커피 칵테일이다.

46 Repetitive Learning (1회 2회 3회)

다음 중 mixing glass에 대한 설명으로 옳은 것은?

① 칵테일 조주 시에 사용되는 글라스의 총칭이다.
② stir 기법에 사용하는 기물이다.
③ 믹서기에 부착된 혼합용기를 말한다.
④ 칵테일에 혼합되는 과일을 으깰 때 사용한다.

해설
- 믹싱 글라스는 셰이커와 같이 재료를 섞고 차갑게 식히는 역할을 하는 도구로 stir 기법(휘젓기)에 사용하는 기물이다.

47 Repetitive Learning (1회 2회 3회)

1Jigger에 대한 설명 중 틀린 것은?

① 1Jigger는 45mL이다.
② 1Jigger는 1.5once이다
③ 1Jigger는 1gallon이다.
④ 1Jigger는 칵테일 제조 시 많이 사용된다.

해설
- 1Jigger는 45mL(1.5oz)이다.

0602 / 0905

48 Repetitive Learning (1회 2회 3회)

주스류(juice)의 보관 방법으로 가장 적절한 것은?

① 캔 주스는 냉동실에 보관한다.
② 한 번 오픈한 주스는 상온에 보관한다.
③ 열기가 많고 햇볕이 드는 곳에 보관한다.
④ 캔 주스는 오픈한 후 유리그릇, 플라스틱 용기에 담아서 냉장 보관한다.

해설
- 캔 주스는 오픈한 후 별도의 용기(유리, 플라스틱)에 담아서 냉장보관을 해야 상하지 않는다. 주스류는 유효기간을 체크하도록 한다.

0202 / 0401 / 0402 / 1002

49 Repetitive Learning (1회 2회 3회)

음료저장관리 방법 중 FIFO의 원칙에 적용될 수 있는 술은?

① 위스키 ② 맥주
③ 브랜디 ④ 포도주

해설
- 맥주는 유통기한이 있으므로 선입선출(FIFO)을 하는 것이 바람직하다.

50 Repetitive Learning (1회 2회 3회)

음료 저장 방법에 관한 설명 중 옳지 않은 것은?

① 포도주병은 눕혀서 코르크 마개가 항상 젖어 있도록 저장한다.
② 살균된 맥주는 출고 후 약 3개월 정도는 실온에서 저장할 수 있다.
③ 적포도주는 미리 냉장고에 저장하여 충분히 냉각시킨 후 바로 제공한다.
④ 양조주는 선입선출법에 의해 저장, 관리한다.

해설
- 적포도주(레드 와인)는 14~18℃가 마시기 가장 좋은 온도이므로 마시기 20~30분 전에 개봉해서 실온에 잠깐 놔뒀다 마시는 것이 좋다.

44 ① 45 ③ 46 ② 47 ③ 48 ④ 49 ② 50 ③ 정답

0702

51 Repetitive Learning (1회 2회 3회)

Which one is made with ginger and sugar?

① Tonic water ② Ginger ale
③ Sprite ④ Collins mix

해설
- ①은 소다수에 레몬, 키니네(quinine) 껍질 등의 농축액을 함유하여 뒷맛이 다소 쌉쌀한 청량음료로 진(Gin)과 가장 좋은 조화를 이룬다.
- ③은 카페인이 없는 무색투명의 착향 탄산음료이다.
- ④는 레몬주스와 설탕을 주원료로 만든 것으로 Gin에 혼합하는 탄산음료이다.
- 생강과 설탕으로 만들어진 것은 진저에일이다.

52 Repetitive Learning (1회 2회 3회)

Which one is the cocktail containing Creme de Cassis and white wine?

① Kir ② Kir royal
③ Kir imperial ④ King Alfonso

해설
- ②는 샴페인, 크림 드 카시스를 직접 넣기(Building) 기법으로 만든 칵테일이다.
- ③은 샴페인, 블랙 로즈베리 리큐어를 직접 넣기(Building) 기법으로 만든 칵테일이다.
- ④는 크림 드 카카오 브라운, 크림을 직접 넣기(Building) 기법으로 만든 칵테일이다.

1001 / 1505

53 Repetitive Learning 

다음의 ( ) 안에 들어갈 적절한 것은?

> ( ) whiskey is a whiskey which is distilled and produced at just one particular distillery. ( )s are made entirely from one type of malted grain, traditionally barley, which is cultivated in the region of the distillery.

① Grain ② Blended
③ Single malt ④ Bourbon

해설
- 싱글 몰트 위스키는 증류되고 특정 증류주 양조장에서 생산되는 위스키이다. 싱글 몰트 위스키는 전적으로 한 종류의 맥아, 전통적으로 보리로부터 만들어지는데, 이는 양조장 지역에서 재배된다.

54 Repetitive Learning (1회 2회 3회)

다음은 커피와 관련한 어떤 과정을 설명한 것인가?

> The heating process that releases all the potential flavors trapped in green beans.

① Cupping ② Roasting
③ Grinding ④ Brewing

해설
- 초록색 콩에 갇혀 있는 모든 잠재적인 맛들을 내보내 가열 과정을 로스팅이라고 한다.

55 Repetitive Learning (1회 2회 3회)

다음 빈칸에 들어갈 적절한 말로 바르게 짝지어진 것은?

> W : Would you like a dessert?
> G : Yes, please. Could you tell us what you have (a)?
> W : Certainly. (a) we have fruit salad, chocolate gateau, and lemon pie.
> G : The gateau looks nice, but what is (b)?
> W : (b), there is fresh fruit, cheesecake, and profiteroles.
> G : I think I'll have them with chocolate sauce.

① (a) on it (b) under
② (a) on the top (b) underneath
③ (a) over (b) below
④ (a) one the tp (b) under

해설
- 디저트에 대한 설명을 듣고 있다. 위쪽에는 과일샐러드, 초콜릿 과자, 레몬 파이가 있고 그 아래에는 신선한 과일, 치즈케이크, 작은 슈크림으로 구성되어 있다는 설명에 초콜릿 소스와 함께 달라고 하고 있다.

0801

56 Repetitive Learning 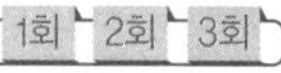

다음에서 설명하는 것은?

> It is a liqueur made by orange peel originated from Venezuela.

① Drambuie ② Jagermeister
③ Benedictine ④ Curacao

정답 | 51 ② 52 ① 53 ③ 54 ② 55 ② 56 ④

해설

- ①은 스카치 위스키(Scotch whiskey)를 기주로 하여 꿀을 넣어 달게 하고 오렌지향이 첨가된 호박색 리큐르(Liqueur)이다.
- ②는 독일에서 사냥터 관리인이라는 이름으로 불리는 짙은 갈색, 특유의 허브향과 강한 단맛이 특징인 전통 리큐르이다.
- ③은 황금색의 약초 감미주로서 술병에 D.O.M이라고 쓰여 있는 리큐르(Liqueur)이다.

0701

57 Repetitive Learning (1회 2회 3회)

다음의 ( ) 안에 들어갈 적절한 것은?

A : Do you have a new job?
B : Yes, I ( ) for a wine bar now.

① do ② take
③ can ④ work

해설

- 와인바에서 일한다고 하는 표현이므로 work이 되어야 한다.

0802

58 Repetitive Learning (1회 2회 3회)

다음 밑줄 친 단어와 바꾸어 쓸 수 있는 것은?

A : Would you <u>like</u> some more drinks?
B : No, thanks. I've had enough.

① care in ② care for
③ care to ④ care of

해설

- '마실 것(술)을 좀 더 드릴까요?'라는 의미의 질문이다. 즉, A가 B를 위해서 마실 것을 챙겨주는 개념이므로 care for가 적당하다.

0901 / 1102 / 1505

59 Repetitive Learning (1회 2회 3회)

( ) 안에 들어갈 알맞은 리큐르는?

( ) is called the queen of liqueur. This is one of the French traditional liqueur and is made from several years aging after distilling of various herbs added to spirit.

① Chartreuse ② Benedictine
③ Kummel ④ Cointreau

해설

- ②는 황금색의 약초 감미주로서 술병에 D.O.M이라고 쓰여 있는 리큐르(Liqueur)이다.
- ③은 회양풀(Caraway)로 만드는 리큐르이다.
- ④는 오렌지 껍질로 만든 프랑스산 리큐르이다.
- 리큐르의 여왕이라고 불린다. 이것은 프랑스 전통 리큐르이고 스피리트에 여러 가지 종류의 허브를 숙성시켜서 증류하여 만들어진다.

0605

60 Repetitive Learning (1회 2회 3회)

밑줄 친 곳에 들어갈 가장 알맞은 말은?

A : May I take your order?
B : Yes, please.
A : ______________
B : I'd like to have Bulgogi.

① Do you have a table for three?
② Pass me the salt, please.
③ What would you like to have?
④ How do you like your steak?

해설

- A가 주문을 받고 있다. 손님인 B가 불고기를 먹고 싶다고 답하고 있으므로 A는 무엇을 드실 것인지를 물어야 가장 자연스럽다.
- ①은 3인이 앉을 수 있는 테이블이 있는지를 묻고 있다.
- ②는 소금을 건네달라는 표현이다.
- ④는 스테이크를 어떻게 해드리는지를 묻고 있다.

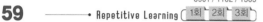

57 ④ 58 ② 59 ① 60 ③ 정답

2013년 제5회

2013년 10월 12일 필기

13년 5회차 필기시험
합격률 37.9%

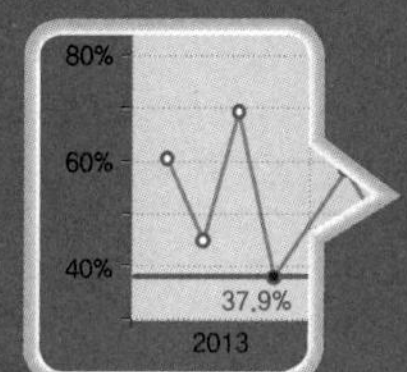

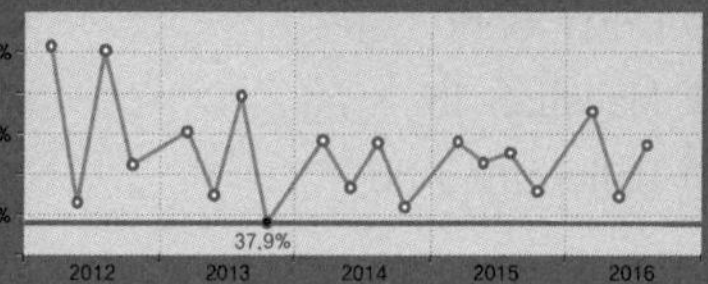

0702 / 1102

01 Repetitive Learning (1회 2회 3회)

Gin에 대한 설명으로 틀린 것은?

① 저장, 숙성을 하지 않는다.
② '생명의 물'이라는 뜻이다.
③ 무색투명하고 산뜻한 맛이다.
④ 알코올 농도는 40~50% 정도이다.

해설
- ②는 위스키, 브랜디, 보드카, 아쿠아비트 등을 지칭하는 용어로 사용되었었다.

02 Repetitive Learning (1회 2회 3회)

일반적인 병맥주(Lager Beer)를 만드는 방법은?

① 고온발효 ② 상온발효
③ 하면발효 ④ 상면발효

해설
- 일반적인 병맥주(Lager Beer)를 만들 때는 하면발효 방법을 이용한다. 맥주를 발효할 때 효모가 맥주 바닥으로 가라앉는다고 해서 하면발효맥주라고 부른다. 전 세계 맥주시장의 80~90%를 차지한다.

0101 / 0605 / 1104

03 Repetitive Learning (1회 2회 3회)

샴페인에 관한 설명 중 틀린 것은?

① 샴페인은 포말성(Sparkling) 와인의 일종이다.
② 샴페인 원료는 피노 누아, 피노 뫼니에, 샤르도네이다.
③ 동 페리뇽(Dom Perignon)에 의해 만들어졌다.
④ 샴페인 산지인 샹파뉴 지방은 이탈리아 북부에 위치하고 있다.

해설
- 샴페인 산지인 샹파뉴 지역은 프랑스 동북부의 지방이다.

0802 / 1302

04 Repetitive Learning (1회 2회 3회)

다음 중 Irish whiskey는?

① JohnnieWalker Blue
② John Jameson
③ Wild Turkey
④ Crown Royal

해설
- ①은 스카치 위스키의 브랜드이다.
- ③은 아메리칸 위스키(American whiskey)이다.
- ④는 캐나디안(Canadian whiskey)이다.

1102 / 1601

05 Repetitive Learning (1회 2회 3회)

다음은 어떤 포도 품종에 관하여 설명한 것인가?

> 작은 포도알, 깊은 적갈색, 두꺼운 껍질, 많은 씨앗이 특징이며 씨앗은 타닌함량을 풍부하게 하고, 두꺼운 껍질은 색깔을 깊이 있게 나타낸다. 블랙커런트, 체리, 자두 향을 지니고 있으며, 대표적인 생산지역은 프랑스 보르도 지방이다.

① 메를로(Merlot)
② 피노 누아(Pinot Noir)
③ 까베르네 쇼비뇽(Cabernet Sauvignon)
④ 샤르도네(Chardonnay)

해설
- ①은 껍질이 얇아 포도알이 쉽게 썩는 문제를 가진 품종이다.
- ②는 포도알은 작으나 껍질이 얇은 특징을 가진 품종이다.
- ④는 프랑스 부르고뉴 지방의 화이트 와인용 품종이다.

정답 | 01 ② 02 ③ 03 ④ 04 ② 05 ③

06 Repetitive Learning (1회 2회 3회)

다음 중 블렌디드(Blended) 위스키가 아닌 것은?

① Johnnie Walker Blue
② Cutty Sark
③ Macallan 18
④ Ballentine's 30

해설
- 맥캘란 18년(Macallan 18years old)은 블렌디드 위스키가 아니라 싱글 몰트 위스키이다.

0102 / 0701 / 1005

07 Repetitive Learning (1회 2회 3회)

부르고뉴(Bourgogne) 지방과 함께 대표적인 포도주 산지로서 Medoc, Graves 등이 유명한 지방은?

① Pilsner ② Bordeaux
③ Staut ④ Mousseux

해설
- ①은 체코의 플젠 지방에서 유래된 맥주 브랜드이다.
- ③은 약간 시고 쓴맛이 있는 영국식 흑맥주 브랜드이다.
- ④는 프랑스어로 스파클링의 의미를 갖는 단어이다.

08 Repetitive Learning (1회 2회 3회)

혼성주의 제조방법 중 시간이 가장 많이 소요되는 방법은?

① 증류법(Distillation process)
② 침출법(Infusion process)
③ 추출법(Percolation process)
④ 배합법(Essence process)

해설
- 혼성주의 조주방법에는 증류법, 침출법, 에센스법이 있으며 그중 침출법은 열을 가하면 변질될 수 있는 과일이나 약초 등을 증류주에 넣어 자연적으로 우러나게 하는 제조법으로 가장 시간이 많이 소요된다.

1404

09 Repetitive Learning (1회 2회 3회)

다음 중 오렌지향의 리큐르가 아닌 것은?

① 그랑 마니에르(Grand Marnier)
② 트리플 섹(Triple Sec)
③ 꼬엥뜨로(Cointreau)
④ 뮤슈(Mousseux)

해설
- ①, ②, ③은 모두 꼬냑에 오렌지 껍질을 말려 향을 낸 리큐르이다.
- ④는 샹파뉴 지방 외에서 만들어진 발포성 와인을 통칭하는 명칭이다.

10 Repetitive Learning (1회 2회 3회)

혼성주의 설명으로 틀린 것은?

① 증류주에 초근목피의 침출물로 향미를 더한다.
② 프랑스에서는 코디알이라 부른다.
③ 제조방법으로 침출법, 증류법, 에센스법이 있다.
④ 중세 연금술사들에 의해 발견되었다.

해설
- 미국과 영국에서는 혼성주를 코디알(Cordial)이라고도 부른다.

0104

11 Repetitive Learning (1회 2회 3회)

북유럽 스칸디나비아 지방의 특산주로 감자와 맥아를 부재료로 사용하여 증류 후에 회향초 씨(Caraway Seed) 등 여러 가지 허브로 향기를 착향시킨 술은?

① 보드카(Vodka) ② 진(Gin)
③ 테킬라(Tequila) ④ 아쿠아비트(Aquavit)

해설
- ①은 동유럽 원산의 증류주이다.
- ②는 네덜란드 의사가 만든 보리, 호밀 등을 주원료로 한 증류주이다.
- ③은 멕시코를 대표하는 증류주이다.

12 Repetitive Learning (1회 2회 3회)

우리나라 전통주가 아닌 것은?

① 이강주 ② 과하주
③ 죽엽청주 ④ 송순주

해설
- ①은 전북 전주의 전통주로 쌀로 빚으며 소주에 배, 생강, 울금 등 한약재를 넣어 숙성시킨 약주이다.
- ②는 여름에 주로 먹는 소주를 약주에 섞은 혼성주이다.
- ④는 대전 지역의 전통주로 소나무 순을 이용해 숙성한 술이다.

06 ③ 07 ② 08 ② 09 ④ 10 ② 11 ④ 12 ③ | 정답

13 Repetitive Learning (1회 2회 3회)

Vodka에 속하는 것은?

① Bacardi ② Stolichnaya
③ Blanton's ④ Beefeater

해설
- ①은 미국의 럼(Rum)이다.
- ③은 미국의 위스키이다.
- ④는 영국의 진(Gin)이다.

14 Repetitive Learning (1회 2회 3회)

다음 중 리큐르(Liqueur)와 관계가 없는 것은?

① Cordials
② Arnaud de Villeneuve
③ Benedicictine
④ Dom Perignon

해설
- ④는 샴페인 브랜드이므로 리큐르와 관련이 없다.

1602

15 Repetitive Learning (1회 2회 3회)

차를 만드는 방법에 따른 분류와 대표적인 차의 연결이 틀린 것은?

① 불발효차－보성녹차 ② 반발효차－오룡차
③ 발효차－다즐링차 ④ 후발효차－쟈스민차

해설
- 쟈스민차는 반발효차에 속한다.

1005

16 Repetitive Learning (1회 2회 3회)

차나무의 분포 지역을 가장 잘 표시한 것은?

① 남위 20°~북위 40° 사이의 지역
② 남위 23°~북위 43° 사이의 지역
③ 남위 26°~북위 46° 사이의 지역
④ 남위 25°~북위 50° 사이의 지역

해설
- 차나무는 상록활엽관목으로 원산지는 중국이며 한국과 일본 그리고 인도에도 분포되어 있다. 주로 열대, 온대, 아열대 지방에 서식하는 나무다.

17 Repetitive Learning (1회 2회 3회)

핸드 드립 커피의 특성이 아닌 것은?

① 비교적 조리 시간이 오래 걸린다.
② 대체로 메뉴가 제한된다.
③ 블렌딩한 커피만을 사용한다.
④ 추출자에 따라 커피맛이 영향을 받는다.

해설
- 블렌딩 여부와 상관없이 핸드 드립이 가능하다.

18 Repetitive Learning (1회 2회 3회)

다음 단발효법으로 만들어진 것은?

① 맥주 ② 청주
③ 포도주 ④ 탁주

해설
- 포도주는 단발효법으로 만들어졌다

0301 / 1001

19 Repetitive Learning (1회 2회 3회)

지방의 특산 전통주가 잘못 연결된 것은?

① 금산－인삼주 ② 홍천－옥선주
③ 안동－송화주 ④ 전주－소곡주

해설
- 전주지방의 특산주는 이강주다.

1602

20 Repetitive Learning (1회 2회 3회)

음료의 역사에 대한 설명으로 틀린 것은?

① 기원전 6000년경 바빌로니아 사람들은 레몬과즙을 마셨다.
② 스페인 발렌시아 부근의 동굴에서는 탄산가스를 발견해 마시는 벽화가 있었다.
③ 바빌로니아 사람들은 밀빵이 물에 젖어 발효된 맥주를 발견해 음료로 즐겼다.
④ 중앙아시아 지역에서는 야생의 포도가 쌓여 자연 발효된 포도주를 음료로 즐겼다.

해설
- 스페인 발렌시아 부근의 동굴에는 봉밀을 채취하는 그림이 그려져 있다.

정답 | 13 ② 14 ④ 15 ④ 16 ② 17 ③ 18 ③ 19 ④ 20 ②

1401 / 1405

21 Repetitive Learning (1회 2회 3회)

탄산음료의 종류가 아닌 것은?

① Tonic water ② Soda water
③ Collins mixer ④ Evian water

해설
- ④는 프랑스의 가장 대표적인 천연광천수로 무탄산음료이다.

22 Repetitive Learning (1회 2회 3회)

다음 중 리큐르(Liqueur)의 종류에 속하지 않는 것은?

① Creme de Cacao ② Curacao
③ Negroni ④ Dubonnet

해설
- ③은 칵테일 아메리카노에 소다수 대신 진을 부은 칵테일이다.

1604

23 Repetitive Learning (1회 2회 3회)

커피 로스팅의 정도에 따라 약한 순서에서 강한 순서대로 나열한 것은?

① American Roasting → German Roasting → French Roasting → Italian Roasting
② German Roasting → Italian Roasting → American Roasting → French Roasting
③ Italian Roasting → German Roasting → American Roasting → French Roasting
④ French Roasting → American Roasting → Italian Roasting → German Roasting

해설
- 로스팅의 정도를 약한 순에서 강한 순으로 나열하면 American Roasting → German Roasting → French Roasting → Italian Roasting이 된다.

1004

24 Repetitive Learning (1회 2회 3회)

좋은 맥주용 보리의 조건으로 알맞은 것은?

① 껍질이 두껍고 윤택이 있는 것
② 알맹이가 고르고 발아가 잘 안 되는 것
③ 수분 함유량이 높은 것
④ 전분 함유량이 많은 것

해설
- 껍질이 얇아야 한다.
- 알맹이가 고르고 95% 이상의 발아율이 있어야 한다.
- 수분 함유량 13% 이하로 잘 건조되어야 한다.

25 Repetitive Learning (1회 2회 3회)

몰트위스키의 제조과정에 대한 설명으로 틀린 것은?

① 정선 : 불량한 보리를 제거한다.
② 침맥 : 보리를 깨끗이 씻고 물을 주어 발아를 준비한다.
③ 제근 : 맥아의 뿌리를 제거시킨다.
④ 당화 : 효모를 가해 발효시킨다.

해설
- 당화는 맥아를 분쇄하여 당화조에 넣어 맥아 속의 당화효소인 아밀라아제에 의해 맥아당으로 변해서 당화액이 생긴다.

0605

26 Repetitive Learning (1회 2회 3회)

증류주가 사용되지 않은 칵테일은?

① Manhattan ② Rusty Nail
③ Irish Coffe ④ Grasshopper

해설
- ①은 위스키 베이스 칵테일이다.
- ②는 스카치 위스키와 드람뷔로 만든 칵테일로 식후주로 애음된다.
- ③은 아이리쉬 위스키와 커피, 설탕으로 만든 칵테일이다.

0904

27 Repetitive Learning (1회 2회 3회)

개봉한 뒤 다 마시지 못한 와인의 보관방법으로 옳지 않은 것은?

① vacuum pump로 병 속의 공기를 빼낸다.
② 코르크로 막아 즉시 냉장고에 넣는다.
③ 마개가 없는 디캔터에 넣어 상온에 둔다.
④ 병속에 불활성 기체를 넣어 산소의 침입을 막는다.

해설
- 포도주는 남은 것을 오래 보관하기 어렵다. 즉시 코르크 마개로 막아야 하며 보관하려면 병 속에 불활성 기체를 넣어 산소의 침입을 막거나 vacuum pump로 병 속의 공기를 빼낸다.

21 ④ 22 ③ 23 ① 24 ④ 25 ④ 26 ④ 27 ③ 정답

0705

28 Repetitive Learning 1회 2회 3회

꿀로 만든 리큐르(Liqueur)는?

① Creme de Menthe ② Curacao
③ Galliano ④ Drambuie

해설
- ①은 박하를 넣은 리큐르이다.
- ②는 라라하 귤(오렌지) 열매의 껍질을 말려 향을 낸 리큐르로 Triple Sec(트리플 섹)이 대표적이다.
- ③은 이탈리아에서 만든 달콤한 맛의 허브 리큐르이다.

1604

29 Repetitive Learning 1회 2회 3회

레드 와인용 포도 품종이 아닌 것은?

① 리슬링(Riesling)
② 메를로(Merlot)
③ 피노 누아(Pinot Noir)
④ 까베르네 쇼비뇽(Cabernet Sauvignon)

해설
- 리슬링(Riesling)은 독일의 우수한 백포도주 품종이다.

30 Repetitive Learning 1회 2회 3회

다음 중 상면발효맥주가 아닌 것은?

① 에일 ② 보크
③ 스타우트 ④ 포터

해설
- Bock(보크)는 독일에서 유래한 라거 맥주의 일종이다.

0602 / 1005

31 Repetitive Learning 1회 2회 3회

조주 시 필요한 셰이커(Shake)의 3대 구성 요소의 명칭이 아닌 것은?

① 믹싱(Mixing)
② 보디(Body)
③ 스트레이너(Strainer)
④ 캡(Cap)

해설
- 셰이커는 캡(Cap), 스트레이너(Strainer), 바디(Body)로 구성된다.

32 Repetitive Learning 1회 2회 3회

증류주가 아닌 것은?

① 풀케 ② 진
③ 테킬라 ④ 아쿠아비트

해설
- ①은 용설란의 줄기로 만든 양조주이다.
- 풀케를 증류한 것 중에서도 품질이 좋은 것을 테킬라라고 부른다.

33 Repetitive Learning 1회 2회 3회

다음 중 올바른 음주방법과 가장 거리가 먼 것은?

① 술 마시기 전에 음식을 먹어서 공복을 피한다.
② 본인의 적정 음주량을 초과하지 않는다.
③ 먼저 알코올 도수가 높은 술부터 낮은 술로 마신다.
④ 술을 마실 때 가능한 한 천천히 그리고 조금씩 마신다.

해설
- 알코올 도수가 낮은 술부터 높은 술 순으로 마신다.

0104

34 Repetitive Learning 1회 2회 3회

주로 추운 계절에 추위를 녹이기 위하여 외출이나 등산 후에 따뜻하게 마시는 칵테일로 가장 거리가 먼 것은?

① Irish Coffee ② Tropical Cocktail
③ Rum Grog ④ Vin Chaud

해설
- ②는 열대성 칵테일로 과일주스, 시럽 등을 사용해 시원하고 단맛을 내는 칵테일을 말한다.

35 Repetitive Learning 1회 2회 3회

식재료 원가율 계산 방법으로 옳은 것은?

① 기초재고+당기매입－기말재고
② (식재료 원가/총매출액)×100
③ 비용+(순이익/수익)
④ (식재료 원가/월매출액)×30

해설
- 식재료 원가율은 총매출액 대비 식재료 원가의 백분율을 말한다.

정답 | 28 ④ 29 ① 30 ② 31 ① 32 ① 33 ③ 34 ② 35 ②

36 Repetitive Learning (1회 2회 3회)

행사장에 임시로 설치해 간단한 주류와 음료를 판매하는 곳의 명칭은?

① Open Bar ② Dance Bar
③ Cash Bar ④ Lounge Bar

해설

- ①은 파티나 행사에서 고객들의 요구대로 음료를 제공하고, 계산은 주최 측이 일괄적으로 지불하는 바를 말한다.
- ②는 춤을 출 수 있거나 공연을 즐길 수 있는 분위기 속에 술이나 음료를 판매하는 바를 말한다.
- ④는 잠시 쉬어 갈 수 있도록 편안하고 아늑한 분위기를 연출하는 로비라운지(Lobby Lounge), 스카이 라운지(Sky Lounge) 등을 말한다.

37 Repetitive Learning (1회 2회 3회)

Red Wine Decanting에 사용되지 않는 것은?

① Wine Cradle ② Candle
③ Cloth Napkin ④ Snifter

해설

- 스니프터(Snifter)는 브랜디, 꼬냑 등 주류에 사용되는 튤립 모양 잔을 말한다.

38 Repetitive Learning (1회 2회 3회)

생맥주를 중심으로 각종 식음료를 비교적 저렴하게 판매하는 영국식 선술집은?

① Saloon ② Pub
③ Lounge Bar ④ Banquet

해설

- ①은 영국 전통의 바 중 하나를 말한다.
- ③은 잠시 쉬어 갈 수 있도록 편안하고 아늑한 분위기를 연출하는 로비라운지(Lobby Lounge), 스카이 라운지(Sky Lounge) 등을 말한다.
- ④는 연회(Banquet)석상에서 각 고객들이 마신(소비한) 만큼 계산을 별도로 하는 바를 말한다.

39 Repetitive Learning (1회 2회 3회)

주류의 Inventory Sheet에 표기되지 않는 것은?

① 상품명 ② 전기 이월량
③ 규격(또는 용량) ④ 구입가격

해설

- 재고목록(Inventory Sheet)에는 상품명, 전기 이월양, 규격(용량), 현재 재고량 등을 기재한다.

1102

40 Repetitive Learning (1회 2회 3회)

Stem Glass인 것은?

① Collins Grass
② Old Fashioned Grass
③ Straight up Grass
④ Sherry Grass

해설

- ①, ②, ③은 모두 텀블러형 글라스이다.

41 Repetitive Learning (1회 2회 3회)

바(Bar)의 업무 효율향상을 위한 시설물 설치방법으로 옳지 않은 것은?

① 얼음 제빙기는 가능한 한 바(Bar) 내에 설치한다.
② 바의 수도 시설은 믹싱 스테이션(Mixing Station) 바로 후면에 설치한다.
③ 각얼음은 아이스 통(Ice Tongs)에다 채워놓고 바(Bar) 작업대 옆에 보관한다.
④ 냉각기(Cooling Cabinet)는 주방 밖에 설치한다.

해설

- ③에서 아이스 통은 얼음을 집는 집게이다. 얼음을 채워놓는 용기는 아이스 버킷 혹은 아이스 페일이라고 한다.

0402

42 Repetitive Learning (1회 2회 3회)

바(Bar)의 기구가 아닌 것은?

① 믹싱 셰이커(Mixing Shaker)
② 레몬 스퀴저(Lemon Squeezer)
③ 바 스트레이너(Bar Strainer)
④ 스테이플러(Stapler)

해설

- ④는 가는 금속 부품을 이용해 종이나 이와 유사한 재료를 고정시킬 수 있게 하는 장치이다.

36 ③ 37 ④ 38 ② 39 ④ 40 ④ 41 ③ 42 ④ 정답

43

Repetitive Learning (1회 2회 3회)

칵테일을 만드는 기법으로 적절하지 않은 것은?

① 띄우기(floating) ② 휘젓기(stirring)
③ 흔들기(shaking) ④ 거르기(filtering)

해설

• ④에서 칵테일을 만들 때 얼음을 거르는 과정을 straining이라고 한다.

44

Repetitive Learning (1회 2회 3회)

구매관리 업무와 가장 거리가 먼 것은?

① 납기관리
② 우량 납품업체 선정
③ 시장조사
④ 음료상품 판매촉진 기획

해설

• ④는 판매와 관련된 업무에 해당한다.

45

Repetitive Learning (1회 2회 3회)

다음 식품위생법상의 식품접객업의 내용으로 틀린 것은?

① 휴게음식점 영업은 주로 빵과 떡 그리고 과자와 아이스크림류 등 과자점 영업을 포함한다.
② 일반음식점 영업은 음식류만 조리 판매가 허용되는 영업을 말한다.
③ 단란주점영업은 유흥종사자는 둘 수 없으나 모든 주류의 판매 허용과 손님이 노래를 부르는 행위가 허용되는 영업이다.
④ 유흥주점영업은 유흥종사자를 두거나 손님이 노래를 부르거나 춤을 추는 행위가 허용되는 영업이다.

해설

• ②는 음식류를 조리 · 판매하는 영업으로서 식사와 함께 부수적으로 음주행위가 허용되는 영업을 말한다.

46

Repetitive Learning (1회 2회 3회)

물로 커피를 추출할 때 사용하는 도구가 아닌 것은?

① Coffee Urn ② Siphon
③ Dripper ④ French Press

해설

• ①은 미국에서 고안된 수도꼭지가 붙어있는 커피 끓이는 기구이다.

0505 / 0702 / 0901 / 0202

47

Repetitive Learning (1회 2회 3회)

Cork screw의 사용 용도는?

① 잔 받침대 ② 와인 보관용 그릇
③ 와인의 병마개용 ④ 와인의 병마개 오픈용

해설

• Cork screw는 코르크 마개를 따는 기구다.

48

Repetitive Learning (1회 2회 3회)

식재료가 소량이면서 고가인 경우나 희귀한 아이템의 경우에 검수하는 방법으로 옳은 것은?

① 발췌 검수법 ② 전수 검수법
③ 송장 검수법 ④ 서명 검수법

해설

• ①은 검수항목이 많거나 대량구입품에 대하여 샘플을 뽑아 검수하는 방법으로 검수비용과 시간을 절약할 수 있다.

0802 / 0805 / 1001 / 1004 / 1302 / 1401 / 1404

49

Repetitive Learning (1회 2회 3회)

주장관리에서 핵심적인 원가의 3요소는?

① 재료비, 인건비, 주장경비
② 세금, 봉사료, 인건비
③ 인건비, 주세, 재료비
④ 재료비, 세금, 주장경비

해설

• 주장관리에서 핵심적인 원가의 3요소는 재료비, 인건비, 주장경비(기타경비)이다.

1002

50

Repetitive Learning (1회 2회 3회)

바텐더의 자세로 가장 바람직하지 못한 것은?

① 영업 전후 Inventory 정리를 한다.
② 유통기한을 수시로 체크한다.
③ 손님과의 대화를 위해 뉴스, 신문 등을 자주 본다.
④ 고가의 상품을 손님에게 추천한다.

정답 | 43 ④ 44 ④ 45 ② 46 ① 47 ④ 48 ② 49 ① 50 ④

해설

• 매출도 중요하지만 고객에게 고가의 술을 강요해서는 안 된다.

51 Repetitive Learning (1회 2회 3회)

"How often do you drink?"의 대답으로 적절하지 않은 것은?

① Every day
② About three time a month
③ once a week
④ After work

해설

• 얼마나 자주 술을 마시는지를 묻고 있다. 답변은 빈도로 표현해야 한다.

0801

52 Repetitive Learning (1회 2회 3회)

"All tables are booked tonight."과 의미가 같은 것은?

① All books are on the table.
② There are a lot of table here.
③ All tables are very dirty tonight.
④ There aren't any available tables tonight.

해설

• 오늘 밤에 모든 테이블이 예약되어 있으므로 사용가능한 테이블이 없다는 의미이다.

0805 / 1504

53 Repetitive Learning (1회 2회 3회)

"이것으로 주세요." 또는 "이것으로 할게요."라는 의미의 표현으로 가장 적절한 것은?

① I'll have this one.
② Give me one more.
③ I would like to drink something.
④ I already had one.

해설

• ②는 하나 더 달라는 의미이다.
• ③은 뭔가를 마시고 싶다는 의미이다.
• ④는 이미 하나를 가지고 있다는 의미이다.

1101

54 Repetitive Learning (1회 2회 3회)

Please select the wine-based cocktail in the following.

① Mai-Tai ② Mah-jong
③ Salty-Dog ④ Sangria

해설

• 와인을 베이스로 한 칵테일에는 상그리아, 스프리처, 키어, 미모사 등이 있다.

55 Repetitive Learning (1회 2회 3회)

Which one is the best harmony with gin?

① sprite ② ginger ale
③ cola ④ tonic water

해설

• 진(gin)과 가장 좋은 조화를 이루는 음료는 토닉워터이다.

0602

56 Repetitive Learning (1회 2회 3회)

Which cocktail name means 'Freedom'?

① God mother ② Cuba libre
③ God father ④ French kiss

해설

• ②는 자유쿠바 만세라는 의미의 칵테일 명이다.

0805

57 Repetitive Learning (1회 2회 3회)

아래의 대화에서 ( ) 안에 들어갈 단어로 짝지어진 것은?

> A : Let's go ( ) a drink after work. Will you?
> B : I don't ( ) like having a drink today.

① for, feel ② to, have
③ in, know ④ of, give

해설

• '퇴근 후에 술 한잔 하러 갈래?'라고 묻자 오늘은 술을 마시고 싶지 않다고 답변하고 있다. 이때 '술 한잔 하러'는 go for a drink가 적절하고, '~하고 싶지 않다'는 not feel like ~가 적절하다.

51 ④ 52 ④ 53 ① 54 ④ 55 ④ 56 ② 57 ① | 정답

0702

58 ——— Repetitive Learning 1회 2회 3회

다음에서 설명하는 bitters는?

It is made from a Trinidadian sector recipe.

① Peyshaud's bitters
② Abbott's aged bitters
③ Orange bitters
④ Angostura bitters

해설

• Trinidadian sector recipe로 만들어진 비트는 앙코스트라 비터(Angostura Bitter)이다.

59 ——— Repetitive Learning 1회 2회 3회

( )에 들어갈 단어로 옳은 것은?

(   ) is a late morning meal between breakfast and lunch.

① Buffet
② Brunch
③ American breakfast
④ Continental breakfast

해설

• 아침과 점심 사이의 늦은 아침을 브런치라고 한다.

60 ——— Repetitive Learning 1회 2회 3회

( ) 안에 들어갈 가장 알맞은 것은?

W : What would you like to drink, sir?
G : Scotch (   ) the rocks, please.

① in ② with
③ on ④ put

해설

• on the rocks에 대한 물음이다.

정답 | 58 ④ 59 ② 60 ③

조 / 주 / 기 / 능 / 사 / 필 / 기

2014년 제1회

2014년 1월 26일 필기

14년 1회차 필기시험
합격률 58.4%

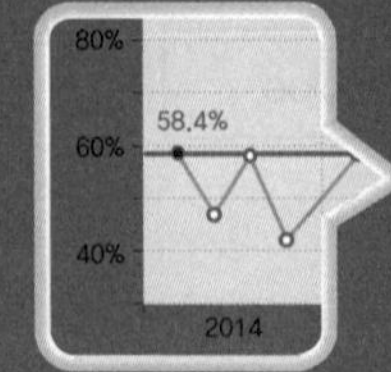

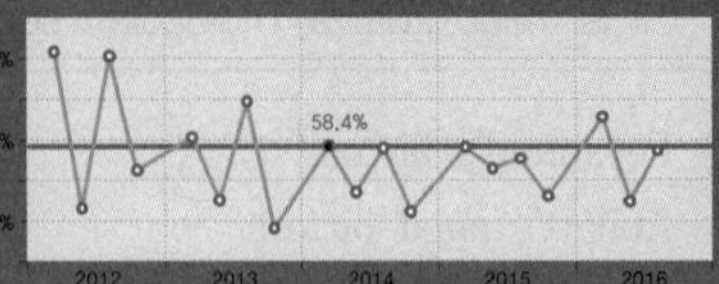

01

Repetitive Learning 1회 2회 3회

고구려의 술로 전해지며, 여름날 황혼 무렵에 찐 차좁쌀로 담가서 그 다음날 닭이 우는 새벽녘에 먹을 수 있도록 빚었던 술은?

① 교동법주 ② 청명주
③ 소곡주 ④ 계명주

해설

- ①은 신라시대부터 전해오는 전통주로 국가지정 중요무형문화재로 지정된 빛깔이 희고 맛이 순수한 민속주이다.
- ③은 충남 한산면에서 만들어진 청주이자 약주로 백제 때 만든 것으로 알려진다.

0505 / 0605

02

Repetitive Learning 1회 2회 3회

독일 와인의 분류 중 가장 고급와인의 등급표시는?

① Q.b.A ② Tafelwein
③ Landwein ④ Q.m.P

해설

- 등급이 높은 것에서부터 나열하면 ④-①-③-② 순이다.

0302

03

Repetitive Learning 1회 2회 3회

프랑스 보르도(Bordeaux) 지방의 와인이 아닌 것은?

① 보졸레(Beaujolais), 론(Rhone)
② 메독(Medoc), 그라브(Grave)
③ 포므롤(Pomerol), 소테른(Sauternes)
④ 생떼밀리옹(Saint-Emilion), 바르삭(Barsac)

해설

- 보졸레(Beaujolais), 론(Rhone)은 프랑스의 와인생산 지역이다.

1104

04

Repetitive Learning 1회 2회 3회

다음 술 종류 중 코디얼(Cordial)에 해당하는 것은?

① 베네딕틴(Benedictine)
② 고든스 런던 드라이 진(Gordon's London Dry Gin)
③ 커티 샥(Cutty Sark)
④ 올드 그랜드 대드(Old Grand Dad)

해설

- 코디얼은 리큐르를 의미한다.
- ②는 진(Gin)의 한 종류이다.
- ③은 위스키의 한 종류이다.
- ④는 버번위스키의 한 종류이다.

0505

05

Repetitive Learning 1회 2회 3회

하면발효맥주가 아닌 것은?

① Lager Beer ② Porter Beer
③ Pilsen Beer ④ Munchen Beer

해설

- 포터 비어(Porter Beer)는 상면발효방식으로 생산되는 영국산 맥주다.

06

Repetitive Learning 1회 2회 3회

맥주의 효과와 가장 거리가 먼 것은?

① 항균 작용
② 이뇨 억제 작용
③ 식욕 증진 및 소화 촉진 작용
④ 신경 진정 및 수면 촉진 작용

해설

- 맥주에 함유된 홉(Hop)은 이뇨를 촉진하는 작용을 한다.

01 ④ 02 ④ 03 ① 04 ① 05 ② 06 ② | 정답

07 Repetitive Learning 1회 2회 3회

조선시대의 술에 대한 설명으로 틀린 것은?

① 중국과 일본에서 술이 수입되었다.
② 술 빚는 과정에 있어 여러 번 걸쳐 덧술을 하였다.
③ 고려시대에 비하여 소주의 선호도가 높았다.
④ 소주를 기본으로 한 약용약주, 혼양주의 제조가 증가했다.

해설
- 주로 중국을 통해서 술이 수입되었으며, 일본에는 주로 술 빚는 방법을 전파하였다.

1302 / 1602

08 Repetitive Learning 1회 2회 3회

다음 중 스카치 위스키(Scotch whiskey)가 아닌 것은?

① Crown Royal ② White Horse
③ Johnnie Walker ④ Chivas Regal

해설
- ①은 캐나디안 위스키이며 숙성향이 풍부한 것이 특징이다.

0702

09 Repetitive Learning 1회 2회 3회

오렌지 과피, 회향초 등을 주원료로 만들며 알코올 농도가 23% 정도가 되는 붉은색의 혼성주는?

① Beer ② Drambuie
③ Campari ④ Cognac

해설
- ①은 양조주이다.
- ②는 스카치 위스키(Scotch whiskey)를 기주로 하여 꿀을 넣어 달게 하고 오렌지향이 첨가된 호박색 리큐르(Liqueur)이다.
- ④는 프랑스에서 생산된 포도주를 원료로 만든 브랜디의 일종으로 증류주이다.

10 Repetitive Learning 1회 2회 3회

소다수에 대한 설명 중 틀린 것은?

① 인공적으로 이산화탄소를 첨가한다.
② 약간의 신맛과 단맛이 나며 청량감이 있다.
③ 식욕을 돋우는 효과가 있다.
④ 성분은 수분과 이산화탄소로 칼로리는 없다.

해설
- 소다수(Soda Water)는 이산화탄소를 첨가한 것으로 특유의 청량감을 주며 무색, 무미, 무취의 탄산음료다.

1004

11 Repetitive Learning 1회 2회 3회

커피를 주원료로 만든 리큐르는?

① Grand Marnier ② Benedictine
③ Kahlua ④ Sloe Gin

해설
- ①은 꼬냑(Cognac)에 오렌지향을 가미한 프랑스산 리큐르이다.
- ②는 황금색의 약초 감미주로서 술병에 D.O.M이라고 쓰여 있는 리큐르이다.
- ④는 자두의 일종인 Sloe Berry를 진에 첨가하여 설탕을 가한 붉은색 혼성주이다.

12 Repetitive Learning 1회 2회 3회

와인에 관한 용어 설명 중 틀린 것은?

① 타닌(tannin) : 포도의 껍질, 씨와 줄기, 오크통에서 우러나오는 성분
② 아로마(aroma) : 포도의 품종에 따라 맡을 수 있는 와인의 첫 번째 냄새 또는 향기
③ 부케(bouquet) : 와인의 발효과정이나 숙성과정 중에 형성되는 복잡하고 다양한 향기
④ 빈티지(vintage) : 포도주 제조년도

해설
- 빈티지(vintage)란 와인의 수확년도를 의미한다.

0805 / 1602

13 Repetitive Learning 1회 2회 3회

Hop에 대한 설명 중 틀린 것은?

① 자웅이주의 숙근 식물로서 수정이 안 된 암꽃을 사용한다.
② 맥주의 쓴 맛과 향을 부여한다.
③ 거품의 지속성과 항균성을 부여한다.
④ 맥아즙 속의 당분을 분해하여 알코올과 탄산가스를 만드는 작용을 한다.

해설
- 알코올과 탄산가스를 만드는 작용은 효모의 역할이다.

정답 | 07 ① 08 ① 09 ③ 10 ② 11 ③ 12 ④ 13 ④

0601

14 → Repetitive Learning (1회 2회 3회)

다음 중 혼성주가 아닌 것은?

① Apricot brandy ② Amaretto
③ Rusty nail ④ Anisette

해설
- ③은 위스키가 베이스인 칵테일이다.

15 → Repetitive Learning (1회 2회 3회)

다음 중 꼬냑이 아닌 것은?

① Courvoisier ② Camus
③ Mouton Cadet ④ Remy Martin

해설
- 무똥 까데(Mouton Cadet)는 프랑스에서 생산되는 드라이 와인이자 테이블 와인이다.

16 → Repetitive Learning (1회 2회 3회)

음료에 대한 설명이 잘못된 것은?

① 진저에일(Ginger Ale)은 착향 탄산음료이다.
② 토닉워터(Tonic Water)는 착향 탄산음료이다.
③ 세계 3대 기호음료는 커피, 코코아, 차(Tea)이다.
④ 유럽에서 Cider(또는 Cidre)는 착향 탄산음료이다.

해설
- 유럽에서 Cider(또는 Cidre)는 사과를 발효시켜서 만든 사과주를 말한다.

17 → Repetitive Learning (1회 2회 3회)

위스키(Whiskey)와 브랜디(Brandy)에 대한 설명이 틀린 것은?

① 위스키는 곡물을 발효시켜 증류한 술이다.
② 캐나디안 위스키(Canadian whiskey)는 캐나다산 위스키의 총칭이다.
③ 브랜디는 과실을 발효·증류해서 만든다.
④ 꼬냑(Cognac)은 위스키의 대표적인 술이다.

해설
- 꼬냑(Cognac)은 브랜디(Brandy)의 대표적인 술이다.

0301 / 0701 / 1202 / 1405 / 1602

18 → Repetitive Learning (1회 2회 3회)

레몬주스, 슈가시럽, 소다수를 혼합한 것으로 대용할 수 있는 것은?

① 진저에일 ② 토닉워터
③ 콜린스 믹스 ④ 사이다

해설
- ①은 생강으로 향과 맛을 내 캐러멜로 착색한 탄산음료이다.
- ②는 소다수에 레몬, 키니네(quinine) 껍질 등의 농축액을 함유한 것으로 진(Gin)과 가장 좋은 조화를 이룬다.
- ④는 소다수에 구연산, 주석산, 레몬즙 등을 혼합한 것이다.

19 → Repetitive Learning (1회 2회 3회)

커피의 품종이 아닌 것은?

① 아라비카(Arabica) ② 로부스타(Robusta)
③ 리베리카(Riberica) ④ 우바(Uva)

해설
- 우바(Uva)는 스리랑카에서 생산되는 홍차다. 세계 3대 홍차로는 기문, 우바, 다즐링이 있다.

20 → Repetitive Learning (1회 2회 3회)

다음 광천수 중 탄산수가 아닌 것은?

① 셀처 워터(Seltzer Water)
② 에비앙 워터(Evian Water)
③ 초정약수
④ 페리에 워터(Perrier Water)

해설
- ②는 프랑스의 가장 대표적인 천연광천수로 무탄산음료이다.

21 → Repetitive Learning (1회 2회 3회)

다음 중 식전주(Aperitif)로 가장 적합하지 않은 것은?

① Campari ② Dubonnet
③ Cinzano ④ Side car

해설
- 사이드카(Side car)는 브랜디를 베이스로 한 칵테일로 식후주에 알맞다.

14 ③ 15 ③ 16 ④ 17 ④ 18 ③ 19 ④ 20 ② 21 ④ 정답

0302

22 Repetitive Learning 1회 2회 3회

이탈리아 와인 중 지명이 아닌 것은?

① 키안티 ② 바르바레스코
③ 바롤로 ④ 바르베라

해설
- 바르베라는 이탈리아의 피에몬테 지역의 토착 포도 품종이다.

23 Repetitive Learning 1회 2회 3회

와인에 국화과의 아티초크(Artichoke)와 약초의 엑기스를 배합한 이탈리아산 리큐르는?

① Absinthe ② Dubonnet
③ Amer picon ④ Cynar

해설
- ①은 아니스 향의 높은 알코올 도수를 갖는 리큐르로 한때 정신착란 증상을 일으켜 판매 중지되었었던 혼성주이다.
- ②는 프랑스산 레드 와인이다.
- ③은 오렌지 껍질, 용담 추출물, 신코나 나무 껍질 등으로 만든 리큐르이다.

1001

24 Repetitive Learning 1회 2회 3회

브랜디의 제조순서로 옳은 것은?

① 양조작업－저장－혼합－증류－숙성－병입
② 양조작업－증류－저장－혼합－숙성－병입
③ 양조작업－숙성－저장－혼합－증류－병입
④ 양조작업－증류－숙성－저장－혼합－병입

해설
- 브랜디는 양조작업－증류－저장－혼합－숙성－병입 순으로 제조한다.

25 Repetitive Learning 1회 2회 3회

Tequila에 대한 설명으로 틀린 것은?

① Tequila 지역을 중심으로 지정된 지역에서만 생산된다.
② Tequila를 주원료로 만든 혼성주는 Mezcal이다.
③ Tequila는 한 품종의 Agave만 사용된다.
④ Tequila는 발효 시 옥수수당이나 설탕을 첨가할 수도 있다.

해설
- ②에서 메즈칼은 풀케를 스페인에서 도입된 증류기술로 증류한 술을 통칭한 것으로 테킬라는 메즈칼의 한 종류이지 주원료가 아니다.

1604

26 Repetitive Learning 1회 2회 3회

다음 중 Bitter가 아닌 것은?

① Angostura ② Campari
③ Galliano ④ Amer Picon

해설
- ③은 이탈리아에서 생산되는 달콤한 허브 리큐르이다.

0601 / 1501

27 Repetitive Learning 1회 2회 3회

증류주를 설명한 것 중 알맞은 것은?

① 과실이나 곡류 등을 발효시킨 후 열을 가하여 분리하는 것을 말한다.
② 과실의 향료를 혼합하여 향기와 감미를 첨가한 것을 말한다.
③ 주로 맥주, 와인, 양주 등을 말한다.
④ 탄산성 음료를 증류주라고 한다.

해설
- ②는 리큐르에 대한 설명이다.
- ③에서 맥주와 와인은 양조주이고, 일반적으로 부르는 양주는 증류주에 속한다.
- ④의 탄산성 음료는 비알코올성 음료 중 청량음료에 해당한다.

28 Repetitive Learning 1회 2회 3회

연회용 메뉴 계획 시 애피타이저 코스에 술을 권유하려 할 때 다음 중 가장 적합한 것은?

① 리큐르(liqueur)
② 크림 쉐리(cream sherry)
③ 드라이 쉐리(dry sherry)
④ 포트 와인(port wine)

해설
- ①은 증류주에 과일, 약초 등을 첨가해서 만든 혼성주로 주로 식후주로 사용된다.
- ②는 올로로소에 당을 첨가시킨 것으로 식후주로 사용된다.
- ④는 주정강화와인으로 주로 식후에 먹는 달콤한 와인이다.

정답 | 22 ④ 23 ④ 24 ② 25 ② 26 ③ 27 ① 28 ③

0605 / 1002 / 1005 / 1301

29 Repetitive Learning 1회 2회 3회

리큐르(Liqueur)의 제조법과 가장 거리가 먼 것은?

① 블렌딩법(Blending)
② 침출법(Infusion)
③ 증류법(Distillation)
④ 에센스법(Essence process)

해설
• 혼성주의 조주방법에는 증류법, 침출법, 에센스법이 있다.

1005

30 Repetitive Learning 1회 2회 3회

와인 제조 시 이산화황(SO_2)을 사용하는 이유가 아닌 것은?

① 항산화제 역할 ② 부패균 생성 방지
③ 갈변 방지 ④ 효모 분리

해설
• 항산화제 역할, 부패균 생성 방지, 갈변 방지를 위해 와인 제조 시 이산화황(SO_2)을 사용한다.

31 Repetitive Learning 1회 2회 3회

진(Gin)의 상표로 틀린 것은?

① Bombay Sapphire ② Gordon's
③ Smirnoff ④ Beefeater

해설
• ③은 보드카(Vodka)이며 판매율 1위를 자랑하는 제품이다.

32 Repetitive Learning 1회 2회 3회

흔들기(Shaking)에 대한 설명 중 틀린 것은?

① 잘 섞이지 않고 비중이 다른 음료를 조주할 때 적합하다.
② 롱 드링크(Long Drink) 조주에 주로 사용한다.
③ 칵테일류를 조주할 때 많이 이용된다.
④ 셰이커를 이용한다.

해설
• 셰이킹 기법은 잘 섞이지 않고 비중이 다른 음료를 조주할 때 적합하며, 쇼트 드링크가 대부분이다.

0103 / 0301 / 0701 / 0904

33 Repetitive Learning 1회 2회 3회

주장(bar) 영업종료 후 재고조사표를 작성하는 사람은?

① 식음료 매니저 ② 바 매니저
③ 바 보조 ④ 바텐더

해설
• 인벤토리는 영업이 끝난 후 바텐더가 작성한다.

34 Repetitive Learning 1회 2회 3회

화이트 와인 서비스과정에서 필요한 기물과 가장 거리가 먼 것은?

① Wine cooler ② Wine stand
③ Wine basket ④ Wine opener

해설
• Wine basket은 레드 와인을 따르기 위해 사용한다.

0102

35 Repetitive Learning 1회 2회 3회

일과 업무 시작 전에 바(bar)에서 판매 가능한 양만큼 준비해 두는 각종의 재료를 무엇이라고 하는가?

① Bar Stock ② Par Stock
③ Pre-Product ④ Ordering Product

해설
• 영업에 필요한 일일 적정 재고량을 파 스탁(Par Stock)이라고 한다.

1002

36 Repetitive Learning 1회 2회 3회

싱가포르 슬링(Singapore Sling) 칵테일의 장식으로 알맞은 것은?

① 시즌과일(season fruits)
② 올리브(olive)
③ 필 어니언(peel onion)
④ 계피(cinnamon)

해설
• 싱가포르 슬링(Singapore Sling)은 시즌과일(season fruits) 중에서도 체리, 레몬 등을 가니쉬로 많이 사용한다.

29 ① 30 ④ 31 ③ 32 ② 33 ④ 34 ③ 35 ② 36 ① 정답

0605 / 0904 / 1601

37 Repetitive Learning (1회 2회 3회)

칵테일 글라스의 3대 명칭이 아닌 것은?

① 베이스(Base) ② 스템(Stem)
③ 보울(Bowl) ④ 캡(Cap)

해설
- 칵테일 글라스의 3대 명칭은 보울(Bowl), 스템(Stem), 베이스(Base)를 들 수 있다.

1602

38 Repetitive Learning (1회 2회 3회)

네그로니(Negroni) 칵테일의 조주 시의 재료로 가장 적절한 것은?

① Rum 3/4oz, Sweet Vermouth 3/4oz, Campari 3/4oz, Twist of Lemon Peel
② Dry Gin 3/4oz, Sweet Vermouth 3/4oz, Campari 3/4oz, Twist of Lemon Peel
③ Dry Gin 3/4oz, Dry Vermouth 3/4oz , Campari 3/4oz, Twist of Lemon Peel
④ Tequila 3/4oz, Sweet Vermouth 3/4oz, Campari 3/4oz, Twist of Lemon Peel

해설
- 네그로니는 진, 스윗 베르무트, 캄파리를 믹싱 글라스에 넣고 휘젓기(stir) 기법으로 만든 칵테일이다.

39 Repetitive Learning (1회 2회 3회)

Cocktail Shaker에 넣어 조주하는 것이 적절하지 않은 재료는?

① 럼(Rum) ② 소다수(Soda Water)
③ 우유(Milk) ④ 달걀흰자

해설
- 소다수는 셰이킹 작업이 끝난 혼합된 재료 위에 부어준다.

0901

40 Repetitive Learning (1회 2회 3회)

브랜디 글라스(Brandy Glass)에 대한 설명으로 틀린 것은?

① 꼬냑 등을 마실 때 사용하는 튤립형의 글라스이다.
② 향을 잘 느낄 수 있도록 만들어졌다.
③ 기둥이 긴 것으로 윗부분이 넓다.
④ 스니프터(snifter)라고도 하며 밑이 넓고 위는 좁다.

해설
- 브랜디 글라스는 와인글라스처럼 튤립 모양이지만 입구가 더 좁고 배 모양을 하고 있어서 향을 오래 간직할 수 있다.

0205

41 Repetitive Learning (1회 2회 3회)

다음 음료 중 냉장 보관이 필요 없는 것은?

① White Wine ② Dry Sherry
③ Beer ④ Brandy

해설
- Brandy는 냉장 보관이 필수가 아니다. 와인을 증류한 증류주이므로 알코올 도수가 높아서 따로 냉장 보관을 하지 않아도 된다.

42 Repetitive Learning (1회 2회 3회)

칵테일 조주 시 사용되는 다음 방법 중 가장 위생적인 방법은?

① 손으로 얼음을 Glass에 담는다.
② Glass 윗부분(Rim)을 손으로 잡아 움직인다.
③ Garnish는 깨끗한 손으로 Glass에 Setting한다.
④ 유효기간이 지난 칵테일 부재료를 사용한다.

해설
- ①에서 얼음은 아이스 통 등을 이용해서 담는다.
- ②에서 글라스 윗부분은 손으로 잡아서는 안 된다.
- ④에서 유효기간이 지난 칵테일 부재료를 사용해서는 안 된다.

43 Repetitive Learning (1회 2회 3회)

주장요원의 업무규칙에 부합하지 않는 것은?

① 조주는 규정된 레시피에 의해 만들어져야 한다.
② 요금의 영수 관계를 명확히 하여야 한다.
③ 음료의 필요재고보다 두 배 이상의 재고를 보유하여야 한다.
④ 고객의 음료 보관 시 명확한 표기와 보관을 책임진다.

해설
- ③의 재고 보유량의 결정은 바 매니저의 권한이며 필요재고 이상 보유하는 것은 비효율적이다.

정답 | 37 ④ 38 ② 39 ② 40 ③ 41 ④ 42 ③ 43 ③

0102 / 0501 / 0701 / 0802

44 Repetitive Learning (1회 2회 3회)

와인을 주재료(wine base)로 한 칵테일이 아닌 것은?

① 키어(Kir)
② 블루 하와이(Blue hawaii)
③ 스프리처(Sprizer)
④ 미모사(Mimosa)

해설
- ②는 럼, 큐라소, 파인애플주스, 레몬주스를 셰이킹 기법으로 만든 칵테일이다.

0102

45 Repetitive Learning (1회 2회 3회)

물품검수 시 주문내용과 차이가 발견될 때 반품하기 위하여 작성하는 서류는?

① 송장(invoice)
② 견적서(price quotation sheet)
③ 크레디트 메모(credit memorandum)
④ 검수보고서(receiving sheet)

해설
- ①은 판매자가 매매계약을 이행했음을 구매자에게 알리는 문서이다.
- ②는 고객의 요청에 따라 가격을 산정하여 고객에게 보내는 문서이다.
- ④는 입고된 물건을 검수하고 그 결과를 기록한 문서이다.

0103

46 Repetitive Learning (1회 2회 3회)

고객에게 음료를 제공할 때 반드시 필요치 않은 비품은?

① Cocktail Napkin
② Can Opener
③ Straw
④ Coaster

해설
- ②는 캔을 열 때 사용하는 도구로 반드시 필요하거나 제공해야 하는 도구는 아니다.

0401 / 0902 / 1005

47 Repetitive Learning (1회 2회 3회)

칵테일 부재료 중 spice류에 해당되지 않는 것은?

① Grenadine syrup
② Mint
③ Nutmeg
④ Cinnamon

해설
- ①은 향신료가 아니라 당밀에 석류열매를 가한 시럽이다.

0103

48 Repetitive Learning (1회 2회 3회)

Wine 저장에 관한 내용 중 적절하지 않는 것은?

① White Wine은 냉장고에 보관하되 그 품목에 맞는 온도를 유지해 준다.
② Red Wine은 상온 Cellar에 보관하되 그 품목에 맞는 적정온도를 유지해 준다.
③ Wine을 보관하면서 정기적으로 이동 보관한다.
④ Wine 보관 장소는 햇볕이 잘 들지 않고 통풍이 잘되는 곳에 보관하는 것이 좋다.

해설
- 와인을 보관하면서 정기적으로 이동 보관하는 것은 옳지 못하다.

0802 / 0805 / 1001 / 1004 / 1302 / 1305 / 1404

49 Repetitive Learning (1회 2회 3회)

주장관리에서 핵심적인 원가의 3요소는?

① 재료비, 인건비, 주장경비
② 세금, 봉사료, 인건비
③ 인건비, 주세, 재료비
④ 재료비, 세금, 주장경비

해설
- 주장관리에서 핵심적인 원가의 3요소는 재료비, 인건비, 주장경비(기타경비)이다.

50 Repetitive Learning (1회 2회 3회)

Muddler에 대한 설명으로 옳은 것은?

① 설탕이나 장식과일 등을 으깨거나 혼합할 때 사용한다.
② 칵테일 장식에 체리나 올리브 등을 찔러 장식할 때 사용한다.
③ 규모가 큰 얼음덩어리를 잘게 부술 때 사용한다.
④ 술의 용량을 측정할 때 사용한다.

해설
- ②는 Cocktail Pick에 대한 설명이다.
- ③은 Ice Pick에 대한 설명이다.
- ④는 Jigger에 대한 설명이다.

44 ② 45 ③ 46 ② 47 ① 48 ③ 49 ① 50 ① | 정답

51 Repetitive Learning (1회 2회 3회)

Which one is made with vodka and coffee liqueur?

① Black russian ② Rusty nail
③ Cacao fizz ④ Kiss of fire

해설
- ②는 스카치 위스키와 드람뷔로 만든 칵테일로 식후주로 애음된다.
- ③은 크림 드 카카오, 라임주스, 설탕을 셰이킹 기법으로 만든 후 탄산수를 부은 칵테일이다.
- ④는 보드카, 슬로 진, 베르무트, 레몬주스를 셰이킹 기법으로 만든 칵테일이다.

1104

52 Repetitive Learning (1회 2회 3회)

Which of the following doesn't belong to the regions of France where wine is produced?

① Bordeaux ② Burgundy
③ Champagne ④ Rheingau

해설
- 라인가우(Rheingau)는 독일와인의 생산지로 대부분 리슬링(Riesling)을 재배한다.

0805

53 Repetitive Learning (1회 2회 3회)

Which is the correct one as a base of Port Sangaree in the following?

① Rum ② Vodka
③ Gin ④ Wine

해설
- 상그리아 칵테일의 베이스는 와인이다.

1002

54 Repetitive Learning (1회 2회 3회)

'a glossary of basic wine terms'의 연결로 틀린 것은?

① Balance : the portion of the wine's odor derived from the grape variety and fermentation.
② Nose : the total odor of wine composed of aroma, bouquet, and other factors.
③ Body : the weight or fullness of wine on palate.
④ Dry : a tasting term to denote the absence of sweetness in wine.

해설
- ①은 아로마(Aroma)에 대한 설명이다.

0701 / 1402

55 Repetitive Learning (1회 2회 3회)

다음은 무엇에 관한 설명인가?

When making a cocktail, this is the main ingredient into which other things are added.

① base ② glass
③ straw ④ decoration

해설
- 칵테일을 만들 때 주가 되는 것은 베이스를 의미한다.

56 Repetitive Learning (1회 2회 3회)

다음에서 설명하는 것은?

High-proof liqueur with an anise flavor that is now banned due to the alleged toxic effects of wormwood, which reputedly turned the brains of heavy users to mush.

① Curacao ② Absinthe
③ Calvados ④ Benedictine

해설
- ①은 라라하 귤(오렌지) 열매의 껍질을 말려 향을 낸 리큐르로 Triple Sec(트리플 섹)이 대표적이다.
- ③은 프랑스에서 사과를 원료로 만든 증류주인 Apple Brandy이다.
- ④는 황금색의 약초 감미주로서 술병에 D.O.M이라고 쓰여 있는 리큐르이다.
- 아니스 향의 높은 알코올 도수를 갖는 리큐르로 애주가들의 정신착란 등의 중독증세를 일으키는 웜우드의 독성으로 한때 금지된 술이었던 것은 압생트(Absinthe)이다.

0501

57 Repetitive Learning (1회 2회 3회)

다음 ( )에 들어갈 알맞은 단어는?

Dry gin merely signifies that the gin lacks ( ).

① sweetness ② sourness
③ bitterness ④ hotness

정답 | 51 ① 52 ④ 53 ④ 54 ① 55 ① 56 ② 57 ①

해설
• 드라이 진은 단지 진이 단맛이 부족하다는 것을 의미한다.

58 Repetitive Learning (1회 2회 3회)

다음에서 설명하는 것은?

> A honeydew melon flavored liqueur from the Japanese house of Suntory.

① Midori ② Cointreau
③ Grand Marnier ④ Apricot Brandy

해설
• 일본 산토리 하우스의 멜론 맛 리큐르는 Midori를 말한다.

59 Repetitive Learning (1회 2회 3회)

다음 ( ) 안에 들어갈 알맞은 것은?

> ( ) is a Caribbean coconut-flavored rum originally from Barbados.

① Malibu
② Sambuca
③ Maraschino
④ Southern Comfort

해설
• ②는 이탈리아에서 만든 아니스 향의 리큐르이다.
• ③은 이탈리아에서 만든 체리 리큐르이다.
• ④는 미국에서 만든 버번위스키를 베이스로 한 리큐르이다.

0102

60 Repetitive Learning (1회 2회 3회)

다음 ( ) 안에 들어갈 단어로 구성된 것은?

> This is our first visit to Korea and before we ( ) our dinner, we want to ( ) some domestic drinks here.

① have, try
② having, trying
③ serve, served
④ serving, be served

해설
• '우리는 한국에 처음 방문하는 것이고 저녁을 먹기 전에, 우리는 여기에서 국내 음료를 좀 마셔보고 싶습니다'라는 의미이다. to 다음에는 동사원형이 와야 한다.

58 ① 59 ① 60 ① 정답

2014년 제2회

2014년 4월 6일 필기

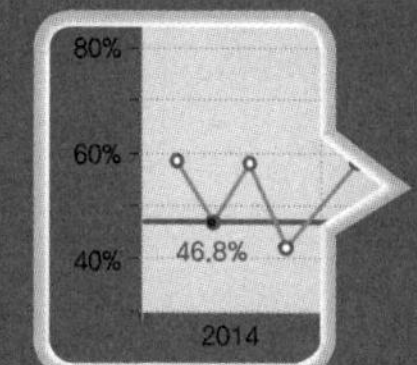

14년 2회차 필기시험
합격률 46.8%

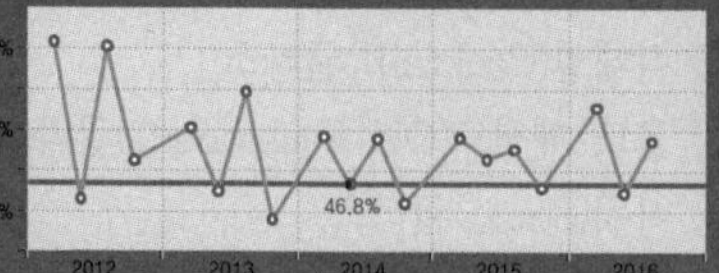

0401

01 Repetitive Learning 1회 2회 3회

진(Gin)이 제일 처음 만들어진 나라는?

① 프랑스 ② 네덜란드
③ 영국 ④ 덴마크

해설

- 진(Gin)은 네덜란드에서 약용으로 쓰이면서 처음 만들어졌다.

0301

02 Repetitive Learning 1회 2회 3회

다음 중 식전주로 가장 적합한 것은?

① 맥주(Beer) ② 드람뷔이(Drambuie)
③ 캄파리(Campari) ④ 꼬냑(Cognac)

해설

- ①은 식전주로 사용하면 포만감에 식사를 방해할 수 있다.
- ②는 스코틀랜드산 위스키에 벌꿀과 향료를 가미한 리큐르로 식후주로 사용된다.
- ④는 프랑스 샤란트 지방에서 생산된 브랜디로 식후주로 사용된다.

0602

03 Repetitive Learning 1회 2회 3회

아쿠아비트(Aquavit)에 대한 설명 중 틀린 것은?

① 감자를 당화시켜 연속 증류법으로 증류한다.
② 혼성주의 한 종류로 식후주에 적합하다.
③ 맥주와 곁들여 마시기도 한다.
④ 진(Gin)의 제조 방법과 비슷하다.

해설

- 아쿠아비트는 스칸디나비아 반도 일대에서 생산되는 향이 나는 증류주이다.

0805

04 Repetitive Learning 1회 2회 3회

다음 중 Fortified Wine이 아닌 것은?

① Sherry Wine ② Vermouth
③ Port Wine ④ Blush Wine

해설

- Blush Wine은 핑크에서 붉은색까지 나는 적포도로 만든 로제와인으로 적포도를 착즙해 주스만 발효시켜 만든 가벼운 디저트용 와인이다.

0905

05 Repetitive Learning 1회 2회 3회

화이트 와인용 포도 품종이 아닌 것은?

① 샤르도네 ② 시라
③ 소비뇽 블랑 ④ 피노 블랑

해설

- 시라(Syrah)는 프랑스 론의 북부 지방에서 주로 생산되는 적포도 품종으로, 색이 진하고 타닌이 많아서 숙성이 늦다.

1001

06 Repetitive Learning 1회 2회 3회

혼성주의 특징으로 옳은 것은?

① 사람들의 식욕부진이나 원기 회복을 위해 제조되었다.
② 과일 중에 함유되어 있는 당분이나 전분을 발효시켰다.
③ 과일이나 향료, 약초 등 초근목피의 침전물로 향미를 더하여 만든 것으로, 현재는 식후주로 많이 애음된다.
④ 저온 살균하여 영양분을 섭취할 수 있다.

해설

- 혼성주는 식후주로 즐겨 마시며 화려한 색채와 특이한 향을 지닌 술을 말한다.

정답 | 01 ② 02 ③ 03 ② 04 ④ 05 ② 06 ③

0605

07 Repetitive Learning 1회 2회 3회

스팅어(Stinger)를 제공하는 유리잔(Glass)의 종류는?

① 하이볼(Highball) 글라스
② 칵테일(Cocktail) 글라스
③ 올드 패션드(Old Fashioned) 글라스
④ 사워(Sour) 글라스

해설
• 스팅어(Stinger)는 대표적인 쇼트 드링크로 칵테일 글라스로 서비스한다.

1005

08 Repetitive Learning 1회 2회 3회

주정강화로 제조된 시칠리아산 와인은?

① Champagne ② Grappa
③ Marsala ④ Absente

해설
• 마르살라 와인은 이탈리아 시칠리아섬에 생산되는 강화와인이다.

09 Repetitive Learning 1회 2회 3회

Scotch whiskey에 대한 설명으로 옳지 않은 것은?

① Malt whiskey는 대부분 Pot still을 사용하여 증류한다.
② Blended whiskey는 Malt whiskey와 Grain whiskey를 혼합한 것이다.
③ 주원료인 보리는 이탄(Peat)의 연기로 건조시킨다.
④ Malt whiskey는 향이 소실되지 않도록 반드시 1회만 증류한다.

해설
• Malt whiskey는 단식 증류기로 2회 증류한 후 오크통에 숙성시킨다.

0302 / 0401 / 0701 / 0205 / 1102 / 1202 / 1204

10 Repetitive Learning 1회 2회 3회

증류하면 변질될 수 있는 과일이나 약초, 향료에 증류주를 가해 향미성을 용해시키는 방법으로 열을 가하지 않는 리큐르 제조법으로 가장 적합한 것은?

① 증류법 ② 침출법
③ 여과법 ④ 에센스법

해설
• 혼성주의 조주방법에는 증류법, 침출법, 에센스법이 있다.
• ①은 침출시킨 주정을 재증류하는 방법이다.
• ④는 향유를 혼합시켜 만드는 방법이다.

11 Repetitive Learning 1회 2회 3회

커피의 품종에서 주로 인스턴트커피의 원료로 사용되고 있는 것은?

① 로부스타 ② 아라비카
③ 리베리카 ④ 레귤러

해설
• ①은 쓴맛이 강하므로 주로 인스턴트커피 또는 블렌딩용으로 사용된다.

12 Repetitive Learning 1회 2회 3회

whiskey 1Ounce(알코올 도수 40%), Cola 4oz(녹는 얼음의 양은 계산하지 않음)를 재료로 만든 whiskey coke의 알코올 도수는?

① 6% ② 8%
③ 10% ④ 12%

해설
• 위스키 1온스는 30ml이고, Cola 4oz는 120ml이다.
• 알코올 도수 40%가 30ml이고, 총량은 150ml이므로 계산하면 $\frac{0.4 \times 30}{150} = 0.08$이므로 8%가 된다.

0502 / 0901

13 Repetitive Learning 1회 2회 3회

이탈리아 리큐르로 살구 씨를 물과 함께 증류하여 향초 성분과 혼합하고 시럽을 첨가해서 만든 리큐르는?

① Cherry Brandy ② Curacao
③ Amaretto ④ Tia Maria

해설
• ①은 체리를 주원료로 하여 향료를 침전시켜 만드는 리큐르이다.
• ②는 라라하 귤(오렌지) 열매의 껍질을 말려 향을 낸 리큐르로 Triple Sec(트리플 섹)이 대표적이다.
• ④는 자메이카 블루 마운틴 커피로 만든 리큐르이다.

07 ② 08 ③ 09 ④ 10 ② 11 ① 12 ② 13 ③ 정답

14 Repetitive Learning 1회 2회 3회

와인병 바닥의 요철 모양으로 오목하게 들어간 부분은?

① 펀트(Punt) ② 발란스(Balance)
③ 포트(Port) ④ 노블 롯(Noble Rot)

해설
- 적포도주 병의 바닥에 있는 요철모양으로 들어간 것을 펀트라고 부르며 이로 인해 와인 찌꺼기가 이동하지 않는다.

15 Repetitive Learning 1회 2회 3회

포도즙을 내고 남은 찌꺼기에 약초 등을 배합하여 증류해 만든 이태리 술은?

① 삼부카 ② 버머스
③ 그라빠 ④ 캄파리

해설
- ①은 이탈리아 전통주로 주정에 아니스를 집어넣고 숙성시켜 만든 리큐르의 일종이다.
- ②는 이탈리아 주정강화와인으로 양조주에 해당한다.
- ④는 아페리티프라 불리는 이탈리아 술로 리큐르의 일종이다.

1005 / 0802

16 Repetitive Learning 1회 2회 3회

조선시대에 유입된 외래주가 아닌 것은?

① 천축주 ② 섬라주
③ 금화주 ④ 두견주

해설
- 조선시대 때 유입된 외래주에는 천축주, 미인주, 섬라주, 금화주, 무술주 등이 있다.

17 Repetitive Learning 1회 2회 3회

고려 때에 등장한 술로 병자호란이던 어느 해 이완 장군이 병사들의 사기를 돋우기 위해 약용과 가향의 성분을 고루 갖춘 이 술을 마시게 한 것에서 유래된 것으로 알려졌으며, 차보다 얼큰하고 짙게 우러난 호박색이 부드럽고 연꽃 냄새가 은은하며 감칠맛이 일품인 전통주는?

① 문배주 ② 이강주
③ 송순주 ④ 연엽주

해설
- ①은 조와 찰수수로 만든 국가지정 중요무형문화재로 지정된 증류식 소주이다.
- ②는 전북 전주의 전통주로 쌀로 빚으며 소주에 배, 생강, 울금 등 한약재를 넣어 숙성시킨 약주이다.
- ③은 대전 지역의 전통주로 소나무 순을 이용해 숙성한 술이다.

1102

18 Repetitive Learning 1회 2회 3회

테킬라에 대한 설명으로 바르게 연결된 것은?

> - 최초의 원산지는 (㉠)로/으로 이 나라의 특산주이다.
> - 원료는 백합과의 (㉡)인데 이 식물에는 (㉢)이라는 전분과 비슷한 물질이 함유되어 있다.

① ㉠ 멕시코, ㉡ 풀케(Pulque), ㉢ 루플린
② ㉠ 멕시코, ㉡ 아가베(Agave), ㉢ 이눌린
③ ㉠ 스페인, ㉡ 아가베(Agave), ㉢ 루플린
④ ㉠ 스페인, ㉡ 풀케(Pulque), ㉢ 이눌린

해설
- 테킬라의 최초 원산지는 멕시코이며 아가베에 함유된 과당의 일종인 이눌린을 발효한 발효주가 풀케다.

19 Repetitive Learning 1회 2회 3회

차(Tea)에 대한 설명으로 가장 거리가 먼 것은?

① 녹차는 차 잎을 찌거나 덖어서 만든다.
② 녹차는 끓는 물로 신속히 우려낸다.
③ 홍차는 레몬과 잘 어울린다.
④ 홍차에 우유를 넣을 때는 뜨겁게 하여 넣는다.

해설
- 녹차는 끓는 물로 신속하게 우려내는 것이 아니라 물의 온도와 차의 양, 차가 우려 나오는 시간을 고려해야 한다.

1104

20 Repetitive Learning 1회 2회 3회

이탈리아 와인의 I.G.T 등급은 프랑스의 어느 등급에 해당되는가?

① V.D.Q.S ② Vin de Pays
③ Vin de Table ④ A.O.C

해설
- 이탈리아 와인의 I.G.T 등급은 프랑스의 Vin de Pays와 같다.

정답 | 14 ① 15 ③ 16 ④ 17 ④ 18 ② 19 ② 20 ②

1102

21 Repetitive Learning (1회 2회 3회)

진저에일(Ginger ale)에 대한 설명 중 틀린 것은?

① 맥주에 혼합하여 마시기도 한다.
② 생강향이 함유된 청량음료이다.
③ 진저에일의 에일은 알코올을 뜻한다.
④ 진저에일은 알코올분이 있는 혼성주이다.

해설
• 진저에일은 생강향이 함유된 청량음료로 알코올 성분이 없다.

22 Repetitive Learning (1회 2회 3회)

곡류와 감자 등을 원료로 하여 당화시킨 후 발효하고 증류한다. 증류액을 희석하여 자작나무 숯으로 만든 활성탄에 여과하여 정제하기 때문에 무색, 무취에 가까운 특성을 가진 증류주는?

① Gin ② Vodka
③ Rum ④ Tequila

해설
• ①은 호밀 등을 원료로 하고 두송자로 독특한 향기를 내는 무색투명한 술이다.
• ③은 사탕수수즙이나 당밀 등으로 발효 증류시킨 증류주로 달콤한 냄새와 특유의 맛을 갖고 있다.
• ④는 용설란으로 만들어 용설란 특유의 향과 달콤한 맛을 가진 멕시코 술이다.

23 Repetitive Learning (1회 2회 3회)

상면발효맥주 중 벨기에에서 전통적인 발효법을 이용해 만드는 맥주로, 발효시키기 전에 뜨거운 맥즙을 공기 중에 직접 노출시켜 자연에 존재하는 야생효모와 미생물이 자연스럽게 맥즙에 섞여 발효하게 만든 맥주는?

① 스타우트(Stout)
② 도르트문트(Dortmund)
③ 에일(Ale)
④ 램빅(Lambics)

해설
• ①은 기네스 맥주로 대표되는 영국식 상면발효맥주이다.
• ②는 독일식 맥주로 담색맥주계열로 분류되는 하면발효맥주이다.
• ③은 영국식 상면발효맥주로 라거에 비해 호프의 양을 1.5배~2배 더 첨가하므로 호프의 향과 맛이 강한 맥주이다.

0801

24 Repetitive Learning (1회 2회 3회)

차와 코코아에 대한 설명으로 틀린 것은?

① 차는 보통 홍차, 녹차, 청차 등으로 분류된다.
② 차의 등급은 잎의 크기나 위치 등에 크게 좌우된다.
③ 코코아는 카카오 기름을 제거하여 만든다.
④ 코코아는 사이폰(syphon)을 사용하여 만든다.

해설
• 사이폰(syphon)은 커피추출방법의 일종으로 관을 통과하여 커피를 유추하는 법으로 증기압을 이용하므로 화력에 주의해야 한다.

25 Repetitive Learning (1회 2회 3회)

그랑드 샹파뉴 지역의 와인 증류원액을 50% 이상 함유한 꼬냑을 일컫는 말은?

① 샹파뉴 블랑 ② 쁘띠뜨 샹파뉴
③ 핀 샹파뉴 ④ 샹파뉴 아르덴

해설
• 그랑드 샹파뉴의 와인 증류원액을 50% 이상을 함유한 꼬냑을 블렌딩하여 제조한 것을 핀 샹파뉴라 한다.

0805

26 Repetitive Learning (1회 2회 3회)

단식 증류기의 일반적인 특징이 아닌 것은?

① 원료 고유의 향을 잘 얻을 수 있다.
② 고급 증류주의 제조에 이용한다.
③ 적은 양을 빠른 시간에 증류하여 시간이 적게 걸린다.
④ 증류 시 알코올 도수를 80도 이하로 낮게 증류한다.

해설
• 단식 증류법(pot still)은 원료의 맛과 향을 살릴 수 있으며 시설비가 적게 든다는 장점이 있으나 속도가 느리다.

27 Repetitive Learning (1회 2회 3회)

다음 중 과즙을 이용하여 만든 양조주가 아닌 것은?

① Toddy ② Cider
③ Perry ④ Mead

해설
• Mead는 벌꿀로 만든 술이다.

21 ④ 22 ② 23 ④ 24 ④ 25 ③ 26 ③ 27 ④ 정답

28 Repetitive Learning (1회 2회 3회)

각국을 대표하는 맥주가 바르게 연결된 것은?

① 미국－밀러, 버드와이저
② 독일－하이네켄, 뢰벤브로이
③ 영국－칼스버그, 기네스
④ 체코－필스너, 벡스

해설

- 하이네켄은 네덜란드 맥주다.
- 칼스버그는 덴마크 맥주다.
- 벡스는 독일 맥주다.

0205

29 Repetitive Learning (1회 2회 3회)

조주상 사용되는 표준계량의 표시 중에서 틀린 것은?

① 1티스푼(teaspoon)＝1/8온스
② 1스플리트(split)＝6온스
③ 1파인트(pint)＝10온스
④ 1포니(pony)＝1온스

해설

- 1파인트(pint)는 16온스에 해당된다.

1104

30 Repetitive Learning (1회 2회 3회)

다음 중 홍차가 아닌 것은?

① 잉글리시 블랙퍼스트(English breakfast)
② 로브스타(Robusta)
③ 다즐링(Dazeeling)
④ 우바(Uva)

해설

- 로브스타는 커피 품종 중 하나다. 아라비카와 더불어 가장 대중적인 커피이며 원산지는 아프리카의 콩고이다.

0905

31 Repetitive Learning (1회 2회 3회)

1온스(oz)는 몇 mL인가?

① 10.5mL ② 20.5mL
③ 29.5mL ④ 40.5mL

해설

- 1온스(oz)는 29.574mL이고, Pony와 동일한 단위이다.

0501

32 Repetitive Learning (1회 2회 3회)

칵테일의 종류 중 마가리타(Margarita)의 주원료로 쓰이는 술의 이름은?

① 위스키(Whiskey) ② 럼(Rum)
③ 테킬라(Tequila) ④ 브랜디(Brandy)

해설

- 마가리타 칵테일은 테킬라, 오렌지 큐라소(트리플 섹 등), 라임주스를 셰이킹 기법으로 만든 후 술잔에 소금을 묻혀서 만드는 칵테일이다.

33 Repetitive Learning (1회 2회 3회)

바카디 칵테일(Bacardi Cocktail)용 글라스는?

① 올드 패션드(Old Fashioned)용 글라스
② 스템 칵테일(Stemmed Cocktail) 글라스
③ 필스너(Pilsner) 글라스
④ 고블렛(Goblet) 글라스

해설

- 바카디 칵테일은 쇼트 드링크로 칵테일 글라스로 서비스한다.

0402

34 Repetitive Learning (1회 2회 3회)

다음 주류 중 알코올 도수가 가장 약한 것은?

① 진(Gin) ② 위스키(Whiskey)
③ 브랜디(Brandy) ④ 슬로 진(Sloe Gin)

해설

- ①, ②, ③은 모두 증류주이며 도수가 40% 정도이다.

1101

35 Repetitive Learning (1회 2회 3회)

메뉴 구성 시 산지, 빈티지, 가격 등이 포함되어야 하는 품목과 거리가 먼 것은?

① 칵테일 ② 와인
③ 위스키 ④ 브랜디

해설

- 칵테일(Cocktail)은 여러 가지 술을 섞어서 만드는 음료로 산지나 빈티지 등이 포함될 필요가 없다.

정답 | 28 ① 29 ③ 30 ② 31 ③ 32 ③ 33 ② 34 ④ 35 ①

36
Repetitive Learning 1회 2회 3회

다음에서 주장관리 원칙과 가장 거리가 먼 것은?

① 매출의 극대화　② 청결유지
③ 분위기 연출　④ 완벽한 영업 준비

해설
• 매출의 극대화는 주장관리의 원칙이 될 수 없다.

1505
37
Repetitive Learning 1회 2회 3회

조주보조원이라 일컬으며 칵테일 재료의 준비와 청결유지를 위한 청소담당 및 업장 보조를 하는 사람을 의미하는 것은?

① 바 헬퍼(Bar Helper)
② 바텐더(Bartender)
③ 헤드 바텐더(Head Bartender)
④ 바 매니저(Bar Manager)

해설
• ②는 음료에 대한 충분한 지식을 숙지하고 서비스하는 조주요원이다.
• ③은 바텐더의 수장으로 전체 음료를 담당하는 관리자이다.
• ④는 주장운영의 실질적인 책임자로 모든 영업을 책임지는 사람으로 영업장 관리, 고객관리, 인력관리를 담당한다.

38
Repetitive Learning 1회 2회 3회

코스터(Coaster)란?

① 바용 양념세트　② 잔 밑받침
③ 주류 재고 계량기　④ 술의 원가표

해설
• 코스터(Coaster)는 주류를 글라스에 담아서 고객에게 서빙할 때 글라스 밑받침으로 사용하는 것을 말한다.

0602
39
Repetitive Learning 1회 2회 3회

와인병을 눕혀서 보관하는 이유로 가장 적절한 것은?

① 숙성이 잘되게 하기 위해서
② 침전물을 분리하기 위해서
③ 맛과 멋을 내기 위해서
④ 색과 향이 변질되는 것을 방지하기 위해서

해설
• 세워서 보관을 할 경우 산화되거나 기포가 빠져나갈 수 있다.

40
Repetitive Learning 1회 2회 3회

칵테일 기구에 해당되지 않는 것은?

① Butter Bowl　② Muddler
③ Strainer　④ Bar Spoon

해설
• ①은 밥공기 등에 사용되는 작고 오목한 샘을 닮은 플레이트이다.

0401
41
Repetitive Learning 1회 2회 3회

얼음을 다루는 기구 중 설명이 틀린 것은?

① Ice Pick : 얼음을 깰 때 사용하는 기구
② Ice Scooper : 얼음을 떠내는 기구
③ Ice Crusher : 얼음을 가는 기구
④ Ice Tong : 얼음을 보관하는 기구

해설
• ④는 얼음을 집는 집게이다.

1005 / 1204
42
Repetitive Learning 1회 2회 3회

선입선출(FIFO)의 원래 의미로 옳은 것은?

① First-in, First-on
② First-in, First-off
③ First-in, First-out
④ First-inside, First-on

해설
• 선입선출(FIFO)의 의미는 First In First Out이다.

43
Repetitive Learning 1회 2회 3회

핑크 레이디, 밀리언 달러, 마티니, B-52의 조주 기법을 순서대로 나열한 것은?

① shaking, stirring, building, float & layer
② shaking, shaking, float & layer, building
③ shaking, shaking, stirring, float & layer
④ shaking, float & layer, stirring, building,

36 ① 37 ① 38 ② 39 ④ 40 ① 41 ④ 42 ③ 43 ③ 정답

해설

- 순서대로 셰이킹, 셰이킹, 휘젓기, 띄우기 기법으로 만든다.

44 Repetitive Learning (1회 2회 3회)

Honeymoon 칵테일에 필요한 재료는?

① Apple Brandy ② Dry Gin
③ Old Tom Gin ④ Vodka

해설

- 허니문은 애플 브랜디, 베네딕틴 DOM, 트리플 섹, 레몬주스를 셰이킹 기법으로 만든 칵테일이다.

0805

45 Repetitive Learning (1회 2회 3회)

바 매니저(Bar Manager)의 주 업무가 아닌 것은?

① 영업 및 서비스에 관한 지휘 통제권을 갖는다.
② 직원의 근무 시간표를 작성한다.
③ 직원들의 교육 훈련을 담당한다.
④ 인벤토리(Inventory)를 세부적으로 관리한다.

해설

- ④는 바텐더의 업무이다.

0801 / 0904 / 1102

46 Repetitive Learning (1회 2회 3회)

주로 tropical cocktail을 조주할 때 사용하며 '두들겨 으깬다'라는 의미를 가지고 있는 얼음은?

① shaved ice ② crushed ice
③ cubed ice ④ cracked ice

해설

- ①은 눈꽃 모양 얼음으로 가장 차가운 칵테일을 만들 때 사용한다.
- ③은 직육면체 혹은 정육면체의 각얼음이다.
- ④는 작게 갈아낸 얼음이다.

0602 / 0904 / 1002 / 1201

47 Repetitive Learning (1회 2회 3회)

계란, 설탕 등의 부재료가 사용되는 칵테일을 혼합할 때 사용하는 기구는?

① Shaker ② Mixing Glass
③ Strainer ④ Muddler

해설

- ②는 셰이커와 같이 재료를 섞고 차갑게 식히는 역할을 하는 도구이다.
- ③은 칵테일을 제조할 때 여과기로 사용되며 얼음이 흘러나오지 않도록 막는 도구이다.
- ④는 허브잎이나 과일 또는 설탕 등을 으깨서 향을 낼 때 사용하는 도구이다.

0405 / 0801

48 Repetitive Learning (1회 2회 3회)

Champagne 서브 방법으로 옳은 것은?

① 병을 미리 흔들어서 거품이 많이 나도록 한다.
② 0~4℃ 정도의 냉장온도로 서브한다.
③ 쿨러에 얼음과 함께 담아서 운반한다.
④ 코르크를 열 때 가능한 한 소리가 크게 나도록 한다.

해설

- 거품이 나도록 흔들지 않는다.
- 와인쿨러에 물과 얼음을 넣고 발포성 와인병을 넣어 차갑게 한 다음 서브한다.(서빙온도는 7~9℃)
- 병을 45°로 기울인 후 개봉할 때 "뻥"하는 소리가 나지 않고 "스스스"하는 소리가 나도록 천천히 터뜨린다.

0502

49 Repetitive Learning (1회 2회 3회)

칵테일 용어 중 트위스트(Twist)란?

① 칵테일 내용물이 춤을 추듯 움직임
② 과육을 제거하고 껍질만 짜서 넣음
③ 주류 용량을 잴 때 사용하는 기물
④ 칵테일의 2온스 단위

해설

- 트위스트(Twist)란 과육을 제거하고 껍질만 짜서 넣는 기법을 말한다.

0505

50 Repetitive Learning (1회 2회 3회)

칵테일 재료 중 석류를 사용해 만든 시럽(Syrup)은?

① 플레인 시럽(Plain Syrup)
② 검 시럽(Gum Syrup)
③ 그레나딘 시럽(Grenadine Syrup)
④ 메이플 시럽(Maple Syrup)

정답 | 44 ① 45 ④ 46 ② 47 ① 48 ③ 49 ② 50 ③

해설

- ①은 일반적인 설탕(Sugar) 시럽으로 심플 시럽이라고도 한다.
- ②는 아라비아의 검(Gum) 분말을 섞어 플레인 시럽의 설탕 덩어리가 침전되는 것을 방지한다.
- ④는 캐나다 사탕단풍나무의 수액으로 만든 시럽으로 칵테일에는 잘 사용되지 않고 주로 핫케이크에 사용한다.

51 Repetitive Learning (1회 2회 3회)

"What would you like to drink?"의 의미로 가장 적절한 것은?

① 식사는 무엇으로 하시겠습니까?
② 디저트는 무엇으로 하시겠습니까?
③ 그 외에 무엇을 드시겠습니까?
④ 술은 무엇으로 하시겠습니까?

해설

- 술 주문을 무엇으로 할 것인지를 묻는 질문이다.

0605

52 Repetitive Learning (1회 2회 3회)

What is the name of famous Liqueur on Scotch basis?

① Drambuie　② Cointreau
③ Grand marnier　④ Curacao

해설

- ②는 오렌지 껍질로 만든 프랑스산 리큐르이다.
- ③은 꼬냑(Cognac)에 오렌지향을 가미한 프랑스산 리큐르이다.
- ④는 라라하 귤(오렌지) 열매의 껍질을 말려 향을 낸 리큐르로 Triple Sec(트리플 섹)이 대표적이다.

53 Repetitive Learning (1회 2회 3회)

Which of the following is a liqueur made by Irish whiskey and Irish cream?

① Benedictine　② Galliano
③ Creme de Cacao　④ Baileys

해설

- ②는 이탈리아에서 만든 달콤한 맛의 허브 리큐르이다.
- Baileys는 Irish Cream과 위스키(Whiskey)를 결합하여 넣어 제조한 달콤한 알코올 음료다.

0701 / 1401

54 Repetitive Learning (1회 2회 3회)

다음은 무엇에 관한 설명인가?

> When making a cocktail, this is the main ingredient into which other things are added.

① base　② glass
③ straw　④ decoration

해설

- 칵테일을 만들 때 주가 되는 것은 베이스를 의미한다.

55 Repetitive Learning (1회 2회 3회)

"Would you care for dessert?"의 올바른 대답은?

① Vanilla ice-cream, please.
② Ice-water, please.
③ Scotch on the rocks.
④ Cocktail, please.

해설

- 디저트로 무엇을 선택하겠냐는 물음이다. 대답은 디저트 중 원하는 것을 말해야 한다.

1102

56 Repetitive Learning (1회 2회 3회)

다음 중 의미가 다른 하나는?

① Cheers!　② Give up!
③ Bottoms up!　④ Here's to us!

해설

- ②는 포기하라는 의미이고, ①, ③, ④는 건배 시 구호이다.

1101

57 Repetitive Learning (1회 2회 3회)

Which of the following is not Scotch whiskey?

① Cutty Sark　② White Horse
③ John Jameson　④ Royal Salute

해설

- 존 제임슨(John Jameson)은 아이리시 위스키의 대표적인 브랜드이다.

51 ④　52 ①　53 ④　54 ①　55 ①　56 ②　57 ③ 정답

58

Repetitive Learning 1회 2회 3회

Which one is made of Dry Gin and Dry Vermouth?

① Martini ② Manhattan
③ Paradise ④ Gimlet

해설

- ②는 버번위스키, 베르무트, 비터스를 믹싱 글라스에 담고 휘젓기(Stir) 기법으로 만들고 체리로 장식한다.
- ③은 진, 브랜디, 오렌지주스를 셰이킹 기법으로 만든 칵테일이다.
- ④는 진, 라임주스, 시럽을 셰이커에 넣어 셰이킹 기법으로 만드는 칵테일이다.

0702

59

Repetitive Learning 1회 2회 3회

Which syrup is made by pomegranate?

① Maple Syrup
② Strawberry Syrup
③ Grenadine Syrup
④ Almond Syrup

해설

- pomegranate(석류나무) 열매로 만든 시럽은 그레나딘 시럽이다.

0904

60

Repetitive Learning 1회 2회 3회

다음 문장 중 나머지 셋과 의미가 다른 하나는?

① What would you like to have?
② Would you like to order now?
③ Are you ready to order?
④ Did you order him out?

해설

- ①, ②, ③은 모두 주문을 받을 때 웨이터가 할 수 있는 표현이다.
- ④는 '그를 내보내라고 당신이 명령했나요?'라고 묻고 있다.

정답 | 58 ① 59 ③ 60 ④

2014년 제4회

2014년 7월 20일 필기

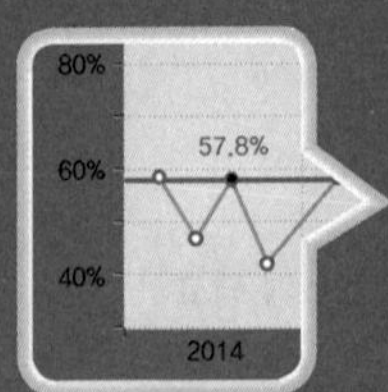

14년 4회차 필기시험
합격률 57.8%

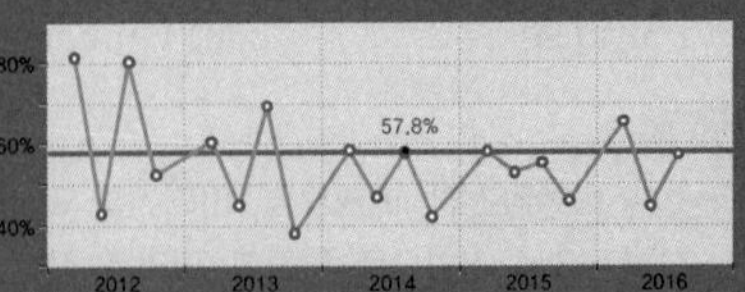

0401

01

Repetitive Learning 1회 2회 3회

쇼트 드링크(short drink)란?

① 만드는 시간이 짧은 음료
② 증류주와 청량음료를 믹스한 음료
③ 시간적인 개념으로 짧은 시간에 마시는 칵테일 음료
④ 증류주와 맥주를 믹스한 음료

해설
- 쇼트 드링크는 용량이 150ml(5oz) 미만의 칵테일로 짧은 시간에 마시는 칵테일을 말한다.

0601

02

Repetitive Learning 1회 2회 3회

Stinger를 조주할 때 사용되는 술은?

① Brandy
② Creme de Menthe Blue
③ Cacao
④ Sloe Gin

해설
- 스팅어(Stinger)는 브랜디를 베이스로 만든 칵테일이다. 특히 페퍼민트 향이 나는 것이 특징이며 식후주로 즐긴다.

03

Repetitive Learning 1회 2회 3회

칵테일 명칭이 아닌 것은?

① Gimlet
② Kiss of Fire
③ Tequila Sunrise
④ Drambuie

해설
- ④는 스카치 위스키를 기본주로 Honey, Herbs가 첨가된 호박색 리큐르이다.

0401 / 0405

04

Repetitive Learning 1회 2회 3회

맥주(Beer)에서 특이한 쓴맛과 향기로 보존성을 증가시키고 또한 맥아즙의 단백질을 제거하는 역할을 하는 원료는?

① 효모(yeast)
② 홉(hop)
③ 알코올(alcohol)
④ 과당(fructose)

해설
- 홉은 맥주(Beer)에서 특이한 쓴맛과 향기로 잡균을 제거하여 보존성을 증가시키고, 맥아즙의 단백질을 제거하는 역할을 하는 원료이다.

0302 / 1101

05

Repetitive Learning 

다음 증류주 중에서 곡류의 전분을 원료로 하지 않는 것은?

① 진(Gin)
② 럼(Rum)
③ 보드카(Vodka)
④ 위스키(Whiskey)

해설
- 럼주(Rum)는 사탕수수에서 당밀을 발효시켜 만든다.

06

Repetitive Learning 1회 2회 3회

화이트 와인 품종이 아닌 것은?

① 샤르도네(Chardonnay)
② 말벡(Malbec)
③ 리슬링(Riesling)
④ 뮈스까(Muscat)

해설
- 말벡(Malbec)은 까오르(Cahors) 지방 레드 와인의 주요 포도 품종 중 하나다.

정답 01 ③ 02 ① 03 ④ 04 ② 05 ② 06 ②

0705 / 0904 / 1101

07 Repetitive Learning (1회 2회 3회)

다음 중 우리나라의 전통주가 아닌 것은?

① 소흥주 ② 소곡주
③ 문배주 ④ 경주법주

해설

- ②는 충남 한산면에서 만들어진 청주이자 약주로 백제 때 만든 것으로 알려진다.
- ③은 조와 찰수수로 만든 국가지정 중요무형문화재로 지정된 증류식 소주이다.
- ④는 신라시대부터 전해오는 전통주로 국가지정 중요무형문화재로 지정된 빛깔이 희고 맛이 순수한 민속주이다.

0502

08 Repetitive Learning (1회 2회 3회)

다음 중 미국을 대표하는 리큐르는?

① 슬로 진(Sloe Gin)
② 리카르드(Ricard)
③ 사우던 컴포트(Southern Comfort)
④ 크림 데 카카오(Creme de Cacao)

해설

- ①은 영국 자두의 일종인 Sloe Berry를 진에 첨가하여 설탕을 가한 붉은색 혼성주이다.
- ②는 프랑스의 감초를 베이스로 한 리큐르이다.
- ④는 향초를 사용하지 않고 코코아와 바닐라 열매를 넣어 제조한 리큐르이다.

09 Repetitive Learning (1회 2회 3회)

스페인 와인의 대표적 토착품종으로 숙성이 충분히 이루어지지 않을 때는 짙은 향과 풍미가 다소 거칠게 느껴질 수 있지만 오랜 숙성을 통하면 부드러움이 갖추어져 매혹적인 스타일이 만들어지는 것은?

① Gamay
② Pinot Noir
③ Tempranillo
④ Cabernet Sauvignon

해설

- ①은 프랑스 부르고뉴 보졸레 누보 레드 와인을 만드는 품종이다.
- ②는 프랑스 부르고뉴 대표 레드 와인 품종이다.
- ④는 거의 모든 와인생산국에서 재배하는 레드 와인 품종이다.

10 Repetitive Learning (1회 2회 3회)

다음 중 오렌지향의 리큐르가 아닌 것은?

① 그랑 마니에르(Grand Marnier)
② 트리플 섹(Triple Sec)
③ 꼬엥뜨로(Cointreau)
④ 뮤슈(Mousseux)

해설

- ①, ②, ③은 모두 꼬냑에 오렌지 껍질을 말려 향을 낸 리큐르이다.
- ④는 샹파뉴 지방 외에서 만들어진 발포성 와인을 통칭하는 명칭이다.

11 Repetitive Learning (1회 2회 3회)

테킬라의 구분이 아닌 것은?

① 블랑코 ② 그라파
③ 레포사도 ④ 아녜호

해설

- ②는 이탈리아의 증류주인 브랜디의 일종이며 포도 찌꺼기를 발효시킨 알코올을 증류하여 만든다.

0805

12 Repetitive Learning (1회 2회 3회)

Terroir의 의미를 가장 잘 설명한 것은?

① 포도재배에 있어서 영향을 미치는 자연적인 환경요소
② 영양분이 풍부한 땅
③ 와인을 저장할 때 영향을 미치는 온도, 습도, 시간의 변화
④ 물이 빠지는 토양

해설

- 토양(Terroir)은 프랑스어로 포도가 잘 재배되고 와인을 만드는 데 필요한 땅, 지역, 기후, 제조방법을 말한다.

13 Repetitive Learning (1회 2회 3회)

칵테일을 만드는 기본기술 중 글라스에서 직접 만들어 손님에게 제공하는 경우가 있다. 다음 칵테일 중 이에 해당되는 것은?

① Bacardi ② Calvados
③ Honeymoon ④ Gin Rickey

정답 | 07 ① 08 ③ 09 ③ 10 ④ 11 ② 12 ① 13 ④

해설

- ①은 화이트럼, 라임주스, 시럽을 셰이커에 넣고 셰이킹 기법으로 만드는 칵테일이다.
- ②는 프랑스에서 사과를 원료로 만든 증류주인 Apple Brandy이다.
- ③은 브랜디, 베네딕틴, 트리플 섹, 레몬주스를 셰이커에 넣고 셰이킹 기법으로 만드는 칵테일이다.

14 —— Repetitive Learning (1회 2회 3회)

다음 중 와인의 정화(fining)에 사용되지 않는 것은?

① 규조토　② 계란의 흰자
③ 카제인　④ 아황산용액

해설

- 와인의 정화(fining)에는 규조토(벤토나이트), 계란의 흰자(알부민), 카제인 등을 이용한다.

15 —— Repetitive Learning (1회 2회 3회)

와인의 숙성 시 사용되는 오크통에 관한 설명으로 가장 거리가 먼 것은?

① 오크 캐스크(cask)가 작은 것일수록 와인에 뚜렷한 영향을 준다.
② 보르도 타입 오크통의 표준 용량은 225리터이다.
③ 캐스크가 오래될수록 와인에 영향을 많이 주게 된다.
④ 캐스크에 숙성시킬 경우에 정기적으로 랙킹(racking)을 한다.

해설

- 오크통은 새것이 가장 좋으며 오래되면 성능이 떨어져 하급의 샤토로 팔아넘긴다.

16 —— Repetitive Learning (1회 2회 3회)

커피 리큐르가 아닌 것은?

① 카모라(Kamora)
② 티아 마리아(Tia Maria)
③ 쿰멜(Kummel)
④ 칼루아(Kahlua)

해설

- 쿰멜(Kummel)은 회양풀(Caraway)로 만드는 리큐르이다.

17 —— Repetitive Learning (1회 2회 3회)

롱드링크 칵테일이나 비알코올성 펀치 칵테일을 만들 때 사용하는 것으로 레몬과 설탕이 주원료인 청량음료는?

① Soda Water　② Ginger Ale
③ Tonic Water　④ Collins Mix

해설

- ①은 물에 이산화탄소를 가미한 것이다.
- ②는 생강으로 향과 맛을 내 캐러멜로 착색한 탄산음료이다.
- ③은 소다수에 레몬, 키니네(quinine) 껍질 등의 농축액을 함유하여 뒷맛이 다소 쌉쌀한 청량음료로 진(Gin)과 가장 좋은 조화를 이룬다.

1001

18 —— Repetitive Learning (1회 2회 3회)

다음 민속주 중 증류식 소주가 아닌 것은?

① 문배주　② 삼해주
③ 옥로주　④ 안동소주

해설

- ②는 쌀과 누룩으로 만든 약주이며, 이를 증류하면 소주가 된다.

19 —— Repetitive Learning (1회 2회 3회)

칠레에서 주로 재배되는 포도 품종이 아닌 것은?

① 말백(Malbec)
② 진판델(Zinfandel)
③ 메를로(Merlot)
④ 까베르네 쇼비뇽(Cabernet Sauvignon)

해설

- 진판델(Zinfandel)은 미국의 캘리포니아(California)에서 많이 재배되는 적포도 품종이다.

20 —— Repetitive Learning (1회 2회 3회)

다음 중 몰트 위스키가 아닌 것은?

① A'bunadh　② Macallan
③ Crown royal　④ Glenlivet

해설

- 크라운 로열(Crown Royal)은 블렌디드 캐나디안 위스키다.

14 ④　15 ③　16 ③　17 ④　18 ②　19 ②　20 ③ | 정답

0305 / 0602 / 0701 / 0901

21 Repetitive Learning (1회 2회 3회)

꼬냑은 무엇으로 만든 술인가?

① 보리 ② 옥수수
③ 포도 ④ 감자

해설
- ①과 ②를 주원료로 만든 술은 위스키이다.
- ④를 주원료로 만든 술은 보드카다.

22 Repetitive Learning (1회 2회 3회)

다음 칵테일 중 직접 넣기(Building) 기법으로 만드는 칵테일로 적합한 것은?

① Bacardi ② Kiss of Fire
③ Honeymoon ④ Kir

해설
- ①은 화이트럼, 라임주스, 시럽을 셰이커에 넣고 셰이킹 기법으로 만드는 칵테일이다.
- ②는 보드카, 슬로 진, 드라이 베르무트, 레몬주스를 셰이커에 넣고 셰이킹 기법으로 만드는 칵테일이다.
- ③은 브랜디, 베네딕틴, 트리플 섹, 레몬주스를 셰이커에 넣고 셰이킹 기법으로 만드는 칵테일이다.

23 Repetitive Learning (1회 2회 3회)

Draft Beer의 특징으로 가장 잘 설명한 것은?

① 맥주 효모가 살아 있어 맥주의 고유한 맛을 유지한다.
② 병맥주보다 오래 저장할 수 있다.
③ 살균처리를 하여 생맥주 맛이 더 좋다.
④ 효모를 미세한 필터로 여과하여 생맥주 맛이 더 좋다.

해설
- 생맥주는 살균처리를 하지 않은 맥주로 유통기한은 짧지만 맥주의 신선한 풍미를 즐길 수 있다.

0805 / 1101

24 Repetitive Learning (1회 2회 3회)

Gin Fizz의 특징이 아닌 것은?

① 하이볼 글라스를 사용한다.
② 기법으로 Shaking과 Building을 병행한다.
③ 레몬의 신맛과 설탕의 단맛이 난다.
④ 칵테일 어니언(onion)으로 장식한다.

해설
- Gin Fizz Cocktail은 레몬 슬라이스로 장식한다.

25 Repetitive Learning (1회 2회 3회)

음료의 살균에 이용되지 않는 방법은?

① 저온 장시간 살균법(LTLT)
② 자외선 살균법
③ 고온 단시간 살균법(HTST)
④ 초고온 살균법(UHT)

해설
- 음료의 살균법에는 ①, ③, ④ 외에 멸균법이 있다.

0102 / 0302 / 0801 / 1004

26 Repetitive Learning (1회 2회 3회)

다음 중 롱 드링크(Long drink)에 해당하는 것은?

① 사이드 카(Side car)
② 스팅어(Stinger)
③ 로얄 피즈(Royal fizz)
④ 맨해튼(Manhattan)

해설
- ①, ②, ④는 모두 용량이 150ml 미만인 쇼트 드링크에 해당된다.

27 Repetitive Learning (1회 2회 3회)

커피의 3대 원종이 아닌 것은?

① 아라비카종 ② 로부스타종
③ 리베리카종 ④ 수마트라종

해설
- ④는 인도네시아 수마트라에서 생산되는 커피콩으로 로부스타종에 포함된다.

28 Repetitive Learning (1회 2회 3회)

1 대시(dash)는 몇 mL인가?

① 0.9mL ② 5mL
③ 7mL ④ 10mL

해설
- 1Dash는 0.9mL, 5Drop, 1/32oz를 의미한다.

정답 | 21 ③ 22 ④ 23 ① 24 ④ 25 ② 26 ③ 27 ④ 28 ①

1101

29 Repetitive Learning (1회 2회 3회)

다음 중 원료가 다른 술은?

① 트리플 섹 ② 마라스퀸
③ 꼬엥뜨로 ④ 블루 퀴라소

해설
- ①, ③, ④는 모두 꼬냑에 오렌지 껍질을 말려 향을 낸 리큐르이다.
- 마라스퀸(marasquin)은 마라스카라고 하는 벚나무 열매의 일종 또는 벚나무 열매의 즙액을 가한 리큐르이다.

30 Repetitive Learning (1회 2회 3회)

다음 중 양조주가 아닌 것은?

① Silvowitz ② Cider
③ Porter ④ Cava

해설
- Silvowitz는 서양 살구(Blue Plum)로 만든 브랜디로 루마니아(Romania)와 세르비아 일부의 국민주로 불리는 증류주이다.
- ②는 사과를 발효시켜 만든 양조주이다.
- ③은 영국식 맥주의 한 종류이다.
- ④는 스페인산 발포성 와인으로 양조주이다.

31 Repetitive Learning (1회 2회 3회)

백포도주를 서비스할 때 함께 제공하여야 할 기물로 가장 적합한 것은?

① bar spoon ② wine cooler
③ strainer ④ tongs

해설
- 백포도주를 제공할 때는 와인을 차갑게 유지하기 위해 와인 쿨러(wine cooler)가 필요하다.

32 Repetitive Learning (1회 2회 3회)

칵테일의 기법 중 Stirring을 필요로 하는 경우와 가장 관계가 먼 것은?

① 섞는 술의 비중의 차이가 큰 경우
② Shaking 하면 만들어진 칵테일이 탁해질 것 같은 경우
③ Shaking 하는 것보다 독특한 맛을 얻고자 할 경우
④ Cocktail의 맛과 향이 없어질 우려가 있을 경우

해설
- 비중 차가 큰 경우는 띄우기(Floating & Layering) 방법을 이용한다.

0702 / 1004 / 1201

33 Repetitive Learning (1회 2회 3회)

빈(bin)이 의미하는 것으로 가장 적합한 것은?

① 프랑스산 적포도주
② 주류 저장소에 술병을 넣어 놓는 장소
③ 칵테일 조주 시 가장 기본이 되는 주재료
④ 글라스를 세척하여 담아 놓는 기구

해설
- 빈(bin)은 주류 저장소에 술병을 넣어 놓는 장소를 말한다.

34 Repetitive Learning (1회 2회 3회)

음료서비스 시 수분흡수를 위해 잔 밑에 놓는 것은?

① coaster ② pourer
③ stopper ④ jigger

해설
- ②는 주류를 따를 때 흘리지 않도록 하는 기구이다.
- ③은 탄산음료나 샴페인을 사용하고 남은 일부를 보관 시 사용되는 기물이다.
- ④는 칵테일 레시피에 표시된 음료의 양을 정확하게 측정하기 위해 사용하는 도구이다.

1201

35 Repetitive Learning (1회 2회 3회)

Floating의 방법으로 글라스에 직접 제공하여야 할 칵테일은?

① Highball ② Gin fizz
③ Pousse cafe ④ Flip

해설
- ①은 대표적인 직접 넣기(Building) 기법으로 만드는 칵테일이다.
- ②는 슬로 진, 레몬주스, 설탕시럽을 셰이커에 넣고 셰이킹 기법으로 만드는 칵테일이다.
- ④는 계란이 통째로(혹은 노른자만이라도) 들어간 칵테일을 말한다.

29 ② 30 ① 31 ② 32 ① 33 ② 34 ① 35 ③ 정답

36 Repetitive Learning (1회 2회 3회)

다음 중 네그로니(Negroni) 칵테일의 재료가 아닌 것은?

① Dry Gin ② Campari
③ Sweet Vermouth ④ Flip

해설
- ④는 계란이 통째로(혹은 노른자만이라도) 들어간 칵테일을 말하는데 네그로니는 계란을 넣지 않는다.

37 Repetitive Learning (1회 2회 3회)

레드 와인의 서비스 방법으로 틀린 것은?

① 적정한 온도로 보관하여 서비스한다.
② 잔이 가득 차도록 조심해서 서서히 따른다.
③ 와인병이 와인 잔에 닿지 않도록 따른다.
④ 와인병 입구를 종이냅킨이나 크로스냅킨을 이용하여 닦는다.

해설
- 큰 잔일 경우 1/3, 중간 잔은 1/2, 작은 잔은 2/3 정도 따른다.

38 Repetitive Learning (1회 2회 3회)

Cognac의 등급 표시가 아닌 것은?

① V.S.O.P ② Napoleon
③ Blended ④ Vieux

해설
- 꼬냑에서 Vieux는 VSOP와 XO의 중간 등급을 뜻한다.

0802 / 0805 / 1001 / 1004 / 1302 / 1305 / 1401

39 Repetitive Learning (1회 2회 3회)

주장관리에서 핵심적인 원가의 3요소는?

① 재료비, 인건비, 주장경비
② 세금, 봉사료, 인건비
③ 인건비, 주세, 재료비
④ 재료비, 세금, 주장경비

해설
- 주장관리에서 핵심적인 원가의 3요소는 재료비, 인건비, 주장경비(기타경비)이다.

40 Repetitive Learning (1회 2회 3회)

다음 중 용량에 있어 다른 단위와 차이가 가장 큰 것은?

① 1Pony ② 1Jigger
③ 1Shot ④ 1Ounce

해설
- 1지거(Jigger)는 45mL이고, 1.5oz에 해당된다.

1204

41 Repetitive Learning (1회 2회 3회)

Standard recipe를 지켜야 하는 이유로 가장 거리가 먼 것은?

① 다양한 맛을 낼 수 있다.
② 객관성을 유지할 수 있다.
③ 원가책정의 기초로 삼을 수 있다.
④ 동일한 제조 방법으로 숙련할 수 있다.

해설
- 표준 조주법(Standard recipe)은 일정한 품질과 맛의 지속적 유지를 위해 필요하다.

0805

42 Repetitive Learning (1회 2회 3회)

Fizz류의 칵테일 조주 시 일반적으로 사용되는 것은?

① shaker ② mixing glass
③ pitcher ④ stirring rod

해설
- Fizz는 진, 리큐르 등을 베이스로 하여 설탕, 진 또는 레몬주스, 소다수 등을 사용하여 만든 칵테일로 주로 셰이킹 기법으로 만든다.

0104 / 0405 / 0802 / 1102 / 1601

43 Repetitive Learning (1회 2회 3회)

탄산음료나 샴페인을 사용하고 남은 일부를 보관 시 사용되는 기물은?

① 스토퍼 ② 푸어러
③ 코르크 ④ 코스터

해설
- ②는 술 손실 예방 도구로 음료가 일정하게 나오도록 조절하는 기구로 푸링 립(Pouring Lip)이라고도 한다.

정답 | 36 ④ 37 ② 38 ③ 39 ① 40 ② 41 ① 42 ① 43 ①

44

Repetitive Learning 1회 2회 3회

포도주를 관리하고 추천하는 직업이나 그 일을 하는 사람을 뜻하며 와인 마스터(wine master)라고도 불리는 사람은?

① 쉐프(chef)
② 소믈리에(sommelier)
③ 바리스타(barista)
④ 믹솔로지스트(mixologist)

해설

- 포도주를 관리하고 추천하는 직업이나 그 일을 하는 사람으로 wine steward, wine waiter, 와인 마스터(wine master), 소믈리에(sommelier)라고도 불린다.

0802

45

Repetitive Learning 

Long drink가 아닌 것은?

① Pina colada ② Manhattan
③ Singapore Sling ④ Rum Punch

해설

- ②는 대표적인 쇼트 드링크이다.

1001

46

Repetitive Learning 1회 2회 3회

바(Bar)에서 유리잔(Glass)을 취급 · 관리하는 방법으로 잘못된 것은?

① Cocktail Glass는 목 부분(Stem)의 아래쪽을 잡는다.
② Wine Glass는 무늬를 조각한 크리스털 잔을 사용하는 것이 좋다.
③ Brandy Glass는 잔의 받침(Foot)과 볼(Bowl) 사이에 손가락을 넣어 감싸 잡는다.
④ 냉장고에서 차게 해 둔 잔(Glass)이라도 사용 전 반드시 파손과 청결상태를 확인한다.

해설

- 와인 글라스는 투명한 잔을 사용한다.

0501 / 0901

47

Repetitive Learning 1회 2회 3회

Brandy Base Cocktail이 아닌 것은?

① Gibson ② B&B
③ Side car ④ Stinger

해설

- ①은 Gin을 베이스로 베르무트(Vermouth)를 추가한 후 믹싱 글라스를 이용하는 Stirring(휘젓기) 기법으로 만든 칵테일이다.

0201 / 0901

48

Repetitive Learning 1회 2회 3회

store room에서 쓰이는 bin card의 용도는?

① 품목별 불출입 재고 기록
② 품목별 상품특성 및 용도 기록
③ 품목별 수입가와 판매가 기록
④ 품목별 생산지와 빈티지 기록

해설

- bin card는 품목별 불출입 재고 기록카드를 말한다.

49

Repetitive Learning 

June bug 칵테일의 재료가 아닌 것은?

① vodka ② coconut flavored Rum
③ blue curacao ④ sweet & sour Mix

해설

- ③은 카리브해에서 자란 비터 오렌지 라라의 말린 껍질로 만든 리큐르로 준 벅을 만들 때 사용되지 않는다.

0505

50

Repetitive Learning 1회 2회 3회

칵테일의 분류 중 맛에 따른 분류에 속하지 않는 것은?

① 스위트 칵테일(Sweet Cocktail)
② 사워 칵테일(Sour Cocktail)
③ 드라이 칵테일(Dry Cocktail)
④ 아페리티프 칵테일(Aperitif Cocktail)

해설

- 칵테일은 맛에 따라 크게 스위트, 사워, 드라이 칵테일로 분류한다.

0302 / 0902

51

Repetitive Learning 1회 2회 3회

"How would you like your steak?"의 대답으로 적절하지 않은 것은?

① rare ② medium
③ rare-done ④ well-done

44 ② 45 ② 46 ② 47 ① 48 ① 49 ③ 50 ④ 51 ③ 정답

해설

• "당신의 스테이크를 어떻게 해드릴까요?"라는 질문에 대한 답변은 Rare, Medium, Medium rare, Well-done 등을 사용할 수 있다.

0702

52 Repetitive Learning (1회 2회 3회)

Which is not the name of sherry?

① Fino ② Olorso
③ Tio pepe ④ Tawny port

해설

• Tawny port는 황갈색 포도주를 의미한다.

0701

53 Repetitive Learning (1회 2회 3회)

Where is the place not to produce wine in France?

① Bordeaux ② Bourgonne
③ Alsace ④ Mosel

해설

• 모젤(Mosel)은 독일에서 유명한 백포도주의 생산지다.

54 Repetitive Learning (1회 2회 3회)

다음 문장의 의미로 가장 적절한 것은?

Scotch on the rock, please.

① 스카치 위스키를 마시다.
② 바위 위에 위스키
③ 스카치 온더락 주세요.
④ 얼음에 위스키를 붓는다.

해설

• 스카치 온더락을 달라는 표현이다.

55 Repetitive Learning (1회 2회 3회)

Which is the best answer for the blank?

A dry martini served with a/an (   ).

① red cherry ② pearl onion
③ lemon slice ④ olive

해설

• 드라이 마티니는 주로 올리브를 장식으로 사용한다.

56 Repetitive Learning (1회 2회 3회)

다음의 ( )에 들어갈 알맞은 것은?

Why do you treat me like that? As you treat me, (   ) will I treat you.

① as ② so
③ like ④ and

해설

• '왜 나를 그런 식으로 대해? 너가 나를 대하듯이 나도 너를 대할 것이다'라는 의미이다. as ~, so ~는 '~하듯이 ~하다'는 표현이다.

0701

57 Repetitive Learning (1회 2회 3회)

다음 질문에 대한 대답으로 가장 적절한 것은?

How often do you go to the bar?

① For a long time.
② When I am free.
③ Quite often.
④ From yesterday.

해설

• 얼마나 자주 바에 가는지를 묻고 있으므로 빈도로 답해야 한다.

0805

58 Repetitive Learning (1회 2회 3회)

다음은 어떤 용어에 대한 설명인가?

A small space or room in some restaurants where food items or food-related equipment is kept.

① Pantry ② Cloakroom
③ Reception Desk ④ Hospitality room

해설

• 일부 식당에서 식품 또는 식품 관련 장비를 보관하는 작은 공간 또는 방을 Pantry(식료품 저장고)라고 한다.

정답 | 52 ④ 53 ④ 54 ③ 55 ④ 56 ② 57 ③ 58 ①

59

Repetitive Learning 1회 2회 3회

Which is the best answer for the blank?

> Most highballs, Old fashioned, and on-the-rocks drinks call for (   ).

① shaved ice ② crushed ice

③ cubed ice ④ lumped ice

해설

- ①은 눈꽃 모양 얼음으로 가장 차가운 칵테일을 만들 때 사용한다.
- ②는 세밀하게 갈아낸 혹은 두들겨 으깬 얼음으로 블렌딩 기법에 사용하기 적당하다.
- ④는 비교적 작은 얼음덩어리를 의미한다.
- 하이볼, 올드 패션드, 온더락에 사용하는 얼음은 각얼음이다.

0104 / 0904 / 1202

60

Repetitive Learning 

다음 ( ) 안에 들어갈 단어로 알맞은 것은?

> It is also a part of your job to make polite and friendly small talk with customers to (   ) them feel at home.

① doing ② takes

③ gives ④ make

해설

- make ~ feel at home은 '~를 편안하게 느끼게 하다'는 의미이다.

59 ③ 60 ④ 정답

2014년 제5회

2014년 10월 11일 필기

14년 5회차 필기시험
합격률 42.1%

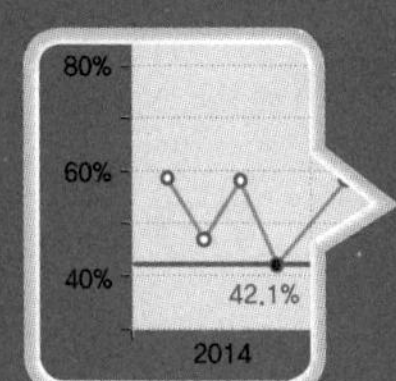

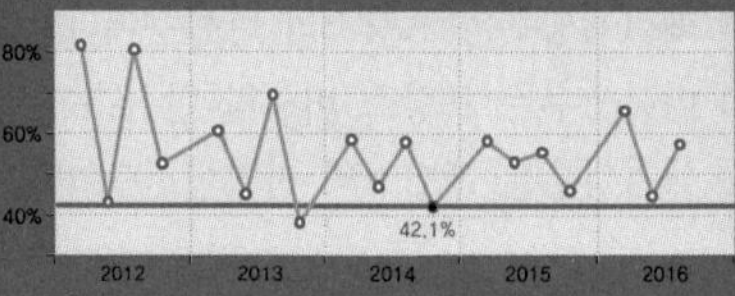

01

Repetitive Learning (1회 2회 3회)

녹차의 대표적인 성분 중 15% 내외로 함유되어 있는 가용성 성분은?

① 카페인　② 비타민
③ 카테킨　④ 사포닌

해설
- ①은 커피나 초콜릿, 차 등에 포함된 성분이다.
- ④는 콩, 팥, 도라지 등의 식물계에 포함된 성분이다.

0202 / 1304

02

Repetitive Learning (1회 2회 3회)

다음 중 증류주가 아닌 것은?

① 보드카(vodka)　② 샴페인(champagne)
③ 진(gin)　④ 럼(rum)

해설
- ②는 와인의 한 종류로 양조주에 해당한다.

0301 / 0401 / 1002 / 1201

03

Repetitive Learning (1회 2회 3회)

다음 중 나머지 셋과 성격이 다른 것은?

A. Cherry brandy
B. Peach brandy
C. Hennessy brandy
D. Apricot brandy

① A　② B
③ C　④ D

해설
- A, B, D는 모두 리큐르이다.
- C는 브랜디의 한 종류인 꼬냑의 대표 브랜드이다.

04

Repetitive Learning (1회 2회 3회)

다음 중 싱글 몰트 위스키가 아닌 것은?

① 글렌모렌지(Glenmorangie)
② 더 글렌리벳(The Glenlivet)
③ 글렌피딕(Glenfiddich)
④ 씨그램 브이오(Seagram's V.O)

해설
- 씨그램 브이오(Seagram's V.O)는 미국에서 최고의 진(Gin)으로 인정받는 술이다.

1104

05

Repetitive Learning (1회 2회 3회)

효모의 생육조건이 아닌 것은?

① 적정 영양소　② 적정 온도
③ 적정 pH　④ 적정 알코올

해설
- 효모가 생육하기 위해서는 적정 영양소, 적정 온도, 적정 pH가 보장되어야 한다.

06

Repetitive Learning (1회 2회 3회)

헤네시(Henney)사에서 브랜디 등급을 처음 사용한 때는?

① 1763　② 1765
③ 1863　④ 1865

해설
- 브랜디의 등급표시 및 저장기간은 법으로 정해져 있지는 않으며, 헤네시사에서 자사의 꼬냑 브랜디에 1865년 처음으로 별표의 기호를 도입하여 관리하고 있다.

정답 | 01 ③ 02 ② 03 ③ 04 ④ 05 ④ 06 ④

07 Repetitive Learning 1회 2회 3회

다음 중 음료에 대한 설명이 틀린 것은?

① 에비앙생수는 프랑스의 천연광천수이다.
② 페리에생수는 프랑스의 탄산수이다.
③ 비시생수는 프랑스 비시의 탄산수이다.
④ 셀쳐생수는 프랑스의 천연광천수이다.

해설
- ④는 독일의 광천수로서 약효가 좋다고 알려져 있다.

0501 / 0601 / 1005 / 1202 / 1204 / 1601

08 Repetitive Learning 1회 2회 3회

세계 4대 위스키가 아닌 것은?

① Scotch whiskey ② American whiskey
③ Canadian whiskey ④ Japanese whiskey

해설
- ④는 최근에 5대 위스키로 포함되고 있다.

0702

09 Repetitive Learning 1회 2회 3회

다음에서 설명하는 전통주는?

- 원료는 쌀이며 혼성주에 속한다.
- 약주에 소주를 섞어 빚는다.
- 무더운 여름을 탈 없이 날 수 있는 술이라는 뜻에서 그 이름이 유래되었다.

① 과하주 ② 백세주
③ 두견주 ④ 문배주

해설
- ②는 조선시대 장수주로 찹쌀, 구기자, 약초로 만들어진 우리나라 고유의 술이다.
- ③은 충남 해안지방의 전통 민속주로 청주에 진달래꽃을 넣어 만든 가향주다.
- ④는 조와 찰수수로 만든 국가지정 중요무형문화재로 지정된 증류식 소주이다.

10 Repetitive Learning 1회 2회 3회

각 나라별 와인 등급 중 가장 높은 등급이 아닌 것은?

① 프랑스 V.O.Q.S ② 이탈리아 D.O.C.G
③ 독일 Q.m.P ④ 스페인 D.O.C

해설
- 프랑스에서 V.O.Q.S는 두 번째로 높은 와인 등급을 나타낸다. 가장 높은 와인 등급은 A.O.C이다.

0905

11 Repetitive Learning 1회 2회 3회

Fermented Liqueur에 속하는 술은?

① Chartreuse ② Gin
③ Campari ④ Wine

해설
- 양조주(Fermented Liqueur)에 속하는 술은 와인(Wine)이다.

1305 / 1401

12 Repetitive Learning 1회 2회 3회

탄산음료의 종류가 아닌 것은?

① Tonic water ② Soda water
③ Collins mixer ④ Evian water

해설
- ④는 프랑스의 가장 대표적인 천연광천수로 무탄산음료이다.

13 Repetitive Learning 1회 2회 3회

증류주 1quart의 용량과 가장 거리가 먼 것은?

① 750mL ② 1,000mL
③ 32oz ④ 4cup

해설
- 1쿼트(Qt)는 950mL이고 32oz, 4Cup에 해당된다.

14 Repetitive Learning 1회 2회 3회

양조주의 종류에 속하지 않은 것은?

① Amaretto
② Lager beer
③ Beaujolais Nouveau
④ Ice wine

해설
- Amaretto는 아몬드향이 나는 이탈리아의 증류주이다.
- ③은 프랑스 보졸레 지방의 대표적인 와인이다.

07 ④ 08 ④ 09 ① 10 ① 11 ④ 12 ④ 13 ① 14 ① 정답

15 Repetitive Learning (1회 2회 3회)

탄산수에 키니네, 레몬, 라임 등의 농축액과 당분을 넣어 만든 강장제 음료는?

① 진저 비어(Ginger Beer)
② 진저에일(Ginger Ale)
③ 콜린스 믹스(Collins Mix)
④ 토닉워터(Tonic Water)

해설
- ①은 생강과 다른 재료를 양조시킨 무알코올 탄산음료이다.
- ②는 생강으로 향과 맛을 내 캐러멜로 착색한 탄산음료이다.
- ③은 레몬주스와 설탕을 주원료로 만든 것으로 Gin에 혼합하는 탄산음료이다.

0801
16 Repetitive Learning (1회 2회 3회)

다음 증류주에 대한 설명으로 틀린 것은?

① Gin은 곡물을 발효 증류한 주정에 두송나무 열매를 첨가한 것이다.
② Tequila는 멕시코 원주민들이 즐겨 마시는 풀케(Pulque)를 증류한 것이다.
③ Vodka는 무색, 무취, 무미하며 러시아인들이 즐겨 마신다.
④ Rum의 주원료는 서인도제도에서 생산되는 자몽(grapefruit)이다.

해설
- Rum은 당밀이나 사탕수수의 즙을 발효하여 증류한 술이다.

0701 / 1104
17 Repetitive Learning (1회 2회 3회)

다음은 어떤 리큐르에 대한 설명인가?

> 스카치산 위스키에 히스꽃에서 딴 봉밀과 그 밖에 허브를 넣어 만든 감미 짙은 리큐르로 러스티 네일을 만들 때 사용한다.

① Cointreau ② Galliano
③ Chartreuse ④ Drambuie

해설
- ①은 오렌지 껍질로 만든 프랑스산 리큐르이다.
- ②는 아니스, 생강, 감귤류 등을 주정에 넣고 숙성시킨 달콤한 리큐르이다.
- ③은 프랑스어로 수도원, 승원이라는 뜻으로 리큐르의 여왕이라 불리는 천연 허브로 향과 색을 낸 녹색의 리큐르이다.

18 Repetitive Learning (1회 2회 3회)

이태리 와인의 주요 생산지가 아닌 것은?

① 토스카나(Toscana) ② 리오하(Rioja)
③ 베네토(Veneto) ④ 피에몬테(Piemonte)

해설
- 리오하(Rioja)는 스페인의 고품질 적포도주를 생산하는 최고 산지다.

19 Repetitive Learning (1회 2회 3회)

양조주의 제조방법으로 틀린 것은?

① 원료는 곡류나 과실류이다.
② 전분은 당화과정이 필요하다.
③ 효모가 작용하여 알코올을 만든다.
④ 원료가 반드시 당분을 함유할 필요는 없다.

해설
- 과즙이나 당화된 전분은 당분을 함유하고 당분이 발효되어 알코올이 된다.

0202
20 Repetitive Learning (1회 2회 3회)

칼바도스에 대한 설명으로 옳은 것은?

① 스페인의 와인
② 프랑스의 사과 브랜디
③ 북유럽의 아쿠아비트
④ 멕시코의 테킬라

해설
- 칼바도스(Calvados)는 프랑스 노르망디(Normandie)에서 생산된 사과 브랜디를 뜻한다.

21 Repetitive Learning (1회 2회 3회)

다음 중 종자류 계열이 아닌 혼성주는?

① 티아 마리아 ② 아마레토
③ 쇼콜라 스위스 ④ 갈리아노

해설
- 갈리아노(Galliano)는 이탈리아산의 리큐르다. 밀라노(Milano) 지방에서 생산되는 오렌지와 바닐라 향이 강하며 알코올 도수 35%다.

정답 | 15 ④ 16 ④ 17 ④ 18 ② 19 ④ 20 ② 21 ④

22 → Repetitive Learning (1회 2회 3회)

증류주에 관한 설명 중 틀린 것은?

① 단식 증류기와 연속식 증류기를 사용한다.
② 높은 알코올 농도를 얻기 위해 과실이나 곡물을 이용하여 만든 양조주를 증류해서 만든다.
③ 양조주를 가열하면서 알코올을 기화시켜 이를 다시 냉각시킨 후 높은 알코올을 얻은 것이다.
④ 연속 증류기를 사용하면 시설비가 저렴하고 맛과 향의 파괴가 적다.

해설

- 연속 증류기는 주류를 대량생산할 때 유리하다. 하지만 시설비가 높고 맛과 향이 파괴된다.

1101

23 → Repetitive Learning (1회 2회 3회)

비중이 서로 다른 술을 섞이지 않고 띄워서 여러 가지 색상을 음미할 수 있는 칵테일은?

① 프라페(Frappe)
② 슬링(Sling)
③ 피즈(Fizz)
④ 푸스카페(Pousse Cafe)

해설

- ①은 Shaved Ice를 칵테일 글라스에 채운 후 술을 붓고 빨대를 꽂아서 제공하는 칵테일이다.
- ②는 피즈와 비슷하나 피즈보다 용량이 많고 리큐르를 첨가하여 레몬체리로 장식한 칵테일이다.
- ③은 진, 리큐르 등을 베이스로 하여 설탕, 진 또는 레몬주스, 소다수 등을 사용한다.

24 → Repetitive Learning (1회 2회 3회)

감자를 주원료로 해서 만드는 북유럽의 스칸디나비아 술로 유명한 것은?

① Aquavit ② Calvados
③ Eau de vie ④ Grappa

해설

- ②는 프랑스에서 사과를 원료로 만든 증류주인 Apple Brandy이다.
- ③은 발효주를 원료로 증류시켜 만든 술로 영미권에서는 포도 이외의 과일로 만든 증류수를 말한다.
- ④는 이탈리아에서 포도로 만든 브랜디로 증류주이다.

0904

25 → Repetitive Learning (1회 2회 3회)

다음 중 맥주의 종류가 아닌 것은?

① Ale ② Porter
③ Hock ④ Bock

해설

- Hock(호크)는 독일 라인 지방산의 백포도주를 뜻한다.

1201

26 → Repetitive Learning (1회 2회 3회)

아로마(Aroma)에 대한 설명 중 틀린 것은?

① 포도의 품종에 따라 맡을 수 있는 와인의 첫 번째 냄새 또는 향기이다.
② 와인의 발효과정이나 숙성과정 중에 형성되는 여러 가지 복잡하고 다양한 향기를 말한다.
③ 원료 자체에서 우러나오는 향기이다.
④ 같은 포도 품종이라도 토양의 성분, 기후, 재배조건에 따라 차이가 있다.

해설

- ②는 Bouquet에 대한 설명이다.

27 → Repetitive Learning (1회 2회 3회)

아라비카종 커피의 특징으로 옳은 것은?

① 병충해에 강하고 관리가 쉽다.
② 생두의 모양이 납작한 타원형이다.
③ 아프리카 콩고가 원산지이다.
④ 표고 600m 이하에서도 잘 자란다.

해설

- ①에서 아라비카종은 병충해에 약하고 저온, 고온에 약한 특성을 갖는다.
- ③에서 아라비카종의 원산지는 에티오피아이다.
- ④에서 아라비카종은 500~2,000m 고지대에서 잘 자란다.

0405 / 0901

28 → Repetitive Learning (1회 2회 3회)

Draft beer란 무엇인가?

① 효모가 살균되어 저장이 가능한 맥주
② 효모가 살균되지 않아 장기 저장이 불가능한 맥주
③ 제조과정에서 특별히 만든 흑맥주
④ 저장이 가능한 병이나 캔맥주

22 ④ 23 ④ 24 ① 25 ③ 26 ② 27 ② 28 ② 정답

해설

• 저온에서 살균처리가 안 된 맥주를 생맥주(Draft Beer)라고 부른다.

0801

29 Repetitive Learning (1회 2회 3회)

안동소주에 대한 설명으로 틀린 것은?

① 제조 시 소주를 내릴 때 소주고리를 사용한다.
② 곡식을 물에 불린 후 시루에 쪄 고두밥을 만들고 누룩을 섞어 발효시켜 빚는다.
③ 경상북도 무형문화재로 지정되어 있다.
④ 희석식 소주로서 알코올 농도는 20도이다.

해설

• 안동소주는 증류식 소주로서 알코올 농도 45%이다.

30 Repetitive Learning (1회 2회 3회)

까베르네 소비뇽에 관한 설명 중 틀린 것은?

① 레드 와인 제조에 가장 대표적인 포도 품종이다.
② 프랑스 남부 지방, 호주, 칠레, 미국, 남아프리카에서 재배한다.
③ 부르고뉴 지방의 대표적인 적포도 품종이다.
④ 포도송이가 작고 둥글고 포도알은 많으며 껍질은 두껍다.

해설

• 까베르네 소비뇽(Cabernet Sauvignon), 까베르네 프랑(Cabernet Franc), 세미용(Semillon)은 보르도 지역의 주요 레드 와인 포도 품종이다.

31 Repetitive Learning (1회 2회 3회)

식음료 부분의 직무에 대한 내용으로 틀린 것은?

① Assistant bar manager는 지배인의 부재 시 업무를 대행하여 행정 및 고객관리의 업무를 수행한다.
② Bar captain은 접객 서비스의 책임자로서 Head waiter 또는 Supervisor라고 불리기도 한다.
③ Bus boy는 각종 기물과 얼음, 비알코올성 음료를 준비하는 책임이 있다.
④ Banquet manager는 접객원으로부터 그날의 영업실적을 보고 받고 고객의 식음료비 계산서를 받아 수납 정리한다.

해설

• ④는 연회를 전문으로 하는 연회(Banquet) 업장에서 손님들의 좌석, 식사와 음료의 제공, 그리고 테이블 정리를 감독하는 역할을 한다.

32 Repetitive Learning (1회 2회 3회)

Old fashioned의 일반적인 장식용 재료는?

① Slice of lemon
② Wedge of pineapple and cherry
③ Lemon peel twist
④ Slice of orange and cherry

해설

• 올드 패션드 칵테일은 주로 체리와 오렌지 슬라이스를 가니쉬로 사용한다.

0205

33 Repetitive Learning (1회 2회 3회)

다음 중 칵테일 조주 시 용량이 가장 적은 계량 단위는?

① Table spoon ② Pony
③ Jigger ④ Dash

해설

• 보기의 단위를 순서대로 나열하면 ④<①<②<③ 순이다.

1202

34 Repetitive Learning (1회 2회 3회)

셰이커(shaker)를 이용하여 만든 칵테일로만 구성된 것은?

㉠ Pink Lady	㉡ Olympic
㉢ Stinger	㉣ Seabreeze
㉤ Bacardi	㉥ Kir

① ㉠, ㉡, ㉤ ② ㉠, ㉣, ㉤
③ ㉡, ㉣, ㉥ ④ ㉠, ㉡, ㉥

해설

• ㉣은 보드카, 크랜베리 및 자몽 주스를 이용해 직접 넣기(build) 기법으로 만든다.
• ㉥은 화이트 와인과 크림드 카시스를 이용해 직접 넣기(build) 기법으로 만든다.

정답 | 29 ④ 30 ③ 31 ④ 32 ④ 33 ④ 34 ①

0901

35 Repetitive Learning 1회 2회 3회

Grasshopper 칵테일의 조주기법은?

① Float & layer ② shaking
③ stirring ④ building

해설

• Grasshopper 칵테일은 크렘 드 카카오 화이트, 크렘 드 민트 그리고 생크림을 셰이커에 넣고 셰이킹 기법으로 만든다.

36 Repetitive Learning 1회 2회 3회

맥주의 저장과 출고에 관한 사항 중 틀린 것은?

① 신입선출의 원칙을 지킨다.
② 맥주는 별도의 유통기한이 없으므로 장기간 보관이 가능하다.
③ 생맥주는 미살균 상태이므로 온도를 2~3℃로 유지하여야 한다.
④ 생맥주통 속의 압력은 항상 일정하게 유지되어야 한다.

해설

• 국내 병맥주의 유통기한은 12개월이다.

0802

37 Repetitive Learning 1회 2회 3회

다음 중 After dinner cocktail로 가장 적합한 것은?

① Campari Soda ② Dry Martini
③ Negroni ④ Pousse Cafe

해설

• 달콤한 맛과 눈으로 보는 즐거움을 주는 칵테일로 저녁 식사 후 칵테일로 적합한 것은 Pousse Cafe이다.

0101

38 Repetitive Learning 1회 2회 3회

조주 기구 중 3단으로 구성되어있는 스탠다드 셰이커(Standard shaker)의 구성으로 틀린 것은?

① 스퀴저(Squeezer)
② 바디(Body)
③ 캡(Cap)
④ 스트레이너(Strainer)

해설

• ①은 과일즙을 짜는 도구로 셰이커와는 거리가 멀다.

0902

39 Repetitive Learning 1회 2회 3회

Wine serving 방법으로 가장 거리가 먼 것은?

① 코르크의 냄새를 맡아 이상 유무를 확인 후 손님에게 확인하도록 접시 위에 얹어서 보여준다.
② 은은한 향을 음미하도록 와인을 따른 후 한두 방울이 테이블에 떨어지도록 한다.
③ 서비스 적정온도를 유지하고, 상표를 고객에게 확인시킨다.
④ 와인을 따른 후 병 입구에 맺힌 와인이 흘러내리지 않도록 병목을 돌려서 자연스럽게 들어 올린다.

해설

• 와인을 따를 때 테이블에 떨어지지 않도록 주의한다.

0905 / 1201

40 Repetitive Learning 1회 2회 3회

주로 일품요리를 제공하며 매출을 증대시키고, 고객의 기호와 편의를 도모하기 위해 그날의 특별요리를 제공하는 레스토랑은?

① 다이닝룸(dining room)
② 그릴(grill)
③ 카페테리아(cafeteria)
④ 델리카트슨(delicatessen)

해설

• ①은 조식을 제외하고 점심과 저녁을 나누어 정해진 시간에 식사를 제공하는 호텔식당을 말한다.
• ③은 음식물이 진열되어 있는 진열식탁에서 요금을 지불한 고객이 직접 음식을 골라 담아 먹는 셀프서비스 식당을 말한다.
• ④는 조리된 육류나 치즈, 흔하지 않은 수입 식품을 파는 가게를 말한다.

1002

41 Repetitive Learning 1회 2회 3회

서비스 종사원이 사용하는 타월로 arm towel 혹은 hand towel이라고도 하는 것은?

① table cloth ② under cloth
③ napkin ④ service towel

해설

• 서비스 종사원이 사용하는 타월로 arm towel 혹은 hand towel이라고도 하는 것은 service towel이다.

35 ② 36 ② 37 ④ 38 ① 39 ② 40 ② 41 ④ 정답

42 Repetitive Learning 1회 2회 3회

술병 입구에 부착하여 술을 따르고 술의 커팅(Cutting)을 용이하게 하고 술의 손실을 없애기 위해 사용하는 기구는?

① Squeezer ② Strainer
③ Pourer ④ Jigger

해설
- ①은 과일즙을 짜는 도구이다.
- ②는 칵테일을 제조할 때 여과기로 사용되며 얼음이 흘러나오지 않도록 막는 도구로 믹싱 글라스에서 제조된 칵테일을 잔에 따를 때 사용한다.
- ④는 칵테일 레시피에 표시된 음료의 양을 정확하게 측정하기 위해 사용하는 도구이다.

43 Repetitive Learning 1회 2회 3회

일반적으로 구매 청구서 양식에 포함되는 내용으로 틀린 것은?

① 필요한 아이템명과 필요한 수량
② 주문한 아이템이 입고되어야 하는 날짜
③ 구매를 요구하는 부서
④ 구분 계산서의 기준

해설
- 구매 청구서에는 필요한 물품명과 수량, 물품이 입고되어야 할 날짜, 구매 요구부서, 필요한 물품에 대한 간단한 설명(규격, 단위, 무게, 요구 품질 등)을 기재한다.

44 Repetitive Learning 1회 2회 3회

다음과 같은 재료로 만들어지는 드링크(Drink)의 종류는?

Any Liqueur+soft drink+ice

① Martini ② Manhattan
③ Sour Cocktail ④ Highball

해설
- ①은 진, 베르무트를 믹싱 글라스에 넣고 휘젓기(stir) 기법으로 만든 칵테일이다.
- ②는 위스키 베이스 칵테일이다.
- ③은 증류주에 레몬, 라임주스 등을 넣고 소다수로 채워 만든 신맛의 칵테일이다.

0702 / 1204

45 Repetitive Learning 1회 2회 3회

정찬코스에서 Hors d' oeuvre 또는 soup 대신에 마시는 우아하고 자양분이 많은 칵테일은?

① After dinner cocktail
② Before dinner cocktail
③ Club cocktail
④ Night cap cocktail

해설
- 럼, 베르무트, 체리시럽과 물을 셰이킹 기법으로 만든 칵테일로 정찬코스에서 Hors d' oeuvre 또는 soup 대신에 마시는 술은 클럽 칵테일이다.

46 Repetitive Learning 1회 2회 3회

Appetizer course에 가장 적합한 술은?

① Sherry wine
② Vodka
③ Canadian whiskey
④ Brandy

해설
- ②는 러시아 곡주로 식후주로 적합하며 주로 스트레이트로 마신다.
- ③은 호밀과 옥수수를 주원료로 증류, 숙성시킨 술로 식후주로 마신다.
- ④는 식후주로 적합하다.

1202

47 Repetitive Learning 1회 2회 3회

잔(Glass) 가장자리에 소금, 설탕을 묻힐 때 빠르고 간편하게 사용할 수 있는 칵테일 기구는?

① 글라스 리머(Glass rimmer)
② 디캔터(Decanter)
③ 푸어러(Pourer)
④ 코스터(Coaster)

해설
- ②는 소프트 드링크에서 주스나 청량음료를 얼음 없이 유리나 플라스틱 용기에 담기 위해 사용하는 용기이다.
- ③은 술을 글라스에 따를 때 사용하는 기구이다.
- ④는 주류를 글라스에 담아서 고객에게 서빙할 때 글라스 밑받침으로 사용하는 것을 말한다.

정답 | 42 ③ 43 ④ 44 ④ 45 ③ 46 ① 47 ①

1001 / 0102 / 0402 / 1204

48 Repetitive Learning (1회 2회 3회)

바에서 사용하는 House brand의 의미는?

① 널리 알려진 술의 종류
② 지정 주문이 아닐 때 쓰는 술의 종류
③ 상품(上品)에 해당하는 술의 종류
④ 조리용으로 사용하는 술의 종류

해설

• 하우스 와인은 고객이 별개로 와인을 정하지 않았을 경우에 매니저가 와인을 선택하여 제공하는 와인을 말한다.

0101 / 1104

49 Repetitive Learning (1회 2회 3회)

올드 패션드(Old Fashioned)나 온더락(On the Rocks)을 마실 때 사용되는 글라스(Glass)의 용량은?

① 1~2온스　　② 3~4온스
③ 4~6온스　　④ 6~8온스

해설

• 올드 패션드 글라스의 용량은 6~8oz이다.

50 Repetitive Learning (1회 2회 3회)

파인애플주스가 사용되지 않는 칵테일은?

① Mai-Tai　　② Pina Colada
③ Paradise　　④ Blue Hawaiian

해설

• ③은 진, 브랜디, 오렌지주스를 셰이킹 기법으로 만든 칵테일이다.

51 Repetitive Learning (1회 2회 3회)

다음 물음에 가장 적합한 것은?

What kind of Bourbon whiskey do you have?

① Ballentine's　　② J&B
③ Jim Beam　　④ Cutty Sark

해설

• 고객이 어떤 버번위스키의 제공이 가능한지 묻고 있다. 버번위스키의 종류를 보기 중에서 찾으면 된다.
• ①, ②, ④는 대표적인 스카치 위스키이다.

0802

52 Repetitive Learning (1회 2회 3회)

Which one is the classical French liqueur of aperitifs?

① Dubonnet　　② Sherry
③ Mosell　　④ Campari

해설

• 프랑스산 식전 리큐르는 듀보네(Dubonnet)이다.

53 Repetitive Learning (1회 2회 3회)

Which of the following is correct in the blank?

W : Good evening, gentleman. Are you ready to order?
G1 : Sure. A double whiskey on the rocks for me.
G2 : ____________________
W : Two whiskies with ice, yes, sir.
G1 : Then I'll have the shellfish cocktail.
G2 : And I'll have the curried prawns. Not too hot, are they?
W : No, sir. Quite mild, really.

① The same again?
② Make that two.
③ One for the road.
④ Another round of the same.

해설

• 고객 1이 위스키 더블을 온더락으로 주문하니 고객 2는 '그것을 2잔으로 해주세요'라고 했다. 즉, 자신 역시 고객 1과 같은 술로 주문하겠다는 의미이다.

54 Repetitive Learning (1회 2회 3회)

다음 밑줄 친 내용의 뜻으로 적절한 것은?

You must make a reservation <u>in advance</u>.

① 미리　　② 나중에
③ 원래　　④ 당장

해설

• '반드시 미리 예약을 해야 한다'에서' 미리'에 해당하는 표현이다.

48 ② 49 ④ 50 ③ 51 ③ 52 ① 53 ② 54 ① | 정답

55 Repetitive Learning (1회 2회 3회)

What is the liqueur made from Scotch whiskey, honey, and herbs?

① Grand Manier ② Sambuca
③ Drambuie ④ Amaretto

해설

- ①은 꼬냑(Cognac)에 오렌지향을 가미한 프랑스산 리큐르이다.
- ②는 이탈리아 전통주로 주정에 아니스를 집어넣고 숙성시켜 만든 리큐르의 일종이다.
- ④는 아몬드 향이 있는 리큐르이다.
- Scotch whiskey에 꿀을 넣어 만든 혼성주는 드램브이이다.

0605

56 Repetitive Learning (1회 2회 3회)

다음 질문의 대답으로 가장 적절한 것은?

A : Who's your favorite singer?
B : ____________________

① I like jazz the best.
② I guess I'd have to say Elton John.
③ I don't really like to sing.
④ I like opera music.

해설

- 가장 좋아하는 가수가 누구인지 물었으므로 가수의 이름이 나와야 한다.

0901

57 Repetitive Learning (1회 2회 3회)

'Can you charge what I've just had to my room number 310?'의 의미는 무엇인가?

① 제 방 310호로 주문한 것을 배달해 주실 수 있습니까?
② 제 방 310호로 거스름돈을 가져다 주실 수 있습니까?
③ 제 방 310호로 담당자를 보내 주시겠습니까?
④ 제 방 310호로 방금 마신 것의 비용을 달아놓아 주시겠습니까?

해설

- '방금 먹은 것을 310호 방에 비용을 청구해 주실 수 있나요?'라는 의미이다.

0602

58 Repetitive Learning (1회 2회 3회)

다음 ( ) 안에 들어갈 가장 적절한 표현은?

If you ( ) him, he will help you.

① asked ② will ask
③ ask ④ be ask

해설

- 당신이 그에게 (요청)하면 그는 당신을 도와줄 것이다.

0902

59 Repetitive Learning (1회 2회 3회)

When do you usually serve Cognac?

① Before the meal
② After meal
③ During the meal
④ With the soup

해설

- 일반적으로 꼬냑은 식후에 제공된다.

60 Repetitive Learning (1회 2회 3회)

Choose the best answer for the blank.

What does the 'sommelier' mean? ( )

① head waiter ② head bartender
③ wine waiter ④ chef

해설

- 소믈리에(sommelier)는 포도주를 관리하고 추천하는 직업이나 그 일을 하는 사람으로 wine steward, wine waiter, 와인 마스터(wine master)라고도 불린다.

정답 | 55 ③ 56 ② 57 ④ 58 ③ 59 ② 60 ③

조 / 주 / 기 / 능 / 사 / 필 / 기

2015년 제1회

2015년 1월 25일 필기

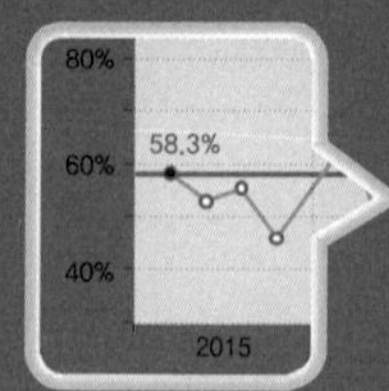

15년 1회차 필기시험

합격률 58.3%

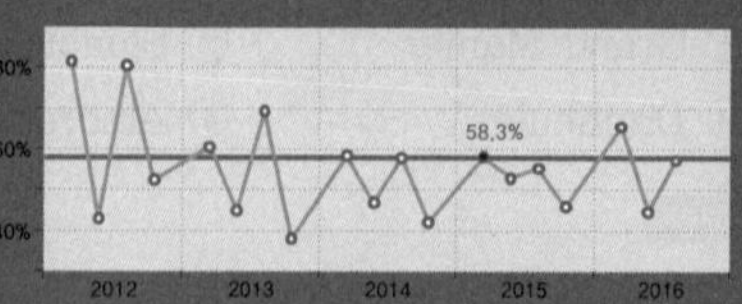

01

Repetitive Learning (1회 2회 3회)

Agave의 수액을 발효한 후 증류하여 만든 술은?

① Tequila ② Aquavit
③ Grappa ④ Rum

해설

- ②는 북유럽(스칸디나비아 반도 일대) 특산주로 감자와 맥아를 주원료로 다양한 허브로 향기를 내는 증류주이다.
- ③은 이탈리아의 브랜디로 증류주이다.
- ④는 카리브해 서인도제도에서 사탕수수 또는 당밀을 원료로 만든 증류주이다.

0701

02

Repetitive Learning (1회 2회 3회)

우리나라 주세법상 탁주와 약주의 알코올 도수 표기 시 허용 오차는?

① ±0.1% ② −0.5~0.5%
③ −0.5~1.0% ④ ±1.5%

해설

- 주류의 알코올분 도수는 최종제품에 표시된 알코올분 도수의 0.5도까지 그 증감을 허용하되, 살균하지 않은 탁주 · 약주는 추가로 0.5도까지 증가를 허용한다.

03

Repetitive Learning (1회 2회 3회)

세계 3대 홍차에 해당되지 않는 것은?

① 아삼(Assam) ② 우바(Uva)
③ 기문(Keemun) ④ 다즐링(Darjeeling)

해설

- 아삼(Assam)은 인도 아삼주에서 만든 홍차이며 강렬한 맛과 진한 붉은색이 난다.

04

Repetitive Learning (1회 2회 3회)

다음 중 프랑스의 주요 와인 산지가 아닌 곳은?

① 보르도(Bordeaux) ② 토스카나(Toscana)
③ 루아르(Loire) ④ 론(Rhone)

해설

- 토스카나 와인은 이탈리아의 중서부에 위치한 토스카나에서 생산된다.

0602 / 1305

05

Repetitive Learning (1회 2회 3회)

오렌지를 주원료로 만든 술이 아닌 것은?

① Triple Sec ② Tequila
③ Cointreau ④ Grand Marnier

해설

- ②는 멕시코의 용설란 수액을 발효시킨 것을 증류하여 만든 것이다.

1202

06

Repetitive Learning (1회 2회 3회)

음료에 대한 설명이 틀린 것은?

① 콜린스 믹스(Collins mix)는 레몬주스와 설탕을 주원료로 만든 착향 탄산음료이다.
② 토닉워터(Tonic water)는 키니네(quinine)를 함유하고 있다.
③ 코코아(cocoa)는 코코넛(coconut)열매를 가공하여 가루로 만든 것이다.
④ 콜라(coke)는 콜라닌과 카페인을 함유하고 있다.

해설

- Cocoa는 카카오 씨앗을 압착해서 카카오기름을 제거한 뒤 분쇄한 것이다.

01 ① 02 ③ 03 ① 04 ② 05 ② 06 ③ 정답

07 Repetitive Learning (1회 2회 3회)

동일 회사에서 생산된 꼬냑(Cognac) 중 숙성년도가 가장 오래된 것은?

① V.S.O.P　② Napoleon
③ Extra Old　④ 3 star

해설
• 꼬냑에서 숙성정도를 표시하는 등급은 3 Star와 VS<VSOP와 Reserve<Napoleon<XO 순이다.

08 Repetitive Learning (1회 2회 3회)

네덜란드 맥주가 아닌 것은?

① 그롤쉬　② 하이네켄
③ 암스텔　④ 디벨스

해설
• 디벨스(Diebels)는 독일 맥주다.

09 Repetitive Learning (1회 2회 3회)

스카치 위스키(Scotch whiskey)가 아닌 것은?

① 시바스 리갈(Chivas Regal)
② 글렌피딕(Glenfiddich)
③ 존 제임슨(John Jameson)
④ 커티 샥(Cutty Sark)

해설
• ③은 아이리시 위스키(Irish whiskey)에 해당한다.

10 Repetitive Learning (1회 2회 3회)

4월 20일(곡우) 이전에 수확하여 제조한 차로 찻잎이 작으며 연하고 맛이 부드러우며 감칠맛과 향이 뛰어난 한국의 녹차는?

① 작설차　② 우전차
③ 곡우차　④ 입하차

해설
• ①은 차나무의 어린 순이 돋아나기 시작할 때 채취하여 덖어서 말린 차이다.
• ③은 곡우 전후에 채취한 차를 말한다.
• ④는 입하 때 채취한 차를 말한다.

11 Repetitive Learning (1회 2회 3회)

모카(Mocha)와 관련한 설명 중 틀린 것은?

① 예멘의 항구 이름
② 에티오피아와 예멘에서 생산되는 커피
③ 초콜릿이 들어간 음료에 붙이는 이름
④ 자메이카산 블루 마운틴 커피

해설
• ④는 블루 마운틴 커피에 대한 설명으로 모카와 관련이 없다.

0401 / 1002 / 1201

12 Repetitive Learning (1회 2회 3회)

다음 중 양조주가 아닌 것은?

① 맥주(beer)　② 와인(wine)
③ 브랜디(brandy)　④ 풀케(pulque)

해설
• 브랜디는 대표적인 증류주이다.
• 풀케는 멕시코 전통 발효주(양조주)이다.

1205

13 Repetitive Learning (1회 2회 3회)

Scotch whiskey에 꿀을 넣어 만든 혼성주는?

① Cherry Heering　② Cointreau
③ Galliano　④ Drambuie

해설
• ①은 체리향이 나는 덴마크 리큐르이다.
• ②는 오렌지 껍질로 만든 프랑스산 리큐르이다.
• ③은 아니스, 생강, 감귤류 등을 주정에 넣고 숙성시킨 달콤한 리큐르이다.

14 Repetitive Learning (1회 2회 3회)

발포성 포도주와 관계가 없는 것은?

① 뱅 무쉐(Vin Mousseux)
② 베르무트(Vermouth)
③ 동 페리뇽(Dom Perignon)
④ 샴페인(Champagne)

해설
• 베르무트(Vermouth)는 이탈리아에서 만들어진 포도주에 브랜디 또는 당분을 넣어 만든 리큐르다.

정답 | 07 ③　08 ④　09 ③　10 ②　11 ④　12 ③　13 ④　14 ②

1201

15 Repetitive Learning (1회 2회 3회)

맥주용 보리의 조건이 아닌 것은?

① 껍질이 얇아야 한다.
② 담황색을 띠고 윤택이 있어야 한다.
③ 전분 함유량이 적어야 한다.
④ 수분 함유량 13% 이하로 잘 건조되어야 한다.

해설
• 전분 함유량이 많아야 한다.

16 Repetitive Learning (1회 2회 3회)

버번위스키 1Pint의 용량으로 맨해튼 칵테일 몇 잔을 만들어 낼 수 있는가?

① 약 5잔 ② 약 10잔
③ 약 15잔 ④ 약 20잔

해설
• 맨해튼 칵테일에서 위스키는 1인분에 45mL가 사용된다.
• 480mL는 약 10.67잔으로 약 10~11잔분에 해당한다.

0301 / 0405 / 0605

17 Repetitive Learning (1회 2회 3회)

Still wine을 바르게 설명한 것은?

① 발포성 와인 ② 식사 전 와인
③ 비발포성 와인 ④ 식사 후 와인

해설
• 스틸 와인(Still wine)은 비발포성 일반와인을 뜻한다.

18 Repetitive Learning (1회 2회 3회)

전통주와 관련한 설명으로 옳지 않은 것은?

① 모주 : 막걸리에 한약재를 넣고 끓인 술
② 감주 : 누룩으로 빚은 술의 일종으로 술과 식혜의 중간
③ 죽력고 : 청죽을 쪼개어 불에 구워 스며 나오는 진액인 죽력과 물을 소주에 넣고 중탕한 술
④ 합주 : 물대신 좋은 술로 빚어 감미를 더한 주도가 낮은 술

해설
• 합주는 찹쌀로 빚어서 여름에 즐겨 마시는 막걸리다. 특히 꿀이나 설탕을 타서 먹는다.

0902

19 Repetitive Learning (1회 2회 3회)

발효방법에 따른 차의 분류가 잘못 연결된 것은?

① 비발효차－녹차 ② 반발효차－우롱차
③ 발효차－말차 ④ 후발효차－흑차

해설
• 말차는 불(비)발효차에 속한다.

0801

20 Repetitive Learning (1회 2회 3회)

다음 중 Cognac 지방의 Brandy가 아닌 것은?

① Remy Martin ② Hennessy
③ Chabot ④ Hine

해설
• 샤보(Chabot)는 프랑스의 브랜디이며 아르마냑 지방이 산지다.

21 Repetitive Learning (1회 2회 3회)

독일 와인에 대한 설명 중 틀린 것은?

① 아이스바인(Eiswein)은 대표적인 레드 와인이다.
② Pradikatswein 등급은 포도의 수확상태에 따라서 여섯 등급으로 나눈다.
③ 레드 와인보다 화이트 와인의 제조가 월등히 많다.
④ 아우스레제(Auslese)는 완전히 익은 포도를 선별해서 만든다.

해설
• 아이스바인(Eiswein) 독일의 최상급 디저트 와인을 뜻한다.

22 Repetitive Learning (1회 2회 3회)

양조주의 설명으로 옳은 것은?

① 단식증류기를 사용한다.
② 알코올 함량이 높고 저장기간이 길다.
③ 전분이나 과당을 발효시켜 제조한다.
④ 주정에 초근목피를 첨가하여 만든다.

해설
• ①과 ②는 증류주에 대한 설명이다.
• ④는 혼성주에 대한 설명이다.

15 ③ 16 ② 17 ③ 18 ④ 19 ③ 20 ③ 21 ① 22 ③ 정답

23 Repetitive Learning (1회 2회 3회)

다음 중 지역명과 대표적인 포도 품종의 연결이 옳은 것은?

① 샴페인－세미용
② 부르고뉴(White)－쇼비뇽 블랑
③ 보르도(Red)－피노 누아
④ 샤또뇌프 뒤 빠쁘－그르나슈

해설

- 샴페인용 포도 품종은 샤르도네, 피노 누아, 피노 뫼니에 등이 있다.
- 부르고뉴의 화이트 와인 품종은 샤르도네이다.
- 보르도의 레드 와인 품종은 까베르네 쇼비뇽이다.

0405 / 1202

24 Repetitive Learning (1회 2회 3회)

혼성주 특유의 향과 맛을 이루는 주재료로 가장 거리가 먼 것은?

① 과일 ② 꽃
③ 천연향료 ④ 곡물

해설

- 혼성주는 과실류나 초목, 향초를 혼합하여 만드는 것이며 곡물이 재료가 아니다.

1004

25 Repetitive Learning (1회 2회 3회)

오렌지 껍질을 주원료로 만든 혼성주는?

① Anisette ② Campari
③ Triple Sec ④ Underberg

해설

- ①은 지중해 지방산의 미나리과 식물인 아니스(Anise)향이 있는 무색 리큐르이다.
- ②는 이탈리아의 국민주로 70여 가지의 재료로 만들어진 매우 쓴맛의 붉은색 리큐르(Liqueur)이다.
- ④는 30가지 이상의 약초로 만든 독일 약술이다.

0702 / 0805 / 1201

26 Repetitive Learning (1회 2회 3회)

술 자체의 맛을 의미하는 것으로 '단맛'이라는 의미의 프랑스어는?

① Trocken ② Blanc
③ Cru ④ Doux

해설

- ①은 Dry, Sec과 같은 표현으로 단맛이 있는 듯 없는 듯 할 때 사용한다.
- ②는 화이트 와인을 지칭하는 단어이다.
- ③은 품질이 뛰어난 와인을 생산하는 유명한 지역 또는 포도밭을 지칭한다.

0601 / 1401

27 Repetitive Learning (1회 2회 3회)

증류주를 설명한 것 중 알맞은 것은?

① 과실이나 곡류 등을 발효시킨 후 열을 가하여 분리하는 것을 말한다.
② 과실의 향료를 혼합하여 향기와 감미를 첨가한 것을 말한다.
③ 주로 맥주, 와인, 양주 등을 말한다.
④ 탄산성 음료를 증류주라고 한다.

해설

- ②는 리큐르에 대한 설명이다.
- ③에서 맥주와 와인은 양조주이고, 일반적으로 부르는 양주는 증류주에 속한다.
- ④의 탄산성 음료는 비알코올성 음료 중 청량음료에 해당한다.

28 Repetitive Learning (1회 2회 3회)

다음 중 발명자가 알려져 있는 것은?

① Vodka ② Calvados
③ Gin ④ Irish whiskey

해설

- 진(Gin)은 네덜란드의 의학 교수인 실비우스 교수가 약으로 발명했다.

29 Repetitive Learning (1회 2회 3회)

문배주에 대한 설명으로 틀린 것은?

① 술의 향기가 문배나무의 과실에서 풍기는 향기와 같다하여 붙여진 이름이다.
② 원료는 밀, 좁쌀, 수수를 이용하여 만든 발효주이다.
③ 평안도 지방에서 전수되었다.
④ 누룩의 주원료는 밀이다.

해설

- 문배주는 좁쌀, 수수, 누룩 등으로 만든다.

정답 | 23 ④ 24 ④ 25 ③ 26 ④ 27 ① 28 ③ 29 ②

30 Repetitive Learning (1회 2회 3회)

프랑스 수도원에서 약초로 만든 리큐르로 '리큐르의 여왕'이라 불리는 것은?

① 압생트(Absinthe)
② 베네딕틴 디오엠(Benedictine D.O.M)
③ 두보네(Dubonnet)
④ 샤르트뢰즈(Chartreuse)

해설
- ①은 식전주로도 쓰이는 리큐르의 일종으로 알코올 45~74도 정도의 증류주이다.
- ②는 프랑스 노르망디 지역의 수도원의 수도승에 의해 27가지 약초들로 만들어진 알코올 42도의 리큐르의 일종이다.
- ③은 프랑스 약사가 말라리아 약제의 쓴맛을 중화시키기 위해 만든 와인으로 식전주로 쓰인다.

0801

31 Repetitive Learning (1회 2회 3회)

다음 중 비터(Bitters)의 설명으로 옳은 것은?

① 쓴맛이 강한 혼성주로 칵테일에는 소량을 첨가하여 향료 또는 고미제로 사용
② 야생체리로 착색한 무색의 투명한 술
③ 박하냄새가 나는 녹색의 색소
④ 초콜릿 맛이 나는 시럽

해설
- ②는 마라스퀸 리크류에 대한 설명이다.
- ③은 민트박하에 대한 설명이다.
- ④는 초콜릿 시럽에 대한 설명이다.

0805 / 1205 / 1504

32 Repetitive Learning (1회 2회 3회)

Key Box나 Bottle Member 제도에 대한 설명으로 옳은 것은?

① 음료의 판매회전이 촉진된다.
② 고정고객을 확보하기는 어렵다.
③ 후불이기 때문에 회수가 불분명하여 자금운영이 원활하지 못하다.
④ 주문시간이 많이 걸린다.

해설
- 고정고객을 확보하기 쉽다.
- 선불이어서 회수가 정확하여 자금운영이 원활하다.

33 Repetitive Learning (1회 2회 3회)

고객이 바에서 진 베이스의 칵테일을 주문할 경우 Call Brand의 의미는?

① 고객이 직접 요청하는 특정브랜드
② 바텐더가 추천하는 특정브랜드
③ 업장에서 가장 인기 있는 특정브랜드
④ 해당 칵테일에 가장 많이 사용되는 특정브랜드

해설
- 콜 브랜드(Call Brand)는 고객이 직접 지명해서 요청한 특정한 주류 브랜드를 말한다.

0301 / 1202

34 Repetitive Learning (1회 2회 3회)

칵테일 글라스의 부위명칭으로 틀린 것은?

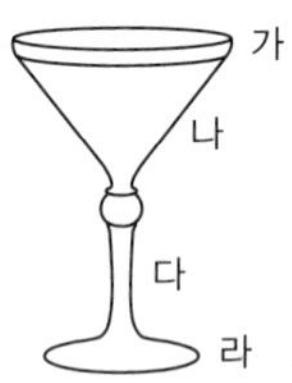

① 가-rim　② 나-face
③ 다-body　④ 라-bottom

해설
- ③은 stem(줄기)에 해당한다.

35 Repetitive Learning (1회 2회 3회)

업장에서 장기간 보관 시 세워서 보관하지 않고 뉘어서 보관해야 하는 것은?

① 포트 와인　② 브랜디
③ 그라파　④ 아이스 와인

해설
- 빈티지 포트 와인은 다른 와인처럼 눕혀서 보관하나 일반적인 포트 와인은 플라스틱 꼭지가 붙은 짧은 코르크 마개를 사용해서 세워서 보관한다.
- 일반적인 위스키나 브랜디는 습기가 많은 곳을 피해 세워서 상온에서 보관한다.
- 와인을 만들고 남은 포도 부산물로 만들어진 그라파(Grappa)는 세워서 보관한다.

30 ④ 31 ① 32 ① 33 ① 34 ③ 35 ④ 정답

0801

36 Repetitive Learning (1회 2회 3회)

주로 생맥주를 제공할 때 사용하며 손잡이가 달린 글라스는?

① Mug Glass ② Highball Glass
③ Collins Glass ④ Goblet

해설
- ②는 하이볼이나 피즈 등의 칵테일에 주로 쓰이는 잔이다.
- ③은 하이볼 보다 좀더 큰 용량의 잔이다.
- ④는 와인잔의 손잡이와 비슷한 형태의 잔으로 위로 갈수록 방사형으로 퍼진 모양의 잔이다. 주로 에일 맥주를 마실 때 사용한다.

0805

37 Repetitive Learning (1회 2회 3회)

다음 중 브랜디를 베이스로 한 칵테일은?

① Honeymoon ② New York
③ Old Fashioned ④ Rusty Nail

해설
- ②는 버번위스키, 라임주스, 시럽을 쉐이킹기법으로 만든 칵테일이다.
- ③은 버번위스키, 각설탕, 비터스, 소다로 만들며, 오렌지와 체리로 장식한 칵테일이다.
- ④는 스카치 위스키와 드람뷔로 만든 칵테일로 식후주로 애음된다.

38 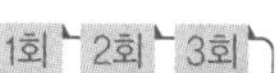

Mise en place의 의미는?

① 영업제반의 준비사항
② 주류의 수량관리
③ 적정 재고량
④ 대기 자세

해설
- Mise en place는 요리 전 필요한 설정으로 영업제반의 준비사항을 의미한다.

0104 / 1205

39 Repetitive Learning (1회 2회 3회)

보드카가 기주로 쓰이지 않는 칵테일은?

① 맨해튼 ② 스크루드라이브
③ 키스 오브 파이어 ④ 치치

해설
- ①은 버번위스키, 베르무트, 비터스를 믹싱 글라스에 담고 휘젓기(Stir) 기법으로 만들고 체리로 장식한다.

40 Repetitive Learning (1회 2회 3회)

Under Cloth에 대한 설명으로 옳은 것은?

① 흰색을 사용하는 것이 원칙이다.
② 식탁의 마지막 장식이라 할 수 있다.
③ 식탁 위의 소음을 줄여준다.
④ 서비스 플레이트나 식탁 위에 놓는다.

해설
- Under Cloth는 테이블에 그릇을 놓는 소리를 막기 위해 테이블 위에 깐 얇은 천이다.

0701 / 1205

41 Repetitive Learning (1회 2회 3회)

소금을 Cocktail Glass 가장자리에 찍어서(Riming) 만드는 칵테일은?

① Singapore Sling ② Side Car
③ Margarita ④ Snowball

해설
- ①은 드라이 진, 레몬주스, 설탕을 셰이커에 넣고 셰이킹 기법으로 만든 후 소다수와 체리 브랜디를 직접 넣어주는 기법으로 만드는 칵테일이다.
- ②는 브랜디, 쿠앵트로, 레몬주스를 셰이커에 넣고 셰이킹 기법으로 만드는 칵테일이다.
- ④는 달걀 리큐어와 사이다를 셰이커에 넣고 셰이킹 기법으로 만드는 칵테일이다.

42 Repetitive Learning (1회 2회 3회)

다음 중 기구에 대한 설명이 잘못된 것은?

① 스토퍼(Stopper) : 남은 음료를 보관하기 위한 병마개
② 코르크 스크루(Cork Screw) : 와인 병마개를 딸 때 사용
③ 아이스 텅(Ice Tongs) : 톱니 모양으로 얼음을 집는데 사용
④ 머들러(Muddler) : 얼음을 깨는 송곳

해설
- ④는 아이스 픽(Ice Pick)에 대한 설명이다.

정답 | 36 ① 37 ① 38 ① 39 ① 40 ③ 41 ③ 42 ④

0801

43 Repetitive Learning 1회 2회 3회

Gin Fizz를 서브할 때 사용하는 글라스로 적합한 것은?

① Cocktail Glass ② Champagne Glass
③ Liqueur Glass ④ Highball Glass

해설
- Gin Fizz Cocktail은 하이볼 글라스를 사용해 서브한다.

44 Repetitive Learning 1회 2회 3회

칵테일의 부재료 중 씨 부분을 사용하는 것은?

① Cinnamon ② Nutmeg
③ Celery ④ Mint

해설
- 넛맥은 인도네시아 원산 호두의 씨를 이용한 향신료이다.

0602 / 0901

45 Repetitive Learning 1회 2회 3회

얼음을 거르는 기구는?

① Jigger ② Cork Screw
③ Pourer ④ Strainer

해설
- ①은 칵테일 레시피에 표시된 음료의 양을 정확하게 측정하기 위해 사용하는 도구이다.
- ②는 코르크 마개를 빼는 도구이다.
- ③은 술 손실 예방 도구로 음료가 일정하게 나오도록 조절하는 기구로 푸링 립(Pouring Lip)이라고도 한다.

0904 / 1205

46 Repetitive Learning 1회 2회 3회

Pilsner Glass에 대한 설명으로 옳은 것은?

① 브랜디를 마실 때 사용한다.
② 맥주를 따르면 기포가 올라와 거품이 유지된다.
③ 와인향을 즐기는 데 가장 적합하다.
④ 옆면이 둥글게 되어 있어 발레리나를 연상하게 하는 모양이다.

해설
- Pilsner Glass는 맥주를 마실 때 주로 사용한다.
- 주둥이에서 바닥으로 갈수록 점점 가늘어지는 모양이다.

0701 / 0904 / 1104

47 Repetitive Learning 1회 2회 3회

마신 알코올량(mL)을 나타내는 공식은?

① 알코올량(mL)×0.8
② 술의 농도(%)×마시는 양(mL)÷100
③ 술의 농도(%)−마시는 양(mL)
④ 술의 농도(%)÷마시는 양(mL)

해설
- 마신 알코올량(mL)은 술의 농도(%)×마시는 양(mL)÷100으로 구한다.

1204

48 Repetitive Learning 1회 2회 3회

프라페(Frappe)를 만들기 위해 준비하는 얼음은?

① Cube Ice ② Big Ice
③ Crashed Ice ④ Crushed Ice

해설
- 프라페용으로는 눈꽃 모양으로 갈려진 Shaved Ice를 사용하는데 보기에 없으므로 그보다 크지만 세밀하게 갈아낸 얼음인 Crushed Ice가 적당하다.

1205

49 Repetitive Learning 1회 2회 3회

고객이 호텔의 음료상품을 이용하지 않고 다른 곳에서 음료를 가지고 오는 경우, 서비스하고 여기에 필요한 글라스, 얼음, 레몬 등을 제공하여 받는 대가를 무엇이라 하는가?

① Rental charge ② V.A.T(value added tax)
③ Corkage charge ④ Service charge

해설
- 고객이 다른 곳에서 구입한 주류를 바(Bar)에 가져와서 마실 때 부과되는 요금을 Corkage charge라고 한다.

50 Repetitive Learning 1회 2회 3회

다음 중 칵테일 계량단위 범주에 해당되지 않는 것은?

① oz ② tsp
③ jigger ④ ton

해설
- ④의 톤은 칵테일 계량단위의 범주를 벗어났다.

43 ④ 44 ② 45 ④ 46 ② 47 ② 48 ④ 49 ③ 50 ④ | 정답

1001 / 0505 / 1204

51 Repetitive Learning 1회 2회 3회

What is the meaning of a walk-in guest?

① A guest with no reservation.
② Guest charged instead of the reserved guest.
③ By walk-in guest.
④ Guest that checks in through the front desk.

해설
• walk-in guest란 예약 없이 방문한 손님을 말한다.

52 Repetitive Learning 1회 2회 3회

다음은 레스토랑에서 종업원과 고객의 대화이다. ( )에 들어갈 가장 알맞은 문장은?

G : Waitress, may I have our check, please?
W : ( )
G : No, I want it as one bill.

① Do you want separate checks?
② Don't mention it.
③ You are wanted on the phone.
④ Yes, I can.

해설
• 손님이 계산서를 달라고 하였을 때 웨이트리스의 답변이다. 손님은 한 번에 계산하기를 원한다고 했으므로 각자 계산서를 요구하는 것인지 묻는 문장이 적절하다.

0601

53 Repetitive Learning 1회 2회 3회

Which one is the cocktail containing beer and tomato juice?

① Red boy　② Bloody mary
③ Red eye　④ Tom collins

해설
• ②는 보드카, 토마토주스, 레몬주스, 우스터소스, 타바스코소스, 후추, 소금을 직접 넣기(Building) 기법으로 만든 칵테일이다.
• ④는 진, 레몬주스, 설탕을 셰이킹 기법으로 만든 칵테일로 레몬이나 오렌지 슬라이스와 체리를 장식하여 제공한다.
• 맥주와 토마토주스로 만든 칵테일은 레드아이이다.

0103 / 0104 / 0402 / 0405 / 0601

54 Repetitive Learning 1회 2회 3회

Which is the best wine with a beefsteak course at dinner?

① Red wine　② Dry sherry
③ Blush wine　④ White wine

해설
• Beefsteak 코스와 잘 어울리는 와인은 레드 와인이다.

55 Repetitive Learning 1회 2회 3회

Which of the following represents drinks like coffee and tea?

① Nutrition drinks
② Refreshing drinks
③ Preference drinks
④ Non-Carbonated drinks

해설
• 기호음료(Preference drinks)에 커피와 차가 속한다.

56 Repetitive Learning 1회 2회 3회

Which one does not belong to aperitif?

① Sherry　② Campari
③ Kir　④ Brandy

해설
• Brandy는 식후주로 적합하다.

0101 / 0205 / 0605

57 Repetitive Learning 1회 2회 3회

다음 ( ) 안에 들어갈 단어로 가장 적절한 것은?

Please ( ) yourself to the coffee before it gets cold.

① drink　② help
③ like　④ does

해설
• help yourself ~는 '알아서 드세요', '좋을대로 하세요'의 의미이다.
• '커피가 식기 전에 드세요'라는 의미이다.

정답 | 51 ① 52 ① 53 ③ 54 ① 55 ③ 56 ④ 57 ②

0904 / 1104

58

Repetitive Learning (1회 2회 3회)

호텔에서 check-in 또는 check-out 시 customer가 할 수 있는 말로 적절하지 않은 것은?

① Would you fill out this registration form?
② I have a reservation for tonight.
③ I'd like to check out today.
④ Can you hold my luggage until 4pm?

해설

- ①은 예약하기 위한 양식에 작성을 요청하는 표현으로 체크인 또는 체크아웃과는 거리가 멀다.
- ②는 오늘 밤 예약했다는 뜻이다.
- ③은 오늘 체크아웃을 하고 싶다는 뜻이다.
- ④는 오후 4시까지 짐을 맡아줄 수 있는지 묻는 표현이다.

59

Repetitive Learning (1회 2회 3회)

Which one is the cocktail containing Dry Gin, Dry Vermouth and orange juice?

① Gimlet
② Golden Cadillac
③ Bronx
④ Bacardi Cocktail

해설

- ①은 진, 라임주스, 파우더슈가를 셰이킹 기법으로 만든 칵테일이다.
- ②는 갈리아노(이탈리아 리큐르), 크림 드 카카오 화이트, 크림을 셰이킹 기법으로 만든 칵테일이다.
- ④는 화이트럼, 라임주스, 그레나딘 시럽을 셰이킹 기법으로 만든 칵테일이다.

60

Repetitive Learning (1회 2회 3회)

What is the name of this cocktail?

「Vodka 30mL & orange Juice 90mL, build」
Pour vodka and orange juice into a chilled highball glass with several ice cubes, and stir.

① Blue Hawaii
② Bloody Mary
③ Screw Driver
④ Manhattan

해설

- 하이볼 글라스에 보드카, 오렌지를 직접 넣기(Building) 기법으로 만든 칵테일은 스크루드라이버(Screw Driver)이다.

58 ① 59 ③ 60 ③ 정답

2015년 제2회

2015년 4월 4일 필기

15년 2회차 필기시험
합격률 53.0%

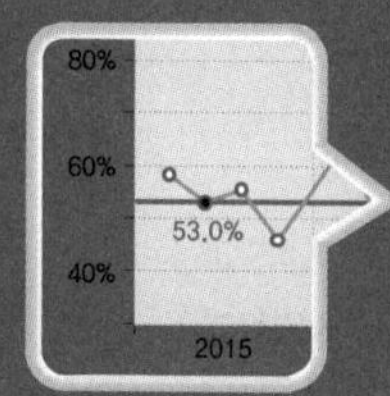

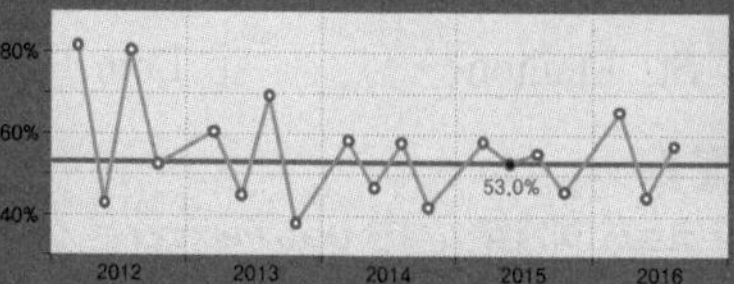

0904
01 Repetitive Learning 1회 2회 3회

매년 보졸레 누보의 출시일은?

① 11월 1째 주 목요일
② 11월 3째 주 목요일
③ 11월 1째 주 금요일
④ 11월 3째 주 금요일

해설
- 프랑스 보졸레 지방에서 생산되는 포도주인 보졸레 누보는 매년 11월 셋째 주 목요일에 출시되며 숙성시키는 일반와인과 달리 신선한 맛이 생명이므로 가급적 빨리 마셔야 한다.

1205
02 Repetitive Learning 1회 2회 3회

위스키의 제조과정을 순서대로 나열한 것으로 가장 적절한 것은?

① 맥아－당화－발효－증류－숙성
② 맥아－당화－증류－저장－후숙
③ 맥아－발효－증류－당화－블렌딩
④ 맥아－증류－저장－숙성－발효

해설
- 위스키의 제조순서는 보리 담금(mashing)－분쇄－당화－발효(fermentation)－증류(distillation)－숙성(aging)－병입의 순으로 이뤄진다.

1302
03 Repetitive Learning 1회 2회 3회

포도주에 아티초크를 배합한 리큐르로 약간 진한 커피색을 띠는 것은?

① Chartreuse ② Cynar
③ Dubonnet ④ Campari

해설
- ①은 프랑스어로 수도원, 승원이라는 뜻으로 리큐르의 여왕이라 불리는 천연 허브로 향과 색을 낸 녹색의 리큐르이다.
- ③은 프랑스 레드 와인에 키니네를 첨가한 강화주이다.
- ④는 이탈리아의 국민주로 70여 가지의 재료로 만들어진 매우 쓴맛의 붉은색 리큐르(Liqueur)이다.

1102
04 Repetitive Learning 1회 2회 3회

각 나라별 발포성 와인(Sparkling Wine)의 명칭이 잘못 연결된 것은?

① 프랑스－Cremant
② 스페인－Vin Mousseux
③ 독일－Sekt
④ 이탈리아－Spumante

해설
- 뱅 무쉐(Vin Mousseux)는 프랑스 샹파뉴(Champagne) 지방을 제외한 지역에서 생산되는 프랑스 발포성 와인(Sparkling Wine)을 말한다.

1002
05 Repetitive Learning 1회 2회 3회

혼성주(compounded Liqueur)에 대한 설명 중 틀린 것은?

① 칵테일 제조나 식후주로 사용된다.
② 발효주에 초근목피의 침출물을 혼합하여 만든다.
③ 색채, 향기, 감미, 알코올의 조화가 잘 된 술이다.
④ 혼성주는 고대 그리스 시대에 약용으로 사용되었다.

해설
- 혼성주는 증류주에 초근목피의 침출물을 혼합한 술이다.

정답 | 01 ② 02 ① 03 ② 04 ② 05 ②

1201

06

Repetitive Learning 1회 2회 3회

샴페인의 발명자는?

① Bordeaux ② Champagne
③ St. Emilion ④ Dom Perignon

해설

• 코르크 마개를 개발한 Dom Perignon은 샴페인을 발명했다.

1205

07

Repetitive Learning 1회 2회 3회

주류의 주정 도수가 높은 것부터 낮은 순서대로 나열된 것은?

① Vermouth>Brandy>Fortified Wine>Kahlua
② Fortified Wine>Vermouth>Brandy>Beer
③ Fortified Wine>Brandy>Beer>Kahlua
④ Brandy>Sloe Gin>Fortified Wine>Beer

해설

• 도수가 가장 높은 Brandy는 40%, Sloe Gin은 30~35%, Fortified Wine은 18~20%, 가장 낮은 Beer는 4%이다.

08

Repetitive Learning 1회 2회 3회

프랑스의 와인제조에 대한 설명 중 틀린 것은?

① 프로방스에서는 주로 로제 와인을 많이 생산한다.
② 포도당이 에틸알코올과 탄산가스로 변한다.
③ 포도 발효상태에서 브랜디를 첨가한다.
④ 포도 껍질에 있는 천연 효모의 작용으로 발효가 된다.

해설

• ③은 포트 와인의 제조방법이다.

09

Repetitive Learning 1회 2회 3회

에스프레소에 우유거품을 올린 것으로 다양한 모양의 디자인이 가능해 인기를 끌고 있는 커피는?

① 카푸치노 ② 카페라테
③ 콘파냐 ④ 카페모카

해설

• ②는 에스프레소에 뜨거운 우유를 곁들인 커피이다.
• ③은 에스프레소 위에 크림을 올려주는 커피이다.
• ④는 에스프레소, 우유에 초콜릿 시럽을 넣은 커피이다.

10

Repetitive Learning 1회 2회 3회

살균방법에 의한 우유의 분류가 아닌 것은?

① 초저온살균우유 ② 저온살균우유
③ 고온살균우유 ④ 초고온살균우유

해설

• 우유의 살균방법에는 초고온 순간살균법, 고온 단시간 살균법, 저온 장시간 살균법, 멸균법 등이 있다.

0202

11

Repetitive Learning 1회 2회 3회

곡물로 만들어 농번기에 주로 먹었던 막걸리는 어느 분류에 속하는가?

① 혼성주 ② 증류주
③ 양조주 ④ 화주

해설

• 막걸리의 주재료는 쌀로, 양조주에 속한다.

12

Repetitive Learning 1회 2회 3회

다음 중 혼성주에 속하는 것은?

① 그렌피딕 ② 꼬냑
③ 버드와이즈 ④ 캄파리

해설

• ①은 영국 스코틀랜드의 싱글 몰트 스카치 위스키이다.
• ②는 포도로 만든 와인을 증류하여 제조하는 프랑스 꼬냑 지방의 브랜디이다.
• ③은 미국의 라거 맥주이다.

13

Repetitive Learning 1회 2회 3회

상면발효맥주가 아닌 것은?

① 에일맥주(Ale Beer)
② 포터맥주(Porter Beer)
③ 스타우트 맥주(Stout Beer)
④ 필스너 맥주(Pilsner Beer)

해설

• 필스너 맥주(Pilsner Beer)는 라거맥주를 대표하는 체코의 맥주다.

06 ④ 07 ④ 08 ③ 09 ① 10 ① 11 ③ 12 ④ 13 ④ 정답

14 Repetitive Learning (1회 2회 3회)

꼬냑(Cognac) 생산 회사가 아닌 것은?

① 마르텔 ② 헤네시
③ 까뮈 ④ 화이트 홀스

해설
• 화이트 홀스는 블렌디드 스카치 위스키(Blended Scotch whiskey)를 생산하는 회사이다.

0901 / 0905

15 Repetitive Learning (1회 2회 3회)

맥주 제조에 필요한 중요한 원료가 아닌 것은?

① 맥아 ② 포도당
③ 물 ④ 효모

해설
• 맥주를 제조할 때 필요한 원료는 맥아, 물, 효모이다.

1301

16 Repetitive Learning (1회 2회 3회)

차의 분류가 바르게 연결된 것은?

① 발효차－얼그레이 ② 불발효차－보이차
③ 반발효차－녹차 ④ 후발효차－쟈스민

해설
• ②에서 보이차는 후발효차이다.
• ③에서 녹차는 불발표차이다.
• ④에서 쟈스민차는 반발효차이다.

1204

17 Repetitive Learning (1회 2회 3회)

보드카(Vodka)에 대한 설명 중 틀린 것은?

① 슬라브 민족의 국민주라고 할 수 있을 정도로 애음되는 술이다.
② 사탕수수를 주원료로 사용한다.
③ 무색(colorless), 무미(tasteless), 무취(odorless)이다.
④ 자작나무의 활성탄과 모래를 통과시켜 여과한 술이다.

해설
• 보드카의 주원료는 사탕수수가 아니라 감자 또는 각종 곡류나 옥수수를 바탕으로 한다.

18 Repetitive Learning (1회 2회 3회)

와인의 등급제도가 없는 나라는?

① 스위스 ② 영국
③ 헝가리 ④ 남아프리카공화국

해설
• 프랑스, 이탈리아 등 유럽국가의 경우 라벨에 등급을 표기하지만 신세계 와인이라 불리는 미국, 칠레, 호주, 뉴질랜드, 남아공 등은 라벨에 등급을 표기하지 않는다.

19 Repetitive Learning (1회 2회 3회)

독일 와인 라벨 용어는?

① 로사토 ② 트로컨
③ 로쏘 ④ 비노

해설
• ①과 ③은 이탈리아 와인 브랜드이다.
• ④는 스페인어로 와인을 지칭한다.

20 Repetitive Learning (1회 2회 3회)

커피의 3대 원종이 아닌 것은?

① 피베리 ② 아라비카
③ 리베리카 ④ 로부스타

해설
• ①은 전체 커피나무에서 하나의 체리 안에 두 개가 아닌 한 개의 생두가 들어있는 변종으로 전체 커피나무에서 약 7%가 이에 해당된다.

0405

21 Repetitive Learning (1회 2회 3회)

비알코올성 음료(non-alcoholic beverage)에 대한 설명으로 옳은 것은?

① 양조주, 증류주, 혼성주로 구분된다.
② 맥주, 위스키, 리큐르(liqueur)로 구분된다.
③ 소프트드링크, 맥주, 브랜디로 구분한다.
④ 청량음료, 영양음료, 기호음료로 구분한다.

해설
• ①은 알코올성 음료에 대한 설명이다.
• 맥주는 양조주, 브랜드나 위스키는 증류주의 한 종류이다.
• 리큐르는 혼성주를 의미한다.

정답 | 14 ④ 15 ② 16 ① 17 ② 18 ④ 19 ② 20 ① 21 ④

1301

22 Repetitive Learning (1회 2회 3회)

다음의 설명에 해당하는 혼성주를 바르게 연결한 것은?

> ㉠ 멕시코산 커피를 주원료로 하여 Cocoa, Vanilla 향을 첨가해서 만든 혼성주이다.
> ㉡ 야생 오얏을 진에 첨가해서 만든 빨간색의 혼성주이다.
> ㉢ 이탈리아의 국민주로 제조법은 각종 식물의 뿌리, 씨, 향초, 껍질 등 70여 가지의 재료로 만들어지며 제조 기간은 45일이 걸린다.

① ㉠ 샤르트뢰즈(Chartreuse) ㉡ 시나(Cynar) ㉢ 캄파리(Campari)
② ㉠ 파샤(Pasha) ㉡ 슬로 진(Sloe Gin) ㉢ 캄파리(Campari)
③ ㉠ 칼루아(Kahlua) ㉡ 시나(Cynar) ㉢ 캄파리(Campari)
④ ㉠ 칼루아(Kahlua) ㉡ 슬로 진(Sloe Gin) ㉢ 캄파리(Campari)

해설
- 샤르트뢰즈는 프랑스어로 수도원, 승원이라는 뜻으로 리큐르의 여왕이라 불리는 천연 허브로 향과 색을 낸 녹색의 리큐르이다.
- 시나(Cynar)는 와인에 아티초크를 배합하여 제조하였으며 색상은 진한 갈색을 띠는 리큐르이다.

23 Repetitive Learning (1회 2회 3회)

증류주가 아닌 것은?

① Light Rum ② Malt whiskey
③ Brandy ④ Bitters

해설
- 비터스(Bitters)는 칵테일이나 기타 음료에 향미를 더하기 위해 넣는 착향제다.

1202

24 Repetitive Learning (1회 2회 3회)

다음 중 양조주에 해당하는 것은?

① 청주(淸酒) ② 럼주(Rum)
③ 소주(燒酒) ④ 리큐르(Liqueur)

해설
- ②와 ③은 증류주이다.
- ④는 혼성주이다.

25 Repetitive Learning (1회 2회 3회)

스코틀랜드의 위스키 생산지 중에서 가장 많은 증류소가 있는 지역은?

① 하이랜드(Highland)
② 스페이사이드(Speyside)
③ 로우랜드(Lowland)
④ 아일레이(Islay)

해설
- 스페이사이드(Speyside)는 스코틀랜드의 위스키 생산지 중에서 가장 많은 증류소가 있는 지역이다.

0103 / 0605 / 0902

26 Repetitive Learning (1회 2회 3회)

영국에서 발명한 무색투명한 음료로서 키니네가 함유된 청량음료는?

① cider ② cola
③ tonic water ④ soda water

해설
- 토닉워터는 키니네 때문에 뒷맛이 다소 쌉쌀하다.

27 Repetitive Learning (1회 2회 3회)

다음 중 식전주로 알맞지 않은 것은?

① 쉐리 와인 ② 샴페인
③ 캄파리 ④ 깔루아

해설
- 깔루아는 멕시코산 커피 리큐르다.

28 Repetitive Learning (1회 2회 3회)

증류주에 대한 설명으로 가장 거리가 먼 것은?

① 대부분 알코올 도수가 20도 이상이다.
② 알코올 도수가 높아 잘 부패되지 않는다.
③ 장기 보관 시 변질되므로 대부분 유통기간이 있다.
④ 갈색의 증류주는 대부분 오크통에서 숙성시킨다.

해설
- 미생물은 20% 이상의 알코올에서는 사멸하므로 증류주는 유통기한이 따로 없다.

22 ④ 23 ④ 24 ① 25 ② 26 ③ 27 ④ 28 ③ 정답

29 Repetitive Learning (1회 2회 3회)

곡류를 발효 증류시킨 후 주니퍼 베리, 고수풀, 안젤리카 등의 향료식물을 넣어 만든 증류주는?

① VODKA ② RUM
③ GIN ④ TEQUILA

해설
- ①은 곡류와 감자 증류액을 숯과 모래에 여과하여 정제한 술이다.
- ②는 사탕수수즙이나 당밀 등으로 발효 증류시킨 증류주로 달콤한 냄새와 특유의 맛을 갖고 있다.
- ④는 용설란으로 만들어 용설란 특유의 향과 달콤한 맛을 가진 멕시코 술이다.

30 Repetitive Learning (1회 2회 3회)

다음 중 소주에 대한 설명으로 틀린 것은?

① 제조법에 따라 증류식 소주, 희석식 소주로 나뉜다.
② 우리나라에 소주가 들어온 연대는 조선시대이다.
③ 주원료로는 쌀, 찹쌀, 보리 등이다.
④ 삼해주는 조선 중엽 소주의 대명사로 알려질 만큼 성행했던 소주이다.

해설
- 소주는 고려시대에 중국으로부터 전래되었다.

0702

31 Repetitive Learning (1회 2회 3회)

다음 중 Tumbler Glass는 어느 것인가?

① Champagne Glass ② Cocktail Glass
③ Highball Glass ④ Brandy Glass

해설
- 텀블러형 글라스에는 위스키(온더락) 글라스, 올드 패션드 글라스, 하이볼 글라스, 콜린스 글라스 등이 있다.

0301

32 Repetitive Learning (1회 2회 3회)

조주용 기물 종류 중 푸어러(Pourer)에 대한 설명으로 바른 것은?

① 쓰고 남은 청량음료를 밀폐시키는 병마개
② 칵테일을 마시기 쉽게 하기 위한 빨대
③ 술병 입구에 끼워 쏟아지는 양을 일정하게 만드는 기구
④ 물을 담아놓고 쓰는 손잡이가 달린 물병

해설
- ①은 스토퍼(Stopper)에 대한 설명이다.
- ②는 스트로우(Straw)에 대한 설명이다.
- ④는 디캔터(Decanter)에 대한 설명이다.

33 Repetitive Learning (1회 2회 3회)

다음 와인 종류 중 냉각하여 제공하지 않는 것은?

① 클라렛(Claret)
② 호크(Hock)
③ 샴페인(Champagne)
④ 로제(Rose)

해설
- 호크는 독일 라인산 화이트 와인으로 화이트 와인은 차게 마시는 것이 좋다.
- 샴페인의 적정 음용 온도는 약 8~10℃로 차게 마시는 것이 좋다.
- 로제 와인은 맛으로 보면 화이트 와인에 가까우므로 6~18℃ 정도로 차게 해서 마시는 것이 좋다.

0805

34 Repetitive Learning (1회 2회 3회)

Wine Master의 의미로 가장 적절한 것은?

① 와인의 제조 및 저장관리를 책임지는 사람
② 포도나무를 가꾸고 재배하는 사람
③ 와인을 판매 및 관리하는 사람
④ 와인을 구매하는 사람

해설
- Wine Master는 와인의 제조 및 저장관리를 책임지는 사람을 일컫는다.

0401

35 Repetitive Learning (1회 2회 3회)

칵테일에 사용하는 얼음으로 적절하지 않은 것은?

① 컬러 얼음(Color Ice)
② 가루 얼음(Shaved Ice)
③ 기계 얼음(Cube Ice)
④ 작은 얼음(Cracked Ice)

해설
- ①은 식용이 아니라 장식용(네일 등)으로 사용되는 모조얼음이다.

정답 | 29 ③ 30 ② 31 ③ 32 ③ 33 ① 34 ① 35 ①

1201

36 Repetitive Learning 1회 2회 3회

칵테일을 만들 때, 흔들거나 섞지 않고 글라스에 직접 얼음과 재료를 넣어 바 스푼이나 머들러로 휘저어 만드는 칵테일은?

① 스크루드라이버(screw driver)
② 스팅어(stinger)
③ 마가리타(magarita)
④ 싱가포르 슬링(singapore sling)

해설
- 문제는 직접 넣기 기법을 사용한 칵테일을 묻고 있다.
- ②는 브랜디, 크림 드 화이트를 셰이커에 넣고 셰이킹 기법으로 만드는 칵테일이다.
- ③은 테킬라, 오렌지 큐라소, 라임주스를 셰이커에 넣고 셰이킹 기법으로 만든 후 소금을 글라스에 묻혀서 만드는 칵테일이다.
- ④는 드라이 진, 레몬주스, 설탕을 셰이커에 넣고 셰이킹 기법으로 만든 후 소다수와 체리 브랜디를 직접 넣어주는 기법으로 만드는 칵테일이다.

37 Repetitive Learning 1회 2회 3회

다음 중 가장 많은 재료를 넣어 만드는 칵테일은?

① Manhattan
② Apple Martini
③ Gibson
④ Long Island Iced Tea

해설
- ①, ②, ③은 모두 믹싱 글라스를 이용해 stir 기법으로 제조한다.

0705

38 Repetitive Learning 1회 2회 3회

다음 중 Gin Base에 속하는 칵테일은?

① Stinger ② Old-fashioned
③ Dry Martini ④ Side car

해설
- ①은 브랜디, 크림 드 민트 화이트를 셰이커에 넣어 셰이킹하여 만든다.
- ②는 버번위스키, 각설탕, 비터스, 소다로 만들며, 오렌지와 체리로 장식한 칵테일이다.
- ④는 브랜디를 베이스로 한 칵테일로 식후주에 애용된다.

0805 / 1102

39 Repetitive Learning 1회 2회 3회

와인의 Tasting 방법으로 가장 옳은 것은?

① 와인을 오픈한 후 공기와 접촉되는 시간을 최소화하여 바로 따른 후 마신다.
② 와인에 얼음을 넣어 냉각시킨 후 마신다.
③ 와인 잔을 흔든 뒤 아로마나 부케의 향을 맡는다.
④ 검은 종이를 테이블에 깔아 투명도 및 색을 확인한다.

해설
- 와인을 오픈한 후 공기와 접촉되는 과정을 브리딩이라고 하고 고가의 영(young) 와인일수록 미리 오픈하여 공기와의 접촉시간을 길게 한다. 이는 와인의 종류에 따라 다른데 보통 15분 전~3시간 전까지 다양하다.

40 Repetitive Learning 1회 2회 3회

Old Fashioned Glass를 가장 잘 설명한 것은?

① 옛날부터 사용한 Cocktail Glass이다.
② On the Rocks Glass라고도 하는 스템(Stem)이 없는 Glass이다.
③ Juice를 Cocktail하여 마시는 Long Neck Glass이다.
④ Cognac Glass라고도 하며 튤립형의 스템(Stem)이 있는 Glass이다.

해설
- ①은 칵테일 글라스에 대한 설명이다.
- ③은 리큐르 글라스에 대한 설명이다.
- ④는 브랜디 글라스에 대한 설명이다.

1202

41 Repetitive Learning 1회 2회 3회

와인의 적정온도 유지의 원칙으로 옳지 않은 것은?

① 보관 장소는 햇빛이 들지 않고 서늘하며, 습기가 없는 곳이 좋다.
② 연중 급격한 변화가 없는 곳이어야 한다.
③ 와인에 전해지는 충격이나 진동이 없는 곳이 좋다.
④ 코르크가 젖어 있도록 병을 눕혀서 보관해야 한다.

해설
- 습도는 75% 정도로 유지하도록 한다.
- 습도가 낮으면 코르크 마개가 건조되고, 병 안으로 산소가 들어와 와인이 산화된다.

36 ① 37 ④ 38 ③ 39 ③ 40 ② 41 ① 정답

42 Repetitive Learning (1회 2회 3회)

맥주 보관 방법으로 가장 적절한 것은?

① 냉장고에 5~10℃ 정도에 보관한다.
② 맥주 냉장 보관시 0℃ 이하로 보관한다.
③ 장시간 보관하여도 무방하다.
④ 맥주는 햇볕이 있는 곳에 보관해도 좋다.

해설
- 맥주가 얼지 않도록 적정온도(4~10℃)로 보관해야 한다.
- 국내 병맥주의 유통 기한은 12개월이다.
- 직사광선을 피해서 시원하고 그늘진 곳에 보관한다.

43 Repetitive Learning (1회 2회 3회)

주장(Bar)관리의 의의로 가장 적절한 것은?

① 칵테일을 연구, 발전시키는 일이다.
② 음료(Beverage)를 많이 판매하는 데 목적이 있다.
③ 음료(Beverage) 재고조사 및 원가 관리의 우선함과 영업 이익을 추구하는 데 목적이 있다.
④ 주장 내에서 Bottles 서비스만 한다.

해설
- 주장관리의 의의는 재고관리, 원가관리, 매출관리 등을 수행하는 데 있다.

44 Repetitive Learning (1회 2회 3회)

다음은 무엇에 대한 설명인가?

> 음료와 식료에 대한 원가관리의 기초가 되는 것으로서 단순히 필요한 물품을 구입하는 업무만을 의미하는 것이 아니라, 바 경영을 계획, 통제, 관리하는 경영활동의 중요한 부분이다.

① 검수 ② 구매
③ 저장 ④ 출고

해설
- ①은 계약에 의하여 납품되는 물품이 규격, 계약서 등과 합치하는지 여부를 검사하는 것을 말한다.
- ③은 바 경영에 필요한 최적의 재고를 유지하기 위해 각종 물품을 보관하는 것을 말한다.
- ④는 저장된 물품을 판매 등의 목적을 달성하기 위해 보관 장소에서 꺼내는 것을 말한다.

0103

45 Repetitive Learning (1회 2회 3회)

연회(Banquet)석상에서 각 고객들이 마신(소비한) 만큼 계산을 별도로 하는 바(Bar)를 무엇이라고 하는가?

① Banquet Bar ② Host Bar
③ No-Host Bar ④ Paid Bar

해설
- ②는 파티나 행사에서 고객들의 요구대로 음료를 제공하고, 계산은 주최 측이 마감 때 일괄적으로 지불하는 바를 말한다.
- ③은 고객들이 자신의 술값을 직접 지불하는 바를 말한다.
- ④는 오픈 바를 말하는데 행사에서 호스트가 미리 결재하고 고객들에게 무료로 바 서비스를 제공하는 바를 말한다.

46 Repetitive Learning (1회 2회 3회)

Saucer형 샴페인 글라스에 제공되며 Menthe(Green) 1oz, Cacao(White) 1oz, Light Milk(우유) 1oz를 셰이킹하여 만드는 칵테일은?

① Gin Fizz ② Gimlet
③ Grasshopper ④ Gibson

해설
- ①은 진, 레몬주스, 시럽, 달걀 흰자를 셰이킹 기법으로 혼합한 칵테일이다.
- ②는 진, 라임주스, 시럽을 셰이커에 넣어 셰이킹 기법으로 만드는 칵테일이다.
- ④는 Gin을 베이스로 베르무트(Vermouth)를 추가한 후 믹싱 글라스를 이용하는 Stirring(휘젓기) 기법으로 만든다.

0103 / 0402 / 0901

47 Repetitive Learning (1회 2회 3회)

바 스푼(Bar Spoon)의 용도에 대한 설명으로 틀린 것은?

① Floating Cocktail을 만들 때 사용한다.
② Mixing Glass를 이용하여 칵테일을 만들 때 휘젓는 용도로 사용한다.
③ 글라스의 내용물을 섞을 때 사용한다.
④ 얼음을 아주 잘게 부술 때 사용한다.

해설
- ④는 Ice Pick에 대한 설명이다.

정답 | 42 ① 43 ③ 44 ② 45 ① 46 ③ 47 ④

48 Repetitive Learning 1회 2회 3회

플레인 시럽과 관련이 있는 것은?

① lemon ② butter
③ cinnamon ④ sugar

해설
• 플레인 시럽은 일반적인 설탕(sugar) 시럽이다.

49 Repetitive Learning 1회 2회 3회

볶은 커피의 보관 시 알맞은 습도는?

① 3.5% 이하 ② 5~7%
③ 10~12% ④ 13% 이상

해설
• 볶은 커피 보관 시 적정 습도는 3.5% 이하이다.

1202

50 Repetitive Learning 1회 2회 3회

조주기법(Cocktail Technique)에 관한 사항에 해당되지 않는 것은?

① Stirring ② Distilling
③ Straining ④ Chilling

해설
• ②는 증류로 칵테일과는 거리가 멀다.
• ③은 얼음을 거르는 과정, ④는 글라스를 냉각하는 과정으로 칵테일 만들 때 들어가는 과정의 하나이다.

0301

51 Repetitive Learning 1회 2회 3회

Which drink is prepared with Gin?

① Tom collins ② Rob Roy
③ B&B ④ Black Russian

해설
• ②는 스카치 위스키, 베르무트, 앙고스투라 비터스를 믹싱 글라스에 넣은 후 Stirring(휘젓기) 기법으로 만든 칵테일이다.
• ③은 브랜디, 베네딕틴 DOM을 직접 넣기(Building) 기법으로 만든 칵테일로 섞지 않고 제공한다.
• ④는 보드카, 커피술을 얼음과 함께 섞어 만드는 커피 칵테일이다.

0202

52 Repetitive Learning 1회 2회 3회

다음 질문의 대답으로 적절한 것은?

> Are the same kinds of glasses used for all wines?

① Yes, they are. ② No, they don't.
③ Yes, they do. ④ No, they are not.

해설
• Are로 물었으므로 are로 대답해야 한다. 와인을 같은 종류의 글라스로 마시는 것은 아니므로 부정형의 답변이 적절하다.

0104

53 Repetitive Learning 1회 2회 3회

다음의 밑줄에 들어갈 알맞은 것은?

> This bar _____ by a bar helper every morning.

① cleans ② is cleaned
③ is cleaning ④ be cleaned

해설
• '이 바는 바 헬퍼에 의해 매일 아침 청소된다'라는 의미이다. 청소가 되어지는 것이므로 is cleaned가 적절하다.

0401

54 Repetitive Learning 1회 2회 3회

다음의 밑줄에 들어갈 단어로 알맞은 것은?

> Which one do you like better whiskey _____ brandy?

① as ② but
③ and ④ or

해설
• Which ~ or ~는 둘 중 어떤 것을 선택하게 하는 구문이다.

55 Repetitive Learning 1회 2회 3회

Which of the following is not compounded Liqueur?

① Cutty Sark ② Curacao
③ Advocaat ④ Amaretto

해설
• ①은 블렌디드 스카치 위스키의 한 종류이다.

48 ④ 49 ① 50 ② 51 ① 52 ④ 53 ② 54 ④ 55 ① 정답

56

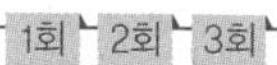

다음 대화 중 밑줄 친 부분에 들어갈 B의 질문으로 적절하지 않은 것은?

> G1 : I'll have a Sunset Strip. What about you, Sally?
> G2 : I don't drink at all. Do you serve soft drinks?
> B : Certainly, Madam.
>
> ______________________
>
> G2 : It sounds exciting. I'll have that.

① How about a Virgin Colada?
② What about a Shirley Temple?
③ How about a Black Russian?
④ What about a Lemonade?

해설

• Sunset Strip 칵테일로 하겠다는 친구가 Sally에게 무엇을 마실거냐고 묻자 샐리는 아무것도 마시고 싶지 않다고 한다. 대신 탄산음료를 줄 수 있느냐고 묻자 바텐더는 가능하다고 말하면서 무엇인가를 추천한다. 이에 샐리는 기대된다고 말하면서 바텐더의 추천을 받아들이고 있다. 바텐더의 추천은 소프트하면서도 특별한 것이 적절하며 ①, ②, ④는 모두 무알코올 칵테일에 해당하므로 적절하다.
• ③의 Black Russian은 보드카, 커피술을 얼음과 함께 섞어 만드는 커피 칵테일로 도수가 상당히 높은 칵테일이다.

57

다음 중 brand가 의미하는 것은?

> What brand do you want?

① 브랜디 ② 상표
③ 칵테일의 일종 ④ 심심한 맛

해설

• 어떤 브랜드를 원하느냐에 대한 물음이다.

0902 / 1004 / 1101

58

Which one is wine that can be served before meal?

① Table wine ② Dessert wine
③ Aperitif wine ④ Port wine

해설

• 식사 전에 마시는 음료는 식전주(Aperitif wine)다.

0702

59

Repetitive Learning (1회 2회 3회)

What is the Liqueur on apricot pits base?

① Benedictine ② Chartreuse
③ Kahlua ④ Amaretto

해설

• ①은 황금색의 약초 감미주로서 술병에 D.O.M이라고 쓰여 있는 리큐르(Liqueur)이다.
• ②는 프랑스어로 수도원, 승원이라는 뜻으로 리큐르의 여왕이라 불리는 천연 허브로 향과 색을 낸 녹색의 리큐르이다.
• ③은 멕시코산 커피 리큐르이며 테킬라, 커피, 설탕을 주성분으로 Cocoa, Vanilla 향을 첨가하여 만든 혼성주이다.
• 살구 씨를 기본으로 만들어진 리큐르는 아마레토(Amaretto)이다.

1005

60

Repetitive Learning (1회 2회 3회)

다음에서 설명하는 혼성주는?

> The great proprietary liqueur of Scotland made of scotch and heather honey.

① Anisette ② Sambuca
③ Drambuie ④ Peter Heering

해설

• ①은 지중해 지방산의 미나리과 식물인 아니스(Anise)향이 있는 무색 리큐르이다.
• ②는 아니스로 만든 투명한 이탈리아 리큐르이다.
• ④는 체리향이 나는 덴마크 리큐르이다.
• 스카치와 헤더 꿀로 만들어진 스코틀랜드의 거대한 유산인 리큐르는 드램브이(Drambuie)이다.

정답 | 56 ③ 57 ② 58 ③ 59 ④ 60 ③

2015년 제4회

2015년 7월 19일 필기

15년 4회차 필기시험
합격률 55.5%

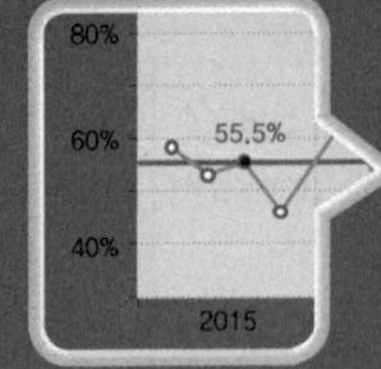

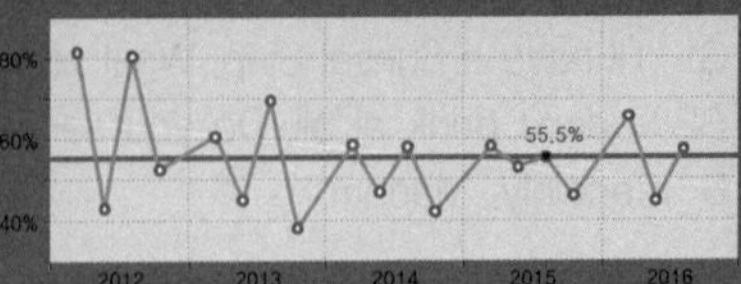

01 Repetitive Learning (1회 2회 3회)

음료에 대한 설명 중 틀린 것은?

① 소다수는 물에 이산화탄소를 가미한 것이다.
② 콜린스 믹스는 소다수에 생강향을 혼합한 것이다.
③ 사이다는 소다수에 구연산, 주석산, 레몬즙 등을 혼합한 것이다.
④ 토닉워터는 소다수에 레몬, 키니네 껍질 등의 농축액을 혼합한 것이다.

해설
- 콜린스 믹스(Collins mix)는 레몬주스와 설탕을 주원료로 만든 착향 탄산음료이다.

02 Repetitive Learning (1회 2회 3회)

우유가 사용되지 않는 커피는?

① 카푸치노(Cappuccino)
② 에스프레소(Espresso)
③ 카페 마키아토(Cafe Macchiato)
④ 카페 라떼(Cafe Latte)

해설
- 에스프레소는 원두가루에 뜨거운 물을 고압으로 통과시켜 추출한 것으로 아주 진한 이탈리아 커피이며 우유를 사용하지 않는 커피다.

1004 / 1005

03 Repetitive Learning (1회 2회 3회)

아티초크를 원료로 사용한 혼성주는?

① 운더베르그(Underberg)
② 시나(Cynar)
③ 아마르 피콘(Amer Picon)
④ 샤브라(Sabra)

해설
- ①은 30가지 이상의 약초로 만든 약술이다.
- ③은 오렌지 껍질, 용담 추출물, 신코나 나무 껍질 등으로 만든 리큐르이다.
- ④는 초콜릿 맛이 나는 이스라엘산 오렌지 리큐르이다.

0405

04 Repetitive Learning (1회 2회 3회)

당밀에 풍미를 가한 석류 시럽은?

① Raspberry syrup
② Grenadine syrup
③ Blackberry syrup
④ Maple syrup

해설
- ①은 당밀에 나무딸기의 풍미를 가한 시럽이다.
- ③은 당밀에 검은 딸기의 풍미를 가한 시럽이다.
- ④는 캐나다 사탕단풍나무의 수액으로 만든 시럽으로 칵테일에는 잘 사용되지 않고 주로 핫케이크에 사용한다.

0705 / 0901 / 1102

05 Repetitive Learning (1회 2회 3회)

Dry wine의 당분이 거의 남아 있지 않은 상태가 되는 주된 이유는?

① 발효 중에 생성되는 호박산, 젖산 등의 산 성분 때문에
② 포도 속의 천연 포도당을 거의 완전히 발효시키기 때문에
③ 페노릭 성분의 함량이 많기 때문에
④ 설탕을 넣는 가당 공정을 거치지 않기 때문에

해설
- Dry Wine은 포도 속의 천연 포도당을 거의 완전히 발효시키면 당분이 거의 남아 있지 않은 와인이다.

01 ② 02 ② 03 ② 04 ② 05 ② 정답

0205 / 0701

06 Repetitive Learning (1회 2회 3회)

럼(Rum)의 분류 중 틀린 것은?

① Light Rum ② Soft Rum
③ Heavy Rum ④ Medium Rum

해설
• 럼은 Light Rum, Medium Rum, Heavy Rum으로 분류한다.

07 Repetitive Learning (1회 2회 3회)

다음 중 양조주가 아닌 것은?

① 그라파 ② 샴페인
③ 막걸리 ④ 하이네켄

해설
• 그라파는 이탈리아 증류주이자 브랜디의 일종이며 브랜디는 과실류가 주원료인 증류주이다.
• ④는 네덜란드 대표 맥주 브랜드이다.

1204

08 Repetitive Learning (1회 2회 3회)

다음 중 Gin Rickey에 포함되는 재료는?

① 소다수(soda water)
② 진저에일(ginger ale)
③ 콜라(cola)
④ 사이다(cider)

해설
• 진 리키(Gin Rickey)는 진, 라임주스, 소다수를 이용해 직접 넣기(Building) 기법으로 만든 칵테일이다.

0104 / 0302 / 0401 / 0502 / 0801 / 1201

09 Repetitive Learning (1회 2회 3회)

위스키(whiskey)를 만드는 과정이 바르게 배열된 것은?

① mashing – fermentation distillation – aging
② fermentation – mashing – distillation – aging
③ aging – fermentation – distillation – mashing
④ distillation – fermentation – mashing – aging

해설
• mashing은 담금과정으로 밀 등의 곡물을 물과 결합한 다음 가열하는 과정으로 위스키 제조순서의 가장 첫 번째 단계이다.

0705 / 0905

10 Repetitive Learning (1회 2회 3회)

grain whiskey에 대한 설명으로 옳은 것은?

① silent spirit라고도 불린다.
② 발아시킨 보리를 원료로 해서 만든다.
③ 향이 강하다.
④ Andrew Usher에 의해 개발되었다.

해설
• ②와 ③은 몰트 위스키에 대한 설명이다.
• ④는 블렌디드 위스키에 대한 설명이다.

1201

11 Repetitive Learning (1회 2회 3회)

비알코올성 음료에 대한 설명으로 틀린 것은?

① Decaffeinated coffee는 caffeine을 제거한 커피이다.
② 아라비카종은 이디오피아가 원산지인 향미가 우수한 커피이다.
③ 에스프레소 커피는 고압의 수증기로 추출한 커피이다.
④ Cocoa는 카카오 열매의 과육을 말려 가공한 것이다.

해설
• Cocoa는 카카오 씨앗을 압착해서 카카오기름을 제거한 뒤 분쇄한 것이다.

0102 / 0302

12 Repetitive Learning (1회 2회 3회)

Red Bordeaux wine의 service 온도로 가장 적합한 것은?

① 3~5℃ ② 6~7℃
③ 7~11℃ ④ 17~19℃

해설
• 레드 와인은 실온(17~19℃)에 맞추어 제공하는 것이 바람직하다.

1205

13 Repetitive Learning (1회 2회 3회)

와인의 품질을 결정하는 요소가 아닌 것은?

① 환경요소(terroir) ② 양조기술
③ 포도 품종 ④ 제조국의 소득수준

해설
• 제조국의 소득수준은 와인의 품질을 결정하는 요소가 아니다.

정답 | 06 ② 07 ① 08 ① 09 ① 10 ① 11 ④ 12 ④ 13 ④

14 Repetitive Learning (1회 2회 3회)

소주에 관한 설명으로 가장 거리가 먼 것은?

① 양조주로 분류된다.
② 증류식과 희석식이 있다.
③ 고려시대에 중국으로부터 전래되었다.
④ 원료로는 백미, 잡곡류, 당밀, 사탕수수, 고구마, 파티오카 등이 쓰인다.

해설
- 소주는 우리나라의 대표적인 증류주에 해당한다.

0802 / 1104

15 Repetitive Learning (1회 2회 3회)

로제와인(rose wine)에 대한 설명으로 틀린 것은?

① 대체로 붉은 포도로 만든다.
② 제조 시 포도껍질을 같이 넣고 발효시킨다.
③ 오래 숙성시키지 않고 마시는 것이 좋다.
④ 일반적으로 상온(17~18℃) 정도로 해서 마신다.

해설
- 로제와인은 6~18℃ 정도로 차게 해서 마시는 것이 좋다.

0602 / 0904

16 Repetitive Learning (1회 2회 3회)

다음 중 주재료가 나머지 셋과 다른 것은?

① Grand Marnier ② Drambuie
③ Triple Sec ④ Cointreau

해설
- ①, ③, ④는 모두 주재료가 꼬냑인데 반해 ②는 스카치 위스키이다.

0602 / 0904

17 Repetitive Learning (1회 2회 3회)

Gin에 대한 설명으로 틀린 것은?

① 대맥, 호밀, 옥수수 등 곡물을 주원료로 한다.
② 무색투명한 증류주이다.
③ 활성탄 여과법으로 맛을 낸다.
④ Juniper berry를 사용하여 착향시킨다.

해설
- ③은 보드카의 제조법이다.

0904 / 1204

18 Repetitive Learning (1회 2회 3회)

곡류를 원료로 만드는 술의 제조 시 당화과정에 필요한 것은?

① ethyl alcohol ② CO_2
③ yeast ④ diastase

해설
- Diastase는 아밀라아제의 옛 명칭이자 녹말 분해 효소의 총칭이다.

19 Repetitive Learning (1회 2회 3회)

까브(Cave)의 의미는?

① 화이트 ② 지하저장고
③ 포도원 ④ 오래된 포도나무

해설
- 포도주 저장실을 Wine Cellar라 하고, 지하저장고를 까브(Cave)라 한다.

0202 / 1204

20 Repetitive Learning (1회 2회 3회)

다음 중 버번위스키가 아닌 것은?

① Jim Beam ② Jack Daniel
③ Wild Turkey ④ John Jameson

해설
- ④는 아이리시 위스키의 베스트셀러 브랜드다.

0602 / 1004

21 Repetitive Learning (1회 2회 3회)

쌀, 보리, 조, 수수, 콩 등 5가지 곡식을 물에 불린 후 시루에 쪄 고두밥을 만들고, 누룩을 섞고 발효시켜 전술을 빚는 것은?

① 백세주 ② 과하주
③ 안동소주 ④ 연엽주

해설
- ②는 여름에 주로 먹는 소주를 약주에 섞은 혼성주이다.
- ④는 고려 때에 등장한 연잎을 곁들여 쌀로 빚은 술이다.

14 ① 15 ④ 16 ② 17 ③ 18 ④ 19 ② 20 ④ 21 ③ | 정답

0102

22

Repetitive Learning (1회 2회 3회)

위스키의 종류 중 증류방법에 의한 분류는?

① malt whiskey ② grain whiskey
③ blended whiskey ④ patent whiskey

해설

- ④는 연속식 증류 위스키를 의미한다.
- ①, ②, ③은 모두 원료에 따른 분류에 해당한다.

0705 / 1201

23

Repetitive Learning (1회 2회 3회)

음료류의 식품유형에 대한 설명으로 틀린 것은?

① 무향탄산음료 : 먹는 물에 식품 또는 식품첨가물(착향료 제외) 등을 가한 후 탄산가스를 주입한 것을 말한다.
② 착향탄산음료 : 탄산음료에 식품첨가물(착향료)을 주입한 것을 말한다.
③ 과실음료 : 농축과실즙(또는 과실분), 과실주스 등을 원료로 하여 가공한 것(과실즙 10% 이상)을 말한다.
④ 유산균음료 : 유가공품 또는 식물성 원료를 효모로 발효시켜 가공(살균을 포함)한 것을 말한다.

해설

- ④의 유산균음료는 유가공품 또는 식물성 원료를 유산균으로 발효시켜 가공(살균 포함)한 것을 말한다. 효모로 발효시켜 가공한 것은 효모음료이다.

24

Repetitive Learning (1회 2회 3회)

나라별 와인을 지칭하는 용어가 바르게 연결된 것은?

① 독일-Wine ② 미국-Vin
③ 이대리-Vino ④ 프랑스-Wein

해설

- 와인을 영어로는 Wine, 불어로는 Vin, 독일어로는 Wein으로 표기한다.

1204

25

Repetitive Learning (1회 2회 3회)

우리나라 민속주에 대한 설명으로 틀린 것은?

① 탁주류, 약주류, 소주류 등 다양한 민속주가 생산된다.
② 쌀 등 곡물을 주원료로 사용하는 민속주가 많다.
③ 삼국시대부터 증류주가 제조되었다.
④ 발효제로는 누룩만을 사용하여 제조하고 있다.

해설

- 증류주 제조기술은 고려시대 때 몽고에 의해 전래되었다.

26

Repetitive Learning (1회 2회 3회)

차에 들어있는 성분 중 타닌(Tannic acid)의 4대 약리작용이 아닌 것은?

① 해독작용 ② 살균작용
③ 이뇨작용 ④ 소염작용

해설

- 타닌은 해독작용, 살균작용, 지혈작용, 소염작용의 4대 약리작용을 한다.

27

Repetitive Learning (1회 2회 3회)

일반적으로 dessert wine으로 적합하지 않은 것은?

① Beerenauslese ② Barolo
③ Sauternes ④ Ice Wine

해설

- ②는 통후추나 향신료를 첨가한 육류요리에 어울리는 식중주이다.

28

Repetitive Learning (1회 2회 3회)

다음의 제조 방법에 해당되는 것은?

> 삼각형, 받침대 모양의 틀에 와인을 꽂고 약 4개월 동안 침전물을 병입구로 모은 후, 순간냉동으로 병목을 얼려서 코르크 마개를 열면 순간적으로 자체 압력에 의해 응고되었던 침전물이 병 밖으로 빠져 나온다. 침전물의 방출로 인한 양적 손실은 도자쥬(dosage)로 채워진다.

① 레드 와인(Red wine)
② 로제 와인(Rose wine)
③ 샴페인(Champagne)
④ 화이트 와인(White wine)

해설

- 데고르주망(Degorgement)과 도자쥬(dosage)는 샴페인을 비롯한 발포성 와인의 고유 제조과정이다.

정답 | 22 ④ 23 ④ 24 ③ 25 ③ 26 ③ 27 ② 28 ③

29 Repetitive Learning (1회 2회 3회)

혼성주에 대한 설명으로 틀린 것은?

① 중세의 연금술사들이 증류주를 만드는 기법을 터득하는 과정에서 우연히 탄생되었다.
② 증류주에 당분과 과즙, 꽃, 약초 등 초근목피의 침출물로 향미를 더했다.
③ 프랑스에서는 알코올 30% 이상, 당분 30% 이상을 함유하고 향신료가 첨가된 술을 리큐르라 정의한다.
④ 코디알(Cordial)이라고도 부른다.

해설
- 프랑스에서 혼성주는 알코올 도수가 15% 이상, 당분이 20% 이상, 그리고 향신료가 포함된 술을 말한다.

30 Repetitive Learning (1회 2회 3회)

다음 중 보르도(Bordeaux) 지역에 속하며, 고급 와인이 많이 생산되는 곳은?

① 콜마(Colmar)
② 샤블리(Chablis)
③ 보졸레(Beaujolais)
④ 뽀므롤(Pomerol)

해설
- ①은 프랑스 북동부 알자스 주에 위치한 도시이다.
- ②는 부르고뉴(Bourgogne) 지방의 최북단 산지의 명칭으로 샤르도네 품종의 드라이 화이트 와인 브랜드 명이기도 하다.
- ③은 부르고뉴(Bourgogne) 지방의 최남단의 지역 명칭으로 대규모 와인 산지로 유명하다.

0805 / 1205 / 1501

31 Repetitive Learning (1회 2회 3회)

Key Box나 Bottle Member 제도에 대한 설명으로 옳은 것은?

① 음료의 판매회전이 촉진된다.
② 고정고객을 확보하기는 어렵다.
③ 후불이기 때문에 회수가 불분명하여 자금운영이 원활하지 못하다.
④ 주문시간이 많이 걸린다.

해설
- 고정고객을 확보하기 쉽다.
- 선불이어서 회수가 정확하여 자금운영이 원활하다.

0501 / 1301

32 Repetitive Learning (1회 2회 3회)

싱가포르 슬링(Singapore Sling) 칵테일의 재료로 가장 거리가 먼 것은?

① 드라이 진(Dry Gin)
② 체리 브랜디(Cherry-flavored Brandy)
③ 레몬주스(Lemon Juice)
④ 토닉워터(Tonic Water)

해설
- 싱가포르 슬링은 진, 레몬주스, 설탕을 셰이킹 기법으로 만든 후 소다수와 체리 브랜디를 가미한 칵테일이다.

1302

33 Repetitive Learning (1회 2회 3회)

다음 중 Highball glass를 사용하는 칵테일은?

① 마가리타(Margarita)
② 키르 로열(Kir Royal)
③ 씨 브리즈(Sea Breeze)
④ 블루 하와이(Blue Hawaii)

해설
- 하이볼 글라스(Highball glass)는 블러드 메리, 진피즈, 쿠바 리브레, 씨 브리즈 등을 제공할 때 주로 사용한다.

0904

34 Repetitive Learning (1회 2회 3회)

Angostura Bitter가 1 dash 정도로 혼합되는 것은?

① Daiquiri ② Grasshopper
③ Pink Lady ④ Manhattan

해설
- Manhattan 칵테일은 앙코스트라 비터(Angostura Bitter) 1 dash 정도가 혼합되어 있다.

0201 / 0501 / 0602 / 0802 / 0805 / 0904 / 1002 / 1201 / 1205

35 Repetitive Learning (1회 2회 3회)

재고 관리상 쓰이는 FIFO란 용어의 뜻은?

① 정기구입 ② 선입선출
③ 임의불출 ④ 후입선출

해설
- 선입선출(FIFO)의 의미는 First In First Out이다.

29 ③ 30 ④ 31 ① 32 ④ 33 ③ 34 ④ 35 ② | 정답

36 Repetitive Learning (1회 2회 3회)

Bartender가 영업 전 반드시 해야 할 준비사항이 아닌 것은?

① 칵테일용 과일 장식 준비
② 냉장고 온도 체크
③ 모객 영업
④ 얼음준비

해설
• ③은 주장요원이 해야 할 업무가 아니다.

0205 / 0501 / 1204

37 Repetitive Learning (1회 2회 3회)

잔 주위에 설탕이나 소금 등을 묻혀서 만드는 방법은?

① Shaking ② Building
③ Floating ④ frosting

해설
• ①은 계란, 설탕, 시럽 등 농후한 재료를 사용하는 칵테일의 경우 휘저어 섞는 것만으로는 잘 혼합이 되지 않기 때문에 강한 움직임을 주기 위하여 사용하는 방법이다.
• ②는 흔들거나 휘젓지 않고 글라스에 직접 얼음과 재료를 넣어 바 스푼으로 혼합하여 만드는 방법이다.
• ③은 재료의 비중을 이용하여 섞이지 않도록 내용물을 위에 띄우거나 쌓이도록 하는 방법이다.

1301

38 Repetitive Learning (1회 2회 3회)

서브 시 칵테일 글라스를 잡는 부위로 가장 적절한 것은?

① Rim ② Stem
③ Body ④ Bottom

해설
• ①은 입술이 닿는 부분을 의미한다.
• ③은 칵테일이 담기는 공간을 의미한다.
• ④는 잔의 가장 아랫부분 지지대를 의미한다.

1205

39 Repetitive Learning (1회 2회 3회)

와인의 보관방법으로 적절하지 않은 것은?

① 진동이 없는 곳에 보관한다.
② 직사광선을 피하여 보관한다.
③ 와인을 눕혀서 보관한다.
④ 습기가 없는 곳에 보관한다.

해설
• 습도는 75% 정도로 유지한다.

40 Repetitive Learning (1회 2회 3회)

레몬의 껍질을 가늘고 길게 나선형으로 장식하는 것과 관계있는 것은?

① Slice ② Wedge
③ Horse's Neck ④ Peel

해설
• 오렌지, 레몬 등의 껍질을 가늘고 길게 나선형으로 잘라 장식한 것을 Horse's Neck(말의 목)이라고 한다.

41 Repetitive Learning (1회 2회 3회)

다음 중 고객에게 서브되는 온도가 18℃ 정도 되는 것이 가장 적정한 것은?

① Whiskey ② White Wine
③ Red Wine ④ Champagne

해설
• 레드 와인은 실온(17~19℃)에 맞추어 제공하는 것이 바람직하다.

1204

42 Repetitive Learning (1회 2회 3회)

와인 서빙에 필요하지 않은 것은?

① Decanter ② Cork screw
③ Stir rod ④ Pincers

해설
• Stir rod는 젓는 도구이므로 와인 서빙에 필요하지 않다.

0305 / 1302

43 Repetitive Learning (1회 2회 3회)

칵테일의 기본 5대 요소와 거리가 가장 먼 것은?

① Decoration(장식) ② Method(방법)
③ Glass(잔) ④ Flavor(향)

해설
• 칵테일의 5대 요소는 맛(Taste), 향(Flavour), 색(Colour), 글라스(Glass), 장식(Decoration Garnish)이다.

정답 | 36 ③ 37 ④ 38 ② 39 ④ 40 ③ 41 ③ 42 ③ 43 ②

0801 / 1202

44 Repetitive Learning 1회 2회 3회

Corkage Charge의 의미는?

① 적극적인 고객 유치를 위한 판촉비용
② 고객이 Bottle 주문 시 따라 나오는 Soft Drink의 요금
③ 고객이 다른 곳에서 구입한 주류를 바(Bar)에 가져와서 마실 때 부과되는 요금
④ 고객이 술을 보관할 때 지불하는 보관 요금

해설
- Corkage Charge란 고객이 업장의 음료상품을 이용하지 않고 음료를 가지고 오는 경우, 서비스하고 여기에 필요한 글라스, 얼음, 레몬 등을 제공하여 받는 대가를 말한다.

45 Repetitive Learning 1회 2회 3회

칵테일 기법 중 믹싱 글라스에 얼음과 술을 넣고 바 스푼으로 잘 저어서 잔에 따르는 방법은?

① 직접 넣기(Building)
② 휘젓기(Stirring)
③ 흔들기(Shaking)
④ 띄우기(Float & Layer)

해설
- ①은 글라스에 직접 재료를 넣어 만드는 방법이다.
- ③은 셰이커에 얼음과 재료를 넣고 흔들어서 만드는 방법이다.
- ④는 술이나 재료의 비중을 이용하여 내용물을 위에 띄우거나 차례로 쌓이도록 하는 방법이다.

0305 / 1204

46 Repetitive Learning 1회 2회 3회

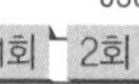

다음 중 그레나딘(grenadine)이 필요한 칵테일은?

① 위스키 사워(Whiskey Sour)
② 바카디(Bacardi)
③ 카루소(Caruso)
④ 마가리타(Margarita)

해설
- ①은 위스키, 레몬주스, 설탕으로 만든 칵테일을 말한다.
- ③은 진, 베르무트, 크림 드 민트를 셰이킹 기법으로 만든 칵테일이다.
- ④는 테킬라, 트리플 섹, 라임주스를 셰이킹 기법으로 만든 칵테일이다.

47 Repetitive Learning 1회 2회 3회

다음 중 보통 칵테일 장식용(Garnish)으로 사용되지 않는 것은?

① Olive
② Onion
③ Raspberry Syrup
④ Cherry

해설
- ③은 시럽의 종류로 장식용으로 보기 힘들다.

1301

48 Repetitive Learning 1회 2회 3회

다음 중 소믈리에(Sommelier)의 역할로 틀린 것은?

① 손님의 취향과 음식과의 조화, 예산 등에 따라 와인을 추천한다.
② 주문한 와인은 먼저 여성에게 우선적으로 와인병의 상표를 보여 주며 주문한 와인임을 확인시켜 준다.
③ 시음 후 여성부터 차례로 와인을 따르고 마지막에 그 날의 호스트에게 와인을 따라준다.
④ 코르크 마개를 열고 주빈에게 코르크 마개를 보여주면서 시큼하고 이상한 냄새가 나지 않는지, 코르크가 잘 젖어있는지를 확인시킨다.

해설
- 주문한 와인을 보여주는 상대는 와인을 주문한 손님(Host)이다.

1205

49 Repetitive Learning 1회 2회 3회

칵테일 제조에 사용되는 얼음(Ice) 종류의 설명이 틀린 것은?

① 쉐이브드 아이스(Shaved Ice) : 곱게 빻은 가루 얼음
② 큐브드 아이스(Cubed Ice) : 정육면체의 조각얼음 또는 육각형 얼음
③ 크렉드 아이스(Cracked Ice) : 큰 얼음을 아이스 픽(Ice Pick)으로 깨어서 만든 각얼음
④ 럼프 아이스(lump Ice) : 각얼음을 분쇄하여 만든 작은 콩알 얼음

해설
- ④는 Crushed Ice에 대한 설명이다. 럼프 아이스는 작은 얼음덩어리를 말한다.

44 ③ 45 ② 46 ② 47 ③ 48 ② 49 ④ 정답

0701

50 Repetitive Learning 1회 2회 3회

맥주를 취급, 관리, 보관하는 방법으로 틀린 것은?

① 장기간 보관하여 숙성시킨다.
② 심한 온도 변화를 주지 않는다.
③ 그늘진 곳에 보관한다.
④ 맥주가 얼지 않도록 한다.

해설

• 맥주의 취급의 기본원칙은 선입선출이다. 따라서 장기간 보관하여 숙성시키지 않는다.

0501

51 Repetitive Learning 1회 2회 3회

'먼저 하세요'라고 양보할 때 쓰는 영어 표현은?

① Before you, please
② Follow me, please
③ After you!
④ Let's go

해설

• '당신부터 하세요'는 After you!를 사용한다.

0405 / 1204

52 Repetitive Learning 1회 2회 3회

Which is not Scotch whiskey?

① Bourbon ② Ballantine
③ Cutty sark ④ V.A.T.69

해설

• ①은 옥수수(Corn)를 51% 이상 사용하는 아메리칸 위스키이다.

53 Repetitive Learning 1회 2회 3회

다음의 ( ) 안에 들어갈 적절한 단어는?

> I'll have a Scotch (㉠) the rocks and a Bloody Mary (㉡) my wife.

① ㉠-on, ㉡-for
② ㉠-in, ㉡-to
③ ㉠-for, ㉡-at
④ ㉠-of, ㉡-in

해설

• 온더락은 내가, Bloody Mary는 내 아내를 위해 주문한 것이다.

0805

54 Repetitive Learning 1회 2회 3회

아래의 설명에 해당하는 것은?

> This complex, aromatic concoction containing some 56 herbs, roots, and fruits has been popular in Germany since its introduction in 1878.

① Kummel ② Sloe Gin
③ Maraschino ④ Jagermeister

해설

• ①은 회양풀(Caraway)로 만드는 리큐르이다.
• ②는 자두의 일종인 Sloe Berry를 진에 첨가하여 설탕을 가한 붉은색 혼성주이다.
• ③은 체리를 발효한 다음 증류시켜 만든 술에 물과 설탕을 첨가해 만든 이탈리아 리큐르이다.
• 56개의 허브, 뿌리 그리고 과일을 포함하는 이 복잡하고 향기로운 혼합물은 1878년에 소개된 후로 독일에서 인기가 있어 왔다.

0402 / 0905 / 1301

55 Repetitive Learning 1회 2회 3회

다음 중 밑줄 친 change가 나머지 셋과 다른 의미로 쓰인 것은?

① Do you have <u>change</u> for a dollar?
② Keep the <u>change</u>.
③ I need some <u>change</u> for the bus.
④ Let's try a new restaurant for a <u>change</u>.

해설

• ①, ②, ③은 잔돈을 의미한다. ④는 변화를 의미한다.

0502

56 Repetitive Learning 1회 2회 3회

다음의 ( )에 들어갈 알맞은 단어는?

> I am afraid you have the ( ) number.
> (전화 잘못 거셨습니다.)

① correct ② wrong
③ missed ④ busy

정답 | 50 ① 51 ③ 52 ① 53 ① 54 ④ 55 ④ 56 ②

해설

• 전화를 잘못 건 경우는 have the wrong number라고 표현한다.

57 Repetitive Learning (1회 2회 3회)

Which one is made with vodka, lime juice, triple sec and cranberry juice?

① Kamikaze ② Godmother
③ Seabreeze ④ Cosmopolitan

해설

• 보드카, 트리플 섹, 라임주스, 크랜베리주스를 얼음과 함께 셰이킹 기법으로 만든 칵테일은 코스모폴리탄이다.

0805 / 1305

58 Repetitive Learning (1회 2회 3회)

"이것으로 주세요." 또는 "이것으로 할게요."라는 의미의 표현으로 가장 적절한 것은?

① I'll have this one.
② Give me one more.
③ I would like to drink something.
④ I already had one.

해설

• ②는 하나 더 달라는 의미이다.
• ③은 뭔가를 마시고 싶다는 의미이다.
• ④는 이미 하나를 가지고 있다는 의미이다.

59 Repetitive Learning (1회 2회 3회)

다음에서 설명하는 것은?

> A kind of drink made of gin, brandy and so on sweetened with fruit juices, especially lime.

① Ade ② Squash
③ Sling ④ Julep

해설

• ①은 레몬, 오렌지 등을 으깬 과즙으로 주스에 당분을 가미한 음료이다.
• ②는 레몬, 오렌지 등을 으깬 과즙으로 주스를 만든 후 소다수를 섞고 당분을 가미한 음료이다.
• ④는 민트 줄기를 넣은 칵테일이다.

0103 / 0502

60 Repetitive Learning (1회 2회 3회)

다음 중 Ice bucket에 해당되는 것은?

① Ice pail ② Ice tong
③ Ice pick ④ Ice pack

해설

• ②는 칵테일 제조에 사용되는 얼음을 위생적으로 사용하기 위한 집게이다.
• ③은 얼음을 깨는 데 사용하는 송곳이다.
• ④는 와인을 차갑게 이동시키기 위해 만든 얼음 주머니이다.

57 ④ 58 ① 59 ③ 60 ① 정답

2015년 제5회

2015년 10월 10일 필기

15년 5회차 필기시험

합격률 46.1%

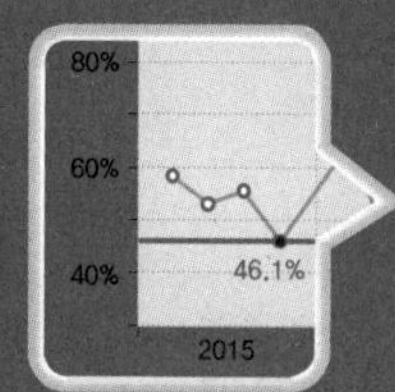

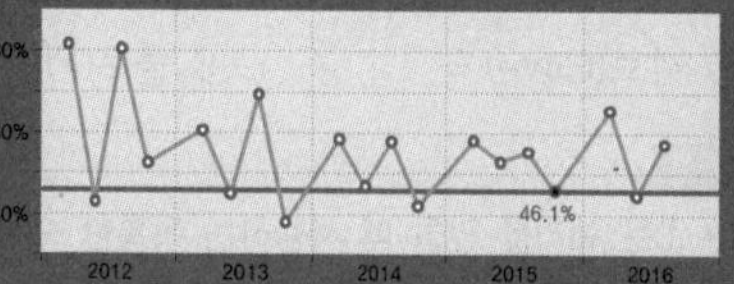

01

Repetitive Learning (1회 2회 3회)

멕시코에서 처음 생산된 증류주는?

① 럼(Rum)
② 진(Gin)
③ 아쿠아비트(Aquavit)
④ 테킬라(Tequila)

해설

- ①은 카리브해 서인도제도에서 사탕수수 또는 당밀을 원료로 만든 증류주이다.
- ②는 네덜란드에서 호밀 등을 원료로 하고 두송자로 독특한 향기를 낸 무색투명한 술이다.
- ③은 북유럽(스칸디나비아 반도 일대) 특산주로 생명수라는 뜻의 향이 나는 증류주이다.

02

Repetitive Learning (1회 2회 3회)

레드 와인용 품종이 아닌 것은?

① 시라(Syrah)
② 네비올로(Nebbiolo)
③ 그르나슈(Grievance)
④ 세미용(Sexillion)

해설

- ④는 프랑스 보르도 지역의 화이트 와인용 포도 품종이다.

1205

03

Repetitive Learning (1회 2회 3회)

제조방법상 발효 방법이 다른 차(Tea)는?

① 한국의 작설차
② 인도의 다즐링(Darjeeling)
③ 중국의 기문차
④ 스리랑카의 우바(Uva)

해설

- ②, ③, ④는 모두 홍차의 종류들로 발효차에 해당한다.
- ①은 녹차로 불발효차에 속한다.

0301

04

Repetitive Learning (1회 2회 3회)

맨해튼(Manhattan), 올드 패션드(Old fashioned) 칵테일에 쓰이며 뛰어난 풍미와 향기가 있는 고미제로서 널리 사용되는 것은?

① 클로버(Clove)
② 시나몬(Cinnamon)
③ 앙코스트라 비터(Angostura Bitter)
④ 오렌지 비터(Orange Bitter)

해설

- ①은 따뜻하게 하면 달콤한 향이 나는 것이 특징이며, 강한 냄새를 억제시켜 주고 일반적으로 핫 드링크(hot drink)에 사용하는 칵테일 부재료이다.
- ②는 바닐라 계통의 향미를 내는 페놀계통의 오이제놀 성분이 풍부한 향신료이다.
- ④는 진한 노란색의 유동성 액체로 신선한 오렌지 향기가 나는 비터이다.

05

Repetitive Learning (1회 2회 3회)

샴페인 제조 시 블렌딩 방법이 아닌 것은?

① 여러 포도 품종
② 다른 포도밭 포도
③ 다른 수확 연도의 와인
④ 10% 이내의 샴페인 왜 다른 지역 포도

해설

- 샴페인은 프랑스 샹파뉴 지역에서 생산되는 스파클링 와인을 샴페인이라고 정의한다.

정답 | 01 ④ 02 ④ 03 ① 04 ③ 05 ④

1302

06 Repetitive Learning 1회 2회 3회

다음 중 쉐리를 숙성하기에 가장 적합한 곳은?

① 솔레라(Solera) ② 보데가(Bodega)
③ 꺄브(Cave) ④ 플로(Flor)

해설

- ①은 쉐리를 만들 때 사용하는 독특한 숙성방법으로 숙성과정동안 갓 생산된 와인과 오래된 와인을 지속적으로 혼합하는 방법을 말한다.
- ③은 와인의 천연 저장고를 말한다.
- ④는 솔레라 시스템에서 숙성할 때 와인 표면층에 생기는 효모층을 말한다.

07 Repetitive Learning 1회 2회 3회

스카치 위스키의 법적 정의로서 틀린 것은?

① 위스키의 숙성기간은 최소 3년 이상이어야 한다.
② 물 외에 색을 내기 위한 어떤 물질도 첨가할 수 없다.
③ 병입 후 알코올 도수가 최소 40도 이상이어야 한다.
④ 증류된 원액을 숙성시켜야 하는 오크통은 700리터가 넘지 않아야 한다.

해설

- 생산과 숙성과정을 거치면서 예외적으로 달라지는 색상을 일정하게 유지하기 위해서 물과 캐러멜 색소를 소량으로 첨가하는 것이 가능하다.

1205

08 Repetitive Learning 1회 2회 3회

재배하기가 무척 까다롭지만 궁합이 맞는 토양을 만나면 훌륭한 와인을 만들어 내기도 하며 Romancee-Conti를 만드는 데 사용된 프랑스 부르고뉴 지방의 대표적인 품종으로 옳은 것은?

① Cabernet Sauvignon
② Pinot Noir
③ Sangiovese
④ Syrah

해설

- ①은 거의 모든 와인생산국에서 재배되는 레드 품종이다.
- ③은 신선한 딸기, 체리 향에 약간의 스파이스 향이 묻어나는 이탈리아 중부지방의 포도 품종이다.
- ④는 꽃향, 후추와 허브향이 나는 프랑스 남부의 레드 품종으로 현재는 거의 모든 와인생산국에서 재배되고 있다.

0205 / 1104

09 Repetitive Learning 1회 2회 3회

소주의 원료로 틀린 것은?

① 쌀 ② 보리
③ 밀 ④ 맥아

해설

- 맥아는 맥주의 주재료이다.

10 Repetitive Learning 1회 2회 3회

보드카(Vodka) 생산 회사가 아닌 것은?

① 스톨리치나야(Stolichnaya)
② 비피터(Beefeater)
③ 핀란디아(Finlandia)
④ 스미노프(Smirnoff)

해설

- 비피터(Beefeater)는 영국의 런던탑에 주재하는 보초병이 그려진 병에 담긴 진이 기본이 되는 술이다.

11 Repetitive Learning 1회 2회 3회

다음 중 무색, 무미, 무취의 탄산음료는?

① 콜린스 믹스(Colins Mix)
② 콜라(Cola)
③ 소다수(Soda Water)
④ 에비앙(Evian Water)

해설

- ①은 레몬주스와 설탕을 주원료로 만든 것으로 Gin에 혼합하는 탄산음료이다.
- ②는 콜라닌과 카페인을 함유한 것으로 콜라콩을 가공 처리한 탄산음료이다.
- ④는 프랑스의 가장 대표적인 천연광천수이다.

0402 / 0501 / 0505

12 Repetitive Learning 1회 2회 3회

Bourbon whiskey '80 proof'는 우리나라의 알코올 도수로 몇 도인가?

① 20도 ② 30도
③ 40도 ④ 50도

해설

- 80 proof라고 표기된 것은 알코올 도수가 40%이다.

06 ② 07 ② 08 ② 09 ④ 10 ② 11 ③ 12 ③ 정답

0805 / 1001

13 Repetitive Learning (1회 2회 3회)

두송자를 첨가하여 풍미를 나게 하는 술은?

① Gin ② Rum
③ Vodka ④ Tequila

해설
- 주니퍼 베리는 두송 열매를 뜻한다.

0301 / 0601

14 Repetitive Learning (1회 2회 3회)

클라렛(Claret)이란?

① 독일산의 유명한 백포도주(White Wine)
② 프랑스 보르도 지방의 적포도주(Red Wine)
③ 스페인 헤레스 지방의 포트 와인(Port Wine)
④ 이탈리아산 스위트 베르무트(Sweet Vermouth)

해설
- 클라렛은 프랑스 보르도 지방에서 생산되는 적포도주(Red Wine)이다.

15 Repetitive Learning (1회 2회 3회)

제조 시 향초류(Herb)가 사용되지 않는 술은?

① Absinthe
② Creme de Cacao
③ Benedictine D.O.M
④ Chartreuse

해설
- ①은 암록담황색의 술로 향쑥의 라틴명 압신티움에서 유래되었다.
- ③은 여러 가지 약초로 착향시킨 황금색의 약초 감미 리큐르다.
- ④는 프랑스어로 수도원, 승원이라는 뜻으로 리큐르의 여왕이라 불리는 천연 허브로 향과 색을 낸 녹색의 리큐르이다.

1205

16 Repetitive Learning (1회 2회 3회)

우리나라의 증류식 소주에 해당되지 않은 것은?

① 안동소주 ② 제주 한주
③ 경기 문배주 ④ 금산 삼송주

해설
- ④는 인삼을 술에 녹여낸 전통 발효주에 해당한다.

17 Repetitive Learning (1회 2회 3회)

적포도를 착즙해 주스만 발효시켜 만드는 와인은?

① Blanc de Blanc ② Blush Wine
③ Port Wine ④ Red Vermouth

해설
- ①은 화이트 포도 품종인 샤르도네만을 사용하여 만드는 샴페인이다.
- ③은 포르투갈산의 도우루(Douro) 지방의 강화주이다.
- ④는 각종 약초를 첨가하여 특유의 향을 강조한 강화와인이다.

1204

18 Repetitive Learning (1회 2회 3회)

커피의 맛과 향을 결정하는 중요 가공 요소가 아닌 것은?

① roasting ② blending
③ grinding ④ weathering

해설
- 풍화작용(weathering)은 커피 맛과 향을 결정하는 요소가 아니다. 커피를 생산할 때 로스팅(roasting), 블렌딩(blending), 그라인딩(grinding)이 커피의 맛과 향을 결정한다.

19 Repetitive Learning (1회 2회 3회)

다음 중 After Drink로 가장 거리가 먼 것은?

① Rusty Nail ② Cream Sherry
③ Campari ④ Alexander

해설
- ②는 올로로소에 당을 첨가시킨 것으로 식후주로 사용된다.
- ③은 이탈리아 쓴맛의 리큐르(Liqueur)로 식전주로 애음된다.

0502

20 Repetitive Learning (1회 2회 3회)

다음 중 비알코올성 음료의 분류가 아닌 것은?

① 기호음료 ② 청량음료
③ 영양음료 ④ 유성음료

해설
- 유성음료는 milk beverage로 영양음료의 한 분류이다.

정답 | 13 ① 14 ② 15 ② 16 ④ 17 ② 18 ④ 19 ③ 20 ④

0405 / 1302

21 Repetitive Learning (1회 2회 3회)

스카치 위스키를 기주로 하여 만들어진 리큐르는?

① 샤트루즈　　② 드램부이
③ 꼬앙뜨로　　④ 베네딕틴

해설
- ①은 프랑스어로 수도원, 승원이라는 뜻으로 리큐르의 여왕이라 불리는 천연 허브로 향과 색을 낸 녹색의 리큐르이다.
- ③은 오렌지 껍질로 만든 프랑스산 리큐르이다.
- ④는 황금색의 약초 감미주로서 술병에 D.O.M이라고 쓰여 있는 리큐르(Liqueur)이다.

22 Repetitive Learning 

다음 중 영양음료는?

① 토마토주스　　② 카푸치노
③ 녹차　　④ 광천수

해설
- ②와 ③은 기호음료에 해당한다.
- ④는 청량음료 중 무탄산음료에 해당한다.

1302

23 Repetitive Learning (1회 2회 3회) 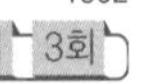

다음 리큐르(Liqueur) 중 그 용도가 다른 하나는?

① 드램브이(Drambuie)
② 갈리아노(Galliano)
③ 시나(Cynar)
④ 꼬앙트루(Cointreau)

해설
- ①, ②, ④는 칵테일에 주로 사용되나 ③은 탄산수나 오렌지 주스 등에 많이 사용된다.

1205

24 Repetitive Learning 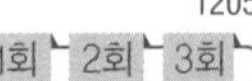

스카치 위스키(Scotch whiskey)와 가장 거리가 먼 것은?

① Malt
② Peat
③ Used sherry Cask
④ Used Limousin Oak Cask

해설
- ④는 꼬냑에서 주로 사용되는 숙성방법이다.

25 Repetitive Learning (1회 2회 3회)

나라별 와인 산지가 바르게 연결된 것은?

① 미국-루아르　　② 프랑스-모젤
③ 이탈리아-키안티　　④ 독일-나파벨리

해설
- 루아르는 프랑스 최대 와인 생산지이다.
- 모젤은 세계에서 가장 북쪽에 위치한 독일의 포도주 생산지이다.
- 나파벨리는 미국 캘리포니아에 위치한 세계 최고의 프리미엄 와인 생산지이다.

0302 / 0605 / 1302

26 Repetitive Learning (1회 2회 3회)

다음에서 설명되는 약용주는?

> 충남 서북부 해안지방의 전통 민속주로 고려 개국공신 복지겸이 백약이 무효인 병을 앓고 있을 때 백일기도 끝에 터득한 비법에 따라 찹쌀, 아미산의 진달래, 안샘물로 빚은 술을 마심으로 질병을 고쳤다는 신비의 전설과 함께 전해져 내려온다.

① 두견주　　② 송순주
③ 문배주　　④ 백세주

해설
- ②는 대전 지역의 전통주로 소나무 순을 이용해 숙성한 술이다.
- ③은 조와 찰수수로 만든 국가지정 중요무형문화재로 지정된 증류식 소주이다.
- ④는 조선시대 장수주로 찹쌀, 구기자, 약초로 만들어진 우리나라 고유의 술이다.

1301

27 Repetitive Learning 

감미 와인(Sweet Wine)을 만드는 방법이 아닌 것은?

① 귀부포도(Noble rot Grape)를 사용하는 방법
② 발효 도중 알코올을 강화하는 방법
③ 발효 시 설탕을 첨가하는 방법(Chaptalization)
④ 햇빛에 말린 포도를 사용하는 방법

해설
- ③은 포도가 빨리 익지 않는 성향을 가진 보르도, 부르고뉴, 롱 아일랜드와 같은 서늘한 지역에서 더 많은 양의 알코올을 얻기 위해 사용하는 방법이다.

21 ② 22 ① 23 ③ 24 ④ 25 ③ 26 ① 27 ③ | 정답

1205

28 Repetitive Learning (1회 2회 3회)

커피(Coffee)의 제조방법 중 틀린 것은?

① 드립식(drip filter)
② 퍼콜레이터식(percolator)
③ 에스프레소식(espresso)
④ 디캔터식(decanter)

해설

- ④의 디캔터는 와인 등의 술의 침전물을 거르는 도구로 커피와는 관련 없다.

0402

29 Repetitive Learning (1회 2회 3회)

맥주를 따를 때 글라스 위쪽에 생성된 거품의 작용과 가장 거리가 먼 것은?

① 탄산가스의 발산을 막아준다.
② 산화작용을 억제시킨다.
③ 맥주의 신선도를 유지시킨다.
④ 맥주 용량을 줄일 수 있다.

해설

- 거품과 맥주의 양은 크게 관련이 없다.

30 Repetitive Learning (1회 2회 3회)

독일 맥주가 아닌 것은?

① 뢰벤브로이 ② 벡스
③ 밀러 ④ 크롬바허

해설

- 밀러(Miller)는 미국의 맥주 양조 회사 및 브랜드이다.

0501 / 0705

31 Repetitive Learning (1회 2회 3회)

다음 중 바 기물과 거리가 먼 것은?

① ice cube maker
② muddler
③ beer cooler
④ deep freezer

해설

- ④는 초저온 냉동고로 영하 80℃ 이하의 초저온 상태로 내부 온도를 유지시키는 장비이므로 바 기물이 아니다.

1202

32 Repetitive Learning (1회 2회 3회)

프로스팅(Frosting)기법을 사용하지 않는 칵테일은?

① Margarita
② Kiss of Fire
③ Harvey Wallbanger
④ Irish Coffee

해설

- ③은 보드카, 오렌지주스를 직접 넣기 기법으로 잔에 넣은 후 갈리아노를 띄어(플로팅) 완성한 칵테일이다.

33 Repetitive Learning (1회 2회 3회)

다음의 설명에 해당하는 바의 유형으로 가장 적합한 것은?

- 국내에서는 위스키 바라고 부른다. 맥주보다는 위스키나 꼬냑과 같은 하드리큐르 판매를 위주로 하기 때문이다.
- 칵테일도 마티니, 맨해튼, 올드 패션드 등 전통적인 레시피에 좀 더 무게를 두고 있다.
- 우리나라에서는 피아노 한 대를 라이브 음악으로 연주하는 형태를 선호한다.

① 재즈 바 ② 클래식 바
③ 시가 바 ④ 비어 바

해설

- ①은 재즈 및 피아노 연주를 라이브로 들려주어 음악 감상을 할 수 있는 바를 말한다.
- ③은 시가와 함께 술이나 음료를 판매하는 바를 말한다.
- ④는 맥주를 전문적으로 판매하는 바를 말한다.

0502 / 1304

34 Repetitive Learning (1회 2회 3회)

다음 중 셰이커(shaker)를 사용하여야 하는 칵테일은?

① 브랜디 알렉산더(Brandy Alexander)
② 드라이 마티니(Dry Martini)
③ 올드 패션드(Old fashioned)
④ 크렘드 망뜨 프라페(Creme de Menthe frappe)

해설

- ②는 스터링으로 제조하는 칵테일이다.
- ③과 ④는 기구를 사용하지 않고 재료들을 직접 글라스에 넣는 직접 넣기(Building) 방법으로 제조하는 칵테일이다.

정답 | 28 ④ 29 ④ 30 ③ 31 ④ 32 ③ 33 ② 34 ①

0103 / 0401 / 0701 / 1202

35 Repetitive Learning (1회 2회 3회)

다음 칵테일 중 Mixing Glass를 사용하지 않는 것은?

① Martini ② Gin Fizz
③ Manhattan ④ Rob Roy

해설
- ②는 슬로 진, 레몬주스, 설탕시럽을 셰이커에 넣고 셰이킹 기법으로 만드는 칵테일이다.

1402

36 Repetitive Learning (1회 2회 3회)

조주보조원이라 일컬으며 칵테일 재료의 준비와 청결유지를 위한 청소담당 및 업장 보조를 하는 사람을 의미하는 것은?

① 바 헬퍼(Bar Helper)
② 바텐더(Bartender)
③ 헤드 바텐더(Head Bartender)
④ 바 매니저(Bar Manager)

해설
- ②는 음료에 대한 충분한 지식을 숙지하고 서비스하는 조주요원이다.
- ③은 바텐더의 수장으로 전체 음료를 담당하는 관리자이다.
- ④는 주장운영의 실질적인 책임자로 모든 영업을 책임지는 사람으로 영업장 관리, 고객관리, 인력관리를 담당한다.

0902

37 Repetitive Learning (1회 2회 3회)

whiskey나 Vermouth 등을 On the Rocks로 제공할 때 준비하는 글라스는?

① Highball Glass
② Old Fashioned Glass
③ Cocktail Glass
④ Liqueur Glass

해설
- ①은 스카치와 소다 혹은 버번과 미네랄워터를 믹스하여 제공할 때 사용하는 글라스이다.
- ③은 역삼각형 형태의 글라스로 쇼트 드링크 칵테일을 제공할 때 기본으로 사용하는 글라스이다.
- ④는 1oz 용량의 리큐르 전용 글라스로 코디얼 글라스라고도 한다.

1002 / 1204

38 Repetitive Learning (1회 2회 3회)

테이블의 분위기를 돋보이게 하거나 고객의 편의를 위해 중앙에 놓는 집기들의 배열을 무엇이라 하는가?

① Service Wagon ② Show plate
③ B & B plate ④ Center piece

해설
- ①은 고객서비스의 일종으로 손님 앞에서 요리를 서비스하는 등의 서비스를 말한다.
- ②는 Service Plate라고도 하며, 주요리 접시(Entree Plate)와 같은 크기의 장식용 접시를 말한다.
- ③은 빵(bread)과 버터(butter)를 놓기 위해 사용하는 접시를 말한다.

39 Repetitive Learning (1회 2회 3회)

Moscow Mule 칵테일을 만드는 데 필요한 재료가 아닌 것은?

① Rum ② Vodka
③ Lime Juice ④ Ginger ale

해설
- 모스크바 뮬(Moscow Mule)은 보드카, 라임주스를 직접 넣기(Building) 기법으로 만든 후 진저에일로 채운 칵테일이다.

1202

40 Repetitive Learning (1회 2회 3회)

Side car 칵테일을 만들 때 재료로 적당하지 않은 것은?

① 테킬라 ② 브랜디
③ 화이트 큐라소 ④ 레몬주스

해설
- 사이드카(Side car)는 Brandy, 쿠앵트로(화이트 큐라소), 레몬주스를 셰이킹 기법으로 만든 칵테일이다.

0302 / 0305 / 1104

41 Repetitive Learning (1회 2회 3회)

주장에서 사용하는 기물이 아닌 것은?

① Champagne Cooler ② Soup Spoon
③ Lemon Squeezer ④ Decanter

해설
- ②는 수프용 스푼을 말한다.

35 ② 36 ① 37 ② 38 ④ 39 ① 40 ① 41 ② 정답

0301 / 0801 / 0904 / 1202

42 Repetitive Learning (1회 2회 3회)

다음 중 Sugar Frost로 만드는 칵테일은?

① Rob Roy ② Kiss of Fire
③ Margarita ④ Angel's Tip

해설

- ①은 스카치 위스키, 베르무트, 비터스 등을 믹싱 글라스에 넣어 휘젓기(stir) 기법으로 만드는 칵테일이다.
- ③은 소금을 Cocktail Glass 가장자리에 찍어서(Riming) 만드는 칵테일이다.
- ④는 크렘 드 카카오와 크림을 재료의 비중을 이용하여 섞이지 않도록 내용물을 위에 띄우거나 쌓이도록 하는 방법(플로팅)으로 만드는 칵테일이다.

43 Repetitive Learning (1회 2회 3회)

얼음의 명칭 중 단위당 부피가 가장 큰 것은?

① Cracked Ice ② Cubed Ice
③ Lumped Ice ④ Crushed Ice

해설

- 보기의 얼음들을 단위당 부피가 작은 것에서 큰 순으로 나열하면 ④<①<②<③ 순이다.

0801

44 Repetitive Learning (1회 2회 3회)

레스토랑에서 사용하는 용어인 'Abbreviation'의 의미는?

① 헤드웨이터가 몇 명의 웨이터들에게 담당구역을 배정하여 고객에 대한 서비스를 제공하는 제도
② 주방에서 음식을 미리 접시에 담아 제공하는 서비스
③ 레스토랑에서 고객이 찾고자 하는 고객을 대신 찾아주는 서비스
④ 원활한 서비스를 위해 사용하는 직원 간에 미리 약속된 메뉴의 약어

해설

- 원활한 서비스를 위해 사용하는 직원 간에 미리 약속된 메뉴의 약어를 Abbreviation라 한다.

1001 / 1202

45 Repetitive Learning (1회 2회 3회)

Liqueur Glass의 다른 명칭은?

① Shot Glass ② Cordial Glass
③ Sour Glass ④ Goblet

해설

- Shot Glass는 증류주를 스트레이트로 마실 때 사용하는 글라스다.
- Sour Glass는 브랜디 사워를 제공할 때 사용하는 글라스다.
- Goblet은 받침이 달린 잔으로 일반적으로 물잔을 뜻한다.

0301

46 Repetitive Learning (1회 2회 3회)

칵테일 기구인 지거(Jigger)를 잘못 설명한 것은?

① 일명 Measure Cup이라고 한다.
② 지거는 크고 작은 두 개의 삼각형 컵이 양쪽으로 붙어 있다.
③ 작은 쪽 컵은 1oz이다.
④ 큰 쪽의 컵은 대부분 2oz이다.

해설

- 큰 쪽의 컵은 45mL(1.5oz)이다.

1004

47 Repetitive Learning (1회 2회 3회)

믹싱 글라스(Mixing Glass)의 설명 중 옳은 것은?

① 칵테일 조주 시 음료 혼합물을 섞을 수 있는 기물이다.
② 셰이커의 또 다른 명칭이다.
③ 칵테일에 혼합되어지는 과일이나 약초를 머들링(Muddling)하기 위한 기물이다.
④ 보스턴 셰이커를 구성하는 기물로서 주로 안전한 플라스틱 재질을 사용한다.

해설

- 셰이커는 셰이킹 기법에서, 믹싱 글라스는 휘젓기 기법에서 사용하는 기주와 첨가물을 혼합하는 기물이다.

1001 / 0103

48 Repetitive Learning (1회 2회 3회)

조주 서비스에서 Chaser의 의미는?

① 음료를 체온보다 높여 약 62~67도로 해서 서빙하는 것
② 따로 조주하지 않고 생으로 마시는 것
③ 서로 다른 두 가지 술을 반씩 따라 담는 것
④ 독한 술이나 칵테일을 내놓을 때 다른 글라스에 물 등을 담아 내놓는 것

해설

- 체이서(Chaser)란 도수가 높은 술을 마신 후 마시는 낮은 도수의 음료를 말한다.

정답 | 42 ② 43 ③ 44 ④ 45 ② 46 ④ 47 ① 48 ④

0301 / 0802

49 Repetitive Learning (1회 2회 3회)

주장에서 사용하는 스탠다드 레시피(Standard Recipe)의 뜻은?

① 표준 검수법 ② 표준 저장법
③ 표준 조주법 ④ 표준 봉사법

해설
- 스탠다드 레시피는 의사의 처방전이나 요리의 양목표처럼 칵테일에도 재료 배합의 기준량이나 조주하는 기준을 표준화하여 제시한 것을 말한다.

50 Repetitive Learning (1회 2회 3회)

블러디 메리(Bloody Mary)에 주로 사용되는 주스는?

① 토마토주스 ② 오렌지주스
③ 파인애플주스 ④ 라임주스

해설
- 블러디 메리는 보드카, 토마토주스, 레몬주스, 우스터소스, 타바스코소스, 후추, 소금을 직접 넣기(Building) 기법으로 만든 칵테일이다.

51 Repetitive Learning (1회 2회 3회)

다음 내용 중 옳은 것은?

① Cognac is produced only in the Cognac region of France
② All brandy is Cognac.
③ Not all Cognac is brandy.
④ All French brandy is Cognac.

해설
- 꼬냑(Cognac)은 오직 프랑스의 꼬냑 지방에서 생산된다.

52 Repetitive Learning (1회 2회 3회)

Please, select the cocktail based on gin in the following.

① Side car
② Zoom cocktail
③ Between the sheets
④ Million Dollar

해설
- ①은 브랜디를 베이스로 한 칵테일로 식후주에 애용된다.
- ②는 브랜디, 꿀, 크림을 셰이킹 기법으로 만든 칵테일이다.
- ③은 브랜디, 럼, 트리플 섹, 레몬주스를 셰이킹 기법으로 만든 칵테일이다.

1004

53 Repetitive Learning (1회 2회 3회)

다음 ( ) 안에 공통적으로 들어갈 단어는?

> (   ), which looks like fine sea spray, is the Holy Grail of espresso, the beautifully tangible sign that everything has gone right.
> (   ) is a golden foam made up of oil and colloids, which floats atop the surface of a perfectly brewed cup of espresso.

① Crema ② Cupping
③ Cappuccino ④ Caffe Latte

해설
- 에스프레소의 성배, 훌륭한 바다 꽃무늬와 같아 보이는, 모든 것이 제대로 진행되었음을 보여주는 아름답게 가시적인 신호이다. 기름과 콜로이드로 구성된 황금 거품으로, 완벽하게 양조된 에스프레소 컵의 표면 위에 떠 있다.

0901 / 1102 / 1304

54 Repetitive Learning (1회 2회 3회)

( ) 안에 들어갈 알맞은 리큐르는?

> (   ) is called the queen of liqueur. This is one of the French traditional liqueur and is made from several years aging after distilling of various herbs added to spirit.

① Chartreuse ② Benedictine
③ Kummel ④ Cointreau

해설
- ②는 황금색의 약초 감미주로서 술병에 D.O.M이라고 쓰여 있는 리큐르(Liqueur)이다.
- ③은 회양풀(Caraway)로 만드는 리큐르이다.
- ④는 오렌지 껍질로 만든 프랑스산 리큐르이다.
- 리큐르의 여왕이라고 불린다. 이것은 프랑스 전통 리큐르이고 스피리트에 여러 가지 종류의 허브를 숙성시켜서 증류하여 만들어진다.

49 ③ 50 ① 51 ① 52 ④ 53 ① 54 ① | 정답

1001 / 1304

55 Repetitive Learning 1회 2회 3회

다음의 ( ) 안에 들어갈 적절한 것은?

> (   ) whiskey is a whiskey which is distilled and produced at just one particular distillery. (   )s are made entirely from one type of malted grain, traditionally barley, which is cultivated in the region of the distillery.

① grain ② blended
③ single malt ④ bourbon

해설
- 싱글 몰트 위스키는 증류되고 특정 증류주 양조장에서 생산된 위스키이다. 싱글 몰트 위스키는 전적으로 한 종류의 맥아, 전통적으로 보리로부터 만들어지는데, 이는 양조장 지역에서 재배된다.

0802

56 Repetitive Learning 1회 2회 3회

다음의 문장에서 밑줄 친 postponed와 가장 가까운 뜻은?

> The meeting was postponed until tomorrow morning.

① cancelled ② finished
③ put off ④ taken off

해설
- '회의는 내일 아침으로 연기되었다'라는 의미이므로 '연기되다'에 해당하는 단어를 찾아야 한다.

57 Repetitive Learning 1회 2회 3회

다음에서 설명하는 것은?

> It is used to present the check, return the change or credit card, and remind the customer to leave a tip.

① Serving tray ② Bill tray
③ Cork screw ④ Can opener

해설
- 수표를 제시하고, 거스름돈이나 신용카드를 반납하고, 고객에게 팁을 남기는 것을 상기시키는 데 사용되는 것은 빌 트레이(Bill tray)이다.

58 Repetitive Learning 1회 2회 3회

What does 'black coffee' mean?

① Rich in coffee
② Strong coffee
③ Coffee without cream and sugar
④ Clear strong coffee

해설
- 블랙커피란 크림이나 설탕이 포함되지 않은 본연의 커피를 말한다.

0801

59 Repetitive Learning 1회 2회 3회

'I feel like throwing up.'의 의미는?

① 토할 것 같다.
② 기분이 너무 좋다.
③ 공을 던지고 싶다.
④ 술을 더 마시고 싶다.

해설
- throw up은 '토하다'라는 의미이다.

60 Repetitive Learning 1회 2회 3회

손님에게 사용할 때 가장 공손한 표현이 되도록 다음의 __ 안에 들어갈 알맞은 표현은?

> __________ to have a drink?

① Would you like
② Won't you like
③ Will you like
④ Do you like

해설
- 가장 공손한 표현으로 적절한 것은 Would you like ~이다.

정답 | 55 ③ 56 ③ 57 ② 58 ③ 59 ① 60 ①

2016년 제1회

2016년 1월 24일 필기

16년 1회차 필기시험
합격률 65.7%

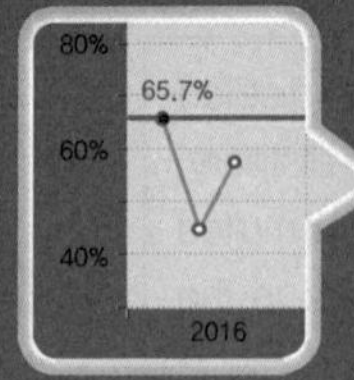

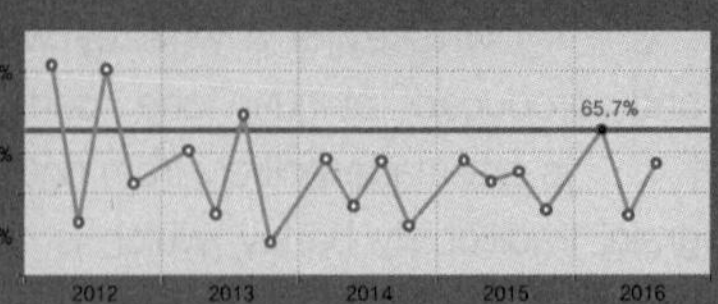

1001 / 1004 / 1204

01 Repetitive Learning

커피의 3대 원종이 아닌 것은?

① 로부스타종 ② 아라비카종
③ 인디카종 ④ 리베리카종

해설
- ③은 알갱이가 길쭉하게 생긴 쌀 종류이며 커피가 아니다.

02 Repetitive Learning 1회 2회 3회

이태리가 자랑하는 3대 리큐르(liqueur) 중 하나로 살구씨를 기본으로 여러 가지 재료를 넣어 만든 아몬드 향의 리큐르로 옳은 것은?

① 아드보카트(Advocaat)
② 베네딕틴(Benedictine)
③ 아마레토(Amaretto)
④ 그랜드 마니에르(Grand Marnier)

해설
- ①은 브랜디에 계란노른자와 설탕 바닐라향을 착향시켜서 만든 네덜란드산 혼성주다. 계란 브랜디(Egg Brandy)라고도 부른다.
- ②는 브랜디를 베이스로 27종의 약초를 배합하여 증류하고 브렌딩한 프랑스산 혼성주다.
- ④는 꼬냑과 오렌지 껍질을 사용하여 만든 오렌지 큐라소의 최고급 프랑스산 혼성주다.

1202

03 Repetitive Learning 1회 2회 3회

다음 중에서 이탈리아 와인 키안티 클라시코(Chianti classico)와 가장 거리가 먼 것은?

① Gallo nero ② Fiasco
③ Raffia ④ Barbaresco

해설
- 바르바레스코(Barbaresco)는 이탈리아 피에몬테 지역에서 생산된 와인이다.

0402 / 0805 / 1205

04 Repetitive Learning 1회 2회 3회

Malt whiskey를 바르게 설명한 것은?

① 대량의 양조주를 연속식으로 증류해서 만든 위스키
② 단식 증류기를 사용하여 2회의 증류과정을 거쳐 만든 위스키
③ 피트탄(peat, 석탄)으로 건조한 맥아의 당액을 발효해서 증류한 피트향과 통의 향이 배인 독특한 맛의 위스키
④ 옥수수를 원료로 대맥의 맥아를 사용하여 당화시켜 개량솥으로 증류한 고농도 알코올의 위스키

해설
- ①은 Patent 위스키에 대한 설명이다.
- ②는 Single 혹은 Pot still 위스키에 대한 설명이다.
- ④는 Bourbon 위스키에 대한 설명이다.

05 Repetitive Learning 1회 2회 3회

우유의 살균방법에 대한 설명으로 가장 거리가 먼 것은?

① 저온 살균법 : 50℃에서 30분 살균
② 고온 단시간 살균법 : 72℃에서 15초 살균
③ 초고온 살균법 : 135~150℃에서 0.5~5초 살균
④ 멸균법 : 150℃에서 2.5~3초 동안 가열 처리

해설
- ①은 63~65℃에서 30분 동안 열처리하여 살균하는 방법이다.

01 ③ 02 ③ 03 ④ 04 ③ 05 ① 정답

0805 / 1302

06 Repetitive Learning (1회 2회 3회)

Ginger ale에 대한 설명 중 틀린 것은?

① 생강의 향을 함유한 소다수이다.
② 알코올 성분이 포함된 영양음료이다.
③ 식욕증진이나 소화제로 효과가 있다.
④ Gin이나 Brandy와 조주하여 마시기도 한다.

해설
- 진저에일은 생강향이 함유된 청량음료로 알코올 성분이 없다.

0602 / 1001

07 Repetitive Learning (1회 2회 3회)

옥수수를 51% 이상 사용하고 연속식 증류기로 알코올 농도 40% 이상 80% 미만으로 증류하는 위스키는?

① Scotch whiskey ② Bourbon whiskey
③ Irish whiskey ④ Canadian whiskey

해설
- 버번위스키(Bourbon whiskey)는 Corn이 51% 이상 사용된다.

0902

08 Repetitive Learning (1회 2회 3회)

사과로 만들어진 양조주는?

① Camus Napoleon ② Cider
③ Kirschwasser ④ Anisette

해설
- ①은 프랑스 꼬냑의 포도를 비롯한 과일로 만들어진 꼬냑 대표 브랜드(증류주)이다.
- ③은 독일지역에서 체리나 버찌로 만들어진 숙성시키지 않은 무색의 브랜드(증류주)이다.
- ④는 지중해 지역에서 아니스 씨와 감초뿌리 추출물을 이용해서 만든 리큐르(혼성주)이다.

1102

09 Repetitive Learning (1회 2회 3회)

스트레이트 업(Straight Up)의 의미로 가장 적합한 것은?

① 술이나 재료의 비중을 이용하여 섞이지 않게 마시는 것
② 얼음을 넣지 않은 상태로 마시는 것
③ 얼음만 넣고 그 위에 술을 따른 상태로 마시는 것
④ 글라스 위에 장식하여 마시는 것

해설
- ①은 Float를 의미한다.
- ③은 온더락(On the Rocks)을 의미한다.
- ④는 가니쉬(Garnish)를 의미한다.

10 Repetitive Learning (1회 2회 3회)

약초, 향초류의 혼성주는?

① 트리플섹 ② 크림 드 카카오
③ 깔루아 ④ 쿰멜

해설
- ①은 세 번 증류하였다는 뜻을 가진 오렌지로 만든 리큐르인 큐라소(Curacao)의 대표적인 제품이다.
- ②는 코코아와 바닐라 열매를 넣어 제조한 리큐르다.
- ③은 멕시코산 커피 리큐르이다.

0905

11 Repetitive Learning (1회 2회 3회)

헤네시의 등급 규격으로 틀린 것은?

① EXTRA : 15~25년
② V.O : 15년
③ X.O : 45년 이상
④ V.S.O.P : 20~30년

해설
- 브랜디(Brandy)에서 3 Star은 5년, VO가 10년, VSO가 20년, VSOP는 30년, X·O와 Napoleon은 45년 이상, EXTRA는 75년 이상이다.

1001

12 Repetitive Learning (1회 2회 3회)

담색 또는 무색으로 칵테일의 기본주로 사용되는 Rum은?

① Heavy Rum ② Medium Rum
③ Light Rum ④ Jamaica Rum

해설
- ①은 감미가 강하고 짙은 갈색이다. 자연발효로 만들어지며 자메이카산이 유명하다.
- ②는 감미가 강하지 않으면서 색도 연한 갈색이다.
- 럼은 Light Rum, Medium Rum, Heavy Rum으로 분류한다.

정답 | 06 ② 07 ② 08 ② 09 ② 10 ④ 11 ① 12 ③

1102 / 1305

13 — Repetitive Learning 1회 2회 3회

다음은 어떤 포도 품종에 관하여 설명한 것인가?

> 작은 포도알, 깊은 적갈색, 두꺼운 껍질, 많은 씨앗이 특징이며 씨앗은 타닌함량을 풍부하게 하고, 두꺼운 껍질은 색깔을 깊이 있게 나타낸다. 블랙커런트, 체리, 자두 향을 지니고 있으며, 대표적인 생산지역은 프랑스 보르도 지방이다.

① 메를로(Merlot)
② 피노 누아(Pinot Noir)
③ 까베르네 쇼비뇽(Cabernet Sauvignon)
④ 샤르도네(Chardonnay)

해설
- ①은 껍질이 얇아 포도알이 쉽게 썩는 문제를 가진 품종이다.
- ②는 포도알은 작으나 껍질이 얇은 특징을 가진 품종이다.
- ④는 프랑스 부르고뉴 지방의 화이트 와인용 품종이다.

14 — Repetitive Learning 1회 2회 3회

전통 민속주의 양조기구 및 기물이 아닌 것은?

① 오크통 ② 누룩고리
③ 채반 ④ 술자루

해설
- 오크통은 와인을 비롯한 위스키와 브랜디처럼 서양의 주류를 발효시키는 데 사용하는 기물이다.

1304

15 — Repetitive Learning 1회 2회 3회

다음 중 이탈리아 와인 등급 표시로 맞는 것은?

① A.O.P ② D.O
③ D.O.C.G ④ QbA

해설
- 이탈리아 와인은 1963년에 제정된 법률에 의거하여 D.O.C.G → D.O.C → IGT → VDT로 분류되며 등급체계는 4등급이다.

16 — Repetitive Learning 1회 2회 3회

소주가 한반도에 전해진 시기는 언제인가?

① 통일신라 ② 고려
③ 조선초기 ④ 조선중기

해설
- 소주는 고려시대에 중국으로부터 전래되었다.

17 — Repetitive Learning 1회 2회 3회

세계의 유명한 광천수 중 프랑스 지역의 제품이 아닌 것은?

① 비시 생수(Vichy Water)
② 에비앙 생수(Evian Water)
③ 셀처 생수(Seltzer Water)
④ 페리에 생수(Perrier Water)

해설
- ③은 독일의 광천수로서 약효가 좋다고 알려져 있다.

1004

18 — Repetitive Learning 1회 2회 3회

다음 중 연속식 증류주에 해당하는 것은?

① Pot still whiskey
② Malt whiskey
③ Cognac
④ Patent still whiskey

해설
- ①, ②, ③은 대량생산이 가능한 연속식 증류주보다 비싼 편이고, 법에 의해 단식 증류법으로 생산해야 하는 증류주이다.
- Patent still whiskey는 그레인 위스키 증류기(Coffey Still)와 동일한 의미다.

19 — Repetitive Learning 1회 2회 3회

Benedictine에 대한 설명 중 틀린 것은?

① B-52 칵테일을 조주할 때 사용한다.
② 병에 적힌 D.O.M은 '최선, 최대의 신에게'라는 뜻이다.
③ 프랑스 수도원 제품이며 품질이 우수하다.
④ 허니문(Honeymoon) 칵테일을 조주할 때 사용한다.

해설
- B-52 재료는 슈터 칵테일(Shooter Cocktail)이 대표적이다. 베트남 전쟁 당시 사용된 미국의 폭격기 이름을 따서 지었다. 비중 있는 차를 레이어를 이용하여 제조한다.

13 ③ 14 ① 15 ③ 16 ② 17 ③ 18 ④ 19 ① | 정답

1001 / 1202

20 Repetitive Learning 1회 2회 3회

Irish whiskey에 대한 설명으로 틀린 것은?

① 깊고 진한 맛과 향을 지닌 몰트 위스키도 포함된다.
② 피트훈연을 하지 않아 향이 깨끗하고 맛이 부드럽다.
③ 스카치 위스키와 제조과정이 동일하다.
④ John Jameson, Old Bushmills가 대표적이다.

해설
- 아이리쉬 위스키는 2번 증류하는 스카치 위스키와 다르게 대형의 단식 증류기를 이용하여 총 3번 증류한다.

0501 / 0601 / 1005 / 1202 / 1204 / 1405

21 Repetitive Learning 1회 2회 3회

세계 4대 위스키가 아닌 것은?

① Scotch whiskey
② American whiskey
③ Canadian whiskey
④ Japanese whiskey

해설
- ④는 최근에 5대 위스키로 포함되고 있다.

1001 / 0201 / 0202 / 0801 / 1005 / 1001 / 0405

22 Repetitive Learning 1회 2회 3회

프랑스 와인의 원산지 통제 증명법으로 가장 엄격한 기준은?

① DOC ② AOC
③ VDQS ④ QMP

해설
- ①은 이탈리아의 2번째 등급을 표시한다.
- ③은 프랑스의 2번째 등급을 표시한다.
- ④는 독일 최고 등급을 표시한다.

23 Repetitive Learning 1회 2회 3회

다음 중 스타일이 다른 맛의 와인이 만들어 지는 것은?

① late harvest ② noble rot
③ ice wine ④ vin mousseux

해설
- vin mousseux는 프랑스 샹파뉴(Champagne) 지방 이외에서 생산된 발효성 와인(Sparkling Wine)을 뜻한다.

24 Repetitive Learning 1회 2회 3회

솔레라 시스템을 사용하여 만드는 스페인의 대표적인 주정강화 와인은?

① 포트 와인 ② 쉐리 와인
③ 보졸레 와인 ④ 보르도 와인

해설
- 솔레라 시스템은 오래 숙성시킨 와인과 새로운 와인을 블렌딩하여 같은 맛이 나도록 하는 기법으로 쉐리 와인을 만드는 독특한 숙성법이다.

0301 / 0501 / 1101

25 Repetitive Learning 1회 2회 3회

리큐르(liqueur) 중 베일리스가 생산되는 곳은?

① 스코틀랜드 ② 아일랜드
③ 잉글랜드 ④ 뉴질랜드

해설
- 아일랜드(Ireland)에서 베일리스(Bailey's)가 비롯되었다.

1204

26 Repetitive Learning 1회 2회 3회

스파클링 와인에 해당되지 않는 것은?

① Champagne
② Cremant
③ Vin doux naturel
④ Spumante

해설
- 뱅 두 나뛰렐(Vin Doux Naturel)은 프랑스산 주정강화와인이다.

1004 / 1301

27 Repetitive Learning 1회 2회 3회

브랜디의 제조공정에서 증류한 브랜디를 열탕 소독한 White oak Barrel에 담기 전에 무엇을 채워 유해한 색소나 이물질을 제거 하는가?

① Beer ② Gin
③ Red Wine ④ White Wine

해설
- White Wine을 술통에 채워넣어 유해한 물질을 제거하고 쏟아낸 후 브랜디를 보관한다.

정답 | 20 ③ 21 ④ 22 ② 23 ④ 24 ② 25 ② 26 ③ 27 ④

28 Repetitive Learning (1회 2회 3회)

주류와 그에 대한 설명으로 옳은 것은?

① absinthe : 노르망디 지방의 프랑스산 사과 브랜디
② campari : 주정에 향쑥을 넣어 만드는 프랑스산 리큐르
③ calvados : 이탈리아 밀라노에서 생산되는 와인
④ chartreuse : 승원(수도원)이라는 뜻을 가진 리큐르

해설
- ①은 식전주로도 쓰이는 리큐르의 일종으로 알코올 45~74도 정도의 증류주이다.
- ②는 이탈리아산 향초계의 리큐르이다.
- ③은 프랑스산 브랜디의 일종이다.

29 Repetitive Learning (1회 2회 3회)

양조주의 제조방법 중 포도주, 사과주 등 주로 과실주를 만드는 방법으로 만들어진 것은?

① 복발효주 ② 단발효주
③ 연속발효주 ④ 병행발효주

해설
- 과실주는 대표적인 단발효법으로 만들어진 술이다.

1304

30 Repetitive Learning (1회 2회 3회)

다음 중 알코올성 커피는?

① 카페 로얄(Cafe Royale)
② 비엔나 커피(Vienna Coffee)
③ 데미타세 커피(Demi-Tasse Coffee)
④ 카페오레(Cafe au Lait)

해설
- ②는 아메리카노 위에 하얀 휘핑크림을 얹은 커피를 말한다.
- ③은 통상 커피 잔의 반 정도인 커피 잔에 커피를 담아 제공하는 커피를 말한다.
- ④는 뜨거운 우유를 첨가한 커피를 말한다.

31 Repetitive Learning (1회 2회 3회)

영업 형태에 따라 분류한 bar의 종류 중 일반적으로 활기차고 즐거우며 조금은 어둡지만 따뜻하고 조용한 분위기와 가장 거리가 먼 것은?

① Western bar ② Classic bar
③ Modern bar ④ Room bar

해설
- ①은 쇼 위주의 볼거리를 많이 제공하는 바를 말한다.

0102 / 1005

32 Repetitive Learning (1회 2회 3회)

소프트 드링크(soft drink) 디캔터(decanter)의 올바른 사용법은?

① 각종 청량음료(soft drink)를 별도로 담아 나간다.
② 술과 같이 혼합하여 나간다.
③ 얼음과 같이 넣어 나간다.
④ 술과 얼음을 같이 넣어 나간다.

해설
- 소프트 드링크에서는 디캔터는 주스나 청량음료를 얼음 없이 유리나 플라스틱 용기에 담기 위해 사용하는 용기이다.

33 Repetitive Learning (1회 2회 3회)

우리나라에서 개별소비세가 부과되지 않는 영업장은?

① 단란주점 ② 요정
③ 카바레 ④ 나이트클럽

해설
- 카바레, 나이트클럽, 요정, 외국인전용유흥음식점 등이 대표적인 개별소비세 부과대상 과세유흥장소이다.

34 Repetitive Learning (1회 2회 3회)

칵테일 서비스 진행 절차로 가장 적합한 것은?

① 아이스 페일을 이용해서 고객의 요구대로 글라스에 얼음을 넣는다.
② 먼저 커팅보드 위에 장식물과 함께 글라스를 놓는다.
③ 칵테일용 냅킨을 고객의 글라스 오른쪽에 놓고 젓는 막대를 그 위에 놓는다.
④ 병술을 사용할 때는 스토퍼를 이용해서 조심스럽게 따른다.

해설
- ① 아이스 페일은 얼음을 보관하는 통을 말한다. 글라스에 얼음을 넣을 때는 아이스 통을 이용한다.
- ④ 스토퍼는 남은 음료를 보관하기 위한 병마개이다. 병술을 사용할 때는 푸어러를 이용해서 술을 따른다.

28 ④ 29 ② 30 ① 31 ① 32 ① 33 ① 34 ③ 정답

0605 / 0904 / 1401

35 Repetitive Learning (1회 2회 3회)

칵테일 글라스의 3대 명칭이 아닌 것은?

① 베이스(Base) ② 스템(Stem)
③ 보울(Bowl) ④ 캡(Cap)

해설
• 칵테일 글라스의 3대 명칭은 보울(Bowl), 스템(Stem), 베이스(Base)를 들 수 있다.

36 Repetitive Learning (1회 2회 3회)

오크통에서 증류주를 보관할 때의 설명으로 틀린 것은?

① 원액의 개성을 결정해 준다.
② 천사의 몫(Angel's share) 현상이 나타난다.
③ 색상이 호박색으로 변한다.
④ 변화 없이 증류한 상태 그대로 보관된다.

해설
• 오크통에서 증류주를 보관하면 자연스럽게 술에 향이 스며든다(부케).

37 Repetitive Learning (1회 2회 3회)

Blending 기법에 사용하는 얼음으로 가장 적당한 것은?

① lumped ice ② crushed ice
③ cubed ice ④ shaved ice

해설
• ①은 비교적 작은 얼음덩어리를 의미한다.
• ③은 직육면체 혹은 정육면체의 각얼음이다.
• ④는 눈꽃 모양 얼음으로 가장 차가운 칵테일을 만들 때 사용한다.

0805 / 1201

38 Repetitive Learning (1회 2회 3회)

Bock beer에 대한 설명으로 옳은 것은?

① 알코올 도수가 높은 흑맥주
② 알코올 도수가 낮은 담색 맥주
③ 이탈리아산 고급 흑맥주
④ 제조 12시간 이내의 생맥주

해설
• Bock(보크)는 독일 북부에서 유래한 라거맥주의 일종이다.

39 Repetitive Learning (1회 2회 3회)

비터류(bitters)가 사용되지 않는 칵테일은?

① Manhattan ② Cosmopolitan
③ Old Fashioned ④ Negroni

해설
• ②는 보드카, 트리플 섹, 라임과 크랜베리 주스를 셰이킹 기법으로 만든 칵테일이다.

0104 / 0405 / 0802 / 1102 / 1404

40 Repetitive Learning (1회 2회 3회)

탄산음료나 샴페인을 사용하고 남은 일부를 보관 시 사용되는 기물은?

① 스토퍼 ② 푸어러
③ 코르크 ④ 코스터

해설
• ②는 술 손실 예방 도구로 음료가 일정하게 나오도록 조절하는 기구로 푸링 립(Pouring Lip)이라고도 한다.

0301

41 Repetitive Learning (1회 2회 3회)

맥주의 보관에 대한 내용으로 옳지 않은 것은?

① 장기 보관할수록 맛이 좋아진다.
② 맥주가 얼지 않도록 보관한다.
③ 직사광선을 피한다.
④ 적정온도(4~10℃)에 보관한다.

해설
• 맥주는 장기 보관해도 맛이 좋아지지 않는다.

42 Repetitive Learning (1회 2회 3회)

칵테일 Kir Royal의 레시피(recipe)로 옳은 것은?

① Champagne+Cacao
② Champagne+Kahlua
③ Wine+Cointreau
④ Champagne+Creme de Cassis

해설
• Kir Royal은 샴페인, 크림 드 카시스를 직접 넣기(Building) 기법으로 만든 칵테일이다.

정답 | 35 ④ 36 ④ 37 ② 38 ① 39 ② 40 ① 41 ① 42 ④

0302

43

Repetitive Learning 1회 2회 3회

칼바도스(Calvados)는 보관온도상 다음 품목 중 어떤 것과 같이 두어도 좋은가?

① 백포도주 ② 샴페인
③ 생맥주 ④ 꼬냑

해설
- 꼬냑과 칼바도스 둘 다 도수가 높으므로 실온에서 보관한다.

0201 / 1201

44

Repetitive Learning 1회 2회 3회

바텐더가 Bar에서 Glass를 사용할 때 가장 먼저 체크하여야 할 사항은?

① Glass의 가장자리 파손여부
② Glass의 청결여부
③ Glass의 재고 여부
④ Glass의 온도 여부

해설
- 글라스 사용 전에 반드시 바텐더는 글라스의 가장자리(Rim) 파손여부를 체크하도록 한다.

0502

45

Repetitive Learning 1회 2회 3회

고객께서 위스키를 주문하시고, 얼음과 함께 콜라나 소다수, 물 등을 원할 때 제공하는 글라스는?

① 와인 디캔터(Wine Decanter)
② 칵테일 디캔터(Cocktail Decanter)
③ 콜린스 글라스(Collins Glass)
④ 칵테일 글라스(Cocktail Glass)

해설
- ①은 공기와 와인의 접촉을 최대한 빠르게 하여 와인의 산도를 빠른 시간 내에 공기 중으로 분산시키는 용기이다.
- ③은 하이볼 글라스와 유사하나 길이가 좀 더 긴 글라스이다.
- ④는 마티니 글라스라 불리는 쇼트 드링크 칵테일의 전용잔이다.

46

Repetitive Learning 1회 2회 3회

Red cherry가 사용되지 않는 칵테일은?

① Manhattan ② Old Fashioned
③ Mai-Tai ④ Moscow Mule

해설
- ④는 라임 혹은 레몬 슬라이스로 장식한다.

47

Repetitive Learning 1회 2회 3회

스카치 750mL 1병의 원가가 100,000원이고 평균원가율을 20%로 책정했다면 스카치 1잔의 판매가격은?

① 10,000원 ② 15,000원
③ 20,000원 ④ 25,000원

해설
- 스카치 위스키 1잔은 30mL이므로 스카치 1병으로 25잔을 만들 수 있다.
- 스카치 원가가 100,000원이고, 평균원가율이 20%라는 것은 매출액이 500,000원이라는 의미이다.
- 1잔의 판매가는 500,000/25=20,000원이 된다.

0901

48

Repetitive Learning 1회 2회 3회

칵테일의 특징이 아닌 것은?

① 부드러운 맛
② 분위기의 증진
③ 색, 맛, 향의 조화
④ 항산화, 소화증진 효소 함유

해설
- 칵테일이 식욕을 증진시키는 윤활유 역할을 하지만 항산화나 소화증진 효소를 함유하지는 않는다.

0505

49

Repetitive Learning 1회 2회 3회

휘젓기(stirring) 기법을 할 때 사용하는 칵테일 기구로 가장 적합한 것은?

① hand shaker ② mixing glass
③ squeezer ④ jigger

해설
- ①은 계란, 설탕, 시럽 등 농후한 재료를 사용하는 칵테일의 경우 휘저어 섞는 것만으로는 잘 혼합이 되지 않기 때문에 강한 움직임을 주기 위하여 사용하는 도구이다.
- ③은 과일즙을 짜는 도구이다.
- ④는 칵테일 레시피에 표시된 음료의 양을 정확하게 측정하기 위해 사용하는 도구이다.

43 ④ 44 ① 45 ③ 46 ④ 47 ③ 48 ④ 49 ② 정답

1101

50 Repetitive Learning 1회 2회 3회

용량 표시가 옳은 것은?

① 1Teaspoon=1/32oz
② 1pony=1/2oz
③ 1pint=1/2quart
④ 1Table spoon=1/32oz

해설
- ①에서 1Teaspoon은 1/8oz이고 3.7mL이다.
- ②에서 1pony는 1oz이다.
- ④에서 1Table spoon은 1/2oz이고 14.787mL이다.

51 Repetitive Learning 1회 2회 3회

'당신은 손님들에게 친절해야 한다'의 표현으로 가장 적절한 것은?

① You should be kind to guest.
② You should kind guest.
③ You'll should be to kind to guest.
④ You should do kind guest.

해설
- '당연히 ~해야 한다'는 should를, '친절하게 해야'는 be kind를 사용한다.

52 Repetitive Learning 1회 2회 3회

Three factors govern the appreciation of wine. Which of the following does not belong to them?

① Color ② Aroma
③ Taste ④ Touch

해설
- 세 가지 요소로 와인을 평가한다. 와인의 평가요소에 속하지 않는 것은?

0405 / 1102

53 Repetitive Learning 1회 2회 3회

'한 잔 더 주세요'의 가장 정확한 영어 표현은?

① I'd like other drink.
② I'd like to have another drink.
③ I want one more wine.
④ I'd like to have the other drink.

해설
- 한 잔 더 달라는 요청을 표현할 때는 'd like to ~가 적절하다.

54 Repetitive Learning 1회 2회 3회

Which of the following is the right beverage in the blank?

B : Here you are. Drink it while it's hot.
G : Um... nice. What pretty drink are you mixing there?
B : Well, it's for the lady in that corner. It is a '_____', and it is made from several liqueurs.
G : Looks like a rainbow. How do you do that?
B : Well, you pour it in carefully. Each liquid has a different weight, so they sit on the top of each other without mixing.

① Pousse cafe ② Cassis Frappe
③ June Bug ④ Rum Shrub

해설
- 각 재료의 비중을 이용하여 플로트(Float) 방식으로 만드는 무지개 같이 화려한 칵테일은 푸스카페(Pousse Cafe)이다.

55 Repetitive Learning 1회 2회 3회

Which one is the right answer in the blank?

B : Good evening, sir. What Would you like?
G : What kind of (　　) have you got?
B : We've got our own brand, sir. Or I can give you an rye, a bourbon or a malt.
G : I'll have a malt. A double, please.
B : Certainly, sir. Would you like any water or ice with it?
G : No water, thank you. That spoils it. I'll have just one lump of ice.
B : one lump, sir. Certainly.

① wine ② Gin
③ whiskey ④ Rum

해설
- 어떤 종류의 위스키(whiskey)를 서비스하는지 묻고 있다.

정답 | 50 ③ 51 ① 52 ④ 53 ② 54 ① 55 ③

1001

56 Repetitive Learning (1회 2회 3회)

바텐더가 손님에게 처음 주문을 받을 때 사용할 수 있는 표현으로 가장 적절한 것은?

① What do you recommend?
② Would you care for a drink?
③ What would you like with that?
④ Do you have a reservation?

해설

- 손님에게 처음 주문을 받을 때 사용하는 표현을 묻고 있다.
- ①은 손님이 바텐더에게 묻는 질문에 가깝다. 무엇을 추천하는지를 묻고 있다.
- ③은 그것으로 무엇을 드시겠냐는 질문이다.
- ④는 예약을 했는지를 묻고 있다.

0205

57 Repetitive Learning 

'Are you free this evening?'의 의미로 가장 적절한 것은?

① 이것은 무료입니까?
② 오늘 밤에 시간 있으십니까?
③ 오늘 밤에 만나시겠습니까?
④ 오늘 밤에 개점합니까?

해설

- Are you free는 한가하냐는 의미의 의문문이다.

0904 / 1204

58 Repetitive Learning 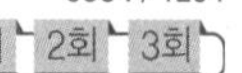

다음 ( ) 안에 들어갈 알맞은 것은?

> (   ) must have juniper berry flavor and can be made either by distillation or re-distillation.

① Whiskey ② Rum
③ Tequila ④ Gin

해설

- 주니퍼 베리 향을 내야 하며 증류되거나 재련하여 만들어진 것은 진이다.
- ①은 맥아 및 곡류를 당화발효시킨 발효주를 증류하여 만든 술로 단맛과 함께 다양한 향을 내는 술이다.
- ②는 사탕수수즙이나 당밀 등으로 발효 증류시킨 증류주로 달콤한 냄새와 특유의 맛을 갖고 있다.
- ③은 용설란으로 만들어 용설란 특유의 향과 달콤한 맛을 가진 멕시코 술이다.

59 Repetitive Learning (1회 2회 3회)

( ) 안에 들어갈 알맞은 것은?

> I don't know what happened at the meeting because I wasn't able to (   ).

① decline ② apply
③ depart ④ attend

해설

- '회의에 (참석)하지 않아 나는 무슨 일이 일어났는지 모른다'가 되기 위해서는 '참석하다'는 의미의 단어가 들어가야 한다.

60 Repetitive Learning 

Which one is not made from grapes?

① Cognac ② Calvados
③ Armagnac ④ Grappa

해설

- ①, ③, ④는 모두 포도로 만든 술이다.
- ②는 노르망디 지방의 잘 숙성된 사과를 발효 증류하여 만든 사과 브랜디이다.

56 ② 57 ② 58 ④ 59 ④ 60 ② 정답

2016년 제2회

2016년 4월 2일 필기

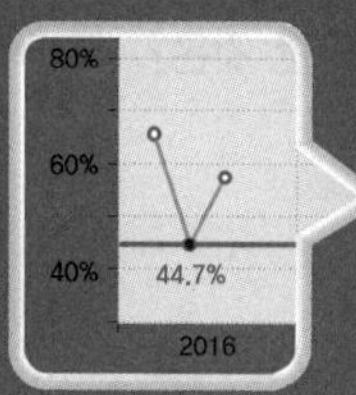

16년 2회차 필기시험

합격률 44.7%

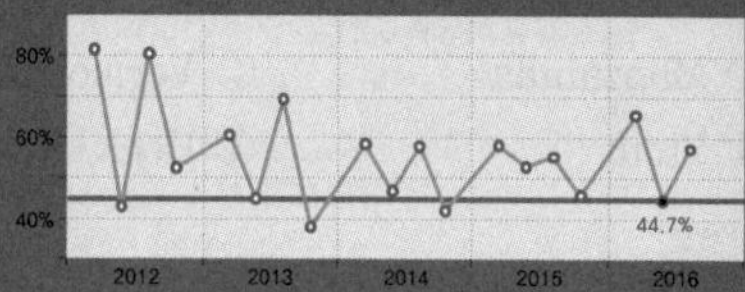

0101 / 0302 / 0701 / 0805

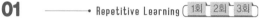

01

Repetitive Learning 

다음 중 혼성주에 해당하는 것은?

① Armagnac ② Corn whiskey
③ Cointreau ④ Jamaican Rum

해설

- ①은 프랑스산 브랜디의 일종이다.
- ②는 옥수수를 주원료로 한 아메리칸 위스키이다.
- ④는 자메이카 지역의 사탕수수와 당밀로 만든 럼이다.

02

Repetitive Learning 1회 2회 3회

각 국가별로 부르는 적포도주로 틀린 것은?

① 프랑스–Vim Rouge
② 이태리–Vino Rosso
③ 스페인–Vino Rosado
④ 독일–Rotwein

해설

- 스페인에서 Vino Rosado라고 하면 Rose Wine을 뜻한다.

0101 / 0402 / 0601 / 0802

03

Repetitive Learning 

프랑스에서 생산되는 칼바도스(Calvados)는 어느 종류에 속하는가?

① 브랜디(Brandy) ② 진(Gin)
③ 와인(Wine) ④ 위스키(Whiskey)

해설

- 칼바도스(Calvados)는 프랑스 노르망디(Normandie)에서 생산된 사과 브랜디를 뜻한다.

04

Repetitive Learning 1회 2회 3회

Sparkling Wine이 아닌 것은?

① Asti Spumante ② Sekt
③ Vin mousseux ④ Troken

해설

- 트로켄(Troken)은 단맛이 없다는 의미의 당도를 표시하는 용어이다.

1302

05

Repetitive Learning 1회 2회 3회

포도 품종의 그린 수확(Green Harvest)에 대한 설명으로 옳은 것은?

① 수확량을 제한하기 위한 수확
② 청포도 품종 수확
③ 완숙한 최고의 포도 수확
④ 포도원의 잡초제거

해설

- 그린 수확이란 충분히 익지 않은 상태에서 포도를 솎아내는 작업을 통해 수확량을 제한하는 것으로 양분을 남은 포도에 집중시키기 위함이다.

06

Repetitive Learning 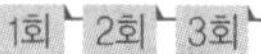

보르도 지역의 와인이 아닌 것은?

① 샤블리 ② 메독
③ 마고 ④ 그라브

해설

- 샤블리는 보르도 지역이 아닌 프랑스 부르고뉴(Bourgogne) 지역에서 생산된다.

정답 | 01 ③ 02 ③ 03 ① 04 ④ 05 ① 06 ①

1005

07 Repetitive Learning 1회 2회 3회

원료인 포도주에 브랜디나 당분을 섞고 향료나 약초를 넣어 향미를 내어 만들며 이탈리아산이 유명한 것은?

① Manzanilla ② Vermouth
③ Stout ④ Hock

해설
- ①은 스페인의 대서양 연안에서 발효 숙성시킨 피노 와인이다.
- ③은 영국의 대표적인 흑맥주이다.

0405 / 0502

08 Repetitive Learning 1회 2회 3회

다음 중 Aperitif Wine으로 가장 적합한 것은?

① Dry Sherry Wine ② White Wine
③ Red Wine ④ Port Wine

해설
- ②는 식중주로 생선에 어울린다.
- ③은 식중주로 육류에 어울린다.
- ④는 주정강화 와인으로 주로 식후에 먹는 달콤한 와인이다.

1202

09 Repetitive Learning 1회 2회 3회

혼성주의 종류에 대한 설명이 틀린 것은?

① 아드보카트(Advocaat)는 브랜디에 계란노른자와 설탕을 혼합하여 만들었다.
② 드람브이(Drambuie)는 '사람을 만족시키는 음료'라는 뜻을 가지고 있다.
③ 아르마냑(Armagnac)은 체리향을 혼합하여 만든 술이다.
④ 깔루아(Kahlua)는 증류주에 커피를 혼합하여 만든 술이다.

해설
- 아르마냑은 프랑스산 브랜디의 일종이다. 제조과정에서 꼬냑과 달리 반 연속식 증류기를 한 번만 거치며 블랙 오크통에 넣어 숙성시킨다.

0301

10 Repetitive Learning 1회 2회 3회

맥주의 원료로 알맞지 않은 것은?

① 물 ② 피트
③ 보리 ④ 호프

해설
- 피트(Peat)는 나무가 부족한 지역에서 대체 연료로 사용되는 것으로 스카치 위스키를 만들 때 사용하여 스모키한 향을 낼 수 있다.

11 Repetitive Learning 1회 2회 3회

혼성주 제조방법인 침출법에 대한 설명으로 틀린 것은?

① 맛과 향이 알코올에 쉽게 용해되는 원료일 때 사용한다.
② 과실 및 향료를 기주에 담가 맛과 향이 우러나게 하는 방법이다.
③ 원료를 넣고 밀봉한 후 수개월에서 수년간 장기 숙성시킨다.
④ 맛과 향이 추출되면 여과한 후 블렌딩하여 병입한다.

해설
- 혼성주는 향료나 과실, 과즙 등을 기주에 넣어 향이 우러나게 하여 숙성시킨다. 그러므로 맛과 향이 알코올에 쉽게 용해되어서는 안 된다.

1202

12 Repetitive Learning 1회 2회 3회

보졸레 누보 양조과정의 특징이 아닌 것은?

① 기계수확을 한다.
② 열매를 분리하지 않고 송이채 밀폐된 탱크에 집어넣는다.
③ 발효 중 CO_2의 영향을 받아 산도가 낮은 와인이 만들어진다.
④ 오랜 숙성 기간 없이 출하한다.

해설
- 보졸레 누보는 열매를 분리하지 않고 인력으로 수확 후 송이채 밀폐된 탱크에 집어넣어 양조한다.

1205

13 Repetitive Learning 1회 2회 3회

상면발효맥주로 옳은 것은?

① Bock Beer ② Budweiser Beer
③ Porter Beer ④ Asahi Beer

해설
- 포터 비어(Porter Beer)는 상면발효방식으로 생산되는 영국산 맥주다.

07 ② 08 ① 09 ③ 10 ② 11 ① 12 ① 13 ③ 정답

0502 / 0705 / 0902

14 Repetitive Learning (1회 2회 3회)

원산지가 프랑스인 술은?

① Absinthe ② Curacao
③ Kahlua ④ Drambuie

해설
- ②는 네덜란드 큐라소 섬에서 생산된 오렌지 껍질로 만들어진 술이다.
- ③은 멕시코가 원산지인 설탕, 바닐라, 캐러멜을 섞어 만든 술이다.
- ④는 스코틀랜드에서 스카치 위스키, 꿀, 허브 등을 섞어 만든 리큐르이다.

0805 / 1401

15 Repetitive Learning (1회 2회 3회)

Hop에 대한 설명 중 틀린 것은?

① 자웅이주의 숙근 식물로서 수정이 안 된 암꽃을 사용한다.
② 맥주의 쓴 맛과 향을 부여한다.
③ 거품의 지속성과 항균성을 부여한다.
④ 맥아즙 속의 당분을 분해하여 알코올과 탄산가스를 만드는 작용을 한다.

해설
- 알코올과 탄산가스를 만드는 작용은 효모의 역할이다.

1301

16 Repetitive Learning (1회 2회 3회)

다음에서 설명하는 것은?

- 북유럽 스칸디나비아 지방의 특산주로 어원은 '생명의 물'이라는 라틴어에서 온 말이다.
- 제조과정은 먼저 감자를 익혀서 으깬 감자와 맥아를 당화, 발효시켜 증류시킨다.
- 연속증류기로 95%의 고농도 알코올을 얻은 다음 물로 희석하고 회향초 씨나, 박하, 오렌지 껍질 등 여러 가지 종류의 허브로 향기를 착향시킨 술이다.

① 보드카(Vodka) ② 럼(Rum)
③ 아쿠아비트(Aquavit) ④ 브랜디(Brandy)

해설
- ①은 동유럽 원산의 증류주이다.
- ②는 사탕수수즙이나 당밀 등으로 발효 증류시킨 증류주로 달콤한 냄새와 특유의 맛을 갖고 있다.
- ④는 화이트 와인을 증류시켜 만든 증류주이다.

17 Repetitive Learning (1회 2회 3회)

프랑스에서 사과를 원료로 만든 증류주인 Apple Brandy는?

① Cognac ② Calvados
③ Armagnac ④ Camus

해설
- ①은 포도를 원료로 만든 증류주이다.
- ③은 프랑스 보르도(Bordeaux) 지방 아르마냑 지역에서 생산되는 브랜디의 일종이다.
- ④는 프랑스 꼬냑의 포도를 비롯한 과일로 만들어진 꼬냑 대표 브랜드(증류주)이다.

1304

18 Repetitive Learning (1회 2회 3회)

다음 중 과실음료가 아닌 것은?

① 토마토주스 ② 천연과즙주스
③ 희석과즙음료 ④ 과립과즙음료

해설
- ①은 채소주스에 해당한다.

19 Repetitive Learning (1회 2회 3회)

우리나라 전통주 중에서 약주가 아닌 것은?

① 두견주 ② 한산 소곡주
③ 칠선주 ④ 문배주

해설
- ①은 충남 해안지방의 전통 민속주로 청주에 진달래꽃을 넣어 만든 가향주로 약주이다.
- ②는 충남 한산면에서 만들어진 청주이자 약주로 백제 때 만든 것으로 알려진다.
- ③은 조선시대 때 지금의 인천지역에서 빚기 시작한 7가지 한약재로 빚은 술이다.

1302 / 1401

20 Repetitive Learning (1회 2회 3회)

다음 중 스카치 위스키(Scotch whiskey)가 아닌 것은?

① Crown Royal ② White Horse
③ Johnnie Walker ④ Chivas Regal

해설
- ①은 캐나디안 위스키이며 숙성향이 풍부한 것이 특징이다.

정답 | 14 ① 15 ④ 16 ③ 17 ② 18 ① 19 ④ 20 ①

21 Repetitive Learning 1회 2회 3회

차를 만드는 방법에 따른 분류와 대표적인 차의 연결이 틀린 것은?

① 불발효차－보성녹차
② 반발효차－오룡차
③ 발효차－다즐링차
④ 후발효차－쟈스민차

해설
• 쟈스민차는 반발효차에 속한다.

1005 / 1401

22 Repetitive Learning 1회 2회 3회

소다수에 대한 설명으로 틀린 것은?

① 인공적으로 이산화탄소를 첨가한다.
② 약간의 신맛과 단맛이 나며 청량감이 있다.
③ 식욕을 돋우는 효과가 있다.
④ 성분은 수분과 이산화탄소로 칼로리는 없다.

해설
• 소다수(Soda Water)는 물에 이산화탄소를 첨가한 것으로 특유의 청량감을 주며 무색, 무미, 무취의 탄산음료다.

0701 / 0905 / 1301

23 Repetitive Learning 1회 2회 3회

다음 중 아메리칸 위스키(American whiskey)가 아닌 것은?

① Jim Beam ② Wild whiskey
③ John Jameson ④ Jack Daniel

해설
• ③은 아이리시 위스키의 베스트셀러 브랜드다.

0401 / 0602 / 0904

24 Repetitive Learning 1회 2회 3회

다음에서 설명되는 우리나라 고유의 술은?

> 엄격한 법도에 의해 술을 담근다는 전통주로 신라시대부터 전해오는 유상곡수(流觴曲水)라 하여 주로 상류계급에서 즐기던 것으로 중국 남방 술인 사오싱주보다 빛깔은 조금 희고 그 순수한 맛이 가히 일품이다.

① 두견주 ② 인삼주
③ 감홍로주 ④ 경주 교동법주

해설
• ①은 충남 해안지방의 전통 민속주로 청주에 진달래꽃을 넣어 만든 가향주다.
• ②는 통일신라시대 때부터 만들어진 것으로 전해지는 민속주로 인삼, 누룩, 찹쌀로 만든 약주이다.
• ③은 조선시대 3대 명주중의 하나로 약소주로 불리는 증류주이다.

0301 / 0701 / 1202 / 1401 / 1405

25 Repetitive Learning 1회 2회 3회

레몬주스, 슈가시럽, 소다수를 혼합한 것으로 대용할 수 있는 것은?

① 진저에일 ② 토닉워터
③ 콜린스 믹스 ④ 사이다

해설
• ①은 생강으로 향과 맛을 내 캐러멜로 착색한 탄산음료이다.
• ②는 소다수에 레몬, 키니네(quinine) 껍질 등의 농축액을 함유한 것으로 진(Gin)과 가장 좋은 조화를 이룬다.
• ④는 소다수에 구연산, 주석산, 레몬즙 등을 혼합한 것이다.

0701

26 Repetitive Learning 1회 2회 3회

다음 중 테킬라(Tequila)가 아닌 것은?

① Cuervo ② El Toro
③ Sambuca ④ Sauza

해설
• ③은 테킬라가 아니라 프랑스의 리큐르이다.

1305

27 Repetitive Learning 1회 2회 3회

음료의 역사에 대한 설명으로 틀린 것은?

① 기원전 6000년경 바빌로니아 사람들은 레몬과즙을 마셨다.
② 스페인 발렌시아 부근의 동굴에서는 탄산가스를 발견해 마시는 벽화가 있었다.
③ 바빌로니아 사람들은 밀빵이 물에 젖어 발효된 맥주를 발견해 음료로 즐겼다.
④ 중앙아시아 지역에서는 야생의 포도가 쌓여 자연 발효된 포도주를 음료로 즐겼다.

해설
• 스페인 발렌시아 부근의 동굴에는 봉밀을 채취하는 그림이 그려져 있다.

21 ④ 22 ② 23 ③ 24 ④ 25 ③ 26 ③ 27 ② 정답

28

Repetitive Learning 1회 2회 3회

다음 중 그 종류가 다른 하나는?

① Vienna Coffee ② Cappuccino Coffee
③ Espresso Coffee ④ Irish Coffee

해설
- ④는 주로 추운 계절에 추위를 녹이기 위하여 외출이나 등산 후에 따뜻하게 마시기 위해 아이리쉬 위스키와 커피, 설탕으로 만든 칵테일이다.

29

Repetitive Learning 1회 2회 3회

스카치 위스키의 5가지 법적 분류에 해당하지 않는 것은?

① 싱글 몰트 스카치 위스키
② 블렌디드 스카치 위스키
③ 블렌디드 그레인 스카치 위스키
④ 라이 위스키

해설
- ④는 51% 이상의 호밀을 원료로 만드는 아메리칸 위스키이다.

0305

30

Repetitive Learning 1회 2회 3회

다음 중 증류주에 속하는 것은?

① Vermouth ② Champagne
③ Sherry Wine ④ Light Rum

해설
- ①, ②, ③은 모두 와인의 종류로 양조주에 해당한다.

31

Repetitive Learning 1회 2회 3회

주장(Bar)에서 주문받는 방법으로 가장 거리가 먼 것은?

① 손님의 연령이나 성별을 고려한 음료를 추천하는 것은 좋은 방법이다.
② 추가 주문은 고객이 한 잔을 다 마시고 나면 최대한 빠른 시간에 여쭤 본다.
③ 위스키와 같은 알코올 도수가 높은 술을 주문받을 때에는 안주류도 함께 여쭤본다.
④ 2명 이상의 외국인 고객의 경우 반드시 영수증을 하나로 할지, 개인별로 따로 할지 여쭤본다.

해설
- 추가 주문은 고객의 음료가 글라스 바닥으로부터 1cm 정도 남아있을 때 여쭤본다.

32

Repetitive Learning 1회 2회 3회

샴페인 1병을 주문한 고객에게 샴페인을 따라주는 방법으로 옳지 않은 것은?

① 샴페인은 글라스에 서브할 때 2번에 나눠서 따른다.
② 샴페인의 기포를 눈으로 충분히 즐길 수 있게 따른다.
③ 샴페인은 글라스의 최대 절반정도까지만 따른다.
④ 샴페인을 따를 때에는 최대한 거품이 나지 않게 조심해서 따른다.

해설
- 샴페인의 기포를 눈으로 충분히 즐길 수 있게 따른다.

1205

33

Repetitive Learning 1회 2회 3회

에스프레소 추출 시 너무 진한 크레마(Dark Crema)가 추출되었을 때 그 원인이 아닌 것은?

① 물의 온도가 95℃보다 높은 경우
② 펌프압력이 기준 압력보다 낮은 경우
③ 포터필터의 구멍이 너무 큰 경우
④ 물 공급이 제대로 안 되는 경우

해설
- 포터필터의 구멍이 너무 크면 에스프레소 추출이 과하게 되어 크레마가 적게 만들어진다.

34

Repetitive Learning 1회 2회 3회

칵테일을 만드는 데 필요한 기물이 아닌 것은?

① Cork Screw ② Mixing Glass
③ Shaker ④ Bar Spoon

해설
- ②는 셰이커와 같이 재료를 섞고 차갑게 식히는 역할을 하는 도구로 stir 기법(휘젓기)에 사용하는 기물이다.
- ③은 계란, 설탕, 시럽 등 농후한 재료를 사용하는 칵테일의 경우 휘저어 섞는 것만으로는 잘 혼합이 되지 않기 때문에 강한 움직임을 주기 위하여 사용하는 도구이다.
- ④는 재료를 섞거나 소량을 잴 때 사용하는 스푼이다.

정답 | 28 ④ 29 ④ 30 ④ 31 ② 32 ④ 33 ③ 34 ①

1304

35 Repetitive Learning (1회 2회 3회)

다음 중 주장 종사원(Waiter/Waitress)의 주요 임무는?

① 고객이 사용한 기물과 빈 잔을 세척한다.
② 칵테일의 부재료를 준비한다.
③ 창고에서 주장(Bar)에서 필요한 물품을 보급한다.
④ 고객에게 주문을 받고 주문받은 음료를 제공한다.

해설
- 주장 종사원(Waiter/Waitress)의 가장 기본적인 직무는 고객으로부터 주문을 받고 서비스를 담당하는 것에 있다.

0305 / 1005 / 1205

36 Repetitive Learning (1회 2회 3회)

바람직한 바텐더(Bartender) 직무가 아닌 것은?

① 바(Bar) 내에 필요한 물품 재고를 항상 파악한다.
② 일일 판매할 주류가 적당한지 확인한다.
③ 바(Bar)의 환경 및 기물 등의 청결을 유지, 관리한다.
④ 칵테일 조주 시 지거(Jigger)를 사용하지 않는다.

해설
- 칵테일 조주 시 표준 조주법(Standard recipe)을 따르기 위해 가능한 지거(Jigger)를 사용하여야 한다.

37 Repetitive Learning (1회 2회 3회)

Glass 관리방법 중 틀린 것은?

① 알맞은 Rack에 담아서 세척기를 이용하여 세척한다.
② 닦기 전에 금이 가거나 깨진 것이 없는 지 먼저 확인한다.
③ Glass의 Steam부분을 시작으로 돌려서 닦는다.
④ 물에 레몬이나 에스프레소 1잔을 넣으면 Glass의 잡냄새가 제거된다.

해설
- 글라스의 아랫부분을 잡고 글라스의 볼과 스템부분을 서로 반대방향으로 비틀지 않도록 해야 한다.

38 Repetitive Learning (1회 2회 3회)

Extra Dry Martini는 Dry Vermouth를 어느 정도 넣어야 하는가?

① 1/4oz ② 1/3oz
③ 1oz ④ 2oz

해설
- Extra Dry Martini는 진과 드라이 베르무트를 7:1의 비율로 섞어야 하므로 드라이 베르무트의 양은 1/4oz가 적당하다.

1204

39 Repetitive Learning (1회 2회 3회)

Gibson에 대한 설명으로 틀린 것은?

① 알코올 도수는 약 36도에 해당한다.
② 베이스는 Gin이다.
③ 칵테일 어니언(Onion)으로 장식한다.
④ 기법은 Shaking이다.

해설
- 깁슨(Gibson)은 Stirring(휘젓기) 기법으로 만든다.

40 Repetitive Learning (1회 2회 3회)

칵테일 상품의 특성과 가장 거리가 먼 것은?

① 대량 생산이 가능하다.
② 인적 의존도가 높다.
③ 유통 과정이 없다.
④ 반품과 재고가 없다.

해설
- 칵테일은 인적 의존도가 높아 대량 생산이 불가능하다.

0305

41 Repetitive Learning (1회 2회 3회)

다음 중에서 Cherry로 장식하지 않는 칵테일은?

① Angel's Kiss ② Manhattan
③ Rob Roy ④ Martini

해설
- ④는 올리브로 주로 장식한다.

42 Repetitive Learning (1회 2회 3회)

다음 중 가장 영양분이 많은 칵테일은?

① Brandy Eggnog ② Gibson
③ Bacardi ④ Olympic

해설
- 에그녹은 브랜디를 베이스로 하여 계란을 넣은 칵테일로 영양분이 많다.

35 ④ 36 ④ 37 ③ 38 ① 39 ④ 40 ① 41 ④ 42 ① | 정답

43 → Repetitive Learning (1회 2회 3회)

바의 한 달 전체 매출액이 1,000만 원이고 종사원에게 지불된 모든 급료가 300만 원이라면 이 바의 인건비율은?

① 10% ② 20%
③ 30% ④ 40%

해설

- 인건비가 매출액에서 차지하는 비율은 $\frac{300}{1,000} \times 100 = 30\%$ 이다.

44 → Repetitive Learning (1회 2회 3회)

내열성이 강한 유리잔에 제공되는 칵테일은?

① Grasshopper ② Tequila Sunrise
③ New York ④ Irish Coffee

해설

- ①은 리큐르 베이스 칵테일로 쇼트 드링크로 칵테일 글라스에 제공된다.
- ②는 하이볼 글라스나 콜린스 글라스 같은 롱 드링크 잔을 사용한다.
- ③은 쇼트 드링크로 칵테일 글라스에 제공된다.

1104

45 → Repetitive Learning (1회 2회 3회)

칵테일에 사용되는 Garnish에 대한 설명으로 가장 적절한 것은?

① 과일만 사용이 가능하다.
② 꽃이 화려하고 향기가 많이 나는 것이 좋다.
③ 꽃가루가 많은 꽃은 더욱 운치가 있어서 잘 어울린다.
④ 과일이나 허브향이 나는 잎이나 줄기가 적합하다.

해설

- 가니쉬는 칵테일의 외형을 돋보이게 하기 위해 장식하는 각종 과일과 채소를 말하는데 주로 잎이나 줄기를 사용한다.

0702

46 → Repetitive Learning (1회 2회 3회)

다음 중 1oz당 칼로리가 가장 높은 것은? (단, 각 주류의 도수는 일반적인 경우를 따른다)

① Red Wine ② Champagne
③ Liqueur ④ White Wine

해설

- 보기의 주류를 칼로리가 높은 것부터 나열하면 리큐르>화이트 와인>레드 와인>샴페인 순이다.

1401

47 → Repetitive Learning (1회 2회 3회)

네그로니(Negroni) 칵테일의 조주 시 재료로 가장 적합한 것은?

① Rum 3/4oz, Sweet Vermouth 3/4oz, Campari 3/4oz, Twist of Lemon Peel
② Dry Gin 3/4oz, Sweet Vermouth 3/4oz, Campari 3/4oz, Twist of Lemon Peel
③ Dry Gin 3/4oz, Dry Vermouth 3/4oz , Campari 3/4oz, Twist of Lemon Peel
④ Tequila 3/4oz, Sweet Vermouth 3/4oz, Campari 3/4oz, Twist of Lemon Peel

해설

- 네그로니는 진, 스윗 베르무트, 캄파리를 믹싱 글라스에 넣고 휘젓기(stir) 기법으로 만든 칵테일이다.

0201 / 0501

48 → Repetitive Learning (1회 2회 3회)

다음 중 장식이 필요 없는 칵테일은?

① 김렛(Gimlet)
② 시브리즈(Seabreeze)
③ 올드 패션드(Old Fashioned)
④ 싱가포르 슬링(Singapore Sling)

해설

- 장식을 하지 않는 칵테일은 김렛(Gimlet), 그래스 호퍼(Grasshopper), 브롱크스(Bronx) 등이 있다.

0305 / 0602 / 0705 / 0802 / 0901 / 1205

49 → Repetitive Learning (1회 2회 3회)

Gibson을 조주할 때 Garnish는 무엇으로 하는가?

① Olive ② Cherry
③ Onion ④ Lime

해설

- 깁슨(Gibson)의 베이스는 Gin이며 칵테일 어니언(Cocktail onion)을 꽂아서 장식한다.

정답 | 43 ③ 44 ④ 45 ④ 46 ③ 47 ② 48 ① 49 ③

0202 / 1201

50 ——— Repetitive Learning (1회 2회 3회)

칵테일 레시피(Recipe)를 보고 알 수 없는 것은?

① 칵테일의 색깔 ② 칵테일의 판매량
③ 칵테일의 분량 ④ 칵테일의 성분

해설
• 칵테일 레시피로는 가격이나 판매량을 확인할 수 없다.

0802 / 0905 / 1201

51 ——— Repetitive Learning (1회 2회 3회)

"우리 호텔을 떠나십니까?"의 표현으로 옳은 것은?

① Do you start our hotel?
② Are you leave to our hotel?
③ Are you leaving our hotel?
④ Do you go our hotel?

해설
• be ~ing는 현재 진행되는 상황을 묻는 의문문이다.

1205

52 ——— Repetitive Learning (1회 2회 3회)

다음 ( ) 안에 가장 적합한 것은?

W : Good evening, Mr. Carr.
How are you this evening?
G : Fine, and you Mr. Kim?
W : Very well, thank you.
What would you like to try tonight?
G : ( )
W : A whiskey, no ice, no water. Am I correct?
G : Fantastic!

① Just one for my health, please.
② One for the road.
③ I'll stick to my usual.
④ Another one please.

해설
• 바에 찾아온 손님(Mr. Carr)에게 바텐더가 오늘 밤에 무엇을 마시겠냐는 질문에 대한 손님의 답변으로 맞는 것을 찾아야 한다.
• 문맥으로 볼 때 평소 마시던 대로(위스키, 얼음 없이, 물 없이) 달라는 답이 가장 어울린다.
• ①은 나의 건강을 위해서 하나만 달라는 의미이다.
• ②는 집에 가기 전 마지막 한 잔을 하겠다는 의미이다.
• ④는 다른 것을 달라는 의미이다.

0904 / 1302

53 ——— Repetitive Learning (1회 2회 3회)

다음 ( ) 안에 들어갈 알맞은 단어와 아래의 상황 후 Jenny가 Kate에게 할 말의 연결로 가장 적절한 것은?

Jenny comes back with a magnum and glasses carried by a barman. She sets the glasses while the barman opens the bottle. There is a loud "( )" and the cork hits Kate who jumps up with a cry. The champagne spills all over the carpet.

① Peep–Good luck to you.
② Ouch–I am sorry to hear that.
③ Tut–How awful!
④ Pop–I am very sorry. I do hope you are not hurt.

해설
• 샴페인 뚜껑이 따지는 소리와 함께 뚜껑이 케이트를 맞춘 데 대해 바텐더의 사과가 필요하다.

54 ——— Repetitive Learning (1회 2회 3회)

다음 밑줄에 들어갈 가장 적절한 단어는?

I'm sorry to have ______ you waiting.

① kept ② made
③ put ④ had

해설
• 기다리게 하는 행위는 keep ~ waiting을 사용한다.

1001

55 ——— Repetitive Learning (1회 2회 3회)

Which one is not aperitif cocktail?

① Dry Martini
② Kir
③ Campari Orange
④ Grasshopper

해설
• 그래스 호퍼(Grasshopper)는 식후주 칵테일로 유명하다.

50 ② 51 ③ 52 ③ 53 ④ 54 ① 55 ④ | 정답

1302

56

Repetitive Learning (1회 2회 3회)

다음 (   ) 안에 들어갈 알맞은 것은?

> (   ) is distilled spirits from the fermented juice of sugarcane or other sugarcane by-products.

① Whiskey ② Vodka
③ Gin ④ Rum

해설

- 사탕수수 또는 사탕수수의 부산물에서 증류된 증류주는 럼이다.
- ①은 맥아 및 곡류를 당화발효시킨 발효주를 증류하여 만든 술로 단맛과 함께 다양한 향을 내는 술이다.
- ②는 곡류와 감자 증류액을 숯과 모래에 여과하여 정제한 술이다.
- ③은 호밀 등을 원료로 하고 두송자로 독특한 향기를 내는 무색투명한 술이다.

57

Repetitive Learning (1회 2회 3회)

There are basic directions for wine service. Select the one that does not belong to them in the following.

① Filling four-fifth of red wine into the glass.
② Serving the red wine with room temperature.
③ Serving the white wine with condition of 8~12℃.
④ Showing the guest the label of wine before service.

해설

- 적포도주의 5분의 4가 아니라 큰 잔인 경우 3분의 1을 잔에 채운다.

58

Repetitive Learning (1회 2회 3회)

다음 밑줄 친 곳에 들어갈 가장 적절한 것은?

> A : Good evening, Sir
> B : Could you show me the wine list?
> A : Here you are, Sir. This week is the promotion week of ____________.
> B : OK. I'll try it.

① Stout ② Calvados
③ Glenfiddich ④ Beaujolais Nouveau

해설

- 와인의 리스트를 보여달라고 했으므로 와인을 찾으면 된다.

59

Repetitive Learning (1회 2회 3회)

Which one is not distilled beverage in the following?

① Gin ② Calvados
③ Tequila ④ Cointreau

해설

- ④는 오렌지 껍질로 만든 프랑스산 리큐르로 혼성주에 해당한다.

60

Repetitive Learning (1회 2회 3회)

다음 문장에서 의미하는 것은?

> This is produced in Italy and made with apricot and almond.

① Amaretto ② Absinthe
③ Anisette ④ Angelica

해설

- ②는 원산지가 프랑스인 알코올 도수 45~74도의 증류주이다.
- ③은 지중해 지방산의 미나리과 식물인 아니스(Anise)향이 있는 무색 리큐르이다.
- ④는 당귀를 말한다.
- 이태리에서 생산되었고 살구와 아몬드로 만들어진 것은 아마레토(Amaretto)이다.

정답 | 56 ④ 57 ① 58 ④ 59 ④ 60 ①

조 / 주 / 기 / 능 / 사 / 필 / 기

2016년 제4회

2016년 7월 10일 필기

16년 4회차 필기시험

합격률 57.2%

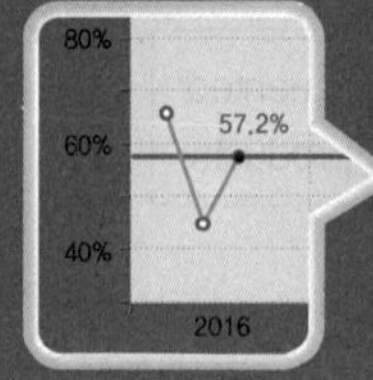

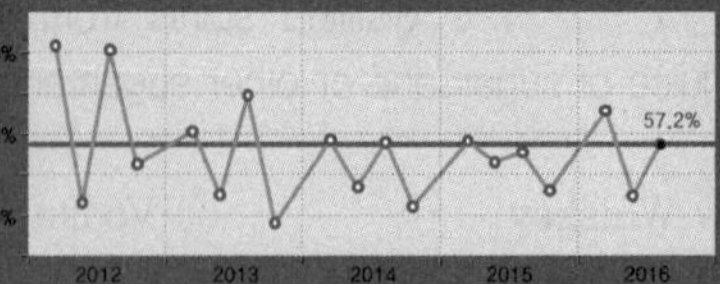

1305

01 Repetitive Learning (1회 2회 3회)

레드 와인용 포도 품종이 아닌 것은?

① 리슬링(Riesling)
② 메를로(Merlot)
③ 피노 누아(Pinot Noir)
④ 까베르네 쇼비뇽(Cabernet Sauvignon)

해설
- 리슬링(Riesling)은 독일의 우수한 백포도주 품종이다.

0801

02 Repetitive Learning (1회 2회 3회)

이탈리아 와인에 대한 설명으로 틀린 것은?

① 거의 전 지역에서 와인이 생산된다.
② 지명도가 높은 와인 산지로는 피에몬테, 토스카나, 베네토 등이 있다.
③ 이탈리아 와인 등급체계는 5등급이다.
④ 네비올로, 산지오베제, 바르베라, 돌체토 포도 품종은 레드 와인용으로 사용된다.

해설
- 이탈리아 와인은 1963년에 제정된 법률에 의거하여 D.O.C.G → D.O.C → IGT → VDT로 분류되며 등급체계는 4등급이다.

1204

03 Repetitive Learning (1회 2회 3회)

과일이나 곡류를 발효시켜 증류한 스피릿츠(Spirits)에 감미와 천연 추출물 등을 첨가한 것은?

① 양조주(Fermented Liqueur)
② 증류주(Distilled Liqueur)
③ 혼성주(Liqueur)
④ 아쿠아비트(Aquavit)

해설
- ①은 과일(당질) 또는 곡물(전분질) 원료에 효모를 첨가하여 발효시킨 술이다.
- ②는 과실이나 곡류 등을 발효시킨 후 열을 가하여(비등점의 차이를) 분리한 술을 말한다.
- ④는 감자와 맥아를 부재료로 사용하여 증류 후에 회향초씨(Caraway Seed)등 여러 가지 허브로 향기를 착향시킨 북유럽 특산주이다.

1205

04 Repetitive Learning (1회 2회 3회)

다음 단어들과 가장 관련있는 것은?

• 만사니아(Manzanilla)	• 몬티아(Montilla)
• 올로로쏘(Oloroso)	• 아몬티아도(Amontillado)

① 이탈리아산 포도주
② 스페인산 백포도주
③ 프랑스산 샴페인
④ 독일산 포도주

해설
- ①에는 키안티, 마르살라, 바롤로 등이 있다.
- ③에는 블랑드블랑, 블랑드누아 등이 있다.
- ④에는 모젤, 라인가우 등이 있다.

05 Repetitive Learning (1회 2회 3회)

맥주의 제조과정 중 발효가 끝난 후 숙성시킬 때의 온도로 가장 적합한 것은?

① -1~3℃ ② 8~10℃
③ 12~14℃ ④ 16~20℃

해설
- 발효가 끝난 후 숙성시킬 때 적절한 온도는 -1~3℃다.

01 ① 02 ③ 03 ③ 04 ② 05 ① | 정답

06 Repetitive Learning 1회 2회 3회

밀(Wheat)을 주원료로 만든 맥주는?

① 산미구엘(San Miguel)
② 호가든(Hoegaarden)
③ 람빅(Lambic)
④ 포스터스(Foster's)

해설
- ①은 필리핀 대표 맥주로 맥아, 옥수수, 호프로 만든다.
- ③은 벨기에 맥주로 보리와 밀, 호프로 만든다.
- ④는 호주 맥주로 맥아, 효모, 호프로 만든다.

07 Repetitive Learning 1회 2회 3회

리큐르(Liqueur)의 여왕이라고 불리며 프랑스의 수도원의 이름을 가지고 있는 것은?

① 드램부이(Drambuie)
② 샤르트뢰즈(Chartreuse)
③ 베네딕틴(Benedictine)
④ 체리 브랜디(Cherry Brandy)

해설
- ①은 스카치 위스키를 기본주로 Honey, Herbs가 첨가된 호박색 리큐르이다.
- ③은 황금색의 약초 감미주로서 술병에 D.O.M이라고 쓰여 있는 리큐르(Liqueur)이다.
- ④는 체리를 주원료로 하여 향료를 침전시켜 만드는 리큐르이다.

0103

08 Repetitive Learning 1회 2회 3회

식후주(After Dinner Drink)로 가장 적합한 것은?

① 꼬냑(Cognac)
② 드라이 쉐리 와인(Dry Sherry Wine)
③ 드라이 진(Dry Gin)
④ 베르무트(Vermouth)

해설
- ②는 스페인의 백포도주로 가장 대표적인 식전주이다.
- ③은 리큐르인 베르무트를 섞어 만든 칵테일로 마티니나 진토닉을 만들 때 사용한다.
- ④는 포도주에 브랜디 또는 당분을 넣어 만든 리큐르로 식전주로 애용된다.

09 Repetitive Learning 1회 2회 3회

맥주 제조 시 홉(Hop)을 사용하는 가장 주된 이유는?

① 잡냄새 제거
② 단백질 등 질소화합물 제거
③ 맥주색깔의 강화
④ 맥즙의 살균

해설
- 홉은 맥주(Beer)에서 특이한 쓴맛과 향기로 잡균을 제거하여 보존성을 증가시키고, 맥아즙의 단백질을 제거하는 역할을 하는 원료이다.

0601 / 0802 / 1101 / 1302

10 Repetitive Learning 1회 2회 3회

다음 중 호크 와인(Hock Wine)이란?

① 독일 라인산 화이트 와인
② 프랑스 버건디산 화이트 와인
③ 스페인 호크하임엘산 레드 와인
④ 이탈리아 피에몬테산 레드 와인

해설
- 호크 와인(Hock Wine)이란 독일 라인산 화이트 와인이다.

1401

11 Repetitive Learning 1회 2회 3회

다음 중 Bitter가 아닌 것은?

① Angostura ② Campari
③ Galliano ④ Amer Picon

해설
- ③은 이탈리아에서 생산되는 달콤한 허브 리큐르이다.

1201

12 Repetitive Learning 1회 2회 3회

발포성 와인의 이름이 잘못 연결된 것은?

① 스페인－카바(Cava)
② 독일－젝트(Sekt)
③ 이탈리아－스푸만테(Spumante)
④ 포르투갈－도세(Doce)

해설
- 도세(Doce)는 단맛이 나는 포르투갈 와인이다.

정답 | 06 ② 07 ② 08 ① 09 ② 10 ① 11 ③ 12 ④

0201 / 0302 / 1004

13 ——• Repetitive Learning (1회 2회 3회)

리큐르 중 D.O.M. 글자가 표기되어 있는 것은?

① Sloe Gin ② Kahlua
③ Kummel ④ Benedictine

해설
• 베네딕틴의 레이블에 D.O.M(Deo Option Maximo 최고의 신에게 바치는 술)이라고 표기되어 있다.

0401 / 0601 / 1304

14 ——• Repetitive Learning (1회 2회 3회)

슬로 진(Sloe Gin)의 설명 중 옳은 것은?

① 증류주의 일종이며, 진(Gin)의 종류이다.
② 보드카(Vodka)에 그레나딘 시럽을 첨가한 것이다.
③ 아주 천천히 분위기 있게 먹는 칵테일이다.
④ 진(Gin)에 야생자두(Sloe Berry)의 성분을 첨가한 것이다.

해설
• 슬로 진은 진에 sloe berry를 첨가한 혼성주이다.

1101 / 1304

15 ——• Repetitive Learning (1회 2회 3회)

콘 위스키(Corn whiskey)란?

① 원료의 50% 이상 옥수수를 사용한 것
② 원료에 옥수수 50%, 호밀 50%가 섞인 것
③ 원료의 80% 이상 옥수수를 사용한 것
④ 원료의 40% 이상 옥수수를 사용한 것

해설
• 콘 위스키(Corn whiskey)란 원료의 80% 이상을 옥수수를 사용하여 제조한 위스키를 뜻한다.

1201

16 ——• Repetitive Learning (1회 2회 3회)

비알코올성 음료의 분류방법에 해당되지 않는 것은?

① 청량음료 ② 영양음료
③ 발포성음료 ④ 기호음료

해설
• 비알코올성 음료는 크게 청량음료, 영양음료, 기호음료로 구분한다.

1205

17 ——• Repetitive Learning (1회 2회 3회)

일반적으로 단식 증류기(Pot Still)로 증류하는 것은?

① Kentucky Straight Bourbon whiskey
② Grain whiskey
③ Dark Rum
④ Aquavit

해설
• 럼은 증류주이며 무색 또는 빛깔이 연한 것을 화이트럼이라고 부르며 진하면 다크럼이라고 부른다. 다크럼은 헤비럼으로 단식 증류기로 만든다.

18 ——• Repetitive Learning (1회 2회 3회)

알코올성 음료를 의미하는 용어가 아닌 것은?

① Hard Drink ② Liqueur
③ Ginger Ale ④ Spirits

해설
• ③은 비알코올성 음료 중 청량음료－탄산음료에 해당한다.

19 ——• Repetitive Learning (1회 2회 3회)

다음 중 럼에 대한 설명이 아닌 것은?

① 럼의 주재료는 사탕수수이다.
② 럼은 서인도제도를 통치하는 유럽의 식민정책 중 삼각무역에 사용되었다.
③ 럼은 사탕을 첨가하여 만든 리큐르이다.
④ 럼의 향, 맛에 따라 라이트 럼, 미디엄 럼, 헤비 럼으로 분류된다.

해설
• 럼은 사탕수수(sugar cane)와 당밀(molasses)로 만들어졌다.

1104

20 ——• Repetitive Learning (1회 2회 3회)

탄산음료 중 뒷맛이 쌉쌀한 맛이 남는 음료는?

① 콜린스 믹서 ② 토닉워터
③ 진저에일 ④ 콜라

해설
• 토닉워터는 키니네 때문에 뒷맛이 다소 쌉쌀하다.

13 ④ 14 ④ 15 ③ 16 ③ 17 ③ 18 ③ 19 ③ 20 ② | 정답

21 Repetitive Learning (1회 2회 3회)

다음 중 생산지가 바르게 연결된 것은?

① 비시수-오스트리아 ② 셀처수-독일
③ 에비앙수-그리스 ④ 페리에수-이탈리아

해설
• ①, ③, ④는 모두 프랑스 생수이다.

0902
22 Repetitive Learning (1회 2회 3회)

우리나라 전통주에 대한 설명으로 틀린 것은?

① 증류주 제조기술은 고려시대 때 몽고에 의해 전래되었다.
② 탁주는 쌀 등 곡식을 주로 이용하였다.
③ 탁주, 약주, 소주의 순서로 개발되었다.
④ 청주는 쌀의 향을 얻기 위해 현미를 주로 사용한다.

해설
• 청주는 누룩으로 만든 탁주를 침전시키거나 걸러낸 맑은 술로 백미를 주로 사용하나 조나 수수로 만들기도 한다.

23 Repetitive Learning (1회 2회 3회)

보드카에 대한 설명으로 옳지 않은 것은?

① 슬라브 민족의 국민주로 애음되고 있다.
② 보드카는 러시아에서만 생산된다.
③ 보드카의 원료는 주로 보리, 밀, 호밀, 옥수수, 감자 등이 사용된다.
④ 보드카에 향을 입힌 보드카를 플레이버 보드카라 칭한다.

해설
• 보드카는 슬라브 민족의 국민주로 러시아에서만 생산되는 것은 아니다.

0904
24 Repetitive Learning (1회 2회 3회)

whiskey의 재료가 아닌 것은?

① 맥아 ② 보리
③ 호밀 ④ 감자

해설
• 감자를 주원료로 하여 만든 증류주는 보드카다.

1304
25 Repetitive Learning (1회 2회 3회)

에스프레소의 커피추출이 빨리 되는 원인이 아닌 것은?

① 너무 굵은 분쇄입자
② 약한 탬핑 강도
③ 너무 많은 커피 사용
④ 높은 펌프 압력

해설
• 너무 많은 커피를 사용하면 커피 추출시간이 느려지며 진한 에스프레소가 추출된다.

26 Repetitive Learning (1회 2회 3회)

브랜디에 대한 설명으로 가장 거리가 먼 것은?

① 포도 또는 과실을 발효하여 증류한 술이다.
② 꼬냑 브랜디에 처음으로 별표의 기호를 도입한 것은 1865년 헤네시(Hennessy)사에 의해서이다.
③ Brandy는 저장기간을 부호로 표시하며 그 부호가 나타내는 저장기간은 법적으로 정해져 있다.
④ 브랜디의 증류는 와인을 2~3회 단식 증류기(Pot Still)로 증류한다.

해설
• 브랜디의 등급표시는 법적으로 정해져 있지 않다. 따라서 공통된 문자나 부호를 사용하는 것이 아니다.

1305
27 Repetitive Learning (1회 2회 3회)

커피 로스팅의 정도에 따라 약한 순서에서 강한 순서대로 나열한 것은?

① American Roasting → German Roasting → French Roasting → Italian Roasting
② German Roasting → Italian Roasting → American Roasting → French Roasting
③ Italian Roasting → German Roasting → American Roasting → French Roasting
④ French Roasting → American Roasting → Italian Roasting → German Roasting

해설
• 로스팅의 정도를 약한 순에서 강한 순으로 나열하면 American Roasting → German Roasting → French Roasting → Italian Roasting이 된다.

정답 | 21 ② 22 ④ 23 ② 24 ④ 25 ③ 26 ③ 27 ①

1002

28 Repetitive Learning (1회 2회 3회)

위스키의 원료에 따른 분류가 아닌 것은?

① 몰트 위스키　② 그레인 위스키
③ 포트스틸 위스키　④ 블렌디드 위스키

해설
- ③은 단식 증류 위스키를 말한다.
- ①, ②, ④는 모두 원료에 따른 분류에 해당한다.

29 Repetitive Learning (1회 2회 3회)

국가지정 중요무형문화재로 지정받은 전통주가 아닌 것은?

① 충남 면천두견주　② 진도 홍주
③ 서울 문배주　④ 경주 교동법주

해설
- ①은 충남 해안지방의 전통 민속주로 청주에 진달래꽃을 넣어 만든 가향주로 국가지정 중요무형문화재로 지정된 민속주이다.
- ②는 쌀과 보리를 이용해 빚은 발효주를 증류한 술이다.
- ④는 신라시대부터 전해오는 전통주로 국가지정 중요무형문화재로 지정된 빛깔이 희고 맛이 순수한 민속주이다.
- 국가지정 중요무형문화재로 지정받은 3가지 전통주는 문배주, 면천두견주, 교동법주이다.

30 Repetitive Learning (1회 2회 3회)

혼합물을 구성하는 각 물질의 비등점의 차이를 이용하여 만드는 술을 무엇이라 하는가?

① 발효주　② 발아주
③ 증류주　④ 양조주

해설
- 혼합물을 구성하는 각 물질의 비등점의 차이를 이용하여 만드는 술을 증류주라고 한다.

0103 / 0305 / 0705 / 1002

31 Repetitive Learning (1회 2회 3회)

Pousse Cafe를 만드는 재료 중 가장 나중에 따르는 것은?

① Brandy
② Grenadine
③ Creme de Menthe(White)
④ Creme de Cassis

해설
- 푸스카페(Pousse Cafe)는 플로트(Float) 방식으로 만드는 브랜디 베이스의 칵테일이다. 그레나딘 시럽－크림 드 카카오－페퍼민트－브랜디 순으로 넣는다.

0305 / 0805

32 Repetitive Learning (1회 2회 3회)

구매부서의 기능이 아닌 것은?

① 검수　② 저장
③ 불출　④ 판매

해설
- ④는 바텐더 등 바에 근무하는 요원의 역할이다.

0902

33 Repetitive Learning (1회 2회 3회)

Manhattan 조주 시 사용하는 기물은?

① 셰이커(Shaker)
② 믹싱 글라스(Mixing Glass)
③ 전기 블렌더(Blender)
④ 주스 믹서(Juice Mixer)

해설
- Martini, Manhattan, Rob Roy, Gibson 등을 만들 때는 믹싱 글라스를 이용해 stir 기법으로 제조한다.

34 Repetitive Learning (1회 2회 3회)

바텐더의 칵테일용 가니쉬 재료 손질에 관한 설명 중 가장 거리가 먼 것은?

① 레몬 슬라이스는 미리 손질하여 밀폐용기에 넣어서 준비한다.
② 오렌지 슬라이스는 미리 손질하여 밀폐용기에 넣어서 준비한다.
③ 레몬 껍질은 미리 손질하여 밀폐용기에 넣어서 준비한다.
④ 딸기는 미리 꼭지를 제거한 후 깨끗하게 세척하여 밀폐용기에 넣어서 준비한다.

해설
- 딸기를 보관할 때는 씻지 않은 상태에서 꼭지를 떼지 말고 공기가 통하는 바구니에 넣어 냉장고에 보관한다.

28 ③　29 ②　30 ③　31 ①　32 ④　33 ②　34 ④ | 정답

0702 / 0904 / 1205

35 Repetitive Learning 1회 2회 3회

Gin & Tonic에 알맞은 glass와 장식은?

① Collins Glass−Pineapple Slice
② Cocktail Glass−Olive
③ Cocktail Glass−Orange Slice
④ Highball Glass−Lemon Slice

해설
• 진토닉(Gin &Tonic) 칵테일은 레몬 슬라이스를 가니쉬로 주로 사용하며, 하이볼 글라스로 서브한다.

36 Repetitive Learning 1회 2회 3회

Classic Bar의 특징과 가장 거리가 먼 것은?

① 서비스의 중점을 정중함과 편안함에 둔다.
② 소규모 라이브 음악을 제공한다.
③ 고객에게 화려한 바텐딩 기술을 선보인다.
④ 칵테일 조주 시 정확한 용량과 방법으로 제공한다.

해설
• ③은 Western Bar에 대한 설명이다.

0602 / 1304

37 Repetitive Learning 1회 2회 3회

위스키가 기주로 쓰이지 않는 칵테일은?

① 뉴욕(New York)
② 로브 로이(Rob Roy)
③ 블랙 러시안(Black Russian)
④ 맨해튼(Manhattan)

해설
• ③은 보드카, 커피술을 얼음과 함께 섞어 만드는 커피 칵테일이다.

1205

38 Repetitive Learning 1회 2회 3회

주장의 종류로 가장 거리가 먼 것은?

① Cocktail Bar ② Members Club Bar
③ Snack Bar ④ Pub Bar

해설
• ③은 서서 식사를 하는 간이형 식당을 말한다.

1201 / 1205

39 Repetitive Learning 1회 2회 3회

셰이킹(Shaking) 기법에 대한 설명으로 틀린 것은?

① 셰이커(Shaker)에 얼음을 충분히 넣어 빠른 시간 안에 잘 섞이고 차게 한다.
② 셰이커(Shaker)에 재료를 넣고 순서대로 Cap을 Strainer에 씌운 다음 Body에 덮는다.
③ 잘 섞이지 않는 재료들을 셰이커(Shaker)에 넣어 세차게 흔들어 섞는 조주기법이다.
④ 계란, 우유, 크림, 당분이 많은 리큐르 등으로 칵테일을 만들 때 많이 사용된다.

해설
• 뚜껑이 캡, 중간이 스트레이너, 아래쪽이 바디이다.

0103 / 0902 / 1102

40 Repetitive Learning 1회 2회 3회

다음 중 달걀이 들어가는 칵테일은?

① Million Dollar
② Black Russian
③ Brandy Alexander
④ Daiquiri

해설
• ②는 보드카, 커피술을 얼음과 함께 섞어 만드는 커피 칵테일이다.
• ③은 브랜디, 크림 드 카카오 브라운, 우유를 셰이킹 기법으로 만든 칵테일이다.
• ④는 화이트럼, 라임주스, 설탕시럽을 얼음을 채운 셰이커에 넣은 후 셰이킹 기법으로 만든 후 라임 슬라이스로 장식한 칵테일이다.

1301

41 Repetitive Learning 1회 2회 3회

주장(Bar)에서 기물의 취급방법으로 적절하지 않은 것은?

① 금이 간 접시나 글라스는 규정에 따라 폐기한다.
② 은기물은 은기물 전용 세척액에 오래 담가두어야 한다.
③ 크리스털 글라스는 가능한 한 손으로 세척한다.
④ 식기는 같은 종류별로 보관하며 너무 많이 쌓아두지 않는다.

해설
• 은기물은 은기물 전용 세척액에 오래 담가두어서는 안 된다.

정답 | 35 ④ 36 ③ 37 ③ 38 ③ 39 ② 40 ① 41 ②

1302

42

Repetitive Learning 1회 2회 3회

다음 중 휘젓기(Stirring) 기법으로 만드는 칵테일이 아닌 것은?

① Manhattan ② Martini
③ Gibson ④ Gimlet

해설
- ④는 진, 라임주스, 시럽을 셰이커에 넣어 셰이킹 기법으로 만드는 칵테일이다.

43

Repetitive Learning 1회 2회 3회

다음 칵테일 중 Floating 기법으로 만들지 않는 것은?

① B&B ② Pousse Cafe
③ B-52 ④ Black Russian

해설
- ④는 보드카와 커피 리큐르를 잔에 직접 넣기(Build) 기법으로 넣은 후 바 스푼으로 휘저어서 조주하는 칵테일이다.

44

Repetitive Learning 1회 2회 3회

와인에 대한 Corkage의 설명으로 가장 거리가 먼 것은?

① 업장의 와인이 아닌 개인이 따로 가져온 와인을 마시고자 할 때 적용된다.
② 와인을 마시기 위해 이용되는 글라스, 직원 서비스 등에 대한 요금이 포함된다.
③ 주로 업소가 보유하고 있지 않은 와인을 시음할 때 많이 작용된다.
④ 코르크로 밀봉되어 있는 와인을 서비스하는 경우에 적용되며, 스크류캡을 사용한 와인은 부과되지 않는다.

해설
- 코르크로 밀봉되었든지 스크류캡으로 밀봉되었든지에 상관없이 적용된다.

45

Repetitive Learning 1회 2회 3회

바(Bar) 기물이 아닌 것은?

① Bar Spoon ② Shaker
③ Chaser ④ Jigger

해설
- ③은 도수가 높은 술을 마신 후 마시는 낮은 도수의 술을 말한다.

0305 / 0402 / 0601

46

Repetitive Learning 1회 2회 3회

다음 중 소믈리에(Sommelier)의 주요 임무는?

① 기물세척(Utensil Cleaning)
② 주류저장(Store Keeper)
③ 와인판매(Wine Steward)
④ 칵테일조주(Cocktail Mixing)

해설
- 소믈리에(sommelier)는 와인을 진열, 점검, 관리하면서 고객에게 와인을 판매하는 역할을 한다.

47

Repetitive Learning 1회 2회 3회

바의 매출액 구성요소 산정방법 중 옳은 것은?

① 매출액=고객수÷객단가
② 고객수=고정고객×일반고객
③ 객단가=매출액÷고객수
④ 판매가=기준단가×(재료비/100)

해설
- ①에서 매출액=고객수×객단가로 구한다.
- ②에서 고객수=고정고객+일반고객으로 구한다.

0601 / 1005 / 1302

48

Repetitive Learning 1회 2회 3회

글라스 세척 시 알맞은 세제와 세척순서로 짝지어진 것은?

① 산성세제, 더운물-찬물
② 중성세제, 찬물-더운물
③ 산성세제, 찬물-더운물
④ 중성세제, 더운물-찬물

해설
- 글라스 세척용 중성세제를 사용해서 세척하고 두 번(더운물-찬물 순) 이상 헹군다.

42 ④ 43 ④ 44 ④ 45 ③ 46 ③ 47 ③ 48 ④ 정답

49

0801 / 1101

Repetitive Learning 1회 2회 3회

Rum 베이스 칵테일이 아닌 것은?

① Daiquiri ② Cuba Libre
③ Mai Tai ④ Stinger

해설
- ④는 브랜디, 크림 드 민트 화이트를 셰이커에 넣어 셰이킹하여 만든다.

50

Repetitive Learning 1회 2회 3회

다음 중 보드카(Vodka)를 주재료로 사용하지 않는 칵테일은?

① Cosmopolitan ② Kiss of Fire
③ Apple Martini ④ Margarita

해설
- ④는 테킬라를 주재료로 한 칵테일이다.

51

0905

Repetitive Learning 1회 2회 3회

"5월 5일에는 이미 예약이 다 되어 있습니다."의 표현은?

① We look forward to seeing you on May 5th.
② We are fully booked on May 5th.
③ We are available on May 5th.
④ I will check availability on May 5th.

해설
- be fully booked는 예약이 완료되어 더 이상 예약이 불가능하다는 의미이다.

52

Repetitive Learning 1회 2회 3회

다음 문장 중 틀린 것은?

① Are you in a hurry?
② May I help with you your baggage?
③ Will you pay in cash or with a credit card?
④ What is the most famous thing in Seoul?

해설
- ②는 May I help you with your baggage?가 되어야 한다.

53

0801

Repetitive Learning 1회 2회 3회

Which one is the spirit made from agave?

① Tequila ② Rum
③ Vodka ④ Gin

해설
- 용설란(Agave)을 아가베라고 부르는데, 이에 함유된 과당의 일종인 이눌린을 발효한 발효주가 풀케이며 증류하면 테킬라가 된다.

54

1004 / 1202

Repetitive Learning 1회 2회 3회

다음 ( )에 들어갈 단어로 가장 적절한 것은?

( ) goes well with dessert.

① Ice wine ② Red wine
③ Vermouth ④ Dry Sherry

해설
- 디저트와 잘 어울리는 것은 아이스 와인이다.

55

Repetitive Learning 1회 2회 3회

Which instrument is appropriate for stirring method when making a cocktail using ingredients like eggs or sugar?

① Mixing Glass ② Bar Spoon
③ Shaker ④ Strainer

해설
- ③은 계란, 설탕, 시럽 등 농후한 재료를 사용하는 칵테일의 경우 휘저어 섞는 것만으로는 잘 혼합이 되지 않기 때문에 강한 움직임을 주기 위하여 사용하는 도구이다.

56

Repetitive Learning 1회 2회 3회

다음 중 의미가 다른 하나는?

① It's my treat this time.
② I'll pick up the tab.
③ Let's go Dutch.
④ It's on me.

정답 | 49 ④ 50 ④ 51 ② 52 ② 53 ① 54 ① 55 ③ 56 ③

해설

- ①, ②, ④는 자기가 낸다는 표현인데 반해 ③은 각자 내자는 의미이다.

1005

57 Repetitive Learning (1회 2회 3회)

아래 문장의 의미는?

The line is busy, so I can't put you through.

① 통화 중이므로 바꿔 드릴 수 없습니다.
② 고장이므로 바꿔 드릴 수 없습니다.
③ 외출 중이므로 바꿔 드릴 수 없습니다.
④ 아무도 없으므로 바꿔 드릴 수 없습니다.

해설

- line is busy는 통화중이라는 의미이다.

1002 / 1401

58 Repetitive Learning (1회 2회 3회)

'a glossary of basic wine terms'의 연결로 틀린 것은?

① Balance : the portion of the wine's odor derived from the grape variety and fermentation.
② Nose : the total odor of wine composed of aroma, bouquet, and other factors.
③ Body : the weight or fullness of wine on palate.
④ Dry : a tasting term to denote the absence of sweetness in wine.

해설

- ①은 아로마(aroma)에 대한 설명이다.

1004 / 1301

59 Repetitive Learning (1회 2회 3회)

( ) 안에 들어갈 단어로 구성된 것은?

A bartender must ( ) his waiters or waitresses. He must also ( ) various kinds of records, such as stock control, inventory, daily sales reports, purchasing reports and so on.

① take, manage
② supervise, handle
③ respect, deal
④ manage, careful

해설

- 바텐더는 웨이터와 웨이트리스를 감독해야 하며 다양한 서류(재고관리, 재고, 일일판매보고서, 구매보고서 등)를 다루어야 한다.

0103 / 1104

60 Repetitive Learning (1회 2회 3회)

Dry Gin, Egg White, and Grenadine are the main ingredients of ( ).

① Bloody Mary ② Eggnog
③ Tom and Jerry ④ Pink Lady

해설

- ①은 보드카, 토마토주스, 레몬주스, 우스터소스, 타바스코소스, 후추, 소금을 직접 넣기(Building) 기법으로 만든 칵테일이다.
- ②는 브랜디, 넛맥, 시럽, 우유, 계란을 셰이킹 기법으로 만든 에그넉 스타일의 칵테일이다.
- ③은 럼, 꼬냑, 뜨거운 우유를 섞어서 머그잔에 마시는 칵테일이다.

57 ① 58 ① 59 ② 60 ④ 정답

memo

memo

대기업 적성검사

고시넷 대기업 20대기업 온·오프라인 인적성검사 통합기본서

2023 고시넷 대기업 LG그룹 온라인 인적성검사 최신기출유형 모의고사

고시넷 SKCT SK그룹 온라인 종합역량검사 기출예상모의고사

고시넷 대기업 현대자동차 모빌리티 기술인력 생산직 최신기출유형모의고사

2024 고시넷 대기업 KT그룹 온라인 인적성검사 최신 기출유형 모의고사

2024 고시넷 대기업 포스코그룹 온라인 인적성검사 최신 기출유형 모의고사

2024 고시넷 대기업 포스코 생산기술직 온라인 인적성검사 최신 기출유형 모의고사

고시넷 대기업 삼성 고졸채용 온라인 GSAT 5급 최신기출유형 모의고사

2024 고시넷 대기업 이랜드그룹 인적성검사 최신 기출유형 모의고사

2024 고시넷 대기업 KCC 온라인 인적성검사 최신 기출유형 모의고사

2023 고시넷 대기업 효성그룹 인적성검사 최신 기출유형 모의고사

2023 고시넷 대기업 샘표식품 인적성검사 최신 기출유형 모의고사

2023 고시넷 대기업 삼양그룹 온라인 인적성검사 최신 기출유형 모의고사

2024 고시넷 대기업 S-OIL 에쓰오일 온라인 인적성검사 최신 기출유형 모의고사

고시넷 대기업 S-OIL 생산직 온라인 필기시험 최신기출유형모의고사 4회

금융_직무평가

저마다의 일생에는,

특히 그 일생이 동터 오르는 여명기에는

모든 것을 결정짓는 한 순간이 있다.

그 순간을 다시 찾아내는 것은 어렵다.

그것은 다른 수많은 순간들의 퇴적 속에

깊이 묻혀있다.

– 장 그르니에, 섬 LES ILES

2024 | 한국산업인력공단 **국가기술자격**

고시넷
고패스

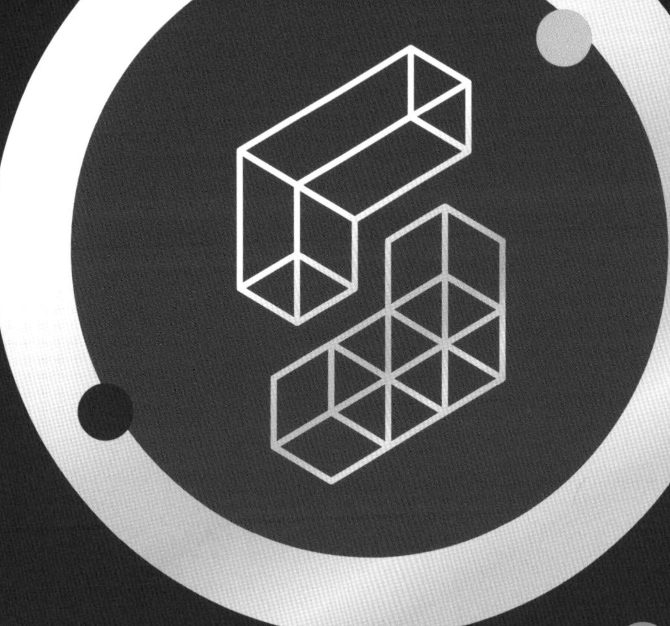

조주기능사
필기 + 실기 + 무료인강

동영상강의 무료제공

2024년 1월 변경된 실기 시행규정 100% 적용!

- NCS기반 출제기준 완벽 반영
- 시험에 나올 핵심이론과 점검문제로 효과적인 학습
- 기출문제(2012년 1회 ~ 2016년 4회) 15회분 수록
- CBT 빈출 800제 수록

2024년 신규 칵테일 레시피 제공

고시넷 **www.gosinet.co.kr**

gosinet
(주)고시넷

2024 | 한국산업인력공단 **국가기술자격**

고시넷
고패스

조주기능사
필기 + 실기 + 무료인강

동영상강의
무료제공

실기

2024년
신규 칵테일
레시피 제공

실기시험안내

개요

자격종목 : 조주기능사
과제명 : 칵테일
비번호 : 시험일시 : 시험장명 :

※ 문제지는 시험종료 후 본인이 가져갈 수 있습니다.
※ 시험시간 : 7분

요구사항

※ 다음의 칵테일 중 감독위원이 제시하는 3가지 작품을 조주하여 제출하시오.

번호	칵테일	번호	칵테일	번호	칵테일	번호	칵테일
1	Pousse Cafe 푸스 카페	11	New York 뉴욕	21	Long Island Iced Tea 롱 아일랜드 아이스티	31	Tequila Sunrise 테킬라 선라이즈
2	Manhattan 맨해튼	12	Daiquiri 다이키리	22	Sidecar 사이드카	32	힐링 (Healing)
3	Dry Martini 드라이 마티니	13	B-52	23	Mai-Tai 마이타이	33	진도 (Jindo)
4	Old Fashioned 올드 패션드	14	June Bug 준 벅	24	Pina Colada 피냐 콜라다	34	풋사랑 (Puppy Love)
5	Brandy Alexander 브랜디 알렉산더	15	Bacardi Cocktail 바카디 칵테일	25	Cosmopolitan Cocktail 코스모폴리탄 칵테일	35	금산 (Geumsan)
6	Singapore Sling 싱가포르 슬링	16	Cuba Libre 쿠바 리브레	26	Moscow Mule 모스크바 뮬	36	고창 (Gochang)
7	Black Russian 블랙 러시안	17	Grasshopper 그래스호퍼	27	Apricot Cocktail 애프리콧 칵테일	37	Gin Fizz 진 피즈
8	Margarita 마가리타	18	Seabreeze 시브리즈	28	Honeymoon Cocktail 허니문 칵테일	38	Fresh Lemon Squash 프레시 레몬 스쿼시
9	Rusty Nail 러스티 네일	19	Apple Martini 애플 마티니	29	Blue Hawaiian 블루 하와이안	39	Virgin Fruit Punch 버진 프루트 펀치
10	Whiskey Sour 위스키 사워	20	Negroni 네그로니	30	Kir 키르	40	Boulevardier 불바디에

수험자 유의사항

⚠ 시험시간 전 2분 이내에 재료의 위치를 확인합니다.

⚠ 개인위생 항목에서 0점 처리되는 경우는 다음과 같습니다.

- 두발 상태가 불량하고 복장 상태가 비위생적인 경우
- 손에 과도한 액세서리를 착용하여 작업에 방해가 되는 경우
- 작업 전에 손을 씻지 않는 경우

⚠ 감독위원이 요구한 3가지 작품을 7분 내에 완료하여 제출합니다.

⚠ 완성된 작품을 제출 시 반드시 코스터를 사용해야 합니다.

⚠ 검정장 시설과 지급재료 이외의 도구 및 재료를 사용할 수 없습니다.

⚠ 시설이 파손되지 않도록 주의하며, 실기시험이 끝난 수험자는 본인이 사용한 기물을 3분 이내에 세척 · 정리하여 원위치에 놓고 퇴장합니다.

⚠ 과도, 글라스 등을 조심성 있게 다루어 안전사고가 발생하지 않도록 주의해야 합니다.

⚠ 채점 대상에서 제외되는 경우는 다음과 같습니다.

- 오작
  - ✓ 3가지 과제 중 2가지 이상의 주재료(주류) 선택이 잘못된 경우
  - ✓ 3가지 과제 중 2가지 이상의 조주법(기법) 선택이 잘못된 경우
  - ✓ 3가지 과제 중 2가지 이상의 글라스 사용 선택이 잘못된 경우
  - ✓ 3가지 과제 중 2가지 이상의 장식 선택이 잘못된 경우
  - ✓ 1과제 내에 재료(주 · 부재료) 선택이 2가지 이상 잘못된 경우
- 미완성
  - ✓ 요구된 과제 3가지 중 1가지라도 제출하지 못한 경우

⚠ 다음의 경우에는 득점과 관계없이 채점 대상에서 제외됩니다.

- 시험 도중 포기한 경우
- 시험 도중 시험장을 무단이탈하는 경우
- 부정한 방법으로 타인의 도움을 받거나 타인의 시험을 방해하는 경우
- 국가기술자격법상 국가기술자격검정에서의 부정행위 등을 하는 경우

조주기능사 국가기술자격 실기시험 표준레시피

번호	칵테일명	조주법	글라스	가니쉬	재료
1	Pousse Cafe 푸스 카페	Float	Stemmed Liqueur Glass	없음	• Grenadine Syrup 1/3part • Creme De Menthe(Green) 1/3part • Brandy 1/3part
2	Manhattan 맨해튼	Stir	Cocktail Glass	Cherry	• Bourbon Whiskey 1 1/2oz • Sweet Vermouth 3/4oz • Angostura Bitters 1dash
3	Dry Martini 드라이 마티니	Stir	Cocktail Glass	Green Olive	• Dry Gin 2oz • Dry Vermouth 1/3oz
4	Old Fashioned 올드 패션드	Build	Old Fashioned Glass	A Slice of Orange and Cherry	• Bourbon Whiskey 1 1/2oz • Powdered Sugar 1tsp • Angostura Bitters 1dash • Soda Water 1/2oz
5	Brandy Alexander 브랜디 알렉산더	Shake	Cocktail Glass	Nutmeg Powder	• Brandy 3/4oz • Creme De Cacao(Brown) 3/4oz • Light Milk 3/4oz
6	Singapore Sling 싱가포르 슬링	Shake /Build	Footed Pilsner Glass	A Slice of Orange and Cherry	• Dry Gin 1 1/2oz • Lemon Juice 1/2oz • Powdered Sugar 1tsp • Fill with Soda Water • On Top with Cherry Flavord Brandy 1/2oz
7	Black Russian 블랙 러시안	Build	Old Fashioned Glass	없음	• Vodka 1oz • Coffee Liqueur 1/2oz
8	Margarita 마가리타	Shake	Cocktail Glass	Rimming with Salt	• Tequila 1 1/2oz • Cointreau or Triple Sec 1/2oz • Lime Juice 1/2oz
9	Rusty Nail 러스티 네일	Build	Old Fashioned Glass	없음	• Scotch Whiskey 1oz • Drambule 1/2oz
10	Whiskey Sour 위스키 사워	Shake /Build	Sour Glass	A Slice of Lemon and Cherry	• Bourbon Whiskey 1 1/2oz • Lemon Juice 1/2oz • Powdered Sugar 1tsp • On Top with Soda Water 1oz

번호	칵테일명	조주법	글라스	가니쉬	재료
11	New York 뉴욕	Shake	Cocktail Glass	Twist of Lemon Peel	• Bourbon Whiskey 1 1/2oz • Lime Juice 1/2oz • Powdered Sugar 1tsp • Grenadine Syrup 1/2tsp
12	Daiquiri 다이키리	Shake	Cocktail Glass	없음	• Light Rum 1 3/4oz • Lime Juice 3/4oz • Powdered Sugar 1tsp
13	B-52	Float	Sherry Glass(2oz)	없음	• Coffee Liqueur 1/3part • Balley's Irish Cream Liqueur 1/3part • Grand Marnier 1/3part
14	June Bug 준 벅	Shake	Collins Glass	A Wedge of Fresh Pineapple & Cherry	• Midori(Melon Liqueur) 1oz • Coconut Flavored Rum 1/2oz • Banana Liqueur 1/2oz • Pineapple Juice 2oz • Sweet & Sour Mix 2oz
15	Bacardi Cocktail 바카디 칵테일	Shake	Cocktail Glass	없음	• Bacardi Rum White 1 3/4oz • Lime Juice 3/4oz • Grenadine Syrup 1tsp
16	Cuba Libre 쿠바 리브레	Build	Highball Glass	A Wedge of Lemon	• Light Rum 1 1/2oz • Lime Juice 1/2oz • Fill with Cola
17	Grass hopper 그래스호퍼	Shake	Champagne Glass (Saucer형)	없음	• Creme De Menthe(Green) 1oz • Creme De Cacao(White) 1oz • Light Milk 1oz
18	Seabreeze 시브리즈	Build	Highball Glass	A Wedge of Lime or Lemon	• Vodka 1 1/2oz • Cranberry Juice 3oz • Grapefruit Juice 1/2oz
19	Apple Martini 애플 마티니	Shake	Cocktail Glass	A Slice of Apple	• Vodka 1oz • Apple Pucker(Sour Apple Liqueur) 1oz • Lime Juice 1/2oz
20	Negroni 네그로니	Build	Old Fashioned Glass	Twist of Lemon Peel	• Dry Gin 3/4oz • Sweet Vermouth 3/4oz • Campari 3/4oz
21	Long Island Iced Tea 롱 아일랜드 아이스티	Build	Collins Glass	A Wedge of Lime or Lemon	• Dry Gin 1/2oz • Vodka 1/2oz • Light Rum 1/2oz • Tequila 1/2oz • Triple Sec 1/2oz • Sweet & Sour Mix 1 1/2oz • On Top with Cola

실기시험안내

번호	칵테일명	조주법	글라스	가니쉬	재료
22	Sidecar 사이드카	Shake	Cocktail Glass	없음	• Brandy 1oz • Triple Sec 1oz • Lemon Juice 1/4oz
23	Mai-Tai 마이타이	Blend	Footed Pilsner Glass	A Wedge of Fresh Pineapple (Orange) & Cherry	• Light Rum 1 1/4oz • Triple Sec 3/4oz • Lime Juice 1oz • Pineapple Juice 1oz • Orange Juice 1oz • Grenadine Syrup 1/4oz
24	Pina Colada 피나 콜라다	Blend	Footed Pilsner Glass	A Wedge of Fresh Pineapple & Cherry	• Light Rum 1 1/4oz • Pina Colada Mix 2oz • Pineapple Juice 2oz
25	Cosmopolitan Cocktail 코스모폴리탄 칵테일	Shake	Cocktail Glass	Twist of Lime or Lemon Peel	• Vodka 1oz • Triple Sec 1/2oz • Lime Juice 1/2oz • Cranberry Juice 1/2oz
26	Moscow Mule 모스크바 뮬	Build	Highball Glass	A Slice of Lime or Lemon	• Vodka 1 1/2oz • Lime Juice 1/2oz • Fill with Ginger Ale
27	Apricot Cocktail 애프리콧 칵테일	Shake	Cocktail Glass	없음	• Apricot Flavored Brandy 1 1/2oz • Dry Gin 1tsp • Lemon Juice 1/2oz • Orange Juice 1/2oz
28	Honeymoon Cocktail 허니문 칵테일	Shake	Cocktail Glass	없음	• Apple Brandy 3/4oz • Benedictine DOM 3/4oz • Triple Sec 1/4oz • Lemon Juice 1/2oz
29	Blue Hawaiian 블루 하와이안	Blend	Footed Pilsner Glass	A Wedge of Fresh Pineapple & Cherry	• Light Rum 1oz • Blue Curacao 1oz • Coconut Flavored Rum 1oz • Pineapple Juice 2 1/2oz
30	Kir 키르	Build	White Wine Glass	Twist of Lemon Peel	• White Wine 3oz • Creme de Cassis 1/2oz
31	Tequila Sunrise 테킬라 선라이즈	Build/ Float	Footed Pilsner Glass	없음	• Tequila 1 1/2oz • Fill with Orange Juice • Grenadine Syrup 1/2oz

번호	칵테일명	조주법	글라스	가니쉬	재료
32	힐링(Healing)	Shake	Cocktail Glass	Twist of Lemon Peel	• Gam Hong Ro(40도) 1 1/2oz • Benedictine DOM 1/3oz • Creme de Cassis 1/3oz • Sweet & Sour Mix 1oz
33	진도(Jindo)	Shake	Cocktail Glass	없음	• Jindo Hong Ju(40도) 1oz • Creme De Menthe(White) 1/2oz • White Grape Juice(청포도주스) 3/4oz • Raspberry Syrup 1/2oz
34	풋사랑 (Puppy Love)	Shake	Cocktail Glass	A Slice of Apple	• Andong Soju(35도) 1oz • Triple Sec 1/3oz • Apple Pucker(Sour Apple Liqueur) 1oz • Lime Juice 1/3oz
35	금산 (Geumsan)	Shake	Cocktail Glass	없음	• Geumsan Insamju(43도) 1 1/2oz • Coffee Liqueur(Kahlua) 1/2oz • Apple Pucker(Sourapple Liqueur) 1/2oz • Lime Juice 1tsp
36	고창(Gochang)	Stir	Flute Champagne Glass	없음	• Sunwoonsan Bokbunja Wine 2oz • Triple Sec 1/2oz • Sprite 2oz
37	Gin Fizz 진 피즈	Shake /Build	Highball Glass	A Slice of Lemon	• Dry Gin 1 1/2oz • Lemon Juice 1/2oz • Powdered Sugar 1tsp • Fill with Soda Water
38	Fresh Lemon Squash 프레시 레몬 스쿼시	Build	Highball Glass	A Slice of Lemon	• Fresh squeezed Lemon 1/2ea • Powdered Sugar 2tsp • Fill with Soda Water
39	Virgin Fruit Punch 버진 프루트 펀치	Blend	Footed Pilsner Glass	A Wedge of Fresh Pineapple & Cherry	• Orange Juice 1oz • Pineapple Juice 1oz • Cranberry Juice 1oz • Grapefruit Juice 1oz • Lemon Juice 1/2oz • Grenadine Syrup 1/2oz
40	Boulevardier 불바디에	Stir	Old Fashioned Glass	Twist of Orange Peel	• Bourbon Whiskey 1oz • Sweet Vermouth 1oz • Campari 1oz

※ 40번째 Boulevardier 과제는 2024년 기능사 실기 검정 1회부터 추가되었다.

실기시험안내

시험 진행 시 주의사항

- 주재료, 부재료, 글라스, 기법, 가니쉬를 정확하게 기억하고 작업한다.
- 술병은 라벨이 앞으로 가도록 잡는다.
- 지거( )나 바스푼( )을 이용해서 계량한다(지거는 30mL, 45mL, 1바스푼은 5mL).
- 글라스의 림 부위나 가니쉬, 얼음 등은 손으로 잡지 않는다.
- 작업 전 항상 손을 씻는 버릇을 들인다.
- 글라스를 칠링할 때는 잔의 크기에 맞게 큐브드 아이스(얼음)을 3~4개 정도 넣는다(Float 기법 외의 모든 칵테일은 기본적으로 칠링하도록 한다).
- Float으로 조주하는 Pousse Cafe와 B-52의 경우 잔을 칠링하지 않는다.
- Stir로 조주하는 경우 믹싱 글라스의 안쪽 가장자리 부분을 따라 한쪽 방향으로 돌린다.
- 블렌더를 이용해 재료를 혼합할 때는 약 10초 전후로 재료가 잘 섞이게 돌린다.
- 셰이커에 재료와 함께 넣는 얼음은 3~5개 정도 재료의 양에 맞게 넣는다.
- 장식할 때는 가능한 과일집게를 이용하도록 한다.

파트 1

칵테일 실기 기초

01 베이스 주류별 칵테일

02 조주기법별 칵테일

03 글라스별 칵테일

04 가니쉬별 칵테일

01 베이스 주류별 칵테일

Brandy 브랜디

- Pousse Cafe 푸스 카페
- Brandy Alexander 브랜디 알렉산더
- Sidecar 사이드카
- Apricot Cocktail 애프리콧 칵테일
- Honeymoon Cocktail 허니문 칵테일

<레미마틴 VSOP>

<애프리콧 브랜디>

<애플 브랜디 실베인>

<짐빔>

<라벨 5>

Whiskey 위스키

- Manhattan 맨해튼
- Old Fashioned 올드 패션드
- Rusty Nail 러스티 네일
- Whiskey Sour 위스키 사워
- New York 뉴욕
- Boulevardier 불바디에

Gin 진

- Dry Martini 드라이 마티니
- Singapore Sling 싱가포르 슬링
- Negroni 네그로니
- Long Island Iced Tea 롱 아일랜드 아이스티
- Gin Fizz 진 피즈

<드라이 진>

<보드카>

Vodka 보드카

- Black Russian 블랙 러시안
- Seabreeze 시브리즈
- Apple Martini 애플 마티니
- Cosmopolitan Cocktail 코스모폴리탄 칵테일
- Moscow Mule 모스크바 뮬

Tequila 테킬라

- Margarita 마가리타
- Tequila Sunrise 테킬라 선라이즈

<호세쿠엘보>

<라이트 럼>

<바카디 럼 화이트>

Rum 럼

- Daiquiri 다이키리
- Bacardi Cocktail 바카디 칵테일
- Cuba Libre 쿠바 리브레
- Mai-Tai 마이타이
- Pina Colada 피나 콜라다
- Blue Hawaiian 블루 하와이안

<멜론 리큐르 미도리>

<바나나 리큐르>

<베일리스 아이리시 크림 리큐르>

<커피 리큐르 깔루아>

<그랑 마니에르>

Liqueur 혼성주

- B-52
- June Bug 준 벅
- Grasshopper 그래스호퍼

<화이트와인>

Wine

- Kir 키르

<감홍로>

<금산인삼주>

<선운산 복분자주>

<안동소주>

<진도홍주>

전통주

- 힐링(Healing)
- 금산(Geumsan)
- 진도(Jindo)
- 고창(Gochang)
- 풋사랑(Puppy Love)

<프레시 스퀴즈드 레몬>

<그레나딘 시럽>

<레몬 주스>

<오렌지 주스>

<자몽 주스>

<크랜베리 주스>

<파인애플 주스>

비주류

- Fresh Lemon Squash 프레시 레몬 스쿼시
- Virgin Fruit Punch 버진 프루트 펀치

Float 띄우기

- Pousse Cafe 푸스 카페
- B-52

Stir 휘젓기

- Manhattan 맨해튼
- Dry Martini 드라이 마티니
- 고창(Gochang)
- Boulevardier 불바디에

Build 직접넣기

- Old Fashioned 올드 패션드
- Black Russian 블랙 러시안
- Rusty Nail 러스티 네일
- Cuba Libre 쿠바 리브레
- Seabreeze 시브리즈
- Negroni 네그로니
- Long Island Iced Tea 롱 아일랜드 아이스티
- Moscow Mule 모스크바 뮬
- Kir 키르
- Fresh Lemon Squash 프레시 레몬 스쿼시

Shake 흔들기

- Brandy Alexander 브랜디 알렉산더
- Margarita 마가리타
- New York 뉴욕
- Daiquiri 다이키리
- June Bug 준 벅
- Bacardi Cocktail 바카디 칵테일
- Grasshopper 그래스호퍼
- Apple Martini 애플 마티니
- Sidecar 사이드카
- Cosmopolitan Cocktail 코스모폴리탄 칵테일
- Apricot Cocktail 애프리콧 칵테일
- Honeymoon Cocktail 허니문 칵테일
- 힐링(Healing)
- 진도(Jindo)
- 풋사랑(Puppy Love)
- 금산(Geumsan)

Blend 블렌딩

- Mai-Tai 마이타이
- Pina Colada 피나 콜라다
- Blue Hawaiian 블루 하와이안
- Virgin Fruit Punch 버진 프루트 펀치

Build(직접넣기) + Float(띄우기)

- Tequila Sunrise 테킬라 선라이즈

Shake(흔들기) + Build(직접넣기)

- Singapore Sling 싱가포르 슬링
- Whiskey Sour 위스키 사워
- Gin Fizz 진 피즈

※ 고창을 제외한 모든 전통주는 shake 기법으로 조주한다.

03 글라스별 칵테일

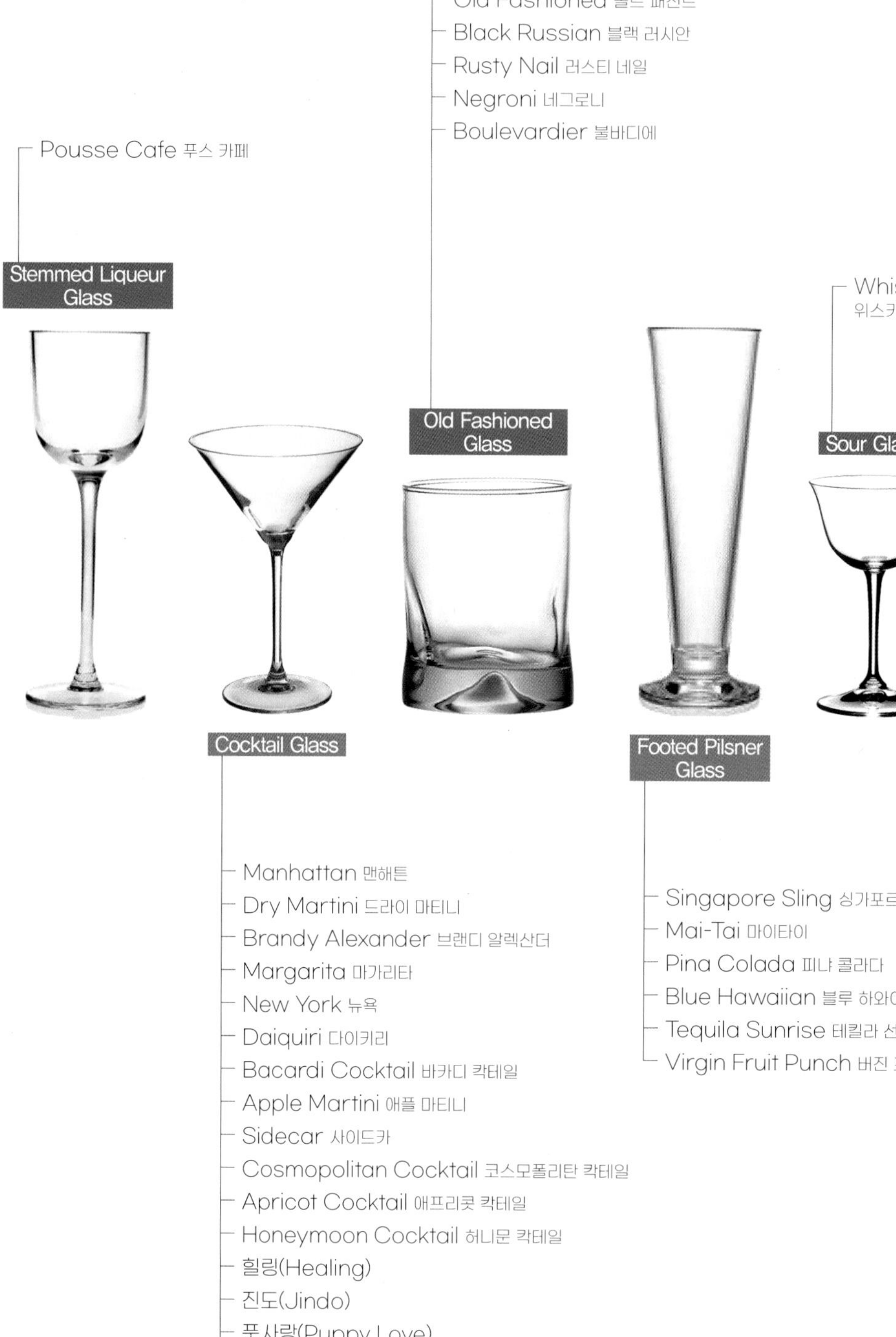
Pousse Cafe 푸스 카페
Stemmed Liqueur Glass
Old Fashioned 올드 패션드
Black Russian 블랙 러시안
Rusty Nail 러스티 네일
Negroni 네그로니
Boulevardier 불바디에
Old Fashioned Glass
Whiskey Sour 위스키 사워
Sour Glass
Cocktail Glass
Footed Pilsner Glass
Manhattan 맨해튼
Dry Martini 드라이 마티니
Brandy Alexander 브랜디 알렉산더
Margarita 마가리타
New York 뉴욕
Daiquiri 다이키리
Bacardi Cocktail 바카디 칵테일
Apple Martini 애플 마티니
Sidecar 사이드카
Cosmopolitan Cocktail 코스모폴리탄 칵테일
Apricot Cocktail 애프리콧 칵테일
Honeymoon Cocktail 허니문 칵테일
힐링(Healing)
진도(Jindo)
풋사랑(Puppy Love)
금산(Geumsan)
Singapore Sling 싱가포르 슬링
Mai-Tai 마이타이
Pina Colada 피나 콜라다
Blue Hawaiian 블루 하와이안
Tequila Sunrise 테킬라 선라이즈
Virgin Fruit Punch 버진 프루트 펀치

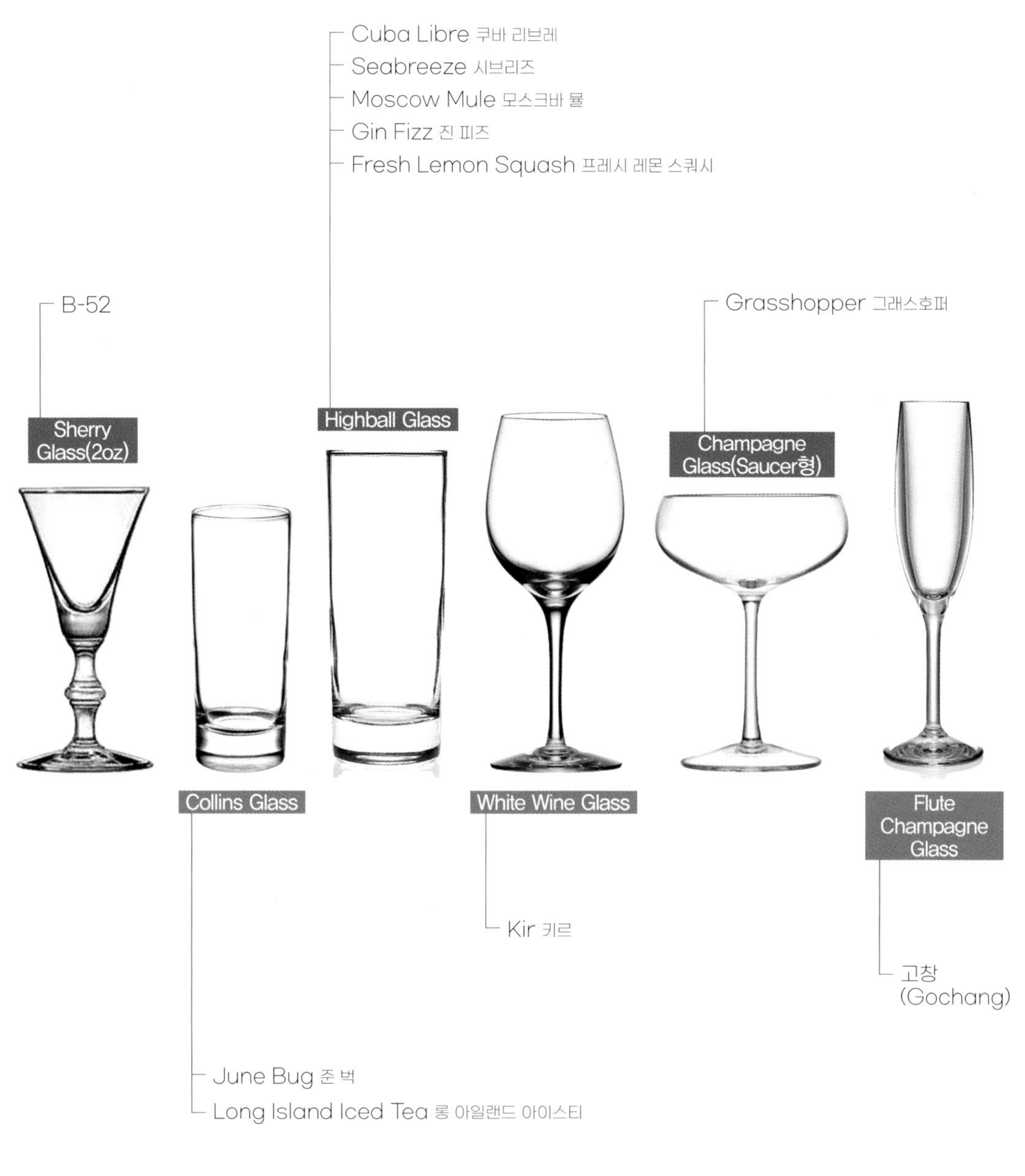

※ 고창을 제외한 모든 전통주, 그리고 정식명칭에 Cocktail이 붙은 칵테일은 Cocktail Glass로 제공한다.

※ 유일한 와인 칵테일인 Kir(키르)는 White Wine Glass로 제공한다.

Cherry

- Manhattan 맨해튼

Green Olive

- Dry Martini 드라이 마티니

A Slice of Orange and Cherry

- Old Fashioned 올드 패션드
- Singapore Sling 싱가포르 슬링

Rimming with Salt

- Margarita 마가리타

A Slice of Lemon and Cherry

- Whiskey Sour 위스키 사워

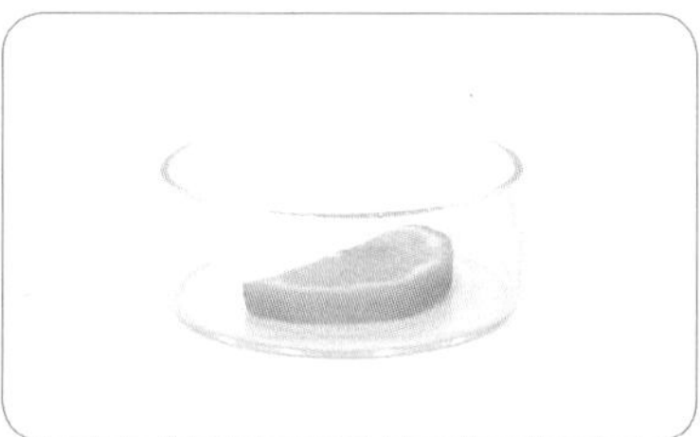

A Slice of Lemon

- Gin Fizz 진 피즈
- Fresh Lemon Squash 프레시 레몬 스쿼시

A Slice of Apple

- Apple Martini 애플 마티니
- 풋사랑(Puppy Love)

A Slice of Lime or Lemon

- Moscow Mule 모스크바 뮬

Twist of Lemon Peel

- New York 뉴욕
- Negroni 네그로니
- Kir 키르
- 힐링(Healing)

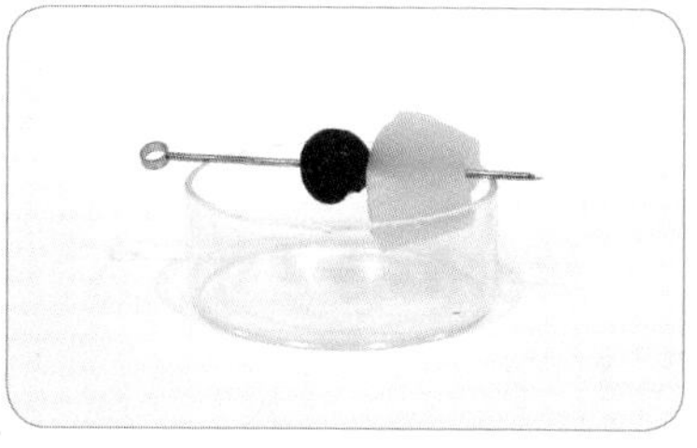

A Wedge of Fresh Pineapple & Cherry

- June Bug 준 벅
- Mai-Tai 마이타이
- Pina Colada 피나 콜라다
- Blue Hawaiian 블루 하와이안
- Virgin Fruit Punch 버진 프루트 펀치

A Wedge of Lemon

- Cuba Libre 쿠바 리브레

A Wedge of Lime or Lemon

- Seabreeze 시브리즈
- Long Island Iced Tea 롱 아일랜드 아이스티

Twist of Lime or Lemon Peel

- Cosmopolitan Cocktail 코스모폴리탄 칵테일

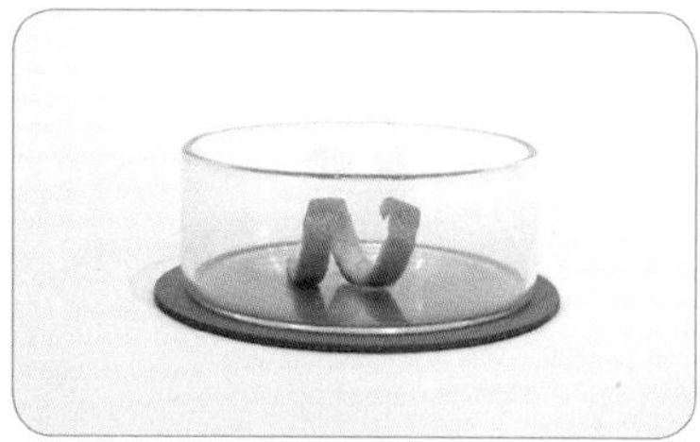

Twist of Orange Peel

- Boulevardier 불바디에

Nutmeg Powder

- Brandy Alexander 브랜디 알렉산더

가니쉬 없음

- Pousse Cafe 푸스 카페
- Black Russian 블랙 러시안
- Rusty Nail 러스티 네일
- Daiquiri 다이키리
- B-52
- Bacardi Cocktail 바카디 칵테일
- Grasshopper 그래스호퍼
- Sidecar 사이드카
- Apricot Cocktail 애프리콧 칵테일
- Honeymoon Cocktail 허니문 칵테일
- Tequila Sunrise 테킬라 선라이즈
- 진도(Jindo)
- 금산(Geumsan)
- 고창(Gochang)

01 Pousse Cafe
02 Manhattan
03 Dry Martini
04 Old Fashioned
05 Brandy Alexander
06 Singapore Sling
07 Black Russian
08 Margarita
09 Rusty Nail
10 Whiskey Sour
11 New York
12 Daiquiri
13 B-52
14 June Bug
15 Bacardi Cocktail
16 Cuba Libre
17 Grasshopper
18 Seabreeze
19 Apple Martini
20 Negroni
21 Long Island Iced Tea
22 Sidecar
23 Mai-Tai
24 Pina Colada
25 Cosmopolitan Cocktail
26 Moscow Mule
27 Apricot Cocktail
28 Honeymoon Cocktail
29 Blue Hawaiian
30 Kir
31 Tequila Sunrise
32 힐링(Healing)
33 진도(Jindo)
34 풋사랑(Puppy Love)
35 금산(Geumsan)
36 고창(Gochang)
37 Gin Fizz
38 Fresh Lemon Squash
39 Virgin Fruit Punch
40 Boulevardier

파트 2

조주기능사
실기시험문제
표준 레시피 40

Pousse Cafe

푸스 카페

(글라스) Stemmed Liqueur Glass

(조주법) Float

(재 료) 1. Grenadine Syrup 1/3part
2. Creme De Menthe(Green) 1/3part
3. Brandy 1/3part

(가니쉬) 없음

만드는 방법

1. 작업시작 전 손을 씻는다.
2. Stemmed Liqueur Glass를 준비한다.
3. 재료의 비중 차이를 이용해 층이 나게 쌓는다. 이때 바스푼의 뒷부분을 이용해서 부드럽게 흐르게 한다.
4. 잔의 형태에 따라 눈대중으로 1/3씩의 높이가 되도록 적정한 양을 지거에 담아 따른다.
5. 코스터를 깔고 칵테일을 제공한다.

Manhattan

맨해튼

(글라스) Cocktail Glass

(조주법) Stir

(재 료) 1. Bourbon Whiskey 1 1/2oz
2. Sweet Vermouth 3/4oz
3. Angostura Bitters 1dash

(가니쉬) Cherry

만드는 방법

1. 작업시작 전 손을 씻는다.
2. Cocktail Glass에 얼음을 3~4개 담아 준비한다(칠링).
3. 얼음이 든 믹싱 글라스에 재료들을 적정량 붓고, 비터스를 뿌린 다음 바스푼을 이용해서 스터를 해준다. 이때 얼음이 상하지 않도록 믹싱 글라스의 안쪽 가장자리 부분을 따라 돌린다.
4. Cocktail Glass의 얼음을 버린 후 믹싱 글라스에 스트레이너를 씌워 내용물만 글라스에 따른다.
5. 칵테일 픽을 사용해서 체리를 장식한다.
6. 코스터를 깔고 칵테일을 제공한다.

레시피 03

Dry Martini

드라이 마티니

(글라스) Cocktail Glass

(조주법) Stir

(재 료) 1. Dry Gin 2oz
2. Dry Vermouth 1/3oz

(가니쉬) Green Olive

만드는 방법

1. 작업시작 전 손을 씻는다.
2. Cocktail Glass에 얼음을 3~4개 담아 준비한다(칠링).
3. 얼음이 든 믹싱 글라스에 재료들을 적정량 붓고 바스푼을 이용해서 스터를 해준다. 이때 얼음이 상하지 않도록 믹싱 글라스의 안쪽 가장자리 부분을 따라 돌린다.
4. Cocktail Glass의 얼음을 버린 후 믹싱 글라스에 스트레이너를 씌워 내용물만 글라스에 따른다.
5. 칵테일 픽을 사용해서 올리브를 장식한다.
6. 코스터를 깔고 칵테일을 제공한다.

Old Fashioned

올드 패션드

(글라스) Old Fashioned Glass

(조주법) Build

(재 료) 1. Bourbon Whiskey 1 1/2oz
2. Powdered Sugar 1tsp
3. Angostura Bitters 1dash
4. Soda Water 1/2oz

(가니쉬) A Slice of Orange and Cherry

만드는 방법

1. 작업시작 전 손을 씻는다.
2. Old Fashioned Glass에 설탕, 앙고스트라 비터, 소다수를 넣고 바스푼을 이용해 설탕을 녹인다.
3. 얼음을 3~4개 넣고 위스키를 넣고 바스푼으로 저어준다.
4. 칵테일 픽을 사용해서 오렌지와 체리를 장식한다.
5. 코스터를 깔고 칵테일을 제공한다.

Brandy Alexander

브랜디 알렉산더

(글라스) Cocktail Glass

(조주법) Shake

(재 료) 1. Brandy 3/4oz
2. Creme De Cacao(Brown) 3/4oz
3. Light Milk 3/4oz

(가니쉬) Nutmeg Powder

만드는 방법

1. 작업시작 전 손을 씻는다.
2. Cocktail Glass에 얼음을 3~4개 담아 준비한다(칠링).
3. 셰이커에 얼음을 3~4개 넣은 후 준비된 재료를 차례대로 넣고 잘 흔든다.
4. Cocktail Glass의 얼음을 버린 후 셰이커에 스트레이너를 씌워 내용물만 글라스에 따른다.
5. 넛맥 가루를 가운데 뿌려 장식한다.
6. 코스터를 깔고 칵테일을 제공한다.

Singapore Sling

싱가포르 슬링

(글라스) Footed Pilsner Glass

(조주법) Shake/Build

(재 료) 1. Dry Gin 1 1/2oz
2. Lemon Juice 1/2oz
3. Powdered Sugar 1tsp
4. Fill with Soda Water
5. On Top with Cherry Flavord Brandy 1/2oz

(가니쉬) A Slice of Orange and Cherry

만드는 방법

1. 작업시작 전 손을 씻는다.
2. Footed Pilsner Glass에 얼음을 3~4개 담아 준비한다(칠링).
3. 셰이거에 얼음을 3~4개 넣은 후 준비된 재료 중 드라이 진, 레몬 주스, 파우더슈가를 차례대로 넣고 잘 흔든다.
4. 셰이커에 스트레이너를 씌워 내용물만 얼음이 담긴 Footed Pilsner Glass에 따른다.
5. 소다수로 글라스의 80% 정도를 채우고 가볍게 저어준다.
6. 체리브랜디를 그 위에 띄우고 칵테일 픽을 사용해서 오렌지와 체리를 장식한다.
7. 코스터를 깔고 칵테일을 제공한다.

Black Russian

블랙 러시안

(글라스) Old Fashioned Glass

(조주법) Build

(재 료) 1. Vodka 1oz
2. Coffee Liqueur 1/2oz

(가니쉬) 없음

만드는 방법

1. 작업시작 전 손을 씻는다.
2. Old Fashioned Glass에 얼음을 3~4개 담아 준비한다(칠링).
3. 재료를 차례대로 넣고 잘 저어준다.
4. 코스터를 깔고 칵테일을 제공한다.

Margarita

마가리타

(글라스) Cocktail Glass

(조주법) Shake

(재 료) 1. Tequila 1 1/2oz
2. Cointreau or Triple Sec 1/2oz
3. Lime Juice 1/2oz

(가니쉬) Rimming with Salt

만드는 방법

1. 작업시작 전 손을 씻는다.
2. Cocktail Glass에 얼음을 3~4개 담아 준비한다(칠링).
3. 칠링해 둔 잔에서 얼음을 버리고 레몬으로 잔 테두리를 적신 후 소금접시에 잔을 거꾸로 대어 소금을 붙인 뒤 살짝 털어둔다.
4. 셰이커에 얼음을 3~4개 넣은 후 준비된 재료를 차례대로 넣고 잘 흔든다.
5. 셰이커에 스트레이너를 씌워 내용물만 장식해둔 잔에 따른다.
6. 코스터를 깔고 칵테일을 제공한다.

Rusty Nail

러스티 네일

(글라스) Old Fashioned Glass

(조주법) Build

(재 료) 1. Scotch Whiskey 1oz
2. Drambule 1/2oz

(가니쉬) 없음

만드는 방법

1. 작업시작 전 손을 씻는다.
2. Old Fashioned Glass에 얼음을 3~4개 담아 준비한다(칠링).
3. 재료를 차례대로 넣고 잘 저어준다.
4. 코스터를 깔고 칵테일을 제공한다.

Whiskey Sour

위스키 사워

(글라스) Sour Glass

(조주법) Shake/Build

(재 료) 1. Bourbon Whiskey 1 1/2oz
2. Lemon Juice 1/2oz
3. Powdered Sugar 1tsp
4. On Top with Soda Water 1oz

(가니쉬) A Slice of Lemon and Cherry

만드는 방법

1. 작업시작 전 손을 씻는다.
2. Sour Glass에 얼음을 3~4개 담아 준비한다(칠링).
3. 셰이커에 얼음을 3~4개 넣은 후 준비된 재료 중 소다수를 제외하고 차례대로 넣고 잘 흔든다.
4. 셰이커에 스트레이너를 씌워 내용물만 얼음을 들어낸 Sour Glass에 따른다.
5. 소다수로 글라스의 80% 정도를 채우고 가볍게 저어준다.
6. 레몬 슬라이스와 체리로 장식한다.
7. 코스터를 깔고 칵테일을 제공한다.

레시피 11

New York

뉴욕

(글라스) Cocktail Glass

(조주법) Shake

(재 료) 1. Bourbon Whiskey 1 1/2oz
2. Lime Juice 1/2oz
3. Powdered Sugar 1tsp
4. Grenadine Syrup 1/2tsp

(가니쉬) Twist of Lemon Peel

만드는 방법

1. 작업시작 전 손을 씻는다.
2. Cocktail Glass에 얼음을 3~4개 담아 준비한다(칠링).
3. 셰이커에 얼음을 3~4개 넣은 후 준비된 재료를 차례대로 넣고 잘 흔든다.
4. Cocktail Glass의 얼음을 버린 후 셰이커에 스트레이너를 씌워 내용물만 글라스에 따른다.
5. Twist of Lemon Peel로 장식한다.
6. 코스터를 깔고 칵테일을 제공한다.

Daiquiri

다이키리

(글라스) Cocktail Glass

(조주법) Shake

(재 료) 1. Light Rum 1 3/4oz
2. Lime Juice 3/4oz
3. Powdered Sugar 1tsp

(가니쉬) 없음

만드는 방법

1. 작업시작 전 손을 씻는다.
2. Cocktail Glass에 얼음을 3~4개 담아 준비한다(칠링).
3. 셰이커에 얼음을 3~4개 넣은 후 준비된 재료를 차례내로 넣고 살 흔든다.
4. Cocktail Glass의 얼음을 버린 후 셰이커에 스트레이너를 씌워 내용물만 글라스에 따른다.
5. 코스터를 깔고 칵테일을 제공한다.

레시피 13

B-52

동영상강의

글라스 Sherry Glass(2oz)

조주법 Float

재 료 1. Coffee Liqueur 1/3part
2. Balley's Irish Cream Liqueur 1/3part
3. Grand Marnier 1/3part

가니쉬 없음

만드는 방법

1. 작업시작 전 손을 씻는다.
2. Sherry Glass(2oz)를 준비한다.
3. 재료의 비중 차이를 이용해 층이 나게 쌓는다. 이때 바스푼의 뒷부분을 이용해서 부드럽게 흐르게 한다.
4. 잔의 형태에 따라 눈대중으로 1/3씩의 높이가 되도록 적정한 양을 지거에 담아 따른다.
5. 코스터를 깔고 칵테일을 제공한다.

June Bug

준 벅

(글라스) Collins Glass

(조주법) Shake

(재 료) 1. Midori(Melon Liqueur) 1oz
2. Coconut Flavored Rum 1/2oz
3. Banana Liqueur 1/2oz
4. Pineapple Juice 2oz
5. Sweet & Sour Mix 2oz

(가니쉬) A Wedge of Fresh Pineapple & Cherry

만드는 방법

1. 작업시작 전 손을 씻는다.
2. Collins Glass에 얼음을 3~4개 담아 준비한다(칠링).
3. 셰이커에 얼음을 3~4개 넣은 후 준비된 재료를 차례대로 넣고 잘 흔든다.
4. 셰이커에 스트레이너를 씌워 내용물만 얼음이 담긴 Collins Glass에 따른다.
5. A Wedge of Fresh Pineapple & Cherry로 장식한다.
6. 코스터를 깔고 칵테일을 제공한다.

레시피 15

Bacardi Cocktail

바카디 칵테일

(글라스) Cocktail Glass

(조주법) Shake

(재 료) 1. Bacardi Rum White 1 3/4oz
2. Lime Juice 3/4oz
3. Grenadine Syrup 1tsp

(가니쉬) 없음

만드는 방법

1. 작업시작 전 손을 씻는다.
2. Cocktail Glass에 얼음을 3~4개 담아 준비한다(칠링).
3. 셰이커에 얼음을 3~4개 넣은 후 준비된 재료를 차례대로 넣고 잘 흔든다.
4. Cocktail Glass의 얼음을 버린 후 셰이커에 스트레이너를 씌워 내용물만 글라스에 따른다.
5. 코스터를 깔고 칵테일을 제공한다.

Cuba Libre

쿠바 리브레

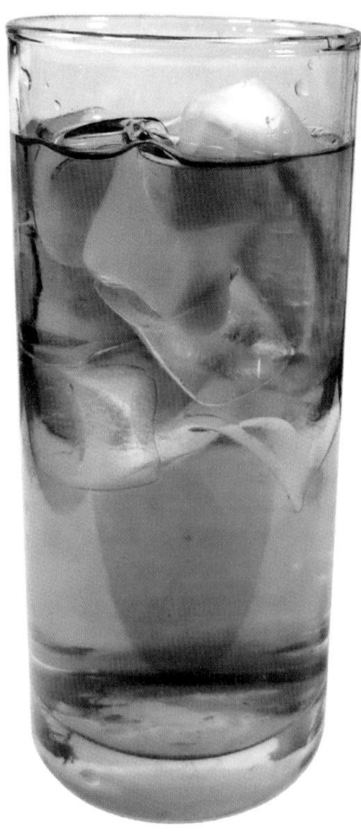

(글라스) Highball Glass

(조주법) Build

(재 료) 1. Light Rum 1 1/2oz
2. Lime Juice 1/2oz
3. Fill with Cola

(가니쉬) A Wedge of Lemon

만드는 방법

1. 작업시작 전 손을 씻는다.
2. Highball Glass에 얼음을 채운다.
3. 준비된 재료를 차례대로 넣고 마시막으로 콜라를 글라스의 80% 정도를 채우고 가볍게 저어준다.
4. A Wedge of Lemon으로 장식한다.
5. 코스터를 깔고 칵테일을 제공한다.

레시피 17

Grasshopper

그래스호퍼

글라스 Champagne Glass(Saucer형)

조주법 Shake

재 료 1. Creme De Menthe(Green) 1oz
2. Creme De Cacao(White) 1oz
3. Light Milk 1oz

가니쉬 없음

만드는 방법

1. 작업시작 전 손을 씻는다.
2. Champagne Glass(Saucer형)에 얼음을 3~4개 담아 준비한다(칠링).
3. 셰이커에 얼음을 3~4개 넣은 후 준비된 재료를 차례대로 넣고 잘 흔든다.
4. Champagne Glass(Saucer형)의 얼음을 버린 후 셰이커에 스트레이너를 씌워 내용물만 글라스에 따른다.
5. 코스터를 깔고 칵테일을 제공한다.

Seabreeze

시브리즈

[글라스] Highball Glass

[조주법] Build

[재 료] 1. Vodka 1 1/2oz
2. Cranberry Juice 3oz
3. Grapefruit Juice 1/2oz

[가니쉬] A Wedge of Lime or Lemon

만드는 방법

1. 작업시작 전 손을 씻는다.
2. Highball Glass에 얼음을 채운다.
3. 준비된 재료를 차례대로 넣고 가볍게 저어준다.
4. A Wedge of Lime or Lemon으로 장식한다.
5. 코스터를 깔고 칵테일을 제공한다.

레시피 19

Apple Martini

애플 마티니

(글라스) Cocktail Glass

(조주법) Shake

(재 료) 1. Vodka 1oz
2. Apple Pucker(Sour Apple Liqueur) 1oz
3. Lime Juice 1/2oz

(가니쉬) A Slice of Apple

만드는 방법

1. 작업시작 전 손을 씻는다.
2. Cocktail Glass에 얼음을 3~4개 담아 준비한다(칠링).
3. 셰이커에 얼음을 3~4개 넣은 후 준비된 재료를 차례대로 넣고 잘 흔든다.
4. Cocktail Glass의 얼음을 버린 후 셰이커에 스트레이너를 씌워 내용물만 글라스에 따른다.
5. A Slice of Apple로 장식한다.
6. 코스터를 깔고 칵테일을 제공한다.

Negroni

네그로니

(글라스) Old Fashioned Glass

(조주법) Build

(재 료) 1. Dry Gin 3/4oz
2. Sweet Vermouth 3/4oz
3. Campari 3/4oz

(가니쉬) Twist of Lemon Peel

만드는 방법

1. 작업시작 전 손을 씻는다.
2. Old Fashioned Glass에 얼음을 3~4개 담아 준비한다(칠링).
3. 재료를 차례대로 넣고 잘 저어준다.
4. Twist of Lemon Peel로 장식한다.
5. 코스터를 깔고 칵테일을 제공한다.

레시피 21

Long Island Iced Tea 롱 아일랜드 아이스티

동영상강의

(글라스) Collins Glass

(조주법) Build

(재 료)
1. Dry Gin 1/2oz
2. Vodka 1/2oz
3. Light Rum 1/2oz
4. Tequila 1/2oz
5. Triple Sec 1/2oz
6. Sweet & Sour Mix 1 1/2oz
7. On Top with Cola

(가니쉬) A Wedge of Lime or Lemon

만드는 방법

1. 작업시작 전 손을 씻는다.
2. Collins Glass에 얼음을 채운 후 콜라를 제외한 재료를 차례대로 넣어준다.
3. 콜라를 글라스의 80% 정도를 채우고 가볍게 저어준다.
4. A Wedge of Lime or Lemon으로 장식한다.
5. 코스터를 깔고 칵테일을 제공한다.

Sidecar

사이드카

(글라스) Cocktail Glass

(조주법) Shake

(재　료) 1. Brandy 1oz
2. Triple Sec 1oz
3. Lemon Juice 1/4oz

(가니쉬) 없음

만드는 방법

1. 작업시작 전 손을 씻는다.
2. Cocktail Glass에 얼음을 3~4개 담아 준비한다(칠링).
3. 셰이커에 얼음을 3~4개 넣은 후 준비된 재료를 차례대로 넣고 잘 흔든다.
4. Cocktail Glass의 얼음을 버린 후 셰이커에 스트레이너를 씌워 내용물만 글라스에 따른다.
5. 코스터를 깔고 칵테일을 제공한다.

레시피 23

Mai-Tai

동영상강의

(글라스) Footed Pilsner Glass

(조주법) Blend

(재 료) 1. Light Rum 1 1/4oz
2. Triple Sec 3/4oz
3. Lime Juice 1oz
4. Pineapple Juice 1oz
5. Orange Juice 1oz
6. Grenadine Syrup 1/4oz

(가니쉬) A Wedge of Fresh Pineapple(Orange) & Cherry

만드는 방법

1. 작업시작 전 손을 씻는다.
2. Footed Pilsner Glass에 얼음을 3~4개 담아 준비한다(칠링).
3. 블렌더에 재료들과 크러시드 아이스를 넣고 잘 갈아준다.
4. Footed Pilsner Glass의 얼음을 버린 후 블렌딩한 내용물을 글라스에 따른다.
5. A Wedge of Fresh Pineapple(Orange) & Cherry를 장식한다.
6. 코스터를 깔고 칵테일을 제공한다.

레시피 24

Pina Colada

동영상강의

(글라스) Footed Pilsner Glass

(조주법) Blend

(재 료) 1. Light Rum 1 1/4oz
2. Pina Colada Mix 2oz
3. Pineapple Juice 2oz

(가니쉬) A Wedge of Fresh Pineapple & Cherry

만드는 방법

1. 작업시작 전 손을 씻는다.
2. Footed Pilsner Glass에 얼음을 3~4개 담아 준비한다(칠링).
3. 블렌더에 재료들과 크러시드 아이스를 넣고 잘 갈아준다.
4. Footed Pilsner Glass의 얼음을 버린 후 블렌딩한 내용물을 글라스에 따른다.
5. A Wedge of Fresh Pineapple & Cherry를 장식한다.
6. 코스터를 깔고 칵테일을 제공한다.

레시피 25

Cosmopolitan Cocktail 코스모폴리탄 칵테일

동영상강의

(글라스) Cocktail Glass

(조주법) Shake

(재 료) 1. Vodka 1oz
2. Triple Sec 1/2oz
3. Lime Juice 1/2oz
4. Cranberry Juice 1/2oz

(가니쉬) Twist of Lime or Lemon Peel

만드는 방법

1. 작업시작 전 손을 씻는다.
2. Cocktail Glass에 얼음을 3~4개 담아 준비한다(칠링).
3. 셰이커에 얼음을 3~4개 넣은 후 준비된 재료를 차례대로 넣고 잘 흔든다.
4. Cocktail Glass의 얼음을 버린 후 셰이커에 스트레이너를 씌워 내용물만 글라스에 따른다.
5. Twist of Lime or Lemon Peel로 장식한다.
6. 코스터를 깔고 칵테일을 제공한다.

레시피 26

Moscow Mule

모스크바 뮬

(글라스) Highball Glass

(조주법) Build

(재 료) 1. Vodka 1 1/2oz
2. Lime Juice 1/2oz
3. Fill with Ginger Ale

(가니쉬) A Slice of Lime or Lemon

만드는 방법

1. 작업시작 전 손을 씻는다.
2. Highball Glass에 얼음을 채운다.
3. 준비된 재료를 차례대로 넣고 가볍게 저어준다.
4. A Wedge of Lime or Lemon으로 장식한다.
5. 코스터를 깔고 칵테일을 제공한다.

Apricot Cocktail

애프리콧 칵테일

(글라스) Cocktail Glass

(조주법) Shake

(재 료) 1. Apricot Flavored Brandy 1 1/2oz
2. Dry Gin 1tsp
3. Lemon Juice 1/2oz
4. Orange Juice 1/2oz

(가니쉬) 없음

만드는 방법

1. 작업시작 전 손을 씻는다.
2. Cocktail Glass에 얼음을 3~4개 담아 준비한다(칠링).
3. 셰이커에 얼음을 3~4개 넣은 후 준비된 재료를 차례대로 넣고 잘 흔든다.
4. Cocktail Glass의 얼음을 버린 후 셰이커에 스트레이너를 씌워 내용물만 글라스에 따른다.
5. 코스터를 깔고 칵테일을 제공한다.

Honeymoon Cocktail 허니문 칵테일

(글라스) Cocktail Glass

(조주법) Shake

(재 료) 1. Apple Brandy 3/4oz
2. Benedictine DOM 3/4oz
3. Triple Sec 1/4oz
4. Lemon Juice 1/2oz

(가니쉬) 없음

만드는 방법

1. 작업시작 전 손을 씻는다.
2. Cocktail Glass에 얼음을 3~4개 담아 준비한다(칠링).
3. 셰이커에 얼음을 3~4개 넣은 후 준비된 재료를 차례대로 넣고 잘 흔든다.
4. Cocktail Glass의 얼음을 버린 후 셰이커에 스트레이너를 씌워 내용물만 글라스에 따른다.
5. 코스터를 깔고 칵테일을 제공한다.

레시피 29

Blue Hawaiian

블루 하와이안

동영상강의

(글라스) Footed Pilsner Glass

(조주법) Blend

(재 료) 1. Light Rum 1oz
2. Blue Curacao 1oz
3. Coconut Flavored Rum 1oz
4. Pineapple Juice 2 1/2oz

(가니쉬) A Wedge of Fresh Pineapple & Cherry

만드는 방법

1. 작업시작 전 손을 씻는다.
2. Footed Pilsner Glass에 얼음을 3~4개 담아 준비한다(칠링).
3. 블렌더에 재료들과 크러시드 아이스를 넣고 잘 갈아준다.
4. Footed Pilsner Glass의 얼음을 버린 후 블렌딩한 내용물을 글라스에 따른다.
5. A Wedge of Fresh Pineapple & Cherry를 장식한다.
6. 코스터를 깔고 칵테일을 제공한다.

키르

(글라스) White Wine Glass

(조주법) Build

(재 료) 1. White Wine 3oz
2. Creme de Cassis 1/2oz

(가니쉬) Twist of Lemon Peel

만드는 방법

1. 작업시작 전 손을 씻는다.
2. White Wine Glass에 얼음을 3~4개 담아 준비한다.(칠링)
3. 얼음을 비운 글라스에 재료를 차례대로 넣고 가볍게 저어준다.
4. Twist of Lemon Peel로 장식한다.
5. 코스터를 깔고 칵테일을 제공한다.

레시피 31

Tequila Sunrise

테킬라 선라이즈

글라스 Footed Pilsner Glass

조주법 Build/Float

재 료 1. Tequila 1 1/2oz
2. Fill with Orange Juice
3. Grenadine Syrup 1/2oz

가니쉬 없음

만드는 방법

1. 작업시작 전 손을 씻는다.
2. Footed Pilsner Glass에 얼음을 3~4개 담아 준비한다(칠링).
3. 얼음이 들어있는 글라스에 적정량의 테킬라를 넣은 후 오렌지 주스로 글라스의 80%를 채우고 가볍게 저어준다.
4. 마지막으로 그레나딘 시럽을 플로팅한다(이때 그러데이션을 위해 섞지 않는다).
5. 코스터를 깔고 칵테일을 제공한다.

힐링

Healing

(글라스) Cocktail Glass

(조주법) Shake

(재 료) 1. Gam Hong Ro(40도) 1 1/2oz
2. Benedictine DOM 1/3oz
3. Creme de Cassis 1/3oz
4. Sweet & Sour Mix 1oz

(가니쉬) Twist of Lemon Peel

만드는 방법

1. 작업시작 전 손을 씻는다.
2. Cocktail Glass에 얼음을 3~4개 담아 준비한다(칠링).
3. 셰이커에 얼음을 3~4개 넣은 후 준비된 재료를 차례대로 넣고 잘 흔든다.
4. Cocktail Glass의 얼음을 버린 후 셰이커에 스트레이너를 씌워 내용물만 글라스에 따른다.
5. Twist of Lemon Peel로 장식한다.
6. 코스터를 깔고 칵테일을 제공한다.

레시피 33

진도

Jindo

(글라스) Cocktail Glass

(조주법) Shake

(재 료) 1. Jindo Hong Ju(40도) 1oz
2. Creme De Menthe(White) 1/2oz
3. White Grape Juice(청포도 주스) 3/4oz
4. Raspberry Syrup 1/2oz

(가니쉬) 없음

만드는 방법

1. 작업시작 전 손을 씻는다.
2. Cocktail Glass에 얼음을 3~4개 담아 준비한다(칠링).
3. 셰이커에 얼음을 3~4개 넣은 후 준비된 재료를 차례대로 넣고 잘 흔든다.
4. Cocktail Glass의 얼음을 버린 후 셰이커에 스트레이너를 씌워 내용물만 글라스에 따른다.
5. 코스터를 깔고 칵테일을 제공한다.

레시피 34

풋사랑

Puppy Love

(글라스) Cocktail Glass

(조주법) Shake

(재 료) 1. Andong Soju(35도) 1oz
2. Triple Sec 1/3oz
3. Apple Pucker(Sour Apple Liqueur) 1oz
4. Lime Juice 1/3oz

(가니쉬) A Slice of Apple

만드는 방법

1. 작업시작 전 손을 씻는다.
2. Cocktail Glass에 얼음을 3~4개 담아 준비한다(칠링).
3. 셰이커에 얼음을 3~4개 넣은 후 준비된 재료를 차례대로 넣고 잘 흔든다.
4. Cocktail Glass의 얼음을 버린 후 셰이거에 스트레이너를 씌워 내용물만 글라스에 따른다.
5. A Slice of Apple로 장식한다.
6. 코스터를 깔고 칵테일을 제공한다.

금산
Geumsan

(글라스) Cocktail Glass

(조주법) Shake

(재 료) 1. Geumsan Insamju(43도) 1 1/2oz
2. Coffee Liqueur(Kahlua) 1/2oz
3. Apple Pucker(Sour Apple Liqueur) 1/2oz
4. Lime Juice 1tsp

(가니쉬) 없음

만드는 방법

1. 작업시작 전 손을 씻는다.
2. Cocktail Glass에 얼음을 3~4개 담아 준비한다(칠링).
3. 셰이커에 얼음을 3~4개 넣은 후 준비된 재료를 차례대로 넣고 잘 흔든다.
4. Cocktail Glass의 얼음을 버린 후 셰이커에 스트레이너를 씌워 내용물만 글라스에 따른다.
5. 코스터를 깔고 칵테일을 제공한다.

고창
Gochang

(글라스) Flute Champagne Glass

(조주법) Stir

(재 료) 1. Sunwoonsan Bokbunja Wine 2oz
2. Triple Sec 1/2oz
3. Sprite 2oz

(가니쉬) 없음

만드는 방법

1. 작업시작 전 손을 씻는다.
2. Flute Champagne Glass에 얼음을 채운다(칠링).
3. 얼음이 든 믹싱 글라스에 스프라이트를 제외한 준비된 재료를 넣는다.
4. 바스푼을 이용해서 스터를 해준다. 이때 얼음이 상하지 않도록 믹싱 글라스의 안쪽 가장자리 부분을 따라 돌린다.
5. Flute Champagne Glass의 얼음을 버린 후 믹싱 글라스에 스트레이너를 씌워 내용물만 글라스에 따른다.
6. 마지막으로 스프라이트를 글라스에 넣고 가볍게 저어준다.
7. 코스터를 깔고 칵테일을 제공한다.

레시피 37

Gin Fizz

진 피즈

동영상강의

(글라스) Highball Glass

(조주법) Shake/Build

(재 료) 1. Dry Gin 1 1/2oz
2. Lemon Juice 1/2oz
3. Powdered Sugar 1tsp
4. Fill with Soda Water

(가니쉬) A Slice of Lemon

만드는 방법

1. 작업시작 전 손을 씻는다.
2. Highball Glass에 얼음을 담아 칠링한다.
3. 셰이커에 얼음을 3~4개 넣은 후 소다수를 제외한 준비된 재료를 차례대로 넣고 잘 흔든다.
4. Highball Glass의 얼음을 버린 후 셰이커에 스트레이너를 씌워 내용물만 글라스에 따른다.
5. 소다수로 글라스의 80%를 채우고 가볍게 저어준다.
6. A Slice of Lemon으로 장식한다.
7. 코스터를 깔고 칵테일을 제공한다.

Fresh Lemon Squash 프레시 레몬 스쿼시

(글라스) Highball Glass

(조주법) Build

(재 료) 1. Fresh squeezed Lemon 1/2ea
2. Powdered Sugar 2tsp
3. Fill with Soda Water

(가니쉬) A Slice of Lemon

만드는 방법

1. 작업시작 전 손을 씻는다.
2. Highball Glass에 얼음을 채운다(칠링).
3. 얼음이 채워진 Highball Glass에 레몬을 짜 넣는다.
4. 설탕과 탄산수를 넣고 가볍게 저어준다.
5. A Slice of Lemon으로 장식한다.
6. 코스터를 깔고 칵테일을 제공한다.

레시피 39

Virgin Fruit Punch

동영상강의

버진 프루트 펀치

글라스 Footed Pilsner Glass

조주법 Blend

재 료 1. Orange Juice 1oz
2. Pineapple Juice 1oz
3. Cranberry Juice 1oz
4. Grapefruit Juice 1oz
5. Lemon Juice 1/2oz
6. Grenadine Syrup 1/2oz

가니쉬 A Wedge of Fresh Pineapple & Cherry

만드는 방법

1. 작업시작 전 손을 씻는다.
2. Footed Pilsner Glass에 얼음을 3~4개 담아 준비한다(칠링).
3. 블렌더에 재료들과 크러시드 아이스를 넣고 잘 갈아준다.
4. Footed Pilsner Glass의 얼음을 버린 후 블렌딩한 내용물을 글라스에 따른다.
5. A Wedge of Fresh Pineapple & Cherry를 장식한다.
6. 코스터를 깔고 칵테일을 제공한다.

Boulevardier

불바디에

(글라스) Old Fashioned Glass

(조주법) Stir

(재 료) 1. Bourbon Whiskey 1oz
2. Sweet Vermouth 1oz
3. Campari 1oz

(가니쉬) Twist of Orange Peel

만드는 방법

1. 작업시작 전 손을 씻는다.
2. Old Fashioned Glass에 얼음을 채운다(칠링).
3. 얼음이 든 믹싱 글라스에 준비된 재료를 넣는다.
4. 바스푼을 이용해서 스터를 해준다. 이때 얼음이 상하지 않도록 믹싱 글라스의 안쪽 가장자리 부분을 따라 돌린다.
5. Old Fashioned Glass의 얼음을 버린 후 믹싱 글라스에 스트레이너를 씌워 내용물만 글라스에 따른다.
6. Twist of Orange Peel로 장식한다.
7. 코스터를 깔고 칵테일을 제공한다.

memo

조주기능사
필기 + 실기
무료인강